《21世纪理论物理及其交叉学科前沿丛书》编委会
（第二届）

主　　编：孙昌璞

执行主编：常　凯

编　　委：（按姓氏拼音排序）

蔡荣根　段文晖　方　忠　冯世平
李　定　李树深　梁作堂　刘玉鑫
卢建新　罗民兴　马余刚　任中洲
王　炜　王建国　王玉鹏　向　涛
谢心澄　邢志忠　许甫荣　尤　力
张伟平　郑　杭　朱少平　朱世琳
庄鹏飞　邹冰松

"十四五"时期国家重点出版物出版专项规划项目
21世纪理论物理及其交叉学科前沿丛书

几何相位与量子几何初步

郭 昊 编著

科学出版社
北 京

内 容 简 介

本书介绍了物理学中，尤其是量子系统中的各种几何相位，包括量子纯态的 Berry 相位和混合态的 Uhlmann 相位等。作者在纤维丛理论的框架下，利用物理学家熟悉的符号和术语，对这两类相位进行了统一的几何描述。在此基础上，进一步讨论了量子态的几何性质，包括量子相空间的几何特征、量子态流形的局域几何与整体拓扑性质，以及其在具体物理系统中的应用等。

本书可作为凝聚态理论和数学物理领域科研工作者的参考书，同时也适合相关专业的研究生与高年级本科生参考。

图书在版编目(CIP)数据

几何相位与量子几何初步／郭昊编著. -- 北京：科学出版社, 2025.6.
(21 世纪理论物理及其交叉学科前沿丛书). -- ISBN 978-7-03-082170-6

Ⅰ.O413.1

中国国家版本馆 CIP 数据核字第 20255Q5A54 号

责任编辑：周 涵 郭学雯／责任校对：彭珍珍
责任印制：赵 博／封面设计：无极书装

科学出版社 出版
北京东黄城根北街 16 号
邮政编码：100717
http://www.sciencep.com

三河市骏杰印刷有限公司印刷
科学出版社发行 各地新华书店经销

*

2025 年 6 月第 一 版 开本：720×1000 1/16
2025 年 10 月第二次印刷 印张：26
字数：525 000
定价：178.00 元
(如有印装质量问题，我社负责调换)

序 一

物理学的每一次重大突破，都意味着人类对自然本质的认知向更深层次迈进。在这场永无止境的探索之旅中，几何相位与量子几何的研究无疑是最为精彩的篇章之一。自 Berry 教授的开创性研究以来，几何相位已从量子力学中一个抽象的理论概念，逐步发展成为连接数学、凝聚态物理、量子信息科学乃至高能物理等多学科领域的关键纽带。在这样的时代背景下，《几何相位与量子几何初步》一书的出版，无疑为该领域的学术研究与知识传播提供了及时且宝贵的参考资源。

纵览全书，作者凭借扎实的学术功底和娴熟的写作技巧，构建了一个逻辑严密、层次分明的知识体系。全书以经典力学中的几何相位作为切入点，由浅入深地探讨量子纯态与混合态的几何特性，最终延伸至流形理论与量子几何张量等现代前沿理论。书中不仅对 Hannay 角、Berry 相位、Uhlmann 相位等核心理论进行了系统阐述，还对量子态流形的几何结构、非阿贝尔量子几何张量等前沿课题展开了深入剖析。尤为值得称赞的是，作者在严谨的理论推导过程中，始终注重物理图像的直观呈现，并通过对 SSH 模型、相干态等典型物理模型的详细分析，巧妙地将抽象的数学工具与实际物理问题相结合。这种"理论与应用并重"的写作风格，既保证了学术内容的深度与严谨性，又兼顾了内容的可读性与实用性，充分彰显了作者对学科体系的深刻理解与精准把握。

几何相位的研究与量子信息科学的发展紧密相连，二者相互促进、共同发展。近年来，量子通信与量子计算领域取得的一系列突破性成果，不断印证着几何相位在拓扑量子计算、量子态操控等关键技术中的重要价值。例如，书中详细阐述的 Uhlmann 相位理论，为研究开放量子系统的几何特性提供了重要的理论工具；而量子几何张量的概念，则直接关系到量子态的局域性质以及量子度量学的精度极限。这些理论成果不仅是理论物理研究的重要基石，更是未来量子技术革命的核心驱动力。

作为作者求学阶段的导师，亲眼见证这部著作的诞生，我倍感欣慰与自豪。作者在攻读本科与硕士研究生期间，就已展现出对理论物理的浓厚兴趣和独特的学术洞察力。这部著作不仅是作者多年潜心研究的心血结晶，更是对量子几何领域研究成果的一次全面梳理与总结。我坚信，该书不仅能够为初学者搭建起坚实的理论基础，也能为资深学者提供新的研究思路与启发。最后，衷心希望该书的出版能够为量子几何领域的研究注入新的活力，助力中国量子科学事业的蓬勃发展。期待广大读者能够从书中汲取智慧，共同探索量子世界中几何与拓扑的无穷奥秘。

龙桂鲁

清华大学　北京量子信息研究院

2025 年 5 月 29 日

序　二

　　我一直认为，数学是自然的本性语言，而物理学的功用乃是将数学翻译成人类可理解的语言。只有用数学表达出来的物理学才是可靠的、合格的物理学。从诞生之初的模糊与零散，到今日的蔚为大观，在物理学的表达与思考中，几何始终扮演着核心角色。也许原因之一是几何本来就是人类最为直观的思维方式。从牛顿力学的轨道几何，到广义相对论的引力几何化、量子力学中隐秘而优雅的几何相位，再到因规范引力对偶所引发的紧致化、纠缠生几何之新观念，这种以结构性视角审视物理定律的方式，不仅深化了我们对自然本质的理解，也为新理论的诞生奠定了坚实和极富启发性的思想基础。

　　几何相位的发现，在量子力学领域掀起了一场深刻变革，为理解与刻画量子态的几何性质提供了全新视角。《几何相位与量子几何初步》的出版，恰逢其时地填补了国内在几何相位，特别是混合态几何相位领域的专著空白，为广大读者提供了一部系统而全面的学习资料。作者从经典力学中的几何相位——Hannay 角切入，循序渐进地深入探讨量子纯态的几何相位，涵盖 Berry 相位、Wilczek-Zee 相位及 Aharonov-Anandan 相位等，详细阐述了它们的理论基础与几何描述。尤为可贵的是，本书不仅限于纯态，更拓展至量子混合态的几何性质，对 Uhlmann 相位和干涉几何相位进行了深入浅出的讲解，并引入了混合态流形的量子几何张量，为读者构建了一个完整、系统的几何相位与量子几何知识体系。

　　我非常荣幸应邀为《几何相位与量子几何初步》作序。作者是我自留学美国期间便常切磋学问的多年好友。他理论基础扎实，学术视野开阔，常有对物理学极为深刻的洞见令人深思。近年来，他在 Uhlmann 相位与量子几何张量等前沿领域持续产出了一系列令人印象非常深刻的创新成果。该书正是他多年潜心研究与教学思考的结晶。阅读此书，我亦受益匪浅。

　　当前，在量子信息科学与凝聚态物理迅猛发展的背景下，深入理解量子态的几何结构变得尤为关键。无论是拓扑量子计算中的非阿贝尔几何相位，还是纠缠熵与时空结构之间深刻的联系，都昭示着：几何仍然是理解量子世界规律的本征语言。我相信，该书既适合作为高年级本科生和研究生的教学用书，也是相关领域研究者的重要参考。愿读者在它的指引下，领略几何相位的优雅，深入探索量子几何的世界。

杨海棠

四川大学

2025 年 5 月 29 日

前　言

　　自 1984 年几何相位被发现以来,其已经成为量子力学中的重要基础概念。这一相位的引入,为理解和刻画量子态的几何性质提供了新的视角和基础。以 Berry 相位为例,它仅依赖于纯态所依赖的参数空间的几何结构,而非演化的时间长短。与之类似,Uhlmann 相位取决于混合态 (满秩密度矩阵) 流形的几何结构。刻画量子态几何性质的有力工具是量子几何张量,它自然与几何相位密切相关。近年来,研究人员发现量子几何张量与某些物理可观测量之间也存在着深刻的关联。因此,量子几何日益成为当代物理领域的研究热点之一。尽管在国际上这一领域的科学研究正蓬勃发展,但在国内,除了李华钟老师早年的著作《简单物理系统的整体性——贝里相位及其他》和《量子几何相位概论——简单物理系统的整体性》外,缺乏与几何相位,尤其是混合态几何相位相关的书籍。

　　作者最初撰写本书的目的是为课题组的研究生和博士后提供一本关于量子态几何相位 (包括 Berry 相位和 Uhlmann 相位) 的小册子,以便他们能够系统地学习。然而,随着研究工作的不断深入,我们发现几何相位与量子态的几何和拓扑性质之间,尤其是 Uhlmann 相位与混合态流形之间,存在着许多有趣的联系。因此,作者将课题组近年来的一些研究成果纳入本书,并加入了作者在纯态几何相位及量子几何方面的学习和研究笔记,使本书的内容更加系统和完整。全书涵盖了几何相位的理论基础、量子态的几何与拓扑性质 (即量子几何),以及相关的数学工具等。为了便于读者理解,本书在不影响主体架构的前提下,尽可能地保留了更多的计算过程。

　　第 1 章介绍了哈密顿力学的辛几何描述,并在此基础上引入了经典力学的几何相位——Hannay 角。第 2 章讨论了量子纯态的几何相位,包括 Berry 相位、简并量子系统的 Wilczek-Zee 相位以及 Aharonov-Anandan 相位。对于每一种相位,我们都给出了基于纤维丛理论的几何描述,并指出它们均为量子态平行性在周期性平行输运过程中丧失程度的度量。在第 2 章的基础上,第 3 章探讨了量子纯态流形的局域几何性质,给出了基于两种主丛的距离分解,并指出 Aharonov-Anandan 联络与平行输运在其中扮演的角色。在此基础上,我们可以引入纯态的量子几何张量,并发现量子纯态流形也具备辛几何结构。第 4 章初步介绍了描述量子混合态的密度矩阵及其纯化的几何性质,如密度矩阵空间的几何特征、层化分解和秩分解等,以及密度矩阵纯化的平行输运与 Bures 距离等。基于密度矩阵纯化。第 5 章引入了量子混合态的 Uhlmann 相位，给出了其基于 $U(N)$ 主丛的几何描述，并探讨了它与动力学演化、Berry 相位之间的关系。第 6 章介绍了量子混合态的另一种常见几何相位——干涉几何相位，并将其与 Uhlmann 相位作了对比。第 7 章探讨了量子混合态其他类型的几何相位，如热 Berry 相位与广义干涉几何相位，并给出了前者与 $U(1)$ 主丛的联系。第 8 章引入了混合态流形的两种量子几何张量：$U(N)$–量子几何张量与 $U^N(1)$–量子几何张量。两者分别构建于 $U(N)$ 主丛 (Uhlmann 丛) 和 $U^N(1)$ 主丛的基础上，由其可给出对应流形的距离分解，也给出两种量子几何张量的分量所满足的基本不等式。标有 * 号的章节为选读内容，读者可根据需要自行选择阅读与否，跳过不影响整体内容理解和后续章节的连贯性。

在本书的写作过程中，本课题组的学生 (包括过往学生) 侯旭阳、高渠成、王鑫、周政和汤家晨参与了部分图像的数值计算与绘制工作，以及部分例子的推导与验证。同时，高渠成对 2.7 节的内容做出了主要贡献。此外，四川大学的杨海棠教授在微分几何领域给予了作者诸多指导。我的妻子和家人对本书的写作给予了全力支持。作者在此一并感谢。同时，我家的小兔子浅浅在写作间隙也给我带来了很多快乐。

由于作者水平所限，本书难免存在不足之处，恳请读者不吝赐教。

作　者

2025 年 5 月 26 日

目　　录

序一
序二
前言
第 1 章　经典力学中的几何相位 ·· 1
　1.1　傅科摆 ··· 1
　1.2　经典力学中的几何相位理论 ··· 3
　　　1.2.1　哈密顿力学与辛几何 ··· 3
　　　1.2.2　经典可积系统简介 ·· 7
　　　1.2.3　绝热不变量与经典绝热定理 ·································· 12
　　　1.2.4　经典几何相位——Hannay 角 ································ 18
第 2 章　量子纯态的几何相位 ·· 22
　2.1　Berry 相位简介——标准推导 ··· 22
　　　2.1.1　量子绝热过程与 Berry 相位 ·································· 22
　　　2.1.2　Berry 相位与参数空间 ·· 25
　2.2　量子纯态的平行输运与 Berry 相位 ·································· 27
　　　2.2.1　量子态之间的平行性和正交性 ······························· 27
　　　2.2.2　平行演化条件与 Berry 相位 ·································· 28
　　　2.2.3　平行演化与动力学过程 ·· 29
　2.3　Berry 相位的纤维丛描述 ·· 31
　　　2.3.1　Berry 相位与 $U(1)$ 主丛 ······································· 31
　　　2.3.2　切丛的水平与垂直子空间 ····································· 32
　　　2.3.3　Ehresmann 联络与 Berry 联络 ······························· 35
　　　2.3.4　平行输运过程与 Fubini-Study 距离 ························· 38
　2.4　两能级体系中的 Berry 相位 ··· 40
　　　2.4.1　Berry 相位的一般表达式 ······································ 40
　　　2.4.2　有效磁矢量势和有效磁场 ····································· 42
　　　2.4.3　Berry 联络、Berry 曲率与环绕数 ··························· 43
　　　2.4.4　SSH 模型 ·· 46
　2.5　若干简单量子系统的 Berry 相位 ····································· 50
　　　2.5.1　谐振子相干态的 Berry 相位 ·································· 50

2.5.2　自旋-j 系统的 Berry 相位·················53
　　　2.5.3　广义谐振子的 Berry 相位·················54
　2.6　Berry 相位与 Hannay 角·····················56
　2.7*　Berry 相位的应用：霍尔电导——TKNN 公式··········58
　　　2.7.1　Kubo 公式·························58
　　　2.7.2　霍尔电导·························61
　　　2.7.3　Berry 相位与量子反常··················65
　2.8　简并量子系统的 Wilczek-Zee 相位················67
　　　2.8.1　物理描述·························67
　　　2.8.2　几何描述·························69
　　　2.8.3　自旋四极子系统·····················72
　　　2.8.4　一般双重简并四能级系统·················75
　2.9　Aharonov-Anandan 相位·····················77
　　　2.9.1　Aharonov-Anandan 相位简介···············77
　　　2.9.2　两能级系统的 Aharonov-Anandan 相位··········79
　　　2.9.3　Aharonov-Anandan 相位的几何描述············81
　　　2.9.4　纯态几何相位的可迁移性问题···············81
　2.10　纯态几何相位的动力学方法···················83
　　　2.10.1　Bargmann 不变量·····················83
　　　2.10.2　单参数曲线与几何相位··················84
　　　2.10.3　量子态之间的测地线与几何相位·············86
　　　2.10.4　Bargmann 不变量与几何相位···············87

第 3 章　纯态流形的几何·························90
　3.1　引言·····························90
　3.2　量子纯态的相空间······················90
　　　3.2.1　量子相空间的纤维化····················90
　　　3.2.2　量子相空间上的 Kähler 度量···············92
　　　3.2.3　CP^{N-1} 与 Fubini-Study 距离···············94
　3.3　齐次坐标下的 Aharonov-Anandan 相位··············96
　3.4　纯态流形的纤维化与距离分解··················99
　　　3.4.1　距离分解·························99
　　　3.4.2　$U(1)$ 主丛 $S^{2N-1}(CP^{N-1}, U(1))$··············100
　　　3.4.3　$\mathbb{C}^*$ 主丛 $\mathbb{C}^N(CP^{N-1}, \mathbb{C}^*)$··············103
　　　3.4.4　Aharonov-Anandan 联络与 CP^{N-1} 的几何性质·······107
　3.5　纯态的量子几何张量·····················110

3.5.1 量子几何张量简介 ··· 110
3.5.2 二维量子几何张量的性质 ································· 116
3.5.3 两能级系统的二维量子几何张量 ························· 117
3.6 Fubini-Study 距离的几何与物理意义 ··························· 118
3.6.1 测地线 ·· 118
3.6.2 量子角 ·· 122
3.6.3 量子演化速度 ·· 123
3.6.4 保真度敏感性 ·· 124
3.7 简并量子体系的非阿贝尔量子几何张量 ························ 125
3.7.1 理论基础 ··· 125
3.7.2 一般双重简并四能级系统 ································· 127
3.8 量子纯态流形的辛几何结构 ···································· 128
3.8.1 厄米内积与辛形式 ··· 129
3.8.2 辛形式与量子动力学 ······································ 129
3.8.3 辛形式与几何量子化 ······································ 134

第 4 章 量子混合态及其纯化的几何性质 ·························139
4.1 密度矩阵 ··· 139
4.2 量子混合态的相空间 ··· 143
4.2.1 密度矩阵空间 ·· 143
4.2.2 密度矩阵空间的几何特征 ································· 146
4.2.3 密度矩阵空间的层化 ······································ 150
4.2.4 密度矩阵空间的秩分解 ···································· 155
4.3 量子混合态的纯化 ·· 157
4.3.1 混合态纯化的定义 ··· 157
4.3.2 平行性的定义 ·· 159
4.3.3 平行性与 Bures 距离 ······································ 160
4.4 Uhlmann 平行条件与 Thomas 旋转矩阵 ······················· 166
4.5 密度矩阵纯化的数学物理意义 ································· 170
4.5.1 同一密度矩阵的不同纯化 ································· 170
4.5.2 密度矩阵纯化的旋量表示 ································· 173
4.5.3 准静态动力学过程的旋转解释 ··························· 175

第 5 章 量子混合态的 Uhlmann 相位 ····························176
5.1 量子混合态几何相位的研究历程 ································ 176
5.2 量子混合态的 Uhlmann 相位 ··································· 177
5.2.1 混合态纯化的平行演化 ···································· 177

		5.2.2 Uhlmann 相位的几何理论	181
		5.2.3* 从平行演化条件直接导出 Uhlmann 联络	192
		5.2.4 Uhlmann 曲率	193
	5.3	Uhlmann 过程与动力学过程	194
		5.3.1 两种过程之间的关系	194
		5.3.2 混合态的动力学相位	196
		5.3.3 对偶哈密顿量	197
		5.3.4 混合过程与 Uhlmann 动力学过程	199
	5.4	Uhlmann 过程的其他性质	203
		5.4.1 Uhlmann 平行演化条件与纯态平行演化条件的对比	203
		5.4.2 无限高温下的 Uhlmann 过程	205
	5.5	两能级体系与非幺正 Uhlmann 过程	207
		5.5.1 两能级系统	207
		5.5.2 SSH 模型	211
		5.5.3 关于二维量子系统拓扑 Uhlmann 数的争议	215
	5.6	幺正 Uhlmann 过程	217
		5.6.1 幺正 Uhlmann 过程的存在性	217
		5.6.2 谐振子相干态的 Uhlmann 相位	219
		5.6.3 自旋-j 系统的 Uhlmann 相位	227
	5.7	Uhlmann-Berry 对应关系	242
		5.7.1 Uhlmann 相位与 Berry 相位	242
		5.7.2 Uhlmann 曲率与 Berry 曲率	246
		5.7.3 Uhlmann 曲率与 Wilczek-Zee 曲率	248
	5.8	Uhlmann 相位的实验模拟	250
		5.8.1 平行演化的实验实现	250
		5.8.2 自旋-j 系统的弱化"平行演化"	251
		5.8.3 自旋-$\frac{1}{2}$ 系统的 Uhlmann 淬火动力学过程	253

第 6 章 量子混合态的干涉几何相位 260

	6.1	干涉几何相位简介	260
		6.1.1 混合态的相位	260
		6.1.2 平行演化条件	262
		6.1.3 干涉几何相位与动力学相位	263
		6.1.4 干涉几何相位的规范依赖性	265
		6.1.5 典型例子	266
	6.2	干涉几何相位与 Uhlmann 相位	273

目录

- 6.2.1 混合态纯化与相位匹配条件 ····· 273
- 6.2.2 干涉几何相位与 Uhlmann 相位的异同 ····· 274
- 6.2.3 同一物理过程，两种几何相位 ····· 275
- 6.2.4 三能级玩具模型 ····· 277

第 7 章 混合态几何相位的其他定义 ····· 285

- 7.1 引言 ····· 285
  - 7.1.1 Berry 相位的"直接"推广 ····· 285
  - 7.1.2 干涉几何相位的"直接"推广 ····· 286
- 7.2 热基态–密度矩阵的另一纯态表示 ····· 287
  - 7.2.1 热基态简介 ····· 287
  - 7.2.2* BCS 模型的热基态描述 ····· 289
- 7.3 热 Berry 相位 ····· 291
  - 7.3.1 平行演化条件的推广 ····· 291
  - 7.3.2 热 Berry 相位的理论分析 ····· 292
  - 7.3.3 典型例子 ····· 296
- 7.4 热 Berry 相位与 $U(1)$ 丛 ····· 298
  - 7.4.1 热 Berry 相位的规范不变性 ····· 298
  - 7.4.2 $U(1)$ 丛 ····· 299
  - 7.4.3 Ehresmann 联络与 $U(1)$ 规范联络 ····· 302
  - 7.4.4 $U(1)$ 几何相位–热 Berry 相位 ····· 303
- 7.5 广义干涉几何相位 ····· 304
  - 7.5.1 简介 ····· 304
  - 7.5.2 系统空间上的幺正演化 ····· 305
  - 7.5.3 辅助空间上的幺正演化 ····· 306
  - 7.5.4 系统空间与辅助空间上的联合幺正演化 ····· 308
  - 7.5.5 典型例子 ····· 310

第 8 章 混合态流形与量子几何张量 ····· 314

- 8.1 混合态流形及其度规 ····· 314
  - 8.1.1 混合态相空间 $\mathcal{D}_N^N$ ····· 314
  - 8.1.2 Hilbert-Schmidt 度规 ····· 315
  - 8.1.3 Bures 度规 ····· 316
  - 8.1.4 Bures 度规与量子 Fisher 信息矩阵 ····· 320
- 8.2 $U(N)$-量子几何张量 ····· 322
  - 8.2.1 Uhlmann 度规 ····· 322
  - 8.2.2 Uhlmann 度规与 Bures 度规 ····· 326

  8.2.3 Uhlmann 形式 ·· 329
  8.2.4 纯态与混合态之间的对应与不同 ································ 331
  8.2.5 Bures 距离与 Fubini-Study 距离 ······························· 332
  8.2.6 基本不等式与 Bures 距离的分解 ································ 334
  8.2.7 典型例子 ·· 336
 8.3 $U^N(1)$-量子几何张量 ··· 340
  8.3.1 Sjöqvist 距离 ··· 340
  8.3.2 Sjöqvist 距离与 $U^N(1)$ 主丛 ································· 342
  8.3.3 Sjöqvist 距离的物理意义 ··· 346
  8.3.4 $U^N(1)$-量子几何张量 ··· 349
  8.3.5 基本不等式 ·· 352
  8.3.6 典型例子 ·· 355

参考文献 ·· 363

附录 A Berry 相位的一些补充计算 ································· 369

附录 B Kähler 流形简介 ··· 371
 B.1 复流形 ·· 371
  B.1.1 柯西–黎曼条件 ··· 371
  B.1.2 近复结构 ·· 371
 B.2 厄米流形与 Kähler 流形 ··· 374
  B.2.1 黎曼度规 ·· 374
  B.2.2 厄米度规 ·· 374
  B.2.3 Kähler 形式 ··· 376
  B.2.4 挠率与曲率 ·· 379
  B.2.5 Kähler 流形 ··· 381

附录 C Uhlmann 相位理论中的一些计算 ·························· 383
 C.1 Bures 距离 ·· 383
 C.2 Uhlmann 联络 ·· 385
 C.3 两能级体系 Uhlmann 联络的另一种计算方法 ······················· 386
 C.4 Uhlmann 对主丛联络的推导及其问题 ································ 388

附录 D 量子淬火动力学简介 ··· 391
 D.1 简介 ··· 391
 D.2 理论模型 ··· 392
 D.3 自旋-j 系统的动力学量子相变 ······································· 394
 D.4 在量子混合态中的推广 ··· 395

《21 世纪理论物理及其交叉学科前沿丛书》已出版书目 ················ 398

第 1 章 经典力学中的几何相位

1.1 傅 科 摆

在 1984 年,M. Berry 发现依赖于外参数的量子体系在经历周期性绝热过程后会获得一个几何相位[1],这就是著名的贝里 (Berry) 相位。该发现迅速在全世界物理学界引起巨大的轰动。时至今日,几何相位已经成为现代物理理论中不可或缺的重要概念之一。几何相位有一个重要的特点,就是它对参数空间的几何结构有着深刻的依赖。其实,几何相位在经典物理体系中也并不罕见,在电磁学、光学中都可以找到它的踪影,如阿哈罗诺夫–玻姆效应 (Aharonov-Bohm) 相位。几何相位的研究历史可上溯到 1956 年,当时印度科学家 S. Pancharatnam 在对经典偏振光干涉的研究中就注意到这一相位[2],但在当时并未引起科学界的重视。

在 Berry 相位被发现后的第二年,物理学家 J. Hannay 也在经典力学的拟周期运动中发现了非常类似的现象[3],即经典力学中的几何相位,也被称为 Hannay 角。著名的傅科摆的进动实际上就是牛顿力学体系中几何相位的体现,我们以此为例阐述一下几何相位的物理图像。如图 1.1 所示,考虑在地球纬度为 θ 处的一个傅科摆,假设地球自转角速度为 $\boldsymbol{\Omega}$。在傅科摆所在的地点建立直角坐标系,注意到地球本身并非惯性系,因此摆末端的运动方程为

$$m\ddot{\boldsymbol{x}} = \boldsymbol{F} + \boldsymbol{T} - 2m\boldsymbol{\Omega} \times \dot{\boldsymbol{x}} - m\boldsymbol{\Omega} \times (\boldsymbol{\Omega} \times \boldsymbol{x}), \tag{1.1}$$

其中,$\boldsymbol{x} = x\hat{e}_x + y\hat{e}_y + z\hat{e}_z$,方程右边第一项为重力,第二项为摆绳的拉力,第三项为科里奥利力,第四项为地球自转导致的惯性离心力。该方程的解描述了单摆在缓慢旋转的非惯性系中的振动,其振动平面在地球自转的影响下缓慢旋转 (即单摆的进动),因此 $\boldsymbol{\Omega}$ 可以理解为外参数。令傅科摆的振动频率为 ω,一般情况下有 $\omega \gg \Omega = |\boldsymbol{\Omega}|$。假定傅科摆的顶端固定,因此 $\dot{z} \approx 0$。另外,由于地转离心力正比于 Ω^2,因此也可以被忽略。受地球自转的影响,重力 $\boldsymbol{F}$ 的方向并不严格指向球心,即 $-\hat{e}_z$ 方向 (因为地球对傅科摆万有引力的一部分要抵消离心力)。它与拉力 $\boldsymbol{T}$ 的综合效应可以近似为傅科摆在该 xy–平面上振动的驱动力,因此有

$$\ddot{x} = -\omega^2 x + 2\dot{y}\Omega_z,$$
$$\ddot{y} = -\omega^2 y + 2\dot{x}\Omega_z, \tag{1.2}$$

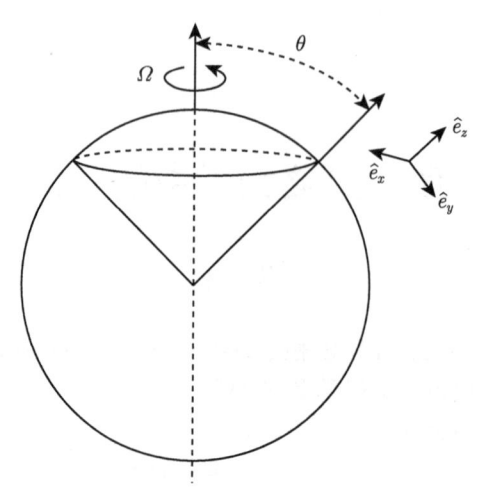

图 1.1 位于纬度 θ 处的傅科摆

其中，$\Omega_z = \Omega\cos\theta$，为 Ω 在纬度 θ 处的分量。令 $w = x + \mathrm{i}y$，方程 (1.2) 可写为

$$\ddot{w} + 2\mathrm{i}\Omega_z \dot{w} + \omega^2 w = 0. \tag{1.3}$$

这是一个常系数二阶微分方程，我们希望寻找形为 $w(t) = \mathrm{e}^{\lambda t}$ 的解，可得对应的特征方程

$$\lambda^2 + 2\mathrm{i}\Omega_z \lambda + \omega^2 = 0. \tag{1.4}$$

其特征根为

$$\lambda = -\mathrm{i}\Omega_z \pm \mathrm{i}\sqrt{\Omega_z^2 + \omega^2} \approx -\mathrm{i}\Omega_z \pm \mathrm{i}\omega. \tag{1.5}$$

因此傅科摆的通解为

$$w(t) = \mathrm{e}^{-\mathrm{i}\Omega_z t}\left(c_1 \mathrm{e}^{\mathrm{i}\omega t} + c_2 \mathrm{e}^{-\mathrm{i}\omega t}\right), \tag{1.6}$$

其中，括号内代表傅科摆在振动平面内的振动，而 $\mathrm{e}^{-\mathrm{i}\Omega_z t}$ 代表在科里奥利力的驱动下，振动平面本身的缓慢转动。在地球自转一个周期 $T = \dfrac{2\pi}{\Omega} = 24\mathrm{h}$ 后，坐标系回到初始状态，而傅科摆的振动平面会转过角度

$$\Delta\phi = \Omega_z T = 2\pi\cos\theta. \tag{1.7}$$

显然，在赤道上傅科摆没有进动。从图 1.1 可清楚地看出，$\Delta\phi$ 实际为地球自转一圈后傅科摆在地球上转过的路径相对球心的立体角，这是一个典型的几何相位，

它仅仅依赖于所在的纬度，而与傅科摆的具体运动毫无关系。此外，通解 (1.6) 的括号内的项在地球自转一周内给出相位

$$\Delta\phi_{\mathrm{D}} = \omega T = \frac{2\pi\omega}{\Omega}. \tag{1.8}$$

这是傅科摆在一昼夜运动所积累的动力学相位。由此我们可以对几何相位有一个初步的印象：所取坐标系 (参数空间) 上的周期性变化，会使得系统的取向 (单摆振动平面) 发生改变 (几何相位)。

1.2 经典力学中的几何相位理论

傅科摆运动可以理解为给可解的平面单摆运动附加一个缓慢的周期扰动 (地球自转)，这一扰动也被称为"绝热的"[①]。从这个例子中，物理学家可以获取如何定义经典几何相位的灵感，但要准确定义这一概念，却远比量子几何相位烦琐，需要引入相当多的概念，不过这并非本书的重点。本章将尽量避开复杂的细节，对经典力学中的几何相位作简单介绍。

1.2.1 哈密顿力学与辛几何

先从几何角度对哈密顿力学作简单介绍，一方面为引入经典力学的几何相位作铺垫，另一方面也便于以后与量子力学的几何结构作对比。要描述任一经典动力学系统需要两个基本要素：用以刻画系统物理状态的集合——相空间 $\mathcal{P}$，以及作用于 $\mathcal{P}$ 上的向量场 X，而 X 定义了系统的动力学。具体而言，若 $\boldsymbol{x} \in \mathcal{P}$，则系统的动力学方程满足

$$\dot{\boldsymbol{x}}(t) = X(\boldsymbol{x}(t)), \quad \boldsymbol{x}(0) = \boldsymbol{x}_0. \tag{1.9}$$

哈密顿力学系统是一种特殊的动力学系统，其相空间上的点由广义坐标 $(q^1, \cdots, q^N)$ 以及与之共轭的广义动量 $(p^1, \cdots, p^N)$ 组合而成。因此哈密顿力学系统的相空间总是偶数维的：$\dim \mathcal{P} = 2N$。其动力学由哈密顿正则方程给出

$$\dot{q}^i = \frac{\partial H}{\partial p_i}, \quad \dot{p}_i = -\frac{\partial H}{\partial q^i}, \quad i = 1, 2, \cdots, N, \tag{1.10}$$

其中，H 为经典哈密顿量。对比式 (1.9)，我们自然会问：决定哈密顿动力学的向量场 X_H 是什么？这需要从哈密顿力学系统的辛几何结构说起。

定义 1.2.1 一个辛几何流形由二元组 $(\mathcal{P}, \Omega)$ 描述，其中 $\mathcal{P}$ 为流形，而 Ω 为非退化的二阶闭形式，即满足：① $\mathrm{d}\Omega = 0$；② 若对任意矢量 $Y \in T_{\boldsymbol{x}}\mathcal{P}(\boldsymbol{x} \in \mathcal{P})$，都有 $\Omega_{\boldsymbol{x}}(Y, Z) = 0$，则必有 $Z = 0$。通常 Ω 也被称为辛形式。

[①] 亦有文献将"绝热的"翻译成"浸渐的"，我们稍后将给出严格定义。

对于哈密顿力学系统，其相空间上的点可记为 $x^i := (q^1, \cdots, q^N, p_1, \cdots, p_N)$，那么显然存在以下辛形式

$$\Omega = \sum_{i=1}^N \mathrm{d}q^i \wedge \mathrm{d}p_i. \tag{1.11}$$

由于 Ω 是非奇异的，则其在外积意义下的 N 次幂可作为相空间的微体积元

$$V = \frac{1}{N!}\overbrace{\Omega \wedge \cdots \wedge \Omega}^{N\text{次}} = \frac{(-1)^{\frac{N(N+1)}{2}}}{N!}\mathrm{d}q^1 \wedge \mathrm{d}q^2 \wedge \cdots \wedge \mathrm{d}q^N \wedge \mathrm{d}p_1 \wedge \mathrm{d}p_2 \wedge \cdots \wedge \mathrm{d}p_N. \tag{1.12}$$

引入 $\mathcal{P}$ 上的局域坐标 $\boldsymbol{x}$，并规定其分量的指标取值范围为 $1 \leqslant i \leqslant 2N$，而 (q^i, p_i) 的指标取值范围为 $1 \leqslant i \leqslant N$，且 $x^i = q^i$，$x^{N+i} = p_i$。利用 $\Omega = \frac{1}{2}\Omega_{ij}\mathrm{d}x^i \wedge \mathrm{d}x^j$，可知 Ω 的分量可表示为矩阵

$$\Omega_{ij} = \begin{pmatrix} 0 & 1_N \\ -1_N & 0 \end{pmatrix}. \tag{1.13}$$

将其逆矩阵记为 Ω^{ij}，易证 $\Omega^{ij} = -\Omega_{ij}$，且两者都是反对称的。由于 Ω 是闭的，由庞加莱引理可知它可以局域地表示为 $\Omega = -\mathrm{d}\Theta$，其中微分 1-形式 Θ 称为辛势，且可表示为

$$\Theta = \sum_{i=1}^N p_i \mathrm{d}q^i. \tag{1.14}$$

定义 1.2.2 令 f 为 $\mathcal{P}$ 上的任一可微函数。一个向量场 X_f 被称为 f 的哈密顿向量场当且仅当它满足[①]

$$i_{X_f}\Omega = \Omega(X_f, \cdot) = \mathrm{d}f. \tag{1.15}$$

以后若非特别指明，本节将默认采用爱因斯坦求和规则。注意到

$$\mathrm{d}f = \partial_j f \mathrm{d}x^j = \partial_j f \mathrm{d}x^k \delta^j{}_k = \Omega^{ji}\Omega_{ik}\partial_j f \mathrm{d}x^k, \tag{1.16}$$

与 $i_{X_f}\Omega = X_f^i \Omega_{ik}\mathrm{d}x^k$ 对比可知

$$X_f^i = -\Omega^{ij}\partial_j f. \tag{1.17}$$

---

① 有些文献对哈密顿向量场的定义会与式 (1.15) 相差一负号，但这只是习惯问题，不会带来本质的改变。

1.2 经典力学中的几何相位理论

利用 Ω^{ij} 及哈密顿向量场可定义力学量之间的泊松括号运算。对于 $\mathcal{P}$ 上的两个函数 f、g，它们之间的泊松括号为

$$\{f,g\} := \Omega(X_f, X_g) = \Omega_{ik} X_f^i X_g^k = \Omega_{ik} \Omega^{ij} \partial_j f \Omega^{kl} \partial_l g$$
$$= \Omega^{ij} \partial_j f \partial_i g = -\Omega^{ij} \partial_i f \partial_j g. \tag{1.18}$$

再利用 $\Omega^{ij} = -\Omega_{ij}$ 和式 (1.11) 可知 $\Omega^{ij} = -\left(\delta^{i,N+i} - \delta^{N+i,i}\right)$，$1 \leqslant i \leqslant N$。因此泊松括号最终给出

$$\{f,g\} = \frac{\partial f}{\partial x^i} \frac{\partial g}{\partial x^{N+i}} - \frac{\partial f}{\partial x^{N+i}} \frac{\partial g}{\partial x^i} = \frac{\partial f}{\partial q^i} \frac{\partial g}{\partial p_i} - \frac{\partial f}{\partial p_i} \frac{\partial g}{\partial q^i}. \tag{1.19}$$

利用泊松括号，哈密顿动力学方程 (1.10) 可表示为

$$\dot{q}^i = \frac{\partial H}{\partial p_i} = \{q^i, H\}, \quad \dot{p}_i = -\frac{\partial H}{\partial q^i} = \{p_i, H\}. \tag{1.20}$$

显然，哈密顿量 H 也是相空间 $\mathcal{P}$ 上的函数，那么也存在与其对应的哈密顿向量场 X_H，且满足

$$\mathrm{d}H = \Omega(X_H, \cdot). \tag{1.21}$$

根据式 (1.17)，X_H 的分量和完整表达式分别为

$$X_H^i = \left(\frac{\partial H}{\partial p_i}, -\frac{\partial H}{\partial q^i}\right), \quad X_H = \frac{\partial H}{\partial p_i} \frac{\partial}{\partial q^i} - \frac{\partial H}{\partial q^i} \frac{\partial}{\partial p_i}. \tag{1.22}$$

因此有

$$\dot{q}^i = \frac{\partial H}{\partial p_i} = X_H(q^i), \quad \dot{p}_i = -\frac{\partial H}{\partial q^i} = X_H(p_i), \tag{1.23}$$

即

$$\dot{x}^i(t) = X_H(x^i(t)). \tag{1.24}$$

这样就回答了本节开头提出的问题：决定哈密顿动力学的向量场 X_H 由式 (1.22) 给出。将上述方程给出的积分曲线称为哈密顿流 $\boldsymbol{x}_H(t)$。利用 $\mathrm{d}\Omega = 0$ 以及嘉当公式不难证明，哈密顿流是保辛结构的。这是因为

$$\mathcal{L}_{X_H} \Omega = i_{X_H} \mathrm{d}\Omega + \mathrm{d}i_{X_H} \Omega = \mathrm{d}\mathrm{d}H = 0, \tag{1.25}$$

那么在点 $\boldsymbol{x}_H(t)$ 处的辛结构 Ω 必满足

$$\frac{\mathrm{d}\Omega_{\boldsymbol{x}_H(t)}}{\mathrm{d}t} = \mathcal{L}_{X_H}\Omega_{\boldsymbol{x}_H(t)} = 0. \tag{1.26}$$

再根据式 (1.12)，可知相空间的体积沿哈密顿流保持不变，这就是刘维尔 (Liouville) 定理。同理可以证明，沿任意可微函数的哈密顿向量场所产生的流，其辛结构均保持不变。

经典力学系统的动力学第一原理是最小作用量原理，由其导出的欧拉–拉格朗日即系统动力学方程。作用量一般表示为 $S(C) = \int_{C(t)} \mathrm{d}tL$，其中 L 为拉格朗日量，C 为坐标空间中的粒子运动路径。既然我们讨论哈密顿力学，自然希望写出相空间 $\mathcal{P}$ 上的作用量表达式。注意到从 H 到 L 的勒让德变换为 $L = p_i\dot{q}^i - H$，那么作用量可表示为

$$S = \int \mathrm{d}t\,(p_i\dot{q}^i - H) = \int [p_i\mathrm{d}q^i - H(q,p)\mathrm{d}t] = \int (\Theta - H\mathrm{d}t). \tag{1.27}$$

为了导出欧拉–拉格朗日方程，我们选择相空间中一条路径 $(q^i(t), p_i(t)), 0 \leqslant t \leqslant \tau$。固定其两个端点，则有

$$\delta q^i(0) = \delta q^i(\tau) = 0, \quad \delta p_i(0) = \delta p_i(\tau) = 0. \tag{1.28}$$

对 S 变分，并利用分部积分，可得

$$\begin{aligned}
\delta S &= \int_0^\tau \left[\delta p_i \mathrm{d}q^i + p_i \mathrm{d}\delta q^i - \delta H(q,p)\mathrm{d}t\right] \\
&= p_i(\tau)\delta q^i(\tau) - p_i(0)\delta q^i(0) + \int_0^\tau \mathrm{d}t\left[\left(\dot{q}^i - \frac{\partial H}{\partial p_i}\right)\delta p_i + \left(\dot{p}_i + \frac{\partial H}{\partial q^i}\right)\delta q^i\right].
\end{aligned} \tag{1.29}$$

这样，最小作用量原理 $\delta S = 0$ 就给出了动力学方程 (1.10)。

最后，考虑任一力学量 f 的动力学演化。f 可以视为 $\mathcal{P}$ 上的可微函数。沿哈密顿流方向对其求导，有

$$\frac{\mathrm{d}f(\boldsymbol{x}_H(t))}{\mathrm{d}t} = \mathcal{L}_{X_H}f(\boldsymbol{x}_H(t)) = \mathrm{d}f(X_H)|_{\boldsymbol{x}_H(t)} = \sum_{i=1}^{2N} X_H^i \partial_i f|_{\boldsymbol{x}_H(t)}. \tag{1.30}$$

再利用式 (1.22) 可得

$$\dot{f} = \frac{\partial f}{\partial q^i}\frac{\partial H}{\partial p_i} - \frac{\partial f}{\partial p_i}\frac{\partial H}{\partial q^i} = \{f, H\}. \tag{1.31}$$

若 $\{f,H\}=0$，则 $\dot{f}=0$，即 f 在 H 所支配的动力学演化下保持不变，因此可称其为守恒量。反之，利用 Ω^{ij} 的反对称性，有 $\{f,H\}=-\{H,f\}$。与式 (1.30)、式 (1.31) 类似，有

$$\frac{\mathrm{d}H(\boldsymbol{x}_f(t))}{\mathrm{d}t}=X_fH=\Omega^{ji}\partial_jf\partial_iH=\{H,f\}=0. \tag{1.32}$$

这意味着沿 X_f 流方向，哈密顿量也是不变的，也就是说 H 在 f 产生的变换下不变，因此这是守恒量 f 所产生的连续对称性。这样就得到了诺特 (Noether) 定理背后的数学根源。

1.2.2 经典可积系统简介

在傅科摆的运动中，被扰动的是平面单摆系统，其运动是完全可解的。用更严格的术语来说，它是一个可积系统。本节将简单介绍一下可积系统的基本性质。

根据 1.2 节中的内容，令三元组 $(\mathcal{P},\Omega,H)$ 表示一个哈密顿力学系统。任意力学量 f 的动力学演化由方程 $\dot{f}=\{f,H\}$ 描述。若 f 是一个守恒量，即 $\{f,H\}=0$，则其解为 $f=$ 常数。一般称之为哈密顿力学系统的一个首次积分，或运动常数。首次积分的存在可减少系统自由度数目。一个哈密顿力学系统至少有一个守恒量，即 H 本身。若系统的自由度为 N，则至多有 $2N$ 个互相独立的运动常数。如果知道了所有首次积分，则系统的运动轨迹就会被彻底确定。然而在一般情况下，只需知道 N 个首次积分该系统就完全可解了。在数学上，可积系统满足的充要条件如下所示。

定理 1.2.1 (弗罗贝尼乌斯 (Frobenius)) 一个哈密顿力学系统是可积的当且仅当存在 $N=\frac{1}{2}\dim\mathcal{P}$ 个运动常数 f_i 时，它们满足

$$\{f_i,f_j\}=0, \quad i,j=1,2,\cdots,N; \tag{1.33}$$

且在 $\boldsymbol{f}=(f_1,f_2,\cdots,f_N)$ 的水平集 (level set)① 上，函数 f_i 彼此独立。用数学语言来讲，第二个条件意味着在集合

$$\boldsymbol{f}^{-1}(C_1,C_2,\cdots,C_N):=\{\boldsymbol{x}\in\mathcal{P}|f_i(\boldsymbol{x})=C_i;i=1,2,\cdots,N\text{且}C_i\in\mathbb{R}\} \tag{1.34}$$

上，有

$$\mathrm{d}f_1\wedge\mathrm{d}f_2\wedge\cdots\wedge\mathrm{d}f_N\neq 0. \tag{1.35}$$

对多数物理学家而言，可积系统的物理图像并不那么直观。不过在后续讨论中可知，经典力学的几何相位仅能定义于仅有一个自由度的力学系统，这样的系

---

① 水平集亦被译为"等高集"，可视为等高线、等高面的推广。

统显然满足上述条件。如果一个力学系统是可积的，则其守恒量（首次积分）可被选作系统的新坐标。这种坐标的引入可通过刘维尔–阿诺德 (Liouville-Arnold) 定理来实现。

定理 1.2.2 (Liouville) 对于任何可积系统，在其相空间上存在 N 个函数 φ_i，且满足

$$\{\varphi_i, \varphi_j\} = 0 \quad \text{和} \quad \{\varphi_i, f_j\} = \delta_{ij}, \quad i,j = 1, 2, \cdots, N, \tag{1.36}$$

而函数 φ_i 并非彻底确定，它有如下的"规范"自由度

$$\varphi_i \longrightarrow \varphi_i + \frac{\partial K}{\partial f_i}, \tag{1.37}$$

其中，K 为 $\mathbb{R}^N$ 上的任意可微函数。

定理 1.2.3 (Arnold) 令 $\boldsymbol{C} = (C_1, C_2, \cdots, C_N)$。假如一个水平集 $\boldsymbol{f}^{-1}(\boldsymbol{C})$ 是紧致且连通的，则它与一个 N 维环面 (torus) 同胚：

$$\boldsymbol{f}^{-1}(\boldsymbol{C}) \cong T^N = \{(\varphi_1, \varphi_2, \cdots, \varphi_N) \mod 2\pi\}. \tag{1.38}$$

此外，$\boldsymbol{f}^{-1}(\boldsymbol{C})$ 上的哈密顿流是准周期的，即

$$\frac{\mathrm{d}\varphi_i}{\mathrm{d}t} = X_H(\varphi_i) = \omega_i(\boldsymbol{C}), \quad i = 1, 2, \cdots, N. \tag{1.39}$$

令 $\boldsymbol{\omega} = (\omega_1, \omega_2, \cdots, \omega_N)$ 为准周期运动的频率向量。$\boldsymbol{\omega}$ 被称为独立的，当且仅当其分量满足如下条件：若有 N 个整数 k_i 使得 $\sum_{i=1}^{N} k_i \omega_i = 0$，则必有 $k_1 = \cdots = k_N = 0$。反之，则称 $\boldsymbol{\omega}$ 为共振 (resonant) 的。可以证明，若 $\boldsymbol{\omega}$ 是独立的，则轨迹在环面上是稠密的；而在共振情况下，轨迹是严格周期性的，即轨迹是闭合的。

通过以上定理可以引入力学系统的另一组正则坐标。Arnold 定理给出了可积系统守恒量的运动图像：它可以视为一个环面。一个 N 维环面有 N 个不等价非平庸环路，图 1.2 给出了二维环面的两个不等价非平庸环路。φ_i 为 γ_i 的角度变量，满足

$$\oint_{\gamma_i} \mathrm{d}\varphi_j = \delta_{ij}, \quad i, j = 1, 2, \cdots, N. \tag{1.40}$$

沿每条 γ_i，可以引入标准作用量变量 (standard action variable)

$$I_i(\boldsymbol{C}) = \frac{1}{2\pi} \oint_{\gamma_i} \Theta, \quad i = 1, 2, \cdots, N. \tag{1.41}$$

1.2 经典力学中的几何相位理论

在 1.2.1 节引入辛势 Θ 时，它有一个规范自由度，即在变换 $\Theta \longrightarrow \Theta + \mathrm{d}F$ (F 为任一可微函数) 下，辛形式 Ω 不变。同样，作用量 I_i 也是规范不变的，因为 $\oint_{\gamma_i} \mathrm{d}F = 0$。此外，在动力学演化下，$I_i$ 是守恒量。令 Σ_i 为回路 γ_i 包围的某一曲面，即 $\partial\Sigma_i = \gamma_i$，利用斯托克斯定理，有

$$I_i(\boldsymbol{C}) = \frac{1}{2\pi}\oint_{\gamma_i} \Theta = \frac{1}{2\pi}\iint_{\Sigma_i}\mathrm{d}\Theta = \frac{1}{2\pi}\iint_{\Sigma_i}\Omega. \tag{1.42}$$

如式 (1.26) 所示，Ω 在哈密顿动力学演化下保持不变，则 I_i 亦如此。

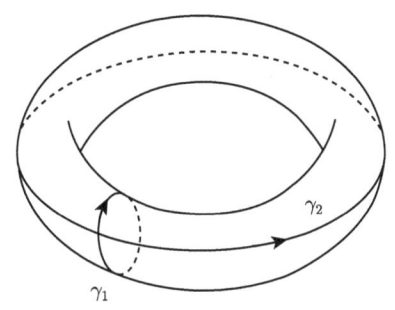

图 1.2 二维环面 T^2 的两个不等价非平庸环路 $\gamma_{1,2}$。两者既不能连续地收缩为一点，也不能通过连续变换互相转换

动力学守恒量 I_i 可作为新坐标中的广义动量，而 φ_i 在动力学演化下是准周期函数，可作为前者的共轭坐标。这一做法的前提是雅可比行列式 $\det\left(\dfrac{\partial I_i}{\partial C_j}\right)$ 非零，即 C_j 可局域地用 I_i 表示。这样，哈密顿力学系统就有了一组新的正则坐标 $(\varphi_1,\cdots,\varphi_N,I_1,\cdots,I_N)$，称为作用量–角度坐标 (action-angle variable)。记 $\boldsymbol{q} = (q^1,\cdots,q^N)$，$\boldsymbol{I} = (I_1,\cdots,I_N)$，则存在正则坐标变换，使得

$$(q^1,\cdots,q^N,p_1,\cdots,p_N) \longrightarrow (\varphi_1,\cdots,\varphi_N,I_1,\cdots,I_N), \tag{1.43}$$

且该变换的生成函数 $S(\boldsymbol{q},\boldsymbol{I})$ 满足

$$\mathrm{d}S(\boldsymbol{q},\boldsymbol{I}) = \sum_{i=1}^{N}\left(p_i\mathrm{d}q^i + \varphi_i\mathrm{d}I_i\right). \tag{1.44}$$

由于上式左边是全微分，由此有

$$p_i = \frac{\partial S}{\partial q^i}, \quad \varphi_i = \frac{\partial S}{\partial I_i}. \tag{1.45}$$

$S(\boldsymbol{q}, \boldsymbol{I})$ 的构造细节可见参考文献 [4]，这里不详述。需要强调的是，S 在 T^N 上是多值函数。记 $\boldsymbol{\varphi} = (\varphi_1, \cdots, \varphi_N)$，则 $(\boldsymbol{I}, \boldsymbol{\varphi})$ 满足的动力学方程为

$$\frac{\mathrm{d}I_i}{\mathrm{d}t} = 0, \quad \frac{\mathrm{d}\varphi_i}{\mathrm{d}t} = \omega_i, \quad i = 1, 2, \cdots, N. \tag{1.46}$$

其解为

$$\boldsymbol{I}(t) = \boldsymbol{I}(0), \quad \boldsymbol{\varphi}(t) = \boldsymbol{\varphi}(0) + \boldsymbol{\omega}t. \tag{1.47}$$

因此，可积系统的运动轨迹是完全确定的。

例 1.2.1 平面单摆的运动与一维谐振子等价，后者的哈密顿量为 $H = \frac{1}{2} \cdot \left(\frac{p^2}{m} + m\omega^2 x^2\right)$。该系统只有 1 个自由度。取正则坐标

$$Q = \sqrt{m\omega}\, x, \quad P = \frac{p}{\sqrt{m\omega}}. \tag{1.48}$$

相空间为 $\mathcal{P} = \{(Q, P)\} \cong \mathbb{R}^2$，辛形式为 $\Omega = \mathrm{d}Q \wedge \mathrm{d}P$，而哈密顿量为

$$H = \frac{\omega}{2}(P^2 + Q^2). \tag{1.49}$$

H 同时也是守恒量。运动轨迹 $H = E > 0$ 为 $\mathcal{P}$ 上的一个圆，即一维环路 T^1。标准作用量为

$$I = \frac{1}{2\pi} \oint_{P^2 + Q^2 = \frac{2E}{\omega}} P\mathrm{d}Q. \tag{1.50}$$

注意到 $\oint_C P\mathrm{d}Q$ 代表在 $\mathcal{P}$ 中闭合曲线 C 围成的面积，因此 I 也正比于谐振子运动轨迹在相空间中所围成的面积。令 $P = \sqrt{\frac{2E}{\omega}} \cos\varphi$，$Q = \sqrt{\frac{2E}{\omega}} \sin\varphi$，则

$$I = \frac{1}{2\pi} \frac{2E}{\omega} \int_0^{2\pi} \cos^2\varphi\, \mathrm{d}\varphi = \frac{E}{\omega} = \frac{H}{\omega}. \tag{1.51}$$

I 显然满足运动方程

$$\dot{I} = \{I, H\} = 0. \tag{1.52}$$

系统的作用量–角度坐标为 (φ, I)，则坐标变换的具体形式为

$$P = \sqrt{2I} \cos\varphi, \quad Q = \sqrt{2I} \sin\varphi. \tag{1.53}$$

1.2 经典力学中的几何相位理论

其逆变换为

$$I = \frac{1}{2}\left(P^2 + Q^2\right), \quad \varphi = \arctan\frac{Q}{P} \tag{1.54}$$

根据式 (1.22)，H 生成的哈密顿向量场为 $X_H = \left(\dfrac{\partial H}{\partial P}, -\dfrac{\partial H}{\partial Q}\right) = (\omega P, -\omega Q)$。再利用变换式 (1.54) 和式 (1.39)，φ 的动力学方程为

$$\begin{aligned}
\dot\varphi &= \frac{\partial H}{\partial P}\frac{\partial\varphi}{\partial Q} - \frac{\partial H}{\partial Q}\frac{\partial\varphi}{\partial P}\\
&= \omega P\frac{1}{P\left(1+\dfrac{Q^2}{P^2}\right)} + \omega Q\frac{Q}{P^2\left(1+\dfrac{Q^2}{P^2}\right)}\\
&= \omega.
\end{aligned} \tag{1.55}$$

或者用新坐标下的哈密顿量 $H = H(\varphi, I) = \omega I$ 来计算

$$\dot\varphi = \{\varphi, H\} = \frac{\partial H}{\partial I} = \omega, \tag{1.56}$$

均与预期结果吻合。其解为 $\varphi(t) = \omega t + \varphi_0$。用原正则坐标表示，则为

$$P = \sqrt{2I}\cos(\omega t + \varphi_0), \quad Q = \sqrt{2I}\sin(\omega t + \varphi_0). \tag{1.57}$$

例 1.2.2 考虑上例的一般推广，假设某自由度个数为 1 的力学系统作周期为 τ 的运动，其轨迹可表示为 $(q(t), p(t))$，$0 \leqslant t \leqslant \tau$。那么作用量 I 为

$$I = \frac{1}{2\pi}\oint p\,\mathrm{d}q = \frac{1}{2\pi}\int_0^\tau \mathrm{d}t\, p\frac{\mathrm{d}q}{\mathrm{d}t}. \tag{1.58}$$

对系统作正则坐标变换 $(q, p) \longrightarrow (\varphi, I)$。$I$ 是守恒量，因此

$$\dot I = -\frac{\partial H}{\partial \varphi} = 0, \tag{1.59}$$

即 φ 是循环坐标。在新坐标 (φ, I) 下，H 不显含 φ，只是 I 的函数。φ 的动力学方程为

$$\dot\varphi = \frac{\partial H}{\partial I} = H'(I). \tag{1.60}$$

$H'(I)$ 为角频率，即 $\dfrac{2\pi}{\tau}$，这可从下面的推导看出来。式 (1.58) 两边对 I 微分，且利用分部积分以及 $p(\tau) = p(0)$，可得

$$\begin{aligned}
1 &= \frac{1}{2\pi}\int_0^\tau \mathrm{d}t\left(\frac{\partial p}{\partial I}\frac{\mathrm{d}q}{\mathrm{d}t} + p\frac{\partial}{\partial I}\frac{\mathrm{d}q}{\mathrm{d}t}\right) \\
&= \frac{1}{2\pi}\int_0^\tau \mathrm{d}t\left(\frac{\partial p}{\partial I}\frac{\partial q}{\partial \varphi}\dot{\varphi} - \frac{\mathrm{d}p}{\mathrm{d}t}\frac{\partial q}{\partial I}\right) \\
&= \frac{H'(I)}{2\pi}\int_0^\tau \mathrm{d}t\left(\frac{\partial q}{\partial \varphi}\frac{\partial p}{\partial I} - \frac{\partial q}{\partial I}\frac{\partial p}{\partial \varphi}\right) \\
&= \frac{H'(I)}{2\pi}\int_0^\tau \mathrm{d}t\{q,p\} \\
&= \frac{\tau H'(I)}{2\pi}.
\end{aligned} \tag{1.61}$$

其中，第三行括号内为新坐标 (φ, I) 下的泊松括号，所以有 $\{q,p\} = 1$。因此 $\dot{\varphi} = H'(I) = \dfrac{2\pi}{\tau} = \omega$。解之可得 $H = \omega I$ 及 $\varphi = \omega t + \varphi_0$。

1.2.3 绝热不变量与经典绝热定理

可积系统的运动状态是完全确定的，其动力学方程很简单

$$\dot{\boldsymbol{\varphi}} = \boldsymbol{\omega} = \frac{\partial H}{\partial \boldsymbol{I}}, \quad \dot{\boldsymbol{I}} = \boldsymbol{0}. \tag{1.62}$$

现在考虑对其施加微扰，动力学方程变为

$$\dot{\boldsymbol{\varphi}} = \boldsymbol{\omega}(\boldsymbol{I}) + \epsilon \boldsymbol{F}(\boldsymbol{I},\boldsymbol{\varphi}), \quad \dot{\boldsymbol{I}} = \epsilon \boldsymbol{G}(\boldsymbol{I},\boldsymbol{\varphi}), \tag{1.63}$$

其中，$\boldsymbol{F} = (F_1,\cdots,F_N)$，$\boldsymbol{G} = (G_1,\cdots,G_N)$ 为扰动项。尽管 $\boldsymbol{I}$ 不再是守恒量，但只要扰动足够小，即 $|\epsilon| \ll 1$，那么就可以合理地假设 $\boldsymbol{I}$ 随时间的变化远比 $\boldsymbol{\varphi}$ 慢。在这种情况下，可以积掉变化较快的 $\boldsymbol{\varphi}$，使得方程 (1.63) 的第二式变为

$$\dot{\bar{\boldsymbol{I}}} = \epsilon\langle\boldsymbol{G}\rangle(\bar{\boldsymbol{I}}), \tag{1.64}$$

其中，$\bar{\boldsymbol{I}}$ 代表被平均后的作用量变量，且

$$\langle\boldsymbol{G}\rangle := \frac{1}{(2\pi)^N}\int_0^{2\pi}\cdots\int_0^{2\pi} \boldsymbol{G}(\boldsymbol{I},\boldsymbol{\varphi})\mathrm{d}\varphi_1\cdots\mathrm{d}\varphi_N \tag{1.65}$$

为 $\boldsymbol{G}$ 在 T^N 上的平均。由于 $\boldsymbol{\varphi}$ 被积掉，平均扰动 $\langle\boldsymbol{G}\rangle$ 只是 $\bar{\boldsymbol{I}}$ 的函数。物理直觉告诉我们，当 $|\epsilon| \ll 1$ 时，$\bar{\boldsymbol{I}}$ 可以给出 $\boldsymbol{I}$ 足够好的近似。然而，该结论仅当系统只有 1 个自由度，即 $N = 1$ 时才成立。

1.2 经典力学中的几何相位理论

定理 1.2.4 考虑 $N=1$ 的周期性微扰系统，其动力学方程为

$$\dot{\varphi} = \omega(I) + \epsilon F(I, \varphi), \quad \dot{I} = \epsilon G(I, \varphi), \tag{1.66}$$

且扰动项满足周期性条件：$F(I,\varphi) = F(I, \varphi+2\pi)$，$G(I,\varphi) = G(I, \varphi+2\pi)$。此外，$\omega$、$F$ 和 G 还满足一些正规化条件[5]。在这些条件下，如果 $\omega \neq 0$，则存在常数 $\mathcal{C}$ 使得对 $0 < t < \dfrac{1}{\epsilon}$，有

$$|I(t) - \bar{I}(t)| < \mathcal{C}\epsilon. \tag{1.67}$$

例 1.2.3 给一维谐振子加上周期性微扰项，动力学方程变为

$$\dot{\varphi} = \omega, \quad \dot{I} = \epsilon(a + b\cos\varphi). \tag{1.68}$$

则微扰项为 $F = 0$，$G = a + b\cos\varphi$。该方程的解为

$$\varphi(t) = \varphi_0 + \omega t, \quad I(t) = I_0 + \epsilon\left[at + \frac{b}{\omega}\sin(\omega t + \varphi_0)\right] \tag{1.69}$$

作用量 I 在 T^1 上的平均值也很容易算出

$$\dot{\bar{I}}(t) = \epsilon a \Longrightarrow \bar{I}(t) = I_0 + \epsilon a t. \tag{1.70}$$

我们在图 1.3 中给出了 $I(t)$ 与其平均值 $\bar{I}(t)$ 的对比图。两者之差满足

$$\left|I(t) - \bar{I}(t)\right| = \epsilon\left|\frac{b}{\omega}\sin(\omega t + \varphi_0)\right| \leqslant \epsilon\left|\frac{b}{\omega}\right|. \tag{1.71}$$

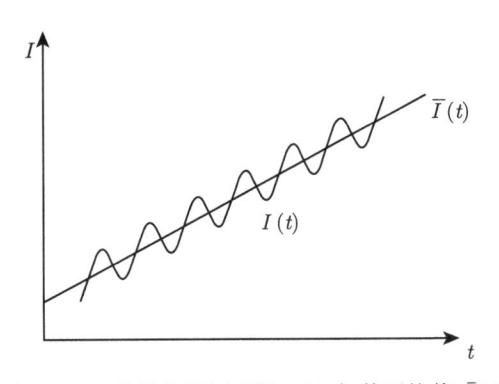

图 1.3　一维微扰谐振子的 $I(t)$ 与其平均值 $\bar{I}(t)$

若衡量微扰强度的常数 $\epsilon \longrightarrow 0$，代表哈密顿量的扰动变得无限缓慢，这称为经典力学系统的绝热极限。为方便讨论绝热极限的物理效应，我们用 $\tilde{t} := \epsilon t$ 来取代原物理时间 t，那么哈密顿正则方程变为

$$\frac{\mathrm{d}q^i}{\mathrm{d}\tilde{t}} = \frac{1}{\epsilon}\frac{\partial H}{\partial p_i}, \quad \frac{\mathrm{d}p_i}{\mathrm{d}\tilde{t}} = -\frac{1}{\epsilon}\frac{\partial H}{\partial q^i}. \tag{1.72}$$

定义 1.2.3 在由动力学方程 (1.72) 支配的力学系统中，一个力学量 $f(q^i(t), p_i(t); \epsilon t)$ 被称为绝热不变量，当且仅当它满足如下条件：对任意 $\kappa > 0$，都存在 $\epsilon_0 > 0$ 使得对任意 $\epsilon < \epsilon_0$ 和 $0 < t < \dfrac{1}{\epsilon}$，总有

$$\left| f(q^i(t), p_i(t); \epsilon t) - f(q^i(0), p_i(0); 0) \right| < \kappa. \tag{1.73}$$

再次考虑仅有 1 个自由度的含时微扰力学系统，其哈密顿量对时间的依赖通过外参数 $\boldsymbol{R} \in M$ 来实现，即 $H(t) \equiv H(\boldsymbol{R}(t))$，其中 M 为参数流形。将哈密顿量的完整形式记为 $H = H(q, p; \boldsymbol{R})$。根据定理 1.2.1 和定理 1.2.3，对于固定的 $\boldsymbol{R}$，该系统总是可积的，且其水平集同胚于 T^1。因此我们可引入作用量变量

$$I(q, p; \boldsymbol{R}) = \frac{1}{2\pi}\oint_{T^1} p\mathrm{d}q. \tag{1.74}$$

例 1.2.4 考虑例 1.2.2 的进一步推广。对于缓变力学系统，通过式 (1.74) 引入作用量之后，仍有 $H = \omega I$。此时系统做准周期运动，在一个周期内，可以近似地认为 φ 改变了 2π。因此，式 (1.58) 可改写为

$$I = \frac{1}{2\pi}\int_0^{2\pi}\mathrm{d}\varphi\, p\frac{\partial q}{\partial \varphi}. \tag{1.75}$$

利用 $\mathrm{d}\varphi = \omega\mathrm{d}t$，则作用量的时间变化率为

$$\begin{aligned}\frac{\mathrm{d}I}{\mathrm{d}t} &= \frac{1}{2\pi}\int_0^{2\pi}\mathrm{d}\varphi\left(\frac{\mathrm{d}p}{\mathrm{d}t}\frac{\partial q}{\partial \varphi} + p\frac{\mathrm{d}}{\mathrm{d}t}\frac{\partial q}{\partial \varphi}\right) \\ &= \frac{\omega}{2\pi}\int_0^{2\pi}\mathrm{d}\varphi\frac{\mathrm{d}}{\mathrm{d}\varphi}\left(p\frac{\partial q}{\partial \varphi}\right) \\ &= \frac{\omega}{2\pi}p\frac{\partial q}{\partial \varphi}\bigg|_{\varphi=0}^{\varphi=2\pi}.\end{aligned} \tag{1.76}$$

1.2 经典力学中的几何相位理论

令 $\Delta_\tau(p\partial_\varphi q)$ 为 $p\partial_\varphi q$ 在一周期内的变化。对于缓变力学系统，因 (q,p) 作准周期变化，p 和 $\partial_\varphi q$ 在一周期的变动应为小量。因此对 $0 < t < \dfrac{1}{\epsilon}$，有

$$|I(t) - I(0)| = \left|\frac{\omega t}{2\pi}\Delta_\tau(p\partial_\varphi q)\right| < \left|\frac{\omega}{2\pi\epsilon}\Delta_\tau(p\partial_\varphi q)\right|. \tag{1.77}$$

所以，I 为绝热不变量。这实际上是经典绝热定理的简化版。

定理 1.2.5 (经典绝热定理) 若频率 $\omega(I;\boldsymbol{R}) = \dfrac{\partial H(I;\boldsymbol{R})}{\partial I} \neq 0$，则 $I(q,p;\boldsymbol{R})$ 是一个绝热不变量。

这里给出一个较严格的证明。考虑依赖外参数的含时缓变力学系统，在任意参数 $\boldsymbol{R} \in M$ 处，利用生成函数 $S(q,I;\boldsymbol{R})$ 来实施正则坐标变换：$(q,p) \longrightarrow (\varphi, I)$。在新坐标下，仍有 $H = \omega I$，因此我们将哈密顿量记为 $H(I;\boldsymbol{R})$。生成函数 S 依赖于 $I(\boldsymbol{R})$，因此在 T^1 上是多值的，从而使得正则变换后的角变量 φ 是 q 的多值函数 (图 1.4)。我们必须取 S 的某一单值分支 $S^{(\alpha)}$ 来实施坐标变换，其满足

$$p^{(\alpha)}\mathrm{d}q + \varphi^{(\alpha)}\mathrm{d}I = \mathrm{d}S^{(\alpha)}(q,I;\boldsymbol{R}), \tag{1.78}$$

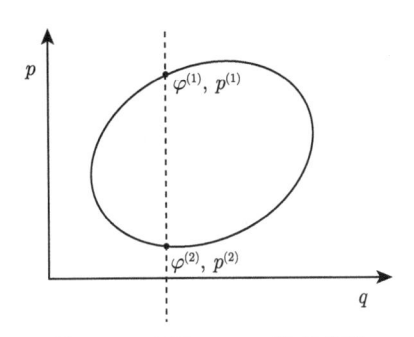

图 1.4 映射 $q \to \varphi$ 的多值性

从而有

$$p^{(\alpha)} = \frac{\partial S^{(\alpha)}}{\partial q}, \quad \varphi^{(\alpha)} = \frac{\partial S^{(\alpha)}}{\partial I}. \tag{1.79}$$

生成函数 S 通过 $\boldsymbol{R}$ 依赖于时间。在这种情况下，新老哈密顿量之间的变换为

$$\tilde{H}(I,\varphi;\boldsymbol{R}) = H_0(I;\boldsymbol{R}) + \frac{\partial S^{(\alpha)}(q(\varphi,I;\boldsymbol{R}),I;\boldsymbol{R})}{\partial t}, \tag{1.80}$$

其中

$$H_0(I;\boldsymbol{R}) \equiv H(q(\varphi,I;\boldsymbol{R}), p(\varphi,I;\boldsymbol{R});\boldsymbol{R}), \tag{1.81}$$

生成函数 $S^{(\alpha)}$ 的出现对经典几何相位至关重要。在本节最后将会给出式 (1.80) 的证明。由于选择了单值分支 $S^{(\alpha)}$，φ 被唯一确定，因此去掉其分支标记 α。q 亦可视为 φ 的单值函数，从而可进一步认为 $S^{(\alpha)}$ 是 φ、I 和 $\boldsymbol{R}$ 的函数。为简化符号，引入

$$\mathfrak{S}(\varphi, I; \boldsymbol{R}) = S^{(\alpha)}(q(\varphi, I; \boldsymbol{R}), I; \boldsymbol{R}). \tag{1.82}$$

令参数流形的维数为 $k = \dim M$，则其局域坐标为 $\boldsymbol{R} = (R^1, \cdots, R^k)$。设 $S^{(\alpha)}$ 对 t 的依赖通过 M 上的演化曲线 $\boldsymbol{R}(t)$ 实现，因此有

$$\frac{\partial S^{(\alpha)}}{\partial t} = \sum_{i=1}^{k} \frac{\partial S^{(\alpha)}}{\partial R^i} \dot{R}^i. \tag{1.83}$$

根据 $\mathfrak{S}$ 的定义，有

$$\frac{\partial \mathfrak{S}}{\partial R^i} = \frac{\partial S^{(\alpha)}}{\partial q} \frac{\partial q}{\partial R^i} + \frac{\partial S^{(\alpha)}}{\partial R^i} = p^{(\alpha)} \frac{\partial q}{\partial R^i} + \frac{\partial S^{(\alpha)}}{\partial R^i}, \tag{1.84}$$

从而式 (1.83) 变为

$$\frac{\partial S^{(\alpha)}}{\partial t} = \sum_{i=1}^{k} \left(\frac{\partial \mathfrak{S}}{\partial R^i} - p^{(\alpha)} \frac{\partial q}{\partial R^i} \right) \dot{R}^i. \tag{1.85}$$

由于 $S^{(\alpha)}$、$p^{(\alpha)}$ 都被 $(\varphi, I; \boldsymbol{R})$ 唯一确定，为简单起见，同样可略去其分支标记 α。最终，新哈密顿量可表示为

$$\tilde{H}(\varphi, I; \boldsymbol{R}) = H_0(I; \boldsymbol{R}) + \sum_{i=1}^{k} \left(\frac{\partial \mathfrak{S}}{\partial R^i} - p \frac{\partial q}{\partial R^i} \right) \dot{R}^i, \tag{1.86}$$

其中，(q, p) 被 $(\varphi, I; \boldsymbol{R})$ 唯一确定。在新坐标下，该缓变力学系统的哈密顿正则方程为

$$\dot{\varphi} = \frac{\partial \tilde{H}}{\partial I} = \omega(I; \boldsymbol{R}) + \frac{\partial}{\partial I} \sum_{i=1}^{k} \left(\frac{\partial \mathfrak{S}}{\partial R^i} - p \frac{\partial q}{\partial R^i} \right) \dot{R}^i, \tag{1.87}$$

$$\dot{I} = -\frac{\partial \tilde{H}}{\partial \varphi} = -\frac{\partial}{\partial \varphi} \sum_{i=1}^{k} \left(\frac{\partial \mathfrak{S}}{\partial R^i} - p \frac{\partial q}{\partial R^i} \right) \dot{R}^i, \tag{1.88}$$

且 $\omega(I; \boldsymbol{R}) = \dfrac{\partial H_0}{\partial I}$。对时间尺度进行缩放，令 $\tilde{t} = \epsilon t$，则运动方程变为

$$\dot{\varphi} = \omega(I; \boldsymbol{R}) + \epsilon F(\varphi, I; \boldsymbol{R}),$$

1.2 经典力学中的几何相位理论

$$\dot{I} = \epsilon G(\varphi, I; \boldsymbol{R}), \tag{1.89}$$

其中,扰动项的时间微分是针对 $\tilde{t}$ 的,即

$$F(\varphi, I; \boldsymbol{R}) = \frac{\partial}{\partial I} \sum_{i=1}^{k} \left(\frac{\partial \mathfrak{S}}{\partial R^i} - p \frac{\partial q}{\partial R^i} \right) \frac{\partial R^i}{\partial \tilde{t}}$$

$$G(\varphi, I; \boldsymbol{R}) = -\frac{\partial}{\partial \varphi} \sum_{i=1}^{k} \left(\frac{\partial \mathfrak{S}}{\partial R^i} - p \frac{\partial q}{\partial R^i} \right) \frac{\partial R^i}{\partial \tilde{t}}. \tag{1.90}$$

现在考虑作用量的平均:$\dot{\bar{I}} = \epsilon \langle G \rangle$。由于 G 是针对 φ 的微分,则根据定义式 (1.65) 可知 $\langle G \rangle = 0$。因此 $\bar{I}$ 是一个动力学常数:$\bar{I}(t) = \bar{I}(0) \equiv I(0)$。由定理 1.2.4 可知,存在常数 $\mathcal{C}$ 使得当 $0 < t < \frac{1}{\epsilon}$ 时有

$$\left| I(t) - \bar{I}(t) \right| < \mathcal{C}\epsilon, \tag{1.91}$$

即

$$\left| I(t) - I(0) \right| < \mathcal{C}\epsilon. \tag{1.92}$$

对比定义 1.2.3,可知 $I(t)$ 是绝热不变量。

例 1.2.5 再次考虑谐振子。如果角频率 ω 对时间有依赖,则谐振子能量不再是守恒量,可记为 $E(t)$。但如果 ω 随时间的变化足够缓慢,那么作用量 $I = \dfrac{E(t)}{\omega(t)}$ 在绝热极限下是守恒量。谐振子在相空间的运动轨迹为一椭圆

$$\frac{p^2}{2m} + \frac{1}{2}\omega^2(t)q^2 = E(t), \tag{1.93}$$

其面积是绝热不变量。

最后,我们探讨一下为什么新老哈密顿量之间的正则变换是由方程 (1.80) 给出的。考虑含时系统,在哈密顿力学中,正则变换将正则坐标 (q,p) 变为 (φ, I),哈密顿量也从 $H(q,p,t)$ 变为 $\tilde{H}(\varphi, I, t)$。在该变换下,我们希望运动方程的形式保持不变,即有

$$\begin{cases} \dot{q} = \dfrac{\partial H}{\partial p}, \\ \dot{p} = -\dfrac{\partial H}{\partial q} \end{cases} \quad \text{和} \quad \begin{cases} \dot{\varphi} = \dfrac{\partial \tilde{H}}{\partial I}, \\ \dot{I} = -\dfrac{\partial \tilde{H}}{\partial \varphi}. \end{cases} \tag{1.94}$$

与式 (1.27) 及相关讨论类似，以上运动方程均可由最小作用量原理给出，即

$$\delta \int_0^\tau \mathrm{d}t \left[p\dot{q} - H(q,p,t) \right] = 0,$$

$$\delta \int_0^\tau \mathrm{d}t \left[I\dot{\varphi} - \tilde{H}(q,p,t) \right] = 0. \tag{1.95}$$

最简单的做法就是取

$$\sigma \left[p\dot{q} - H(q,p,t) \right] = I\dot{\varphi} - \tilde{H}(q,p,t) + \frac{\mathrm{d}G}{\mathrm{d}t}. \tag{1.96}$$

在上式中 σ 为标度因子，若 $\sigma = 1$，则称其为正则变换。G 为生成函数，习惯上取 $G = -I\varphi + S(q,I,t)$，这样 S 为旧坐标和新动量的函数，属于第二类生成函数。将以上关系代入式 (1.96)，有

$$p\dot{q} - H = I\dot{\varphi} - \tilde{H} - I\dot{\varphi} - \dot{I}\varphi + \frac{\partial S}{\partial t} + \frac{\partial S}{\partial q}\dot{q} + \frac{\partial S}{\partial I}\dot{I}$$

$$\Rightarrow \left(p - \frac{\partial S}{\partial q} \right)\dot{q} + \left(\varphi - \frac{\partial S}{\partial I} \right)\dot{I} + \tilde{H} - H - \frac{\partial S}{\partial t} = 0. \tag{1.97}$$

因此得到变换

$$p = \frac{\partial S}{\partial q}, \quad \varphi = \frac{\partial S}{\partial I}, \quad \tilde{H} = H + \frac{\partial S}{\partial t}. \tag{1.98}$$

1.2.4 经典几何相位——Hannay 角

对于准周期缓变力学系统，角变量 φ 的完整动力学方程由式 (1.87) 描述，对其积分可得

$$\varphi(t) - \varphi(0) = \int_0^t \omega(I; \boldsymbol{R}(t'))\mathrm{d}t' + \frac{\partial}{\partial I} \int_0^t \sum_{i=1}^k \left(\frac{\partial \mathfrak{S}}{\partial R^i} - p\frac{\partial q}{\partial R^i} \right) \frac{\partial R^i}{\partial t'}\mathrm{d}t'. \tag{1.99}$$

上式右边第一项为经典动力学相位，来自系统自身运动所产生的相位积累，对于可积系统它就是

$$\varphi(t) - \varphi(0) = \omega(I)t. \tag{1.100}$$

第二项来自含时生成函数 S^α 所引入的正则变换 $(q,p) \longrightarrow (\varphi, I)$。$S^\alpha$ 对时间的依赖通过 M 上的参数曲线 $\boldsymbol{R}(t)$ 来实现。现考虑闭合演化曲线 $C(t) = \boldsymbol{R}(t)$，满足 $\boldsymbol{R}(\tau) = \boldsymbol{R}(0)$，它"诱导"出缓变力学系统的绝热准周期运动。那么第二项变为

$$\Delta\varphi(I;C) = \frac{\partial}{\partial I} \oint_C (\mathrm{d}_M \mathfrak{S} - p\mathrm{d}_M q), \tag{1.101}$$

1.2 经典力学中的几何相位理论

其中，d_M 为参数流形 M 上的微分。在绝热极限下，上式右边可用其平均值代替，因此有

$$\Delta\varphi(I;C) = \frac{\partial}{\partial I}\oint_C \langle \mathrm{d}_M\mathfrak{S} - p\mathrm{d}_M q\rangle = -\frac{\partial}{\partial I}\oint_C \langle p\mathrm{d}_M q\rangle. \tag{1.102}$$

因为 $\mathrm{d}_M\mathfrak{S}$ 是闭的，所以它在闭合回路 C 上的积分为 0。$\Delta\varphi(I;C)$ 即经典几何相位——Hannay 角，产生于参数的绝热周期演化。在该演化过程中，角变量的改变包括了动力学相位与几何相位

$$\Delta\varphi(\tau) = \int_0^\tau \omega(I;\boldsymbol{R}(t))\mathrm{d}t + \Delta\varphi(I;C). \tag{1.103}$$

令 $\mathcal{A}(I) = \langle p\mathrm{d}_M q\rangle$，且 Σ 为 C 所围成的某一曲面，那么轴的旋转对称性

$$\Delta\varphi(I;C) = -\frac{\partial}{\partial I}\oint_C \mathcal{A}(I) = -\frac{\partial}{\partial I}\iint_\Sigma \mathcal{F}(I), \tag{1.104}$$

其中

$$\mathcal{F}(I) = \mathrm{d}_M\mathcal{A}(I) = \langle \mathrm{d}_M p \wedge \mathrm{d}_M q\rangle. \tag{1.105}$$

由此可见，在绝热极限下，经典几何相位仅与作用量 I 以及演化参数曲线 C 有关，而与演化速度无关。注意到 T^1 依赖于外参数 $\boldsymbol{R}$，那么坐标 (φ, I) 并非唯一确定，可对角变量作任一"规范变换"

$$\varphi \longrightarrow \varphi + \chi(\boldsymbol{R}). \tag{1.106}$$

在此变换下，有

$$\frac{\partial \mathcal{A}(I)}{\partial I} \longrightarrow \frac{\partial \mathcal{A}(I)}{\partial I} + \mathrm{d}_M\chi, \tag{1.107}$$

利用 $\mathrm{d}_M^2 = 0$，可知

$$\frac{\partial \mathcal{F}(I)}{\partial I} = \mathrm{d}_M\frac{\partial \mathcal{A}(I)}{\partial I} \longrightarrow \frac{\partial \mathcal{F}(I)}{\partial I}, \tag{1.108}$$

因此 Hannay 角是规范不变的。

例 1.2.6 广义谐振子的几何相位。在例 1.2.1 中，哈密顿量正比于坐标和动量平方和 (见式 (1.49))，这是一种特殊二次型。广义谐振子的哈密顿量为变量 (q,p) 的一般二次型

$$H = \frac{1}{2}\left(Xq^2 + 2Yqp + Zp^2\right). \tag{1.109}$$

该系统依赖于外参数 $\boldsymbol{R} = (X, Y, Z) \in \mathbb{R}^3$。当 $\boldsymbol{R}$ 给定时，系统的运动精确可解。利用泊松括号可得运动方程

$$\frac{\mathrm{d}}{\mathrm{d}t}\begin{pmatrix} q \\ p \end{pmatrix} = \begin{pmatrix} Y & Z \\ -X & -Y \end{pmatrix} \begin{pmatrix} q \\ p \end{pmatrix}. \tag{1.110}$$

消去 p 可得 q 的二阶微分方程

$$\ddot{q} + (XZ - Y^2)q = 0. \tag{1.111}$$

当 $XZ > Y^2$ 时，系统在相空间中的运动轨迹为椭圆；而当 $XZ < Y^2$ 时，运动轨迹为双曲线。我们仅关注周期性运动，所以只考虑条件 $XZ > Y^2$。那么参数空间为 $\mathbb{R}^3$ 的一个子集：$M = \{(X, Y, Z) \in \mathbb{R}^3 | XZ > Y^2\}$。在该条件下，取 $\omega = \sqrt{XZ - Y^2}$，则运动方程为众所熟知的简谐运动：

$$\ddot{q} + \omega^2 q = 0. \tag{1.112}$$

其解可被表示为

$$q(t) = A \cos \varphi(t) \equiv A \cos(\varphi_0 + \omega t). \tag{1.113}$$

由方程 (1.110) 可得动量演化方程

$$p(t) = \frac{\dot{q}(t) - Yq(t)}{Z} = -\frac{A}{Z}(\omega \sin \varphi(t) + Y \cos \varphi(t)). \tag{1.114}$$

因此总能量为

$$E = H = \frac{1}{2}\frac{A^2 \omega^2}{Z}. \tag{1.115}$$

同样，利用 (q, p) 的正则方程可计算出作用量 I：

$$I = \frac{1}{2\pi} \oint p \mathrm{d}q = \frac{1}{2\pi} \int_0^{2\pi} \frac{A^2}{Z}(\omega \sin \varphi + Y \cos \varphi) \sin \varphi \mathrm{d}\varphi = \frac{1}{2}\frac{A^2 \omega}{Z}. \tag{1.116}$$

对比上两式，的确有

$$I = \frac{H}{\omega}, \quad A = \sqrt{\frac{2IZ}{\omega}}. \tag{1.117}$$

经典几何相位由参数 $\boldsymbol{R}$ 的缓慢周期性变动而产生。根据式 (1.105)，有

$$\mathcal{F}(I) = \frac{1}{2\pi} \int_0^{2\pi} \mathrm{d}\varphi \mathrm{d}_{\boldsymbol{R}} p \wedge \mathrm{d}_{\boldsymbol{R}} q$$

$$= -\frac{I}{2\pi}\int_0^{2\pi}\mathrm{d}\varphi\left[\cos^2\varphi\mathrm{d}_{\boldsymbol{R}}\left(\frac{Y}{Z}\sqrt{\frac{Z}{\omega}}\right)\wedge\mathrm{d}_{\boldsymbol{R}}\sqrt{\frac{Z}{\omega}}\right.$$

$$\left.+\sin\varphi\cos\varphi\mathrm{d}_{\boldsymbol{R}}\sqrt{\frac{Z}{\omega}}\wedge\mathrm{d}_{\boldsymbol{R}}\sqrt{\frac{\omega}{Z}}\right]$$

$$=\frac{I}{2}\mathrm{d}_{\boldsymbol{R}}\left(\frac{Z}{\omega}\right)\wedge\mathrm{d}_{\boldsymbol{R}}\left(\frac{Y}{Z}\right)$$

$$=-\frac{I}{4}\frac{X\mathrm{d}_{\boldsymbol{R}}Y\wedge\mathrm{d}_{\boldsymbol{R}}Z+Y\mathrm{d}_{\boldsymbol{R}}Z\wedge\mathrm{d}_{\boldsymbol{R}}X+Z\mathrm{d}_{\boldsymbol{R}}X\wedge\mathrm{d}_{\boldsymbol{R}}Y}{(XZ-Y^2)^{\frac{3}{2}}}. \tag{1.118}$$

设 M 上某曲面 Σ 的边界为 C，则几何相位为

$$\Delta\varphi(I;C)=\iint_{\Sigma}\frac{X\mathrm{d}_{\boldsymbol{R}}Y\wedge\mathrm{d}_{\boldsymbol{R}}Z+Y\mathrm{d}_{\boldsymbol{R}}Z\wedge\mathrm{d}_{\boldsymbol{R}}X+Z\mathrm{d}_{\boldsymbol{R}}X\wedge\mathrm{d}_{\boldsymbol{R}}Y}{4(XZ-Y^2)^{\frac{3}{2}}}, \tag{1.119}$$

该例子中的几何相位其实并不依赖于作用量 I。

第 2 章 量子纯态的几何相位

2.1 Berry 相位简介——标准推导

2.1.1 量子绝热过程与 Berry 相位

量子力学中有多种几何相位,其中最著名的是 Berry 相位[1],全称为 Pancharatnam-Berry 相位。其实早在 1956 年,印度物理学家 Pancharatnam 在光学领域中就发现了它的踪迹[2],但并未引起物理学界的重视。直到 1984 年,英国物理学家 Berry 又重新发现这一相位,并认识到其重要性。自那以后,Berry 相位便成为量子力学中最重要的概念之一,它与量子体系的几何和拓扑性质密切相关,与其相关的研究广泛见诸物理学的各个领域,并成为研究和理解几何量子计算、拓扑绝缘体和拓扑超导体等多个新兴物理学分支必不可少的重要理论工具[6-17]。

Berry 相位是量子系统在做周期性绝热演化时,波函数所获得的几何相位,它是量子绝热定理的一个特例。具体而言,若量子系统处于自身的某一本征态,那么哈密顿量在参数空间中缓慢 (绝热) 演变一周之后,本征波函数除了获得动力学相因子之外,还会获得一个额外的几何相因子。在这里,"绝热"的含义是指系统与环境之间不存在能量的交换。如果系统是孤立的,那么自然也是绝热的。若系统受环境影响,我们可以通过某种参数将这种影响在数学上表达出来。1928 年,Born 和 Fock 提出了最初版本的绝热定理[18]:

一个物理系统将一直处于某瞬时本征态,当它满足如下条件:作用于该系统的给定扰动足够缓慢且系统所处的本征态对应的本征值与其哈密顿量的其他本征能量之间存在一个有限的能隙。

除此之外,系统的初、末态之间可以相差一个在当时被认为没有具体物理意义的相因子。在 1984 年,Berry 的发现表明该定理的表述并不完整,它漏掉了具有物理可观测效应的几何相因子,其标准推导过程如下。考虑一个量子系统,为简单起见,设其哈密顿量 H 的本征能谱是完全分立且无简并的。我们将系统所依赖的参数表述成一个参数矢量 $\boldsymbol{R} = (R^1, R^2, \cdots, R^k)^{\mathrm{T}}$,且所有可能的 $\boldsymbol{R}$ 形成一个 k 维参数流形 M。进一步假设系统通过对 $\boldsymbol{R}(t)$ 的依赖而随时间 t 缓慢演化:$\hat{H}(t) \equiv \hat{H}(\boldsymbol{R}(t))$。系统的瞬时本征态 $|n(t)\rangle \equiv |n(\boldsymbol{R}(t))\rangle$ 满足定态薛定谔方程

$$\hat{H}(t)|n(t)\rangle = E_n(t)|n(t)\rangle, \tag{2.1}$$

2.1 Berry 相位简介——标准推导

这里 $E_n(t)$ 自然也是 $E_n(\boldsymbol{R}(t))$ 的简写。系统的瞬时本征态之间在任意时刻 t 仍然满足正交关系：$\langle n(t)|m(t)\rangle = \delta_{mn}$。考虑一个任意量子态 $|\Psi(t)\rangle$，它随时间的演化满足薛定谔方程

$$i\hbar\frac{\partial}{\partial t}|\Psi(t)\rangle = \hat{H}(t)|\Psi(t)\rangle. \tag{2.2}$$

设系统始于 $t=0$。在 t 时刻我们可将 $|\Psi(t)\rangle$ 做如下展开

$$|\Psi(t)\rangle = \sum_n c_n(t)\exp\left[-\frac{i}{\hbar}\int_0^t E_n(t')\,\mathrm{d}t'\right]|n(t)\rangle, \tag{2.3}$$

其中，$e^{-\frac{i}{\hbar}\int_0^t E_n(t')\mathrm{d}t'}$ 为动力学相因子。将上式代回式 (2.2)，可得

$$i\hbar\sum_m e^{-\frac{i}{\hbar}\int_0^t E_m(t')\mathrm{d}t'}\left\{\dot{c}_m - \frac{i}{\hbar}c_m\left[E_m(t)-\hat{H}(t)\right] + c_m\frac{\partial}{\partial t}\right\}|m(t)\rangle = 0. \tag{2.4}$$

两边同时乘以 $\langle n(t)|e^{\frac{i}{\hbar}\int_0^t E_n(t')\mathrm{d}t'}$ 并利用正交关系，则有

$$\dot{c}_n(t) = -\langle n(t)|\dot{n}(t)\rangle c_n(t) - \sum_{m\neq n} e^{i\Omega_{mn}(t)}\langle n(t)|\dot{m}(t)\rangle c_m(t), \tag{2.5}$$

其中

$$\Omega_{mn}(t) = \frac{1}{\hbar}\int_0^t \left[E_n(t')-E_m(t')\right]\mathrm{d}t'. \tag{2.6}$$

对本征方程 $H(t)|m(t)\rangle = E_m(t)|m(t)\rangle$ 两边微分并左乘 $\langle n(t)|$，可推出

$$\langle n(t)|\dot{\hat{H}}(t)|m(t)\rangle + \langle n(t)|\hat{H}(t)|\dot{m}(t)\rangle = \langle n(t)|\dot{E}_m(t)|m(t)\rangle + \langle n(t)|E_m(t)|\dot{m}(t)\rangle. \tag{2.7}$$

根据正交关系，当 $m\neq 0$ 时，右边第一项为 0，因此可得

$$\langle n(t)|\frac{\partial}{\partial t}|m(t)\rangle = \frac{\langle n(t)|\frac{\partial \hat{H}(t)}{\partial t}|m(t)\rangle}{E_m(t)-E_n(t)}. \tag{2.8}$$

当系统做绝热演化时，哈密顿量的变化非常缓慢，即 $\dot{\hat{H}}\approx 0$。该条件被称为量子绝热条件，我们将在本节最后解释其物理内涵。在绝热条件下，方程 (2.5) 右边第二项可以被忽略[①]，因此系数 c_n 满足的微分方程进一步简化为

$$\dot{c}_n(t) = -\langle n(t)|\dot{n}(t)\rangle c_n(t). \tag{2.9}$$

---

① 这一步的严格证明其实并非如此简单，其细节可参考文献 [19]。

解出 c_n 后将其代入方程 (2.3)，可得

$$|\Psi(t)\rangle = \sum_n c_n(0) \mathrm{e}^{-\frac{\mathrm{i}}{\hbar}\int_0^t E_n(t')\mathrm{d}t'} \mathrm{e}^{-\int_0^t \langle n(t')|\frac{\partial}{\partial t'}|n(t')\rangle \mathrm{d}t'}|n(t)\rangle. \quad (2.10)$$

如果系统一开始处于 $|n(0)\rangle$ 态，那么 $c_m(0) = \delta_{mn}$，则有

$$|\Psi(t)\rangle = \mathrm{e}^{-\frac{\mathrm{i}}{\hbar}\int_0^t E_n(t')\mathrm{d}t'} \mathrm{e}^{-\int_0^t \langle n(t')|\frac{\partial}{\partial t'}|n(t')\rangle \mathrm{d}t'}|n(t)\rangle. \quad (2.11)$$

也就是说，如果忽略相因子，那么在任意时刻 t，系统始终处于瞬时本征态 $|n(t)\rangle$ 上，这正是量子绝热定理的具体数学表述。$|\Psi(t)\rangle$ 除了获得常规的动力学相因子外，还获得一个额外的绝热相因子 $\mathrm{e}^{-\int_0^t \langle n(t')|\frac{\partial}{\partial t'}|n(t')\rangle \mathrm{d}t'}$。注意到 $\langle n(t)|n(t)\rangle = 1$，对两边取微分后可得

$$\langle n(t)|\dot{n}(t)\rangle = -\langle \dot{n}(t)|n(t)\rangle = -\left(\langle n(t)|\dot{n}(t)\rangle\right)^* \quad (2.12)$$

因此 $\langle n(t)|\dot{n}(t)\rangle$ 是一个纯虚数。令

$$\beta_n(t) = \mathrm{i}\int_0^t \langle n(t')|\frac{\partial}{\partial t'}|n(t')\rangle \mathrm{d}t' \quad (2.13)$$

这样有

$$|\Psi(t)\rangle = \mathrm{e}^{\mathrm{i}\beta_n(t) - \frac{\mathrm{i}}{\hbar}\int_0^t E_n(t')\mathrm{d}t'}|n(t)\rangle. \quad (2.14)$$

现在对 $|n(t)\rangle$ 作局域相位 (规范) 变换：$|n(t)\rangle \longrightarrow \mathrm{e}^{\mathrm{i}\chi(t)}|n(t)\rangle$，其中 $\chi(t) \equiv \chi(\boldsymbol{R}(t))$。那么 β_n 满足规范变换

$$\beta_n(t) \longrightarrow \beta_n(t) - \left[\chi(\boldsymbol{R}(t)) - \chi(\boldsymbol{R}(0))\right] \quad (2.15)$$

因此，若演化过程是周期的，即存在 τ 使得 $\boldsymbol{R}(\tau) = \boldsymbol{R}(0)$，那么绝热相位 $\beta_n(\tau)$ 是规范不变的，因此它是物理可观测量，也被称为 Berry 相位。

最后探讨一下量子绝热条件背后的物理图像。注意到方程 (2.8) 两边的单位是 [时间]$^{-1}$，引入一个时间尺度使其无量纲化。假设系统从能级 $|n(t)\rangle$ 跃迁到 $|m(t)\rangle$ 所需的特征时间为 Δt_{mn}，那么量子绝热条件可以理解为

$$\left|\langle n(t)|\frac{\partial \hat{H}}{\partial t}|m(t)\rangle\right|\Delta t_{mn} \ll \left|E_m(t) - E_n(t)\right|. \quad (2.16)$$

上式左边代表缓变量子系统在发生跃迁的时间尺度内所能积累的能量改变，而右边代表量子跃迁所需要的能级差。因此以上不等式可以理解为：系统的演化是如此缓慢，以至于无法积累足够的能量以使系统发生能级跃迁。而量子跃迁是通过吸收或放出光子的形式来吸取或释放热量到环境中，如果这种情况不会发生，那么就表明该过程确实是"绝热的"。

2.1.2 Berry 相位与参数空间

在 2.1.1 节中，我们引入的周期性绝热量子演化可由参数空间上的闭合曲线 $\boldsymbol{R}(t)$ ($0 \leqslant t \leqslant \tau$) 来描述。利用爱因斯坦求和规则，沿该曲线的参数微分满足

$$\frac{\partial}{\partial t} = \frac{\partial}{\partial R^i} \frac{\mathrm{d}R^i}{\mathrm{d}t} = \frac{\mathrm{d}\boldsymbol{R}}{\mathrm{d}t} \cdot \nabla_{\boldsymbol{R}}, \tag{2.17}$$

其中，$\nabla_{\boldsymbol{R}}$ 为参数空间 M 中的梯度算子。根据该等式，Berry 相位可以表达为

$$\begin{aligned}\beta_n(C) &= \mathrm{i}\int_0^\tau \mathrm{d}t \langle n(t)|\frac{\partial}{\partial t}|n(t)\rangle \\ &= \mathrm{i}\int_0^\tau \mathrm{d}t \dot{\boldsymbol{R}} \cdot \langle n(\boldsymbol{R}(t))|\nabla_{\boldsymbol{R}}|n(\boldsymbol{R}(t))\rangle \\ &= \mathrm{i}\oint_C \mathrm{d}\boldsymbol{R} \cdot \langle n(\boldsymbol{R})|\nabla_{\boldsymbol{R}}|n(\boldsymbol{R})\rangle \\ &= \oint_C \mathrm{d}\boldsymbol{R} \cdot \boldsymbol{A}(\boldsymbol{R}),\end{aligned} \tag{2.18}$$

在这里

$$\boldsymbol{A}(\boldsymbol{R}) = \mathrm{i}\langle n(\boldsymbol{R})|\nabla_{\boldsymbol{R}}|n(\boldsymbol{R})\rangle \tag{2.19}$$

可以理解为参数空间中的等效磁矢量势。类比电磁理论，我们可以进一步引入等效磁场 $\boldsymbol{B}(\boldsymbol{R}) = \nabla_{\boldsymbol{R}} \times \boldsymbol{A}(\boldsymbol{R})$。再利用斯托克斯定理，可得

$$\beta_n(C) = \int_\Sigma \mathrm{d}\boldsymbol{S} \cdot \boldsymbol{B}(\boldsymbol{R}) \tag{2.20}$$

其中，Σ 代表被闭合曲线 C 所包围的任意曲面，而 C 是 Σ 的边界，即 $C = \partial\Sigma$。由式 (2.18) 可知，Berry 相位的取值不受系统演化速度或局部细节的影响，而取决于路径 C 本身的几何性质，因此 Berry 相位也被称为几何相位或不可积相位。在现实世界中，尚未发现磁单极子（至少到目前为止仍未发现），因此真实的磁场总是无源的。那么，等效磁场是否也是如此呢？利用 $\boldsymbol{A}$ 的表达式 (2.19) 可知

$$\boldsymbol{B} = \nabla_{\boldsymbol{R}} \times \boldsymbol{A} = \mathrm{i}(\nabla_{\boldsymbol{R}}\langle n(\boldsymbol{R})|) \times (\nabla_{\boldsymbol{R}}|n(\boldsymbol{R})\rangle). \tag{2.21}$$

借助完备性关系 $\sum_m |m(\boldsymbol{R})\rangle\langle m(\boldsymbol{R})| = 1$，Berry 相位可进一步表达为

$$\beta_n(C) = \mathrm{i}\int_\Sigma \mathrm{d}\boldsymbol{S} \cdot [(\nabla_{\boldsymbol{R}}\langle n(\boldsymbol{R})|) \times (\nabla_{\boldsymbol{R}}|n(\boldsymbol{R})\rangle)]$$

$$= \sum_m i \int_\Sigma d\bm{S} \cdot [(\nabla_{\bm{R}}\langle n(\bm{R})|)|m(\bm{R})\rangle \times (\langle m(\bm{R})|\nabla_{\bm{R}}|n(\bm{R})\rangle)]. \tag{2.22}$$

此外，由 $(\nabla_{\bm{R}}\langle n(\bm{R})|)|n(\bm{R})\rangle + \langle n(\bm{R})|\nabla_{\bm{R}}|n(\bm{R})\rangle = 0$ 可推出

$$(\nabla_{\bm{R}}\langle n(\bm{R})|)|n(\bm{R})\rangle \times \langle n(\bm{R})|\nabla_{\bm{R}}|n(\bm{R})\rangle = 0, \tag{2.23}$$

因此在式 (2.22) 第二行的求和中，仅需保留满足 $m \neq n$ 的项。类似于方程 (2.8)，对定态薛定谔方程 $\hat{H}(\bm{R})|m(\bm{R})\rangle = E_m(\bm{R})|m(\bm{R})\rangle$ 两边求微分，得

$$(\nabla_{\bm{R}}\hat{H}(\bm{R}))|m(\bm{R})\rangle + \hat{H}(\bm{R})\nabla_{\bm{R}}|m(\bm{R})\rangle$$
$$= (\nabla_{\bm{R}}E_m(\bm{R}))|m(\bm{R})\rangle + E_m(\bm{R})\nabla_{\bm{R}}|m(\bm{R})\rangle. \tag{2.24}$$

再左乘 $\langle n(\bm{R})|$，可导出

$$\langle m(\bm{R})|\nabla_{\bm{R}}|n(\bm{R})\rangle = \frac{\langle m(\bm{R})|(\nabla_{\bm{R}}\hat{H})|n(\bm{R})\rangle}{E_n(\bm{R}) - E_m(\bm{R})}. \tag{2.25}$$

综合上述各式，Berry 相位最终表达为

$$\beta_n(C) = -\int_\Sigma d\bm{S} \cdot \mathrm{Im} \sum_{m \neq n} \frac{\langle n(\bm{R})|(\nabla_{\bm{R}}\hat{H})|m(\bm{R})\rangle \times \langle m(\bm{R})|(\nabla_{\bm{R}}\hat{H})|n(\bm{R})\rangle}{(E_n(\bm{R}) - E_m(\bm{R}))^2}. \tag{2.26}$$

从上式不难推出所有能级的 Berry 相位之和为 0[20]

$$\sum_n \beta_n(C) = 0. \tag{2.27}$$

这是因为对 n 求和后，被积函数为

$$\sum_{nm, \text{且} m \neq n} \frac{\langle n(\bm{R})|(\nabla_{\bm{R}}\hat{H})|m(\bm{R})\rangle \times \langle m(\bm{R})|(\nabla_{\bm{R}}\hat{H})|n(\bm{R})\rangle}{(E_n(\bm{R}) - E_m(\bm{R}))^2}, \tag{2.28}$$

求和指标 n、m 是对称的，而叉积"$\times$"的出现又使得它们同时是反对称的，因此求和后为 0。

尽管我们考虑的是无能级简并的情况，但当系统沿着路径 $\bm{R}(t)$ 演化时，完全有可能在某时刻 $t = t_0$，能带 $E_{m \neq n}(\bm{R})$ 与 $E_n(\bm{R})$ 产生交叉：即 $E_m(\bm{R}(t_0)) = E_n(\bm{R}(t_0))$。这意味着系统在该点处出现了偶然简并。回顾量子绝热定理，它要求系统作绝热演化时，其所处能级与其他能级之间存在有限大小的能隙。偶然简并

破坏了这一条件，因而产生非平庸的物理效应。在很多凝聚态物理体系中，能级交叉往往伴随着量子相变。从式 (2.26) 可以看出，有效磁场在 $\bm{R}(t_0)$ 处奇异，该奇点即为等效磁单极子所在之处，而 Berry 相位则可以理解为该磁单极子对参数空间中特定回路 (对应于特定周期性演化过程) 所产生的磁通量。因此等效电磁场与真实电磁场有本质的不同。此外，式 (2.26) 右边出现叉积运算，表明系统至少有 3 个自由度。这与维格纳–冯·诺伊曼定理相符，后者指出，若要使厄米量子体系出现偶然简并，至少需要三个参数。

为了更好地理解 Berry 相位的几何性质，引入 Berry 联络

$$\mathcal{A}_B = -\mathrm{i}\bm{A}\cdot\mathrm{d}\bm{R} = \langle n(\bm{R})|\mathrm{d}_{\bm{R}}|n(\bm{R})\rangle, \tag{2.29}$$

这里，$\mathrm{d}_{\bm{R}} = \dfrac{\partial}{\partial R^i}\mathrm{d}R^i$ 为参数空间上的外微分算符。为方便起见，在本章后续内容中，将 $\nabla_{\bm{R}}$ 简写为 ∇，而将 $\mathrm{d}_{\bm{R}}$ 简写为 d。继续对 Berry 联络作外微分，可得 Berry 曲率

$$\mathcal{F}_B = \mathrm{d}\mathcal{A}_B = \mathrm{d}\langle n|\wedge\mathrm{d}|n\rangle. \tag{2.30}$$

那么 Berry 相位可表示为

$$\beta_n(C) = \mathrm{i}\oint_C \mathcal{A}_B = \mathrm{i}\iint_\Sigma \mathcal{F}_B. \tag{2.31}$$

2.2 量子纯态的平行输运与 Berry 相位

2.2.1 量子态之间的平行性和正交性

之前的讨论表明，Berry 相位有深刻的几何背景。我们自然想知道，是否可以仅用纯几何的方式导出 Berry 相位？这的确可以做到。注意到 Berry 相位是初态和末态之间的几何相位差，或者初末态之间内积辐角的几何部分。因此，可以借助于量子信息理论的一些概念来描述量子态之间的差别。如两个量子态之间的内积 (重叠) 的模被定义为量子保真度 (quantum fidelity)[21]，而当两个量子态 $|\psi_1\rangle$ 和 $|\psi_2\rangle$ 满足如下条件

$$\langle\psi_1|\psi_2\rangle = \langle\psi_2|\psi_1\rangle > 0, \tag{2.32}$$

则认为它们彼此平行[22]，或者同相 (in phase)。当 $|\psi_1\rangle /\!/ |\psi_2\rangle$ 时，可认为它们之间的差别最小。事实上，可以证明此时度量它们之间差异的一种数学距离——富比尼–斯图迪 (Fubini-Study) 距离达到最小值。注意到任何与 $|\psi_1\rangle$ 仅相差一个非

零复数的量子态在物理上与其等价,我们将该等价类记为 $[\psi_1]$。那么两个物理不等价量子态之间的 Fubini-Study 距离定义为

$$d_{\text{FS}}^2([\psi_1],[\psi_2]) := \inf |||\psi_1\rangle - |\psi_2\rangle||. \tag{2.33}$$

在这里,当且仅当取遍 $|\psi_{1,2}\rangle$ 的所有等价量子态时下确界才可以得到。将式 (2.33) 的右边展开,有

$$\begin{aligned} d_{\text{FS}}^2([\psi_1],[\psi_2]) &= \inf(\langle\psi_1| - \langle\psi_2|)(|\psi_1\rangle - |\psi_2\rangle) \\ &= 2 - \sup(\langle\psi_1|\psi_2\rangle + \langle\psi_2|\psi_1\rangle) \\ &= 2 - 2\sup\text{Re}(\langle\psi_1|\psi_2\rangle) \\ &\geqslant 2 - 2|\langle\psi_1|\psi_2\rangle|. \end{aligned} \tag{2.34}$$

因为 $\text{Re}(\langle\psi_1|\psi_2\rangle) = \pm\sqrt{|\langle\psi_1|\psi_2\rangle|^2 - \text{Im}(\langle\psi_1|\psi_2\rangle)^2}$,所以 $\text{Re}(\langle\psi_1|\psi_2\rangle)$ 取到其上确界的条件是 $\text{Im}(\langle\psi_1|\psi_2\rangle) = 0$,也就是当 $|\psi_1\rangle$ 和 $|\psi_2\rangle$ 彼此平行时,它们之间的 Fubini-Study 距离最小 (最相似)。那么在什么情况下两个量子态彼此最不相似呢?显然,当

$$\langle\psi_1|\psi_2\rangle = 0 \tag{2.35}$$

时,它们之间的区别最大,因为两者中的任何一个都不包含另一个的分量。

2.2.2 平行演化条件与 Berry 相位

平行关系是量子态之间的一种二元关系,式 (2.32) 说明该关系具有对称性,而 $\langle\psi_1|\psi_1\rangle > 0$ 进一步表明该关系具有自反性。然而它并不具有传递性,因此平行关系不是一个等价关系,而这正是 Berry 相位出现的原因。这一关系的典型例子由 Pancharatnam 在研究偏振光干涉时发现:对于三束偏振光 $|\psi_1\rangle$、$|\psi_2\rangle$ 与 $|\psi_3\rangle$,即使 $|\psi_1\rangle$ 和 $|\psi_2\rangle$、$|\psi_2\rangle$ 和 $|\psi_3\rangle$ 各自满足相位匹配条件,$|\psi_1\rangle$ 和 $|\psi_3\rangle$ 也未必能够满足相位匹配条件。

现在考虑 $|\psi(t)\rangle$ 所经历的一种演化过程,它倾向于在任何时刻保持量子态间的平行性不丧失,即 $|\psi(t+\text{d}t)\rangle \mathbin{/\mkern-5mu/} |\psi(t)\rangle$,或者

$$\langle\psi(t)|\psi(t+\text{d}t)\rangle > 0. \tag{2.36}$$

由于 $\text{d}t$ 是小量,可近似认为 $\langle\psi(t)|\psi(t+\text{d}t)\rangle \approx 1$。对 $|\psi(t+\text{d}t)\rangle$ 作泰勒展开,可得

$$\langle\psi(t)|\psi(t+\text{d}t)\rangle \approx \langle\psi(t)|\psi(t)\rangle + \langle\psi(t)|\frac{\text{d}}{\text{d}t}|\psi(t)\rangle\text{d}t = 1 + \langle\psi(t)|\frac{\text{d}}{\text{d}t}|\psi(t)\rangle\text{d}t. \tag{2.37}$$

2.2 量子纯态的平行输运与 Berry 相位

注意到 $\langle\psi(t)|\frac{d}{dt}|\psi(t)\rangle$ 是一个纯虚数，为使得 $|\psi(t)\rangle$ 在演化中保持瞬时平行性，必有

$$\langle\psi(t)|\frac{d}{dt}|\psi(t)\rangle = 0. \tag{2.38}$$

这就是平行演化条件。然而平行性无法被传递，随着时间的推进，瞬时量子态会逐渐丧失与初始态的平行关系，从而导致相位差的积累。若系统处于第 n 个能级，取 $|\psi(t)\rangle = e^{i\theta_n(t)}|n(t)\rangle$，初始条件为 $\theta_n(0) = 0$ 及 $|\psi(0)\rangle = |n(0)\rangle$。将上式代入式 (2.38)，可得

$$i\frac{d\theta_n(t)}{dt} + \langle n(t)|\frac{\partial}{\partial t}|n(t)\rangle = 0. \tag{2.39}$$

对于持续时长为 τ 的周期性过程，有 $|n(\tau)\rangle = |n(0)\rangle$。求解上述方程可得

$$\theta_n(\tau) = \beta_n(C) = i\int_0^\tau dt \langle n(t)|\frac{\partial}{\partial t}|n(t)\rangle, \tag{2.40}$$

与式 (2.18) 的结果一致。因此，Berry 相位是循回平行演化中初末态平行性差异的度量，尽管两者在物理上是等价的 (即仅相差一个单位复数)。这是有别于标准推导方式的一种"几何"推导。尽管"平行演化法"可以得到与"绝热演化法"一样的结果，但这并不意味着两种方法等价，事实上前者是更一般的方法，亦适用于推导 Aharonov-Anandan 相位。

为什么量子态间的平行性即使在平行演化中也会丢失呢？这与量子相空间的几何性质有关。相因子可视为量子态的某种指向。若要比较某一量子态 (相空间中一点①) 与邻近量子态 (邻近点) 之间的相因子差异，需要将该点处的相因子"平行移动"至邻近点，再与后者的相因子作比较。但因为相空间本身是弯曲的，不同点之间的几何量必须借助某种"联络"才能进行对比。又因为相因子与 $U(1)$ 规范变换有关，所以对它的平行移动就必须经由规范联络来实施。而 Berry 联络就是一种 $U(1)$ 规范联络，且式 (2.38) 是由它所定义的平行移动 (输运)。最后，若将某点处的相因子沿闭合曲线平行输运回同一点，由于相空间的弯曲性，初始和终末相因子一般不相同，它们之间的差异就是 Berry 相因子。在 2.3 节我们将基于纤维丛理论对此给出完整的描述。

2.2.3 平行演化与动力学过程

之前在求 Berry 相位的表示式时，得到绝热演化下的量子态 (式 (2.14))

$$|\Psi(t)\rangle = e^{i\beta_n(t) - \frac{i}{\hbar}\int_0^t E_n(t')dt'}|n(t)\rangle. \tag{2.41}$$

---

① 这个"点"应该理解为与该量子态物理等价的所有量子态构成的等价类中的某一代表元。

由于绝热条件禁止了量子跃迁，所以 $|\Psi(t)\rangle$ 满足"瞬时"定态方程

$$\hat{H}(t)|\Psi(t)\rangle = E_n(t)|\Psi(t)\rangle. \tag{2.42}$$

对方程 (2.41) 两边进行微分，可得 $|\Psi(t)\rangle$ 的动力学方程

$$\begin{aligned} \mathrm{i}\hbar\frac{\partial}{\partial t}|\Psi(t)\rangle &= \mathrm{e}^{\mathrm{i}\beta_n(t)-\frac{\mathrm{i}}{\hbar}\int_0^t E_n(t')\mathrm{d}t'} \left\{[E_n(t)-\hbar\dot{\beta}_n(t)]|n(t)\rangle + \frac{\partial}{\partial t}|n(t)\rangle\right\} \\ &= \left[\hat{H}(t) + \mathrm{i}\hbar\sum_m \dot{P}_m(t)P_m(t)\right]|\Psi(t)\rangle, \end{aligned} \tag{2.43}$$

其中，$P_n(t) = |n(t)\rangle\langle n(t)|$ 为第 n 个瞬时本征态的投影算符。定义 $\hat{K} = \sum_m \dot{P}_m P_m$，由 $\sum_m P_m^2 = \sum P_m = 1$ 可知 $\mathrm{i}\hbar\hat{K}$ 是厄米的。式 (2.43) 表明 $|\Psi(t)\rangle$ 所满足的定态和动态薛定谔方程分别由原哈密顿量 $\hat{H}$ 与等效哈密顿量 $\tilde{H} = \hat{H} + \mathrm{i}\hbar\hat{K}$ 所支配。$\tilde{H}$ 也被称为"绝热"哈密顿量[23]，代表因系统对外参数 $\boldsymbol{R}$ 的依赖而引入的额外几何效应。若 $|\Psi(t)\rangle$ 要满足平行输运条件 (2.38)，不难验证 $\langle n|\hat{K}|n\rangle = 0$，由此可得

$$\langle\Psi(t)|\frac{\mathrm{d}}{\mathrm{d}t}|\Psi(t)\rangle = \langle n(t)|\hat{H}(t)|n(t)\rangle = -\frac{\mathrm{i}}{\hbar}E_n. \tag{2.44}$$

因此由 $\hat{H}$ 支配的动力学过程 (可称为"纯动力学过程") 总是与平行输运条件不相容。平行演化过程仅能产生几何相位。

对于纯动力学演化过程，量子态的定态与动态薛定谔方程均由哈密顿量 $\hat{H}$ 所支配，即

$$\mathrm{i}\hbar\frac{\partial}{\partial t}|n(t)\rangle = \hat{H}(t)|n(t)\rangle = E_n(t)|n(t)\rangle. \tag{2.45}$$

其解为

$$|n(t)\rangle = \mathrm{e}^{-\frac{\mathrm{i}}{\hbar}\int_0^{t'} E_n(t)\mathrm{d}t'}|n(0)\rangle. \tag{2.46}$$

此时系统对 t 的依赖是直接的，而非通过任何外参数，因此不会与参数空间产生任何关系。量子态在演化过程中也仅获得动力学相位 $-\frac{1}{\hbar}\int_0^{t'} E_n(t)\mathrm{d}t'$。在任意时刻，动力学相位始终破坏了初态 $|n(0)\rangle$ 与后继量子态 $|n(t)\rangle$ 之间的平行性。在以后的讨论中将会发现，量子混合态也存在这种平行演化条件与动力学过程的互斥关系。平行演化条件实际上给出了从量子态总相位分离出动力学相位与几何相位的一种机制。

2.3 Berry 相位的纤维丛描述

2.3.1 Berry 相位与 $U(1)$ 主丛

基于 2.2 节引入的几何知识，可以给出 Berry 相位的纤维丛描述[24]。考虑一个依赖于外参数 $\boldsymbol{R} = (R^1, R^2, \cdots, R^k)^{\mathrm{T}}$ 的 N 维量子系统，其哈密顿量为 $\hat{H}(\boldsymbol{R})$，归一化本征态为 $|n(\boldsymbol{R})\rangle$。为简单起见，仅考虑无简并量子系统的基态 $|0(\boldsymbol{R})\rangle$，其循回演化由闭合参数曲线 $C(t) = \boldsymbol{R}(t)$ 给出。绝热定理要求系统一直处于瞬时基态 $|0(\boldsymbol{R}(t))\rangle$ 而不发生能级跃迁。由于不涉及其他能级，所以不妨将 $|0(\boldsymbol{R})\rangle$ 简记为 $|\boldsymbol{R}\rangle$。若 $\boldsymbol{R}$ 遍历参数流形 M 的所有点，则 $|\boldsymbol{R}\rangle$ 构成集合

$$\mathbb{P} := \{|\boldsymbol{R}\rangle \big| \langle \boldsymbol{R}|\boldsymbol{R}\rangle = 1\}. \tag{2.47}$$

由于 $\mathbb{P}$ 为参数流形 M 在连续映射"$|\cdot\rangle$"下的像集，因此也是一个流形，而式 (2.47) 进一步表明它是单位球面的子流形。因为对量子态做 $U(1)$ 相因子变换并不会改变其物理本质

$$|\boldsymbol{R}\rangle \sim \mathrm{e}^{\mathrm{i}\theta}|\boldsymbol{R}\rangle, \quad \mathrm{e}^{\mathrm{i}\theta} \in U(1). \tag{2.48}$$

所以真实的量子相空间是商空间 $H = \mathbb{P}/\sim$，且是一个投影希尔伯特空间，而 $|\boldsymbol{R}\rangle$ 定义了从 M 到 H 的一个映射。

量子态的几何性质可用 $U(1)$ 主丛 $P(H, U(1))$ 来描述，其中 H 为底流形，$U(1)$ 为结构群。底流形上每个点 $|\boldsymbol{R}\rangle$ 处有纤维空间 $F_{\boldsymbol{R}}$

$$\pi^{-1}(|\boldsymbol{R}\rangle) = [|\boldsymbol{R}\rangle] \equiv \{g|\boldsymbol{R}\rangle | g \in U(1)\}, \tag{2.49}$$

其中，π 是投影算子，它的作用是"消去"任意量子态的相因子①：$\pi(g|\boldsymbol{R}\rangle) = |\boldsymbol{R}\rangle$。借助局域平庸化算符 ϕ，π 的投影作用定义如下

$$\pi \circ \phi(|\boldsymbol{R}\rangle, g|\boldsymbol{R}\rangle) = |\boldsymbol{R}\rangle; \quad \forall g \in U(1). \tag{2.50}$$

式 (2.49) 表明纤维空间 $F_{\boldsymbol{R}}$ 同构于结构群 $U(1)$，所以 $P(H, U(1))$ 的确是一个主丛。$U(1)$ 的一个群元 g 从右边作用于纤维空间中的某一点

$$\phi^{-1}(|\boldsymbol{R}\rangle)g = (|\boldsymbol{R}\rangle, g'|\boldsymbol{R}\rangle)g = (|\boldsymbol{R}\rangle, g'g|\boldsymbol{R}\rangle). \tag{2.51}$$

主丛上的某一截面 $\sigma: H \to P$ 是光滑映射，且满足 $\pi \circ \sigma = 1_H$。如果在底流形上每个点 $|\boldsymbol{R}\rangle$ 处连续地选出相因子 $\mathrm{e}^{\mathrm{i}\theta(\boldsymbol{R})}$，就定义了一个截面 $\sigma(|\boldsymbol{R}\rangle) = \mathrm{e}^{\mathrm{i}\theta(\boldsymbol{R})}|\boldsymbol{R}\rangle$。

---

① 在数学上，这个操作难以精确实现，因为对于量子态，只有相位差才可能有确定的物理意义，而绝对相位无法精确定义。因此，有文献建议投影后用密度矩阵来代表被"消去"相位的量子态：$\pi(g|\boldsymbol{R}\rangle) = |\boldsymbol{R}\rangle\langle\boldsymbol{R}|$。

根据式 (2.48)，H 为所有被"模去"相位信息的量子态所形成的集合。反之，$\sigma(\boldsymbol{R})$ 是恢复了相位信息的量子态。因此，σ 可被视为从 H 到总空间 P 的"提升"。另外，σ 是投影 π 的右逆，"投影"的逆操作可以理解为"提升"。

Berry 相位产生于外参数诱导的量子态周期性平行演化，我们需要明确几种演化路径之间的关系。同前，定义参数空间上的闭合曲线为 $C(t) = \boldsymbol{R}(t), 0 \leqslant t \leqslant \tau$，满足 $\boldsymbol{R}(0) = \boldsymbol{R}(\tau)$。它诱导出底流形 H 上的演化曲线 $\gamma(t) = |\boldsymbol{R}(t)\rangle : [0, \tau] \longrightarrow H$。由于 $|\boldsymbol{R}(0)\rangle = |\boldsymbol{R}(\tau)\rangle$，$\gamma(t)$ 也是闭合的。最后，通过截面映射 σ 将 γ 提升为总空间 P 上的演化曲线 $\tilde{\gamma}$

$$\tilde{\gamma}(t) \equiv \sigma(|\boldsymbol{R}(t)\rangle) = \mathrm{e}^{\mathrm{i}\theta(t)}|\boldsymbol{R}(t)\rangle. \tag{2.52}$$

由 $\pi \circ \sigma = 1_H$，可知

$$\pi \circ \tilde{\gamma}(t) = \pi \circ \sigma(|\boldsymbol{R}(t)\rangle) = |\boldsymbol{R}(t)\rangle = \gamma(t). \tag{2.53}$$

因此 $\tilde{\gamma}$ 是 γ 的水平提升[25]。最终，从曲线 $C(t)$ 到 $\tilde{\gamma}(t)$ 的完整产生路径为

$$C(t) = \boldsymbol{R}(t) \in M \xrightarrow{|\boldsymbol{R}\rangle} \gamma(t) = |\boldsymbol{R}(t)\rangle \in H \xrightarrow{\sigma} \tilde{\gamma}(t) = \mathrm{e}^{\mathrm{i}\theta(t)}|\boldsymbol{R}(t)\rangle \in P. \tag{2.54}$$

可以证明，量子态沿水平提升曲线的输运等价于经历式 (2.38) 所描述的平行演化，这将是后续几小节的讨论重点。此外，尽管 γ 是闭合曲线，但 $\tilde{\gamma}$ 却未必是。不失一般性，取 $\theta(0) = 0$，那么 $\tilde{\gamma}$ 的起点为 $|\boldsymbol{R}(0)\rangle$，终点为 $\mathrm{e}^{\mathrm{i}\theta(\tau)}|\boldsymbol{R}(\tau)\rangle = \mathrm{e}^{\mathrm{i}\theta(\tau)}|\boldsymbol{R}(0)\rangle$。显然初末态同属于纤维空间 $F_{\boldsymbol{R}(0)}$，只是具有不同的相位 (纤维)，而相位差 $\theta(\tau)$ 就是 Berry 相位，即

$$\tilde{\gamma}(\tau) = \tilde{\gamma}(0) g_\gamma(\tau) = \tilde{\gamma}(0) \mathrm{e}^{\mathrm{i}\theta(\tau)}. \tag{2.55}$$

在几何上，$g_\gamma(\tau)$ 是一个和乐 (holonomy)，所以 Berry 相因子也可称为 Berry 和乐[①]。所有 g_γ 的集合形成 U(1) 的一个子群，即和乐群。

2.3.2 切丛的水平与垂直子空间

由于 $\tilde{\gamma}$ 是 γ 的水平提升曲线，则它的切向量称为"水平向量"，其精确数学定义必须借助埃雷斯曼 (**Ehresmann**) 联络给出。在这之前，先给出曲线 $C(t)$、$\gamma(t)$ 和 $\tilde{\gamma}(t)$ 切向量的表示方法以及彼此之间的关系。令 $\boldsymbol{X}$ 为 $C(t)$ 的切向量。由于 $TM_{\boldsymbol{R}} \cong M$，那么 $\boldsymbol{X}$ 可表示为

$$\boldsymbol{X} = \frac{\mathrm{d}\boldsymbol{R}}{\mathrm{d}t} = \frac{\mathrm{d}R^i}{\mathrm{d}t} \boldsymbol{e}_i, \tag{2.56}$$

[①] 更准确的名称应为"异和乐" (anholonomy)，"异"代表不可积。

2.3 Berry 相位的纤维丛描述

其中，$e_1, \cdots, e_k$ 是参数流形 M 上的基矢。量子态映射 $|\cdot\rangle : M \longrightarrow H$ 将 $\boldsymbol{X}$ 映射为 $|\boldsymbol{X}\rangle$，后者实际上是 $\gamma(t)$ 的切向量。根据定义，当量子态 $|\boldsymbol{R}\rangle$ 沿 γ 移动了 $\mathrm{d}t$ 时，应有

$$|\boldsymbol{R}(t+\mathrm{d}t)\rangle = |\boldsymbol{R}(t)\rangle + |\boldsymbol{X}(t)\rangle \mathrm{d}t \equiv |\boldsymbol{R}(t)\rangle + X|\boldsymbol{R}(t)\rangle \mathrm{d}t. \tag{2.57}$$

其中，X 为沿 $|\boldsymbol{X}\rangle$ 方向的李导数算子。另外，对上式左边展开到 $\mathrm{d}t$ 的第一阶，有

$$|\boldsymbol{R}(t+\mathrm{d}t)\rangle = |\boldsymbol{R}(t)\rangle + \frac{\mathrm{d}}{\mathrm{d}t}|\boldsymbol{R}(t)\rangle \mathrm{d}t = |\boldsymbol{R}(t)\rangle + \frac{\mathrm{d}R^i}{\mathrm{d}t} \frac{\partial}{\partial R^i} |\boldsymbol{R}(t)\rangle \mathrm{d}t. \tag{2.58}$$

对比式 (2.57)，有

$$X = X^i \frac{\partial}{\partial R^i} = \frac{\mathrm{d}R^i}{\mathrm{d}t} \frac{\partial}{\partial R^i} = \boldsymbol{X} \cdot \nabla_{\boldsymbol{R}} = \frac{\mathrm{d}}{\mathrm{d}t}. \tag{2.59}$$

由于 $|\boldsymbol{X}\rangle = X|\boldsymbol{R}\rangle$，我们亦可以用 X 来指代 $\gamma(t)$ 的切向量。类似地，定义 $\tilde{X}$ 为 $\tilde{\gamma}(t)$ 的切向量。由 $\pi \circ \tilde{\gamma} = \gamma$ 可推出

$$\pi_* \tilde{X} = X. \tag{2.60}$$

这里 π_* 是投影映射诱导的推前映射。反之，由 $\sigma \circ \gamma = \tilde{\gamma}$ 也可得 $\sigma_* X = \tilde{X}$。利用 $\pi \circ \sigma = 1_H$ 诱导出的 $\sigma_* \circ \pi_* = 1$ 可推出上式与方程 (2.60) 等价。在图 2.1 中，我们给出了曲线 $\gamma(t)$、$\tilde{\gamma}(t)$ 及其切向量场的示意图。

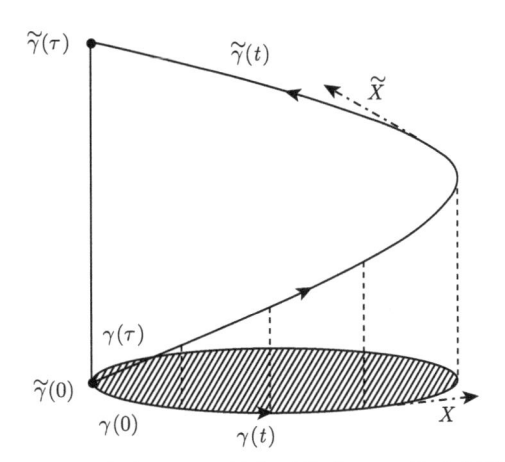

图 2.1 曲线 $\gamma(t)$ 及其水平提升 $\tilde{\gamma}(t)$ 的示意图

切向量 $\tilde{\gamma}(t) \in TP$，而切丛 TP 可以被分解为水平子空间 (HP) 和垂直子空间 (VP)：$TP = HP \oplus VP$。这一切分可通过主丛上的 Ehresmann 联络来实现。

若 $\tilde{\gamma}(t)$ 为水平提升曲线，那么 $\tilde{X}$ 必是一个"水平向量"，即 $\tilde{X} \in HP$。下面，首先讨论 VP 和 HP 的基本构成，再引入 Ehresmann 联络。

首先考虑垂直子空间。取 $|\mathbf{R}\rangle \in H$，$VP_{|\mathbf{R}\rangle}$ 的定义为：纤维空间 $F_{\mathbf{R}}$ 中所有曲线切向量的集合。由于 $F_{\mathbf{R}}$ 为 $\pi^{-1}(|\mathbf{R}\rangle) = \{\mathrm{e}^{\mathrm{i}\theta}|\mathbf{R}\rangle | \theta \in \mathbb{R}\}$，因此 $F_{\mathbf{R}}$ 中任一曲线可用 t 参数化为 $\mathrm{e}^{\mathrm{i}\theta(t)}|\mathbf{R}\rangle$。该曲线在某点（由参数 t_0 确定）处的切向量为

$$\frac{\mathrm{d}}{\mathrm{d}t}\left(\mathrm{e}^{\mathrm{i}\theta(t)}|\mathbf{R}\rangle\right)\Big|_{t=t_0} = \mathrm{i}\dot{\theta}(t_0)\mathrm{e}^{\mathrm{i}\theta(t_0)}|\mathbf{R}\rangle. \tag{2.61}$$

注意到 $\mathrm{e}^{\mathrm{i}\theta(s_0)}|\mathbf{R}\rangle$ 和 $|\mathbf{R}\rangle$ 属于 H 上的同一点，因此 $|\mathbf{R}\rangle$ 处的垂直子空间为

$$VP_{|\mathbf{R}\rangle} = \{\mathrm{i}\theta|\mathbf{R}\rangle | \theta \in \mathbb{R}\}. \tag{2.62}$$

显然，$VP_{|\mathbf{R}\rangle}$ 同构于 $\mathrm{i}\mathbb{R}$。之所以称其为垂直子空间，是因为 $VP_{|\mathbf{R}\rangle}$ 中任一元素（向量）所生成的曲线仅穿过 H 的一个点 $|\mathbf{R}\rangle$。

水平子空间 $HP_{|\mathbf{R}\rangle}$ 为 $VP_{|\mathbf{R}\rangle}$ 的补集，由所有不满足后者性质的点组成。若 $|\varphi\rangle \in VP_{|\mathbf{R}\rangle}$，根据式 (2.62) 必有：$\arg\langle\varphi|\mathbf{R}\rangle = -\theta \in \mathbb{R}$，除非 $\langle\varphi|\mathbf{R}\rangle$ 的辐角没有明确 (ill-defined) 定义。后者只可能发生于 $\langle\varphi|\mathbf{R}\rangle = 0$ 时。因此，$|\mathbf{R}\rangle$ 处的水平子空间可定义为

$$HP_{|\mathbf{R}\rangle} = \{|\psi\rangle | \langle\psi|\mathbf{R}\rangle = 0\}. \tag{2.63}$$

与垂直子空间相反，$HP_{|\mathbf{R}\rangle}$ 中任一向量所生成的曲线至少会经过 H 中的两个点[①]。因此，底流形上某一曲线的水平提升 $\tilde{\gamma}$ 可表示为

$$|\psi(t)\rangle = \mathrm{e}^{\mathrm{i}\theta(t)}|\mathbf{R}(t)\rangle, \tag{2.64}$$

所以它至少经过 H 的两个点：$|\mathbf{R}(t_1)\rangle \neq |\mathbf{R}(t_2)\rangle$。根据式 (2.57)，该曲线的切向量为

$$\tilde{X}|\psi(t)\rangle = \frac{\mathrm{d}|\psi(t)\rangle}{\mathrm{d}t}. \tag{2.65}$$

由于 $\tilde{X}|\psi(t)\rangle$ 是点 $|\psi(t)\rangle$ 处的水平切向量，根据式 (2.63)，它与 $|\mathbf{R}(t)\rangle$ 及 $|\psi(t)\rangle$ 都正交，因此有

$$\langle\psi(t)|\tilde{X}|\psi(t)\rangle = \langle\psi(t)|\frac{\mathrm{d}}{\mathrm{d}t}|\psi(t)\rangle = 0. \tag{2.66}$$

[①] 直观上，我们可以想象：这两点之间至少存在一条连线，以某种方式"平行于" H。若 H 是平面，这是有可能的。所以 $HP_{|\mathbf{R}\rangle}$ 被称为"水平"子空间。

这就是一个向量是"水平向量"的条件。对比方程 (2.38)，可以发现该条件恰恰也是量子态的平行演化条件。也就是说，量子态沿水平提升曲线 $\tilde{\gamma}(t)$ 输运等价于它经历平行演化。注意到 $|\psi(t)\rangle$ 是归一化的，即 $\langle\psi(t)|\psi(t)\rangle = 1$。对其两边微分立即得到 $\mathrm{Re}\langle\psi(t)|\frac{\mathrm{d}}{\mathrm{d}t}|\psi(t)\rangle = 0$，因此条件 (2.66) 也等价于

$$\mathrm{Im}\langle\psi(t)|\frac{\mathrm{d}}{\mathrm{d}t}|\psi(t)\rangle = 0. \tag{2.67}$$

2.3.3 Ehresmann 联络与 Berry 联络

方程 (2.67) 表明可以在整个主丛 P 上定义一个联络 1-形式，其在点 $|\psi\rangle$ 处的表达式为

$$\omega_{|\psi\rangle} = \langle\psi|\mathrm{d}_P|\psi\rangle \quad \text{或} \quad \omega_{|\psi\rangle} = \mathrm{i}\mathrm{Im}\langle\psi|\mathrm{d}_P|\psi\rangle, \tag{2.68}$$

其中，d_P 是 P 上的外微分。当 $|\psi\rangle$ 沿曲线 $\tilde{\gamma}(t)$ 作水平输运时，由于 $\tilde{X}$ 是水平切向量，则条件 (2.66) 等价于

$$\omega_{|\psi\rangle}(\tilde{X}) = \langle\psi(t)|\tilde{X}|\psi(t)\rangle = \langle\psi(t)|\frac{\mathrm{d}}{\mathrm{d}t}|\psi(t)\rangle = 0, \tag{2.69}$$

因此 $\tilde{X}$ 属于联络 1-形式 ω 的核。在微分几何中，方程 (2.69) 也表示 ω 是将 TP 投影到 HP 的算子，因而是 Ehresmann 联络。利用截面映射 σ 可将 ω 拖回到底流形，得到

$$\mathcal{A}_B = \sigma^*\omega, \tag{2.70}$$

其中，式 (2.68) 中的 $|\psi\rangle$ 被 σ^* 拖回为 $|\mathbf{R}\rangle$，d_P 也相应地变为 H 上的微分，即[①]

$$\mathcal{A}_B = \langle\mathbf{R}|\mathrm{d}_H|\mathbf{R}\rangle \quad \text{或} \quad \mathrm{i}\mathrm{Im}\langle\mathbf{R}|\mathrm{d}_H|\mathbf{R}\rangle. \tag{2.71}$$

对比式 (2.29)，不难发现 $\mathcal{A}_B$ 正是 Berry 联络。若用分量形式表达，Berry 联络为

$$\mathcal{A}_{Bi} = \langle\mathbf{R}|\frac{\partial}{\partial R^i}|\mathbf{R}\rangle. \tag{2.72}$$

当主丛 P 上定义了 Ehresmann 联络 (2.68) 时，底流形 H 上自然定义了 Berry 联络，我们可将主丛 P 称为 Berry 丛，它实际上是波函数的相因子丛。

[①] 大部分文献将 Berry 联络定义为：$\mathcal{A}_B = \mathrm{i}\langle\mathbf{R}|\mathrm{d}_H|\mathbf{R}\rangle$，与本书的定义相差一个因子 i。我们之所以采用这种定义方式是为了与混合态 Uhlmann 联络的定义方式保持一致。根据这种定义方式，Berry 联络的取值为一阶反幺正矩阵 (因有：$\mathcal{A}_B^\dagger = -\mathcal{A}_B$)，而 Uhlmann 联络是 N 阶反幺正矩阵。

当 $|\boldsymbol{R}\rangle$ 沿 $\gamma(t)$ 输运时,将 $\mathcal{A}_\mathrm{B}$ 与 $\gamma(t)$ 的切向量 X 缩并,就得到 Berry 矢量势

$$\mathcal{A}_\mathrm{B}(X) = \langle \boldsymbol{R}(t)|\frac{\mathrm{d}}{\mathrm{d}t}|\boldsymbol{R}(t)\rangle. \tag{2.73}$$

将式 (2.65) 代入式 (2.69),可得

$$\langle \boldsymbol{R}(t)|\frac{\mathrm{d}}{\mathrm{d}t}|\boldsymbol{R}(t)\rangle + \mathrm{i}\frac{\mathrm{d}\theta(t)}{\mathrm{d}t} = 0. \tag{2.74}$$

令 $g(t) = \mathrm{e}^{\mathrm{i}\theta(t)}$,方程 (2.74) 进一步变为

$$\mathcal{A}_\mathrm{B}(X) + g^{-1}(t)\frac{\mathrm{d}g(t)}{\mathrm{d}t} = 0. \tag{2.75}$$

利用 $g^{-1}(t)\frac{\mathrm{d}g(t)}{\mathrm{d}t} = g^{-1}(t)\mathrm{d}g(\tilde{X})$,方程 (2.75) 等价于一个更深刻的结论

$$\omega = \pi^*\mathcal{A}_\mathrm{B} + g^{-1}\mathrm{d}_P g. \tag{2.76}$$

将其和水平向量 $\tilde{X} = \dfrac{\mathrm{d}}{\mathrm{d}t}$ 缩并并利用式 (2.60),可得

$$\begin{aligned}
\omega(\tilde{X}) &= \pi^*\mathcal{A}_\mathrm{B}(\tilde{X}) + g^{-1}\mathrm{d}_P g(\tilde{X}) \\
&= \mathcal{A}_\mathrm{B}(\pi_*\tilde{X}) + g^{-1}(t)\frac{\mathrm{d}g(t)}{\mathrm{d}t} \\
&= \mathcal{A}_\mathrm{B}(X) + g^{-1}(t)\frac{\mathrm{d}g(t)}{\mathrm{d}t} \\
&= 0,
\end{aligned} \tag{2.77}$$

即回到条件 (2.69)。式 (2.76) 实际也是从底流形联络构造主丛上联络的方法。此外,式 (2.76) 还给出相因子 $g(t)$ 的微分方程

$$\frac{\mathrm{d}g(t)}{\mathrm{d}t} = -\mathcal{A}_\mathrm{B}(X)g(t), \tag{2.78}$$

或表示为

$$\nabla_X g(t) \equiv \frac{\mathrm{d}g(t)}{\mathrm{d}t} + \mathcal{A}_\mathrm{B}(X)g(t) = 0. \tag{2.79}$$

在这里,∇_X 代表沿着 X 方向的协变微分算子。而 $\nabla_X g(t) = 0$ 意味着瞬时基态 $|\boldsymbol{R}(t)\rangle$ 的相因子 $g(t) = \mathrm{e}^{\mathrm{i}\theta(t)}$ 沿着曲线 $\gamma(t)$ 作平行输运。或者等价地说,量子态

2.3 Berry 相位的纤维丛描述

$|\psi(t)\rangle = \mathrm{e}^{\mathrm{i}\theta(t)}|\boldsymbol{R}(t)\rangle$ 沿水平提升曲线 $\tilde{\gamma}(t)$ 输运，以时刻保持其平行性。但平行性的不可传递性使其在 $t=\tau$ 时获得 Berry 相位。

当 $g(0)$ 给定时，方程 (2.78) 存在唯一解。这意味着底流形上的每条曲线有且只有一条水平提升曲线。取初始条件 $g(0)=1$，可得

$$g(t) = \mathcal{P}\mathrm{e}^{-\int_0^t \mathcal{A}_{\mathrm{B}i}\frac{\mathrm{d}R^i}{\mathrm{d}t'}\mathrm{d}t'} = \mathcal{P}\mathrm{e}^{-\int_{\gamma(0)}^{\gamma(t)}\mathcal{A}_{\mathrm{B}}(X(t'))\mathrm{d}t'} = \mathcal{P}\mathrm{e}^{-\int_0^t \mathcal{A}_{\mathrm{B}}}, \tag{2.80}$$

这里，$\mathcal{P}$ 是沿曲线 $\gamma(t)$ 的路径编序算子。但 Berry 丛上的和乐群是阿贝尔群——$U(1)$ 群的子群，因此 $\mathcal{P}$ 可略去

$$g(t) = \mathrm{e}^{-\int_0^t \mathcal{A}_{\mathrm{B}}(X(t'))\mathrm{d}t'}. \tag{2.81}$$

当 $t=\tau$ 时，有 $\gamma(0)=\gamma(\tau)$，我们得到 Berry 和乐

$$g(\tau) = \langle\psi(0)|\psi(\tau)\rangle = \mathrm{e}^{\mathrm{i}\theta(\tau)} = \mathrm{e}^{-\oint_C \mathcal{A}_{\mathrm{B}}} \tag{2.82}$$

且 $\theta(\tau)$ 是 Berry 相位

$$\theta(\tau) = \theta_{\mathrm{B}} = \mathrm{i}\oint_\gamma \mathcal{A}_{\mathrm{B}}(X(t))\mathrm{d}t = \mathrm{i}\oint_C \langle\boldsymbol{R}|\mathrm{d}|\boldsymbol{R}\rangle. \tag{2.83}$$

注意最后一个环路积分是沿参数空间中闭合曲线 $C(t)$ 进行的。再利用式 (2.71)，可得 Berry 曲率

$$\mathcal{F}_{\mathrm{B}} = \mathrm{d}\langle\boldsymbol{R}|\wedge\mathrm{d}|\boldsymbol{R}\rangle. \tag{2.84}$$

利用斯托克斯定理，Berry 相位可表示为

$$\theta_{\mathrm{B}} = \mathrm{i}\oint_C \mathcal{A}_{\mathrm{B}} = \mathrm{i}\iint_\Sigma \mathrm{d}\mathcal{A}_{\mathrm{B}} = \mathrm{i}\iint_\Sigma \mathcal{F}_{\mathrm{B}} \tag{2.85}$$

其中，Σ 为参数空间中曲线 $C(t)$ 所包围的任一曲面。注意到 $|\psi(t)\rangle$ 是 $|\boldsymbol{R}(t)\rangle$ 的水平提升，并且 $|\psi(0)\rangle = |\boldsymbol{R}(0)\rangle$，那么式 (2.82) 表明

$$\theta_{\mathrm{B}} = \arg\langle\psi(0)|\psi(\tau)\rangle. \tag{2.86}$$

令 $|\psi^{\mathrm{adia}}(t)\rangle$ 为 $|\boldsymbol{R}(t)\rangle$ 作绝热演化而生成的曲线，可称前者为后者的"绝热"提升。那么总相位 θ_{tot} 为

$$\theta_{\mathrm{tot}} = \arg\langle\psi(0)|\psi^{\mathrm{adia}}(\tau)\rangle. \tag{2.87}$$

又因为总相位为动力学相位 θ_{d} 与 Berry 相位之和，因此有

$$\theta_{\mathrm{d}} = \arg\langle\psi(\tau)|\psi^{\mathrm{adia}}(\tau)\rangle. \tag{2.88}$$

若 $\tilde{X}(t) = \dfrac{\mathrm{d}}{\mathrm{d}t}$ 为垂直向量，则 $\omega(\tilde{X})$ 应为依赖于 t 的纯虚数。令 $\omega(\tilde{X}) = u(t)$，利用 $\pi_*\tilde{X} = 0$，则有

$$\begin{aligned} u(t) &= \pi^*\mathcal{A}_\mathrm{B}(\tilde{X}) + g^{-1}\mathrm{d}g(\tilde{X}) \\ &= \mathcal{A}_\mathrm{B}(\pi_*\tilde{X}) + g^{-1}(t)\dfrac{\mathrm{d}g(t)}{\mathrm{d}t} \\ &= g^{-1}(t)\dfrac{\mathrm{d}g(t)}{\mathrm{d}t}. \end{aligned} \tag{2.89}$$

取初始条件 $g(0) = 1$，解该方程可得

$$g(t) = \mathrm{e}^{\int_0^t u(t')\mathrm{d}t'}. \tag{2.90}$$

这其实是纤维变换或者相位变换，而 $u \in u(1)$ 是该变换的生成元，此时 $\tilde{X}$ 是 u 在纤维空间中所产生曲线的切向量。将其记作 $\tilde{X} = u^\#$，则有 $u = \omega(\tilde{X}) = \omega(u^\#)$。因此，若 ω 是 Ehresmann 联络，它必须同时满足

$$\omega(\tilde{X}) = 0, \quad \text{如果}\tilde{X}\text{是水平矢量}, \tag{2.91}$$

$$\omega(u^\#) = u, \quad \text{如果}u^\#\text{是垂直矢量}. \tag{2.92}$$

当量子态作规范变换 $|\boldsymbol{R}\rangle \longrightarrow |\boldsymbol{R}\rangle' = \mathrm{e}^{\mathrm{i}\chi(\boldsymbol{R})}|\boldsymbol{R}\rangle$ 时，根据式 (2.71)，Berry 联络作如下变换

$$\mathcal{A}_\mathrm{B}(\boldsymbol{R}) \longrightarrow \mathcal{A}'_\mathrm{B}(\boldsymbol{R}) = \mathcal{A}_\mathrm{B}(\boldsymbol{R}) + \mathrm{i}\mathrm{d}\chi(\boldsymbol{R}). \tag{2.93}$$

令 $g_\chi = \mathrm{e}^{\mathrm{i}\chi(\boldsymbol{R})}$，根据式 (2.76)，Ehresmann 联络以同样的方式作规范变换

$$\omega' = \pi^*\mathcal{A}_\mathrm{B} + (g_\chi g)^{-1}\mathrm{d}(g_\chi g) = \pi^*\mathcal{A}_\mathrm{B} + g^{-1}\mathrm{d}g + g_\chi^{-1}\mathrm{d}g_\chi = \omega + g_\chi^{-1}\mathrm{d}g_\chi. \tag{2.94}$$

Berry 曲率是规范不变的

$$\mathcal{F}'_\mathrm{B}(\boldsymbol{R}) = \mathcal{F}_\mathrm{B}(\boldsymbol{R}) \tag{2.95}$$

由式 (2.82) 和式 (2.85)，Berry 相位及 Berry 和乐都是规范不变的。

2.3.4　平行输运过程与 Fubini-Study 距离

在 2.2 节中，引入了量子态之间的 Fubini-Study 距离。对于周期性绝热过程中的初态 $|\psi(0)\rangle$ 和末态 $|\psi(\tau)\rangle$ 来说，因为 $\pi(|\psi(0)\rangle) = \pi(|\psi(\tau)\rangle)$，连接它们的曲线 $\gamma(t)$ 为底流形上的闭合曲线，其水平提升曲线 $\tilde{\gamma}(t)$ 的长度可由 Fubini-Study 度规来计算。为求出 Fubini-Study 度规的表达式，考虑量子态 $|\psi\rangle$ 与其领域内一点的距离 (平方)

2.3 Berry 相位的纤维丛描述

$$d_{FS}^2(|\psi(\boldsymbol{R})\rangle, |\psi(\boldsymbol{R}+d\boldsymbol{R})\rangle) = g_{ij}(\psi)dR^i dR^j. \tag{2.96}$$

将 $|\psi(\boldsymbol{R}+d\boldsymbol{R})\rangle$ 展开

$$|\psi(\boldsymbol{R}+d\boldsymbol{R})\rangle = |\psi(\boldsymbol{R})\rangle + \partial_i|\psi(\boldsymbol{R})\rangle dR^i + \frac{1}{2!}\partial_i\partial_j|\psi(\boldsymbol{R})\rangle dR^i dR^j + \cdots, \tag{2.97}$$

其中,$\partial_i \equiv \dfrac{\partial}{\partial R^i}$。因此有

$$\begin{aligned}\langle\psi(\boldsymbol{R})|\psi(\boldsymbol{R}+d\boldsymbol{R})\rangle &= 1 + \langle\psi(\boldsymbol{R})|\partial_i|\psi(\boldsymbol{R})\rangle dR^i + \frac{1}{2}\langle\psi(\boldsymbol{R})|\partial_i\partial_j|\psi(\boldsymbol{R})\rangle dR^i dR^j + \cdots \\ &= 1 + \frac{1}{2}\mathrm{Re}\langle\psi(\boldsymbol{R})|\partial_i\partial_j|\psi(\boldsymbol{R})\rangle dR^i dR^j + \cdots \\ &\quad + \langle\psi(\boldsymbol{R})|\partial_i|\psi(\boldsymbol{R})\rangle dR^i + \cdots, \end{aligned} \tag{2.98}$$

其中,第二行所有项均为实数,而第三行所有项均为纯虚数。由此进一步推出

$$\begin{aligned}|\langle\psi(\boldsymbol{R})|\psi(\boldsymbol{R}+d\boldsymbol{R})\rangle| &= 1 + \frac{1}{2}\mathrm{Re}\left(\langle\psi|\partial_i\partial_j\psi\rangle + \langle\partial_i\psi|\psi\rangle\langle\psi|\partial_j\psi\rangle\right)dR^i dR^j + \cdots \\ &= 1 - \frac{1}{2}\mathrm{Re}\left(\langle\partial_i\psi|\partial_j\psi\rangle - \langle\partial_i\psi|\psi\rangle\langle\psi|\partial_j\psi\rangle\right)dR^i dR^j + \cdots. \end{aligned} \tag{2.99}$$

在最后一步我们利用了 $\mathrm{Re}\langle\psi|\partial_i\partial_j\psi\rangle = -\mathrm{Re}\langle\partial_i\psi|\partial_j\psi\rangle$。再利用方程 (2.34),则有

$$\begin{aligned}d_{FS}^2(|\psi(\boldsymbol{R})\rangle, |\psi(\boldsymbol{R}+d\boldsymbol{R})\rangle) &= 2 - 2|\langle\psi(\boldsymbol{R})|\psi(\boldsymbol{R}+d\boldsymbol{R})\rangle| \\ &= \mathrm{Re}\left(\langle\partial_i\psi|\partial_j\psi\rangle - \langle\partial_i\psi|\psi\rangle\langle\psi|\partial_j\psi\rangle\right)dR^i dR^j. \end{aligned} \tag{2.100}$$

注意,在 $|\psi(\boldsymbol{R}+d\boldsymbol{R})\rangle$ 等价类中总有与 $|\psi(\boldsymbol{R})\rangle$ 相位匹配的量子态,从而使得方程 (2.34) 中最后一行的等号成立。对比方程 (2.96),Fubini-Study 度规为

$$g_{ij}(\psi) = \mathrm{Re}\left(\langle\partial_i\psi|\partial_j\psi\rangle - \langle\partial_i\psi|\psi\rangle\langle\psi|\partial_j\psi\rangle\right). \tag{2.101}$$

易证,该度规在局域规范变换 $|\psi\rangle \longrightarrow e^{i\chi}|\psi\rangle$ 下保持不变。

再回归之前的讨论。假设 $\tilde{\gamma}(t)$ 是底流形上闭合曲线 $\gamma(t)(t \in [0,\tau])$ 的某一提升曲线 (未必是水平提升曲线),那么从初末态之间沿 $\tilde{\gamma}(t)$ 的长度为

$$L(\tilde{\gamma}) = \int_0^\tau \sqrt{\langle\dot{\psi}|\dot{\psi}\rangle}dt. \tag{2.102}$$

这里 $|\dot{\psi}\rangle \equiv \partial_t|\psi\rangle$ 为曲线 $\tilde{\gamma}$ 在点 $|\psi\rangle$ 处的切方向。$\tilde{\gamma}(t)$ 的投影是 $\gamma(t)$,由 Fubini-Study 度规给出的初末态之间的距离为

$$L_{\text{FS}}(\gamma) = \oint \sqrt{g_{ij}\mathrm{d}R^i \mathrm{d}R^j} = \int_0^\tau \sqrt{\langle\dot\psi|\dot\psi\rangle - \langle\dot\psi|\psi\rangle\langle\psi|\dot\psi\rangle}\mathrm{d}t. \tag{2.103}$$

因为 $\langle\dot\psi|\psi\rangle = -\langle\psi|\dot\psi\rangle$ 为纯虚数，所以 $L(\tilde\gamma) \geqslant L_{\text{FS}}(\gamma)$。当且仅当 $\left\langle \psi \left| \dfrac{\mathrm{d}}{\mathrm{d}t} \right| \psi \right\rangle = 0$ 时，等号成立，而且 $\tilde\gamma(t)$ 是 $\gamma(t)$ 的水平提升，其长度由 Fubini-Study 度规给出。此时，$\tilde\gamma(t)$ 也称为 $\gamma(t)$ 的最小提升。

2.4 两能级体系中的 Berry 相位

2.4.1 Berry 相位的一般表达式

两能级体系是最简单的量子系统之一。尽管如此，两能级体系本身已经蕴含了非常丰富的物理现象。该体系的共同特点是系统希尔伯特空间是二维的。以单位阵和三个泡利矩阵 $(\sigma_i, i=1,2,3)$ 为基，哈密顿量可以展开为 $\hat H = E_0 1_{2\times 2} + \boldsymbol{R}\cdot\boldsymbol{\sigma}$，其中 $\boldsymbol{R} = (R_1, R_2, R_3)^{\text{T}}$ 常被称为布洛赫 (Bloch) 矢量[①]，其模 $R = |\boldsymbol{R}| = \sqrt{\sum\limits_{i=1}^{3} R_i^2}$ 为两能级间能隙的一半。哈密顿量第一项的效果只是产生能级平移，常可以将其忽略而不产生额外的效应。简化之后的哈密顿量可以表达为

$$\hat H = \begin{pmatrix} R_3 & R_1 - \mathrm{i}R_2 \\ R_1 + \mathrm{i}R_2 & -R_3 \end{pmatrix}. \tag{2.104}$$

其本征能量为 $E_\pm = \pm R$，对应的本征矢量为

$$|\pm R\rangle = \frac{1}{\sqrt{2R(R\pm R_3)}} \begin{pmatrix} R \pm R_3 \\ \pm(R_1 + \mathrm{i}R_2) \end{pmatrix}. \tag{2.105}$$

令 $\boldsymbol{R}$ 的极角和方位角分别为 θ 和 ϕ，即 $\boldsymbol{R} = R(\sin\theta\cos\phi, \sin\theta\sin\phi, \cos\theta)^{\text{T}}$，那么哈密顿量和其本征态就可表达为

$$\hat H = R\begin{pmatrix} \cos\theta & \sin\theta \mathrm{e}^{-\mathrm{i}\phi} \\ \sin\theta \mathrm{e}^{\mathrm{i}\phi} & -\cos\theta \end{pmatrix} \tag{2.106}$$

和

$$|+R\rangle = \begin{pmatrix} \cos\dfrac{\theta}{2} \\ \sin\dfrac{\theta}{2}\mathrm{e}^{\mathrm{i}\phi} \end{pmatrix}, \quad |-R\rangle = \begin{pmatrix} \sin\dfrac{\theta}{2} \\ -\cos\dfrac{\theta}{2}\mathrm{e}^{\mathrm{i}\phi} \end{pmatrix}. \tag{2.107}$$

[①] 为避免与幂次混淆，在本节我们以下标来标记参数分量。

2.4 两能级体系中的 Berry 相位

当外参数作周期为 τ 的循回演化时，在演化终了，两个能级获得的 Berry 相位分别是

$$\theta_{B\pm} = i\int_0^\tau dt \langle \pm R|\frac{d}{dt}|\pm R\rangle. \tag{2.108}$$

由 $R\dot{R} = R_i\dot{R}_i$ 可得

$$\frac{d}{dt}\left(\frac{1}{\sqrt{R(R\pm R_3)}}\right) = -\frac{1}{2\sqrt{R(R\pm R_3)}}\left(\frac{\dot{R}}{R} + \frac{\dot{R}\pm\dot{R}_3}{R\pm R_3}\right). \tag{2.109}$$

利用该式可计算出 Berry 相位

$$\begin{aligned}\theta_{B\pm} &= i\int_0^\tau dt\left[\frac{d}{dt}\left(\frac{1}{\sqrt{R(R\pm R_3)}}\right)\frac{\left(R\pm R_3 \quad \pm(R_1-iR_2)\right)}{2\sqrt{R(R\pm R_3)}}\begin{pmatrix}R\pm R_3\\ \pm(R_1+iR_2)\end{pmatrix}\right.\\ &\quad\left.+\frac{1}{2R(R\pm R_3)}\begin{pmatrix}R\pm R_3 & \pm(R_1-iR_2)\end{pmatrix}\begin{pmatrix}\dot{R}\pm\dot{R}_3\\ \pm(\dot{R}_1+i\dot{R}_2)\end{pmatrix}\right]\\ &= \int_0^\tau dt\frac{\dot{R}_1 R_2 - R_1\dot{R}_2}{2R(R\pm R_3)}. \end{aligned}\tag{2.110}$$

代入球坐标表示，并利用

$$\dot{R}_1 R_2 - R_1\dot{R}_2 = \frac{d}{dt}\left(\frac{R_1}{R_2}\right)R_2^2 = -R^2\sin^2\theta\frac{d\phi}{dt} \tag{2.111}$$

和 $\phi(0) = \phi(\tau)$（周期演化），Berry 相位最终可表示为

$$\theta_{B\pm} = -\frac{1}{2}\int_{\phi(0)}^{\phi(\tau)}d\phi\frac{\sin^2\theta}{1\pm\cos\theta} = -\frac{1}{2}\oint d\phi(1\mp\cos\theta). \tag{2.112}$$

结果表明，Berry 相位恰好是演化回路所包围的立体角的一半。利用 $\oint d\phi = 2\pi$ 以及 $\pi = -\pi \mod 2\pi$，式 (2.112) 亦可表示为

$$\theta_{B\pm} = \mp\frac{1}{2}\oint(1-\cos\theta)d\phi. \tag{2.113}$$

这与等式 (2.27) 吻合。

2.4.2 有效磁矢量势和有效磁场

利用 $\mathrm{d}t\dot{\bm{R}} = \mathrm{d}\bm{R}$, 式 (2.110) 可变为

$$\theta_{B\pm} = \int_{\bm{R}(0)}^{\bm{R}(\tau)} \mathrm{d}\bm{R} \cdot \bm{A}_\pm = \oint \mathrm{d}\bm{R} \cdot \bm{A}_\pm \tag{2.114}$$

其中, $\bm{A}_\pm$ 为能级 $|\pm R\rangle$ 对应的等效磁矢量势

$$\bm{A}_\pm = \mathrm{i}\langle \pm R|\nabla_{\bm{R}}|\pm R\rangle = \frac{\nabla_{\bm{R}} R_1 R_2 - R_1 \nabla_{\bm{R}} R_2}{2R(R\pm R_3)}. \tag{2.115}$$

将 $\nabla_{\bm{R}} = \left(\dfrac{\partial}{\partial R_1}, \dfrac{\partial}{\partial R_2}, \dfrac{\partial}{\partial R_3}\right)^{\mathrm{T}}$ 代入, 可计算出

$$\bm{A}_\pm = \left(\frac{R_2}{2R(R\pm R_3)}, -\frac{R_1}{2R(R\pm R_3)}, 0\right)^{\mathrm{T}}. \tag{2.116}$$

在球坐标系中, 上式变为

$$\begin{aligned}\bm{A}_+ &= \frac{1}{2R}\frac{\sin\theta}{1+\cos\theta}(\sin\phi\hat{e}_1 - \cos\phi\hat{e}_2) = -\frac{\tan\dfrac{\theta}{2}}{2R}\hat{e}_\phi,\\ \bm{A}_- &= \frac{1}{2R}\frac{\sin\theta}{1-\cos\theta}(\sin\phi\hat{e}_1 - \cos\phi\hat{e}_2) = -\frac{\cot\dfrac{\theta}{2}}{2R}\hat{e}_\phi. \end{aligned} \tag{2.117}$$

容易看出两者分别在 $\theta = \pi$ 和 $\theta = 0$ 处发散。它们正是虚拟磁荷 $Q_{\mathrm{m}} = \mp\dfrac{2\pi}{\mu_0}$ 在参数空间中所产生的等效磁矢量势, 而 $\theta = \pi$ 和 $\theta = 0$ 则是两者的狄拉克弦。知道了有效磁矢量势, 根据 $\bm{B}_\pm = \nabla_{\bm{R}} \times \bm{A}_\pm$ 可计算出有效磁场

$$\bm{B}_\pm = \sum_{i=1}^{2}\hat{e}_i\frac{\partial}{\partial R_3}\frac{R_i}{2R(R\pm R_3)} - \hat{e}_3\sum_{i=1}^{2}\frac{\partial}{\partial R_i}\frac{R_i}{2R(R\pm R_3)}. \tag{2.118}$$

利用

$$\begin{aligned}\frac{\partial}{\partial R_1}\frac{R_1}{R(R\pm R_3)} &= \frac{1}{R(R\pm R_3)} + \frac{R_1}{R\pm R_3}\left(-\frac{R_1}{R^3}\right) - \frac{R_1}{R}\frac{1}{(R\pm R_3)^2}\left(\frac{R_1}{R}\pm 1\right)\\ &= \frac{1}{R(R\pm R_3)} - \frac{R_1^2(2R\pm R_3)}{R^3(R\pm R_3)^2}, \end{aligned} \tag{2.119}$$

可知式 (2.118) 的第二项为

$$-\left(\frac{\partial}{\partial R_1}\frac{R_1}{R(R\pm R_3)}+\frac{\partial}{\partial R_2}\frac{R_2}{R(R\pm R_3)}\right)$$

$$=-\frac{2}{R(R\pm R_3)}+\frac{(R_1^2+R_2^2)(2R\pm R_3)}{R^3(R\pm R_3)^2}$$

$$=-\frac{2}{R(R\pm R_3)}+\frac{(R\mp R_3)(2R\pm R_3)}{R^3(R\pm R_3)}$$

$$=\mp\frac{R_3}{R^3}. \tag{2.120}$$

而在第一项中，有

$$\frac{\partial}{\partial R_3}\frac{1}{R(R\pm R_3)}=\frac{1}{R\pm R_3}\left(-\frac{R_3}{R^3}\right)-\frac{1}{R}\frac{1}{(R\pm R_3)^2}\left(\frac{R_3}{R}\pm 1\right)=\mp\frac{1}{R^3}. \tag{2.121}$$

综上可得

$$\boldsymbol{B}_\pm=\mp\frac{\boldsymbol{R}}{2R^3}. \tag{2.122}$$

它是位于参数空间中原点 ($\boldsymbol{R}=\boldsymbol{0}$) 的虚拟磁荷 $Q_\mathrm{m}=\mp\frac{2\pi}{\mu_0}$ 所产生的等效磁场。因此，Berry 相位亦可视为参数空间中的 Aharonov-Bohm 相位。此外，当 $\boldsymbol{R}=\boldsymbol{0}$ 时，有 $E_\pm=\pm R=0$，因此该点也是系统的能级偶然简并点。

2.4.3　Berry 联络、Berry 曲率与环绕数

1. Berry 联络和 Berry 曲率

根据方程 (2.29)，两能级系统的 Berry 联络为

$$\mathcal{A}_{\mathrm{B}\pm}=\langle\pm|\mathrm{d}|\pm\rangle=-\mathrm{i}\frac{R_2\mathrm{d}R_1-R_1\mathrm{d}R_2}{2R(R\pm R_3)}. \tag{2.123}$$

对应的 Berry 曲率为

$$\mathcal{F}_{\mathrm{B}\pm}=\mathrm{d}\mathcal{A}_{\mathrm{B}\pm}=-\mathrm{i}\frac{1}{2}\mathrm{d}\frac{1}{R(R\pm R_3)}\wedge(R_2\mathrm{d}R_1-R_1\mathrm{d}R_2)+\mathrm{i}\frac{\mathrm{d}R_1\wedge\mathrm{d}R_2}{R(R\pm R_3)}. \tag{2.124}$$

通过细致而冗长的运算，可证上式最终给出

$$\mathcal{F}_{\mathrm{B}\pm}=\pm\mathrm{i}\left(\frac{R_3\mathrm{d}R_1\wedge\mathrm{d}R_2}{2R^3}+\frac{R_1\mathrm{d}R_2\wedge\mathrm{d}R_3}{2R^3}+\frac{R_3\mathrm{d}R_1\wedge\mathrm{d}R_2}{2R^3}\right)$$

$$= \pm \frac{\mathrm{i}}{4} \frac{\epsilon_{ijk} R_i \mathrm{d}R_j \wedge \mathrm{d}R_k}{R^3}. \tag{2.125}$$

具体计算细节可参考附录 A。借助两个能级本征态的投影算符

$$P_\pm = \frac{1}{2}\left(1 \pm \frac{\hat{H}}{R}\right) = \frac{1}{2}(1 \pm \hat{\boldsymbol{R}} \cdot \boldsymbol{\sigma}), \quad \text{其中 } \hat{\boldsymbol{R}} = \boldsymbol{R}/R, \tag{2.126}$$

可将 Berry 曲率表达成更为紧凑的形式

$$\mathcal{F}_{\mathrm{B}\pm} = \mathrm{Tr}(P_\pm \mathrm{d}P_\pm \wedge \mathrm{d}P_\pm). \tag{2.127}$$

该等式的证明可以简单归纳如下。借助泡利矩阵的性质：$\mathrm{Tr}(\sigma_i \sigma_j) = 2\delta_{ij}$，$\sigma_i \sigma_j = \mathrm{i}\epsilon_{ijk}\sigma_k$，可以计算出

$$\begin{aligned}
\mathcal{F}_{\mathrm{B}\pm} &= \frac{1}{8}\mathrm{Tr}\left[(1 \pm \hat{\boldsymbol{R}} \cdot \boldsymbol{\sigma})\mathrm{d}\hat{\boldsymbol{R}} \cdot \boldsymbol{\sigma} \wedge \mathrm{d}\hat{\boldsymbol{R}} \cdot \boldsymbol{\sigma}\right] \\
&= \frac{1}{8}\mathrm{Tr}\left[\mathrm{d}\hat{\boldsymbol{R}} \cdot \boldsymbol{\sigma} \wedge \mathrm{d}\hat{\boldsymbol{R}} \cdot \boldsymbol{\sigma}\right] \pm \frac{1}{8}\mathrm{Tr}\left[\hat{\boldsymbol{R}} \cdot \boldsymbol{\sigma} \mathrm{d}\hat{\boldsymbol{R}} \cdot \boldsymbol{\sigma} \wedge \mathrm{d}\hat{\boldsymbol{R}} \cdot \boldsymbol{\sigma}\right] \\
&= \frac{1}{4}\mathrm{d}\hat{R}_i \wedge \mathrm{d}\hat{R}_j \delta_{ij} \pm \frac{\mathrm{i}}{8}\hat{R}_i \mathrm{d}\hat{R}_j \wedge \mathrm{d}\hat{R}_l \epsilon_{ijk}\mathrm{Tr}(\sigma_k \sigma_l) \\
&= \pm \frac{\mathrm{i}}{4}\epsilon_{ijk}\hat{R}_i \mathrm{d}\hat{R}_j \wedge \mathrm{d}\hat{R}_k,
\end{aligned} \tag{2.128}$$

其中，$\hat{R}_i = \frac{R_i}{R}$。进一步利用等式

$$\mathrm{d}\hat{\boldsymbol{R}} = \mathrm{d}\left(\frac{\boldsymbol{R}}{R}\right) = \frac{\mathrm{d}\boldsymbol{R}}{R} - \frac{\boldsymbol{R}\boldsymbol{R} \cdot \mathrm{d}\boldsymbol{R}}{R^3}, \tag{2.129}$$

以及 $\epsilon_{ijk}R_iR_j = \epsilon_{ijk}R_iR_k = \epsilon_{ijk}R_jR_k = 0$。根据方程 (2.128) 最后一行亦可证明 Berry 曲率也能表示为

$$\begin{aligned}
\mathcal{F}_{\mathrm{B}\pm} &= \pm \frac{\mathrm{i}}{4}\epsilon_{ijk}\frac{R_i}{R}\left(\frac{\mathrm{d}R_j}{R} - \frac{R_j R_m \mathrm{d}R_m}{R^3}\right) \wedge \left(\frac{\mathrm{d}R_k}{R} - \frac{R_k R_n \mathrm{d}R_n}{R^3}\right) \\
&= \pm \frac{\mathrm{i}}{4}\frac{\epsilon_{ijk}R_i \mathrm{d}R_j \wedge \mathrm{d}R_k}{R^3}.
\end{aligned} \tag{2.130}$$

在球坐标系下，Berry 联络和 Berry 曲率可以表示为

$$\mathcal{A}_{\mathrm{B}\pm} = \mathrm{i}\frac{\sin^2\theta \mathrm{d}\phi}{2(1 \pm \cos\theta)} = \frac{\mathrm{i}}{2}(1 \mp \cos\theta)\mathrm{d}\phi, \tag{2.131}$$

$$\mathcal{F}_{\mathrm{B}\pm} = \frac{\mathrm{i}}{2}\mathrm{d}(1 \mp \cos\theta) \wedge \mathrm{d}\phi = \pm\frac{\mathrm{i}}{2}\sin\theta \mathrm{d}\theta \wedge \mathrm{d}\phi. \tag{2.132}$$

2. 能带模型与环绕数

在凝聚态物理中，很多模型具有空间平移不变性，如各种晶格模型。平移不变性使得系统具有空间周期性，利用傅里叶变换，系统哈密顿量在动量空间同样也有周期性，其能级为动量 k 的函数，一般亦称能带模型。k 天然可作为系统外参数，而布里渊区则为参数空间。当 k 遍历布里渊区上的某一闭合回路后，系统哈密顿量也经历了一个周期性变化，从而产生一个 Berry 相因子。

考虑一个二维两能带模型，其动量矢量为 $\boldsymbol{k} = (k_x, k_y)^{\mathrm{T}}$。第一布里渊区 ($k_x \in [0, 2\pi)$, $k_y \in [0, 2\pi)$) 在拓扑上等同于一个二维环面 T^2。利用 $\mathrm{d}P_\pm = \partial_{k_x} P_\pm \mathrm{d}k_x + \partial_{k_y} P_\pm \mathrm{d}k_y$ 以及方程 (2.127)，可推出 Berry 曲率为

$$\mathcal{F}_{\mathrm{B}\pm} = \mathrm{Tr}\left(P_\pm \left[\frac{\partial P_\pm}{\partial k_x}, \frac{\partial P_\pm}{\partial k_y}\right]\right) \mathrm{d}k_x \wedge \mathrm{d}k_y. \tag{2.133}$$

因此，第一布里渊区上的陈示性数 (简称陈数) 为

$$n_\pm = \frac{\mathrm{i}}{2\pi} \int_{\mathrm{BZ}} \mathcal{F}_{\mathrm{B}\pm} = \frac{\mathrm{i}}{2\pi} \int_{\mathrm{BZ}} \mathrm{Tr}\left(P_\pm \left[\frac{\partial P_\pm}{\partial k_x}, \frac{\partial P_\pm}{\partial k_y}\right]\right) \mathrm{d}k_x \wedge \mathrm{d}k_y. \tag{2.134}$$

可以证明这实际上是某种环绕数。利用方程 (2.126)，陈数的具体表达式可计算如下

$$\begin{aligned}
n_\pm(\mathrm{BZ}) &= \pm \frac{\mathrm{i}}{16\pi} \int_{\mathrm{BZ}} \mathrm{Tr}\left(\hat{R}_i \frac{\partial \hat{R}_j}{\partial k_x} \frac{\partial \hat{R}_k}{\partial k_y} \sigma_i [\sigma_j, \sigma_k]\right) \mathrm{d}k_x \wedge \mathrm{d}k_y \\
&= \pm \frac{\mathrm{i}^2}{8\pi} \int_{\mathrm{BZ}} \hat{R}_i \frac{\partial \hat{R}_j}{\partial k_x} \frac{\partial \hat{R}_k}{\partial k_y} \epsilon_{jkl} \mathrm{Tr}(\sigma_i \sigma_l) \mathrm{d}k_x \wedge \mathrm{d}k_y \\
&= \mp \frac{1}{4\pi} \int_{\mathrm{BZ}} \epsilon_{jki} \hat{R}_i \frac{\partial \hat{R}_j}{\partial k_x} \frac{\partial \hat{R}_k}{\partial k_y} \mathrm{d}k_x \wedge \mathrm{d}k_y \\
&= \mp \frac{1}{4\pi} \int_{\mathrm{BZ}} \hat{\boldsymbol{R}} \cdot \left(\frac{\partial \hat{\boldsymbol{R}}}{\partial k_x} \times \frac{\partial \hat{\boldsymbol{R}}}{\partial k_y}\right) \mathrm{d}k_x \wedge \mathrm{d}k_y \\
&= \mp \frac{1}{4\pi} \int_{\mathrm{BZ}} \frac{\boldsymbol{R}}{R^3} \cdot \left(\frac{\partial \boldsymbol{R}}{\partial k_x} \times \frac{\partial \boldsymbol{R}}{\partial k_y}\right) \mathrm{d}k_x \wedge \mathrm{d}k_y
\end{aligned} \tag{2.135}$$

最后一行成立的理由与方程 (2.130) 类似。从倒数第二行的结果还可得出 Berry 曲率的另一常用表达式

$$\mathcal{F}_{\mathrm{B}\pm\mu\nu} = \pm \frac{\mathrm{i}}{2} \hat{\boldsymbol{R}} \cdot (\partial_\mu \hat{\boldsymbol{R}} \times \partial_\nu \hat{\boldsymbol{R}}). \tag{2.136}$$

式 (2.135) 最后两行的结果都是环绕数的表达式，以倒数第二行为例，它对应的是从 $\boldsymbol{k}$ 到 $\hat{\boldsymbol{R}}(\boldsymbol{k})$ 上的映射。注意到 $\boldsymbol{k}$ 所在的空间为第一布里渊区，而 $\hat{\boldsymbol{R}}(\boldsymbol{k})$ 是单

位矢量，其端点在单位球面上，因此这一行的结果表示 $n_\pm(\mathrm{BZ})$ 等于从第一布里渊区 (二维环面 T^2) 到目标空间 S^2 上的一个映射的环绕数。

最后给出环绕数在连续变换下保持不变的一个简单证明。根据式 (2.128)，对某闭合曲面 Σ，其基态环绕数为

$$n_-(\Sigma) = \frac{\mathrm{i}}{2\pi}\int_\Sigma \mathcal{F}_{\mathrm{B}-} = \frac{1}{8\pi}\int_\Sigma \epsilon_{ijk}\hat{R}_i\mathrm{d}\hat{R}_j \wedge \mathrm{d}\hat{R}_k. \tag{2.137}$$

考虑 Bloch 矢量 $\hat{\boldsymbol{R}}$ 的无穷小连续变换 $\hat{R}_i \longrightarrow \hat{R}_i + \delta\hat{R}_i$，在该变换下，$n_-$ 的变化为

$$\begin{aligned}\delta n_-(\Sigma) &= \frac{1}{8\pi}\int_\Sigma \left(\epsilon_{ijk}\delta\hat{R}_i\mathrm{d}\hat{R}_j \wedge \mathrm{d}\hat{R}_k + \epsilon_{ijk}\hat{R}_i\mathrm{d}\delta\hat{R}_j \wedge \mathrm{d}\hat{R}_k\right) \\ &= \frac{1}{4\pi}\int_\Sigma \mathrm{d}\left(\epsilon_{ijk}\hat{R}_i\delta\hat{R}_j\mathrm{d}\hat{R}_k\right) - \frac{1}{8\pi}\int_\Sigma \epsilon_{ijk}\delta\hat{R}_i\mathrm{d}\hat{R}_j \wedge \mathrm{d}\hat{R}_k,\end{aligned} \tag{2.138}$$

上式的计算中利用了分部积分以及指标替换。第二行第一项为全微分在闭合曲面 Σ 上的积分，自然为 0。对于第二项，注意到 $\hat{\boldsymbol{R}}$ 是单位矢量，因此 $\sum_i \hat{R}_i\delta\hat{R}_i = \sum_i \hat{R}_i\mathrm{d}\hat{R}_i = 0$，即 $\delta\hat{\boldsymbol{R}}$、$\mathrm{d}\hat{\boldsymbol{R}}$ 都和 $\hat{\boldsymbol{R}}$ 垂直；此外 ϵ_{ijk} 要求 $j \neq k$，否则其贡献为 0。因此 $\delta\hat{R}_i$、$\mathrm{d}\hat{R}_j$ 和 $\mathrm{d}\hat{R}_k$ 必然线性相关①。可令 $\delta\hat{R}_i = c_1\mathrm{d}\hat{R}_j + c_2\mathrm{d}\hat{R}_k$，将其代入第二项，自然得到 0。因此 $\delta n_-(\Sigma) = 0$。

2.4.4　SSH 模型

在凝聚态物理中有一个著名的能带模型，它刻画了一种最简单却又具有非平庸拓扑的量子体系，称为 Su-Schrieffer-Heeger(SSH) 模型[26]。为方便起见，本书采用自然单位制。SSH 模型描述了这样一种体系：在一维包含两个子链的格点链上存在着两种粒子，且粒子到最近邻格点的跳跃强度分别为 $J_1 \geqslant 0$ 和 $J_2 \geqslant 0$，该体系的哈密顿量为

$$\hat{H} = \sum_{n=1}^N \left(J_1 a_n^\dagger b_n + J_2 a_n^\dagger b_{n-1} + J_1 b_n^\dagger a_n + J_2 b_{n-1}^\dagger a_n\right), \tag{2.139}$$

且格点数满足周期性条件 $N + n = n$。利用傅里叶变换

$$a_n = \frac{1}{\sqrt{N}}\int_0^{2\pi}\frac{\mathrm{d}k}{2\pi}\mathrm{e}^{\mathrm{i}kn}a_k, \quad b_n = \frac{1}{\sqrt{N}}\int_0^{2\pi}\frac{\mathrm{d}k}{2\pi}\mathrm{e}^{\mathrm{i}kn}b_k, \tag{2.140}$$

---

① 在三维空间中，一个非零矢量至多有两个与其垂直且彼此线性无关的矢量。

2.4 两能级体系中的 Berry 相位

可得哈密顿量在动量空间中的表达式

$$\hat{H} = \int_0^{2\pi} \frac{\mathrm{d}k}{2\pi} \left[(J_1 + J_2 \mathrm{e}^{-\mathrm{i}k}) a_k^\dagger b_k + (J_1 + J_2 \mathrm{e}^{\mathrm{i}k}) b_k^\dagger a_k \right], \tag{2.141}$$

其中，k 为布里渊区的动量。引入南部 (Nambu) 旋量 $\Psi_k = (b_k, -a_k)^\mathrm{T}$，可将哈密顿量改写为

$$\hat{H} = \int_0^{2\pi} \frac{\mathrm{d}k}{2\pi} \Psi_k^\dagger H_k \Psi_k, \text{ 其中} H_k = (-J_1 - J_2 \cos k)\sigma_x + J_2 \sin k \sigma_y, \tag{2.142}$$

等价于一个两能级系统。令 $H_k = \frac{\Delta_k}{2} \hat{\boldsymbol{R}}_k \cdot \boldsymbol{\sigma}$，其中

$$\Delta_k = 2\sqrt{J_1^2 + J_2^2 + 2J_1 J_2 \cos k}, \quad \hat{\boldsymbol{R}}_k = \frac{2}{\Delta_k}(-J_1 - J_2 \cos k, J_2 \sin k, 0)^\mathrm{T}. \tag{2.143}$$

能级差 Δ_k 也被称为能隙。系统有两个能带：$E_k = \pm \frac{\Delta_k}{2}$；$J_1 = 0$ 对应于平带 $E_k = \pm J_2$。$\hat{\boldsymbol{R}}_k$ 为单位 Bloch 矢量，其末端构成 Bloch 球面 (目标空间)。可将它参数化为

$$\hat{\boldsymbol{R}}_k = \frac{2}{\Delta_k}(\sin\theta_k \cos\phi_k, \sin\theta_k \sin\phi_k, \cos\theta_k)^\mathrm{T}, \tag{2.144}$$

则对任意 k 都有 $\theta_k = \frac{\pi}{2}$（即 $\hat{\boldsymbol{R}}_k$ 总在赤道上），以及

$$\tan\phi_k = -\frac{J_2 \sin k}{J_1 + J_2 \cos k} = -\frac{\sin k}{m + \cos k}, \tag{2.145}$$

其中，$m = \frac{J_1}{J_2} \geqslant 0$。图 2.2 展示了系统能带随 m 的变化趋势。不难发现，当 $m \neq 1$ 时，两条能带是分离的。而当 $m = 1$ 时，能隙 $\Delta_\pi = 0$，两条能带交于 $k = \pi$ 处，该点就是 2.1.2 节所提到的能带简并点，也是等效磁荷的所在点。从图 2.2 中可见，系统从 $m < 1$ 到 $m > 1$ 经历了一个能隙闭合又打开的拓扑变化过程，这对 Berry 相位的取值有重大影响。

式 (2.144) 表明 Bloch 矢量 $\hat{\boldsymbol{R}}_k$ 构成从第一布里渊区 S^1 到目标空间的一个映射。由于它把 S^1 映射成赤道 S^1，因此由 2.4.3 节的结论式 (2.135) 可知，Berry 相位也可以理解为环绕数。在图 2.3 中，我们给出了不同情况下 Bloch 矢量末端随 k 的变化图，并归纳出如下特点。

(1) $m < 1.0$（详见图 2.3(a)、(b)）。当 k 走遍整个布里渊区 $[0, 2\pi]$ 时，$\hat{\boldsymbol{R}}_k$ 的末端在 $z = 0$ 平面总是形成一个完整的圆。当 $k = 0$ 时，$\hat{\boldsymbol{R}}_k$ 的端点从点 $(-1, 0)$

出发,按顺时针方向沿单位圆变动,当 $k = \pi$ 时到达点 $(1,0)$,然后继续在 $k = 2\pi$ 时回归点 $(-1,0)$,显然该轨迹相对原点的环绕数为 1。

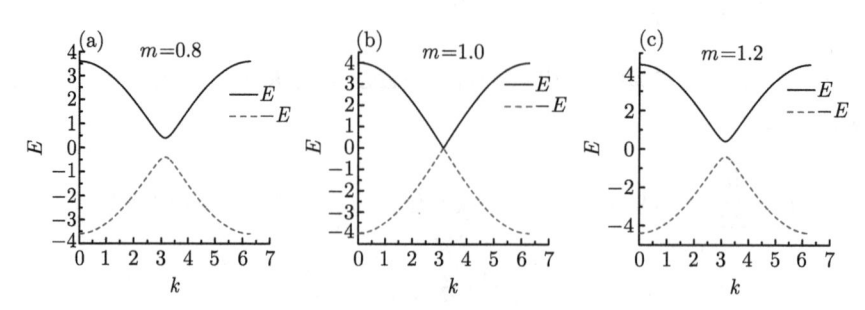

图 2.2 SSH 模型的能带。(a)、(b)、(c) 分别对应 $m = 0.8$、1.0 和 1.2

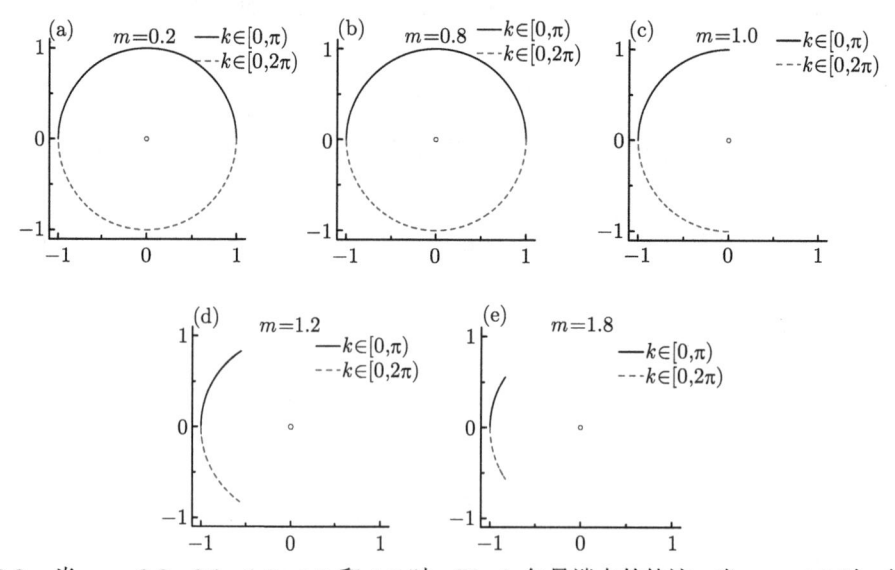

图 2.3 当 $m = 0.2, 0.8, 1.0, 1.2$ 和 1.8 时,Bloch 矢量端点的轨迹。当 $m < 1.0$ 时,轨迹相对原点的环绕数为 1;当 $m = 1.0$ 时,环绕数无意义;当 $m > 1.0$ 时,环绕数为 0

(2) $m = 1.0$(详见图 2.3(c))。当 k 从 0 开始增大时,$\hat{\boldsymbol{R}}_k$ 的端点依然从点 $(-1,0)$ 出发。此时有 $\tan\phi_k = -\dfrac{\sin k}{1+\cos k} = -\tan\dfrac{k}{2}$。因此当 $k \longrightarrow \pi^-$ 时,端点趋向于 $(0,1)$。但当 $k = \pi$ 时,$\hat{\boldsymbol{R}}_{k=\pi}$ 为零矢量,即 Bloch 矢量跳到坐标原点;而当 k 从 π^+ 变动到 2π 时,$\hat{\boldsymbol{R}}_k$ 从 $(0,-1)$ 回到 $(-1,0)$。这种情况下,环绕数失去意义。

(3) $m > 1.0$(详见图 2.3(d)、(e))。当 k 从 0 开始增加时,$\hat{\boldsymbol{R}}_k$ 端点从点

$(-1,0)$ 出发，当 $k = \dfrac{\pi}{2}$ 时到达最高点 $\hat{\boldsymbol{R}}_{\frac{\pi}{2}} = \left(-\dfrac{m}{\sqrt{1+m^2}}, \dfrac{1}{\sqrt{1+m^2}}\right)$，然后当 $k = \pi$ 时回到 $(-1,0)$。同样，当 k 从 π 变动到 2π 时，$\hat{\boldsymbol{R}}_k$ 端点先到达 $\hat{\boldsymbol{R}}_{\frac{3\pi}{2}} = \left(-\dfrac{m}{\sqrt{1+m^2}}, -\dfrac{1}{\sqrt{1+m^2}}\right)$，然后回到 $(-1,0)$。这种情况下，端点轨迹相对原点的环绕数为 0。

由于 θ_k 的取值固定，可以用 ϕ_k 来计算环绕数。利用万能公式可证

$$\tan\phi_k = -\frac{2\tan\dfrac{k}{2}}{m\left(1+\tan^2\dfrac{k}{2}\right) + 1 - \tan^2\dfrac{k}{2}}$$

$$= \frac{(1+m)\cot\dfrac{k}{2} + (1-m)\cot\dfrac{k}{2}}{1 - m - (1+m)\cot^2\dfrac{k}{2}}$$

$$= \frac{\tan\dfrac{\pi-k}{2} + \dfrac{1+m}{1-m}\tan\dfrac{\pi-k}{2}}{1 - \tan\dfrac{\pi-k}{2} \cdot \dfrac{1+m}{1-m}\tan\dfrac{\pi-k}{2}}$$

$$= \tan\left[\dfrac{\pi-k}{2} + \arctan\left(\dfrac{1+m}{1-m}\tan\dfrac{\pi-k}{2}\right)\right]. \tag{2.146}$$

注意到 $-\pi \leqslant \pi - k \leqslant \pi$，经仔细分析可知上式最后一行正切函数内表达式的值域为 $[-\pi, \pi]$。为方便起见，令 ϕ_k 的取值为 $-\pi \leqslant \phi_k \leqslant \pi$，则上式给出

$$\phi_k = \dfrac{\pi-k}{2} + \arctan\left(\dfrac{1+m}{1-m}\tan\dfrac{\pi-k}{2}\right). \tag{2.147}$$

将 ϕ_k 记为 $\phi(k)$，令系统沿第一布里渊区上的曲线 $k(t) = \dfrac{2\pi t}{\tau}$ 演化。若 t 从 0 演化到 τ，相当于正好在第一布里渊区走了一圈，因此可以用 k 取代 t 来作为演化参数。再利用式 (2.112)，可以计算出两能级的 Berry 相位均为

$$\theta_\mathrm{B} = -\dfrac{1}{2}\int_{\phi(0)}^{\phi(2\pi)} \mathrm{d}\phi(k) = \dfrac{1}{2}\left(\phi(0) - \phi(2\pi)\right). \tag{2.148}$$

而 $n = \dfrac{1}{2\pi}\left(\phi(2\pi) - \phi(0)\right)$ 为环绕数。利用表达式 (2.146)，Berry 相位最终可表示为

$$\theta_\mathrm{B} = \dfrac{\pi}{2}\left[1 + \mathrm{sgn}(1-m)\right], \tag{2.149}$$

其中，sgn 为符号函数。当 $m < 1$ 时，$\theta_B = \pi$；而当 $m > 1$ 时，$\theta_B = 0$。这实际上对应两个拓扑不等价的相。当 $m = 1$ 时，Berry 相位没有定义。根据前面的讨论，从 $m < 1$ 到 $m > 1$，系统的能隙经历了一个从闭合到再打开的过程，对应着拓扑相变的发生点。

最后，结合 2.3 节的内容给出 Berry 相位的几何图像。在本例中，参数流形 M 为第一布里渊区 S^1，而参数演化回路 $C(t) := k(t) = \dfrac{2\pi t}{\tau}$ 就是布里渊区本身。根据式 (2.107)，底流形 H 应为 Bloch 球面 (θ_k, ϕ_k) 的子流形。由于 $\theta_k = \dfrac{\pi}{2}$，所以 H 实为 Bloch 球面的赤道，也是 S^1。$C(t)$ 诱导出的量子态演化曲线为 $\gamma(t) \in S^1$。SSH 模型给出了从布里渊区到 Bloch 赤道上的映射，即 $C(t) \longrightarrow \gamma(t)$，而 Berry 相位正比于该映射的环绕数。图 2.3 中 Bloch 矢量的顶端轨迹就是 $\gamma(t)$，其水平提升 $\tilde{\gamma}(t)$ 为 $\gamma(t)$ 上每一点的量子态乘以相因子 (2.80)。末态相因子即 Berry 和乐 $g(\tau) = \mathrm{e}^{\mathrm{i}\theta_B}$。Berry 相位 θ_B 正比于 $\gamma(t)$ 的环绕数：$\theta_B = n_\gamma \pi$。当 $0 < m < 1.0$ 时，$\gamma(t)$ 是两端重合的圆弧，$n_\gamma = 0$，所以 Berry 和乐 $g(\tau) = 1$，此时水平提升曲线 $\tilde{\gamma}(t)$ 是闭合曲线。若 $m > 1.0$，$\gamma(t)$ 是包含原点的圆，显然 $n_\gamma = 1$，所以 Berry 和乐 $g(\tau) = -1$，此时水平提升曲线 $\tilde{\gamma}(t)$ 不闭合。当 $m = 1.0$ 时，$\gamma(t)$ 不闭合，则 $g(\tau)$ 无明确意义。

2.5 若干简单量子系统的 Berry 相位

在本节，我们计算几类简单物理系统 (谐振子相干态、自旋-j 系统和广义谐振子) 的 Berry 相位，以便和第 1 章的经典几何相位或后续的混合态几何相位作对比。

2.5.1 谐振子相干态的 Berry 相位

谐振子系统是量子力学中最简单也最常用的物理模型之一，根据其自旋可分为玻色谐振子和费米谐振子，我们首先关注前者。

1. 玻色谐振子

玻色谐振子的哈密顿量为 $\hat{H} = \hbar\omega\left(a^\dagger a + \dfrac{1}{2}\right)$，其产生算符和湮灭算符满足代数 $[a, a^\dagger] = 1$。谐振子相干态可以通过对基态作平移变换得到

$$|z\rangle = D(z)|0\rangle \equiv \mathrm{e}^{za^\dagger - \bar{z}a}|0\rangle = \mathrm{e}^{-\frac{|z|^2}{2}} \sum_{n=0}^{+\infty} \frac{z^n}{\sqrt{n!}}|n\rangle. \tag{2.150}$$

其中，z 为复数，并可以作为外参数，其参数空间即为 z-复平面。这也可以推广至谐振子的所有本征态：$|n,z\rangle \equiv D(z)|n\rangle$。当谐振子系统沿 z-复平面上某闭合曲线 $C(t) = z(t)(0 \leqslant t \leqslant \tau)$ 作绝热演化后，第 n 个能级获得 Berry 相位

$$\theta_{Bn}(C) = i\int_0^\tau dt \langle n, z(t)|\frac{\partial}{\partial t}|n, z(t)\rangle = i\oint_C \langle n|D^\dagger(z)dD(z)|n\rangle. \tag{2.151}$$

曲线的周期性要求 $z(0) = z(\tau)$，且我们假设 t 递增的方向与 $C(t)$ 的正方向（即逆时针方向）一致。第 n 个能级的 Berry 联络和 Berry 曲率分别为

$$\mathcal{A}_{Bn} = \langle n|D^\dagger(z)dD(z)|n\rangle = \frac{1}{2}(\bar{z}dz - zd\bar{z}), \mathcal{F}_{Bn} = -dz \wedge d\bar{z}. \tag{2.152}$$

取 $z = x + iy$，则 z-复平面也是 xy-平面。也可以用二维向量 $\boldsymbol{x} \equiv x\hat{e}_1 + y\hat{e}_2$ 来标记 z，那么 Berry 相位可表示为

$$\theta_{Bn}(C) = i\oint_C d\boldsymbol{x} \cdot \langle n, z|\nabla|n, z\rangle = i\oint_C d\boldsymbol{x} \cdot \langle n|D^\dagger(z)\nabla D(z)|n\rangle \tag{2.153}$$

其中，$\nabla = \hat{e}_1\frac{\partial}{\partial x} + \hat{e}_2\frac{\partial}{\partial y}$。根据豪斯多夫 (Hausdorff) 公式，平移变换算符 $D(z)$ 可分解为

$$D(z) = e^{\frac{1}{2}|z|^2}e^{-z^*a}e^{za^\dagger} = e^{-\frac{1}{2}|z|^2}e^{za^\dagger}e^{-\bar{z}a}. \tag{2.154}$$

借助该式可验证

$$D^\dagger(z)\frac{\partial D(z)}{\partial x} = D^\dagger(z)\left[\frac{\partial D(z)}{\partial z}\frac{\partial z}{\partial x} + \frac{\partial D(z)}{\partial \bar{z}}\frac{\partial \bar{z}}{\partial x}\right] = -iy + (a^\dagger - a),$$

$$D^\dagger(z)\frac{\partial D(z)}{\partial y} = D^\dagger(z)\left[\frac{\partial D(z)}{\partial z}\frac{\partial z}{\partial y} + \frac{\partial D(z)}{\partial \bar{z}}\frac{\partial \bar{z}}{\partial y}\right] = ix + i(a^\dagger + a). \tag{2.155}$$

将其代入式 (2.153) 可以计算出 Berry 相位

$$\theta_{Bn}(C) = \oint_C(ydx - xdy) = \frac{i}{2}\oint_C(\bar{z}dz - zd\bar{z}) = -\oint_C \text{Im}(\bar{z}dz) = -2S_C. \tag{2.156}$$

这里，S_C 为闭合曲线 $C(t)$ 所围成的面积，且积分是沿逆时针方向进行的。本例中的 Berry 相位并不像在 SSH 模型中那样表现出明显的拓扑性，这是因为参数空间为复平面，其拓扑是平庸的，而后者的参数空间为 S^1，其拓扑是非平庸的。

2. 费米谐振子

类似的讨论可以拓展到费米谐振子，其产生算符、湮灭算符满足 $\{b, b^\dagger\} = 1$。注意到玻色谐振子的哈密顿量可以表示为 $\hat{H} = \dfrac{\hbar\omega}{2}\{a^\dagger, a\}$。只需将反对易子替换为对易子便可得到费米谐振子的哈密顿量

$$\hat{H} = \frac{\hbar\omega}{2}[b^\dagger, b] = \hbar\omega\left(b^\dagger b - \frac{1}{2}\right). \tag{2.157}$$

它只有两个本征态：本征值为 $-\dfrac{1}{2}\hbar\omega$ 的基态 $|0\rangle$，以及本征值为 $\dfrac{1}{2}\hbar\omega$ 的激发态 $|1\rangle$。所以该系统本质上也是一个两能级体系。费米谐振子的相干态也可以通过对系统基态作平移而产生：

$$|\xi\rangle = D(\xi)|0\rangle \equiv e^{b^\dagger \xi - \bar{\xi} b}|0\rangle, \tag{2.158}$$

这里，ξ 为格拉斯曼数。任意两格拉斯曼数 ξ、ζ 彼此反对易：$\xi\zeta = -\zeta\xi$，因此任一个格拉斯曼数的平方为零。此外，两格拉斯曼数之积为正常数，格拉斯曼数与费米性算符反对易。平移算符 $D(\xi)$ 是幺正的，满足

$$D(\xi)bD^\dagger(\xi) = b - \xi, \quad D(\xi)b^\dagger D^\dagger(\xi) = b^\dagger - \bar{\xi} \tag{2.159}$$

和

$$D^\dagger(\xi) = D^{-1}(\xi) = D(-\xi). \tag{2.160}$$

费米谐振子相干态亦为幺正变换后新哈密顿量的基态

$$\hat{H}(\xi) = D(\xi)\hat{H}D^\dagger(\xi) = \hbar\omega\left[(b^\dagger - \bar{\xi})(b - \xi) - \frac{1}{2}\right]. \tag{2.161}$$

$\hat{H}(\xi)$ 的本征态为 $|n, \xi\rangle = D(\xi)|n\rangle$，$n = 0, 1$。

与 5.1 节 1. 的讨论类似，当费米谐振子系统沿某闭合曲线 $\tilde{C}(t) := \xi(t)(0 \leqslant t \leqslant \tau)$ 作绝热演化后，第 n 个能级对应的 Berry 联络为

$$\mathcal{A}_{\mathrm{B}n} = \langle n, \xi|\mathrm{d}|n, \xi\rangle = \langle n|D^\dagger(\xi)\mathrm{d}D(\xi)|n\rangle. \tag{2.162}$$

同样，利用 Hausdorff 公式，$D(\xi)$ 亦可表示为

$$D(\xi) = e^{\frac{1}{2}\xi\bar{\xi}}e^{b^\dagger \xi}e^{-\bar{\xi}b}, \tag{2.163}$$

2.5 若干简单量子系统的 Berry 相位

利用上式以及式 (2.159) 可导出

$$\mathrm{d}D(\xi) = \left(b^\dagger - \frac{1}{2}\bar{\xi}\right)D(\xi)\mathrm{d}\xi + D(\xi)\left(b + \frac{1}{2}\xi\right)\mathrm{d}\bar{\xi},$$

$$D^\dagger(\xi)\mathrm{d}D(\xi) = \left(b^\dagger + \frac{1}{2}\bar{\xi}\right)\mathrm{d}\xi + \left(b + \frac{1}{2}\xi\right)\mathrm{d}\bar{\xi}. \tag{2.164}$$

代入式 (2.162) 后可得

$$\mathcal{A}_{Bn} = \frac{1}{2}\left(\bar{\xi}\mathrm{d}\xi + \xi\mathrm{d}\bar{\xi}\right) = \frac{1}{2}\left(\bar{\xi}\mathrm{d}\xi - \mathrm{d}\bar{\xi}\xi\right). \tag{2.165}$$

为计算 Berry 相位, 考虑一种简单的演化路线。令 $\xi = z\zeta$, 其中 z 为普通复变数, 而 ζ 为格拉斯曼数, 那么 $\mathrm{d}\xi = \zeta\mathrm{d}z$, $\mathrm{d}\bar{\xi} = \bar{\zeta}\mathrm{d}\bar{z}$。演化回路 $\xi(t) = \zeta z(t)$ 等同于 z-复平面上的闭合曲线 $C(t) := z(t)$。容易验证, Berry 联络为

$$\mathcal{A}_{Bn} = \frac{1}{2}\bar{\zeta}\zeta\left(\bar{z}\mathrm{d}z - z\mathrm{d}\bar{z}\right). \tag{2.166}$$

而 Berry 相位为

$$\theta_{Bn} = \mathrm{i}\oint_C \mathcal{A}_{Bn} = -2\bar{\zeta}\zeta S_C. \tag{2.167}$$

除了一个因子 $\bar{\zeta}\zeta$ 外, 结果与玻色谐振子相干态的 Berry 相位式 (2.156) 一样。

2.5.2 自旋-j 系统的 Berry 相位

与外磁场耦合的顺磁体也是常见的简单物理体系, 且非常易于在实验上实现。设顺磁体的自旋算符为 $\boldsymbol{J} = (J_x, J_y, J_z)^\mathrm{T}$, $\boldsymbol{J}^2$ 的本征值为 $j(j+1)\hbar^2$。令外磁场为 $\boldsymbol{B}$, 其强度 $B = |\boldsymbol{B}|$ 固定, 而指向可改变, 因此可以将它参数化为 $\boldsymbol{B} = B(\sin\theta\cos\phi, \sin\theta\sin\phi, \cos\theta)^\mathrm{T}$。该系统的参数空间为单位球面 S^2, 局域坐标为 (θ, ϕ), 哈密顿量为

$$\hat{H} = \omega_0 \hat{\boldsymbol{B}} \cdot \boldsymbol{J}, \tag{2.168}$$

其中, ω_0 为拉莫尔频率, $\hat{\boldsymbol{B}} = \boldsymbol{B}/B$ 为外磁场的单位指向, $\boldsymbol{J}$ 为粒子的自旋角动量。利用角动量代数

$$\mathrm{e}^{-\frac{\mathrm{i}}{\hbar}\theta J_y} J_z \mathrm{e}^{\frac{\mathrm{i}}{\hbar}\theta J_y} = J_x \sin\theta + J_z \cos\theta, \tag{2.169}$$

$$\mathrm{e}^{-\frac{\mathrm{i}}{\hbar}\phi J_z} J_x \mathrm{e}^{\frac{\mathrm{i}}{\hbar}\phi J_z} = J_x \cos\phi + J_y \sin\phi, \tag{2.170}$$

$$\mathrm{e}^{-\frac{\mathrm{i}}{\hbar}\phi J_z} J_y \mathrm{e}^{\frac{\mathrm{i}}{\hbar}\phi J_z} = -J_x \sin\phi + J_y \cos\phi, \tag{2.171}$$

$$\mathrm{e}^{-\frac{\mathrm{i}}{\hbar}\theta J_y} J_x \mathrm{e}^{\frac{\mathrm{i}}{\hbar}\theta J_y} = -J_z \sin\theta + J_x \cos\theta. \tag{2.172}$$

可以将哈密顿量改写为

$$\begin{aligned}\hat{H} &= \omega_0(J_x \sin\theta\cos\phi + J_y \sin\theta\sin\phi + J_z \cos\theta)\\ &= \omega_0 \mathrm{e}^{-\frac{\mathrm{i}}{\hbar}\phi J_z}\mathrm{e}^{-\frac{\mathrm{i}}{\hbar}\theta J_y} J_z \mathrm{e}^{\frac{\mathrm{i}}{\hbar}\theta J_y}\mathrm{e}^{\frac{\mathrm{i}}{\hbar}\phi J_z}.\end{aligned} \tag{2.173}$$

其本征态可以利用 J_z 的本征态构造

$$|\psi_m^j(\theta,\phi)\rangle = \mathrm{e}^{-\mathrm{i}\phi(\frac{J_z}{\hbar}-m)}\mathrm{e}^{-\frac{\mathrm{i}}{\hbar}\theta J_y}|jm\rangle, \quad m = -j, -j+1, \cdots, j-1, j. \tag{2.174}$$

假设系统沿 S^2 上的闭合曲线 $C(t) := (\theta(t), \phi(t))(0 \leqslant t \leqslant \tau)$ 作绝热演化，则每个能级在演化结束时获得 Berry 相位

$$\begin{aligned}\theta_{\mathrm{B}m}(C) &= \mathrm{i}\int_0^\tau \mathrm{d}t \langle\psi_m^j|\frac{\mathrm{d}}{\mathrm{d}t}|\psi_m^j\rangle\\ &= \frac{1}{\hbar}\int_0^\tau \mathrm{d}t \langle jm|\left[-J_x \sin\theta\dot{\phi} + (J_z \cos\theta - m\hbar)\dot{\phi} + J_y\dot{\theta}\right]|jm\rangle\\ &= -m\oint_C (1-\cos\theta)\mathrm{d}\phi\\ &= -m\Omega(C)\end{aligned} \tag{2.175}$$

这里，$\Omega(C)$ 为 S^2 中回路 $C(t)$ 相对于原点的立体角。对比式 (2.113)，可见该结果其实是两能级体系 $\left(j=\frac{1}{2}\right)$ Berry 相位的推广。与上面的过程类似，可以推出每个能级对应的 Berry 联络和 Berry 曲率分别是

$$\mathcal{A}_{\mathrm{B}m} = \langle\psi_m^j|\mathrm{d}|\psi_m^j\rangle = \mathrm{i}m(1-\cos\theta)\mathrm{d}\phi, \tag{2.176}$$

和

$$\mathcal{F}_{\mathrm{B}m} = \mathrm{d}\mathcal{A}_{\mathrm{B}m} = \mathrm{i}m\sin\theta\mathrm{d}\theta \wedge \mathrm{d}\phi. \tag{2.177}$$

2.5.3 广义谐振子的 Berry 相位

第 1 章计算了广义谐振子的经典几何相位。作为对比，接下来探讨它的量子几何相位——Berry 相位。系统哈密顿量为

$$\hat{H} = \frac{1}{2}\left[X\hat{q}^2 + Y(\hat{q}\hat{p}+\hat{p}\hat{q}) + Z\hat{p}^2\right]. \tag{2.178}$$

2.5 若干简单量子系统的 Berry 相位

同样,系统依赖于外参数 $\boldsymbol{R} = (X, Y, Z) \in \mathbb{R}^3$。与例 1.2.6 一样,仅考虑 $XZ > Y^2$ 时的情况,并引入角频率 $\omega = \sqrt{XZ - Y^2}$。当 $\boldsymbol{R}$ 一定时,定态薛定谔方程为

$$\hat{H}(\boldsymbol{R})|n(\boldsymbol{R})\rangle = E_n(\boldsymbol{R})|n(\boldsymbol{R})\rangle. \tag{2.179}$$

令波函数 $\psi_n(q;\boldsymbol{R}) = \langle q|n(\boldsymbol{R})\rangle$。当作用于波函数上时,$\hat{p} = -\mathrm{i}\hbar\partial_q$。因此定态薛定谔方程对应的本征方程为

$$-\frac{Z\hbar^2}{2}\frac{\mathrm{d}^2\psi_n}{\mathrm{d}q^2} - \mathrm{i}\hbar Y q \frac{\mathrm{d}\psi_n}{\mathrm{d}q} + \left(\frac{Xq^2}{2} - \mathrm{i}\hbar\frac{Y}{2}\right)\psi_n = E_n\psi_n. \tag{2.180}$$

其本征值 $E_n = \hbar\omega\left(n + \dfrac{1}{2}\right)$ 对应的归一化解为

$$\psi_n(q;\boldsymbol{R}) = \frac{1}{\sqrt{2^n n!\sqrt{\pi}}}\sqrt[4]{\frac{\omega}{Z\hbar}}\mathrm{e}^{-\frac{\omega+\mathrm{i}Y}{2Z\hbar}q^2}H_n\left(\sqrt{\frac{\omega}{Z\hbar}}q\right), \tag{2.181}$$

在这里

$$H_n(x) = \mathrm{e}^{\frac{x^2}{2}}\left(x - \frac{\mathrm{d}}{\mathrm{d}x}\right)^n \mathrm{e}^{-\frac{x^2}{2}} = \mathrm{e}^{x^2}\left(-\frac{\mathrm{d}}{\mathrm{d}x}\right)^n \mathrm{e}^{-x^2} \tag{2.182}$$

是第 n 阶厄米多项式,为实函数。第 n 个能级的 Berry 曲率为

$$\begin{aligned}\mathcal{F}_{Bn} &= \mathrm{d}_{\boldsymbol{R}}\langle n(\boldsymbol{R})| \wedge \mathrm{d}_{\boldsymbol{R}}|n(\boldsymbol{R})\rangle \\ &= \mathrm{d}_{\boldsymbol{R}}\left[\int_{-\infty}^{+\infty}\mathrm{d}q\langle n(\boldsymbol{R})|q\rangle\langle q|\mathrm{d}_{\boldsymbol{R}}|n(\boldsymbol{R})\rangle\right] \\ &= \mathrm{d}_{\boldsymbol{R}}\left[\int_{-\infty}^{+\infty}\mathrm{d}q\psi_n^*(q;\boldsymbol{R})\mathrm{d}_{\boldsymbol{R}}\psi_n(q;\boldsymbol{R})\right]. \end{aligned} \tag{2.183}$$

注意到括号内为纯虚数,对比表达式 (2.181),求微分时仅需保留与 $\mathrm{d}_{\boldsymbol{R}}\left(\dfrac{Y}{Z}\right)$ 有关的项,因此有

$$\begin{aligned}\mathcal{F}_{Bn} &= -\frac{\mathrm{i}}{2\hbar}\mathrm{d}_{\boldsymbol{R}}\left[\frac{1}{2^n n!\sqrt{\pi}}\sqrt{\frac{\omega}{Z\hbar}}\int_{-\infty}^{+\infty}\mathrm{d}q\mathrm{e}^{-\frac{\omega}{Z\hbar}q^2}H_n^2\left(\sqrt{\frac{\omega}{Z\hbar}}q\right)q^2\mathrm{d}_{\boldsymbol{R}}\left(\frac{Y}{Z}\right)\right] \\ &= -\frac{\mathrm{i}}{2}\mathrm{d}_{\boldsymbol{R}}\left[\frac{1}{2^n n!\sqrt{\pi}}\frac{Z}{\omega}\int_{-\infty}^{+\infty}\mathrm{d}\xi\mathrm{e}^{-\xi^2}H_n^2(\xi)\xi^2\mathrm{d}_{\boldsymbol{R}}\left(\frac{Y}{Z}\right)\right], \end{aligned} \tag{2.184}$$

其中,$\xi = \sqrt{\dfrac{\omega}{Z\hbar}}q$。利用

$$\int_{-\infty}^{+\infty}\mathrm{d}\xi\mathrm{e}^{-\xi^2}H_n^2(\xi)\xi^2 = 2^n n!\sqrt{\pi}\left(n+\frac{1}{2}\right), \tag{2.185}$$

最终得到

$$\mathcal{F}_{Bn} = -\frac{i}{2}\left(n+\frac{1}{2}\right)d_{\boldsymbol{R}}\left(\frac{Z}{\omega}\right) \wedge d_{\boldsymbol{R}}\left(\frac{Y}{Z}\right)$$
$$= i\left(n+\frac{1}{2}\right)\frac{Xd_{\boldsymbol{R}}Y \wedge d_{\boldsymbol{R}}Z + Yd_{\boldsymbol{R}}Z \wedge d_{\boldsymbol{R}}X + Zd_{\boldsymbol{R}}X \wedge d_{\boldsymbol{R}}Y}{4(XZ-Y^2)^{\frac{3}{2}}}. \tag{2.186}$$

设曲面 Σ 的边界为 $\partial\Sigma = C$，则 Berry 相位为

$$\theta_{Bn}(C) = -\left(n+\frac{1}{2}\right)\iint_{\Sigma}\frac{Xd_{\boldsymbol{R}}Y \wedge d_{\boldsymbol{R}}Z + Yd_{\boldsymbol{R}}Z \wedge d_{\boldsymbol{R}}X + Zd_{\boldsymbol{R}}X \wedge d_{\boldsymbol{R}}Y}{4(XZ-Y^2)^{\frac{3}{2}}}. \tag{2.187}$$

对比广义谐振子的经典几何相位式 (1.119)，两种几何相位之间满足关系

$$\theta_{Bn}(C) = -\left(n+\frac{1}{2}\right)\Delta\varphi(I;C). \tag{2.188}$$

两边同时对 n 微分，有

$$\Delta\varphi(I;C) = -\frac{\partial}{\partial n}\theta_{Bn}(C). \tag{2.189}$$

2.6 Berry 相位与 Hannay 角

通过计算广义谐振子的 Berry 相位与经典几何相位，可以发现它们满足一个有趣的关系式 (2.189)。这个结论是否可以推广到一般情况呢？考虑有 N 个自由度的量子体系，其 Berry 曲率为

$$\mathcal{F}_{Bn} = id_{\boldsymbol{R}}\left[\int d^N \boldsymbol{q}\langle n(\boldsymbol{R})|\boldsymbol{q}\rangle\langle \boldsymbol{q}|d_{\boldsymbol{R}}|n(\boldsymbol{R})\rangle\right]$$
$$= d_{\boldsymbol{R}}\left[\int d^N \boldsymbol{q}\,\psi_n^*(\boldsymbol{q};\boldsymbol{R})d_{\boldsymbol{R}}\psi_n(\boldsymbol{q};\boldsymbol{R})\right]. \tag{2.190}$$

在这里，$\boldsymbol{R} \in M$ 为参数，$\boldsymbol{q}$ 为 N 维坐标。接下来将波函数对普朗克常量 $\hbar$ 做展开。在半经典近似下[27]，展开结果为

$$\psi_n(\boldsymbol{q};\boldsymbol{R}) = \sum_{\alpha}a_{(\alpha)}(\boldsymbol{q},\boldsymbol{I};\boldsymbol{R})e^{\frac{i}{\hbar}S^{(\alpha)}(\boldsymbol{q},\boldsymbol{I};\boldsymbol{R})}, \tag{2.191}$$

其中，$S^{(\alpha)}(\boldsymbol{q},\boldsymbol{I};\boldsymbol{R})$ 为正则坐标变换 $(\boldsymbol{q},\boldsymbol{p}) \longrightarrow (\boldsymbol{\varphi},\boldsymbol{I})$ 的生成函数 S 的某一单值分支，见式 (1.78)；展开系数满足

$$\left(a_{(\alpha)}(\boldsymbol{q},\boldsymbol{I};\boldsymbol{R})\right)^2 = \frac{1}{(2\pi)^N}\det\left(\frac{\partial \varphi_i^{(\alpha)}}{\partial q^j}\right), \quad i,j = 1,\cdots,N. \tag{2.192}$$

2.6 Berry 相位与 Hannay 角

将式 (2.191) 和式 (2.192) 代入式 (2.190),并注意到不同 α 阶的乘积振荡非常强烈,因此 $\mathcal{F}_{Bn}$ 的领头阶项为

$$\mathcal{F}_{Bn} = \frac{\mathrm{i}}{\hbar}\mathrm{d}_{\boldsymbol{R}}\left[\int\frac{\mathrm{d}^N\boldsymbol{q}}{(2\pi)^N}\sum_{\alpha}\det\left(\frac{\partial\varphi_i^{(\alpha)}}{\partial q^j}\right)\mathrm{d}_{\boldsymbol{R}}S^{(\alpha)}(\boldsymbol{q},\boldsymbol{I};\boldsymbol{R}) + O(\hbar)\right]. \quad (2.193)$$

注意到括号内的雅可比行列式将对 q 的积分变更为对 φ 的积分,再利用式 (1.85),则有

$$\mathcal{F}_{Bn} \doteq \frac{\mathrm{i}}{\hbar}\mathrm{d}_{\boldsymbol{R}}\left[\oint\frac{\mathrm{d}^N\boldsymbol{\varphi}}{(2\pi)^N}\left(\mathrm{d}_{\boldsymbol{R}}\mathfrak{S} - \sum_{i=1}^N p_i\mathrm{d}_{\boldsymbol{R}}q^i\right)\right]$$

$$= -\frac{\mathrm{i}}{\hbar}\sum_{i=1}^N\langle\mathrm{d}_{\boldsymbol{R}}p_i\wedge\mathrm{d}_{\boldsymbol{R}}q^i\rangle$$

$$= -\frac{\mathrm{i}}{\hbar}\mathcal{F}(I). \quad (2.194)$$

令 C 为参数流形中任一闭合曲线,而 Σ 为其围成的任一曲面,则 Berry 相位 (量子几何相位) 为

$$\theta_{Bn}(C) = \mathrm{i}\iint_{\Sigma}\mathcal{F}_{Bn}, \quad (2.195)$$

而 Hannay 角 (经典几何相位) 为

$$\Delta\varphi_i(I;C) = -\frac{\partial}{\partial I_i}\iint_{\Sigma}\mathcal{F}(I), \quad i=1,\cdots,N. \quad (2.196)$$

对比两式,可得两者之间的关系

$$\frac{\partial\theta_{Bn}(C)}{\partial I_i} = -\frac{1}{\hbar}\left[\Delta\varphi_i(I;C) + O(\hbar)\right]. \quad (2.197)$$

在半经典近似下,经典作用量满足玻尔-索末菲规则 (Bohr-Sommerfeld rule):

$$I_i = \hbar\left(n_i + \frac{\mu_i}{4}\right), \quad (2.198)$$

其中,n_i 为整数,且 μ_i 为马斯洛夫 (Maslov) 指标。若将 n_i 视为实数,则有

$$\frac{\partial\theta_{Bn}(C)}{\partial n_i} = -\Delta\varphi_i(I;C) + O(\hbar), \quad (2.199)$$

与式 (2.189) 吻合。这给出了经典物理与量子物理之间的一个有趣对应。

2.7* Berry 相位的应用：霍尔电导——TKNN 公式

自 Berry 相位被发现以后，它的应用便渗透到物理学的各个分支。特别是近三十年来，人们逐渐意识到电子波函数的 Berry 相位效应对材料物性有重要影响，如轨道磁性 (orbital magnetism)、量子电荷泵浦 (quantum charge pumping) 和各种霍尔效应等[20]。尤其重要的是，它还非常罕见地把物理量与数学上的拓扑不变量直接联系起来，这就是霍尔电导公式——Thouless-Kohmoto-Nightingale-Nijs(TKNN) 公式[6]

$$\sigma_{xy} = \frac{e^2}{h}\frac{1}{2\pi}\iint \mathrm{d}k_x \mathrm{d}k_y \mathcal{F}_{xy}(\boldsymbol{k}) = \frac{e^2}{h}n_{\mathrm{BZ}}, \tag{2.200}$$

其中，σ_{xy} 是横向霍尔电导，e 为电子电荷，$\mathcal{F}_{xy}(\boldsymbol{k})$ 是以布里渊动量为局域坐标的 Berry 曲率，n_{BZ} 是布里渊区上的陈数。TKNN 公式是凝聚态物理中最重要的公式之一。尽管磁单极子尚未在现实世界中被探测到，但基于 Berry 联络 (等效磁场) 的拓扑陈数建立了量子化霍尔电导平台与量子霍尔效应的有趣联系。本节中给出 TKNN 公式的详细推导，其中会涉及有限温度场论的相关知识，请读者自行参考该领域的专业书籍。

2.7.1 Kubo 公式

1. 线性响应理论

TKNN 公式的推导涉及久保 (Kubo) 电导公式，后者是描述量子系统线性响应的公式。我们先简单回顾一下线性响应的基本理论。所谓线性响应，顾名思义，是指量子系统对外界微扰所作出的最低阶响应——线性响应。

假设在系统未受到扰动时 (即自由的) 哈密顿量由 $\hat{H}_0$ 描述。当温度为 T 时，系统热平衡态对应的密度矩阵为 $\rho_0 = \frac{1}{Z_0}\mathrm{e}^{-\beta H_0}$，其中 $\beta = \frac{1}{k_{\mathrm{B}}T}$，且 Z_0 为自由配分函数。当 $t=0$ 时，对系统施加含时微扰 $\hat{V}(t)$，平衡态密度矩阵变为 $\rho(t) = \frac{1}{Z}\mathrm{e}^{-\beta(\hat{H})}$，这里 $\hat{H} = \hat{H}_0 + \hat{V}$，且 Z 为包含扰动时的配分函数。对于某力学量 $\hat{O}$，在上述量子系统中测量它时，其统计平均值为

$$\langle \hat{O}\rangle = \mathrm{Tr}[\rho(t)\hat{O}]. \tag{2.201}$$

在处理微扰时，一般采用相互作用绘景 (狄拉克绘景)。在此绘景下，密度矩阵为 $\rho^{\mathrm{D}}(t) = \mathrm{e}^{\frac{\mathrm{i}}{\hbar}\hat{H}_0 t}\rho(t)\mathrm{e}^{-\frac{\mathrm{i}}{\hbar}\hat{H}_0 t}$，力学量为 $\hat{O}^{\mathrm{D}}(t) = \mathrm{e}^{\frac{\mathrm{i}}{\hbar}\hat{H}_0 t}\hat{O}\mathrm{e}^{-\frac{\mathrm{i}}{\hbar}\hat{H}_0 t}$。由此可推导出密度矩阵的运动方程

2.7* Berry 相位的应用：霍尔电导——TKNN 公式

$$i\hbar \dot{\rho}^{\mathrm{D}}(t) = [\rho^{\mathrm{D}}(t), \hat{H}_0]$$
$$= [\rho^{\mathrm{D}}(t), \hat{H}^{\mathrm{D}} - \hat{V}^{\mathrm{D}}]$$
$$= [\hat{V}^{\mathrm{D}}, \rho^{\mathrm{D}}]. \qquad (2.202)$$

最后一步利用了如下事实：$[\rho^{\mathrm{D}}(t), \hat{H}^{\mathrm{D}}] = \mathrm{e}^{\frac{\mathrm{i}}{\hbar}\hat{H}_0 t}[\rho(t), \hat{H}]\mathrm{e}^{-\frac{\mathrm{i}}{\hbar}\hat{H}_0 t} = 0$。在初始条件 $\rho^{\mathrm{D}}(-\infty) = \rho_0$ 下求解方程 (2.202)，可得级数解

$$\rho^{\mathrm{D}}(t) = \rho_0 - \frac{\mathrm{i}}{\hbar} \int_{-\infty}^{t} [V^{\mathrm{D}}(t'), \rho_0] \mathrm{d}t' + \cdots. \qquad (2.203)$$

保留上式中的前两项，可得 $\rho^{\mathrm{D}}(t) = \rho_0 - \frac{\mathrm{i}}{\hbar} \int_{-\infty}^{t} [V^{\mathrm{D}}(t'), \rho_0] \mathrm{d}t'$。将其代入方程 (3.17)，可得狄拉克绘景下力学量 $\hat{O}$ 的期望值

$$\langle \hat{O}^{\mathrm{D}} \rangle = \mathrm{Tr}[\rho^{\mathrm{D}}(t)\hat{O}^{\mathrm{D}}] = \langle \hat{O} \rangle_0 - \frac{\mathrm{i}}{\hbar} \int_{-\infty}^{t} \mathrm{Tr}\left[[\hat{V}^{\mathrm{D}}(t'), \rho_0], \hat{O}^{\mathrm{D}}(t)\right], \qquad (2.204)$$

其中，$\langle \hat{O} \rangle_0 = \mathrm{Tr}[\rho_0 \hat{O}]$，读者可自行验证 $\langle \hat{O}^{\mathrm{D}} \rangle_0 = \langle \hat{O} \rangle_0$。最后，利用矩阵迹的循环性质 $\mathrm{Tr}[ABC] = \mathrm{Tr}[BCA]$，可得线性响应公式

$$\langle \hat{O}^{\mathrm{D}} \rangle = \langle \hat{O} \rangle_0 - \frac{\mathrm{i}}{\hbar} \int_{-\infty}^{t} \langle [\hat{O}^{\mathrm{D}}(t), V^{\mathrm{D}}(t')] \rangle_0 \mathrm{d}t' \qquad (2.205)$$

2. 电流密度算符

霍尔电导与带电粒子 (一般是电子) 在电磁场中的运动有关。设外加电磁场为 $\boldsymbol{A}(\boldsymbol{x}, t)$，则其对电流的微扰相互作用为

$$\hat{V}(t) = -\int \mathrm{d}^3 \boldsymbol{x} \boldsymbol{J}(\boldsymbol{x}, t) \cdot \boldsymbol{A}(\boldsymbol{x}, t), \qquad (2.206)$$

这里，$\boldsymbol{J}(\boldsymbol{x}, t)$ 是电流密度算符。将 $\hat{V}(t)$ 代入方程 (2.205) 即可得电流对外磁电场扰动的线性响应。为此，需要导出 $\boldsymbol{J}(\boldsymbol{x}, t)$ 的具体形式，相关计算一般在动量空间中进行。

令电子的质量为 m，电量为 $-e$，系统的电荷密度为 $\rho(\boldsymbol{x}, t)$，它与电流密度算符 $\boldsymbol{J}(\boldsymbol{x}, t)$ 一起满足电荷守恒方程

$$\frac{\partial \rho}{\partial t} + \nabla \cdot \boldsymbol{J} = 0. \qquad (2.207)$$

在动量空间中，系统的哈密顿量一般为：$\hat{H} = \sum_{k} c_k^\dagger h_k c_k$，其中 $c_k^\dagger$、c_k 分别代表动量为 k 的电子的产生算符、湮灭算符 (为方便起见，在这里略去系统对自旋等其他量子数的依赖)。电流密度算符可由电荷守恒方程 (2.207) 间接推出。通过傅里叶变换

$$\rho(\boldsymbol{x},t) = \frac{1}{\sqrt{(2\pi\hbar)^3}} \int \mathrm{d}^3\boldsymbol{x}\, \mathrm{e}^{\frac{\mathrm{i}}{\hbar}\boldsymbol{q}\cdot\boldsymbol{x}} \rho_{\boldsymbol{q}}(t),$$

$$\boldsymbol{J}(\boldsymbol{x},t) = \frac{1}{\sqrt{(2\pi\hbar)^3}} \int \mathrm{d}^3\boldsymbol{x}\, \mathrm{e}^{\frac{\mathrm{i}}{\hbar}\boldsymbol{q}\cdot\boldsymbol{x}} \boldsymbol{J}_{\boldsymbol{q}}(t), \tag{2.208}$$

方程 (2.207) 变为

$$\dot{\rho}_{\boldsymbol{q}}(t) + \frac{\mathrm{i}}{\hbar}\boldsymbol{q}\cdot\boldsymbol{J}_{\boldsymbol{q}}(t) = 0. \tag{2.209}$$

在动量空间中，密度算符表达式为 $\rho_{\boldsymbol{q}} = -\frac{e}{\sqrt{N}}\sum_{\boldsymbol{k}} c_{\boldsymbol{k}+\boldsymbol{q}}^\dagger c_{\boldsymbol{k}}$，其中 N 为总电子数。$\rho_{\boldsymbol{q}}(t)$ 满足海森伯运动方程 $\mathrm{i}\hbar\dot{\rho}_{\boldsymbol{q}} = [\rho_{\boldsymbol{q}}, \hat{H}]$，由此可得

$$\begin{aligned}
\boldsymbol{q}\cdot\boldsymbol{J}_{\boldsymbol{q}} &= [\rho_{\boldsymbol{q}}, \hat{H}] \\
&= -\frac{e}{\sqrt{N}}\sum_{\boldsymbol{p}\boldsymbol{k}} h_{\boldsymbol{p}}[c_{\boldsymbol{k}+\boldsymbol{q}}^\dagger c_{\boldsymbol{k}}, c_{\boldsymbol{p}}^\dagger c_{\boldsymbol{p}}] \\
&= -\frac{e}{\sqrt{N}}\sum_{\boldsymbol{p}\boldsymbol{k}} h_{\boldsymbol{p}} \left(c_{\boldsymbol{k}+\boldsymbol{q}}^\dagger \{c_{\boldsymbol{k}}, c_{\boldsymbol{p}}^\dagger\} c_{\boldsymbol{p}} - c_{\boldsymbol{p}}^\dagger \{c_{\boldsymbol{p}}, c_{\boldsymbol{k}+\boldsymbol{q}}^\dagger\} c_{\boldsymbol{k}} \right) \\
&= -\frac{e}{\sqrt{N}}\sum_{\boldsymbol{k}} (h_{\boldsymbol{k}} - h_{\boldsymbol{k}+\boldsymbol{q}}) c_{\boldsymbol{k}+\boldsymbol{q}}^\dagger c_{\boldsymbol{k}}.
\end{aligned} \tag{2.210}$$

对动量做平移变换 $\boldsymbol{k} \longrightarrow \boldsymbol{k} - \dfrac{\boldsymbol{q}}{2}$，得到

$$\begin{aligned}
\boldsymbol{q}\cdot\boldsymbol{J}_{\boldsymbol{q}} &= \frac{e}{\sqrt{N}}\sum_{\boldsymbol{k}} \left(h_{\boldsymbol{k}+\frac{\boldsymbol{q}}{2}} - h_{\boldsymbol{k}-\frac{\boldsymbol{q}}{2}} \right) c_{\boldsymbol{k}+\frac{\boldsymbol{q}}{2}}^\dagger c_{\boldsymbol{k}-\frac{\boldsymbol{q}}{2}} \\
&= \frac{e}{\sqrt{N}}\sum_{\boldsymbol{k}} \left(\frac{\partial h_{\boldsymbol{k}}}{\partial \boldsymbol{k}}\cdot\boldsymbol{q} \right) c_{\boldsymbol{k}+\frac{\boldsymbol{q}}{2}}^\dagger c_{\boldsymbol{k}-\frac{\boldsymbol{q}}{2}} + O(q^2)
\end{aligned} \tag{2.211}$$

考虑长波近似，动量 $q = |\boldsymbol{q}|$ 很小，因此略去二阶以上的项。最终动量空间中的电流密度算符为

$$\boldsymbol{J}_{\boldsymbol{q}} = \frac{e}{\sqrt{N}}\sum_{\boldsymbol{k}} c_{\boldsymbol{k}+\frac{\boldsymbol{q}}{2}}^\dagger \frac{\partial h_{\boldsymbol{k}}}{\partial \boldsymbol{k}} c_{\boldsymbol{k}-\frac{\boldsymbol{q}}{2}}. \tag{2.212}$$

2.7* Berry 相位的应用：霍尔电导——TKNN 公式

3. Kubo 电导公式

现将微扰式 (2.206) 代入线性响应公式 (2.205)，得到

$$\langle J_i(\boldsymbol{x},t)\rangle$$
$$= \langle J_i(\boldsymbol{x},t)\rangle_0 - \frac{\mathrm{i}}{\hbar}\int_{-\infty}^{t}\mathrm{d}t' \int \mathrm{d}^3\boldsymbol{x}' \langle[J_i(\boldsymbol{x},t),J_j(\boldsymbol{x}',t')]\rangle_0 A_j(\boldsymbol{x}',t')$$
$$= \langle J_i(\boldsymbol{x},t)\rangle_0 - \frac{\mathrm{i}}{\hbar}\int_{-\infty}^{+\infty}\mathrm{d}t' \int \mathrm{d}^3\boldsymbol{x}' \theta(t-t')\langle[J_i(\boldsymbol{x},t),J_j(\boldsymbol{x}',t')]\rangle_0 A_j(\boldsymbol{x}',t')$$
$$= \langle J_i(\boldsymbol{x},t)\rangle_0 + \frac{1}{\hbar}\int_{-\infty}^{+\infty}\mathrm{d}t' \int \mathrm{d}^3\boldsymbol{x}' G^R_{ij}(\boldsymbol{x}-\boldsymbol{x}',t-t')A_j(\boldsymbol{x}',t'), \tag{2.213}$$

其中

$$G^R_{ij}(\boldsymbol{x}-\boldsymbol{x}',t-t') = -\mathrm{i}\theta(t-t')\langle[J_i(\boldsymbol{x},t),J_j(\boldsymbol{x}',t')]\rangle_0 \tag{2.214}$$

为电流-电流响应函数。令电流密度变化为 $\delta J_i(\boldsymbol{x},t) = \langle J_i(\boldsymbol{x},t)\rangle - \langle J_i(\boldsymbol{x},t)\rangle_0$，并作傅里叶变换，可得

$$\delta J_i(\boldsymbol{k},\omega) = \frac{1}{\hbar}G^R_{ij}(\boldsymbol{k},\omega)A_j(\boldsymbol{k},\omega). \tag{2.215}$$

利用欧姆定理 $\sigma_{ij}(\boldsymbol{k},\omega)E_j(\boldsymbol{k},\omega) = \frac{1}{\hbar}G^R_{ij}(\boldsymbol{k},\omega)A_j(\boldsymbol{k},\omega)$ 以及 $\boldsymbol{E} = -\frac{\partial \boldsymbol{A}}{\partial t}$ (忽略电势的影响)，可导出 Kubo 电导公式

$$\sigma_{ij}(\boldsymbol{k},\omega) = \frac{1}{\hbar}\frac{G^R_{ij}(\boldsymbol{k},\omega)}{\mathrm{i}\omega}. \tag{2.216}$$

2.7.2 霍尔电导

1. 松原函数

根据方程 (2.216)，只需要知道电流-电流响应函数，即可求出霍尔电导。在计算中还需要注意以下两点。一是式 (2.212) 中的 $\frac{1}{\sqrt{N}}$ 表明 $\boldsymbol{J}$ 是单电子平均电流密度，在计算中需要补偿电子数密度 $\frac{N}{V}$。二是 $G^R_{ij}(\boldsymbol{k},\omega)$ 为推迟响应函数，难以直接计算。而在平衡态有限温度场论中，因为 $G^R_{ij}(\boldsymbol{k},\omega)$ 对应的松原函数 $\mathcal{G}_{ij}(\boldsymbol{k},\mathrm{i}\Omega_n)$[①]与它有相似的莱曼 (Lehmann) 表示，所以一般先计算松原函数，再通过解析延拓 $\mathrm{i}\omega_n \longrightarrow \omega + \mathrm{i}0^+$ 得到 $G^R_{ij}(\boldsymbol{k},\omega)$。

[①] 在这里 $\mathrm{i}\Omega_n = \mathrm{i}2n\pi\beta$ 为玻色性松原频率。

松原函数 $\mathcal{G}_{ij}(\boldsymbol{k}, \mathrm{i}\omega_n)$ 对应的时域傅里叶变换原函数为虚时编序响应函数 $\mathcal{G}_{ij}(\boldsymbol{k}, \tau)$ (这里 $\tau = \mathrm{i}t$ 为虚时间)，其定义为

$$\begin{aligned}\mathcal{G}_{ij}(\boldsymbol{q}, \tau) &= -\frac{e^2}{V} \langle T_\tau [J_i(\boldsymbol{q}, \tau) J_j(-\boldsymbol{q}, 0)] \rangle_0 \\ &= -\frac{e^2}{V} \sum_{\boldsymbol{kp}} \frac{\partial h_{\boldsymbol{k}}}{\partial k_i} \frac{\partial h_{\boldsymbol{p}}}{\partial p_j} T_\tau \left\langle c^\dagger_{\boldsymbol{k}+\frac{\boldsymbol{q}}{2}}(\tau) c_{\boldsymbol{k}-\frac{\boldsymbol{q}}{2}}(\tau) c^\dagger_{\boldsymbol{p}-\frac{\boldsymbol{q}}{2}}(0) c_{\boldsymbol{p}+\frac{\boldsymbol{q}}{2}}(0) \right\rangle_0.\end{aligned} \quad (2.217)$$

利用威克 (Wick) 定理，可进一步得到

$$\begin{aligned}\mathcal{G}_{ij}(\boldsymbol{q}, \tau) &= \frac{e^2}{V} \sum_{\boldsymbol{kp}} \frac{\partial h_{\boldsymbol{k}}}{\partial k_i} \frac{\partial h_{\boldsymbol{k}}}{\partial k_j} \left\langle T_\tau \left[c_{\boldsymbol{p}+\frac{\boldsymbol{q}}{2}}(0) c^\dagger_{\boldsymbol{k}+\frac{\boldsymbol{q}}{2}}(\tau)\right] \right\rangle_0 \left\langle T_\tau \left[c_{\boldsymbol{k}-\frac{\boldsymbol{q}}{2}}(\tau) c^\dagger_{\boldsymbol{p}-\frac{\boldsymbol{q}}{2}}(0)\right] \right\rangle_0 \\ &= \frac{e^2}{V} \sum_{\boldsymbol{k}} \frac{\partial h_{\boldsymbol{k}}}{\partial k_i} \frac{\partial h_{\boldsymbol{k}}}{\partial k_j} \mathcal{G}\left(\boldsymbol{k}+\frac{\boldsymbol{q}}{2}, -\tau\right) \mathcal{G}\left(\boldsymbol{k}-\frac{\boldsymbol{q}}{2}, \tau\right).\end{aligned} \quad (2.218)$$

这里，$\mathcal{G}(\boldsymbol{k}, \tau)$ 为电子的有限温度格林函数。再进行时-频傅里叶变换，最终得到松原函数

$$\mathcal{G}_{ij}(\boldsymbol{q}, \mathrm{i}\Omega_n) = \frac{e^2 k_\mathrm{B} T}{V} \sum_{\boldsymbol{k}} \sum_{\omega_m} \mathrm{Tr} \left[\frac{\partial h_{\boldsymbol{k}}}{\partial k_i} \mathcal{G}\left(\boldsymbol{k}+\frac{\boldsymbol{q}}{2}, \omega_m - \Omega_n\right) \frac{\partial h_{\boldsymbol{k}}}{\partial k_j} \mathcal{G}\left(\boldsymbol{k}-\frac{\boldsymbol{q}}{2}, \omega_m\right) \right], \quad (2.219)$$

其中，$\mathrm{i}\omega_m = \mathrm{i}(2m+1)\pi\beta$ 为费米性松原频率，并且求迹运算是针对其他自由度 (量子数) 进行的。

2. 平带模型

考虑一个有 l 条能带的绝缘体，其中有 p 条能带被填满。设各能级按以下顺序排列

$$\epsilon_1(\boldsymbol{k}) \leqslant \epsilon_2(\boldsymbol{k}) \leqslant \cdots \leqslant \epsilon_p(\boldsymbol{k}) < 0 < \epsilon_{p+1}(\boldsymbol{k}) \leqslant \epsilon_{p+2}(\boldsymbol{k}) \leqslant \cdots \leqslant \epsilon_l(\boldsymbol{k}). \quad (2.220)$$

为了简化计算，让体系的哈密顿量绝热演化到平带模型

$$h(\boldsymbol{k}) = \epsilon_G \sum_{\alpha=1}^{p} |\alpha, \boldsymbol{k}\rangle\langle\alpha, \boldsymbol{k}| + \epsilon_E \sum_{\beta=p+1}^{l} |\beta, \boldsymbol{k}\rangle\langle\beta, \boldsymbol{k}| \quad (2.221)$$

其中，$\epsilon_G < 0 < \epsilon_E$。定义满带和其他能带的投影算符如下

$$P_G(\boldsymbol{k}) = \sum_{\alpha=1}^{p} |\alpha, \boldsymbol{k}\rangle\langle\alpha, \boldsymbol{k}|, \quad P_E(\boldsymbol{k}) = \sum_{\beta=p+1}^{l} |\beta, \boldsymbol{k}\rangle\langle\beta, \boldsymbol{k}|. \quad (2.222)$$

2.7* Berry 相位的应用：霍尔电导——TKNN 公式

它们满足以下关系

$$P_G + P_E = 1, \quad P_G P_E = 0, \quad P_G^2 = P_G, \quad P_E^2 = P_E. \tag{2.223}$$

电子的格林函数因此简化为

$$\mathcal{G}(\boldsymbol{k}, \mathrm{i}\omega_m) = \frac{P_G(\boldsymbol{k})}{\mathrm{i}\omega_m - \epsilon_G} + \frac{P_E(\boldsymbol{k})}{\mathrm{i}\omega_m - \epsilon_E}. \tag{2.224}$$

将此式与

$$\frac{\partial h(\boldsymbol{k})}{\partial k_i} = \epsilon_G \frac{\partial P_G(\boldsymbol{k})}{\partial k_i} + \epsilon_E \frac{\partial P_E(\boldsymbol{k})}{\partial k_i} = (\epsilon_G - \epsilon_E) \frac{\partial P_G(\boldsymbol{k})}{\partial k_i} \tag{2.225}$$

代入式 (2.219)，松原函数为

$$\begin{aligned}
&\mathcal{G}_{ij}(\boldsymbol{k}, \mathrm{i}\Omega_n) \\
&= \frac{e^2 k_\mathrm{B} T}{V} \sum_{\boldsymbol{k}} \sum_{\omega_m} (\epsilon_G - \epsilon_E)^2 \\
&\quad \times \mathrm{Tr}\left\{\left[\frac{(\partial_i P_G) P_G}{\mathrm{i}(\omega_m - \Omega_n) - \epsilon_G} + \frac{(\partial_i P_G) P_E}{\mathrm{i}(\omega_m - \Omega_n) - \epsilon_E}\right]\left[\frac{(\partial_j P_G) P_G}{\mathrm{i}\omega_m - \epsilon_G} + \frac{(\partial_j P_G) P_E}{\mathrm{i}\omega_m - \epsilon_E}\right]\right\}
\end{aligned} \tag{2.226}$$

这里，$\partial_i P_G = \dfrac{\partial P_G(\boldsymbol{k})}{\partial k_i}$。将上式求迹中的乘积展开，会出现和以下四个算子有关的项

$$\begin{aligned}
&(\partial_i P_G) P_G (\partial_j P_G) P_G, \quad (\partial_i P_G) P_G (\partial_j P_G) P_E, \\
&(\partial_i P_G) P_E (\partial_j P_G) P_G, \quad (\partial_j P_G) P_E (\partial_j P_G) P_E.
\end{aligned} \tag{2.227}$$

利用关系式 (2.223)，可证第一、四项为 0

$$\begin{aligned}
(\partial_i P_G) P_G (\partial_j P_G) P_G &= (\partial_i P_G) \left[\partial_j P_G - (\partial_j P_G) P_G\right] P_G = 0, \\
(\partial_j P_G) P_E (\partial_j P_G) P_E &= (\partial_i P_G)(\partial_j P_E) P_G P_E = 0.
\end{aligned} \tag{2.228}$$

其余两项为

$$\begin{aligned}
(\partial_i P_G) P_G (\partial_j P_G) P_E &= -(\partial_i P_G) P_G (\partial_j P_E) P_E \\
&= (\partial_i P_G)(\partial_j P_G) P_E^2 = -(\partial_i P_G)(\partial_j P_E) P_E,
\end{aligned}$$

$$(\partial_i P_G)P_E(\partial_j P_G)P_G = -(\partial_i P_G)(\partial_j P_E)P_G. \tag{2.229}$$

在 $\mathcal{G}_{ij}(\boldsymbol{k}, \mathrm{i}\Omega_n)$ 的展开式中，对非零的第二、三项中的松原频率求和，则有

$$k_\mathrm{B} T \sum_{\omega_m} \frac{1}{\mathrm{i}(\omega_m - \Omega_n) - \epsilon_G} \frac{1}{\mathrm{i}\omega_m - \epsilon_E} = \frac{f(\epsilon_G) - f(\epsilon_E)}{\mathrm{i}\Omega_n - \epsilon_E + \epsilon_G},$$

$$k_\mathrm{B} T \sum_{\omega_m} \frac{1}{\mathrm{i}(\omega_m - \Omega_n) - \epsilon_E} \frac{1}{\mathrm{i}\omega_m - \epsilon_G} = \frac{f(\epsilon_E) - f(\epsilon_G)}{\mathrm{i}\Omega_n - \epsilon_G + \epsilon_E}, \tag{2.230}$$

其中，$f(x) = 1/(\mathrm{e}^{\beta x} + 1)$ 是费米分布函数。在低温极限，即 $T \longrightarrow 0$ 时，$f(x) = \theta(-x)$ 为阶跃函数，所以 $f(\epsilon_G) = 1$，$f(\epsilon_E) = 0$。综合以上所有结果有

$$\mathcal{G}_{ij}(\boldsymbol{k}, \mathrm{i}\Omega_n) = \frac{e^2}{V} \sum_{\boldsymbol{k}} (\epsilon_G - \epsilon_E)^2 \mathrm{Tr} \left[\frac{(\partial_i P_G)(\partial_j P_E)P_E}{\mathrm{i}\Omega_n + \epsilon_G - \epsilon_E} - \frac{(\partial_i P_G)(\partial_j P_E)P_G}{\mathrm{i}\Omega_n + \epsilon_E - \epsilon_G} \right]. \tag{2.231}$$

在第二项中取 $P_G = 1 - P_E$，同时在霍尔电导的计算中关于 i, j 对称的项可忽略，则有

$$\begin{aligned}\mathcal{G}_{ij}(\boldsymbol{k}, \mathrm{i}\Omega_n) &= \frac{e^2}{V} \sum_{\boldsymbol{k}} (\epsilon_G - \epsilon_E)^2 \mathrm{Tr} \left[\frac{(\partial_i P_G)(\partial_j P_E)P_E}{\mathrm{i}\Omega_n + \epsilon_G - \epsilon_E} + \frac{(\partial_i P_G)(\partial_j P_E)P_E}{\mathrm{i}\Omega_n + \epsilon_E - \epsilon_G} \right] \\ &= \frac{e^2}{V} \sum_{\boldsymbol{k}} (\epsilon_G - \epsilon_E)^2 \mathrm{Tr} \left[(\partial_i P_G)(\partial_j P_E)P_E \frac{2\mathrm{i}\Omega_n}{(\mathrm{i}\Omega_n)^2 - (\epsilon_G - \epsilon_E)^2} \right]. \end{aligned} \tag{2.232}$$

取解析延拓 $\mathrm{i}\Omega_n \longrightarrow \omega + \mathrm{i}0^+$，并取直流极限 $\omega \longrightarrow 0$，可得到

$$G_{ij}^R(\boldsymbol{k}, \omega \longrightarrow 0) = -\frac{2e^2 \omega}{V} \sum_{\boldsymbol{k}} \mathrm{Tr}\left[(\partial_i P_G)(\partial_j P_E)P_E \right]. \tag{2.233}$$

其中，对求迹运算可做如下化简

$$\mathrm{Tr}\left[(\partial_i P_G)(\partial_j P_E)P_E \right] = \mathrm{Tr}\left[(\partial_i P_G)(\partial_j P_E)(1 - P_G) \right] \longrightarrow \mathrm{Tr}\left[(\partial_i P_G)(\partial_j P_G)P_G \right] \tag{2.234}$$

在这里，再次丢弃关于 i, j 对称的项 $\mathrm{Tr}\left[(\partial_i P_G)(\partial_j P_E) \right]$，剩下的项计算如下

$$\mathrm{Tr}\left[(\partial_i P_G)(\partial_j P_G)P_G \right]$$

$$= \sum_{\alpha,\beta,\gamma=1}^{p} \langle \alpha, \bm{k} | \partial_i \left(|\beta, \bm{k}\rangle \langle \beta, \bm{k}| \right) \partial_j \left(|\gamma, \bm{k}\rangle \langle \gamma, \bm{k}| \right) |\alpha, \bm{k}\rangle$$

$$= \sum_{\alpha,\beta=1}^{p} \left[\langle \alpha, \bm{k} | \partial_i |\beta, \bm{k}\rangle \langle \beta, \bm{k}| \partial_j |\alpha, \bm{k}\rangle + \langle \alpha, \bm{k}|\partial_i|\beta, \bm{k}\rangle \left(\partial_j \langle \beta, \bm{k}| \right) |\alpha, \bm{k}\rangle \right]$$

$$+ \sum_{\alpha=1}^{p} \partial_i \langle \alpha, \bm{k}|\partial_j|\alpha, \bm{k}\rangle + \sum_{\alpha,\beta=1}^{p} \left(\partial_i \langle \alpha, \bm{k}| \right) |\beta, \bm{k}\rangle \left(\partial_j \langle \beta, \bm{k}| \right) |\alpha, \bm{k}\rangle$$

$$= \sum_{\alpha=1}^{p} \partial_i \langle \alpha, \bm{k}|\partial_j|\alpha, \bm{k}\rangle - \sum_{\beta=1}^{p} \mathrm{Tr} \left(\partial_i |\beta, \bm{k}\rangle \partial_j \langle \beta, \bm{k}| \right) \tag{2.235}$$

在最后一行中，第二项关于 i,j 对称，应被舍去。综合以上所有结果以及式 (2.216) 并舍去任何对称项，最终得到霍尔电导的 TKNN 公式

$$\begin{aligned}
\sigma_{ij} &= \frac{1}{\mathrm{i}\omega\hbar} \frac{G_{ij}^{R}(\bm{k},\omega) - G_{ji}^{R}(\bm{k},\omega)}{2} \\
&= \frac{\mathrm{i}e^2}{V\hbar} \sum_{\bm{k}} \sum_{\alpha \in \text{满带}} \left(\partial_i \langle \alpha, \bm{k}|\partial_j|\alpha, \bm{k}\rangle - \partial_j \langle \alpha, \bm{k}|\partial_i|\alpha, \bm{k}\rangle \right) \\
&= \frac{\mathrm{i}e^2}{\hbar} \int \frac{\mathrm{d}k_i \mathrm{d}k_j}{(2\pi)^2} \mathcal{F}_{\mathrm{B}ij}(\bm{k}),
\end{aligned} \tag{2.236}$$

其中，$\frac{1}{V}\sum_{\bm{k}} = \int \frac{\mathrm{d}k_i \mathrm{d}k_j}{(2\pi)^2}$，且

$$\mathcal{F}_{\mathrm{B}ij}(\bm{k}) = \frac{\partial \mathcal{A}_{\mathrm{B}j}(\bm{k})}{\partial k_i} - \frac{\partial \mathcal{A}_{\mathrm{B}i}(\bm{k})}{\partial k_j}, \quad \mathcal{A}_{\mathrm{B}i}(\bm{k}) = \sum_{\alpha \in \text{满带}} \langle \alpha, \bm{k}|\partial_i|\alpha, \bm{k}\rangle. \tag{2.237}$$

2.7.3 Berry 相位与量子反常

利用 TKNN 公式可以探讨 Berry 相位与量子反常之间的关系。考虑一个二维 Dirac 费米子模型，其哈密顿量为

$$\hat{H} = v_F(k_x \sigma_x + k_y \sigma_y) + m\sigma_z, \tag{2.238}$$

其中，v_F 是费米速度，m 为质量项。若 $m=0$，则系统具有手征对称性 $\{\hat{H}, \sigma_z\} = 0$；若 $m \neq 0$，则手征对称性破缺。该哈密顿量对应的 Bloch 矢量为 $\bm{R} = (v_\mathrm{F}k_x, v_\mathrm{F}k_y, m)$。系统的能谱为 $E_{\bm{k}} = \pm|\bm{R}| = \pm\sqrt{v_\mathrm{F}^2(k_x^2 + k_y^2) + m^2}$，对应的本征态分别为：导带

(正能级)
$$|u_+(\boldsymbol{k})\rangle = \frac{1}{\sqrt{2E_{\boldsymbol{k}}(E_{\boldsymbol{k}}+m)}} \begin{pmatrix} v_F(k_x - \mathrm{i}k_y) \\ E_{\boldsymbol{k}} + m \end{pmatrix} \tag{2.239}$$

和价带 (负能级)
$$|u_-(\boldsymbol{k})\rangle = \frac{1}{\sqrt{2E_{\boldsymbol{k}}(E_{\boldsymbol{k}}+m)}} \begin{pmatrix} v_F(k_x - \mathrm{i}k_y) \\ -E_{\boldsymbol{k}} + m \end{pmatrix}. \tag{2.240}$$

我们将以价带为例计算 Berry 相位, 因为量子霍尔效应的拓扑性质通常由填充能带决定。通过直接计算可得
$$\begin{aligned} A_x^- &= \langle u_- | \partial_{k_x} u_- \rangle = \frac{\mathrm{i}v_\mathrm{F}^2 k_y}{2E_{\boldsymbol{k}}(E_{\boldsymbol{k}}-m)}, \\ A_y^- &= \langle u_- | \partial_{k_y} u_- \rangle = -\frac{\mathrm{i}v_\mathrm{F}^2 k_x}{2E_{\boldsymbol{k}}(E_{\boldsymbol{k}}-m)}. \end{aligned} \tag{2.241}$$

由此不难算出 Berry 曲率为
$$\mathcal{F}_{xy}^- = -\mathrm{i}\frac{v_\mathrm{F}^2 m}{2E_{\boldsymbol{k}}^3}. \tag{2.242}$$

再根据式 (2.134), 陈数为
$$\begin{aligned} n &= \frac{\mathrm{i}}{2\pi} \int_{-\infty}^{\infty} \int_{-\infty}^{\infty} \mathcal{F}_{xy}^- \mathrm{d}k_x \mathrm{d}k_y \\ &= \frac{1}{2\pi} \int_0^{2\pi} \mathrm{d}\theta \int_0^{\infty} \mathrm{d}k \frac{v_\mathrm{F}^2 m}{2(v_\mathrm{F}^2 k^2 + m^2)^{3/2}} \\ &= \frac{v_\mathrm{F}^2 m}{2} \cdot \frac{2}{v_\mathrm{F}^2 |m|} = \frac{m}{|m|}. \end{aligned} \tag{2.243}$$

但考虑到价带贡献, 实际结果为
$$n = \frac{1}{2}\frac{m}{|m|} = \frac{1}{2}\mathrm{sgn}(m). \tag{2.244}$$

对比式 (2.236), 有
$$\sigma_{xy} = n\frac{e^2}{h} = \frac{e^2}{2h}\mathrm{sgn}(m). \tag{2.245}$$

当 $m=0$ 时，$n=0$，系统具有手征对称性，且不具备拓扑性质。然而，当 $m\neq 0$ 时，手征对称性被打破，此时系统即使在没有外加磁场的情况下，也会因拓扑性质而表现出非零的半整数霍尔电导。这一量子化现象是量子反常的直接体现，其根源在于量子力学中的几何相位 (即 Berry 相位)，而非经典的电磁响应。具体而言，虽然手征对称性的破缺是由经典哈密顿量中的 $m\sigma_z$ 项直接引发的，但量子反常的出现则依赖于量子效应，如波函数的几何相位和能带的拓扑结构。在经典理论中，霍尔电导的产生需要外加磁场通过洛伦兹力来实现。而在量子理论中，$m\neq 0$ 所导致的能隙和 Berry 曲率的积分，使得系统即便在没有外磁场的情况下，也能表现出非零的 σ_{xy}。这一现象的量子本质在于，Berry 相位——一种纯粹的量子几何效应——将手征对称性破缺的效应"放大"成了可观测的宏观反常行为。

2.8 简并量子系统的 Wilczek-Zee 相位

接下来将几何相位推广到有能级简并的情况。当不存在能级简并时，量子系统经历周期性绝热过程后获得一个 $U(1)$ 几何相因子。若系统处于某个简并度为 N 的能级，在经历同样的物理过程之后，可以合理地猜想量子系统获得了一个非阿贝尔的 $U(N)$ 几何相因子。事实上在 Berry 公布他的发现之后不久，F. Wilczek 和徐一鸿 (A. Zee)[28] 就把 Berry 相位推广到了能级简并的情况，并提出非阿贝尔几何相位的概念，该相位后来被称为 Wilczek-Zee 相位。

2.8.1 物理描述

假定量子系统依赖 k 个外参数：$\boldsymbol{R}=(R^1,R^2,\cdots,R^k)^{\mathrm{T}}$，其哈密顿量和本征能量仍分别简记为 $\hat{H}(t)\equiv\hat{H}(\boldsymbol{R}(t))$ 和 $E_n(t)\equiv E_n(\boldsymbol{R}(t))$，$|\psi_n^{n_i}(t)\rangle\equiv|\psi_n^{n_i}(\boldsymbol{R}(t))\rangle$ 为能级 $E_n(t)$ 的本征子空间中第 n_i 个量子态。考虑 $|\Psi(t)\rangle$ 的周期性绝热演化，类似于方程 (2.3)，将其展开为

$$|\Psi(t)\rangle=\sum_{m,m_j}c_m^{m_j}(t)\mathrm{e}^{-\frac{\mathrm{i}}{\hbar}\int_0^t E_m(t')\mathrm{d}t'}|\psi_m^{m_j}(t)\rangle. \qquad(2.246)$$

利用定态薛定谔方程以及不同本征态之间的正交性，也可以得到类似于方程 (2.5) 的系数演化方程

$$\dot{c}_n^{n_i}(t)=-\sum_{n_j}\langle\psi_n^{n_i}(t)|\dot{\psi}_n^{n_j}(t)\rangle c_n^{n_j}(t)-\sum_{m\neq n,m_j}\mathrm{e}^{\mathrm{i}\Omega_{mn}(t)}\langle\psi_n^{n_i}(t)|\dot{\psi}_m^{m_j}(t)\rangle c_m^{m_j}(t) \qquad(2.247)$$

其中，$\Omega_{mn}=-\dfrac{1}{\hbar}\displaystyle\int_0^t[E_m(t')-E_n(t')]\mathrm{d}t'$ 为动力学相位差。在绝热近似下上式右边第二项可略去，于是方程进一步简化为

$$\dot{c}_n^i(t) = -\sum_j \langle \psi_n^i(t)|\dot{\psi}_n^j(t)\rangle c_n^j(t). \tag{2.248}$$

这说明，如果系统一开始处于第 n 个本征子空间中，那么绝热条件使得它一直保持在该空间。因为不会涉及其他本征子空间，所以可以将 n_i 简记为 i。假定该子空间为 N 维线性空间，那么 $i(n_i)$ 的取值范围是 $1 \sim N$。引入 N 维向量 $C_n = (c_n^1, c_n^2, \cdots, c_n^N)^{\mathrm{T}}$ 和 $N \times N$ 矩阵 (读者可自行证明该矩阵是幺正的)

$$U_n(t) = \begin{pmatrix} \langle \psi_n^1|\dot{\psi}_n^1\rangle & \cdots & \langle \psi_n^1|\dot{\psi}_n^N\rangle \\ \vdots & \ddots & \vdots \\ \langle \psi_n^N|\dot{\psi}_n^1\rangle & \cdots & \langle \psi_n^N|\dot{\psi}_n^N\rangle \end{pmatrix}, \tag{2.249}$$

则方程 (2.248) 的解为

$$C_n(t) = \mathcal{T} \mathrm{e}^{-\int_0^t U_n(t')\mathrm{d}t'} C_n(0), \tag{2.250}$$

其中，$\mathcal{T}$ 为时间编序算子，$|C_n(0)| = \sqrt{\sum_{i=1}^N |c_n^i(0)|^2} = 1$ 代表初态是归一化的。根据以上结果，系统在 t 时刻处于量子态:

$$|\Psi(t)\rangle = \sum_{i,j=1}^N \mathrm{e}^{-\frac{\mathrm{i}}{\hbar}\int_0^t E_n(t')\mathrm{d}t'} (\mathcal{T}\mathrm{e}^{-\int_0^t U_n(t')\mathrm{d}t'})_{ij} c_n^j(0)|\psi_n^i(t)\rangle. \tag{2.251}$$

为将上式表达成更紧凑的形式，引入行向量

$$\psi_n(t) = \left(|\psi_n^1(t)\rangle, \ |\psi_n^2(t)\rangle, \ \cdots, \ |\psi_n^N(t)\rangle\right), \tag{2.252}$$

则式 (2.251) 可表示为

$$|\Psi(t)\rangle = \mathrm{e}^{-\frac{\mathrm{i}}{\hbar}\int_0^t E_n(t')\mathrm{d}t'} \psi_n(t) \mathcal{T}\mathrm{e}^{-\int_0^t U_n(t')\mathrm{d}t'} C_n(0). \tag{2.253}$$

在经历绝热周期演化后，量子态将获得一个 $U(N)$ 取值的 Wilczek-Zee 相位 θ_{WZ}^n

$$\mathrm{e}^{\mathrm{i}\theta_{\mathrm{WZ}}^n} = \mathcal{T}\mathrm{e}^{-\oint U_n(t)\mathrm{d}t}. \tag{2.254}$$

引入非阿贝尔联络 $\mathcal{A}_n$，满足

$$\mathcal{A}_n = \begin{pmatrix} \langle \psi_n^1|\mathrm{d}|\psi_n^1\rangle & \cdots & \langle \psi_n^1|\mathrm{d}|\psi_n^N\rangle \\ \vdots & \ddots & \vdots \\ \langle \psi_n^N|\mathrm{d}|\psi_n^1\rangle & \cdots & \langle \psi_n^N|\mathrm{d}|\psi_n^N\rangle \end{pmatrix} = \psi_n^\dagger \mathrm{d}\psi_n \tag{2.255}$$

其中，d 为参数空间上的外微分。设系统演化回路的切向量为 X，则有 $U_n(t) = \mathcal{A}_n(X(t))$，并且

$$e^{i\theta_{\mathrm{WZ}}^n} = \mathcal{T}e^{-\int_0^\tau \mathcal{A}_n(X(t))\mathrm{d}t} = \mathcal{P}e^{-\oint \mathcal{A}_n}. \tag{2.256}$$

在最后一个等式里，由于积分变量从路径参数 t 变为局域坐标，因此时间编序相应地被替换为路径编序。

2.8.2 几何描述

类比 Berry 相位的纤维丛理论，简要概括一下 Wilczek-Zee 相位的几何描述。仍选择简并度为 N 的第 n 个能级，其归一化本征态张成 N 维线性空间 $\mathbb{P}$。令 M 为参数空间。类似于式 (2.252)，引入依赖于外参数的行向量

$$\psi_n(\boldsymbol{R}) = \left(|\psi_n^1(\boldsymbol{R})\rangle, \ |\psi_n^2(\boldsymbol{R})\rangle, \ \cdots, \ |\psi_n^N(\boldsymbol{R})\rangle\right). \tag{2.257}$$

则 $\mathbb{P}$ 中任一量子态可表达为

$$|\Psi_n(\boldsymbol{R})\rangle = \psi_n(\boldsymbol{R})C(\boldsymbol{R}) \tag{2.258}$$

其中，$C(\boldsymbol{R}) = (c_1(\boldsymbol{R}), c_2(\boldsymbol{R}), \cdots, c_N(\boldsymbol{R}))^{\mathrm{T}}$ 为列向量，且满足 $c_1(\boldsymbol{R}), c_2(\boldsymbol{R}), \cdots, c_N(\boldsymbol{R}) \in \mathbb{C}$ 和归一化条件 $C^\dagger(\boldsymbol{R})C(\boldsymbol{R}) = 1$。若 $N = 1$，则 $C(\boldsymbol{R})$ 为单位复数，代表无能级简并时的相因子。因此在 $N > 1$ 时，可认为 $C(\boldsymbol{R})$ 是量子态 $|\Psi_n(\boldsymbol{R})\rangle$ 的"向量"相因子。为"模去"量子态的相位信息，定义如下等价关系：令 $|\Psi_1\rangle = \psi_n C_1$，$|\Psi_2\rangle = \psi_n C_2$，若 C_1 和 C_2 可通过一幺正矩阵 $g \in U(N)$ 建立联系，即 $C_1 = gC_2$，则认为 $|\Psi_1\rangle \sim |\Psi_2\rangle$。借助等价关系"$\sim$"，引入商空间 $H = \mathbb{P}/\sim$。有了商空间 H，就可以进一步引入以其为底流形的 $U(N)$ 主丛 $P(H, U(N))$。利用投影算符，在 H 中某点 $|\Psi_n(\boldsymbol{R})\rangle = \psi_n(\boldsymbol{R})C(\boldsymbol{R})$ 处的纤维空间 $F_{\boldsymbol{R}}$ 为

$$\pi^{-1}(|\Psi_n(\boldsymbol{R})\rangle) = [|\Psi_n(\boldsymbol{R})\rangle] \equiv \{\psi_n(\boldsymbol{R})gC(\boldsymbol{R})|\forall g \in U(N)\}. \tag{2.259}$$

显然，$F_{\boldsymbol{R}}$ 与 $U(N)$ 同构，因此 P 的确是 $U(N)$ 主丛。定义截面映射

$$\sigma(|\Psi_n(\boldsymbol{R})\rangle) = \psi_n(\boldsymbol{R})g(\boldsymbol{R})C(\boldsymbol{R}), \tag{2.260}$$

它将 H 中的点"提升"到 P，因此恢复了量子态被投影映射"模去"的相位信息。

为了引入量子态的平行输运，考虑 M 上的闭合曲线 $\boldsymbol{R}(t)$，满足 $\boldsymbol{R}(0) = \boldsymbol{R}(\tau)$。它诱导出 H 上的量子态周期演化路径：$\gamma(t) = |\Psi_n(\boldsymbol{R}(t))\rangle$。利用截面映射可以给出 γ 的水平提升

$$\tilde{\gamma}(t) = \sigma(|\Psi_n(\boldsymbol{R}(t))\rangle) = \psi_n(\boldsymbol{R}(t))g(\boldsymbol{R}(t))C(\boldsymbol{R}(t)). \tag{2.261}$$

且 $g(\boldsymbol{R}(0)) = 1_N$。利用 $\pi \circ \sigma = 1_H$ 可知 $\tilde{\gamma}(t)$ 的确是 $\gamma(t)$ 的水平提升。为简化符号，仍采用以下简记：$|\Psi_n(t)\rangle \equiv |\Psi_n(\boldsymbol{R}(t))\rangle$，$\psi_n(t) \equiv \psi_n(\boldsymbol{R}(t))$，$g(t) \equiv g(\boldsymbol{R}(t))$ 和 $C(t) \equiv C(\boldsymbol{R}(t))$。再令 $\tilde{C}(t) = g(t)C(t)$，所以有 $\tilde{\gamma}(t) = \psi_n(t)\tilde{C}(t)$。

令 γ 的切向量为 X，那么 σ 的推前映射诱导出 $\tilde{\gamma}$ 的切向量 $\tilde{X}$：$\sigma_* X = \tilde{X}$。由于主丛上的点可表示为 $\psi_n \tilde{C}$，那么可定义主丛上的 Ehresmann 联络为

$$\omega = (\psi_n \tilde{C})^\dagger \mathrm{d}_P (\psi_n \tilde{C}). \tag{2.262}$$

$\tilde{\gamma}$ 的切向量 $\tilde{X}$ 是水平向量，即属于切丛的水平子空间，则有

$$\omega(\tilde{X}) = 0 \quad \text{或} \quad \left(\psi_n \tilde{C}\right)^\dagger \frac{\mathrm{d}_P}{\mathrm{d}t} \left(\psi_n \tilde{C}\right) = 0. \tag{2.263}$$

将方程 (2.262) 代入上式，可得

$$\tilde{C}^\dagger \psi_n^\dagger \frac{\mathrm{d}\psi_n}{\mathrm{d}t} \tilde{C} + \tilde{C}^\dagger \psi_n^\dagger \psi_n \frac{\mathrm{d}\tilde{C}}{\mathrm{d}t} = 0. \tag{2.264}$$

再利用 $\psi_n^\dagger \psi_n = 1_N$，得到

$$\tilde{C}^\dagger \left(\frac{\mathrm{d}\tilde{C}(t)}{\mathrm{d}t} + \psi_n^\dagger(t) \frac{\mathrm{d}}{\mathrm{d}t} \psi_n(t) \tilde{C}(t) \right) = 0. \tag{2.265}$$

由于 $\tilde{C}$ 为纤维空间中的非零矢量，且从式 (2.255) 可知 $\mathcal{A}_n = \psi_n^\dagger \mathrm{d}\psi_n$ 为 H 上的联络，所以有

$$\frac{\mathrm{d}\tilde{C}(t)}{\mathrm{d}t} + \mathcal{A}_n(X(t))\tilde{C}(t) = 0 \quad \text{或} \quad \nabla_X \tilde{C} = 0. \tag{2.266}$$

这表明，纤维 $\tilde{C}$ 沿曲线 $\gamma(t)$ 作平行输运。在初始条件 $\tilde{C}(0) = g(0)C(0) = C(0)$ 下求解方程 (2.266)，可得

$$\tilde{C}(t) = \mathcal{T} e^{-\int_0^t \mathcal{A}_n(X(t'))\mathrm{d}t'} C(0). \tag{2.267}$$

根据方程 (2.261)，在除去动力学相位后，系统处于如下量子态

$$\sigma(|\Psi_n(t)\rangle) = \psi_n(t) \mathcal{T} e^{-\int_0^t \mathcal{A}_n(X(t'))\mathrm{d}t'} C(0). \tag{2.268}$$

这与式 (2.253) 的结果完全一致。在经过一个时长为 τ 的周期性过程之后，式 (2.267) 给出

$$\tilde{C}(\tau) = \mathcal{P} e^{-\oint \mathcal{A}_n} C(0), \tag{2.269}$$

2.8 简并量子系统的 Wilczek-Zee 相位

其中，Wilzek-Zee 相因子 $\mathcal{P}e^{-\oint \mathcal{A}_n}$ 是一个 $U(N)$ 和乐。根据方程 (2.262)，可以给出主丛联络 ω 和底流形联络 $\mathcal{A}_n$ 之间的关系

$$\omega = \tilde{C}^\dagger \left(\psi_n^\dagger \mathrm{d}_P \psi_n\right) \tilde{C} + \tilde{C}^\dagger \mathrm{d}_P \tilde{C} = \tilde{C}^\dagger \pi^* \mathcal{A}_n \tilde{C} + \tilde{C}^\dagger \mathrm{d}_P \tilde{C}. \tag{2.270}$$

读者可自行验证 $\mathcal{A}_n = \sigma^* \omega$，它和式 (2.270) 分别是式 (2.70) 和式 (2.76) 的推广。$\mathcal{A}_n$ 是底流形上的非阿贝尔规范场，对应的规范场强为

$$\mathcal{F}_n = \mathrm{d}\mathcal{A}_n + \mathcal{A}_n \wedge \mathcal{A}_n = \mathrm{d}\psi_n^\dagger \wedge \mathrm{d}\psi_n + \psi_n^\dagger \mathrm{d}\psi_n \wedge \psi_n^\dagger \mathrm{d}\psi_n \tag{2.271}$$

对量子态 $|\Psi_n\rangle = \psi_n C$ 作规范变换：$C \longrightarrow C' = gC$ 且 $g \in U(N)$，那么 $\psi_n \longrightarrow \psi_n' = \psi_n g$，非阿贝尔规范场按如下方式变换

$$\mathcal{A}_n \longrightarrow \mathcal{A}_n' = \psi_n'^\dagger \mathrm{d}\psi_n' = g^\dagger \mathcal{A}_n g + g^\dagger \mathrm{d}g, \tag{2.272}$$

同样，非阿贝尔 Berry 曲率 (规范场强) 的变换如下

$$\begin{aligned}
\mathcal{F}_n \longrightarrow \mathcal{F}_n' &= \mathrm{d}\psi_n'^\dagger \wedge \mathrm{d}\psi_n' + \psi_n'^\dagger \mathrm{d}\psi_n' \wedge \psi_n'^\dagger \mathrm{d}\psi_n' \\
&= \mathrm{d}g^\dagger \wedge \psi_n^\dagger \mathrm{d}\psi_n g + g^\dagger \mathrm{d}\psi_n^\dagger \wedge \mathrm{d}\psi_n g + \mathrm{d}g^\dagger \wedge \psi_n^\dagger \psi_n \mathrm{d}g + g^\dagger \mathrm{d}\psi_n^\dagger \psi_n \wedge \mathrm{d}g \\
&\quad + g^\dagger \mathcal{A}_n \wedge \mathcal{A}_n g + g^\dagger \mathcal{A}_n \wedge \mathrm{d}g + g^\dagger \mathrm{d}gg^\dagger \wedge \mathcal{A}_n g + g^\dagger \mathrm{d}gg^\dagger \wedge \mathrm{d}g \\
&= \mathrm{d}g^\dagger \wedge \mathcal{A}_n g + g^\dagger \mathrm{d}\psi_n^\dagger \wedge \mathrm{d}\psi_n g + \mathrm{d}g^\dagger \wedge \mathrm{d}g - g^\dagger \mathcal{A}_n \wedge \mathrm{d}g \\
&\quad + g^\dagger \mathcal{A}_n \wedge \mathcal{A}_n g + g^\dagger \mathcal{A}_n \wedge \mathrm{d}g - \mathrm{d}g^\dagger \wedge \mathcal{A}_n g - \mathrm{d}g^\dagger \wedge \mathrm{d}g \\
&= g^\dagger \mathcal{F}_n g. \tag{2.273}
\end{aligned}$$

最后，总结一下本小节的几个重要结论。当量子态 $|\Psi_n(t)\rangle$ 沿闭合曲线 $\gamma(t)$ 演化时，其水平提升 $\psi_n \tilde{C}$ 沿着非闭合曲线 $\tilde{\gamma}(t)$ 作平行输运，所以满足平行演化条件

$$\left(\psi_n \tilde{C}\right)^\dagger \frac{\mathrm{d}_P}{\mathrm{d}t} \left(\psi_n \tilde{C}\right) = 0. \tag{2.274}$$

这是对方程 (2.38) 的推广。作为 $\gamma(t)$ 的水平提升，$\tilde{\gamma}(t)$ 切向量是水平向量，则上述条件等价于

$$\omega(\tilde{X}) = 0. \tag{2.275}$$

这是方程 (2.91) 的推广。上述两种描述又等价于第三种描述：当量子态 $|\Psi_n(t)\rangle$ 沿曲线 $\gamma(t)$ 演化时，它的纤维被平行输运，即满足

$$\nabla_X \tilde{C} = 0. \tag{2.276}$$

这是方程 (2.79) 的推广。由于平行性不具备可传递性，因此在演化终了，量子态获得一个 $U(N)$ 取值的 Wilczek-Zee 相因子 $\mathcal{P}e^{-\oint \mathcal{A}_n}$。

2.8.3 自旋四极子系统

作为具体应用,下面来计算自旋四极子系统的 Wilczek-Zee 相位。该系统的哈密顿量为

$$\hat{H} = k_0(\mu \boldsymbol{B} \cdot \boldsymbol{J})^2 = \hbar\omega_0(\hat{\boldsymbol{B}} \cdot \hat{\boldsymbol{J}})^2 \tag{2.277}$$

其中,$\boldsymbol{J}$ 为四极子的自旋,$\boldsymbol{B} = |\boldsymbol{B}|(\sin\theta\cos\phi, \sin\theta\sin\phi, \cos\theta)^{\mathrm{T}}$ 为外磁场,μ 为玻尔磁子,常数 k_0 使得 $\hat{H}$ 具有能量量纲,拉莫尔频率 $\omega_0 = k_0\mu^2|\boldsymbol{B}|^2\hbar$。令

$$\hat{H}_0 = k_0(\mu|\boldsymbol{B}|J_z)^2. \tag{2.278}$$

容易验证 $\hat{H} = \hat{R}\hat{H}_0\hat{R}^\dagger$,其中 $\hat{R}$ 为幺正变换 $\hat{R} = \mathrm{e}^{-\frac{\mathrm{i}}{\hbar}J_z\phi}\mathrm{e}^{-\frac{\mathrm{i}}{\hbar}J_y\theta}$。$\hat{H}$ 的本征态都是双重简并的,能量为 $E_m = m^2\hbar\omega_0$ 的本征态为 $|\psi_{\pm m}\rangle = \hat{R}|j, \pm m\rangle$ $\left(j \geqslant \frac{1}{2}, m > 0\right)$,系统参数空间为二维球面 S^2,其局域坐标为 (θ, ϕ)。绝热演化回路可由 S^2 上任一闭合曲线描述。根据式 (2.252),对能级 E_m,引入行向量 $\psi_m = \left(\hat{R}|j,m\rangle, \hat{R}|j,-m\rangle\right)$,则 Wilczek-Zee 联络 (规范场) 为

$$\mathcal{A}_m^j = \psi_m^\dagger \mathrm{d}\psi_m = \begin{pmatrix} \langle j, m|\hat{R}^\dagger \mathrm{d}\hat{R}|j, m\rangle & \langle j, m|\hat{R}^\dagger \mathrm{d}\hat{R}|j, -m\rangle \\ \langle j, -m|\hat{R}^\dagger \mathrm{d}\hat{R}|j, m\rangle & \langle j, -m|\hat{R}^\dagger \mathrm{d}\hat{R}|j, -m\rangle \end{pmatrix}. \tag{2.279}$$

利用 $\mathrm{e}^{\frac{\mathrm{i}}{\hbar}J_y\theta}J_z\mathrm{e}^{-\frac{\mathrm{i}}{\hbar}J_y\theta} = -J_x\sin\theta + J_z\cos\theta$ 可得

$$\hat{R}^\dagger \mathrm{d}\hat{R} = -\frac{\mathrm{i}}{\hbar}J_y\mathrm{d}\theta + \frac{\mathrm{i}}{\hbar}\left(J_x\sin\theta - J_z\cos\theta\right)\mathrm{d}\phi. \tag{2.280}$$

利用 $J_x = \dfrac{J_+ + J_-}{2}$、$J_y = \dfrac{J_+ - J_-}{2\mathrm{i}}$ 和 $J_\pm|j,m\rangle = \hbar\sqrt{(j\mp m)(j\pm m+1)}|j, m\pm 1\rangle$,可发现:当 $m > \dfrac{1}{2}$ 时,Wilczek-Zee 联络仍然是阿贝尔的,

$$\mathcal{A}_m^j = -\mathrm{i}m\sigma_z\cos\theta\mathrm{d}\phi, \tag{2.281}$$

对应的场强为

$$\mathcal{F}_m^j = \mathrm{i}m\sigma_z\sin\theta\mathrm{d}\theta \wedge \mathrm{d}\phi, \tag{2.282}$$

而当 $m = \dfrac{1}{2}$ 时,Wilczek-Zee 联络是非阿贝尔的,

$$\mathcal{A}_{\frac{1}{2}}^j = -\frac{\mathrm{i}}{2}\left(j + \frac{1}{2}\right)\sigma_y\mathrm{d}\theta + \frac{\mathrm{i}}{2}\left[\left(j + \frac{1}{2}\right)\sin\theta\sigma_x - \cos\theta\sigma_z\right]\mathrm{d}\phi, \tag{2.283}$$

2.8 简并量子系统的 Wilczek-Zee 相位

对应的场强为

$$\mathcal{F}_{\frac{1}{2}}^{j} = -\frac{\mathrm{i}}{2}\left[\left(j+\frac{1}{2}\right)^2 - 1\right]\sigma_z \sin\theta \mathrm{d}\theta \wedge \mathrm{d}\phi. \tag{2.284}$$

显然，当 $j = \frac{1}{2}$ 时，$\mathcal{F}_{\frac{1}{2}}^{\frac{1}{2}} = 0$，这是因为此时 $\boldsymbol{J} = \frac{\hbar}{2}\boldsymbol{\sigma}$，哈密顿量为 $\hat{H} = \hbar\omega_0 1_{2\times 2}$，其本征态流形是拓扑平庸的。

对比表达式 (2.282)、式 (2.284) 和式 (2.132)，不难发现，场强 $\mathcal{F}_m^j$ 的两个分量由两个大小相等、符号相反的磁单极子分别产生，因此它们对任意闭合曲面产生的总虚拟磁通量为 0。相应地，系统在参数球面上的第一陈数为 0：$\frac{\mathrm{i}}{2\pi}\iint_{S^2}\mathrm{Tr}\mathcal{F}_m^j = 0$，这与无简并的情况类似。

由 $\mathcal{A}_m^j$ 可以计算出 Wilczek-Zee 相位矩阵。当 $m > \frac{1}{2}$ 时，由于 $\mathcal{A}_m^j$ 正比于常数矩阵 σ_z，所以是阿贝尔联络，那么用方程 (2.256) 计算 θ_B 时，路径编序算子可去掉。由 $\mathrm{e}^{\mathrm{i}\theta_{\mathrm{WZ}}^m} = \mathrm{e}^{\mathrm{i}m\oint \cos\theta\mathrm{d}\phi\sigma_z}$ 可得

$$\theta_{\mathrm{WZ}}^m = m\oint\cos\theta\mathrm{d}\phi\sigma_z = m\begin{pmatrix} \oint\cos\theta\mathrm{d}\phi & 0 \\ 0 & -\oint\cos\theta\mathrm{d}\phi \end{pmatrix}. \tag{2.285}$$

当 m 是整数时，$m\oint\mathrm{d}\phi = 2m\pi$，上式等价于

$$\theta_{\mathrm{WZ}}^m = \oint\cos\theta\mathrm{d}\phi\sigma_z = -m\begin{pmatrix} \oint(1-\cos\theta)\mathrm{d}\phi & 0 \\ 0 & \oint(1+\cos\theta)\mathrm{d}\phi \end{pmatrix}. \tag{2.286}$$

该结果与无简并时的结果式 (2.112) 几乎一样①。式 (2.285) 表明，当系统沿任意经线演化时，不会获得几何相位。当系统沿闭合曲线 $(\theta(t), \phi(t))$（也可表达为 $\theta = \theta(\phi)$）演化时，量子态 $|\Psi_m(t)\rangle = \psi_m(t)\tilde{C}(t)$ 在演化终了为

$$|\Psi_m(\tau)\rangle = \psi_m(0)\mathrm{e}^{\mathrm{i}\theta_{\mathrm{WZ}}^m}C(0)$$
$$= c_1(0)\mathrm{e}^{\mathrm{i}m\oint\cos\theta\mathrm{d}\phi}\hat{R}|j,m\rangle + c_2(0)\mathrm{e}^{-\mathrm{i}m\oint\cos\theta\mathrm{d}\phi}\hat{R}|j,-m\rangle. \tag{2.287}$$

---

① 仅有的区别在于式 (2.112) 中，$m = \frac{1}{2}$ 为半整数。

计算时，已经将 $\psi_m(\tau) = \psi_m(0)$ 代入。当 m 是整数，且 $C(0) = \begin{pmatrix} 1 \\ 0 \end{pmatrix}$ 或 $\begin{pmatrix} 0 \\ 1 \end{pmatrix}$ 时，以上结果又退回无简并两能级体系的结果。对比条件 (2.274)，可知量子态 $|\Psi_m(t)\rangle$ 的确在演化中被平行输运。

当 $m = \dfrac{1}{2}$ 时，至少在两种情况下，$\mathcal{A}_{\frac{1}{2}}^j$ 是阿贝尔联络，从而可将计算式 (2.256) 中的路径编序算子去掉。第一种情况是系统沿经线大圆演化，即 $\mathrm{d}\phi = 0$。此时 $\mathcal{A}_{\frac{1}{2}}^j$ 正比于常数矩阵 σ_y，因而是阿贝尔联络，相应的 Wilczek-Zee 相位和相因子矩阵分别为

$$\theta_{\mathrm{WZ}}^{\frac{1}{2}} = \frac{1}{2}\left(j + \frac{1}{2}\right)\oint \mathrm{d}\theta \sigma_y = \left(j + \frac{1}{2}\right)\pi\sigma_y,$$

$$\mathrm{e}^{\mathrm{i}\theta_{\mathrm{WZ}}^{\frac{1}{2}}} = \cos\left[\left(j + \frac{1}{2}\right)\pi\right] + \mathrm{i}\sin\left[\left(j + \frac{1}{2}\right)\pi\right]\sigma_y = \mathrm{i}(-1)^j \sigma_y. \tag{2.288}$$

所以量子态 $|\Psi_m(t)\rangle = \psi_m(t)\tilde{C}(t)$ 在绕经线演化一周后变为

$$|\Psi_m(\tau)\rangle = \psi_m(0)\mathrm{e}^{\mathrm{i}\theta_{\mathrm{WZ}}^{\frac{1}{2}}}C(0) = (-1)^j\left[c_2(0)\hat{R}|j,m\rangle - c_1(0)\hat{R}|j,-m\rangle\right]. \tag{2.289}$$

第二种情况是系统沿固定纬线演化，即 $\mathrm{d}\theta = 0$，此时 $\mathcal{A}_{\frac{1}{2}}^j$ 正比于常数矩阵 $\left(j + \dfrac{1}{2}\right)\sin\theta\sigma_x - \cos\theta\sigma_z$。与前面一样，式 (2.256) 中的路径编序算子可以去掉，Wilczek-Zee 相位为

$$\theta_{\mathrm{WZ}}^{\frac{1}{2}} = -\pi\left[\left(j + \frac{1}{2}\right)\sin\theta\sigma_x - \cos\theta\sigma_z\right] = -\pi\Omega\boldsymbol{\sigma}\cdot\hat{\boldsymbol{n}} \tag{2.290}$$

其中，$\Omega = \sqrt{\left(j + \dfrac{1}{2}\right)^2\sin^2\theta + \cos^2\theta}$，$\hat{\boldsymbol{n}} = \dfrac{1}{\Omega}\left[\left(j + \dfrac{1}{2}\right)\sin\theta\hat{e}_x - \cos\theta\hat{e}_z\right]$ 是自旋空间中的单位矢量。相应的相因子为

$$\begin{aligned}
\mathrm{e}^{\mathrm{i}\theta_{\mathrm{WZ}}^{\frac{1}{2}}} &= \cos(\pi\Omega) - \mathrm{i}\sin(\pi\Omega)\boldsymbol{\sigma}\cdot\hat{\boldsymbol{n}} \\
&= \begin{pmatrix} \cos(\pi\Omega) + \dfrac{\mathrm{i}}{\Omega}\sin(\pi\Omega)\cos\theta & -\dfrac{\mathrm{i}}{\Omega}\left(j + \dfrac{1}{2}\right)\sin(\pi\Omega)\sin\theta \\ -\dfrac{\mathrm{i}}{\Omega}\left(j + \dfrac{1}{2}\right)\sin(\pi\Omega)\sin\theta & \cos(\pi\Omega) - \dfrac{\mathrm{i}}{\Omega}\sin(\pi\Omega)\cos\theta \end{pmatrix}.
\end{aligned} \tag{2.291}$$

同样，$|\Psi_{\frac{1}{2}}(t)\rangle = \psi_{\frac{1}{2}}(t)\tilde{C}(t)$ 沿纬度为 θ 的纬线演化一圈后，末态为 $|\Psi_{\frac{1}{2}}(\tau)\rangle = \psi_{\frac{1}{2}}(0)\mathrm{e}^{\mathrm{i}\theta_{\mathrm{WZ}}^{\frac{1}{2}}}C(0)$，其中 $\mathrm{e}^{\mathrm{i}\theta_{\mathrm{WZ}}^{\frac{1}{2}}}$ 由式 (2.291) 给定。

2.8.4 一般双重简并四能级系统

以上例子可以推广到一般双重简并四能级系统。考虑这样一种量子系统，其哈密顿量可以表示为 $\hat{H} = \sum_{i=1}^{5} R_i \Gamma_i$，其中，伽马矩阵为 $\Gamma_i = \sigma_1 \otimes \sigma_i$，$i = 1, 2, 3$；$\Gamma_4 = \sigma_2 \otimes 1$ 且 $\Gamma_5 = \sigma_3 \otimes 1$。它们之间满足代数关系：$\{\Gamma_i, \Gamma_j\} = 2\delta_{ij}$。哈密顿量的矩阵形式为

$$\hat{H} = \begin{pmatrix} R_5 & 0 & R_3 - iR_4 & R_1 - iR_2 \\ 0 & R_5 & R_1 + iR_2 & -R_3 - iR_4 \\ R_3 + iR_4 & R_1 - iR_2 & -R_5 & 0 \\ R_1 + iR_2 & -R_3 + iR_4 & 0 & -R_5 \end{pmatrix} \quad (2.292)$$

四个能级分别为

$$|\psi_{a,c}\rangle = \frac{1}{\sqrt{2R(R \mp R_5)}} \begin{pmatrix} -R_3 + iR_4 \\ -R_1 - iR_2 \\ R_5 \mp R \\ 0 \end{pmatrix}, \quad |\psi_{b,d}\rangle = \frac{1}{\sqrt{2R(R \mp R_5)}} \begin{pmatrix} -R_1 + iR_2 \\ R_3 + iR_4 \\ 0 \\ R_5 \mp R \end{pmatrix}, \quad (2.293)$$

其中，$R = \sqrt{\sum_{i=1}^{5} R_i^2}$。这四个能级分别为双重简并，且满足

$$\hat{H}|\psi_{a,b}\rangle = R|\psi_{a,b}\rangle, \quad \hat{H}|\psi_{c,d}\rangle = -R|\psi_{c,d}\rangle. \quad (2.294)$$

哈密顿量依赖于参数 $\boldsymbol{R} = (R_1, R_2, R_3, R_4, R_5)^\mathrm{T}$。令系统沿回路 $\boldsymbol{R}(t)(0 \leqslant t \leqslant \tau$ 且 $\boldsymbol{R}(0) = \boldsymbol{R}(\tau))$ 作绝热演化。在经过一个演化周期后，各本征态将作如下幺正演化：

$$|\psi_i\rangle = \sum_{j=a,b} U_{+ij}|\psi_j\rangle, \quad i = a, b; \quad |\psi_i\rangle = \sum_{j=c,d} U_{-ij}|\psi_j\rangle, \quad i = c, d. \quad (2.295)$$

若以 $\{|\psi_a\rangle, |\psi_b\rangle, |\psi_c\rangle, |\psi_d\rangle\}$ 为基矢，则 Wilcezk-Zee 相因子为

$$U = \begin{pmatrix} U_+ & 0 \\ 0 & U_- \end{pmatrix} = \begin{pmatrix} \mathcal{P}e^{i\int_0^\tau \boldsymbol{\mathcal{A}}_+ \cdot \dot{\boldsymbol{R}} dt} & 0 \\ 0 & \mathcal{P}e^{i\int_0^\tau \boldsymbol{\mathcal{A}}_- \cdot \dot{\boldsymbol{R}} dt} \end{pmatrix}, \quad (2.296)$$

其中

$$\boldsymbol{\mathcal{A}}_{+ij} = i\langle \psi_i | \nabla_{\boldsymbol{R}} | \psi_j \rangle, \quad i, j = a, b; \quad \boldsymbol{\mathcal{A}}_{-ij} = i\langle \psi_i | \nabla_{\boldsymbol{R}} | \psi_j \rangle, \quad i, j = c, d. \quad (2.297)$$

注意到 $\mathcal{A}_{\pm ij} = -\mathrm{i}\mathcal{A}_{\pm ij} \cdot \dot{\boldsymbol{R}} = \left\langle \psi_i \left| \dfrac{\mathrm{d}}{\mathrm{d}t} \right| \psi_j \right\rangle$，且利用

$$\frac{\mathrm{d}}{\mathrm{d}t}\left(\frac{1}{\sqrt{R(R \mp R_5)}}\right) = -\frac{1}{2\sqrt{R(R \mp R_5)}}\left(\frac{\dot{R}}{R} + \frac{\dot{R} \mp \dot{R}_5}{R \mp R_5}\right), \tag{2.298}$$

则 Wilcezk-Zee 相因子的矩阵元可计算如下。

$$\begin{aligned}\mathcal{A}_{+aa,-cc} &= \left\langle \psi_{a,c} \left| \frac{\mathrm{d}}{\mathrm{d}t} \right| \psi_{a,c} \right\rangle \\ &= \frac{1}{2\sqrt{R(R \mp R_5)}}\frac{\mathrm{d}}{\mathrm{d}t}\left(\frac{1}{\sqrt{R(R \mp R_5)}}\right)\left(\sum_{i=1}^{4} R_i^2 + (R_5 \mp R)^2\right) \\ &\quad + \frac{1}{2R(R \mp R_5)}\begin{pmatrix}-R_3 - \mathrm{i}R_4 & -R_1 + \mathrm{i}R_2 & R_5 \mp R & 0\end{pmatrix}\begin{pmatrix}-\dot{R}_3 + \mathrm{i}\dot{R}_4 \\ -\dot{R}_1 - \mathrm{i}\dot{R}_2 \\ \dot{R}_5 \mp \dot{R} \\ 0\end{pmatrix} \\ &= \frac{R_2\dot{R}_1 - \dot{R}_2 R_1 - R_4\dot{R}_3 + \dot{R}_4 R_3}{2\mathrm{i}R(R \mp R_5)}. \end{aligned} \tag{2.299}$$

令 $R_1 \to -R_3$，$R_2 \to -R_4$，$R_3 \to R_1$ 和 $R_4 \to R_2$，可得

$$\mathcal{A}_{+bb,-dd} = \frac{R_1\dot{R}_2 - \dot{R}_1 R_2 - R_3\dot{R}_4 + \dot{R}_3 R_4}{2\mathrm{i}R(R \mp R_5)} = -\mathcal{A}_{+aa,-cc}. \tag{2.300}$$

类似地，其他矩阵元为

$$\begin{aligned}\mathcal{A}_{+ab,-cd} &= \left\langle \psi_{a,c} \left| \frac{\mathrm{d}}{\mathrm{d}t} \right| \psi_{b,d} \right\rangle \\ &= \frac{R_1\dot{R}_4 - \dot{R}_1 R_4 - R_2\dot{R}_3 + \dot{R}_2 R_3 + \mathrm{i}R_1\dot{R}_3 - \mathrm{i}\dot{R}_1 R_3 + \mathrm{i}R_2\dot{R}_4 - \mathrm{i}\dot{R}_2 R_4}{2\mathrm{i}R(R \mp R_5)}\end{aligned} \tag{2.301}$$

和

$$\begin{aligned}\mathcal{A}_{+ba,-dc} &= \left\langle \psi_{a,c} \left| \frac{\mathrm{d}}{\mathrm{d}t} \right| \psi_{b,d} \right\rangle \\ &= \frac{R_1\dot{R}_4 - \dot{R}_1 R_4 - R_2\dot{R}_3 + \dot{R}_2 R_3 - \mathrm{i}R_1\dot{R}_3 + \mathrm{i}\dot{R}_1 R_3 - \mathrm{i}R_2\dot{R}_4 + \mathrm{i}\dot{R}_2 R_4}{2\mathrm{i}R(R \mp R_5)}\end{aligned}$$

2.9 Aharonov-Anandan 相位

$$= -\mathcal{A}^*_{+ab,-cd}. \tag{2.302}$$

最终，$\mathcal{A}_\pm$ 的矩阵形式为

$$\mathcal{A}_\pm = \frac{\begin{pmatrix} R_2\dot{R}_1 - \dot{R}_2 R_1 - R_4\dot{R}_3 + \dot{R}_4 R_3 & (iR_3 - R_4)(\dot{R}_1 - i\dot{R}_2) - (iR_1 + R_2)(\dot{R}_3 + i\dot{R}_4) \\ (iR_1 - R_2)(\dot{R}_3 - i\dot{R}_4) - (iR_3 + R_4)(\dot{R}_1 + i\dot{R}_2) & R_1\dot{R}_2 - \dot{R}_1 R_2 - R_3\dot{R}_4 + \dot{R}_3 R_4 \end{pmatrix}}{2iR(R \mp R_5)}. \tag{2.303}$$

显然，$\mathcal{A}_\pm^\dagger = -\mathcal{A}_\pm$，所以 Wilczek-Zee 相因子 U 是幺正的。

接下来考虑一种特殊的参数化。令 $R_1 = \frac{R}{\sqrt{2}}\sin\theta\cos\phi_1$，$R_2 = \frac{R}{\sqrt{2}}\sin\theta\sin\phi_1$，$R_3 = \frac{R}{\sqrt{2}}\sin\theta\cos\phi_2$，$R_4 = \frac{R}{\sqrt{2}}\sin\theta\sin\phi_2$ 和 $R_5 = R\cos\theta$。直接计算可得

$$\mathcal{A}_\pm = \frac{1 \pm \cos\theta}{4i} \begin{pmatrix} \dot{\phi}_2 - \dot{\phi}_1 & (\dot{\phi}_1 + \dot{\phi}_2)e^{i(\phi_2 - \phi_1)} \\ (\dot{\phi}_1 + \dot{\phi}_2)e^{i(\phi_1 - \phi_2)} & \dot{\phi}_1 - \dot{\phi}_2 \end{pmatrix}. \tag{2.304}$$

考虑特殊的演化回路：$\phi_1 = \phi_2 = \phi$，$\theta = \theta(\phi)$，使得式 (2.296) 中的路径编序算子可略去。此时，$\mathcal{A}_\pm = \frac{1 \pm \cos\theta}{2i}\dot{\phi}\sigma_x$。因此有

$$U_\pm = e^{-i\oint \frac{1\pm\cos\theta}{2}d\phi\sigma_x} = \cos\left(\oint \frac{1\pm\cos\theta}{2}d\phi\right) - i\sin\left(\oint \frac{1\pm\cos\theta}{2}d\phi\right)\sigma_x. \tag{2.305}$$

2.9 Aharonov-Anandan 相位

2.9.1 Aharonov-Anandan 相位简介

如果放弃绝热近似条件，而仅保留演化的周期性限制，那么就可将几何相位从哈密顿量的瞬时本征态推广至一般量子态。该推广首先由 Aharonov 和 Anandan 在 1987 年完成[29]，因此这一非绝热量子几何相位后来被命名为 Aharonov-Anandan 相位 (以下简称 AA 相位，其他相关术语也取类似简称)。

考虑某一量子系统，它作周期为 τ 的非绝热演化，则其哈密顿量满足

$$\hat{H}(t + \tau) = \hat{H}(t). \tag{2.306}$$

设系统处于量子态 $|\Psi(t)\rangle$，它是哈密顿量本征态的任意归一化线性叠加，其随时间的演化遵循薛定谔方程

$$i\hbar\frac{\partial}{\partial t}|\Psi(t)\rangle = \hat{H}(t)|\Psi(t)\rangle. \tag{2.307}$$

系统从初态 $|\Psi(0)\rangle$ 开始演化，周期性条件要求 $|\Psi(\tau)\rangle$ 与初态在物理上等价，也就是仅相差一个相因子。我们先"消去" $|\Psi(t)\rangle$ 的相因子

$$|\Psi(t)\rangle = e^{i\theta(t)}|\psi(t)\rangle, \tag{2.308}$$

使得 $|\psi(t)\rangle$ 满足周期性条件：$|\psi(t+\tau)\rangle = |\psi(t)\rangle$。经过一个周期后则有

$$|\Psi(\tau)\rangle = e^{i\theta(\tau)}|\psi(\tau)\rangle = e^{i\theta(\tau)}|\psi(0)\rangle = e^{i\theta_{\text{tot}}}|\Psi(0)\rangle \tag{2.309}$$

末态和初态的总相位差为 $\theta_{\text{tot}} = \theta(\tau) - \theta(0)$。将式 (2.308) 代入方程 (2.307)，再将等式两边同乘以 $\langle\Psi(t)|$，可得

$$\hbar\dot{\theta}(t) = \langle\psi(t)|i\hbar\frac{\partial}{\partial t}|\psi(t)\rangle - \langle\Psi(t)|\hat{H}|\Psi(t)\rangle. \tag{2.310}$$

对两边积分，得到

$$\begin{aligned}\theta_{\text{tot}} &= \int_0^\tau dt\,\dot{\theta}(t) \\ &= i\int_0^\tau dt\langle\psi(t)|\frac{\partial}{\partial t}|\psi(t)\rangle - \frac{1}{\hbar}\int_0^\tau dt\langle\Psi(t)|\hat{H}|\Psi(t)\rangle \\ &= \theta_{\text{AA}}(\tau) + \theta_{\text{d}}(\tau)\end{aligned} \tag{2.311}$$

其中，第一项

$$\theta_{\text{AA}}(\tau) = i\int_0^\tau dt\langle\psi(t)|\frac{\partial}{\partial t}|\psi(t)\rangle \tag{2.312}$$

是几何相位，即 AA 相位，其表达式与 Berry 相位类似。第二项

$$\theta_{\text{d}}(\tau) = -\frac{1}{\hbar}\int_0^\tau dt\langle\Psi(t)|\hat{H}|\Psi(t)\rangle = -\frac{1}{\hbar}\int_0^\tau dt\langle\psi(t)|\hat{H}|\psi(t)\rangle \tag{2.313}$$

为动力学相位。若 $|\psi(t)\rangle$ 为哈密顿量的瞬时本征态 $|n(\boldsymbol{R}(t))\rangle$，$\theta_{\text{AA}}$ 就退化为 Berry 相位，而 θ_{d} 也再现了该能级在演化过程中获得的动力学相位：$\theta_{\text{d}}(\tau) = -\frac{1}{\hbar}\int_0^\tau E_n(\boldsymbol{R}(t'))dt'$。

2.9 Aharonov-Anandan 相位

之前，利用平行输运条件 (2.38) 直接导出了 Berry 相位，同样的过程亦可应用于 AA 相位。同样，首先需要除去与动力学相位有关的信息，所以令 $|\Psi(t)\rangle = \mathrm{e}^{-\frac{\mathrm{i}}{\hbar}\int_0^t E(t')\mathrm{d}t'}|\Phi(t)\rangle$，其中 $E(t) = \langle\Psi(t)|\hat{H}|\Psi(t)\rangle$ 为系统在态 $|\Psi(t)\rangle$ 中的平均能量，利用

$$\langle\Psi(t)|\frac{\mathrm{d}}{\mathrm{d}t}|\Psi(t)\rangle = -\frac{\mathrm{i}}{\hbar}E(t) \tag{2.314}$$

可证 $|\Phi(t)\rangle$ 自然满足平行输运条件

$$\langle\Phi(t)|\frac{\mathrm{d}}{\mathrm{d}t}|\Phi(t)\rangle = 0. \tag{2.315}$$

除去动力学相位后，有 $|\Phi(t)\rangle = \mathrm{e}^{\mathrm{i}\theta(t)}|\psi(t)\rangle$，其中 $\theta(t)$ 为系统在经历平行演化过程中积累的相位。将其代入式 (2.315)，有

$$\mathrm{i}\frac{\mathrm{d}\theta(t)}{\mathrm{d}t} + \langle\psi(t)|\frac{\mathrm{d}}{\mathrm{d}t}|\psi(t)\rangle = 0. \tag{2.316}$$

其解就是式 (2.312)。

2.9.2 两能级系统的 Aharonov-Anandan 相位

为了将 2.9.1 节的抽象理论具体化，以自旋-$\frac{1}{2}$ 系统为例来具体计算其 AA 相位。自旋-$\frac{1}{2}$ 系统也是两能级系统，其底流形为 $\mathrm{CP}^1 \cong S^2$，因此其坐标可选为球坐标 (θ, ϕ)。取初态为

$$|\Psi(0)\rangle = \begin{pmatrix} \cos\dfrac{\theta}{2} \\ \sin\dfrac{\theta}{2}\mathrm{e}^{\mathrm{i}\phi} \end{pmatrix}, \tag{2.317}$$

哈密顿量 $\hat{H} = \omega_0 J_z = \frac{1}{2}\hbar\omega_0\sigma_z$。显然，一般情况下 (即 $\theta \neq n\pi$ 或 $n\pi \pm \frac{\pi}{2}$ 时，其中 n 为整数)，$|\Psi(0)\rangle$ 不是 $\hat{H}$ 的本征态。由于哈密顿量不含时，当系统作周期性演化时，量子态按如下方式演化

$$|\Psi(t)\rangle = \mathrm{e}^{-\frac{\mathrm{i}}{\hbar}\hat{H}t}\begin{pmatrix} \cos\dfrac{\theta}{2} \\ \sin\dfrac{\theta}{2}\mathrm{e}^{\mathrm{i}\phi} \end{pmatrix}$$

$$= \begin{pmatrix} e^{-\frac{1}{2}i\omega_0 t} & 0 \\ 0 & e^{\frac{1}{2}i\omega_0 t} \end{pmatrix} \begin{pmatrix} \cos\frac{\theta}{2} \\ \sin\frac{\theta}{2}e^{i\phi} \end{pmatrix}$$

$$= e^{-\frac{1}{2}i\omega_0 t} \begin{pmatrix} \cos\frac{\theta}{2} \\ \sin\frac{\theta}{2}e^{i(\phi+\omega_0 t)} \end{pmatrix}. \tag{2.318}$$

令

$$|\psi(t)\rangle = \begin{pmatrix} \cos\frac{\theta}{2} \\ \sin\frac{\theta}{2}e^{i(\phi+\omega_0 t)} \end{pmatrix}, \tag{2.319}$$

则 $|\Psi(t)\rangle = e^{-\frac{1}{2}i\omega_0 t}|\psi(t)\rangle$，即 $|\psi(t)\rangle$ 是通过"模去" $|\Psi(t)\rangle$ 的相位而获得的。

式 (2.319) 表明，量子态 $|\psi(t)\rangle$ 沿着 CP^1 空间中纬度为 θ 的纬线演化，其角速度为 ω_0，因此演化周期为 $\tau = \frac{2\pi}{\omega_0}$：$|\psi(\tau)\rangle = |\psi(0)\rangle$。但从式 (2.318) 可推出，$|\Psi(\tau)\rangle = e^{-i\pi}|\Psi(0)\rangle$，即获得一个总相位 $-\pi$。利用式 (2.312)，量子态获得的 AA 相位为

$$\theta_{AA}\left(\frac{2\pi}{\omega_0}\right) = -2\pi\sin^2\frac{\theta}{2} = -\pi(1-\cos\theta), \tag{2.320}$$

同样，利用式 (2.313)，量子态获得的动力学相位为

$$\theta_d\left(\frac{2\pi}{\omega_0}\right) = -\frac{\omega_0}{2}\left(\cos^2\frac{\theta}{2} - \sin^2\frac{\theta}{2}\right)\frac{2\pi}{\omega_0} = -\pi\cos\theta. \tag{2.321}$$

显然有 $\theta_{AA} + \theta_d = -\pi$，与式 (2.311) 一致。

系统的平均能量为 $E = \langle\Psi(t)|\hat{H}|\Psi(t)\rangle = \frac{\hbar\omega_0}{2}\cos\theta$，通过"模去" $|\Psi(t)\rangle$ 的动力学相位可得量子态

$$|\Phi(t)\rangle = e^{\frac{i}{2}\omega_0\cos\theta t}|\Psi(t)\rangle = \begin{pmatrix} e^{-i\omega_0\sin^2\frac{\theta}{2}t}\cos\frac{\theta}{2} \\ e^{\frac{1}{2}i\omega_0\cos^2\frac{\theta}{2}t}\sin\frac{\theta}{2}e^{i\phi} \end{pmatrix}. \tag{2.322}$$

读者可自行验证 $|\Phi(t)\rangle$ 满足平行输运条件

$$\langle\Phi(t)|\frac{d}{dt}|\Phi(t)\rangle = 0. \tag{2.323}$$

2.9　Aharonov-Anandan 相位

也就是说,当该两能级系统作周期性演化时,$|\Phi(t)\rangle$ 沿纬度为 θ 的纬线作平行输运。

2.9.3　Aharonov-Anandan 相位的几何描述

除了少许区别之外，AA 相位的几何描述与 2.3 节中 Berry 相位的几何理论基本一样。令量子系统的哈密顿量有 N 个本征态,则这些本征态张成一个复希尔伯特空间 $\mathbb{C}^N$,其复维数为 N,而实维数则是 $2N$。推导 AA 相位时,量子态 $|\psi\rangle$ 不必是哈密顿量的本征态,一般为 $\mathbb{C}^N$ 中任一矢量。由于 $|\psi\rangle$ 是归一化的,因此所有 $|\psi\rangle$ 的集合为单位球面 $\mathbb{P} = \{|\psi\rangle|\langle\psi|\psi\rangle = 1\}$。$\mathbb{P}$ 的实维数为 $2N - 1$,因此在几何上等价于 $2N - 1$ 维实单位球面 S^{2N-1}。在 AA 相位的纤维丛理论中，$\mathbb{P} \cong S^{2N-1}$ 为纤维丛的总空间。而在 Berry 相位的纤维丛理论中,其总空间 $\mathbb{P}$(见式 (2.47)) 一般是 S^{2N-1} 的子流形。

通过投影映射 π "模去" $|\psi\rangle$ 的相位: $\pi(|\psi\rangle) = \{|\psi'\rangle \in H | |\psi'\rangle = e^{i\theta}|\psi\rangle\}$: $\mathbb{P} \longrightarrow H$,底流形 H 为 $S^{2N-1}/U(1) = \mathbb{CP}^{N-1}$。$\mathbb{CP}^{N-1}$ 是一种凯勒 (Kähler) 流形,具有非常优美的几何性质,将在后续章节详细讨论。同样,Berry 相位几何理论中的底流形 H 一般为 $\mathbb{CP}^{N-1}$ 的子流形。接下来就可以严格按 2.3 节的步骤建立 AA 相位的纤维丛理论,其基本框架与 Berry 相位的几何理论完全一致,这里不再重复叙述。参数 $\boldsymbol{R}$ 提供了 H 的局域坐标 $\boldsymbol{R} = (R^1, R^2 \cdots R^k)^{\mathrm{T}}$,因此可自然地在底流形上引入 AA 联络

$$\mathcal{A}_{\mathrm{AA}}(\boldsymbol{R}) = \langle \psi(\boldsymbol{R})|\mathrm{d}|\psi(\boldsymbol{R})\rangle. \tag{2.324}$$

若量子态通过外参数 $\boldsymbol{R}(t)$ 作周期性平行演化,则系统在演化终了会获得一个 AA 相位。与 Berry 相位一样 (详见 2.4.3 节中的讨论),在这种情况下,AA 相位本质上刻画的是从参数流形 M 到量子态流形 $\mathbb{CP}^{N-1}$ 上连续映射的拓扑性质。

AA 相位与 Berry 相位也有不同之处。Berry 相位是在绝热演化过程中产生的,系统在某一时刻 t 总处于某一个瞬时本征态 $|n(\boldsymbol{R}(t))\rangle$ 上,因此需要引入外部参数来定义局域坐标。然而,对于 AA 相位来说,这是非必要的。因为量子态 $|\psi\rangle$ 通常是多个本征态的线性叠加,这些本征态自身提供了一个坐标标架,从而可以给出 $|\psi\rangle$ 的局域坐标 (如下一章中的齐次坐标)。因此,Berry 相位需要借助外参数来计算,而 AA 相位则未必需要。对于 AA 相位,量子态 $|\psi(t)\rangle$ 的周期性演化不一定需要借助外参数 $\boldsymbol{R}(t)$ 来产生,而完全可以沿底流形 $H = \mathbb{CP}^{N-1}$ 上的任意闭合曲线来进行,此时 AA 相位刻画的是 $\mathbb{CP}^{N-1}$ 自身的几何性质。这将是下一章的讨论重点之一。

2.9.4　纯态几何相位的可迁移性问题

在 20 世纪八九十年代,曾有人对将总相位区分为动力学相位和几何相位的意义提出过质疑,其理由如下。同一量子体系可以用不同的哈密顿量来描述,它

们之间可以通过一个幺正变换(在经典物理中则是勒让德正则变换)相联系。虽然哈密顿量发生变化，但初末态之间的总相位差不应该改变，而几何相位作为其中的一部分却会改变。因此，可以选择适当的幺正变换，使几何相位在形式上消失，而全部转移到动力学相位上，这就是几何相位的可迁移性问题。这引出了两个根本问题：首先，作为可观测量，为什么几何相位会改变？其次，这也动摇了几何相位存在的意义，是否还需要将总相位区分为动力学部分和几何部分？

针对第一个问题，可以这么理解。前面提到 Berry 相位与 AA 相位是规范不变的，而哈密顿量本身未必是规范不变的[①]。当对哈密顿量作幺正变换时，其本征态在形式上会作同样的变换，这意味着纯态流形以及其上的演化回路也会相应地变换，几何相位自然也会随之改变。以 AA 相位为例，假设量子态 $|\psi(t)\rangle$ 经历了周期为 τ 的循环演化，在此过程中它所获得的总相位、动力学相位和 AA 相位为

$$\theta_{\rm tot} = \theta_{\rm d} + \theta_{\rm AA} = -\frac{1}{\hbar}\int_0^\tau {\rm d}t\langle\psi(t)|\hat{H}|\psi(t)\rangle + {\rm i}\int_0^\tau {\rm d}t\langle\psi(t)|\frac{\partial}{\partial t}|\psi(t)\rangle. \tag{2.325}$$

从 $|\psi(t)\rangle$ 所在的希尔伯特空间中选择一组新的瞬时基矢。在这组基下，量子态被重新表示为 $|\tilde{\psi}(t)\rangle$，它与原量子态相差一含时幺正变换：$|\tilde{\psi}(t)\rangle = U(t)|\psi(t)\rangle$。注意到

$$\begin{aligned}{\rm i}\hbar\frac{\partial}{\partial t}|\tilde{\psi}(t)\rangle &= {\rm i}\hbar\frac{\partial}{\partial t}\Big(U(t)|\psi(t)\rangle\Big)\\ &= {\rm i}\hbar\dot{U}(t)|\psi(t)\rangle + U(t)\hat{H}|\psi(t)\rangle\\ &= \Big({\rm i}\hbar\dot{U}(t)U^\dagger(t) + U(t)\hat{H}U^\dagger(t)\Big)|\tilde{\psi}(t)\rangle.\end{aligned} \tag{2.326}$$

因此 $|\tilde{\psi}(t)\rangle$ 的演化由等效哈密顿量 $\tilde{H} = {\rm i}\hbar\dot{U}U^\dagger + U\hat{H}U^\dagger$ 所支配。如果用 $\tilde{H}$、$|\tilde{\psi}(t)\rangle$ 来描述上述循环演化，则有

$$\begin{aligned}\tilde{\theta}_{\rm tot} &= \tilde{\theta}_{\rm d} + \tilde{\theta}_{\rm AA}\\ &= -\frac{1}{\hbar}\int_0^\tau {\rm d}t\langle\tilde{\psi}(t)|\tilde{H}|\tilde{\psi}(t)\rangle + {\rm i}\int_0^\tau {\rm d}t\langle\tilde{\psi}(t)|\frac{\partial}{\partial t}|\tilde{\psi}(t)\rangle\\ &= -\frac{1}{\hbar}\int_0^\tau {\rm d}t\langle\psi|\Big({\rm i}\hbar U^\dagger \dot{U} + \hat{H}\Big)|\psi\rangle + {\rm i}\int_0^\tau {\rm d}t\Big(\langle\psi|U^\dagger\dot{U}|\psi\rangle + \langle\psi|\frac{\partial}{\partial t}|\psi\rangle\Big)\\ &= \theta_{\rm tot}.\end{aligned} \tag{2.327}$$

结果在意料之中，如果用 $(\tilde{H}, |\tilde{\psi}(t)\rangle)$ 和 $(\hat{H}, |\psi(t)\rangle)$ 描述同一量子系统的同一循环过程，初末态的总相位差并不改变，只是动力学相位和几何相位之间的分配发

[①] 一般只要求系统的作用量满足规范不变。

生了变化。具体而言，是几何相位中的一部分 $\int_0^T \mathrm{d}t \langle \psi | \mathrm{i} U^\dagger \dot{U} | \psi \rangle$ 迁移到动力学相位。在某些特殊情况下，两者也可以各自保持不变。比如 U 为不含时的整体幺正变换，或者某种非绝热演化 U 使得 $\mathrm{i} U^\dagger \dot{U} | \psi \rangle$ 总是垂直于 $|\psi\rangle$。

针对第二个问题，可以看出，如果通过幺正变换将演化回路连续地收缩为一点 (平庸回路)，那么几何相位自然归零了。但这只是针对特定的演化回路才成立。若哈密顿量 $\hat{H}$ 有 N 个本征态，则其量子相空间在几何上等价于 CP^{N-1}。若量子态 $|\psi\rangle$ 的演化是由 M 上的某闭合曲线 $\boldsymbol{R}(t)$ 所诱导出的，则 $|\psi(\boldsymbol{R}(t))\rangle$ 可视为从 M 到 CP^{N-1} 上的连续映射 $C\colon M \longrightarrow \mathrm{CP}^{N-1}$。注意到复射影空间 CP^{N-1} 的同伦群满足

$$\pi_n(\mathrm{CP}^{N-1}) = \begin{cases} \mathbb{Z}, & n = 2, \\ 0, & n \neq 2, \end{cases} \tag{2.328}$$

若参数流形 M 本身具有非平庸二维拓扑，即 $\pi_2(M) \neq 0$ (如 $M = S^2$)，则参数演化路径 $C \subset M$ 可嵌入到 M 的某个不可收缩二维曲面 Σ 中。此时，参数演化诱导的映射需从一维路径 C 扩展为二维曲面 Σ 到 CP^{N-1} 的映射 $\tilde{C}\colon \Sigma \to \mathrm{CP}^{N-1}$。若 $\tilde{C}$ 属于 $\pi_2(\mathrm{CP}^{N-1})$ 的非平庸元，则 Berry 相位由 Σ 上的曲率积分量子化决定，与路径 C 的具体形状无关。进一步，量子态的主丛结构 $S^{2N-1} \xrightarrow{\pi} \mathrm{CP}^{N-1}$ 不存在整体 $U(1)$ 截面，表明无法通过幺正变换 $U(t)$ 全局消除相因子自由度。在物理上，这意味着对于任意 $U(t)$，参数空间的二维拓扑 (即 $\pi_2(M) \neq 0$) 使得总有一条回路 C，其对应的几何相位不可能被完全迁移到动力学相位中。这一现象的拓扑根源在于 $\pi_2(\mathrm{CP}^{N-1})$ 对映射 $\tilde{C}$ 的分类。例如，当 $M = S^2$ 且 $\mathrm{CP}^{N-1} = \mathrm{CP}^1 \sim S^2$ 时，Berry 相位直接对应磁单极的通量量子化。

2.10 纯态几何相位的动力学方法

2.10.1 Bargmann 不变量

Berry 相位与 AA 相位的平行演化条件均排除了动力学相位，因此初末态之间的相位差 (总相位) 等于几何相位。2.9 节的讨论又提到动力学相位与几何相位之和为总相位，在目前已知的量子力学理论框架下，该结论总是正确的，因为尚未发现除动力学相位与几何相位之外的第三种相位。基于这一原则，Mukunda 与 Simon[30] 在 1993 年提出了几何相位的量子动力学方法 (quantum kinematic approach to the geometric phase)，它给出了纯态几何相位的一般定义方法，其思想对于将几何相位推广至混合态有启发意义。为简单起见，我们不考虑能级简并的情况。

考虑两个归一化量子态 $|\psi_1\rangle$ 与 $|\psi_2\rangle$，希望找到可以在 $U(1)$ 变换下维持不变的量

$$|\psi_1'\rangle \to e^{i\chi_1}|\psi_1\rangle, \quad |\psi_2'\rangle \to e^{i\chi_2}|\psi_2\rangle. \tag{2.329}$$

这样的不变量有很多，比如两者内积的模就是一个 $U(1) \times U(1)$ 不变量，因为总有 $|\langle\psi_1|\psi_2\rangle| = |\langle\psi_1'|\psi_2'\rangle|$。若想把绝对值符号 "$|\cdot|$" 去掉，则不变量可选为 $\langle\psi_1|\psi_2\rangle\langle\psi_2|\psi_1\rangle$。那么对于三个给定量子态 $\{|\psi_1\rangle,|\psi_2\rangle,|\psi_3\rangle\}$，其 $U(1) \times U(1) \times U(1)$ 不变量可推广为

$$\langle\psi_1|\psi_2\rangle\langle\psi_2|\psi_3\rangle\langle\psi_3|\psi_1\rangle. \tag{2.330}$$

同样，对 N 个给定量子态 $\{|\psi_1\rangle,|\psi_2\rangle,\cdots,|\psi_N\rangle\}$，其 $U(1) \times U(1) \times \cdots \times U(1)$ 不变量为

$$\langle\psi_1|\psi_2\rangle\langle\psi_2|\psi_3\rangle\cdots\langle\psi_N|\psi_1\rangle. \tag{2.331}$$

该不变量取值为复的，被称为巴格曼 (Bargmann) 不变量[31]，它在量子几何相位的动力学方法中起着重要作用。

2.10.2 单参数曲线与几何相位

回到两态情形，并用一条光滑单参数曲线 $\gamma = \{|\psi(t)\rangle|\langle\psi(t)|\psi(t)\rangle = 1,$ 且 $t \in [0,\tau]\}$ 连接量子态 $|\psi_1\rangle$ 与 $|\psi_2\rangle$，并有 $|\psi(0)\rangle = |\psi_1\rangle$，$|\psi(\tau)\rangle = |\psi_2\rangle$。由于量子态是归一化的，那么 $\langle\psi|\dot\psi\rangle$ 为纯虚数，即 $\langle\psi|\dot\psi\rangle = i\mathrm{Im}\langle\psi|\dot\psi\rangle$。

接下来考虑依赖于 t 的局域相位变换 $\chi(t)$，这显然是一个规范变换，它将曲线 γ 变为 γ'

$$\gamma' \longrightarrow \gamma = \{|\psi'(t)\rangle = e^{i\chi(t)}|\psi(t)\rangle|t \in [0,\tau]\}. \tag{2.332}$$

因此有

$$\langle\psi(t)|\frac{\mathrm{d}}{\mathrm{d}t}|\psi(t)\rangle \longrightarrow \langle\psi'(t)|\frac{\mathrm{d}}{\mathrm{d}t}|\psi'(t)\rangle = \langle\psi(t)|\frac{\mathrm{d}}{\mathrm{d}t}|\psi(t)\rangle + i\dot\chi(t) \tag{2.333}$$

或

$$\mathrm{Im}\langle\psi'(t)|\dot\psi'(t)\rangle = \mathrm{Im}\langle\psi(t)|\dot\psi(t)\rangle + \dot\chi(t). \tag{2.334}$$

基于这些结论，可针对曲线 γ 构造一个规范不变的泛函

$$\theta_g(\gamma) = \arg\langle\psi(0)|\psi(\tau)\rangle - \mathrm{Im}\int_0^\tau \mathrm{d}t\langle\psi(t)|\dot\psi(t)\rangle. \tag{2.335}$$

2.10 纯态几何相位的动力学方法

这一定义的前提是 $|\psi(0)\rangle$ 与 $|\psi(\tau)\rangle$ 不可彼此垂直，否则上式第一项将失去明确定义。在规范变换下，有

$$\begin{aligned}\theta_g(\gamma') &= \arg\langle\psi'(0)|\psi'(\tau)\rangle - \mathrm{Im}\int_0^\tau \mathrm{d}t\langle\psi'(t)|\dot\psi'(t)\rangle \\ &= \arg\left(\mathrm{e}^{\mathrm{i}[\chi(\tau)-\chi(0)]}\langle\psi(0)|\psi(\tau)\rangle\right) - \mathrm{Im}\int_0^\tau \mathrm{d}t\langle\psi(t)|\dot\psi(t)\rangle - \int_0^\tau \mathrm{d}t\dot\chi(t) \\ &= \theta_g(\gamma).\end{aligned} \tag{2.336}$$

若 t 代表时间，2.9.4 节中式 (2.326) 及其讨论告诉我们，不同的曲线 γ 对应不同的哈密顿量，$\theta_g(\gamma)$ 在此规范变换下不变。此外，还可以证明 $\theta_g(\gamma)$ 与参数 t 的选择无关，即具有再参数化 (reparametrization) 不变性。若取新参数 $s = s(t)$，且使得 $|\psi'(s)\rangle = |\psi(t)\rangle$ (ψ' 与 ψ 仅为取不同参数时对同一量子态的不同标记方式) 以及 γ 的积分方向不变 ($\dot s \geq 0$)，则曲线变为

$$\gamma' \longrightarrow \gamma = \{|\psi'(s)\rangle | s = s(t), \frac{\mathrm{d}s}{\mathrm{d}t} \geq 0, s(0) = 0, 且 s(\tau) = \tau\}. \tag{2.337}$$

利用 $\mathrm{d}s = \frac{\mathrm{d}s}{\mathrm{d}t}\mathrm{d}t$，有

$$\begin{aligned}\theta_g(\gamma') &= \arg\langle\psi'(s(0))|\psi'(s(\tau))\rangle - \mathrm{Im}\int_{s(0)}^{s(\tau)} \mathrm{d}t\frac{\mathrm{d}s}{\mathrm{d}t}\left\langle\psi'(s(t))\left|\frac{\mathrm{d}t}{\mathrm{d}s}\frac{\mathrm{d}}{\mathrm{d}t}\right|\psi'(s(t))\right\rangle \\ &= \arg\langle\psi(0)|\psi(\tau)\rangle - \mathrm{Im}\int_0^\tau \mathrm{d}t\langle\psi(t)|\frac{\mathrm{d}}{\mathrm{d}t}|\psi(t)\rangle \\ &= \theta_g(\gamma).\end{aligned} \tag{2.338}$$

由于 θ_g 的这种不变性，定义它为 γ 的几何相位，且

$$\theta_{\mathrm{tot}}(\gamma) = \arg\langle\psi(0)|\psi(\tau)\rangle,$$

为初末态之间的总相位差，

$$\theta_d(\gamma) = \mathrm{Im}\int_0^\tau \mathrm{d}t\langle\psi(t)|\dot\psi(t)\rangle, \tag{2.339}$$

为演化过程 γ 所积累的动力学相位.

此定义对任何过程均适用，包括非周期性过程。

若 γ 是一个周期性过程，即 $|\psi(0)\rangle = |\psi(\tau)\rangle$，那么

$$\theta_g(\gamma) = \mathrm{Im}\left[\mathrm{i}^2\int_0^\tau \mathrm{d}t\langle\psi(t)|\dot\psi(t)\rangle\right] = \mathrm{i}\int_0^\tau \mathrm{d}t\langle\psi(t)|\dot\psi(t)\rangle. \tag{2.340}$$

回到 Berry 相位或 AA 相位的定义 (对比式 (2.312))。若 $\langle\psi|\dot\psi\rangle = 0$，则该过程代表平行演化，动力学相位总为 0，此时初末态总相位差等于几何相位。

2.10.3 量子态之间的测地线与几何相位

在 2.2 节中，我们指出两个量子态之间距离最短的充分条件为它们之间彼此"平行"，并根据该条件在 2.3.4 节中进一步导出 Fubini-Study 度规，而连接这两个量子态之间的最短曲线为短程线 (测地线)。在本小节中，将讨论测地线与几何相位之间的特殊联系。

为求出测地线，一般考虑泛函 $L = \int_0^\tau \mathrm{d}t \sqrt{\langle\dot\psi|\dot\psi\rangle}$，但含根号的表达式在计算中往往很不方便。为简单起见，取其平方，并将量子态投影到三维坐标表象中，从而得到波函数 $\psi(\boldsymbol{x})$。问题变为连接 $\psi_1(\boldsymbol{x})$ 和 $\psi_2(\boldsymbol{x})$ 的测地线，其泛函为

$$L(\gamma) = \int_{0,\gamma}^\tau \mathrm{d}t \langle\dot\psi|\dot\psi\rangle = \int_{0,\gamma}^\tau \mathrm{d}t \int \mathrm{d}^3\boldsymbol{x} \dot\psi^*(\boldsymbol{x}(t))\dot\psi(\boldsymbol{x}(t)) \tag{2.341}$$

其中，C 为连接 $\psi_1(\boldsymbol{x})$ 和 $\psi_2(\boldsymbol{x})$ 的曲线：$\psi(\boldsymbol{x}(0)) = \psi_1(\boldsymbol{x}), \psi(\boldsymbol{x}(\tau)) = \psi_2(\boldsymbol{x})$。在求 L 的最小值的同时还必须满足一个前提，即归一化条件 $\int \mathrm{d}^3\boldsymbol{x} \psi^*(\boldsymbol{x}(t))\psi(\boldsymbol{x}(t)) = 1$。引入拉格朗日乘子 λ，上述问题相当于求以下等效作用量的最小值

$$S = \int_{0,\gamma(t)}^\tau \mathrm{d}t \int \mathrm{d}^3\boldsymbol{x} \left\{ \dot\psi^*(\boldsymbol{x}(t))\dot\psi(\boldsymbol{x}(t)) - \lambda\left[\psi^*(\boldsymbol{x}(t))\psi(\boldsymbol{x}(t)) - \delta(\boldsymbol{x}(t))\right] \right\}. \tag{2.342}$$

其中，"{ }"内为等效拉格朗日量密度 $\mathcal{L}(\psi,\psi^*;\dot\psi,\dot\psi^*;t)$。利用欧拉–拉格朗日方程

$$\frac{\mathrm{d}}{\mathrm{d}t}\frac{\partial\mathcal{L}}{\partial\dot\psi^*} - \frac{\partial\mathcal{L}}{\partial\psi^*} = 0, \tag{2.343}$$

可得

$$\ddot\psi(t) + \lambda\psi(t) = 0, \tag{2.344}$$

其中，$\psi(t) \equiv \psi(\boldsymbol{x}(t))$。总可以通过参数 t 的尺度变换以使得 $\lambda = 1$(如要求 $\langle\dot\psi|\dot\psi\rangle = 1$)，上述方程的解则为

$$|\psi(t)\rangle = \cos t|\psi(0)\rangle + \sin t|\dot\psi(0)\rangle. \tag{2.345}$$

代入边界条件，有

$$|\psi(0)\rangle = |\psi_1\rangle, \quad |\psi_2\rangle = |\psi(\tau)\rangle = \cos\tau|\psi_1\rangle + \sin\tau|\dot\psi(0)\rangle. \tag{2.346}$$

2.10 纯态几何相位的动力学方法

由于 $\langle\psi(0)|\dot\psi(0)\rangle=0$，上式总会给出

$$\langle\psi_1|\psi_2\rangle=\langle\psi(0)|\psi(\tau)\rangle=\cos\tau. \tag{2.347}$$

仅先考虑 $|\psi_1\rangle \not\!/\!/ |\psi_2\rangle$，令 $a=\cos\tau$，必有 $a>0$，所以 $\tau<\dfrac{\pi}{2}$，进一步有 $t\in\left[0,\dfrac{\pi}{2}\right)$。将上式代入式 (2.345)，可解出

$$|\dot\psi(0)\rangle=\frac{|\psi_2\rangle-a|\psi_1\rangle}{\sqrt{1-a^2}}. \tag{2.348}$$

在这种情况下，测地线为

$$\begin{aligned}|\psi(t)\rangle&=\left(\cos t-\frac{a\sin t}{\sqrt{1-a^2}}\right)|\psi_1\rangle+\frac{\sin t}{\sqrt{1-a^2}}|\psi_2\rangle\\&=\frac{1}{\sin\tau}\left[\sin(\tau-t)|\psi_1\rangle+\sin t|\psi_2\rangle\right].\end{aligned} \tag{2.349}$$

此外，由式 (2.345) 可得

$$|\dot\psi(t)\rangle=-\sin t|\psi(0)\rangle+\cos t|\dot\psi(0)\rangle. \tag{2.350}$$

不难验证 $|\dot\psi(t)\rangle$ 满足平行演化条件：$\langle\psi(t)|\dot\psi(t)\rangle=0$，这意味着 $|\psi(t+\mathrm{d}t)\rangle$ 与 $|\psi(t)\rangle$ 总是"同相"的，且没有动力学相位积累。根据式 (2.335)，演化过程 γ 对应的几何相位为

$$\theta_\mathrm{g}(\gamma)=\arg(\cos\tau)=0. \tag{2.351}$$

事实上，从 $|\psi(0)\rangle=|\psi_1\rangle$ 沿 γ 演化到任意一点 $|\psi(t)\rangle$，由式 (2.345) 不难验证它们之间的几何相位也为 0

$$\theta_\mathrm{g}(|\psi(0)\rangle,|\psi(t)\rangle;\gamma)=\arg(\cos t)=0. \tag{2.352}$$

所以，当 $\langle\psi_1|\psi_2\rangle=a>0$ 时，沿着连接它们的测地线演化，其几何相位总是 0。

2.10.4 Bargmann 不变量与几何相位

现在，考虑 N 个量子态 $\{|\psi_1\rangle,|\psi_2\rangle,\cdots,|\psi_N\rangle\}(|\psi_1\rangle\neq|\psi_N\rangle)$，且相邻的两个量子态彼此平行 $|\psi_i\rangle \not\!/\!/ |\psi_{i+1}\rangle$，$i=1,2,\cdots,N-1$。但平行性不可传递，因此非相邻的两个量子态就未必平行了。现在用 $N-1$ 段测地线 $g_{12},g_{23},\cdots,g_{N-1,N}$ 将所有相邻量子态连接起来。所有测地线连接成一段开曲线 γ，定义 γ 的几何相位为

$$\theta_\mathrm{g}(\gamma)=\arg\langle\psi_1|\psi_N\rangle-\sum_{i=1}^{N-1}\theta_\mathrm{d}(g_{i,i+1}). \tag{2.353}$$

在每段测地线上,几何相位均为 0,则有

$$\sum_{i=1}^{N-1} \theta_{\rm d}(g_{i,i+1}) = \sum_{i=1}^{N-1} [\theta_{\rm tot}(g_{i,i+1}) - \theta_{\rm g}(g_{i,i+1})] = \sum_{i=1}^{N-1} \theta_{\rm tot}(g_{i,i+1}). \qquad (2.354)$$

因此有

$$\begin{aligned}\theta_{\rm g}(\gamma) &= \arg\langle\psi_1|\psi_N\rangle - \sum_{i=1}^{N-1} \theta_{\rm tot}(g_{i,i+1}) \\ &= \arg\langle\psi_1|\psi_N\rangle - \sum_{i=1}^{N-1} \arg\langle\psi_i|\psi_{i+1}\rangle \\ &= -\arg\left(\langle\psi_1|\psi_2\rangle\langle\psi_2|\psi_3\rangle\cdots\langle\psi_{N-1}|\psi_N\rangle\langle\psi_N|\psi_1\rangle\right).\end{aligned} \qquad (2.355)$$

所以,几何相位为 Barmann 不变量的辐角 $\times(-1)$。还可以更进一步,用测地线 g_{N1} 将相邻量子态 $|\psi_N\rangle$ 与 $|\psi_1\rangle$ 连接起来,所有测地线形成闭合曲线 $\tilde\gamma$。令 $|\psi_{N+1}\rangle \equiv |\psi_1\rangle$,则 $\tilde\gamma$ 对应的几何相位为

$$\begin{aligned}\theta_{\rm g}(\tilde\gamma) &= \arg\langle\psi_1|\psi_1\rangle - \sum_{i=1}^{N} \theta_{\rm d}(g_{i,i+1}) \\ &= -\sum_{i=1}^{N} \theta_{\rm tot}(g_{i,i+1}) \\ &= -\sum_{i=1}^{N} \arg\langle\psi_i|\psi_{i+1}\rangle \\ &= -\arg\left(\langle\psi_1|\psi_2\rangle\langle\psi_2|\psi_3\rangle\cdots\langle\psi_{N-1}|\psi_N\rangle\langle\psi_N|\psi_1\rangle\right) \\ &= \theta_{\rm g}(\gamma).\end{aligned} \qquad (2.356)$$

结果在意料之中,因为最后一段测地线 g_{N1} 对总几何相位无贡献。

接下来,将 Bargmann 不变量连续化,即取连续极限 $N \longrightarrow +\infty$。令 $\Delta t = \dfrac{\tau}{N-1}$,$t_1 = 0, t_N = \tau$ 以及 $t_i = t_1 + (i-1)\Delta t, i = 1, 2, \cdots, N$。再取 $|\psi(t_i)\rangle \equiv |\psi_i\rangle$,则式 (2.353) 中几何相位的极限为

$$\begin{aligned}\theta_{\rm g}(\gamma) &= \lim_{N\to+\infty}\left\{\arg\langle\psi(t_1)|\psi(t_N)\rangle - \arg\prod_{i=1}^{N-1}\langle\psi(t_i)|\psi(t_{i+1})\rangle\right\} \\ &\approx \lim_{N\to+\infty}\left\{\arg\langle\psi(t_1)|\psi(t_N)\rangle - \arg\prod_{i=1}^{N-1}\left[1 + \Delta t\left\langle\psi(t_i)|\dot\psi(t_i)\right\rangle\right]\right\}\end{aligned}$$

2.10 纯态几何相位的动力学方法

$$\approx \lim_{N\to+\infty} \left\{ \arg\langle\psi(t_1)|\psi(t_N)\rangle - \arg e^{\sum\limits_{i=1}^{N-1}\Delta t\langle\psi(t_i)|\dot\psi(t_i)\rangle} \right\}$$

$$= \arg\langle\psi(0)|\psi(\tau)\rangle - \arg e^{\int_0^\tau dt\langle\psi(t)|\dot\psi(t)\rangle}$$

$$= \arg\langle\psi(0)|\psi(\tau)\rangle - \mathrm{Im}\int_0^\tau dt\langle\psi(t)|\dot\psi(t)\rangle \tag{2.357}$$

与几何相位最初的定义式 (2.335) 一致。Bargmann 不变量与几何相位的这种关系可以很方便地推广到混合态。

第 3 章 纯态流形的几何

3.1 引言

在现代量子理论中,量子态可视为某一希尔伯特空间中的复矢量,但这一描述存在规范冗余度。例如,对量子态进行整体相因子变换,仍会得到一个与其在物理上等价的量子态。因此,真实"物理空间"应为所有彼此不等价的量子态所形成的集合,我们将其称为量子(纯态)相空间,第 2 章已在多处涉及这一概念。通过对希尔伯特空间"模去"非零复数所形成的集合,便可得到量子相空间,即复投影空间 CP^{N-1}。它是一个 Kähler 流形[25],具有非常优美的几何性质。

在当今物理学界,量子系统的几何性质与拓扑性质已成为主要研究热点之一。拓扑性质反映量子系统底层结构的整体不变性,而几何性质则关注量子系统的局部细节,譬如如何刻画量子态之间的"真实距离"就是其一。在 2.2 节和 2.3.4 节中,先后提到 Fubini-Study 距离,它其实就是不等价量子态之间的真实物理距离。由它我们可以进一步导出量子相空间 CP^{N-1} 上的复度规[32]。有趣的是,该度规同时携带量子相空间的几何信息与拓扑信息,其实部为对称张量,即 Fubini-Study 度规,刻画量子态之间的真实距离;而其虚部为反对称张量,正比于 Berry (或 AA) 曲率,可以刻画量子态的拓扑性质。在物理上,CP^{N-1} 上的这种复度规也被称为量子几何张量[33]。对它的研究是当前量子几何 (量子态流形的几何) 的中心任务之一。

在自然界中,相较于纯态,混合态是存在更为广泛的量子态,如有限温度量子体系或者非平衡量子多体体系。因此,将量子几何推广至混合态流形也是必须的。这一主题将在本书的第 8 章进行详细探讨。

3.2 量子纯态的相空间

3.2.1 量子相空间的纤维化

一个 N 维量子体系,其所有量子态张成 N 维复线性空间 $\mathcal{H} \cong \mathbb{C}^N$,或 $2N$ 维实向量空间 $\mathbb{R}^{2N}$,我们称其为量子态空间。再将量子态归一化,则构成 $\mathbb{R}^{2N}$ 中的一个单位球 $S(\mathcal{H}) \cong S^{2N-1} := \{|\psi\rangle \in S^{2N-1}|\langle\psi|\psi\rangle = 1\}$。但这一描述仍有规范冗余。根据 2.9.3 节的讨论,物理上不等价的量子态构成量子相空间 $\mathbb{P} = CP^{N-1}$。

3.2 量子纯态的相空间

若要"模去"多余的冗余度而得到 CP^{N-1},有两种方式:可以分别从 S^{2N-1} 或 $\mathbb{C}^N$ 出发。

若从归一化量子态出发,考虑 S^{2N-1} 中仅相差一个单位复数的两点 $|\phi\rangle$ 和 $|\psi\rangle$,即 $|\psi\rangle = \mathrm{e}^{\mathrm{i}\chi}|\phi\rangle$,那么 $|\phi\rangle$ 和 $|\psi\rangle$ 在物理上等价 ($|\phi\rangle \sim |\psi\rangle$)。因为 $\mathrm{e}^{\mathrm{i}\chi} \in U(1)$,那么量子纯态的相空间为商空间 $H = \mathbb{P}/\sim$,其对应于纤维化 (fibration)

$$S^{2N-1}/U(1) = \mathrm{CP}^{N-1}. \tag{3.1}$$

当 $N = 2$ 时,由于 $U(1) \sim S^1$,$\mathrm{CP}^1 \sim S^2$,上式即霍普夫 (Hopf) 纤维化 $S^3/S^1 = S^2$。对于一般的 N,纤维化式 (3.1) 诱导出一个投影 $\pi: \mathbb{P} \longrightarrow H$ (即 $\pi: S^{2N-1} \longrightarrow \mathrm{CP}^{N-1}$),由此可建立 CP^{N-1} 上的 $U(1)$ 主丛,它也被称为一个 Hopf 丛,事实上 Berry 相位或 AA 相位的几何理论都建构于 Hopf 丛的基础之上。要度量量子态之间的局域距离,一种是根据黎曼度规来计算 S^{2N-1} 中不同点之间的距离,但规范冗余会导致物理上等价的两个量子态之间的距离可能不为 0。另一种就是 CP^{N-1} 上的 Fubini-Study 距离,它是不等价量子态之间的真实距离。那么 S^{2N-1} 上的距离如何自然退化成 Fubini-Study 距离,Hopf 纤维化式 (3.1) 会给出一个非常有意义的结果,即 S^{2N-1} 上的距离分解。有趣的是,这种分解会把 AA 联络、Fubini-Study 距离和平行输运条件联系起来,而这将是本章着重讨论的主题之一。

同样,从非归一化量子态出发,亦可通过合适的投影映射 (正则投影) "模去"多余的规范冗余度。定义从 $\mathbb{C}^N$ 到 CP^{N-1} 的正则投影:

$$\Pi: \mathbb{C}^N \longrightarrow \mathrm{CP}^{N-1}. \tag{3.2}$$

但该投影实为 $\mathbb{C}^N - \{0\}$ 到 CP^{N-1} 的投影,因为 CP^{N-1} 中显然没有零模量子态的像。令 $|\psi\rangle \in \mathbb{C}^N$,将其在正则投影下的像集记为 $[|\psi\rangle]$,代表 $\mathcal{H}$ 中经过点 $|\psi\rangle$ 的一条线,它们构成代表元为 $|\psi\rangle$ 的一个等价类。投影式 (3.2) 可通过两个等价关系来诱导出

$$\mathbb{C}^N - \{0\} \xrightarrow{\pi'} S^{2N-1} \xrightarrow{\pi} \mathrm{CP}^{N-1}, \tag{3.3}$$

即 $\Pi = \pi' \circ \pi$,其中第一个等价关系定义为 $\pi': |\psi\rangle \sim r|\psi\rangle$,$r$ 为正实数;第二个等价关系为 $\pi: |\psi\rangle \sim \mathrm{e}^{\mathrm{i}\chi}|\psi\rangle$。建立一个底流形为 CP^{N-1} 的向量丛:$\mathcal{H} \xrightarrow{\Pi} \mathrm{CP}^{N-1}$,其纤维空间为 $F = \mathbb{C}^* = \mathbb{C} - \{0\}$,结构群亦为 $\mathrm{GL}(1,\mathbb{C}) \cong \mathbb{C}^*$。该丛是一个复线丛,也是一个 $\mathbb{C}^*$ 主丛,其纤维化为

$$\mathbb{C}^N/\mathbb{C}^* = \mathrm{CP}^{N-1}. \tag{3.4}$$

同上,也可根据纤维化式 (3.4) 来给出 $\mathbb{C}^N$ 上的距离分解,它同样会将 AA 联络、Fubini-Study 距离和平行输运条件联系起来。

3.2.2 量子相空间上的 Kähler 度量

在探讨量子态空间的纤维化与距离分解之前，首先证明相空间 CP^{N-1} 是 Kähler 流形，并且尽可能地使用物理学家所熟悉的符号语言来阐述，其中涉及的几何背景知识可参考 Mikio Nakahara 所著的《几何，拓扑与物理》(*Geometry, Topology and Physics*)[25] 一书。读者也可以参考附录 B，在那里我们对 Kähler 流形的相关知识作了概况性介绍。Kähler 流形的定义如下（请参考附录 B）。

若流形 M 上具有厄米结构 g，则称其为厄米流形。考虑一个厄米流形 (M, g)，若其厄米结构的虚部 Ω 为闭的 ($d\Omega = 0$)，则称 M 为 Kähler 流形，g 为 M 上的 Kähler 度规，Ω 则是 Kähler 形式或辛形式。

因此，要证明量子纯态相空间 H 是 Kähler 流形，只需在 H 上找到一个 Kähler 度规。在 2.3.4 节中，定义了 Fubini-Study 度规（见式 (2.101)），这其实就是一种 Kähler 度规。但式 (2.101) 的定义方式较为粗糙，因为 $|\psi\rangle \in \mathbb{P}$，而非底流形上的点，所以需要通过一种在数学上更为严谨而又使用量子力学术语的方式来引入 Fubini-Study 度规。

H 上的度规可由其切空间上的标量积诱导出，我们先构造合乎条件的厄米标量积。在点 $|\psi\rangle \in H$ 处，标量积定义为

$$\langle \cdot, \cdot \rangle : T_{|\psi\rangle} H \times T_{|\psi\rangle} H \to \mathbb{C}, \tag{3.5}$$

取 $X \in T_{|\psi\rangle} H$，由于 $T_{|\psi\rangle} H \cong H$，也可形式上将 X 等效地写为 $|X\rangle$，具体方式如下。根据 2.3.1 节中的分析，若令 X 的参数为 t，即 $X = \dfrac{d}{dt}$，则有

$$|X(t)\rangle \equiv X|\psi(t)\rangle = \frac{d}{dt}|\psi(t)\rangle. \tag{3.6}$$

令 $|\tilde{\psi}\rangle \in \Pi^{-1}(|\psi\rangle) \subset \mathcal{H} = \mathbb{C}^N$，则 X 必可通过对 $|\tilde{\psi}\rangle$ 处切空间 $T_{|\tilde{\psi}\rangle}\mathcal{H}$ 中某矢量 $\tilde{X}$ 作投影而得 $X = \Pi_*(\tilde{X})$，这里 Π_* 为 Π 所诱导的推前映射。与式 (3.6) 类似，有

$$|\tilde{X}(t)\rangle \equiv \tilde{X}|\psi(t)\rangle = \frac{d_\mathcal{H}}{dt}|\tilde{\psi}(t)\rangle. \tag{3.7}$$

因此 $|\tilde{\psi}\rangle$ 沿 $\tilde{X}$ 方向的变化为 $|\tilde{\psi}(t+dt)\rangle = |\tilde{\psi}(t)\rangle + \dfrac{d_\mathcal{H}}{dt}|\tilde{\psi}(t)\rangle dt = |\tilde{\psi}(t)\rangle + dt|\tilde{X}(t)\rangle$。由此，$\Pi_*$ 的具体定义为

$$X = \Pi_*(\tilde{X}) = \frac{d_\mathcal{H}}{dt}\bigg|_{t\to 0} \Pi(|\tilde{\psi}\rangle + t|\tilde{X}\rangle). \tag{3.8}$$

3.2 量子纯态的相空间

我们总可以把向量 $|\tilde{X}\rangle$ 分解为与 $|\tilde{\psi}\rangle$ 平行和垂直的分量之和

$$|\tilde{X}\rangle = \lambda|\tilde{\psi}\rangle + |\tilde{X}^\perp\rangle, \tag{3.9}$$

其中，$\lambda = \dfrac{\langle\tilde{\psi}|\tilde{X}\rangle}{\langle\tilde{\psi}|\tilde{\psi}\rangle}$，且 $|\tilde{X}^\perp\rangle$ 满足 $\langle\tilde{\psi}|\tilde{X}^\perp\rangle = 0$。关于 $\tilde{X}^\perp$ 的一个例子是 2.3.1 节中提到的 X 的水平提升。若将 $|\tilde{\psi}\rangle$ 限制在 $\mathbb{P} = S(\mathcal{H})$ 上（即 $\langle\tilde{\psi}|\tilde{\psi}\rangle = 1$），那么 $\mathrm{d}_\mathcal{H} = \mathrm{d}_P$，$|X(t)\rangle$ 的水平提升则为 Berry 丛的水平切向量：$|\tilde{X}(t)\rangle = \dfrac{\mathrm{d}_P}{\mathrm{d}t}|\tilde{\psi}(t)\rangle$。平行输运条件 (2.66)

$$0 = \langle\tilde{\psi}(t)|\frac{\mathrm{d}_P}{\mathrm{d}t}|\tilde{\psi}(t)\rangle = \langle\tilde{\psi}(t)|\tilde{X}(t)\rangle, \tag{3.10}$$

意味着在此情况下，$|\tilde{X}\rangle = |\tilde{X}^\perp\rangle$。

取 X_1、$X_2 \in T_{|\psi\rangle}H$，则式 (3.5) 中的厄米标量积可定义为

$$\langle X_1|X_2\rangle := \frac{\langle\tilde{X}_1^\perp|\tilde{X}_2^\perp\rangle}{\langle\tilde{\psi}|\tilde{\psi}\rangle}. \tag{3.11}$$

容易验证，当 $|\tilde{\psi}\rangle$ 作规范变换 $|\tilde{\psi}\rangle \longrightarrow |\tilde{\psi}'\rangle = \mathrm{e}^{\mathrm{i}\chi}|\tilde{\psi}\rangle$ 时，$|\tilde{X}^\perp\rangle$ 保持不变

$$|\tilde{X}'^\perp\rangle = |\tilde{X}\rangle - \frac{\langle\tilde{\psi}'|\tilde{X}\rangle}{\langle\tilde{\psi}'|\tilde{\psi}'\rangle}|\tilde{\psi}'\rangle = |\tilde{X}^\perp\rangle. \tag{3.12}$$

因此厄米标量积 (3.11) 亦是规范不变的。将式 (3.9) 代入，可得

$$\langle X_1|X_2\rangle = \frac{\langle\tilde{X}_1|\tilde{X}_2\rangle\langle\tilde{\psi}|\tilde{\psi}\rangle - \langle\tilde{X}_1|\tilde{\psi}\rangle\langle\tilde{\psi}|\tilde{X}_2\rangle}{\langle\tilde{\psi}|\tilde{\psi}\rangle^2}. \tag{3.13}$$

当 $|\tilde{\psi}\rangle$ 被限制在 $\mathbb{P} = S^{2N-1}$ 上时，上式退化为

$$\langle X_1|X_2\rangle = \langle\tilde{X}_1|\tilde{X}_2\rangle - \langle\tilde{X}_1|\tilde{\psi}\rangle\langle\tilde{\psi}|\tilde{X}_2\rangle \tag{3.14}$$

上式定义了底流形 H 的点 $|\psi\rangle$ 处的厄米结构，其实部为实标量积 (B.44)：$G_{|\psi\rangle} = \mathrm{Re}\langle X_1|X_2\rangle$，负虚部为 Kähler 形式 (B.46)：$\Omega_{|\psi\rangle} = -\mathrm{Im}\langle X_1|X_2\rangle$。当 $X_1 = X_2 = X$ 时，令 $X(t)$ 是参数流形中曲线 $\boldsymbol{R}(t)$ 的切向量，则有 $|X(t)\rangle = \dfrac{\mathrm{d}}{\mathrm{d}t}|\psi(t)\rangle = |\partial_i\psi\rangle\dot{R}^i$。式 (3.14) 给出

$$\langle\partial_i\psi|\partial_j\psi\rangle = \langle\partial_i\tilde{\psi}|\partial_j\tilde{\psi}\rangle - \langle\partial_i\tilde{\psi}|\tilde{\psi}\rangle\langle\tilde{\psi}|\partial_j\tilde{\psi}\rangle. \tag{3.15}$$

其实部为式 (2.101) 中的 Fubini-Study 度规[①]，而 Kähler 形式为

$$\Omega_{|\psi\rangle} = \frac{\mathrm{i}}{2} \langle \partial_i \tilde{\psi} | \partial_j \tilde{\psi} \rangle \mathrm{d} R^i \wedge \mathrm{d} R^j, \tag{3.16}$$

或以分量式表达

$$\Omega_{|\psi\rangle ij} = \frac{\mathrm{i}}{2} \left(\langle \partial_i \tilde{\psi} | \partial_j \tilde{\psi} \rangle - \langle \partial_j \tilde{\psi} | \partial_i \tilde{\psi} \rangle \right). \tag{3.17}$$

易证，Fubini-Study 度规和 Kähler 形式都是规范不变的。此外，利用

$$\langle \partial_i \partial_k \tilde{\psi} | \cdot \rangle \mathrm{d} R^k \wedge \mathrm{d} R^i \wedge \cdot = 0 = \langle \cdot | \partial_i \partial_k \tilde{\psi} \rangle \mathrm{d} R^k \wedge \mathrm{d} R^i \wedge \cdot \tag{3.18}$$

可知 $\mathrm{d}\Omega_{|\psi\rangle} = 0$，因此，Kähler 形式是闭形式，从而 $H = \mathrm{CP}^{N-1}$ 是 Kähler 流形。近年来很多物理领域的论文也将 Kähler 度规 (3.15) 称为 "量子几何张量"，因为它是规范不变的，在物理上可测量，从而引起了相当多的研究兴趣。在本章最后一节将以更 "物理" 的方式对此作更深入的讨论。

若取消 $|\tilde{\psi}\rangle \in \mathbb{P}$ 这个限制条件，即一般情况下 $\langle \tilde{\psi} | \tilde{\psi} \rangle \neq 1$，那么可由式 (3.13) 推出式 (3.15) 的完整形式

$$\langle \partial_i \psi | \partial_j \psi \rangle = \frac{\langle \partial_i \tilde{\psi} | \partial_j \tilde{\psi} \rangle \langle \tilde{\psi} | \tilde{\psi} \rangle - \langle \partial_i \tilde{\psi} | \tilde{\psi} \rangle \langle \tilde{\psi} | \partial_j \tilde{\psi} \rangle}{\langle \tilde{\psi} | \tilde{\psi} \rangle^2}. \tag{3.19}$$

如前所述，上式的实部 (即对指标 i、j 对称化) 就是底流形 H 上的黎曼度规。利用 CP^{N-1} 的局域坐标可以直接计算出后者的具体表达式。

3.2.3 CP^{N-1} 与 Fubini-Study 距离

CP^{N-1} 是复投影空间，满足 $\mathrm{CP}^{N-1} = \mathbb{C}^N / \mathbb{C}^*$，其中每个向量 (点) 为 $\mathbb{C}^N$ 中的一条射线，且代表一个等价类：当 $|\tilde{\psi}\rangle = c |\tilde{\psi}'\rangle$ 或 $z^\alpha = c z'^\alpha (c \in \mathbb{C}^*)$ 时，$|\tilde{\psi}\rangle$ 与 $|\tilde{\psi}'\rangle$ 等价。为了给出 CP^{N-1} 的局域坐标，在 $\mathbb{C}^N$ 中取一组基，则量子态 $|\tilde{\psi}\rangle$ (一般都是非归一化的) 的坐标为复向量 $(z^0, z^1, \cdots, z^{N-1})^\mathrm{T}$，且满足

$$r^2 = \langle \tilde{\psi} | \tilde{\psi} \rangle = \delta_{\alpha\beta} \bar{z}^\alpha z^\beta = \bar{z}_\alpha z^\alpha, \tag{3.20}$$

这里的坐标分量指标用希腊字母标记，其取值范围为 $0, 1, 2, \cdots, N-1$。平直度规 $\delta^{\alpha\beta}$ 和 $\delta_{\alpha\beta}$ 分别用来提升和下降指标。可以用 N 个坐标卡 $\{U_\alpha\}(\alpha = 0, 1, \cdots, N-1)$ 来覆盖 CP^{N-1}。利用 $\mathbb{C}^N$ 中点的坐标，每个坐标卡上的局域坐标可取为

$$U_0 = \{(z^0, z^1, \cdots, z^{N-1}) | z^0 \neq 0 \text{ 且 } (z^0, z^1, \cdots, z^{N-1}) \sim c(z^0, z^1, \cdots, z^{N-1})\},$$

[①] 部分物理文献对 Fubini-Study 度规的定义相互矛盾，有的文献将式 (2.101) 称为 Fubini-Study 度规，而更多数学文献把式 (3.15) 称为 Fubini-Study 度规。在后续内容里，我们将采用前一种说法。

$$U_1 = \{(z^0, z^1, \cdots, z^{N-1}) | z^1 \neq 0 \text{且} (z^0, z^1, \cdots, z^{N-1}) \sim c(z^0, z^1, \cdots, z^{N-1})\},$$
$$\vdots$$
$$U_{N-1} = \{(z^0, z^1, \cdots, z^{N-1}) | z^{N-1} \neq 0 \text{且} (z^0, z^1, \cdots, z^{N-1}) \sim c(z^0, z^1, \cdots, z^{N-1})\}. \tag{3.21}$$

其中，U_0 覆盖了 CP^{N-1} 中除点集 $\{(0, z^1, \cdots, z^{N-1})\}$ 之外的所有点，而该点集等价于 CP^{N-2}。因此，在拓扑上，CP^{N-1} 就像 $\mathbb{C}^{N-1}$ 在"无穷远处"黏合了一个 CP^{N-2}。不断重复上述过程，则可以得到"胞腔剖分"(cell decomposition)

$$\mathrm{CP}^{N-1} = \mathbb{C}^{N-1} \cup \mathbb{C}^{N-2} \cup \cdots \cup \mathbb{C}^0. \tag{3.22}$$

显然，CP^0 在拓扑上等价于一个点，而 CP^1 等价于二维球面 S^2。

取 $|\tilde{\psi}\rangle$ 的复坐标为 $(z^0, z^1, \cdots, z^{N-1})^\mathrm{T}$。不失一般性，令 $|\tilde{\psi}\rangle \in U_0$，则有 $z^0 \neq 0$。通过复投影可消去坐标中的冗余度，因此我们定义

$$w^i = \frac{z^i}{z^0}, \tag{3.23}$$

w^i 称为齐次坐标或者仿射坐标，其分量指标用拉丁字母标记，且 $i = 1, 2, \cdots, N-1$。将 $\partial_i \equiv \frac{\partial}{\partial w_i} = z^0 \frac{\partial}{\partial z^i}$ 和 $|\tilde{\psi}\rangle = (z^0, z^1, \cdots, z^{N-1})^\mathrm{T}$ 代入式 (3.19)，可得

$$\langle \partial_i \psi | \partial_j \psi \rangle = \frac{\delta_{ij} \bar{z}_0 z^0}{\bar{z}_\alpha z^\alpha} - \frac{\bar{z}_0 z^0 \bar{z}_i z_j}{(\bar{z}_\alpha z^\alpha)^2} = \frac{(1 + \bar{w}_k w^k)\delta_{ij} - \bar{w}_i w_j}{(1 + \bar{w}_k w^k)^2}. \tag{3.24}$$

第二步利用了等式

$$\bar{z}_\gamma z^\gamma = (1 + \bar{w}_k w^k) \bar{z}_0 z^0. \tag{3.25}$$

对等式 (3.24) 取实部则可得底流形 CP^{N-1} 上的黎曼度规，它所对应的厄米度规为 Kähler 度规

$$g_{i\bar{j}} = \frac{1}{2} \frac{(1 + \bar{w}_k w^k)\delta_{ij} - \bar{w}_i w_j}{(1 + \bar{w}_k w^k)^2}. \tag{3.26}$$

而 Funibi-Study 距离为

$$\mathrm{d}s^2 = g_{i\bar{j}} \mathrm{d}w^i \mathrm{d}\bar{w}^j + g_{i\bar{j}} \mathrm{d}\bar{w}^i \mathrm{d}w^j = \frac{(1 + \bar{w}_k w^k)\mathrm{d}w^i \mathrm{d}\bar{w}_j - \bar{w}_i \mathrm{d}w^i w^j \mathrm{d}\bar{w}_j}{(1 + \bar{w}_k w^k)^2}. \tag{3.27}$$

根据式 (B.70)，可引入 Kähler 势

$$K = \ln\sqrt{1 + \bar{w}_k w^k}, \tag{3.28}$$

使得

$$g_{i\bar{j}} = \frac{\partial^2 K}{\partial w^i \partial \bar{w}^j}. \tag{3.29}$$

再由式 (3.16)，Kähler 形式为

$$\Omega = \frac{\mathrm{i}}{2}\langle \partial_i \psi | \partial_j \psi \rangle \mathrm{d}w^i \wedge \mathrm{d}\bar{w}^j = \frac{\mathrm{i}}{2}\frac{(1+\bar{w}_k w^k)\delta_{ij} - \bar{w}_i w_j}{(1+\bar{w}_k w^k)^2}\mathrm{d}w^i \wedge \mathrm{d}\bar{w}^j. \tag{3.30}$$

以上结果也可以用复坐标来表示。定义内积运算 $z \cdot \bar{z} = \delta_{\alpha\beta}z^\alpha \bar{z}^\beta = z^\alpha \bar{z}_\alpha$。当 z^α 被限制在 $U_0 \subset \mathrm{CP}^{N-1}$ 上时，z^0 作为比例系数满足 $\mathrm{d}z^0 = 0$。对等式 (3.27) 右端的分子分母同时乘以因子 $(z^0\bar{z}_0)^2$，则 Fubini-Study 距离变为

$$\mathrm{d}s^2 = \frac{z \cdot \bar{z}\mathrm{d}z \cdot \mathrm{d}\bar{z} - \mathrm{d}z \cdot \bar{z}z \cdot \mathrm{d}\bar{z}}{(z \cdot \bar{z})^2}. \tag{3.31}$$

同样，Kähler 形式可表示为

$$\Omega = \frac{\mathrm{i}}{2}\frac{z \cdot \bar{z}\mathrm{d}z \cdot \wedge \mathrm{d}\bar{z} - \mathrm{d}z \cdot \bar{z} \wedge z \cdot \mathrm{d}\bar{z}}{(z \cdot \bar{z})^2}. \tag{3.32}$$

若 $|\tilde{\psi}\rangle$ 属于其他坐标卡，计算过程与结果类似，事实上只需要对复坐标的分量进行重排并重新定义 z^0 即可。显然可以看出，式 (3.31) 和式 (3.32) 的结果不会改变，即不依赖于坐标卡的选择。

3.3 齐次坐标下的 Aharonov-Anandan 相位

在第 2 章中讨论 Berry 相位和 AA 相位时，都曾借助外参数来做具体计算。在本章，我们引入了底流形 $H = \mathrm{CP}^{N-1}$ 上的齐次坐标，因此可直接利用它来计算 AA 相位[①]，其结果也能更方便地体现 AA 联络与 Kähler 度规之间的关系。

假设量子系统沿 CP^{N-1} 中某演化回路作周期为 τ 的循环演化，则初末态之间相差一个相位 $\theta(\tau)$，即 $|\tilde{\psi}(\tau)\rangle = \mathrm{e}^{\mathrm{i}\theta(\tau)}|\tilde{\psi}(0)\rangle$。再利用 $|\tilde{\psi}\rangle$ 的复坐标表达式，则有[34]

$$\frac{z^1(\tau)}{z^1(0)} = \cdots = \frac{z^{N-1}(\tau)}{z^{N-1}(0)} = \frac{z^0(\tau)}{z^0(0)} = \theta(\tau). \tag{3.33}$$

[①] 绝热演化条件使得 Berry 相位仅涉及单个能级，因此不方便用齐次坐标来计算。

3.3 齐次坐标下的 Aharonov-Anandan 相位

引入依赖于 t 的相因子 $\mathrm{e}^{\mathrm{i}\theta(t)} = \dfrac{z^0(t)}{z^0(0)}$。类似于方程 (2.308), 令 $|\tilde{\psi}(t)\rangle = \mathrm{e}^{\mathrm{i}\theta(t)}|\psi(t)\rangle$, 则 $|\psi(t)\rangle$ 为周期性函数 $|\psi(t+\tau)\rangle = |\psi(t)\rangle$, 它实际就是 $|\tilde{\psi}(t)\rangle$ 在底流形 H 上的投影, 其第 i 个坐标分量为 $w^i(t)$。当 t 取遍 $[0,\tau]$ 时, $|\psi(t)\rangle$ 代表 $H = \mathrm{CP}^{N-1}$ 上的一个闭合曲线。$\theta(t)$ 包含了几何相位和动力学相位: $\theta(t) = \theta_\mathrm{AA}(t) + \theta_\mathrm{d}(t)$。根据定义, 有

$$\theta(t) = -\mathrm{i}\ln\frac{z^0(t)}{z^0(0)} = -\frac{\mathrm{i}}{2}\ln\frac{z^0(t)\bar{z}^0(0)}{z^0(0)\bar{z}^0(t)}. \tag{3.34}$$

不失一般性, 令系统的演化路径满足 $z^0(t)$ 处处不为 0。此时系统的时间演化遵循薛定谔方程

$$\mathrm{i}\hbar|\dot{\tilde{\psi}}(t)\rangle = \hat{H}(t)|\tilde{\psi}(t)\rangle \tag{3.35}$$

其坐标形式为

$$\mathrm{i}\hbar\dot{z}^\alpha = H^\alpha{}_\beta z^\beta. \tag{3.36}$$

$H^\alpha{}_\beta$ 为哈密顿量的矩阵元。由哈密顿量的幺正性, 它满足 $H^\alpha{}_\beta = \bar{H}^\beta{}_\alpha$。因此在一个演化周期内, 系统获得的动力学相位为

$$\theta_\mathrm{d}(t) = -\frac{1}{\hbar}\int_0^t \mathrm{d}t' \frac{\langle\tilde{\psi}(t')|\hat{H}(t')|\tilde{\psi}(t')\rangle}{\langle\tilde{\psi}(t')|\tilde{\psi}(t')\rangle} = -\frac{1}{\hbar}\int_0^t \mathrm{d}t' \frac{\bar{z}_\alpha(t')H^\alpha{}_\beta(t')z^\beta(t')}{\bar{z}_\gamma(t')z^\gamma(t')}. \tag{3.37}$$

利用式 (3.34)、式 (3.36)、式 (3.37) 以及哈密顿量的幺正性, AA 相位的变化率为

$$\dot{\theta}_\mathrm{AA}(t)\mathrm{d}t = -\frac{\mathrm{i}}{2}\left(\frac{\mathrm{d}z^0}{z^0} - \frac{\mathrm{d}\bar{z}_0}{\bar{z}_0}\right) + \frac{\mathrm{i}}{2}\frac{\bar{z}_\alpha \mathrm{d}z^\alpha - z^\alpha \mathrm{d}\bar{z}_\alpha}{\bar{z}_\gamma z^\gamma}. \tag{3.38}$$

注意, 由于 z^α 不一定被限制在 $U_0 \subset \mathrm{CP}^{N-1}$ 上, 因此一般有 $\mathrm{d}z^0 \neq 0$。由 $\theta_\mathrm{AA} = \int_0^\tau \dot{\theta}_\mathrm{AA}(t)\mathrm{d}t = \mathrm{i}\int_0^\tau \mathcal{A}_\mathrm{AA}$, 可从上式导出 AA 联络。再利用式 (3.25) 和

$$\bar{z}_\alpha \mathrm{d}z^\alpha - z_\alpha \mathrm{d}\bar{z}^\alpha = (1 + \bar{w}_k w^k)(\bar{z}_0 \mathrm{d}z^0 - z_0 \mathrm{d}\bar{z}^0) + \bar{z}_0 z^0 (\bar{w}_i \mathrm{d}w^i - w^i \mathrm{d}\bar{w}_i) \tag{3.39}$$

可得

$$\begin{aligned}\mathcal{A}_\mathrm{AA} &= \frac{1}{2}\frac{\bar{z}_\alpha \mathrm{d}z^\alpha - z_\alpha \mathrm{d}\bar{z}^\alpha}{\bar{z}_\gamma z^\gamma} - \frac{1}{2}\left(\frac{\mathrm{d}z^0}{z^0} - \frac{\mathrm{d}\bar{z}_0}{\bar{z}_0}\right) \\ &= \frac{1}{2}\frac{\bar{w}_i \mathrm{d}w^i - w^i \mathrm{d}\bar{w}_i}{1 + \bar{w}_k w^k}\end{aligned}$$

$$= \frac{\mathrm{i}}{1+\bar{w}_k w^k}\mathrm{Im}(\bar{w}_i \mathrm{d}w^i). \tag{3.40}$$

根据式 (3.23)，将 $|\psi\rangle$ 的坐标写为 $(1, w^1, w^2, \cdots, w^{N-1})^\mathrm{T}$ (扩充了第 0 项 $\frac{z^0}{z^0} = 1$)，上式回到我们熟知的形式

$$\mathcal{A}_\mathrm{AA} = \frac{\mathrm{iIm}\langle\psi|\mathrm{d}|\psi\rangle}{\langle\psi|\psi\rangle}. \tag{3.41}$$

注意 $|\psi\rangle$ 的复坐标形式并未归一化，可理解为共形因子。进一步由式 (3.40) 不难计算出 AA 曲率为

$$\begin{aligned}\mathcal{F}_\mathrm{AA} &= \mathrm{d}\mathcal{A}_\mathrm{AA} \\ &= \frac{\bar{w}_i w_j - (1+\bar{w}_k w^k)\delta_{ij}}{(1+\bar{w}_k w^k)^2}\mathrm{d}w^i \wedge \mathrm{d}\bar{w}^j \\ &= \frac{\mathrm{d}\langle\psi| \wedge \mathrm{d}|\psi\rangle}{\langle\psi|\psi\rangle} - \frac{(\mathrm{d}\langle\psi|)|\psi\rangle \wedge \langle\psi|\mathrm{d}|\psi\rangle}{\langle\psi|\psi\rangle^2}.\end{aligned} \tag{3.42}$$

在这里，利用了 $\langle\psi|\psi\rangle = 1 + \bar{w}_k w^k$ 和 $\mathrm{d}|\psi\rangle = (0, \mathrm{d}w^1, \mathrm{d}w^2, \cdots, \mathrm{d}w^{N-1})^\mathrm{T}$。最终，AA 相位为

$$\theta_\mathrm{AA} = \mathrm{i}\oint \mathcal{A}_\mathrm{AA} = \mathrm{i}\iint_\Sigma \mathcal{F}_\mathrm{AA}. \tag{3.43}$$

在几何上，它是波函数的相因子沿 H 上闭合曲线 $|\psi(t)\rangle$ 的水平提升 $|\tilde{\psi}(t)\rangle$ 作平行输运一周 (实为曲线 $|\psi(t)\rangle$ 的一周) 后，末态相对初态的平行性损失的度量。对比式 (3.42) 和式 (3.30) 可得到一个令人惊叹的结论

$$\mathcal{F}_\mathrm{AA} = 2\mathrm{i}\Omega. \tag{3.44}$$

这说明 AA 联络与 CP^{N-1} 的几何性质有某种深刻的联系。利用式 (3.26)，CP^{N-1} 上的距离为 (这里略去符号 $\otimes$)

$$\begin{aligned}\mathrm{d}s^2 &= \frac{(1+\bar{w}_k w^k)\delta_{ij} - \bar{w}_i w_j}{(1+\bar{w}_k w^k)^2}\mathrm{d}w^i \mathrm{d}\bar{w}^j \\ &= \frac{\mathrm{d}\langle\psi|\mathrm{d}|\psi\rangle}{\langle\psi|\psi\rangle} - \frac{(\mathrm{d}\langle\psi|)|\psi\rangle\langle\psi|\mathrm{d}|\psi\rangle}{\langle\psi|\psi\rangle^2}.\end{aligned} \tag{3.45}$$

对比式 (3.42)、式 (3.45) 可知，将 $\mathrm{d}s^2$ 的分量反对称化之后得到其虚部 Ω，且与 AA 曲率的关系由式 (3.44) 给出。

3.4 纯态流形的纤维化与距离分解

3.4.1 距离分解

接下来回答之前提出的问题，量子态之间的局域距离与两种纤维化 (式 (3.1) 或式 (3.4)) 之间有什么联系？这种联系又如何将 AA 联络、Fubini-Study 距离和平行输运条件串联起来？如前所述，有两种投影 (纤维化) 方式来构造纤维丛。在投影之前，量子态 $|\tilde{\psi}\rangle$ 的限制有两种，如果 $|\tilde{\psi}\rangle$ 未被归一化，则记为 $|\tilde{\psi}\rangle \in \mathbb{C}^N$；如果被归一化，则记为 $|\tilde{\psi}'\rangle \in S^{2N-1}$。然后，可以通过不同的映射将 $|\tilde{\psi}\rangle$(或 $|\tilde{\psi}'\rangle$) 投影到 $\mathbb{C}\mathrm{P}^{N-1}$。

首先，$\mathbb{C}^N$ 上的欧氏距离可以写为

$$\mathrm{d}s^2(\mathbb{C}^N) = \delta_{\alpha\beta}\mathrm{d}z^\alpha \mathrm{d}\bar{z}^\beta. \tag{3.46}$$

令 $\delta_{\alpha\beta}z^\alpha\bar{z}^\beta = r^2$。由于 S^{2N-1} 是 $\mathbb{C}^N$ 中的单位球，因此有

$$\mathrm{d}s^2(\mathbb{C}^N) = \mathrm{d}r^2 + r^2\mathrm{d}s^2(S^{2N-1}). \tag{3.47}$$

然后，进一步从 $\mathrm{d}s^2(S^{2N-1})$ 分离出 $\mathrm{d}s^2(\mathbb{C}\mathrm{P}^{N-1})$。

令 $R = \sqrt{1+\bar{w}_k w^k}$，且 $z^0 = \dfrac{r\mathrm{e}^{\mathrm{i}\phi}}{R}$。因此，$\mathbb{C}^N$ 的局域性质亦可由坐标 r、ϕ、$\bar{w}_k$ 和 w^k 来刻画。利用 $\mathrm{d}z^i = w^i \mathrm{d}z^0 + z^0 \mathrm{d}w^i$ 和 $\mathrm{d}\bar{z}^i = \bar{w}^i \mathrm{d}\bar{z}^0 + \bar{z}^0 \mathrm{d}\bar{w}^i$ 可得

$$\mathrm{d}s^2(\mathbb{C}^N) = R^2 \mathrm{d}z^0 \mathrm{d}\bar{z}_0 + w^i \mathrm{d}\bar{w}_i \bar{z}_0 \mathrm{d}z^0 + \bar{w}_i \mathrm{d}w^i z^0 \mathrm{d}\bar{z}_0 + \bar{z}_0 z^0 \mathrm{d}w^i \mathrm{d}\bar{w}_i. \tag{3.48}$$

再利用

$$\begin{aligned}\mathrm{d}z^0 &= \frac{\mathrm{e}^{+\mathrm{i}\phi}}{R}\mathrm{d}r + \frac{\mathrm{i}r\mathrm{e}^{+\mathrm{i}\phi}}{R}\mathrm{d}\phi - \frac{r\mathrm{e}^{+\mathrm{i}\phi}}{2R^3}\left(w^i \mathrm{d}\bar{w}_i + \bar{w}_i \mathrm{d}w^i\right),\\ \mathrm{d}\bar{z}^0 &= \frac{\mathrm{e}^{-\mathrm{i}\phi}}{R}\mathrm{d}r - \frac{\mathrm{i}r\mathrm{e}^{-\mathrm{i}\phi}}{R}\mathrm{d}\phi - \frac{r\mathrm{e}^{-\mathrm{i}\phi}}{2R^3}\left(w^i \mathrm{d}\bar{w}_i + \bar{w}_i \mathrm{d}w^i\right),\end{aligned} \tag{3.49}$$

可将 $\mathrm{d}s^2(\mathbb{C}^N)$ 分拆如下

$$\begin{aligned}\mathrm{d}s^2(\mathbb{C}^N) &= \mathrm{d}r^2 + r^2 \mathrm{d}\phi^2 + \frac{r^2}{R^2}\mathrm{d}w^i \mathrm{d}\bar{w}_i \\ &\quad - \frac{r^2}{4R^4}\left(w^i \mathrm{d}\bar{w}_i + \bar{w}_i \mathrm{d}w^i\right)^2 + \frac{\mathrm{i}r^2 \mathrm{d}\phi}{R^2}\left(w^i \mathrm{d}\bar{w}_i - \bar{w}_i \mathrm{d}w^i\right) \\ &= \mathrm{d}r^2 + r^2\left(\mathrm{d}\phi - \frac{\mathrm{i}}{2}\frac{\bar{w}_i \mathrm{d}w^i - w^i \mathrm{d}\bar{w}_i}{R^2}\right)^2 + \frac{r^2}{R^4}\left(1 + \bar{w}_i w^i\right)\mathrm{d}w^j \mathrm{d}\bar{w}_j\end{aligned}$$

$$+ \frac{r^2}{4R^4} \left[(\bar{w}_i \mathrm{d}w^i)^2 + (w^i \mathrm{d}\bar{w}_i)^2 - 2\bar{w}_i w^j \mathrm{d}w^i \mathrm{d}\bar{w}_j \right]$$

$$- \frac{r^2}{4R^4} \left[(\bar{w}_i \mathrm{d}w^i)^2 + (w^i \mathrm{d}\bar{w}_i)^2 + 2\bar{w}_i w^j \mathrm{d}w^i \mathrm{d}\bar{w}_j \right]$$

$$= \mathrm{d}r^2 + r^2 \left(\mathrm{d}\phi - \mathrm{i}\mathcal{A}_{\mathrm{AA}} \right)^2 + r^2 2 g_{i\bar{j}} \mathrm{d}w^i \mathrm{d}\bar{w}_j, \tag{3.50}$$

其中，$\mathcal{A}_{\mathrm{AA}}$ 和 $g_{i\bar{j}}$ 由式 (3.40) 和式 (3.26) 给出。注意到 $\mathrm{d}s^2(\mathrm{CP}^{N-1}) = 2g_{i\bar{j}}\mathrm{d}w^i \mathrm{d}\bar{w}_j$，因此有

$$\mathrm{d}s^2(S^{2N-1}) = (\mathrm{d}\phi - \mathrm{i}\mathcal{A}_{\mathrm{AA}})^2 + \mathrm{d}s^2(\mathrm{CP}^{N-1}). \tag{3.51}$$

因此，在式 (3.3) 中的投影映射下，$\mathbb{C}^N$、S^{2N-1} 和 CP^{N-1} 三者的坐标满足

$$(r, \phi, w^i, \bar{w}^i) \in \mathbb{C}^N \xrightarrow{\pi'} (\phi, w^i, \bar{w}^i) \in S^{2N-1} \xrightarrow{\pi} (w^i, \bar{w}^i) \in \mathrm{CP}^{N-1}. \tag{3.52}$$

3.4.2 $U(1)$ 主丛 $S^{2N-1}\bigl(\mathrm{CP}^{N-1}, U(1)\bigr)$

可以根据投影 $S^{2N-1} \xrightarrow{\pi} \mathrm{CP}^{N-1}$ 建立以 CP^{N-1} 为底流形、以 $U(1) \cong S^1$ 为纤维和结构群的主丛 $S^{2N-1}\bigl(\mathrm{CP}^{N-1}, U(1)\bigr)$，这是一个 Hopf 丛。根据与第 2 章完全类似的讨论，当量子态 $|\psi\rangle$ 沿 CP^{N-1} 中的闭合曲线 $C(t)$ 作周期为 τ 的演化时，其水平提升 $|\tilde{\psi}'\rangle$ 沿 $C(t)$ 的水平提升 $\tilde{C}(t)$ 作平行输运。根据式 (3.52)，量子态的局域坐标可以取为

$$|\psi(t)\rangle = \bigl(1, w^1(t), \cdots, w^{N-1}(t)\bigr)^{\mathrm{T}},$$
$$|\tilde{\psi}'(t)\rangle = \mathrm{e}^{\mathrm{i}\phi(t)}|\psi(t)\rangle = \mathrm{e}^{\mathrm{i}\phi(t)}\bigl(1, w^1(t), \cdots, w^{N-1}(t)\bigr)^{\mathrm{T}}. \tag{3.53}$$

平行输运条件要求

$$\mathrm{Im}\langle\tilde{\psi}'(t)|\frac{\mathrm{d}}{\mathrm{d}t}|\tilde{\psi}'(t)\rangle = 0. \tag{3.54}$$

将 $|\tilde{\psi}'\rangle = \mathrm{e}^{\mathrm{i}\phi}|\psi\rangle$ 代入上式，并利用 AA 联络的表达式 (3.41)，可得

$$\langle\psi|\psi\rangle\frac{\mathrm{d}\phi}{\mathrm{d}t} + \mathrm{Im}\langle\psi|\mathrm{d}|\psi\rangle = 0 \quad \to \quad \mathrm{d}\phi = -\frac{\mathrm{Im}\langle\psi|\mathrm{d}|\psi\rangle}{\langle\psi|\psi\rangle} = \mathrm{i}\mathcal{A}_{\mathrm{AA}}. \tag{3.55}$$

在经历底流形上一个完整的周期性演化之后，末态 $|\tilde{\psi}'(\tau)\rangle$ 和初态 $|\tilde{\psi}'(0)\rangle$ 相差一个 AA 相位：$\theta_{\mathrm{AA}} \equiv \int_0^\tau \dot{\phi}\mathrm{d}t = \mathrm{i}\oint \mathcal{A}_{\mathrm{AA}}$，其中 $\dot{\phi} = \frac{\mathrm{d}\phi}{\mathrm{d}t}$。同时方程 (3.51) 意味

3.4 纯态流形的纤维化与距离分解

着 $ds^2(S^{2N-1}) = ds^2(\mathrm{CP}^{N-1})$，也就是说，$S^{2N-1}$ 中初末态之间沿曲线 $\tilde{C}$ 的距离就是 CP^{N-1} 中以 $|\psi(0)\rangle$ 为起终点的闭合曲线 C 的长度，这与第 2 章中的结论 (2.103) 完全一致。

平行输运过程中，在 t 时刻量子态获得的相因子为 $g_C(t) = \mathrm{e}^{\mathrm{i}\int_0^t \frac{\mathrm{d}\phi}{\mathrm{d}t'}\mathrm{d}t'}$。根据式 (2.76)，$U(1)$ 主丛上的 Ehresmann 联络为

$$\omega_{S^{2N-1}} = \pi^*\mathcal{A}_{AA} + g_C^{-1}\mathrm{d}g_C = \pi^*\mathcal{A}_{AA} + \mathrm{id}_F\phi. \tag{3.56}$$

这里，d_F 是纤维空间上的局域微分。再由等式 (3.49) 可推出

$$\mathrm{id}_F\phi = \frac{\bar{z}_0\mathrm{d}z^0 - z^0\mathrm{d}\bar{z}_0}{2z^0\bar{z}_0}, \tag{3.57}$$

再将等式 (3.40) 的第一行关于 $\mathcal{A}_{AA}$ 表达式代入式 (3.56)，最终有

$$\omega_{S^{2N-1}} = \frac{1}{2}\frac{\bar{z}_\alpha\mathrm{d}z^\alpha - z_\alpha\mathrm{d}\bar{z}^\alpha}{\bar{z}_\gamma z^\gamma} = \frac{\mathrm{iIm}(\bar{z}_\alpha\mathrm{d}z^\alpha)}{\bar{z}_\gamma z^\gamma} = \frac{\mathrm{iIm}\langle\tilde{\psi}'|\mathrm{d}|\tilde{\psi}'\rangle}{\langle\tilde{\psi}'|\tilde{\psi}'\rangle}, \tag{3.58}$$

其中，d 为 S^{2N-1} 上的微分。有趣的是，若 $\tilde{X} = \dfrac{\mathrm{d}}{\mathrm{d}t}$ 是垂直切向量且 t 代表时间，对比式 (3.37)，$-\mathrm{i}\int_0^t \omega_{S^{2N-1}}(\tilde{X}(t'))\mathrm{d}t'$ 在形式上与动力学相位的表达式完全一样。

例 3.4.1 $N=2$，此时系统对应于 Hopf 纤维化：$S^3/U(1) = \mathrm{CP}^1 \cong S^2$。$S^3$ 中的量子态可用 $(z^0, z^1)^\mathrm{T}$ 来表达，且满足 $|z^0|^2 + |z^1|^2 = 1$。因此 $z^{0,1}$ 的实部和虚部可由 3 个实独立参数来确定，可令 $z^0 = \mathrm{e}^{\mathrm{i}(\chi-\frac{\phi}{2})}\cos\dfrac{\theta}{2}$，$z^1 = \mathrm{e}^{\mathrm{i}(\chi+\frac{\phi}{2})}\sin\dfrac{\theta}{2}$。底流形上的坐标为

$$w = \frac{z^1}{z^0} = \mathrm{e}^{\mathrm{i}\phi}\tan\frac{\theta}{2}. \tag{3.59}$$

由式 (3.28)，Kähler 势为 $K = \dfrac{1}{2}\ln(1+\bar{w}w)$，再根据式 (3.26)，Kähler 度规为

$$\begin{aligned}g_{w\bar{w}} &= \frac{\partial^2 K}{\partial w \partial \bar{w}} \\ &= -\frac{1}{2}\frac{\bar{w}w}{(1+\bar{w}w)^2} + \frac{1}{2}\frac{1}{1+\bar{w}w} \\ &= \frac{1}{2}\frac{1}{(1+\bar{w}w)^2}\end{aligned}$$

$$= \frac{1}{2}\cos^4\frac{\theta}{2}. \tag{3.60}$$

不难验证，Fubini-Study 距离为

$$\mathrm{d}s^2(\mathrm{CP}^1) = 2g_{w\bar{w}}\mathrm{d}w\mathrm{d}\bar{w} = \frac{1}{4}\left(\mathrm{d}\theta^2 + \sin^2\theta \mathrm{d}\phi^2\right). \tag{3.61}$$

这正比于二维球面 S^2 上的距离。完整的量子几何张量为

$$\begin{aligned}\mathcal{G} &= 2g_{w\bar{w}}\mathrm{d}w \otimes \mathrm{d}\bar{w} \\ &= \cos^4\frac{\theta}{2}\Big[\tan^2\frac{\theta}{2}\mathrm{d}\phi \otimes \mathrm{d}\phi + \frac{1}{4}\sec^4\frac{\theta}{2}\mathrm{d}\theta \otimes \mathrm{d}\theta \\ &\quad - \frac{\mathrm{i}}{2}\sec^2\frac{\theta}{2}\tan\frac{\theta}{2}(\mathrm{d}\theta \otimes \mathrm{d}\phi - \mathrm{d}\phi \otimes \mathrm{d}\theta)\Big] \\ &= \frac{1}{4}\left(\mathrm{d}\theta \otimes \mathrm{d}\theta + \sin^2\theta \mathrm{d}\phi \otimes \mathrm{d}\phi\right) - \frac{\mathrm{i}}{4}\sin\theta \mathrm{d}\theta \wedge \mathrm{d}\phi. \end{aligned} \tag{3.62}$$

利用式 (3.40)，AA 联络与 AA 曲率分别为

$$\begin{aligned}\mathcal{A}_{\mathrm{AA}} &= \frac{1}{2}\frac{\bar{w}\mathrm{d}w - w\mathrm{d}\bar{w}}{1 + \bar{w}w} = \frac{\mathrm{i}}{2}(1 - \cos\theta)\mathrm{d}\phi, \\ \mathcal{F}_{\mathrm{AA}} &= \frac{\mathrm{i}}{2}\sin\theta \mathrm{d}\theta \wedge \mathrm{d}\phi, \end{aligned} \tag{3.63}$$

回到第 2 章已推出的两能级系统 (激发态) 的结果 (2.131)、(2.132)。此外，根据式 (3.30)，当 $N = 2$ 时，辛形式为

$$\Omega = \frac{\mathrm{i}}{2}\frac{\mathrm{d}w \wedge \mathrm{d}\bar{w}}{(1 + \bar{w}w)^2} = \frac{\mathrm{i}}{2}\frac{-\mathrm{i}\tan\frac{\theta}{2}\sec^2\frac{\theta}{2}\mathrm{d}\theta \wedge \mathrm{d}\phi}{\sec^4\frac{\theta}{2}} = \frac{1}{4}\sin\theta \mathrm{d}\theta \wedge \mathrm{d}\phi. \tag{3.64}$$

对比式 (3.63)，再次验证了 $\mathcal{F}_{\mathrm{AA}} = 2\mathrm{i}\Omega$。此外，注意到两能级体系的结果 (2.132) 是由 (2.128) 推出的 (只考虑基态结果)，因此上述结果也意味着

$$\frac{1}{8}\epsilon_{ijk}\hat{R}_i\mathrm{d}\hat{R}_j \wedge \mathrm{d}\hat{R}_k = \frac{\mathrm{i}}{2}\frac{\mathrm{d}w \wedge \mathrm{d}\bar{w}}{(1 + \bar{w}w)^2}. \tag{3.65}$$

实际上，这是对 $\hat{\boldsymbol{R}}$ 所在的单位球面做球极投影的结果。注意到

$$\hat{R}_x = \sin\theta\cos\phi, \quad \hat{R}_y = \sin\theta\sin\phi, \quad \hat{R}_z = \cos\theta, \tag{3.66}$$

利用万能公式不难验证

$$\hat{R}_x \pm \mathrm{i}\hat{R}_y = \sin\theta \mathrm{e}^{\pm \mathrm{i}\phi} = \frac{2w(\bar{w})}{1+|w|^2}, \quad \hat{R}_z = \cos\theta = \frac{1-|w|^2}{1+|w|^2}. \tag{3.67}$$

这正是单位球面到包含无穷远点的复平面上的球极投影映射。再根据式 (2.135) 及相关讨论，可知

$$\int_\Sigma \Omega = \frac{\mathrm{i}}{2} \int_\Sigma \frac{\mathrm{d}w \wedge \mathrm{d}\bar{w}}{(1+\bar{w}w)^2}. \tag{3.68}$$

可以用来表示从某闭合黎曼曲面 Σ 到 S^2 上映射的环绕数 (或映射度)。最后，亦可利用球极投影 (3.67) 来证明等式 (3.65)，只是过程相较通过参数 θ、ϕ 来证明显得略长。令 $\hat{R}_\pm = \hat{R}_x \pm \mathrm{i}\hat{R}_y$，通过简单整理得到

$$\epsilon_{ijk}\hat{R}_i \mathrm{d}\hat{R}_j \wedge \mathrm{d}\hat{R}_k = \left(\hat{R}_x \mathrm{d}\hat{R}_y - \hat{R}_y \mathrm{d}\hat{R}_x\right) \wedge \mathrm{d}\hat{R}_z + \hat{R}_z \mathrm{d}\hat{R}_x \wedge \hat{R}_y$$
$$= \frac{\mathrm{i}}{2}\left(\hat{R}_+ \mathrm{d}\hat{R}_- - \hat{R}_- \mathrm{d}\hat{R}_+\right) \wedge \mathrm{d}\hat{R}_z + \frac{\mathrm{i}}{2}\hat{R}_z \mathrm{d}\hat{R}_+ \wedge \mathrm{d}\hat{R}_-. \tag{3.69}$$

再利用球极投影 (3.67) 不难得到

$$\hat{R}_+ \mathrm{d}\hat{R}_- - \hat{R}_- \mathrm{d}\hat{R}_+ = 4\frac{w\mathrm{d}\bar{w} - \bar{w}\mathrm{d}w}{(1+|w|^2)^2},$$
$$\mathrm{d}\hat{R}_+ \wedge \mathrm{d}\hat{R}_- = 4\frac{1-|w|^2}{(1+|w|^2)^3}\mathrm{d}w \wedge \mathrm{d}\bar{w},$$
$$\mathrm{d}\hat{R}_z = -2\frac{w\mathrm{d}\bar{w} + \bar{w}\mathrm{d}w}{(1+|w|^2)^2}, \tag{3.70}$$

将其代入式 (3.69)，最终可证

$$\Omega = \frac{\mathrm{i}}{2}\frac{\mathrm{d}w \wedge \mathrm{d}\bar{w}}{(1+\bar{w}w)^2} = \frac{1}{8}\epsilon_{ijk}\hat{R}_i \mathrm{d}\hat{R}_j \wedge \mathrm{d}\hat{R}_k. \tag{3.71}$$

3.4.3 $\mathbb{C}^*$ 主丛 $\mathbb{C}^N\left(\mathbf{CP}^{N-1}, \mathbb{C}^*\right)$

我们也可以根据投影映射 $\mathbb{C}^N \xrightarrow{\Pi} \mathrm{CP}^{N-1}$ 建立以 CP^{N-1} 为底流形、$\mathbb{C}^*$ 为纤维和结构群的主丛 $\mathbb{C}^N\left(\mathrm{CP}^{N-1}, \mathbb{C}^*\right)$，这是一个典范线丛 (tautological bundle)。纤维变换为 $|\tilde{\psi}\rangle \longrightarrow c|\tilde{\psi}\rangle$，$c \in \mathbb{C}^*$。$c = |c|\mathrm{e}^{\mathrm{i}\arg c}$，包含了模的伸缩变换 $|c|$ 和旋转变换 (改变辐角)$\mathrm{e}^{\mathrm{i}\arg c}$。之前在关于 AA 相位的 $U(1)$ 主丛理论的讨论中，纤维变

换仅有辐角旋转变换 g_C。根据 CP^{N-1} 的构造，可以取 $c = z^0 = \dfrac{r\mathrm{e}^{\mathrm{i}\phi}}{R}$。在纤维变换的作用下，有

$$|\psi\rangle = (1, w^1, \ldots, w^{N-1})^{\mathrm{T}} \to |\tilde{\psi}\rangle = z^0|\psi\rangle = (z^0, z^1, \ldots, z^{N-1})^{\mathrm{T}}, \tag{3.72}$$

即原量子态的坐标整体旋转 ϕ 角，模长从 $R = \sqrt{1 + \bar{w}_i w^i}$ 伸缩至 $\dfrac{r}{R} \cdot R = r = \bar{z}_\alpha z^\alpha$。$\mathbb{C}^N$ 的局域坐标可以选为 $(r, \phi, \bar{w}_i, w^i)$，而 $(\bar{w}_i, w^i)$ 为底流形 CP^{N-1} 的局域坐标，因此纤维空间 $\mathbb{C}^*$ 的局域坐标自然可以选作 (r, ϕ)，则 $\mathbb{C}^*$ 上的切向量为 $\dfrac{\partial}{\partial r}$ 和 $\dfrac{\partial}{\partial \phi}$ 的线性组合。$\dfrac{\partial}{\partial r}$ 和 $\dfrac{\partial}{\partial \phi}$ 也是垂直向量 (因为 $T\mathbb{C}^*$ 是 $T\mathbb{C}^N$ 的垂直子空间)，它们分别导致模长和辐角的改变。因此，当 $|\tilde{\psi}\rangle$ 被平行输运时，其模长不应改变，但由于平行性的不可传递，其辐角可能有瞬时改变，但其改变应满足平行输运条件

$$\langle\tilde{\psi}(t)|\dfrac{\mathrm{d}}{\mathrm{d}t}|\tilde{\psi}(t)\rangle = 0. \tag{3.73}$$

同前，将 $|\tilde{\psi}(t)\rangle = \dfrac{r}{R}\mathrm{e}^{\mathrm{i}\phi(t)}|\psi(t)\rangle$ 代入上式，注意在平行输运中量子态的模长不变，因此取 r、R 为常数。平行输运条件同样给出

$$\langle\psi|\psi\rangle\dfrac{\mathrm{d}\phi}{\mathrm{d}t} + \mathrm{Im}\langle\psi|\mathrm{d}|\psi\rangle = 0 \quad \longrightarrow \quad \mathrm{d}\phi = -\dfrac{\mathrm{Im}\langle\psi|\mathrm{d}|\psi\rangle}{\langle\psi|\psi\rangle} = \mathrm{i}\mathcal{A}_{\mathrm{AA}}. \tag{3.74}$$

因此，当系统沿底流形上的回路 $C(t)$ 作周期性演化时，$|\tilde{\psi}\rangle$ 沿 $C(t)$ 的水平提升 $\tilde{C}(t)$ 作平行输运。相对于初态，演化结束时末态获得 AA 相位 $\theta_{\mathrm{AA}} = \mathrm{i}\oint \mathcal{A}_{\mathrm{AA}}$。再由距离分解

$$\mathrm{d}s^2(\mathbb{C}^N) = \mathrm{d}r^2 + r^2\left[(\mathrm{d}\phi - \mathrm{i}\mathcal{A}_{\mathrm{AA}})^2 + \mathrm{d}s^2(\mathrm{CP}^{N-1})\right] \tag{3.75}$$

可知在平行输运过程中，有

$$\mathrm{d}s(\mathbb{C}^N) = r\mathrm{d}s(\mathrm{CP}^{N-1}). \tag{3.76}$$

即 $|\tilde{\psi}\rangle$ 沿 $\tilde{C}$ 走过的距离是 $|\psi\rangle$ 走过距离的 r 倍，并且 CP^{N-1} 上闭合曲线的水平提升总是在半径为 r 的 $2N-1$ 维球面上。

$\mathcal{A}_{\mathrm{AA}}$ 只是底流形 CP^{N-1} 上的规范联络，如果能给出整个主丛上的 Ehresmann 联络 $\omega_{\mathbb{C}^N}$，那么平行输运条件 (3.73) 可表示成

$$\omega_{\mathbb{C}^N}(\tilde{X}) = 0, \tag{3.77}$$

3.4 纯态流形的纤维化与距离分解

其中，$\tilde{X}$ 为水平矢量 (水平提升曲线 $\tilde{C}$ 的切向量)。反之，若 $\tilde{X}$ 为垂直矢量，令其为 u 在纤维空间所生成曲线的切向量，即 $\tilde{X} = u^\#$，则有 (对比式 (2.92))

$$\omega_{\mathbb{C}^N}(\tilde{X}) = \omega_{\mathbb{C}^N}(u^\#) = u. \tag{3.78}$$

$\omega_{\mathbb{C}^N}$ 的构造方式与 $\omega_{S^{2N-1}}$ 类似，实际上仅需要在方程 (3.56) 添加来自尺度伸缩变换的贡献。考虑纤维空间中以 t 为参数的某曲线，令其切向量为 $\tilde{X}$，显然它是垂直向量，将其展开

$$\tilde{X} = \tilde{X}_r \frac{\partial}{\partial r} + \tilde{X}_\phi \frac{\partial}{\mathrm{i}\partial \phi}. \tag{3.79}$$

上式第一项代表尺度伸缩变换，第二项包含了 i，这是因为 $-\mathrm{i}\frac{\partial}{\partial \phi}$ 作为 z^0-复平面上旋转变换 (幺正变换) 的产生元，必须为厄米性算子。从之前有关 $U(1)$ 主丛的讨论可以推出 $\tilde{X}_\phi = \mathrm{i}\dot{\phi}$，然后由式 (3.78) 给出

$$u_\phi = \omega_{\mathbb{C}^N}\left(\tilde{X}_\phi \frac{\partial}{\mathrm{i}\partial \phi}\right) = \mathrm{i}\dot{\phi}. \tag{3.80}$$

所以 u_ϕ 产生的相位变换为

$$g_\phi\left(\tilde{X}_\phi \frac{\partial}{\mathrm{i}\partial \phi}\right) = \mathrm{e}^{\mathrm{i}\int_0^t \frac{\mathrm{d}\phi}{\mathrm{d}t'}\mathrm{d}t'}. \tag{3.81}$$

它对 $\omega_{\mathbb{C}^N}$ 的贡献其实就是式 (3.56) 中的第二项 $g_\phi^{-1}\mathrm{d}g_\phi = \mathrm{i}\mathrm{d}\phi$，其表达式由方程 (3.57) 给出。尺度伸缩变换由 $g_r = |z^0| \sim r$ 给出，所以 $g_r^{-1}\mathrm{d}g_r = \frac{1}{r}\mathrm{d}r$。同样，$\omega_{\mathbb{C}^N}$ 和垂直矢量的 r 分量缩并，得到

$$u_r = \omega_{\mathbb{C}^N}\left(\tilde{X}_r \frac{\partial}{\partial r}\right) = \frac{\dot{r}}{r} = \frac{\mathrm{d}\ln r}{\mathrm{d}t}. \tag{3.82}$$

g_r 确实由 u_r 生成：$g_r(t) = \mathrm{e}^{\int_0^t u_r(t')\mathrm{d}t'} = r(t)$。综上，$\mathbb{C}^N$ 的联络应为

$$\begin{aligned}\omega_{\mathbb{C}^N} &= \Pi^*\mathcal{A}_{\mathrm{AA}} + g_\phi^{-1}\mathrm{d}g_\phi + g_r^{-1}\mathrm{d}g_r \\ &= \frac{1}{2}\frac{\bar{w}_i\mathrm{d}w^i - w^i\mathrm{d}\bar{w}_i}{1+\bar{w}_k w^k} + \mathrm{i}\mathrm{d}\phi + \frac{1}{r}\mathrm{d}r \\ &= \frac{1}{2}\frac{\bar{z}_\alpha\mathrm{d}z^\alpha - z_\alpha\mathrm{d}\bar{z}^\alpha}{\bar{z}_\gamma z^\gamma} + \frac{1}{r}\mathrm{d}r. \end{aligned} \tag{3.83}$$

最后一步中利用了式 (3.58)。进一步，由式 (3.49) 可得

$$\bar{z}_0 \mathrm{d}z^0 + z^0 \mathrm{d}\bar{z}_0 = 2\frac{r}{R^2}\mathrm{d}r - \frac{r^2}{R^4}(\bar{w}_i \mathrm{d}w^i + w^i \mathrm{d}\bar{w}_i), \tag{3.84}$$

再利用

$$\bar{z}_\alpha \mathrm{d}z^\alpha + z_\alpha \mathrm{d}\bar{z}^\alpha = R^2(\bar{z}_0 \mathrm{d}z^0 + z_0 \mathrm{d}\bar{z}^0) + \frac{r^2}{R^2}(\bar{w}_i \mathrm{d}w^i + w^i \mathrm{d}\bar{w}_i) \tag{3.85}$$

可证

$$\frac{1}{r}\mathrm{d}r = \frac{1}{2}\frac{\bar{z}_\alpha \mathrm{d}z^\alpha + z_\alpha \mathrm{d}\bar{z}^\alpha}{\bar{z}_\gamma z^\gamma}. \tag{3.86}$$

代入式 (3.83)，最终可得主丛上的联络

$$\omega_{\mathbb{C}^N} = \frac{\bar{z}_\alpha \mathrm{d}z^\alpha}{\bar{z}_\gamma z^\gamma} = \frac{\langle \tilde{\psi}|\mathrm{d}|\tilde{\psi}\rangle}{\langle \tilde{\psi}|\tilde{\psi}\rangle}. \tag{3.87}$$

若 $\tilde{X} = \dfrac{\mathrm{d}}{\mathrm{d}t}$ 为某水平提升曲线的切向量 (即水平矢量)，那么平行运输条件则为

$$\omega_{\mathbb{C}^N}(\tilde{X}) = \frac{\langle \tilde{\psi}|\frac{\mathrm{d}}{\mathrm{d}t}|\tilde{\psi}\rangle}{\langle \tilde{\psi}|\tilde{\psi}\rangle} = 0. \tag{3.88}$$

在平行输运过程中，$|\tilde{\psi}\rangle$ 的模长不变，所以上式等价于

$$\mathrm{Im}\langle \tilde{\psi}|\frac{\mathrm{d}}{\mathrm{d}t}|\tilde{\psi}\rangle = 0. \tag{3.89}$$

与 2.3.4 节中的结论类似，亦可证明在底流形 CP^{N-1} 上曲线 C 的所有提升曲线中，水平提升 $\tilde{C}$ 所连接的初末态之间的距离最短，该距离也是前面提到的 Fubini-Study 距离。将距离 (2.102) 推广到 $\mathbb{C}^N$ 上非归一化初末态之间的距离，有

$$L(\tilde{C}) = \int_0^\tau \sqrt{\langle \dot{\tilde{\psi}}|\dot{\tilde{\psi}}\rangle}\,\mathrm{d}t. \tag{3.90}$$

由柯西不等式

$$\langle \tilde{\psi}|\tilde{\psi}\rangle \langle \dot{\tilde{\psi}}|\dot{\tilde{\psi}}\rangle \geqslant |\langle \tilde{\psi}|\dot{\tilde{\psi}}\rangle|^2 \tag{3.91}$$

可得

$$L(\tilde{C}) \geqslant \int_0^\tau \sqrt{r\left(\frac{\langle \dot{\tilde{\psi}}|\dot{\tilde{\psi}}\rangle}{\langle \tilde{\psi}|\tilde{\psi}\rangle} - \frac{\langle \tilde{\psi}|\dot{\tilde{\psi}}\rangle\langle \dot{\tilde{\psi}}|\tilde{\psi}\rangle}{\langle \tilde{\psi}|\tilde{\psi}\rangle^2}\right)}\,\mathrm{d}t = L_{\mathrm{FS}}(C), \tag{3.92}$$

其中, $r = \sqrt{\langle \tilde{\psi} | \tilde{\psi} \rangle}$。第一行左边可给出 CP^{N-1} 上的 Fubini-Study 度规, 可参考式 (3.19)、式 (3.24), 不过在第二行仍采用了更方便的 Kähler 度规 $g_{i\bar{j}}$, 可参考式 (3.26) 及相关讨论。柯西不等式中等号成立的条件即平行输运条件 (3.89), 因此最短距离确实是水平提升曲线所连接的初末态 $|\tilde{\psi}(0)\rangle$、$|\tilde{\psi}(\tau)\rangle$ 之间的距离。利用归一化投影算符 $P = \dfrac{|\tilde{\psi}\rangle \langle \tilde{\psi}|}{\langle \tilde{\psi} | \tilde{\psi} \rangle}$ 可将平行输运条件进一步改写为

$$i\hbar \frac{\mathrm{d}}{\mathrm{d}t} |\tilde{\psi}\rangle = \tilde{H} |\tilde{\psi}\rangle, \quad \tilde{H} = i\hbar \dot{P} + i\hbar \left(\frac{\mathrm{d}}{\mathrm{d}t} \ln \sqrt{\langle \tilde{\psi} | \tilde{\psi} \rangle} \right) P. \tag{3.93}$$

尽管该方程在形式上像 "薛定谔" 方程, 但 $\tilde{H}$ 却是反厄米算子。当 $|\tilde{\psi}\rangle$ 被归一化时, $\tilde{H} = i\hbar \dot{P}$, 且自然地回到 2.3.4 节中的结论。

3.4.4 Aharonov-Anandan 联络与 CP^{N-1} 的几何性质

方程 (3.44) 表明 AA 曲率与 CP^{N-1} 上的辛形式成正比, 该结论颇有点出人意料。CP^{N-1} 上可以引入多种联络, 对物理学家而言, 熟知的有两种: 一种是仿射联络, 即切丛上的联络, 利用它可以将 CP^{N-1} 上一点处切空间中某一矢量与另一点处切空间中另一矢量作 "比较", 所以它刻画了 CP^{N-1} 上切丛的几何性质。如利用 Kähler 度规 (3.26), 通过式 (B.62) 可以计算出 CP^{N-1} 上的黎曼联络 (或称莱维–齐维塔 (Levi-Civita) 联络), 这就是一种仿射联络。另一种是规范联络, 以 CP^{N-1} 为底流形, 引入不同的纤维空间而建立主丛, 那么规范联络就是用于比较 CP^{N-1} 上不同点处纤维的工具, 所以它刻画了以 CP^{N-1} 为底流形的主丛的几何性质。从这个角度来看, 对于一般流形, 其 AA 联络与仿射联络并无直接联系。但对于 CP^{N-1}, AA 曲率却与其 Kähler 度规的虚部成正比。我们不免好奇, 若由 Kähler 度规进一步导出里奇曲率, 它和 AA 曲率之间又有什么关系?

为计算里奇曲率, 需要从 Kähler 度规计算出对应的黎曼联络。在式 (B.62) 中, 必须先导出 $g_{i\bar{j}}$ 的逆 $g^{\bar{j}k}$。需要注意的是, 这里对指标的提升和下降操作并非通过 $g_{i\bar{j}}$ 和 $g^{\bar{j}k}$, 而是通过 δ_{ij}、$\delta_{\bar{i}\bar{j}}$ 及其逆来进行。将 $g_{i\bar{j}}$ 构成的 $(N-1) \times (N-1)$ 矩阵记为 g, 并引入 $(N-1) \times (N-1)$ 矩阵 C, 其矩阵元为 $C_{i\bar{j}} = \dfrac{\bar{w}_i w_j}{1 + \bar{w}_k w^k}$。根据式 (3.26), 矩阵 g 可表示为

$$g = \frac{1}{2(1 + \bar{w}_k w^k)} (1_{N-1} - C). \tag{3.94}$$

其逆为

$$g^{-1} = 2(1 + \bar{w}_k w^k)(1_{N-1} - C)^{-1}$$

$$= 2(1+\bar{w}_k w^k)\left(1_{N-1} + C + C^2 + \cdots\right). \tag{3.95}$$

易证 $(C^2)_{i\bar{j}} = \dfrac{\bar{w}_k w^k}{(1+\bar{w}_k w^k)^2}\bar{w}_i w_j$，递推可得 $(C^n)_{i\bar{j}} = \dfrac{(\bar{w}_k w^k)^{n-1}}{(1+\bar{w}_k w^k)^n}\bar{w}_i w_j$，因此有

$$\begin{aligned}\left(g^{-1}\right)_{i\bar{j}} &= 2(1+\bar{w}_k w^k)\left[\delta_{ij} + \frac{\bar{w}_i w_j}{1+\bar{w}_k w^k}\left(1 + \frac{\bar{w}_k w^k}{1+\bar{w}_k w^k} + \frac{(\bar{w}_k w^k)^2}{(1+\bar{w}_k w^k)^2} + \cdots\right)\right]\\ &= 2(1+\bar{w}_k w^k)\left(\delta_{ij} + \frac{\bar{w}_i w_j}{1+\bar{w}_k w^k}\frac{1}{1-\dfrac{\bar{w}_k w^k}{1+\bar{w}_k w^k}}\right)\\ &= 2(1+\bar{w}_k w^k)(\delta_{ij} + \bar{w}_i w_j). \end{aligned} \tag{3.96}$$

提升指标后有 $g^{\bar{i}j} = 2(1+\bar{w}_k w^k)(\delta^{ij} + \bar{w}^i w^j)$。利用式 (B.62) 和式 (B.69)，黎曼联络为

$$\begin{aligned}\Gamma^k{}_{ij} &= \frac{1}{2}g^{\bar{l}k}\left(\partial_i g_{j\bar{l}} + \partial_j g_{i\bar{l}}\right)\\ &= (\delta^{lk} + \bar{w}^l w^k)\frac{\bar{w}_i \bar{w}_j w_l - (1+\bar{w}_m w^m)\bar{w}_j \delta_{il}}{(1+\bar{w}_m w^m)^2} + (i\leftrightarrow j)\\ &= -\frac{\bar{w}_i \delta^k{}_j + \bar{w}_j \delta^k{}_i}{1+\bar{w}_m w^m}. \end{aligned} \tag{3.97}$$

因此 CP^{N-1} 上的黎曼联络 1-形式为 (注意 $\Gamma^k{}_{i\bar{j}} = 0$)

$$\omega_{Ri}^k = \Gamma^k{}_{ij}\mathrm{d}w^j = -\frac{\bar{w}_i \delta^k{}_j + \bar{w}_j \delta^k{}_i}{1+\bar{w}_m w^m}\mathrm{d}w^j. \tag{3.98}$$

同理可推出

$$\omega_{R\bar{i}}^{\bar{k}} = \Gamma^{\bar{k}}{}_{\bar{i}\bar{j}}\mathrm{d}\bar{w}^j = -\frac{w_i \delta^k{}_j + w_j \delta^k{}_i}{1+\bar{w}_m w^m}\mathrm{d}\bar{w}^j. \tag{3.99}$$

缩并指标可得

$$\omega_R \equiv \omega_{Rk}^k = -N\frac{\bar{w}_k \mathrm{d}w^k}{1+\bar{w}_m w^m}. \tag{3.100}$$

再对比式 (3.30) 和式 (3.28)，可知

$$\omega_R = -N(\mathcal{A}_{\mathrm{AA}} + \mathrm{d}K). \tag{3.101}$$

3.4 纯态流形的纤维化与距离分解

因此，$-\dfrac{\omega_R}{N}$ 与 $\mathcal{A}_{\mathrm{AA}}$ 相差一个规范变换 $\mathrm{d}K$。由之前的讨论，$\mathcal{A}_{\mathrm{AA}}$ 为 $U(1)$ 和乐群的生成元，因此 $-\dfrac{\omega_R}{N}$ 也是该和乐群的生成元。注意到 CP^{N-1} 中点的局域坐标为 $(w^1, w^2, \ldots, w^{N-1})^{\mathrm{T}}$，因此完整的和乐群为 $U(N-1)$ 群。而 $U(N-1) = U(1) \times \mathrm{SU}(N-1)$，所以 $\mathcal{A}_{\mathrm{AA}}$ 或 $-\dfrac{\omega_R}{N}$ 生成了和乐群的 $U(1)$ 部分。

根据式 (B.66) 计算里奇曲率时需用到 $G = \det(g)$

$$G = \left(\frac{1}{2(1+\bar{w}_k w^k)}\right)^{N-1} \det(1_{N-1} - C)$$
$$= \left(\frac{1}{2(1+\bar{w}_k w^k)}\right)^{N-1} \mathrm{e}^{\mathrm{Tr}\ln(1_{N-1} - C)}, \tag{3.102}$$

其中

$$[\ln(1_{N-1} - C)]_{i\bar{j}} = -\left(C + \frac{C^2}{2} + \frac{C^3}{3} + \cdots\right)_{i\bar{j}}$$
$$= -\left(\frac{1}{1+\bar{w}_k w^k} + \frac{1}{2}\frac{\bar{w}_k w^k}{(1+\bar{w}_k w^k)^2} + \frac{1}{3}\frac{(\bar{w}_k w^k)^2}{(1+\bar{w}_k w^k)^3} + \cdots\right) \bar{w}_i w_j$$
$$= \frac{1}{\bar{w}_k w^k} \ln \frac{1}{1+\bar{w}_k w^k} \bar{w}_i w_j. \tag{3.103}$$

再利用 $\mathrm{Tr}(\bar{w}_i w_j) = \bar{w}_k w^k$，最终有

$$G = \frac{1}{2^{N-1}(1+\bar{w}_k w^k)^N}. \tag{3.104}$$

因此对于 CP^{N-1}，有

$$\ln G = -(N-1)\ln 2 - 2NK. \tag{3.105}$$

再结合式 (3.26) 和式 (B.66)，可知里奇曲率张量和 Kähler 度规张量成正比

$$\mathfrak{R}_{i\bar{j}} = 2N g_{i\bar{j}}. \tag{3.106}$$

这说明 $g_{i\bar{j}}$ 是一个 Kähler-爱因斯坦度规，即 CP^{N-1} 是真空爱因斯坦场方程的一个解。条件 (3.106) 也称为爱因斯坦条件，满足该条件的流形称为爱因斯坦流形，因此 CP^{N-1} 是一个 Kähler-爱因斯坦流形。此外，根据等式 (B.72) 和式 (3.44) 可知里奇 2-形式、辛形式与 AA 曲率 2-形式均成正比[35]

$$\mathfrak{R} = \mathrm{i}\partial\bar{\partial}\ln G = 2N\Omega = -N\mathrm{i}\mathcal{F}_{\mathrm{AA}} = 2N\mathrm{i} g_{i\bar{j}} \mathrm{d}w^i \wedge \mathrm{d}\bar{w}^j. \tag{3.107}$$

这与式 (3.101) 相容，因为 $\mathfrak{R} = \mathrm{id}\omega_R$，$\mathcal{F}_{\mathrm{AA}} = \mathrm{d}\mathcal{A}_{\mathrm{AA}}$。上式表明，$\mathrm{CP}^{N-1}$ 某点处自身的弯曲程度与该点处纤维空间的弯曲程度成正比，这是其特有的优美性质。完整的曲率张量表达式可由式 (B.65) 和式 (3.97) 得到

$$\begin{aligned}R^k{}_{\bar{l}ij} &= \partial_{\bar{i}}\Gamma^k{}_{jl} \\ &= -\frac{\delta_{i\bar{l}}\delta^k{}_j + \delta_{ij}\delta^k{}_{\bar{l}}}{1+\bar{w}_m w^m} + \frac{\bar{w}_{\bar{l}}\delta^k{}_j + \bar{w}_j\delta^k{}_{\bar{l}}}{(1+\bar{w}_m w^m)^2}w_i \\ &= -2g_{l\bar{i}}\delta^k{}_j - 2g_{j\bar{i}}\delta^k{}_{\bar{l}}. \end{aligned} \tag{3.108}$$

根据该式，里奇曲率为

$$\mathfrak{R}_{i\bar{j}} = R^k{}_{ik\bar{j}} = -R^k{}_{i\bar{j}k} = 2g_{i\bar{j}}\delta^k{}_k + 2g_{k\bar{j}}\delta^k{}_i = 2Ng_{i\bar{j}}, \tag{3.109}$$

与式 (3.106) 一致。对于 CP^{N-1} 上，与黎曼联络相关的第一陈类为 $c_1 = \dfrac{\mathfrak{R}}{2\pi}$ (详见丘成桐的经典论文 "Calabi's conjecture and some new results in algebraic geometry"[36])，因此 AA 相位

$$\theta_{\mathrm{AA}} = \mathrm{i}\iint \mathcal{F}_{\mathrm{AA}} = -\frac{2\pi}{N}\iint \frac{\mathfrak{R}}{2\pi} = -\frac{2\pi}{N}n_1, \tag{3.110}$$

是第一陈数的 $-\dfrac{2\pi}{N}$ 倍。

3.5 纯态的量子几何张量

3.5.1 量子几何张量简介

在之前的内容中曾数次提到，近年来有很多物理文献将 Kähler 度规 (3.15) 称为量子几何张量[33]，作为表征量子态之间变化的基本概念，其原因何在？近几十年来，物理学家对量子态的两种性质尤其关心，一种是量子系统的几何结构，它对局部细节敏感，且成为量子统计、量子信息以及原子、分子和光学等领域的一个重要研究热点[37-41]；另一种是量子态的拓扑性质，它通过量子化的拓扑指标来反映量子系统底层结构的整体性质，而对局域细节不敏感，并已成为新奇量子物态的研究重点之一[6-12]。量子几何张量恰好把两者结合起来。如前所述，Kähler 度规是一个复二阶张量，其实部为 Fubini-Study 度规，可测量不等价量子态之间的真实"量子距离"，而其虚部正比于 Berry 曲率或 AA 曲率，后者的面积分通常给出相关量子系统的拓扑指标，如陈数等。目前，关于纯态量子几何张量的研究已经在理论和实验两方面取得诸多成果，理论上的成果涉及光学响应[42]、量子

3.5 纯态的量子几何张量

相变[43]、平带超流性[44]、在 N 带量子系统中的推广[45] 和拓扑物质[46] 等诸多方面,我国学者张大剑等则率先把量子几何张量推广到 PT (宇称–时间反演)-对称的非厄米量子体系[47]。理论领域的学者还提出过一些实验方案,包括用电流噪声测量 Bloch 带的量子几何张量[48]、用微波光谱学探究拓扑约瑟夫森物质的量子几何张量等[49]。到目前为止,对量子几何张量的直接实验观测已经实现,如利用激子–光子极化子的光致发光[50]、等离激元晶格的透射测量[51] 等。我国研究人员也在该领域做出了诸多贡献,如华中科技大学蔡建明和张少良等首次在固态自旋体系实现了对量子几何张量的完整测量[52],南京大学谭新生于扬与朱诗亮等利用超导量子比特的淬火与周期性驱动过程[53]、中国科学技术大学陈帅和潘建伟等利用超冷原子气体的 Bloch 态层析扫描技术[54] 均成功观测到量子几何张量。

Kähler 度规 (量子几何张量) 是量子相空间 CP^{N-1} 上的复度规,因此是规范不变的。在前面几节,利用齐次坐标对它进行了深入探讨,但这种手段可能过于数学化。在本节,将用更"物理"的方式讨论其基本性质。譬如量子几何张量的规范不变性原本可由厄米张量积 (3.11) 看出,在这里我们换一种更直观的方法,通过修正量子态之间的"裸距离"来使其规范不变,借助 AA(或 Berry) 联络自然导出量子几何张量。

再次借助外参数 $\boldsymbol{R}$ 而非齐次坐标来讨论量子态的变化。考虑归一化量子态 $|\tilde{\psi}(\boldsymbol{R})\rangle$,满足 $|\tilde{\psi}\rangle \in S(\mathcal{H})$,定义量子距离

$$\mathrm{d}s^2 = |||\tilde{\psi}(\boldsymbol{R}+\mathrm{d}\boldsymbol{R})\rangle - |\tilde{\psi}(\boldsymbol{R})\rangle|^2 = \langle \partial_i \tilde{\psi} | \partial_j \tilde{\psi}\rangle \mathrm{d}R^i \mathrm{d}R^j. \tag{3.111}$$

由于 $|\tilde{\psi}(\boldsymbol{R})\rangle$ 的相位依赖并未被除去,因此 $\mathrm{d}s^2$ 并非规范不变。将它称为"裸距离" (raw distance),并将同样不是规范不变的度规 $\langle \partial_i \tilde{\psi} | \partial_j \tilde{\psi}\rangle$ 称为"裸度规" (raw metric)。进一步将它拆分为实部和 (负) 虚部

$$\langle \partial_i \tilde{\psi} | \partial_j \tilde{\psi}\rangle = \tilde{g}_{ij} - \mathrm{i}\Omega_{ij}, \tag{3.112}$$

易知两者分别是对称和反对称张量

$$\begin{aligned}
\tilde{g}_{ij} &= \tilde{g}_{ji} = \mathrm{Re}\langle \partial_i \tilde{\psi} | \partial_j \tilde{\psi}\rangle, \\
\Omega_{ij} &= -\Omega_{ji} = \frac{\mathrm{i}}{2}\left(\langle \partial_i \tilde{\psi} | \partial_j \tilde{\psi}\rangle - \langle \partial_j \tilde{\psi} | \partial_i \tilde{\psi}\rangle\right).
\end{aligned} \tag{3.113}$$

因此,$\mathrm{d}s^2 = \tilde{g}_{ij}\mathrm{d}R^i\mathrm{d}R^j$,即虚部对量子距离并无贡献。在规范变换 $|\tilde{\psi}(\boldsymbol{R})\rangle \longrightarrow \mathrm{e}^{\mathrm{i}\chi(\boldsymbol{R})}|\tilde{\psi}(\boldsymbol{R})\rangle$ 下,实部和虚部的变换方式为

$$\begin{aligned}
\tilde{g}_{ij} &\longrightarrow \tilde{g}'_{ij} = \tilde{g}_{ij} - \mathrm{i}\mathcal{A}_i\partial_j\chi - \mathrm{i}\mathcal{A}_j\partial_i\chi + \partial_i\chi\partial_j\chi, \\
\Omega_{ij} &\longrightarrow \Omega'_{ij} = \Omega_{ij},
\end{aligned} \tag{3.114}$$

其中，$\mathcal{A}_i = \langle\tilde{\psi}|\partial_i|\tilde{\psi}\rangle = -(\partial_i\langle\tilde{\psi}|)|\tilde{\psi}\rangle$ 为 AA 联络[①]。由上式可见虚部已经满足规范不变性，因此仅需要修正实部即可。在同样的规范变换下，注意到 AA 联络的变换为

$$\mathcal{A}_i \longrightarrow \mathcal{A}'_i = \mathcal{A}_i + \mathrm{i}\partial_i\chi. \tag{3.115}$$

借助 AA(或 Berry) 联络，可将实部修正为

$$g_{ij} = \tilde{g}_{ij} + \mathcal{A}_i\mathcal{A}_j = \mathrm{Re}\langle\partial_i\tilde{\psi}|\partial_j\tilde{\psi}\rangle - \langle\partial_i\tilde{\psi}|\tilde{\psi}\rangle\langle\tilde{\psi}|\partial_j\tilde{\psi}\rangle. \tag{3.116}$$

注意到 $\mathcal{A}_i$ 为纯虚数，因此上述修正保证了 g_{ij} 的实值性。对比式 (2.101)，可知 g_{ij} 就是 Fubini-Study 度规，修正后的距离 $\mathrm{d}s^2 = g_{ij}\mathrm{d}R^i\mathrm{d}R^j$ 则是 Fubini-Study 距离。利用式 (3.115) 及式 (3.114) 不难验证 g_{ij} 确实是规范不变的。将规范不变的实部、虚部结合，得到量子几何张量

$$Q_{ij} = g_{ij} - \mathrm{i}\Omega_{ij} = \langle\partial_i\tilde{\psi}|\partial_j\tilde{\psi}\rangle - \langle\partial_i\tilde{\psi}|\tilde{\psi}\rangle\langle\tilde{\psi}|\partial_j\tilde{\psi}\rangle. \tag{3.117}$$

对比式 (3.15)，可知上式就是 Kähler 度规。若取 $\mathbb{C}^N$ 上的局域坐标 $|\tilde{\psi}\rangle = (z^0, z^1, \cdots, z^{N-1})^\mathrm{T}$，那么 Q_{ij} 自然退化为式 (3.26) 中的 $g_{i\bar{j}}$。经过规范修正后，Q_{ij} 刻画的就是不等价量子态之间的距离，即 CP^{N-1} 上不同点之间的距离。利用式 (3.117)，有

$$\mathrm{d}s^2(\mathrm{CP}^{N-1}) = \langle\partial_i\tilde{\psi}|\partial_j\tilde{\psi}\rangle\mathrm{d}R^i\mathrm{d}R^j + (\langle\tilde{\psi}|\partial_i\tilde{\psi}\rangle\mathrm{d}R^i)^2 \tag{3.118}$$

上式右边第一项即 $\mathrm{d}s^2(S^{2N-1})$。取 $|\tilde{\psi}\rangle = \mathrm{e}^{\mathrm{i}\phi}|\psi\rangle$，则有

$$\langle\tilde{\psi}|\partial_i\tilde{\psi}\rangle\mathrm{d}R^i = \langle\tilde{\psi}|\mathrm{d}\tilde{\psi}\rangle = \mathrm{i}(\mathrm{d}\phi - \mathrm{i}\mathcal{A}), \tag{3.119}$$

因此式 (3.118) 变为

$$\mathrm{d}s^2(S^{2N-1}) = \mathrm{d}s^2(\mathrm{CP}^{N-1}) + (\mathrm{d}\phi - \mathrm{i}\mathcal{A})^2. \tag{3.120}$$

再次得到距离分解 (3.51)。上式表明，总空间 S^{2N-1} 上的距离有两部分贡献，分别来自底流形 CP^{N-1} 和纤维空间 $U(1)$。若 $|\tilde{\psi}(\boldsymbol{R})\rangle$ 经历平行输运 $(\mathrm{i}\dot{\phi} + \mathcal{A}(X) = 0)$，即 $|\tilde{\psi}(\boldsymbol{R})\rangle \mathbin{/\mkern-5mu/} |\tilde{\psi}(\boldsymbol{R}+\mathrm{d}\boldsymbol{R})\rangle$，两者保持瞬时"同相"，那么 $U(1)$ 相因子不会对总距离产生贡献，此时 $\mathrm{d}s^2(S^{2N-1})$ 被最小化。令 $\boldsymbol{R}$ 依赖于单参数 t，则有

$$\mathrm{d}s^2_{\mathrm{FS}}(|\psi(t+\mathrm{d}t)\rangle,|\psi(t)\rangle) := \inf\big||\tilde{\psi}(t+\mathrm{d}t)\rangle - |\tilde{\psi}(t)\rangle\big|^2$$

[①] 严格来说，应为第 2 章所提到的 $U(1)$ 主丛上的 Ehresmann 联络，为方便起见，在这里我们仍用物理文献的习惯称之为 AA 联络或 Berry 联络。

3.5 纯态的量子几何张量

$$= 2 - 2\langle\tilde{\psi}(t+\mathrm{d}t)|\tilde{\psi}(t)\rangle. \tag{3.121}$$

等号在 $|\tilde{\psi}(t+\mathrm{d}t)\rangle \mathbin{/\mkern-6mu/} |\tilde{\psi}(t)\rangle$ 或 $\langle\tilde{\psi}(t)|\tilde{\psi}(t+\mathrm{d}t)\rangle = \langle\tilde{\psi}(t+\mathrm{d}t)|\tilde{\psi}(t)\rangle > 0$ 时成立。如此一来，便重新回到了 2.2 节中 Fubini-Study 距离的最初定义。图 3.1 展示了三种距离之间的几何关系。

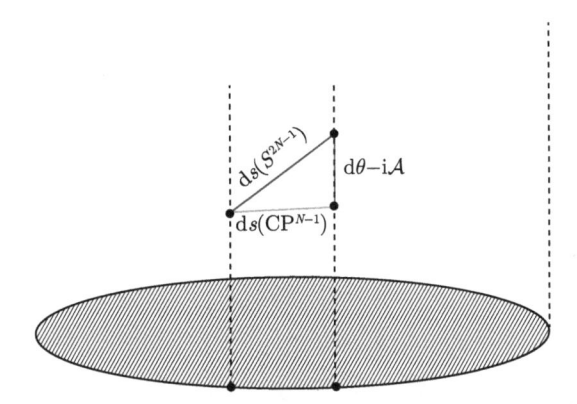

图 3.1 总空间、纤维空间和底流形上距离之间的几何关系

关于量子几何张量的计算，可对本征方程 $\hat{H}(\boldsymbol{R})|n(\boldsymbol{R})\rangle = E_n(\boldsymbol{R})|n(\boldsymbol{R})\rangle$ 两边求微分，再与 $|m(\boldsymbol{R})\rangle$ 作内积 $(m \neq n)$，得到

$$\langle m(\boldsymbol{R})|\partial_i n(\boldsymbol{R})\rangle = \frac{\langle m(\boldsymbol{R})|\partial_i \hat{H}(\boldsymbol{R})|n(\boldsymbol{R})\rangle}{E_m(\boldsymbol{R}) - E_n(\boldsymbol{R})}, \tag{3.122}$$

利用上式以及式 (3.117)，第 n 个能级对应的量子几何张量为

$$\begin{aligned}
Q_{ij}^n &= \langle\partial_i n|(1-|n\rangle\langle n|)\partial_j n\rangle \\
&= \sum_{m\neq n} \langle\partial_i n|m\rangle\langle m|\partial_j n\rangle \\
&= \sum_{m\neq n} \frac{\langle n|\partial_j \hat{H}|m\rangle\langle m|\partial_j \hat{H}|n\rangle}{(E_m - E_n)^2}.
\end{aligned} \tag{3.123}$$

其实部 $g_{ij}^n = \operatorname{Re} Q_{ij}^n$，负虚部 $\Omega_{ij}^n = \operatorname{Im} Q_{ij}^n = -\frac{\mathrm{i}}{2} F_{ij}$ 分别给出 Fubini-Study 度规以及 AA 曲率。

例 3.5.1 考虑哈密顿量为 $\hat{H} = \boldsymbol{R}\cdot\boldsymbol{\sigma}$ 的两能级系统，本征态由式 (2.107) 给出。取参数坐标为 (θ,ϕ)。利用式 (3.123) 不难验证基态量子几何张量为

$$Q_{ij}^0 = \frac{1}{4}\begin{pmatrix} 1 & \mathrm{i}\sin\theta \\ -\mathrm{i}\sin\theta & \sin^2\theta \end{pmatrix}. \tag{3.124}$$

对应的 Fubini-Study 距离为

$$\begin{aligned}\mathrm{d}s^2 &= Q^0_{\theta\theta}\mathrm{d}\theta^2 + (Q^0_{\theta\phi} + Q^0_{\phi\theta})\mathrm{d}\theta\mathrm{d}\phi + Q^0_{\phi\phi}\mathrm{d}\phi^2 \\ &= \frac{1}{4}\left(\mathrm{d}\theta^2 + \sin^2\theta\mathrm{d}\phi^2\right).\end{aligned} \quad (3.125)$$

与式 (3.61) 完全一致。其对应的 Kähler 形式为

$$\Omega = -\mathrm{i}\left(Q^0_{\theta\phi}\mathrm{d}\theta\otimes\mathrm{d}\phi + Q^0_{\phi\theta}\mathrm{d}\phi\otimes\mathrm{d}\theta\right) = \frac{1}{4}\sin\theta\mathrm{d}\theta\wedge\mathrm{d}\phi \quad (3.126)$$

确实是式 (3.62) 的负虚部。

例 3.5.2 谐振子相干态 $|z\rangle$ 的量子几何张量。$|z\rangle$ 的表达式由式 (2.150) 给出

$$|z\rangle = \mathrm{e}^{-\frac{|z|^2}{2}}\sum_{n=0}^{+\infty}\frac{z^n}{\sqrt{n!}}|n\rangle, \quad (3.127)$$

满足归一化条件 $\langle z|z\rangle$ 以及 $\langle n|z\rangle = \mathrm{e}^{-\frac{|z|^2}{2}}\frac{z^n}{\sqrt{n!}}$。对上式求微分，可得

$$|\mathrm{d}z\rangle = -\frac{1}{2}(z\mathrm{d}\bar{z} + \tilde{z}\mathrm{d}z)|z\rangle + \mathrm{e}^{-\frac{|z|^2}{2}}\sum_{n=1}^{+\infty}\frac{nz^{n-1}\mathrm{d}z}{\sqrt{n!}}|n\rangle. \quad (3.128)$$

取 $z = x + \mathrm{i}y$，利用以上结果，有

$$\begin{aligned}\langle z|\mathrm{d}z\rangle &= -(x\mathrm{d}x + y\mathrm{d}y)\mathrm{e}^{-\frac{|z|^2}{2}}\sum_{n=0}^{+\infty}\frac{|z|^{2n}}{n!} + \bar{z}\mathrm{e}^{-\frac{|z|^2}{2}}\sum_{n=1}^{+\infty}\frac{|z|^{2(n-1)}}{(n-1)!}\mathrm{d}z \\ &= -(x\mathrm{d}x + y\mathrm{d}y) + \bar{z}\mathrm{d}z \\ &= \mathrm{i}(x\mathrm{d}y - y\mathrm{d}x).\end{aligned} \quad (3.129)$$

同样

$$\begin{aligned}\langle \mathrm{d}z|\mathrm{d}z\rangle &= (x\mathrm{d}x + y\mathrm{d}y)^2 - (x\mathrm{d}x + y\mathrm{d}y)\mathrm{e}^{-\frac{|z|^2}{2}}\sum_{n=1}^{+\infty}\frac{\bar{z}^n z^{n-1}\mathrm{d}z + z^n\bar{z}^{n-1}\mathrm{d}\bar{z}}{(n-1)!} \\ &\quad + \mathrm{e}^{-\frac{|z|^2}{2}}\sum_{n=1}^{+\infty}\frac{n|z|^{2(n-1)}}{(n-1)!}\mathrm{d}z\mathrm{d}\bar{z}.\end{aligned} \quad (3.130)$$

3.5 纯态的量子几何张量

简单计算可得

$$\text{第二项} = -(x\mathrm{d}x+y\mathrm{d}y)(z\mathrm{d}\bar{z}+\tilde{z}\mathrm{d}z) = -2(x\mathrm{d}x+y\mathrm{d}y)^2,$$

$$\begin{aligned}\text{第三项} &= \mathrm{e}^{-\frac{|z|^2}{2}}\sum_{n=0}^{+\infty}\frac{(n+1)|z|^{2n}}{n!}\mathrm{d}z\mathrm{d}\bar{z}\\ &= \mathrm{e}^{-\frac{|z|^2}{2}}\left(|z|^2\sum_{n=1}^{+\infty}\frac{|z|^{2(n-1)}}{(n-1)!}+\sum_{n=0}^{+\infty}\frac{|z|^{2n}}{n!}\right)\mathrm{d}z\mathrm{d}\bar{z}\\ &= (1+|z|^2)\mathrm{d}z\mathrm{d}\bar{z}\\ &= (1+x^2+y^2)(\mathrm{d}x^2+\mathrm{d}y^2). \end{aligned} \tag{3.131}$$

综合以上结果，Fubini-Study 距离为

$$\begin{aligned}\mathrm{d}s^2 &= \langle\mathrm{d}z|\mathrm{d}z\rangle - \langle\mathrm{d}z|z\rangle\langle z|\mathrm{d}z\rangle\\ &= (1+x^2+y^2)(\mathrm{d}x^2+\mathrm{d}y^2) - (x\mathrm{d}x+y\mathrm{d}y)^2 - (x\mathrm{d}y-y\mathrm{d}x)^2\\ &= \mathrm{d}x^2+\mathrm{d}y^2. \end{aligned} \tag{3.132}$$

其黎曼度规为对角的，即 $g_{xx}=g_{yy}=1$。为求虚部，利用

$$\begin{aligned}\frac{\partial|z\rangle}{\partial x} &= -x|z\rangle + \mathrm{e}^{-\frac{|z|^2}{2}}\sum_{n=1}^{+\infty}\frac{nz^{n-1}}{\sqrt{n!}}|n\rangle,\\ \frac{\partial|z\rangle}{\partial y} &= -y|z\rangle + \mathrm{i}\mathrm{e}^{-\frac{|z|^2}{2}}\sum_{n=1}^{+\infty}\frac{nz^{n-1}}{\sqrt{n!}}|n\rangle. \end{aligned} \tag{3.133}$$

通过类似的计算过程，得到

$$\partial_x\langle z|\partial_y|z\rangle = xy - (\mathrm{i}x\bar{z}+yz) + \mathrm{i}(1+z\bar{z}) = -xy + \mathrm{i}. \tag{3.134}$$

根据式 (3.113)，有

$$\Omega_{xy} = -\Omega_{yx} = -1, \quad \Omega = -\mathrm{d}x\wedge\mathrm{d}y. \tag{3.135}$$

若用极坐标形式 $z=r\mathrm{e}^{\mathrm{i}\phi}$，易证

$$\mathrm{d}s^2 = \mathrm{d}r^2 + r^2\mathrm{d}\phi^2, \quad \Omega = -r\mathrm{d}r\wedge\mathrm{d}\phi. \tag{3.136}$$

3.5.2 二维量子几何张量的性质

本小节讨论二维体系量子几何张量的一些有趣性质。这里的二维指系统有两个外参数，而能级则可以有任意多个。令系统依赖于外参数 $\boldsymbol{R} = (R^1, R^2)^{\mathrm{T}}$，能级为 $|n(\boldsymbol{R})\rangle$, $n = 1, 2, \cdots, N$。由式 (3.117)，第 n 个能级对应的量子几何张量可表达为

$$Q_{ij}^n(\boldsymbol{R}) = \langle \partial_i n(\boldsymbol{R}) | (1 - P_n(\boldsymbol{R})) | \partial_j n(\boldsymbol{R}) \rangle, \quad i,j = 1,2, \tag{3.137}$$

其中，$P_n(\boldsymbol{R}) = |n(\boldsymbol{R})\rangle\langle n(\boldsymbol{R})|$ 为第 n 个能级的投影算符。由于 $g_{ij} = \mathrm{Re} Q_{ij}^n$，$\mathcal{F}_{ij} = -2\mathrm{Im} Q_{ij}^n$（为方便起见，这里略去 $\mathcal{F}_{AA}$ 的下标 AA 以及 g 和 F 的指标 n），所以可将量子几何张量表示为矩阵

$$\begin{aligned} Q^n(\boldsymbol{R}) &= \begin{pmatrix} g_{11}(\boldsymbol{R}) & g_{12}(\boldsymbol{R}) - \frac{\mathrm{i}}{2}\mathcal{F}_{12}(\boldsymbol{R}) \\ g_{21}(\boldsymbol{R}) - \frac{\mathrm{i}}{2}\mathcal{F}_{21}(\boldsymbol{R}) & g_{22}(\boldsymbol{R}) \end{pmatrix} \\ &= g - \frac{\mathrm{i}}{2}\mathcal{F}_{12} \begin{pmatrix} 0 & 1 \\ -1 & 0 \end{pmatrix}, \end{aligned} \tag{3.138}$$

第二行利用了 $\mathcal{F}_{ij}$ 的反对称性。该体系满足一个著名不等式[46,55]

$$\sqrt{\det(g)} \geqslant \frac{|\mathcal{F}_{12}|}{2}. \tag{3.139}$$

为证明该不等式，取

$$|\alpha\rangle = (1 - P_n(\boldsymbol{R}))|\partial_i n(\boldsymbol{R})\rangle, \quad |\beta\rangle = (1 - P_n(\boldsymbol{R}))|\partial_j n(\boldsymbol{R})\rangle. \tag{3.140}$$

利用 $(1 - P_n)^2 = 1 - P_n$，可知

$$\langle\alpha|\alpha\rangle = Q_{ii}^n, \quad \langle\beta|\beta\rangle = Q_{jj}^n, \quad \langle\alpha|\beta\rangle = Q_{ij}^n. \tag{3.141}$$

利用柯西-施瓦茨不等式 $\langle\alpha|\alpha\rangle\langle\beta|\beta\rangle \geqslant |\langle\alpha|\beta\rangle|^2$，可得

$$Q_{ii}^n Q_{jj}^n \geqslant |Q_{ij}^n|^2 \Rightarrow g_{ii}g_{jj} \geqslant g_{ij}^2 + \frac{|\mathcal{F}_{ij}|^2}{4}. \tag{3.142}$$

对于二维系统，$i = 1$，$j = 2$。对比式 (3.138)，上式给出

$$\det(Q^n) \geqslant 0 \quad \text{或} \quad \det(g) \geqslant \frac{|\mathcal{F}_{12}|^2}{4}, \tag{3.143}$$

3.5 纯态的量子几何张量

即式 (3.139)。不难证明 Q^n 的两个本征值均非负，因此对二维系统还有不等式

$$\text{Tr}(Q^n) = \text{Tr}(g) \geqslant 2\sqrt{\det(g)} \geqslant |\mathcal{F}_{12}|. \tag{3.144}$$

对于二维系统，其第一陈数为

$$n_1 = \frac{\mathrm{i}}{2\pi} \int \mathrm{d}^2 \boldsymbol{R} \mathcal{F}_{12}(\boldsymbol{R}). \tag{3.145}$$

而利用 Fubini-Study 度规计算参数空间的量子体积 (面积)，则有

$$V_g = \int \mathrm{d}^2 \boldsymbol{R} \sqrt{\det(g)}. \tag{3.146}$$

显然，下列不等式成立 (注意 $\mathrm{i}\mathcal{F}_{12}$ 为实数)

$$V_g \geqslant \int \mathrm{d}^2 \boldsymbol{R} \frac{|\mathrm{i}\mathcal{F}_{12}(\boldsymbol{R})|}{2} \geqslant \pi \left| \frac{\mathrm{i}}{2\pi} \int \mathrm{d}^2 \boldsymbol{R} \mathcal{F}_{12}(\boldsymbol{R}) \right| = \pi |n_1|. \tag{3.147}$$

该不等式给出了量子系统所在能级对应的第一陈数的取值上下限：$\pm \dfrac{V_g}{\pi}$。

3.5.3 两能级系统的二维量子几何张量

考虑依赖于二维参数的两能级系统，将其哈密顿量记为 $\hat{H}(\boldsymbol{R}) = \boldsymbol{d}(\boldsymbol{R}) \cdot \boldsymbol{\sigma}$，其中 $\boldsymbol{d} = (d^1, d^2, d^3)^{\mathrm{T}}$ 为自旋空间中的 Bloch 矢量，并依赖于二维参数 $\boldsymbol{R}$ (注意此处参数符号与式 (2.104) 的区别)。若参数 $\boldsymbol{R}$ 取第一布里渊区中的动量 $\boldsymbol{k}$，则 $\hat{H}$ 描述了一个两带模型。类比式 (2.105)，该体系的能级为

$$|d_\pm\rangle = \frac{1}{\sqrt{2d(d \pm d^3)}} \begin{pmatrix} d \pm d^3 \\ \pm(d^1 + \mathrm{i}d^2) \end{pmatrix}, \tag{3.148}$$

其中，$d = \sqrt{(d^1)^2 + (d^2)^2 + (d^3)^2}$。利用式 (3.137)，基态的量子几何张量矩阵为

$$\begin{aligned} Q &= \begin{pmatrix} \langle \partial_1 d_- | (1 - |d_-\rangle\langle d_-|) |\partial_1 d_-\rangle & \langle \partial_1 d_- | (1 - |d_-\rangle\langle d_-|) |\partial_2 d_-\rangle \\ \langle \partial_2 d_- | (1 - |d_-\rangle\langle d_-|) |\partial_1 d_-\rangle & \langle \partial_2 d_- | (1 - |d_-\rangle\langle d_-|) |\partial_2 d_-\rangle \end{pmatrix} \\ &= \begin{pmatrix} \langle \partial_1 d_- | d_+\rangle\langle d_+ | \partial_1 d_-\rangle & \langle \partial_1 d_- | d_+\rangle\langle d_+ | \partial_2 d_-\rangle \\ \langle \partial_2 d_- | d_+\rangle\langle d_+ | \partial_1 d_-\rangle & \langle \partial_2 d_- | d_+\rangle\langle d_+ | \partial_2 d_-\rangle \end{pmatrix}. \end{aligned} \tag{3.149}$$

由上式第二行，易证

$$\det(Q) = 0, \tag{3.150}$$

即在式 (3.142) 中取等号。因此有

$$\det(g) = \frac{|\mathcal{F}_{12}|^2}{4}. \tag{3.151}$$

对于二维系统，还可导出一个关于陈数与欧拉示性数的不等式 (实为等式)，后者由下式给出

$$\chi = \frac{1}{2\pi} \int \mathrm{d}^2 \boldsymbol{R} \sqrt{\det(g)} \mathcal{K}, \tag{3.152}$$

$\mathcal{K}$ 为高斯曲率。对于二维流形，有 $\mathcal{K} = \dfrac{\mathcal{R}}{2}$，其中 $\mathcal{R}$ 为标量曲率，其数值不依赖于所选的坐标系，完全可以选 3.4 节中的齐次坐标来计算。在式 (3.109) 中，令 $N = 2$，标量曲率为

$$\mathcal{R} = g^{i\bar{j}} \mathfrak{R}_{i\bar{j}} + g^{\bar{i}j} \mathfrak{R}_{\bar{i}j} = 4 \left(g^{1\bar{1}} g_{1\bar{1}} + g^{\bar{1}1} g_{\bar{1}1} \right) = 8. \tag{3.153}$$

因此 $\mathcal{K} = 4$，则式 (3.152) 变为

$$\chi = \frac{2}{\pi} \int \mathrm{d}^2 \boldsymbol{R} \sqrt{\det(g)} = \frac{1}{\pi} \int \mathrm{d}^2 \boldsymbol{R} |\mathcal{F}_{12}| \geqslant 2|n_1|. \tag{3.154}$$

不过，在拓扑学上可严格证明 $n_1 = \dfrac{\chi}{2}$，具体细节可见参考文献 [56]。

3.6 Fubini-Study 距离的几何与物理意义

量子几何张量的实部给出 Fubini-Study 距离，本节将给出 Fubini-Study 距离的几种直观的几何解释和物理解释。

3.6.1 测地线

考虑 $S(\mathcal{H}) = S^{2N-1}$ 中的一条曲线：$|\tilde{\psi}(t)\rangle (0 \leqslant t \leqslant \tau)$。令初态 $|\tilde{\psi}(0)\rangle = |\psi_1\rangle$，末态 $|\tilde{\psi}(\tau)\rangle = |\psi_2\rangle$，它们之间可由任意曲线相连。如果该曲线为所有连接 $|\psi_1\rangle$ 和 $|\psi_2\rangle$ 的曲线中长度最短的曲线，那么该曲线应为 $S(\mathcal{H})$ 上的测地线。为方便讨论，令 $|\psi_1\rangle$ 和 $|\psi_2\rangle$ 为两个互不正交的量子态，并定义实平面

$$\left\{ |\psi\rangle = \lambda_1 |\psi_1\rangle + \lambda_2 |\psi_2\rangle \middle| \lambda_1, \lambda_2 \in \mathbb{R} \right\}. \tag{3.155}$$

注意到 $S(\mathcal{H})$ 可视为一个单位球 S^{2N-1}，而实平面与 S^{2N-1} 相交于一个大圆。而根据几何知识，大圆是球面上的测地线或测地线，在 2.10.3 节中已对此做了详细讨论。

3.6 Fubini-Study 距离的几何与物理意义

现在考虑将 $|\psi_1\rangle$ 和 $|\psi_2\rangle$ 连接起来的测地线，其参数为 $t \in [0, 2\pi)$

$$|\psi(t)\rangle = \lambda_1(t)|\psi_1\rangle + \lambda_2(t)|\psi_2\rangle, \tag{3.156}$$

并要求 $|\psi(0)\rangle = |\psi_1\rangle$，$|\psi(\tau)\rangle = |\psi_2\rangle$，即

$$\lambda_1(0) = 1, \quad \lambda_2(0) = 0, \quad \lambda_1(\tau) = 0, \quad \lambda_2(\tau) = 1. \tag{3.157}$$

取实参数 $a = \mathrm{Re}\langle\psi_1|\psi_2\rangle \leqslant 1$，并假设 $a > 0$。归一化条件 $\langle\psi(t)|\psi(t)\rangle = 1$ 给出

$$\lambda_1^2 + \lambda_2^2 + 2\lambda_1\lambda_2 a = 1. \tag{3.158}$$

结合条件 (3.157)，可将满足上式的实系数 $\lambda_{1,2}$ 参数化为

$$\lambda_1(t) = \cos t - \frac{a}{\sqrt{1-a^2}}\sin t, \quad \lambda_2(t) = \frac{\sin t}{\sqrt{1-a^2}}. \tag{3.159}$$

且满足 $\cos\tau = a$，对比式 (2.349)，两者在 $\langle\psi_1|\psi_2\rangle > 0$ 时完全一致。由 $0 < a \leqslant 1$ 可知 $\tau \in \left[0, \frac{\pi}{2}\right)$。进一步，由

$$\dot{\lambda}_1(t) = -\sin t - \frac{a}{\sqrt{1-a^2}}\cos t, \quad \dot{\lambda}_2(t) = \frac{\cos t}{\sqrt{1-a^2}} \tag{3.160}$$

可证

$$\langle\partial_t\psi|\partial_t\psi\rangle = 1. \tag{3.161}$$

因此，连接 $|\psi_1\rangle$ 和 $|\psi_2\rangle$ 的测地线长度为

$$L = \int_0^\tau \sqrt{\langle\dot{\psi}|\dot{\psi}\rangle}\mathrm{d}t = \int_0^\tau \mathrm{d}t = \tau = \arccos a. \tag{3.162}$$

注意 $\arccos(x)$ 是单调递减函数，因此当 a 最大时，L 取到其最小值。如前所述，当且仅当 $\langle\psi_1|\psi_2\rangle$ 为正实数时，a 取最大值，此时 $|\psi_1\rangle \mathbin{/\mkern-5mu/} |\psi_2\rangle$。根据 2.10.3 节的结论，此时亦有 $\langle\psi|\dot{\psi}\rangle = 0$，因此

$$\langle\dot{\psi}|\dot{\psi}\rangle = \langle\dot{\psi}_\perp|\dot{\psi}_\perp\rangle, \tag{3.163}$$

其中，$|\dot{\psi}_\perp\rangle = |\dot{\psi}\rangle - \langle\psi|\dot{\psi}\rangle|\psi\rangle = |\dot{\psi}\rangle$，因此，两者之间的距离由 Fubini-Study 度规给出，我们得到这样一个结论：当把量子态限制在 S^{2N-1} 上时，Fubini-Study 度规所给出的曲线就是 S^{2N-1} 上的大圆 (测地线)，Fubini-Study 距离也可称为 "测地量子距离"。

现在讨论更一般的问题，连接任意两个量子态 $|\psi_1\rangle$ 与 $|\psi_2\rangle$ 的最短曲线 (短程线) 是什么。在这种情况下，2.10.3 节中的变分法不再适用，因为它的解总会给出 $|\psi_1\rangle \not\!/\!/ |\psi_2\rangle$。其原因是在规范变换 $|\psi'\rangle \to e^{i\chi}|\psi\rangle$ 下，线元 $\langle\dot\psi|\dot\psi\rangle \mathrm{d}t^2$ 并非不变，所以两个端点 $|\psi_{1,2}\rangle$ 必须"同相"才能与距离最小化条件 (平行演化条件) 相容。而根据本章之前的讨论，Fubini-Study 线元是规范不变的，所以可将以上线元替换为

$$\langle\dot\psi_\perp|\dot\psi_\perp\rangle \mathrm{d}t^2 = \left(\langle\dot\psi|\dot\psi\rangle - \langle\dot\psi|\psi\rangle\langle\psi|\dot\psi\rangle\right)\mathrm{d}t^2. \tag{3.164}$$

利用式 (2.333) 不难验证在规范变换下，有 $|\dot\psi'_\perp\rangle \longrightarrow e^{i\chi}|\dot\psi_\perp\rangle$，这与 Fubini-Study 距离的规范不变性相容。此外，将泛函取为

$$L(\gamma) = \int_{0,\gamma}^\tau \mathrm{d}t \sqrt{\langle\dot\psi_\perp|\dot\psi_\perp\rangle} \tag{3.165}$$

而非式 (2.341) 中的平方项，因为在这种情况下后者会带来 ψ 的高次项。令 $||\dot\psi_\perp|| = \sqrt{\langle\dot\psi_\perp|\dot\psi_\perp\rangle}$，对 L 变分，有

$$\begin{aligned}\delta L(\gamma) &= \frac{1}{2}\int_{0,\gamma}^\tau \mathrm{d}t \frac{1}{||\dot\psi_\perp||}\Big(\langle\delta\dot\psi|\dot\psi\rangle + \langle\dot\psi|\delta\dot\psi\rangle - \langle\delta\dot\psi|\psi\rangle\langle\psi|\dot\psi\rangle \\ &\quad - \langle\dot\psi|\delta\psi\rangle\langle\psi|\dot\psi\rangle - \langle\dot\psi|\psi\rangle\langle\delta\psi|\dot\psi\rangle - \langle\dot\psi|\psi\rangle\langle\psi|\delta\dot\psi\rangle\Big) \\ &= \int_{0,\gamma}^\tau \mathrm{d}t \frac{1}{||\dot\psi_\perp||}\mathrm{Re}\left(\langle\delta\dot\psi|\dot\psi\rangle - \langle\delta\dot\psi|\psi\rangle\langle\psi|\dot\psi\rangle - \langle\delta\psi|\dot\psi\rangle\langle\dot\psi|\psi\rangle\right) \\ &= \int_{0,\gamma}^\tau \mathrm{d}t \frac{1}{||\dot\psi_\perp||}\mathrm{Re}\left(\langle\delta\dot\psi|\dot\psi_\perp\rangle - \langle\delta\psi|\dot\psi\rangle\langle\dot\psi|\psi\rangle\right). \end{aligned} \tag{3.166}$$

再利用 $\langle\delta\psi|\dot\psi_\perp\rangle\langle\dot\psi|\psi\rangle = \langle\delta\psi|\dot\psi\rangle\langle\dot\psi|\psi\rangle - \langle\delta\psi|\psi\rangle|\langle\psi|\dot\psi\rangle|^2$ 以及 $\langle\psi|\dot\psi\rangle$ 为纯虚数这一事实，可知

$$-\mathrm{Re}\langle\delta\psi|\dot\psi\rangle\langle\dot\psi|\psi\rangle = -\mathrm{Re}\langle\delta\psi|\dot\psi_\perp\rangle\langle\dot\psi|\psi\rangle = \mathrm{Re}\langle\delta\psi|\dot\psi_\perp\rangle\langle\psi|\dot\psi\rangle. \tag{3.167}$$

因此 L 的变分可表示为

$$\delta L(\gamma) = \int_{0,\gamma}^\tau \mathrm{d}t \frac{1}{||\dot\psi_\perp||}\mathrm{Re}\left(\langle\delta\dot\psi|\dot\psi_\perp\rangle + \langle\delta\psi|\dot\psi_\perp\rangle\langle\psi|\dot\psi\rangle\right). \tag{3.168}$$

求实部的运算可与积分、微分运算对易，因此可先对第一项进行分部积分，再求实部。于是有

$$\int_{0,\gamma}^\tau \mathrm{d}t \frac{1}{||\dot\psi_\perp||}\langle\delta\dot\psi|\dot\psi_\perp\rangle = \left\langle\delta\psi\bigg|\frac{\dot\psi_\perp}{||\dot\psi_\perp||}\right\rangle\bigg|_0^\tau - \int_0^\tau \mathrm{d}t \left\langle\delta\psi\bigg|\frac{\mathrm{d}}{\mathrm{d}t}\left(\frac{\dot\psi_\perp}{||\dot\psi_\perp||}\right)\right\rangle \tag{3.169}$$

3.6 Fubini-Study 距离的几何与物理意义

其中，$\left|\frac{\dot{\psi}_\perp}{||\dot{\psi}_\perp||}\right\rangle \equiv \frac{|\dot{\psi}_\perp\rangle}{||\dot{\psi}_\perp||}$。因为 $|\delta\psi(0)\rangle = |\delta\psi(\tau)\rangle = 0$，所以上式中的边界项为 0，$L$ 的变分最终可表示为

$$\delta L(\gamma) = -\int_{0,\gamma}^{\tau} dt \mathrm{Re} \left\langle \delta\psi \left| \left[\frac{d}{dt}\left(\frac{\dot{\psi}_\perp}{||\dot{\psi}_\perp||}\right) - \langle\psi|\dot{\psi}\rangle \frac{\dot{\psi}_\perp}{||\dot{\psi}_\perp||} \right] \right\rangle\right. . \tag{3.170}$$

注意到 $\langle\delta\psi|\psi\rangle$ 的实部为 0，因此，只需要满足以下运动方程

$$\left(\frac{d}{dt} - \langle\psi(t)|\dot{\psi}(t)\rangle\right)\frac{|\dot{\psi}_\perp(t)\rangle}{||\dot{\psi}_\perp(t)||} = f(t)|\psi(t)\rangle, \text{且} f(t) \text{为实函数}, \tag{3.171}$$

就有 $\delta L(\gamma) = 0$。若 $|\psi\rangle$ 满足平行演化条件，则 $|\dot{\psi}_\perp\rangle = |\dot{\psi}\rangle$，且上式退化为

$$\frac{d}{dt}\left(\frac{|\dot{\psi}(t)\rangle}{||\dot{\psi}(t)||}\right) = f(t)|\psi(t)\rangle. \tag{3.172}$$

若选择合适的参数（再参数化）使得 $||\dot{\psi}||$ 为常数，取 $\lambda = -f||\dot{\psi}||$，则有

$$|\ddot{\psi}(t)\rangle = -\lambda(t)|\psi(t)\rangle \rightarrow \lambda = -\langle\psi|\ddot{\psi}\rangle. \tag{3.173}$$

再对 $\langle\psi|\psi\rangle = 1$ 微分两次，有

$$\langle\psi|\ddot{\psi}\rangle + \langle\ddot{\psi}|\psi\rangle + 2\langle\dot{\psi}|\dot{\psi}\rangle = 0, \tag{3.174}$$

因此可得

$$\lambda = \langle\dot{\psi}|\dot{\psi}\rangle \tag{3.175}$$

为常数，因为已经用再参数化使得 $||\dot{\psi}||$ 为常数，所以运动方程变为

$$|\ddot{\psi}(t)\rangle + \lambda|\psi(t)\rangle = 0 \tag{3.176}$$

与方程 (2.344) 一致，其解在 2.10.3 节已深入讨论。

考虑更一般的情况，此时平行输运条件 $\langle\psi|\dot{\psi}\rangle = 0$ 不被满足，因此两端点之间不必平行，可令 $\langle\psi_1|\psi_2\rangle = ae^{i\phi}$。考虑简单的情况，即 $\langle\psi|\dot{\psi}\rangle$ 为一常数，因为它是纯虚数，所以令 $\langle\psi|\dot{\psi}\rangle = i\eta$。同时利用再参数化使得 $||\dot{\psi}_\perp||$ 为常数，则 $|\dot{\psi}_\perp\rangle = |\dot{\psi}\rangle - i\eta|\psi\rangle$。仍取 $\lambda = -||\dot{\psi}_\perp||f$，则方程 (3.171) 变为

$$|\ddot{\psi}(t)\rangle - 2i\eta|\dot{\psi}(t)\rangle + (\lambda - \eta^2)|\psi(t)\rangle = 0. \tag{3.177}$$

其边界条件为 $|\psi(0)\rangle = |\psi_1\rangle$,$|\psi(\tau)\rangle = |\psi_2\rangle$ 及 $\langle\psi_1|\psi_2\rangle = ae^{i\phi}$。若利用再参数化使得 $\lambda = 1$,则根据上述方程的通解公式,不难得到

$$|\psi(t)\rangle = \frac{e^{i\frac{\phi}{\tau}}}{\sin\tau}\left[\sin(\tau-t)|\psi_1\rangle + e^{-i\phi}\sin t|\psi_2\rangle\right]. \tag{3.178}$$

若 $\phi = 0$,则该解自然退化为式 (2.349)。此外,可验证 $a = \cos\tau$,$\langle\psi|\dot\psi\rangle = i\eta = i\dfrac{\phi}{\tau}$ 以及

$$\langle\dot\psi|\dot\psi\rangle = 1 + \frac{\phi^2}{\tau^2}, \quad \langle\dot\psi_\perp|\dot\psi_\perp\rangle = 1, \tag{3.179}$$

确实与我们的假设相吻合。在这种情况下,若沿用 2.10 节中关于几何相位的定义 (2.335),则有

$$\begin{aligned}\theta_g(\gamma) &= \arg\langle\psi(0)|\psi(\tau)\rangle - \mathrm{Im}\int_0^\tau \mathrm{d}t\langle\psi(t)|\dot\psi(t)\rangle\\ &= \arg(e^{i\phi}\cos\tau) - \int_0^\tau \mathrm{d}t\frac{\phi}{\tau}\\ &= 0,\end{aligned} \tag{3.180}$$

即测地线的几何相位仍为 0。

3.6.2 量子角

仍取外参数 $\boldsymbol{R}$ 作为量子态的局域坐标。3.6.1 节的结论告诉我们:若考虑单位球 S^{2N-1} 上两点 $|\tilde\psi(\boldsymbol{R})\rangle$ 和 $|\tilde\psi(\boldsymbol{R}+\mathrm{d}\boldsymbol{R})\rangle$,当它们互相平行时,彼此之间的距离最短,为 Fubini-Study 距离,而连接它们的最短线为大圆弧,弧长为测地量子距离 $\mathrm{d}s^2 = g_{ij}\mathrm{d}R^i\mathrm{d}R^j$。令这段大圆弧相对球心的圆心角为 $\mathrm{d}\theta$,因为 S^{2N-1} 是单位球,所以

$$\mathrm{d}\theta = \mathrm{d}s = \sqrt{g_{ij}\mathrm{d}R^i\mathrm{d}R^j}. \tag{3.181}$$

这说明某点与其邻近点之间的 Fubini-Study 距离就是这两点相对球心的圆心角,这并不奇怪,因为这其实就是不等价量子态之间的距离,该距离 (角度) 也被称为 "量子角"。

如果注意到不等价量子态对应的点 "生活在" 复投影空间 CP^{N-1} 上,那么上述结果就很容易理解。根据 3.2 节中的讨论,对 $|\tilde\psi\rangle$ 作投影可得物理不等价的量子态 $|\psi\rangle = \Pi(|\tilde\psi\rangle)$,$|\psi\rangle$ 为量子相空间 $H = \mathrm{CP}^{N-1}$ 上的点,或者 "射线",而不同射线之间的 "距离" 显然只能用它们之间的 "夹角" 来度量,即 "量子角"。

3.6 Fubini-Study 距离的几何与物理意义

从式 (3.181) 也可反推出 Fubini-Study 距离的表达式。令 s 为 $|\psi\rangle$ 与 $|\phi\rangle$ 之间的夹角，则有

$$s = \arccos \frac{|\langle\psi|\phi\rangle|}{|\langle\psi|\psi\rangle||\langle\phi|\phi\rangle|} = \arccos \sqrt{\frac{\langle\psi|\phi\rangle\langle\phi|\psi\rangle}{\langle\psi|\psi\rangle\langle\phi|\phi\rangle}}. \tag{3.182}$$

当 $|\phi\rangle$ 趋向于 $|\psi\rangle$，即 $|\phi\rangle = |\psi\rangle + |\mathrm{d}\psi\rangle (\equiv \mathrm{d}|\psi\rangle)$ 时，则它们之间的微距离为

$$\mathrm{d}s = \arccos \sqrt{\left(1 + \frac{\langle\psi|\mathrm{d}\psi\rangle}{\langle\psi|\psi\rangle}\right)\left(1 + \frac{\langle\mathrm{d}\psi|\psi\rangle}{\langle\psi|\psi\rangle}\right)\left(1 + \frac{\langle\mathrm{d}\psi|\mathrm{d}\psi\rangle}{\langle\psi|\psi\rangle}\right)^{-1}}$$

$$= \arccos \sqrt{1 - \left(\frac{\langle\mathrm{d}\psi|\mathrm{d}\psi\rangle}{\langle\psi|\psi\rangle} - \frac{\langle\mathrm{d}\psi|\psi\rangle\langle\psi|\mathrm{d}\psi\rangle}{\langle\psi|\psi\rangle^2}\right)}. \tag{3.183}$$

这里取 $\langle\psi|\psi\rangle$ 为常数 (尽管未必为 1)，因此 $\langle\psi|\mathrm{d}\psi\rangle + \langle\mathrm{d}\psi|\psi\rangle = 0$。进一步有

$$\cos(\mathrm{d}s) = \sqrt{1 - \left(\frac{\langle\mathrm{d}\psi|\mathrm{d}\psi\rangle}{\langle\psi|\psi\rangle} - \frac{\langle\mathrm{d}\psi|\psi\rangle\langle\psi|\mathrm{d}\psi\rangle}{\langle\psi|\psi\rangle^2}\right)}$$

$$\approx 1 - \frac{1}{2}\left(\frac{\langle\mathrm{d}\psi|\mathrm{d}\psi\rangle}{\langle\psi|\psi\rangle} - \frac{\langle\mathrm{d}\psi|\psi\rangle\langle\psi|\mathrm{d}\psi\rangle}{\langle\psi|\psi\rangle^2}\right) \tag{3.184}$$

而左边近似为 $\cos(\mathrm{d}s) \approx 1 - \frac{1}{2}\mathrm{d}s^2$，最终有

$$\mathrm{d}s^2 = \frac{\langle\mathrm{d}\psi|\mathrm{d}\psi\rangle}{\langle\psi|\psi\rangle} - \frac{\langle\mathrm{d}\psi|\psi\rangle\langle\psi|\mathrm{d}\psi\rangle}{\langle\psi|\psi\rangle^2}. \tag{3.185}$$

再次回到 Fubini-Study 距离的另一表达式 (3.45)。

3.6.3 量子演化速度

若量子系统在含时哈密顿量 $\hat{H}(t)$ 的约束下作动力学演化，取量子态 $|\psi(t)\rangle$ (一般不是 $\hat{H}(t)$ 的瞬时本征态)，并对 $|\psi(t+\mathrm{d}t)\rangle$ 展开到二阶

$$|\psi(t+\mathrm{d}t)\rangle = |\psi(t)\rangle + \frac{\mathrm{d}}{\mathrm{d}t}|\psi(t)\rangle \mathrm{d}t + \frac{1}{2}\frac{\mathrm{d}^2}{\mathrm{d}t^2}|\psi(t)\rangle \mathrm{d}t^2 + \cdots. \tag{3.186}$$

利用薛定谔方程可得

$$\frac{\mathrm{d}}{\mathrm{d}t}|\psi(t)\rangle = -\frac{\mathrm{i}}{\hbar}\hat{H}(t)|\psi(t)\rangle,$$

$$\frac{\mathrm{d}^2}{\mathrm{d}t^2}|\psi(t)\rangle = -\frac{\mathrm{i}}{\hbar}\frac{\mathrm{d}\hat{H}(t)}{\mathrm{d}t}|\psi(t)\rangle - \frac{1}{\hbar^2}\hat{H}^2(t)|\psi(t)\rangle. \tag{3.187}$$

因此

$$\langle\psi(t)|\psi(t+\mathrm{d}t)\rangle$$
$$=1-\frac{1}{2}\langle\psi(t)|\hat{H}^2(t)|\psi(t)\rangle\mathrm{d}t^2+\cdots \quad (\text{实部})$$
$$-\frac{\mathrm{i}}{\hbar}\left(\langle\psi(t)|\hat{H}(t)|\psi(t)\rangle\mathrm{d}t+\frac{1}{2}\langle\psi(t)|\frac{\mathrm{d}\hat{H}(t)}{\mathrm{d}t}|\psi(t)\rangle\mathrm{d}t^2\right)+\cdots \quad (\text{虚部}). \quad (3.188)$$

精确到 $\mathrm{d}t^2$，则有

$$|\langle\psi(t)|\psi(t+\mathrm{d}t)\rangle|=1-\frac{1}{2}\frac{(\Delta E)^2}{\hbar^2}\mathrm{d}t^2+\hat{\mathcal{O}}(\mathrm{d}t^4) \quad (3.189)$$

其中，$(\Delta E)^2=\langle\psi|\hat{H}^2|\psi\rangle-\langle\psi|\hat{H}|\psi\rangle^2$ 为能量涨落。类比 3.6.2 节的讨论，令 $|\psi(t)\rangle$ 与 $|\psi(t+\mathrm{d}t)\rangle$ 之间的 Fubini-Study 距离为 $\mathrm{d}s$。由式 (3.184) 可知

$$|\langle\psi(t)|\psi(t+\mathrm{d}t)\rangle|=\cos(\mathrm{d}s)\approx 1-\frac{1}{2}\mathrm{d}s^2. \quad (3.190)$$

对比式 (3.189) 可得

$$\frac{\mathrm{d}s}{\mathrm{d}t}=\frac{\Delta E}{\hbar}. \quad (3.191)$$

这是量子态 $|\psi(t)\rangle$ 的变化速度，也称"量子演化速度"。该式表明，如果某量子态的能量涨落越大，则其量子演化越快。换言之，能量涨落是量子演化的驱动力，这就是著名的 Anandan-Aharonov 定理[57]。

基于以上讨论，Kähler 度量可视为量子力学几何化的自然度量，因此被称为量子几何张量是非常合理的。

3.6.4 保真度敏感性

考虑一个量子多体系统，其哈密顿量为 $\hat{H}(\lambda)=\hat{H}_0+\lambda\hat{H}_\mathrm{I}$，其中 $\hat{H}_\mathrm{I}$ 为描述外界扰动的哈密顿量，λ 描述扰动强度。对比之前的结果，可认为 λ 就是一维外参数 R^1。系统的本征方程为 $\hat{H}(\lambda)|\psi_n(\lambda)\rangle=E_n(\lambda)|\psi_n(\lambda)\rangle$，且所有本征态为正交归一的。现在考虑驱动参数的微小改变 $\lambda\longrightarrow\lambda+\delta\lambda$ 对系统的影响。根据微扰的量子理论，易知第 n 个本征态变为

$$|\psi_n(\lambda+\delta\lambda)\rangle=|\psi_n(\lambda)\rangle+\delta\lambda\sum_{m\neq n}\frac{H_{mn}(\lambda)}{E_n(\lambda)-E_m(\lambda)}|\psi_m(\lambda)\rangle$$
$$+\delta\lambda^2\sum_{m\neq l}\sum_{l\neq n}\frac{H_{ml}(\lambda)}{E_m(\lambda)-E_l(\lambda)}\frac{H_{ln}(\lambda)}{E_l(\lambda)-E_n(\lambda)}|\psi_m(\lambda)\rangle+\cdots.$$

$$(3.192)$$

其中，$H_{mn}(\lambda) = \langle\psi_m(\lambda)|\hat{H}_\mathrm{I}(\lambda)|\psi_n(\lambda)\rangle$。定义量子保真度为 $F_n(\lambda, \delta) = |\langle\psi_n(\lambda)|\psi_n \cdot (\lambda + \delta\lambda)\rangle|$。利用不同本征态之间的正交性以及式 (3.192)，有

$$F_n(\lambda) = \left|1 - \delta\lambda^2 \sum_{m\neq n} \frac{|H_{mn}(\lambda)|^2}{[E_m(\lambda) - E_n(\lambda)]^2} + \cdots\right| \approx 1 - \delta\lambda^2 \sum_{m\neq n} \frac{|H_{mn}(\lambda)|^2}{[E_m(\lambda) - E_n(\lambda)]^2}. \tag{3.193}$$

第 n 个本征态的 Fubini-Study 距离为

$$\mathrm{d}s_n^2 = \langle\mathrm{d}\psi_n|(1 - |\psi_n\rangle\langle\psi_n|)|\mathrm{d}\psi_n\rangle. \tag{3.194}$$

利用以上结果以及式 (3.190)，可得到

$$\mathrm{d}s_n^2 = 2\sum_{m\neq n} \frac{|H_{mn}(\lambda)|^2}{[E_m(\lambda) - E_n(\lambda)]^2} \mathrm{d}\lambda^2. \tag{3.195}$$

在此基础上，可以引入保真度敏感性 (fidelity susceptibility)

$$\chi_F \equiv -\lim_{\delta\lambda\to 0} \frac{\ln F_n(\lambda)}{\delta\lambda^2} = \frac{1}{2}\frac{\mathrm{d}s_n^2}{\mathrm{d}\lambda^2} = \sum_{m\neq n} \frac{|\langle\psi_m(\lambda)|\hat{H}_\mathrm{I}(\lambda)|\psi_n(\lambda)\rangle|^2}{[E_m(\lambda) - E_n(\lambda)]^2}, \tag{3.196}$$

它可以被视为量子保真度 (也可以是 Fubini-Study 距离) 对外界微扰的响应。可以证明，动态保真度敏感性与 $\hat{H}_\mathrm{I}$ 的结构因子 (structure factor) 有简单的关系，对此有兴趣的读者可参考文献 [58]。

3.7 简并量子体系的非阿贝尔量子几何张量

3.7.1 理论基础

在 2.8 节中探讨了简并量子体系的非阿贝尔几何相位，即 Wilczek-Zee 相位。在此基础上，引入非阿贝尔量子几何张量，该张量应有 $U(N)$ 规范不变性。基于这种不变性，可用一种相对简单的办法导出量子几何张量的具体表达式。

回到无简并情况，对于纯态 $|\psi\rangle$，其量子几何张量为 $Q_{\mu\nu} = \langle\partial_\mu\psi|(1-|\psi_n\rangle\langle\psi_n|) \cdot |\partial_\nu\psi\rangle$，易证它可以表示为

$$Q_{\mu\nu} = \langle\psi|P_{|\psi\rangle}\partial_\mu P_{|\psi\rangle}\partial_\nu P_{|\psi\rangle}|\psi\rangle \tag{3.197}$$

其中，$P_{|\psi\rangle} = |\psi\rangle\langle\psi|$ 为态 $|\psi\rangle$ 的投影算符。由于 $P_{|\psi\rangle}$ 天然在 $U(1)$ 规范变换 $|\psi\rangle \longrightarrow \mathrm{e}^{\mathrm{i}\chi}|\psi\rangle$ 下保持不变，其微分亦如此，所以 $Q_{\mu\nu}$ 是 $U(1)$ 规范不变的。对于

简并量子体系，需要找到一个 $U(N)$ 规范不变的二阶张量，这可对式 (3.197) 推广而得到。

依旧采用 2.8 节的设定，令哈密顿量第 n 个能级的简并度为 N，且 $\{|\psi_n^i\rangle\}(i=1,2,\cdots,N)$ 为本征子空间上的一组基。同样，定义

$$\psi_n = \left(|\psi_n^1\rangle, \ |\psi_n^2\rangle, \ \cdots, \ |\psi_n^N\rangle\right), \tag{3.198}$$

则该能级的 Wilczek-Zee 联络为 $\mathcal{A}_n = \psi_n^\dagger \mathrm{d}\psi_n$。引入投影算符

$$P = \sum_{i=1}^N |\psi_n^i\rangle\langle\psi_n^i| = \psi_n\psi_n^\dagger. \tag{3.199}$$

在规范变换 $g \in U(N)$ 下，$P = \psi_n g g^\dagger \psi_n^\dagger = P$，因此 P 满足 $U(N)$ 规范不变性。对比式 (3.197)，我们可将态 $|\psi\rangle$ 上的期望值推广为迹，并定义

$$\begin{aligned} Q_{\mu\nu} &= \mathrm{Tr}\,(P\partial_\mu P \partial_\nu P) \\ &= \sum_{i=1}^N \langle\partial_\mu \psi_n^i| \left(1 - \sum_{j=1}^N |\psi_n^j\rangle\langle\psi_n^j|\right) |\partial_\nu \psi_n^i\rangle \\ &= \sum_{i=1}^N \langle\partial_\mu \psi_n^i|(1-P)|\partial_\nu \psi_n^i\rangle. \end{aligned} \tag{3.200}$$

但本征子空间上的量子态一般为基 $\{|\psi_n^i\rangle\}$ 的线性组合，上式的一般性不够充分。取 $C = (c_1, c_2, \cdots, c_N)^\mathrm{T}$ 为非阿贝尔相因子（见 2.8.2 节），由式 (2.258) 引入 $|\Psi_n\rangle = \psi_n C$，并可将 $Q_{\mu\nu}$ 的定义修改为

$$\begin{aligned} \tilde{Q}_{\mu\nu} &= \langle\Psi_n|P\partial_\mu P \partial_\nu P|\Psi_n\rangle \\ &= \sum_{i,j=1}^N c_i^* \langle\partial_\mu \psi_n^i|(1-P)|\partial_\nu \psi_n^j\rangle c_j \\ &= \sum_{i,j=1}^N c_i^* Q_{\mu\nu}^{ij} c_j, \end{aligned} \tag{3.201}$$

其中，$Q_{\mu\nu}^{ij} = \langle\partial_\mu \psi_n^i|(1-P)|\partial_\nu \psi_n^j\rangle$。接下来验证 $\mathrm{d}s^2 = \sum_{ij\mu\nu} c_i^* Q_{\mu\nu}^{ij} c_j \mathrm{d}R^\mu \mathrm{d}R^\nu$ 确实是规范不变的距离。

在取局域坐标 $\boldsymbol{R} = (R^1, R^2, \cdots, R^k)$ 后，令 $|\Psi_n(\boldsymbol{R})\rangle$ 张成量子态流形 $\mathcal{P}$。与之前的讨论类似，引入 $\mathcal{P}$ 上的裸距离

$$\mathrm{d}s^2(\mathcal{P}) = \langle\partial_\mu \Psi_n|\partial_\nu \Psi_n\rangle \mathrm{d}R^\mu \mathrm{d}R^\nu = \partial_\mu(\psi_n C)^\dagger \partial_\nu(\psi_n C) \mathrm{d}R^\mu \mathrm{d}R^\nu. \tag{3.202}$$

3.7 简并量子体系的非阿贝尔量子几何张量

利用 Wilczek-Zee 联络 $\mathcal{A}_{n\mu} = \psi_n^\dagger \partial_\mu \psi_n$ 及 $\psi_n^\dagger \psi_n = 1_N$，可得

$$\begin{aligned}
\mathrm{d}s^2(P) &= \left(C^\dagger \partial_\mu \psi_n^\dagger \partial_\nu \psi_n C + \partial_\mu C^\dagger \mathcal{A}_{n\nu} C + C^\dagger \mathcal{A}_{n\mu}^\dagger \partial_\nu C + \partial_\mu C^\dagger \partial_\nu C\right) \mathrm{d}R^\mu \mathrm{d}R^\nu \\
&= C^\dagger \partial_\mu \psi_n^\dagger \partial_\nu \psi_n C \mathrm{d}R^\mu \mathrm{d}R^\nu + |(\partial_\mu C + \mathcal{A}_{n\mu} C) \mathrm{d}R^\mu|^2 - C^\dagger \mathcal{A}_{n\mu}^\dagger \mathcal{A}_{n\nu} C \mathrm{d}R^\mu \mathrm{d}R^\nu \\
&= c_i^* Q_{\mu\nu}^{ij} c_j \mathrm{d}R^\mu \mathrm{d}R^\nu + |(\partial_\mu C + \mathcal{A}_{n\mu} C) \mathrm{d}R^\mu|^2.
\end{aligned} \tag{3.203}$$

在上式中，利用了爱因斯坦求和规则。这其实就是 P 上裸距离的分解，第二项为非阿贝尔相因子 (纤维) 对距离的贡献。若相因子满足平行输运条件 (2.266)，即

$$\nabla_\mu C \equiv \partial_\mu C + \mathcal{A}_{n\mu} C = 0, \tag{3.204}$$

则裸距离退化为规范不变的距离。因此，$Q_{\mu\nu}^{ij}$ 为非阿贝尔量子几何张量，其负虚部的两倍为 Wilczek-Zee 曲率

$$\mathcal{F}_{n\mu\nu}^{ij} = \langle \partial_\mu \psi_n^i | \partial_\nu \psi_n^j \rangle - \langle \partial_\nu \psi_n^i | \partial_\mu \psi_n^j \rangle. \tag{3.205}$$

3.7.2 一般双重简并四能级系统

现在以 2.8.4 节中的双重简并四能级系统为例，来计算量子几何张量。该系统的哈密顿量由式 (2.292) 给出，考虑一种简单的参数化：$R_1 = R_3 = \dfrac{R}{\sqrt{2}} \sin\theta \cos\phi$，$R_2 = R_4 = \dfrac{R}{\sqrt{2}} \sin\theta \sin\phi$ 和 $R_5 = R\cos\theta$，且 $0 \leqslant \theta \leqslant \pi$，$0 \leqslant \phi \leqslant 2\pi$。因此，参数空间 $\{R^\mu = (\theta, \phi)\}$ 为单位球面。根据式 (2.293)，系统的能级为 (为了方便起见，我们改变了符号标记)

$$|\psi^{+a}\rangle = -\begin{pmatrix} \dfrac{1}{\sqrt{2}} \cos\dfrac{\theta}{2} \mathrm{e}^{-\mathrm{i}\phi} \\ \dfrac{1}{\sqrt{2}} \cos\dfrac{\theta}{2} \mathrm{e}^{\mathrm{i}\phi} \\ \sin\dfrac{\theta}{2} \\ 0 \end{pmatrix}, \quad |\psi^{+b}\rangle = \begin{pmatrix} -\dfrac{1}{\sqrt{2}} \cos\dfrac{\theta}{2} \mathrm{e}^{-\mathrm{i}\phi} \\ \dfrac{1}{\sqrt{2}} \cos\dfrac{\theta}{2} \mathrm{e}^{\mathrm{i}\phi} \\ 0 \\ -\sin\dfrac{\theta}{2} \end{pmatrix},$$

$$|\psi^{-c}\rangle = \begin{pmatrix} -\dfrac{1}{\sqrt{2}} \sin\dfrac{\theta}{2} \mathrm{e}^{-\mathrm{i}\phi} \\ -\dfrac{1}{\sqrt{2}} \sin\dfrac{\theta}{2} \mathrm{e}^{\mathrm{i}\phi} \\ \cos\dfrac{\theta}{2} \\ 0 \end{pmatrix}, \quad |\psi^{-d}\rangle = \begin{pmatrix} -\dfrac{1}{\sqrt{2}} \sin\dfrac{\theta}{2} \mathrm{e}^{-\mathrm{i}\phi} \\ \dfrac{1}{\sqrt{2}} \sin\dfrac{\theta}{2} \mathrm{e}^{\mathrm{i}\phi} \\ 0 \\ \cos\dfrac{\theta}{2} \end{pmatrix}. \tag{3.206}$$

在这里计算简并基态的量子几何张量，由下式给出：

$$Q_{\mu\nu}^{-ij} = \langle\partial_\mu\psi^{-i}|\left(1-P^-\right)|\partial_\nu\psi^{-j}\rangle, \tag{3.207}$$

其中，P^- 为基态能级的投影算子。两个能级的投影算子定义为 $P^\pm = \dfrac{1}{2}\left(1\pm\dfrac{\hat{H}}{R}\right)$，满足 $P^+ + P^- = 1$，因此 $Q_{\mu\nu}^{-ij} = \langle\partial_\mu\psi^{-i}|P^+|\partial_\nu\psi^{-j}\rangle$。利用式 (2.292) 可得

$$P^+ = \frac{1}{2}\begin{pmatrix} 1+\cos\theta & 0 & \sin\theta e^{-i\phi} & \sin\theta e^{-i\phi} \\ 0 & 1+\cos\theta & \sin\theta e^{i\phi} & -\sin\theta e^{i\phi} \\ \sin\theta e^{i\phi} & \sin\theta e^{i\phi} & 1-\cos\theta & 0 \\ \sin\theta e^{i\phi} & -\sin\theta e^{-i\phi} & 0 & 1-\cos\theta \end{pmatrix}. \tag{3.208}$$

根据式 (3.207)，所有量子几何张量为

$$Q^{-cc} = Q^{-dd} = \begin{pmatrix} \dfrac{1}{8}\left(1+\cos^2\theta + \sqrt{2}\sin^2\theta\right) & 0 \\ 0 & \cos^2\dfrac{\theta}{2}\sin^2\dfrac{\theta}{2} \end{pmatrix},$$

$$Q^{-cd} = Q^{-dc}$$

$$= \begin{pmatrix} 0 & -\dfrac{i}{4}\sin\dfrac{\theta}{2}\left(2\cos^3\dfrac{\theta}{2}+\sqrt{2}\sin\theta\sin\dfrac{\theta}{2}\right) \\ \dfrac{i}{4}\sin\dfrac{\theta}{2}\left(2\cos^3\dfrac{\theta}{2}+\sqrt{2}\sin\theta\sin\dfrac{\theta}{2}\right) & 0 \end{pmatrix}$$

$$\tag{3.209}$$

3.8 量子纯态流形的辛几何结构

众多周知，经典力学可用哈密顿力学来描述，而哈密顿力学又具有辛几何结构。具体而言，经典力学的相空间是一个辛流形 M，在 M 上有辛形式 Ω，而哈密顿量 H 对应一个哈密顿向量场 X_H，且满足（见式 (1.21)）

$$\mathrm{d}H(Y) = \Omega(X_H, Y), \tag{3.210}$$

其中，Y 为任一向量场。由此可以证明哈密顿正则运动方程所决定的经典动力学是保辛结构的，反过来也可以说，Ω 决定了经典力学系统的动力学演化。

在前面也曾提到，量子纯态的相空间同样是一个辛流形，且配备有与 Berry（或 AA）曲率成比例的辛形式 Ω，那么量子力学是否也有类似的辛几何结构？量子力学的动力学演化由薛定谔方程描述，该动力学是否也对应于由哈密顿向量场决定的动力学？

3.8 量子纯态流形的辛几何结构

3.8.1 厄米内积与辛形式

辛形式 Ω 亦是 Kähler 形式，在附录 B.2.3 节，尤其是在例 B.2.3.1、例 B.2.3.2 中讨论了它的性质及表达式，在这里择其要点作简单总结。

考虑 N 维量子系统，其量子态张成 N 维复线性空间 $\mathcal{H} \cong \mathbb{C}^N$，物理可观测量为作用于 $\mathcal{H}$ 上的自伴算子。在 $\mathcal{H}$ 上定义有厄米内积 $\langle \cdot | \cdot \rangle : \mathcal{H} \times \mathcal{H} \longrightarrow \mathbb{C}$。同前，分解其实部和虚部可得[①]

$$\langle \phi | \psi \rangle = g(\phi, \psi) - \mathrm{i}\Omega(\phi, \psi). \tag{3.211}$$

其中，实部 $g(\phi, \psi) = \dfrac{\langle \phi | \psi \rangle + \langle \psi | \phi \rangle}{2}$ 给出 $\mathbb{C}^N$ 上的黎曼度规，对其做规范修正可得 $\mathbb{CP}^{N-1}$ 上的 Fubini-Study 度规；负虚部 $\Omega(\phi, \psi) = -\dfrac{\langle \phi | \psi \rangle + \langle \psi | \phi \rangle}{2\mathrm{i}}$ 为辛形式，自身已经满足规范不变性。可证两者之间满足

$$-g(\mathrm{i}\phi, \psi) = g(\phi, \mathrm{i}\psi) = \Omega(\phi, \psi). \tag{3.212}$$

取 $\mathbb{C}^N$ 的一组正交归一化基 $\{|e_i\rangle\}(i=1,2,\cdots,N)$[②]，并取 $|\psi\rangle$ 的复坐标为 $(z^1, z^2, \cdots, z^N)^\mathrm{T}$，即 $|\psi\rangle = z^i |e_i\rangle$，那么 $\mathbb{C}^N$ 上的距离可表示为

$$\begin{aligned} \mathrm{d}s^2(\mathbb{C}^N) = \langle \mathrm{d}\psi | \mathrm{d}\psi \rangle &= \sum_{i=1}^{N} \mathrm{d}z^i \otimes \mathrm{d}\bar{z}^i \\ &= \sum_{i=1}^{N} \left(\mathrm{d}x^i \otimes \mathrm{d}x^i + \mathrm{d}y^i \otimes \mathrm{d}y^i \right) - \mathrm{i} \sum_{i=1}^{N} \mathrm{d}x^i \wedge \mathrm{d}y^i, \end{aligned} \tag{3.213}$$

而辛形式为

$$\Omega = \frac{\mathrm{i}}{2} \mathrm{d}z^i \wedge \mathrm{d}\bar{z}^i = \sum_{i=1}^{N} \mathrm{d}x^i \wedge \mathrm{d}y^i. \tag{3.214}$$

3.8.2 辛形式与量子动力学

量子系统的动力学由薛定谔方程来描述

$$\mathrm{i}\hbar \frac{\partial}{\partial t} |\psi(t)\rangle = \hat{H} |\psi(t)\rangle, \tag{3.215}$$

[①] 为方便起见，我们将交替使用 ψ 或 $|\psi\rangle$ 来表示 $\mathcal{H}$ 中的同一态矢量。

[②] 在这里，我们不需要考虑齐次坐标，所以可将坐标分量 z^i 的指标范围取为 $i=1,2,\cdots,N$，与式 (3.20)、式 (3.23) 略有不同。

量子态 $|\psi(t)\rangle \in \mathcal{H}$，而 $\mathcal{H}$ 上配备了辛形式，由此可引入 $\hat{H}$ 对应的哈密顿向量场。为达到这一目的，需要先做一些准备。对于 $\mathcal{H}$ 上的自伴算子 $\hat{A}$，引入其对应的实值期望函数 $A: \mathcal{H} \longrightarrow \mathbb{R}$

$$A(\psi) = \frac{\langle\psi|\hat{A}|\psi\rangle}{\langle\psi|\psi\rangle} = \frac{\langle\psi|\hat{A}\psi\rangle}{\langle\psi|\psi\rangle} = \langle\hat{A}\rangle_\psi. \tag{3.216}$$

对于归一化的 $|\psi\rangle$，则有

$$A(\psi) = g(\psi, \hat{A}\psi). \tag{3.217}$$

由于 $\mathcal{H}$ 为线性空间，那么点 $|\psi\rangle$ 的切空间 $T_{|\psi\rangle}\mathcal{H}$ 同构于 $\mathcal{H}$，因此任意向量场 $X: \mathcal{H} \longrightarrow T_{|\psi\rangle}\mathcal{H}$ 亦可用线性算子 $\hat{X}: \mathcal{H} \longrightarrow \mathcal{H}$ 来表示。引入与 $\hat{H}$ 对应的 "薛定谔" 向量场 (实为线性算子)

$$\hat{X}_{\hat{H}}(\psi) = 2\mathrm{i}\hat{H}\psi. \tag{3.218}$$

若需强调它的向量场属性，就去掉 $\hat{X}$ 的 "帽子" 标记，用 $X_{\hat{H}}$ 来表示。接下来证明 $\hat{X}_{\hat{H}}$ 是一个哈密顿向量场，且在 $\mathcal{H}$ 定义了一个经典哈密顿力学系统。

证 令 $\hat{H}$ 对应的期望函数为 H，那么 $\mathrm{d}H(\psi)$ 为 1-形式或余切向量。考虑向量场 $Y^\# = Y^i \frac{\partial}{\partial z^i} \in T_{|\psi\rangle}\mathcal{H}$，因为 $T_{|\psi\rangle}\mathcal{H} \cong \mathcal{H}$，可将 $Y^\#$ 在 $\mathcal{H}$ 中的对应记为 Y 或 $|Y\rangle = Y^i|e_i\rangle$。$\mathrm{d}H(\psi)$ 与 $Y^\#$ 的缩并为

$$\mathrm{d}H(\psi)(Y^\#) = \langle \mathrm{d}H(\psi), Y^\# \rangle = Y^i \frac{\partial}{\partial z^i} H(\psi) = Y^\# H(\psi). \tag{3.219}$$

所以，它是沿 $Y^\#$ 方向的李导数，即

$$\begin{aligned}
\mathrm{d}H(\psi)(Y^\#) &= \left.\frac{\mathrm{d}}{\mathrm{d}t} H(\psi + tY)\right|_{t=0} \\
&= \left.\frac{\mathrm{d}}{\mathrm{d}t} \langle \psi + tY | \hat{H}(\psi + tY) \rangle\right|_{t=0} \\
&= \langle Y | \hat{H}\psi \rangle + \langle \psi | \hat{H}Y \rangle \\
&= g(Y, 2\hat{H}\psi) \\
&= -g(Y, \mathrm{i}\hat{X}_{\hat{H}}(\psi)) \\
&= -\Omega(Y, \hat{X}_{\hat{H}}(\psi)) \\
&= \Omega(X_{\hat{H}}, Y^\#)(\psi).
\end{aligned} \tag{3.220}$$

3.8 量子纯态流形的辛几何结构

注意，在最后一行强调 Ω 作为 2-形式的属性；而在倒数第二行，则强调 Ω 作用在 $\mathcal{H} \times \mathcal{H}$ 上并利用了式 (3.212)。该结果表明 $\hat{X}_{\hat{H}}(X_{\hat{H}})$ 是一个 Ω 所定义的哈密顿向量场[①]。

由 $Y^\#$ 的任意性，可将关系式 (3.220) 表示为

$$\mathrm{d}H(\psi) = i_{X_{\hat{H}}} \Omega(\psi) \quad \text{或} \quad \mathrm{d}H = i_{X_{\hat{H}}} \Omega, \tag{3.221}$$

即 $i_{X_{\hat{H}}} \Omega$ 在局域是恰当的，所以也是闭的

$$\mathrm{d}\left(i_{X_{\hat{H}}} \Omega\right) = 0. \tag{3.222}$$

由于 Ω 也是闭的，利用嘉当公式可得

$$\mathcal{L}_{X_{\hat{H}}} \Omega = \mathrm{d}\left(i_{X_{\hat{H}}} \Omega\right) + i_{X_{\hat{H}}}(\mathrm{d}\Omega) = 0, \tag{3.223}$$

其中，$\mathcal{L}_{X_{\hat{H}}}$ 为沿 $X_{\hat{H}}$ 方向的李导数。所以，由 $X_{\hat{H}}$ 产生的动力学演化是保辛形式 Ω 的。那么该动力学的形式是什么？这里需要用到 Ω 的分量形式。为了方便起见，用希腊字母来标记复坐标：z^α。若 $\alpha = i$，z^α 自然表示 z^i；若 $\alpha = \bar{i}$，则 $z^\alpha \equiv \bar{z}^i$。此外，规定：$z_i = z^i$，$|e^i\rangle = |e_i\rangle$。取余切向量的基

$$\mathrm{d}z^\alpha = (\mathrm{d}z^1, \cdots, \mathrm{d}z^N, \mathrm{d}\bar{z}^1, \cdots, \mathrm{d}\bar{z}^N)^\mathrm{T}. \tag{3.224}$$

注意式 (3.214) 可表示为

$$\Omega = \frac{\mathrm{i}}{2} \sum_{i,j=1}^{N} \left(\delta_{i\bar{j}} - \delta_{\bar{i}j}\right) \mathrm{d}z^i \otimes \mathrm{d}z^j, \tag{3.225}$$

这表明 Ω 的分量为

$$\Omega_{\alpha\beta} = \frac{\mathrm{i}}{2} \begin{pmatrix} 0 & 1_N \\ -1_N & 0 \end{pmatrix}. \tag{3.226}$$

令其逆为 $\Omega^{\alpha\beta}$，易证

$$\Omega^{\alpha\beta} = -\frac{2}{\mathrm{i}} \begin{pmatrix} 0 & 1_N \\ -1_N & 0 \end{pmatrix}, \tag{3.227}$$

满足 $\Omega^{\alpha\beta} \Omega_{\beta\gamma} = \delta^\alpha{}_\gamma$。回到式 (3.221)，第二个等式右边为

$$i_{X_{\hat{H}}} \Omega(\psi) = X_{\hat{H}}^\alpha \Omega_{\alpha\beta}(\psi) \mathrm{d}z^\beta, \tag{3.228}$$

[①] 式 (3.220) 引入的哈密顿向量场与多数经典力学文献中的定义相差一负号，但这仅是习惯问题，不会带来任何本质改变。

另外左边为

$$\partial_\beta H(\psi)\mathrm{d}z^\beta = -\Omega^{\alpha\gamma}(\psi)\partial_\gamma H(\psi)\Omega_{\alpha\beta}(\psi)\mathrm{d}z^\beta. \tag{3.229}$$

对比两式，并利用 Ω 的非奇异性，有

$$X_{\hat{H}}^\alpha = -\Omega^{\alpha\gamma}(\psi)\partial_\gamma H(\psi). \tag{3.230}$$

由 $X_{\hat{H}}$ 产生的动力学为

$$\frac{\mathrm{d}\psi(t)}{\mathrm{d}t} = X_{\hat{H}}\psi = X_{\hat{H}}^\alpha \frac{\partial \psi}{\partial z^\alpha} = X_{\hat{H}}^i \frac{\partial \psi}{\partial z^i}, \tag{3.231}$$

这是因为 ψ 的坐标只含 z^i 而不包括其复共轭。令 $H_{ij} = \langle e_i|\hat{H}|e_j\rangle$，那么 $H(\psi) = \bar{z}^i H_{ij} z^j$。式 (3.231) 的左边为

$$\frac{\mathrm{d}\psi(t)}{\mathrm{d}t} = \dot{z}^i|e_i\rangle = \dot{z}_i|e^i\rangle. \tag{3.232}$$

利用式 (3.227) 和式 (3.230)，其右边为

$$X_{\hat{H}}^i \frac{\partial \psi}{\partial z^i} = X_{\hat{H}}^k \delta^i{}_k|e_i\rangle = \frac{2}{\mathrm{i}}\delta^{i\bar{j}}\frac{\partial H(\psi)}{\partial \bar{z}^j}|e_i\rangle = \frac{2}{\mathrm{i}}H_{ij}z^j|e^i\rangle. \tag{3.233}$$

因此，得到经典动力学方程

$$\dot{z}_i = \frac{2}{\mathrm{i}}H_{ij}z^j. \tag{3.234}$$

另外，量子动力学由薛定谔方程 (3.215) 给定。从它出发，不难得到

$$\mathrm{i}\hbar \dot{z}_i = H_{ij}z^j \quad 或 \quad \dot{z} = \frac{1}{\mathrm{i}\hbar}H_{ij}z^j. \tag{3.235}$$

为使得两者一致，不妨在经典动力学方程中加入因子 $\frac{1}{2\hbar}$

$$\dot{\psi}(t) = \frac{1}{2\hbar}X_{\hat{H}}^i \partial_i \psi = -\frac{1}{2\hbar}\Omega^{i\bar{j}}\partial_i\psi\partial_{\bar{j}}H(\psi). \tag{3.236}$$

取复共轭并注意到 $H(\psi)$ 是实数，则有

$$\dot{\psi}^*(t) = -\frac{1}{2\hbar}\overline{\Omega}^{i\bar{j}}\partial_i\psi^*\partial_{\bar{j}}H(\psi). \tag{3.237}$$

3.8 量子纯态流形的辛几何结构

将 $\Omega^{i\bar{j}} = -\dfrac{2}{i}\left(\delta^{ij} - \delta^{\bar{i}j}\right)$ 代入，则两者坐标满足的方程可以统一表示为

$$\dot{z}^\alpha = \frac{1}{i\hbar}\left(\frac{\partial z^\alpha}{\partial z^i}\frac{\partial H(\psi)}{\partial \bar{z}^j} - \frac{\partial H(\psi)}{\partial z^i}\frac{\partial z^\alpha}{\partial \bar{z}^j}\right), \tag{3.238}$$

等式右边很像经典泊松括号。对于 $\mathcal{H}$ 上的光滑函数 A、B，引入由 Ω 定义的泊松括号

$$\{A,B\}_\Omega = -\Omega^{\alpha\beta}\partial_\alpha A \partial_\beta B = \frac{2}{i}\left(\frac{\partial A}{\partial z^i}\frac{\partial B}{\partial \bar{z}^j} - \frac{\partial B}{\partial z^i}\frac{\partial A}{\partial \bar{z}^j}\right), \tag{3.239}$$

那么 $\psi(\psi^*)$ 的分量满足的动力学方程为

$$\dot{z}_\alpha = \frac{1}{2\hbar}\{z_\alpha, H(\psi)\}_\Omega. \tag{3.240}$$

这就是 $\hat{H}$ 通过哈密顿向量场 $\hat{X}_{\hat{H}}$ 所决定的经典动力学方程，它与薛定谔方程一致，且它是保辛形式 Ω 的。由于 Ω 与 Berry(或 AA) 曲率成比例，因此该动力学方程也保 Berry 曲率。

有了动力学方程，我们接下来想知道：是否存在一个作用量 S，其欧拉–拉格朗日方程正是方程 (3.240)。把坐标的指标提升，有

$$\frac{\partial z^\alpha}{\partial t} = \frac{1}{2\hbar}\{z^\alpha, H(\psi)\}_\Omega = \frac{1}{2\hbar}\Omega^{\alpha\beta}\frac{\partial H(\psi)}{\partial z^\beta}, \tag{3.241}$$

它等价于

$$\Omega_{\alpha\beta}\frac{\partial z^\beta}{\partial t} = \frac{1}{2\hbar}\frac{\partial H(\psi)}{\partial z^\alpha}. \tag{3.242}$$

因为 Ω 是闭的，所以存在辛势 $\mathcal{A}$，使得 $\Omega = d\mathcal{A}$。由于 $F_{\text{AA}} = 2i\Omega$，因此 $\mathcal{A} = -\dfrac{i}{2}\mathcal{A}_{\text{AA}}$。借助辛势 $\mathcal{A}$，作用量可构造为

$$S = 2\int_{t_i}^{t_f} dt \left(\mathcal{A}_\mu \frac{\partial z^\mu}{\partial t} - \frac{1}{2\hbar}H(\psi)\right). \tag{3.243}$$

其中，$z^\mu(t)$ 为 $\mathcal{H}$ 中的一条路径，且 $z(t_i)$、$z(t_f)$ 分别为起点、终点。考虑路径沿 ξ 方向的变动，且保持两端固定，即 $z^\mu(t) \longrightarrow z^\mu(t) + \xi^\mu(t)$ 且 $\xi^\mu(t_f) = \xi^\mu(t_i) = 0$，那么作用量的改变为

$$\delta S = 2\int_{t_i}^{t_f} dt \left(\frac{\partial \mathcal{A}_\nu}{\partial z^\mu}\frac{\partial z^\nu}{\partial t}\xi^\mu + \mathcal{A}_\mu \frac{d\xi^\mu}{dt} - \frac{1}{2\hbar}\frac{\partial H(\psi)}{\partial z^\mu}\xi^\mu\right)$$

$$= 2\int_{t_i}^{t_f} dtd(\mathcal{A}_\mu \xi^\mu(t)) + 2\int_{t_i}^{t_f} dt\left[(\partial_\mu \mathcal{A}_\nu - \partial_\nu \mathcal{A}_\mu)\frac{\partial z^\nu}{\partial t} - \frac{1}{2\hbar}\frac{\partial H(\psi)}{\partial z^\mu}\right]\xi^\mu$$

$$= 2\int dt\left(\Omega_{\mu\nu}\frac{\partial z^\nu}{\partial t} - \frac{1}{2\hbar}\frac{\partial H(\psi)}{\partial z^\mu}\right)\xi^\mu. \tag{3.244}$$

因此，$\delta S = 0$ 的确给出动力学方程 (3.241)。又因为

$$\mathcal{A} = -\frac{i}{2}\mathcal{A}_{AA} = -\frac{i}{2}\langle\psi|d|\psi\rangle, \quad H(\psi) = \langle\psi|\hat{H}|\psi\rangle, \tag{3.245}$$

代入 S 的表达式 (3.243)，有

$$\begin{aligned}S(C) &= 2\int_C \mathcal{A}_\mu dz^\mu - \int_C dt\frac{1}{\hbar}H(\psi(t))\\ &= -i\int_C \langle\psi|d|\psi\rangle - \frac{1}{\hbar}\int_C dt\langle\psi(t)|\hat{H}|\psi(t)\rangle\\ &= \theta_d(C) - \theta_{AA}(C),\end{aligned} \tag{3.246}$$

因此，作用量与量子系统沿路径 C 演化时获得的动力学相位与几何相位之差成比例。

3.8.3 辛形式与几何量子化

借助哈密顿向量场，把薛定谔方程表达为用泊松括号表示的经典哈密顿正则方程，实际上这也视为几何量子化方案的一部分。量子化是从经典力学构建量子力学的一种程序，而几何量子化就是通过几何手段来达到这一目的的，辛形式 Ω 在其中起到了关键作用，利用它不仅可以引入泊松括号，也可以构建泊松括号与对易子之间的对应关系。在本节，将对此做简要介绍。

类似于式 (3.230)，亦可给出 A、B 各自对应的哈密顿向量场

$$X_A^\alpha = -\Omega^{\alpha\beta}\partial_\beta A, \quad X_B^\alpha = -\Omega^{\alpha\beta}\partial_\beta B, \tag{3.247}$$

它们满足

$$i_{X_A}\Omega = dA, \quad i_{X_B}\Omega = dB. \tag{3.248}$$

在式 (3.239) 中通过 Ω 引入了泊松括号，而利用哈密顿向量场亦有

$$i_{X_B}i_{X_A}\Omega = X_A^\alpha X_B^\beta \Omega_{\alpha\beta} = \Omega^{\alpha\mu}\partial_\mu A \Omega^{\beta\nu}\partial_\nu B \Omega_{\alpha\beta} = -\Omega^{\mu\nu}\partial_\mu A\partial_\nu B = \{A,B\}_\Omega. \tag{3.249}$$

3.8 量子纯态流形的辛几何结构

而 $i_{X_B}i_{X_A}\Omega = \Omega(X_A, X_B)$,因此有

$$i_{X_B}i_{X_A}\Omega = \Omega(X_A, X_B) = \{A, B\}_\Omega. \tag{3.250}$$

另外,与式 (3.223) 类似,哈密顿量向量场是保辛形式的,因此有 $\mathcal{L}_{X_A}\Omega = \mathcal{L}_{X_B}\Omega = 0$,进一步有

$$\mathcal{L}_{[X_A, X_B]}\Omega = [\mathcal{L}_{X_A}, \mathcal{L}_{X_B}]\Omega = 0. \tag{3.251}$$

由于 Ω 是闭的,利用嘉当公式有

$$\mathrm{d}\left(i_{[X_A, X_B]}\Omega\right) = \mathcal{L}_{[X_A, X_B]}\Omega - i_{[X_A, X_B]}(\mathrm{d}\Omega) = 0, \tag{3.252}$$

所以存在光滑函数 f,使得

$$i_{[X_A, X_B]}\Omega = \mathrm{d}f, \tag{3.253}$$

即 $[X_A, X_B]$ 是 f 对应的哈密顿向量场,接下来证明:$f = -\{A, B\}_\Omega$。

证 首先,注意到以下事实:

$$\{A, B\}_\Omega = X_A^\alpha X_B^\beta \Omega_{\alpha\beta} = -X_A^\alpha \left(\Omega^{\beta\gamma}\partial_\gamma B\right)\Omega_{\alpha\beta} = -X_A^\alpha \partial_\alpha B = X_B^\alpha \partial_\alpha A, \tag{3.254}$$

以及 (可从式 (3.247) 得到)

$$\partial_\alpha A = -\Omega_{\alpha\beta} X_A^\beta, \quad \partial_\alpha B = -\Omega_{\alpha\beta} X_B^\beta. \tag{3.255}$$

此外,为方便起见将 $a^\mu b_\mu$ 记为 $a \cdot b$,因此 $[X_A, X_B] = X_A \cdot \partial X_B - X_B \cdot \partial X_A$。利用以上结论与符号,可得

$$\begin{aligned}
2\partial_\alpha \{A, B\}_\Omega &= \partial_\alpha (X_B \cdot \partial A - X_A \cdot \partial B)\\
&= \partial_\alpha X_B^\mu \partial_\mu A + X_B^\mu \partial_\mu \partial_\alpha A - \partial_\alpha X_A^\mu \partial_\mu B - X_A^\mu \partial_\mu \partial_\alpha B\\
&= \partial_\alpha X_B^\mu \partial_\mu A - \partial_\alpha X_A^\mu \partial_\mu B - X_B \cdot \partial \left(X_A^\mu \Omega_{\alpha\mu}\right) + X_A \cdot \partial \left(X_B^\mu \Omega_{\alpha\mu}\right)\\
&= \underbrace{\partial_\alpha X_B^\mu \partial_\mu A - \partial_\alpha X_A^\nu \partial_\nu B}_{①}\\
&\quad + \underbrace{(X_A \cdot \partial X_B - X_B \cdot \partial X_A)^\mu \Omega_{\alpha\mu}}_{②} \underbrace{-X_B^\mu X_A^\nu \left(\partial_\mu \Omega_{\alpha\nu} + \partial_\nu \Omega_{\mu\alpha}\right)}_{③}.
\end{aligned} \tag{3.256}$$

其中,第 ② 项为 $[X_A, X_B]^\mu \Omega_{\alpha\mu}$。对第 ①、③ 项分别补偿 $\pm X_B^\mu X_A^\nu \partial_\alpha \Omega_{\nu\mu}$,则第 ① 项变为

$$① = \partial_\alpha \left(X_B^\mu \partial_\mu A \Omega_{\nu\mu}\right) = \partial_\alpha \{A, B\}_\Omega, \tag{3.257}$$

第 ③ 项变为 (利用 $\mathrm{d}\Omega = 0$)

$$③ = -X_B^\mu X_A^\nu \left(\partial_\mu \Omega_{\alpha\nu} + \partial_\nu \Omega_{\mu\alpha} + \partial_\alpha \Omega_{\nu\mu}\right) = 0. \tag{3.258}$$

最终，我们得到

$$[X_A, X_B]^\mu \Omega_{\mu\alpha} = -\partial_\alpha \{A, B\}_\Omega \tag{3.259}$$

或

$$i_{[X_A, X_B]} \Omega = -\mathrm{d}\{A, B\}_\Omega. \tag{3.260}$$

因此 $\{A, B\}_\Omega$ 的哈密顿向量场是 $-[X_A, X_B]$，也因此初步建立了泊松括号与对易子之间的联系。为建立两者间的直接映射关系，取 A、B 分别为自伴算子 $\hat{A}$、$\hat{B}$ 的期望函数，即 $A \longrightarrow A(\psi)$，$B \longrightarrow B(\psi)$，并代入式 (3.250)，有

$$\{A(\psi), B(\psi)\}_\Omega = \Omega(\hat{X}_{\hat{A}}(\psi), \hat{X}_{\hat{B}}(\psi)) = -\frac{1}{2\mathrm{i}} \left[\langle \hat{X}_{\hat{A}}(\psi) | \hat{X}_{\hat{B}}(\psi) \rangle - \langle \hat{X}_{\hat{B}}(\psi) | \hat{X}_{\hat{A}}(\psi) \rangle \right]. \tag{3.261}$$

注意，此时 $\hat{X}_{\hat{A}}$ 为作用于 $\mathcal{H}$ 上的算子。类似于式 (3.218)，有 $\hat{X}_{\hat{A}}(\psi) = 2\mathrm{i}\hat{A}\psi$。再利用 $\langle \mathrm{i}\psi | = -\mathrm{i}\langle \psi |$，可得

$$\begin{aligned}\{A(\psi), B(\psi)\}_\Omega &= -\frac{2}{\mathrm{i}} \left[\langle \hat{A}\psi | \hat{B}\psi \rangle - \langle \hat{B}\psi | \hat{A}\psi \rangle \right] \\ &= -\frac{2}{\mathrm{i}} \langle \psi | (\hat{A}\hat{B} - \hat{B}\hat{A}) | \psi \rangle \\ &= -\frac{2}{\mathrm{i}} \langle \psi | [\hat{A}, \hat{B}] | \psi \rangle. \end{aligned} \tag{3.262}$$

这样，借助辛形式 Ω，经典力学中的泊松括号就被"映射"成量子力学中的对易子了，这正是几何量子化的主要结果。

例 3.8.1 经典自旋。继续在例 3.4.1 中关于 $N=2$ 的讨论，并用齐次坐标 w 来代替 z。为方便起见，我们定义新的辛形式 Ω，它是式 (3.64) 中辛形式的 4 倍，根据 $\Omega = \frac{1}{2}\Omega_{\alpha\beta}\mathrm{d}w^\alpha \wedge w^\beta = \frac{\mathrm{i}}{2}\frac{\mathrm{d}w \wedge \mathrm{d}\bar{w}}{(1+|w|^2)^2}$，辛形式的非零分量为

$$\Omega_{w\bar{w}} = -\Omega_{\bar{w}w} = \frac{2\mathrm{i}}{(1+|w|^2)^2}, \tag{3.263}$$

其余分量为 0。其逆的分量为

$$\Omega^{w\bar{w}} = -\Omega^{\bar{w}w} = \frac{\mathrm{i}}{2}(1+|w|^2)^2. \tag{3.264}$$

3.8 量子纯态流形的辛几何结构

根据式 (3.67)，$\hat{\boldsymbol{R}}$ 的三个分量都是作用于 $|\psi\rangle = (1, w)^{\mathrm{T}} \in \mathcal{H}$ 上的某种期望函数，具体形式为

$$\hat{R}_x = \frac{w + \bar{w}}{1 + |w|^2}, \quad \hat{R}_y = -\mathrm{i}\frac{w - \bar{w}}{1 + |w|^2}, \quad \hat{R}_z = \frac{1 - |w|^2}{1 + |w|^2}, \tag{3.265}$$

为与经典力学文献的习惯一致，在本例中，将函数 A 对应的哈密顿向量场定义为 $\mathrm{d}A = -i_{X_A}\Omega$。与式 (3.221) 相比，新的定义仅仅多了一个负号，这不会带来本质的改变，因此 $X_A^\alpha = \Omega^{\alpha\gamma}\partial_\gamma A$。由它可以给出 $\hat{R}_{x,y,z}$ 各自对应的哈密顿向量场，如

$$\begin{aligned} X_{\hat{R}_x} &= X_{\hat{R}_x}^w \partial_w + X_{\hat{R}_x}^{\bar{w}} \partial_{\bar{w}} \\ &= \left(\Omega^{w\bar{w}}\partial_{\bar{w}}\hat{R}_x\right)\partial_w + \left(\Omega^{\bar{w}w}\partial_w\hat{R}_x\right)\partial_{\bar{w}} \\ &= \frac{\mathrm{i}}{2}(1-w^2)\partial_w - \frac{\mathrm{i}}{2}(1-\bar{w}^2)\partial_{\bar{w}}. \end{aligned} \tag{3.266}$$

同样，有

$$X_{\hat{R}_y} = -\frac{1}{2}(1+w^2)\partial_w - \frac{1}{2}(1+\bar{w}^2)\partial_{\bar{w}}, \quad X_{\hat{R}_z} = -\mathrm{i}w\partial_w + \mathrm{i}\bar{w}\partial_{\bar{w}} \tag{3.267}$$

由于两个负号互相抵消，因此式 (3.250) 给出的泊松括号的定义不变。新引入的 Ω 给出如下关系

$$\begin{aligned} \{\hat{R}_x, \hat{R}_y\}_\Omega &= \Omega(X_{\hat{R}_x}, \Omega_{\hat{R}_y}) \\ &= \Omega_{w\bar{w}} X_{\hat{R}_x}^w X_{\hat{R}_y}^{\bar{w}} + \Omega_{\bar{w}w} X_{\hat{R}_x}^{\bar{w}} X_{\hat{R}_y}^w \\ &= \frac{1}{2(1+|w|^2)^2}\left[(1-w^2)(1+\bar{w}^2) + (1-\bar{w}^2)(1+w^2)\right] \\ &= \hat{R}_z. \end{aligned} \tag{3.268}$$

同理可验证

$$\{\hat{R}_y, \hat{R}_z\}_\Omega = \hat{R}_x, \quad \{\hat{R}_z, \hat{R}_x\}_\Omega = \hat{R}_y. \tag{3.269}$$

这正是经典角动量满足的代数关系。此外，利用式 (3.266)、式 (3.267) 可得

$$\begin{aligned} X_{\hat{R}_x} X_{\hat{R}_y} = &-\frac{\mathrm{i}}{4}(1-w^4)\partial^2 - \frac{\mathrm{i}}{2}(1-w^2)w\partial + \frac{\mathrm{i}}{4}(1-\bar{w}^4)\bar{\partial}^2 + \frac{\mathrm{i}}{2}(1-\bar{w}^2)\bar{w}\bar{\partial} \\ &- \frac{\mathrm{i}}{4}\left[(1-w^2)(1+\bar{w}^2) - (1-\bar{w}^2)(1+w^2)\right]\partial\bar{\partial}, \end{aligned}$$

$$X_{\hat{R}_y} X_{\hat{R}_x} = -\frac{i}{4}(1-w^4)\partial^2 + \frac{i}{2}(1-w^2)w\partial + \frac{i}{4}(1-\bar{w}^4)\bar{\partial}^2 - \frac{i}{2}(1-\bar{w}^2)\bar{w}\bar{\partial}$$
$$-\frac{i}{4}\left[(1-w^2)(1+\bar{w}^2) - (1-\bar{w}^2)(1+w^2)\right]\partial\bar{\partial}, \tag{3.270}$$

其中，$\partial \equiv \partial_w$，$\bar{\partial} \equiv \partial_{\bar{w}}$。因此有

$$[X_{\hat{R}_x}, X_{\hat{R}_y}] = X_{\hat{R}_z}. \tag{3.271}$$

同理可证

$$[X_{\hat{R}_y}, X_{\hat{R}_z}] = X_{\hat{R}_x}, \quad [X_{\hat{R}_z}, X_{\hat{R}_x}] = X_{\hat{R}_y}. \tag{3.272}$$

满足与自旋角动量类似的代数。事实上，也可以在 (θ, ϕ) 坐标系中给出 $X_{\hat{R}_{x,y,z}}$ 的表达式，它们与自旋角动量的关系会变得更直接。

根据式 (3.64)，新的辛形式在 (θ, ϕ) 坐标系下可表示为

$$\Omega = \sin\theta \mathrm{d}\theta \wedge \mathrm{d}\phi. \tag{3.273}$$

$\hat{R}_x$ 和 $X_{\hat{R}_x}$ 满足

$$\mathrm{d}\hat{R}_x = -i_{X_{\hat{R}_x}}\Omega = -\Omega(X_{\hat{R}_x}, \cdot). \tag{3.274}$$

由于 $\hat{R}_x = \sin\theta$，$X_{\hat{R}_x} = X_{\hat{R}_x}^\theta \partial_\theta + X_{\hat{R}_x}^\phi \partial_\phi$，则上式两边分别为

$$\mathrm{d}\hat{R}_x = \cos\theta\cos\phi\mathrm{d}\theta - \sin\theta\sin\phi\mathrm{d}\phi \tag{3.275}$$

和

$$-\sin\theta\left\langle \mathrm{d}\theta \wedge \mathrm{d}\phi, X_{\hat{R}_x}^\theta \partial_\theta + X_{\hat{R}_x}^\phi \partial_\phi \right\rangle = -\sin\theta\left(X_{\hat{R}_x}^\theta \mathrm{d}\phi - X_{\hat{R}_x}^\phi \mathrm{d}\theta\right). \tag{3.276}$$

因此有

$$X_{\hat{R}_x} = \sin\phi\partial_\theta + \cot\theta\cos\phi\partial_\phi. \tag{3.277}$$

利用同样的技巧可得

$$X_{\hat{R}_y} = -\cos\phi\partial_\theta + \cot\theta\sin\phi\partial_\phi, \quad X_{\hat{R}_z} = -\partial_\phi. \tag{3.278}$$

对比量子力学中的角动量算子，可知 $\hat{J}_{x,y,z} = i\hbar X_{\hat{R}_{x,y,z}}$，这就是自旋的所谓经典力学图像。

第 4 章 量子混合态及其纯化的几何性质

在现实世界中，相较于量子纯态，混合态反而是量子系统更为普遍的存在形式。例如，处于量子纠缠态的两体复合体系，若忽略其中一方的信息，则由于两者之间的量子关联，必然导致我们对另外一方认知的某种缺失，因而只能用量子混合态来描述其中一方。类似地，开放量子系统由于自身与外界环境的耦合，一般也处于量子混合态。又如有限温度下的量子多体系统，由于量子涨落与热涨落的双重影响，系统在大多数情况下也处于混合态。在讨论量子混合态的几何相位之前，有必要了解一下它的数学表达方式。

4.1 密度矩阵

在量子力学中，量子纯态一般是指单一量子体系的量子态 (若不考虑开放体系或耗散体系，所谓的单一量子体系也就是孤立量子体系)，可以用某一希尔伯特空间中的一个矢量来描述。量子混合态则是对量子系综的某一状态的数学描述，系综是大量性质完全相同而又完全独立的子系统的集合。由于不同子系统都有各自对应的希尔伯特空间，因此要描述混合态必然涉及多个希尔伯特空间中的矢量。显然，不能像量子叠加态那样对不同希尔伯特空间中的矢量进行线性叠加。不过，这些子系统彼此性质相同，某种程度上可视为彼此的拷贝，因此这些空间中的算子 (矩阵) 具有类似的性质和相同的维数，可做"非相干线性叠加"。再考虑到每个子系统在混合态中出现的概率，前面所说的非相干叠加实际是一种"概率加权混合"，这个概念最早由 von Neumann 在 1927 年提出。具体而言，一个有限维系统的混合态可以表达为

$$\rho = \sum_n \lambda_n |n\rangle\langle n|, \tag{4.1}$$

其中，$0 \leqslant \lambda_n \leqslant 1$ 为第 n 个子系统在混合态中出现的概率。某一力学量 $\hat{O}$ 在混合态 ρ 的期望值为 $\langle \hat{O} \rangle = \text{Tr}[\hat{O}\rho]$。这里我们简单概括一下密度矩阵的基本性质：

(1) 密度矩阵必为厄米矩阵；
(2) 密度矩阵的本征值为非负实数；
(3) 密度矩阵的迹为 1，代表概率守恒；
(4) 密度矩阵的对角元素满足 $0 \leqslant \rho_{nn} \leqslant 1$；

(5) 纯态的密度矩阵满足幂等性：$\rho^2 = \rho$，因此它的本征值只有一个为 1，其余为 0；

(6) 混合态的密度矩阵满足：$\text{Tr}(\rho^2) < 1$。

密度矩阵可以看出态矢量的推广，但是它与量子态并非一一对应，这也被认为是密度矩阵可能的缺点之一。比如当哈密顿量的某一本征态 $|n\rangle$ 作动力学演化时，有 $|n(t)\rangle = e^{-\frac{i}{\hbar}E_n t}|n\rangle$，在这种情况下，它们对应的密度矩阵总是一样的

$$\rho_n(t) = |n(t)\rangle\langle n(t)| = |n\rangle\langle n| = \rho_n. \tag{4.2}$$

又如两能级体系中，具有最大混乱度的密度矩阵为 $\rho = \frac{1}{2}|0\rangle\langle 0| + \frac{1}{2}|1\rangle\langle 1|$。容易验证，若取 $|\psi_\pm\rangle = \frac{1}{\sqrt{2}}(|0\rangle \pm |1\rangle)$，则有 $\rho = \frac{1}{2}|\psi_+\rangle\langle \psi_+| + \frac{1}{2}|\psi_-\rangle\langle \psi_-|$。对于某一混合态的密度矩阵 ρ，当它的所有子系统按照 U 作幺正变换时，那么有

$$\rho' = U\rho U^\dagger. \tag{4.3}$$

如果 $[U, \rho] = 0$，则有 $\rho' = \rho$。所以单个密度矩阵可能代表一族数学上等价的混合态。

一般情况下可用薛定谔混合定理 (Schrödinger's mixture theorem)[59] 来描述这一性质：秩为 N 的密度矩阵 $\rho = \sum_{i=1}^{N} \lambda_i |i\rangle\langle i|$ 可在另一组矢量 $\{|\psi_j\rangle\}$ 下对角化为

$$\rho = \sum_{i=1}^{M} p_i |\psi_i\rangle\langle \psi_i|, \quad \sum_{i=1}^{M} p_i = 1, \quad p_i \geqslant 0 \tag{4.4}$$

的充要条件是存在 $M \times M$ 幺正矩阵 U(注意该幺正矩阵并非式 (4.3) 中的 U) 使得

$$|\psi_i\rangle = \frac{1}{\sqrt{p_i}}\sum_{j=1}^{N} U_{ij}\sqrt{\lambda_j}|j\rangle. \tag{4.5}$$

该定理指出了 ρ 可表示为不同纯态系综的所有途径。注意，幺正矩阵 U 并非直接作用于态矢量 $|j\rangle$ 上，而是作用于分量为 $|j\rangle$ 的"矢量"上。此外，$M > N$(即 $|\psi_i\rangle$ 的个数大于 $|i\rangle$ 的个数) 也完全有可能，但仅有 U 的前 N 列会出现于方程 (4.5)，而其余 $M - N$ 列中的矩阵元只需保证 U 是幺正的。$\{|i\rangle\}(i = 1, 2, \cdots, N)$ 也被称为本征系综 (eigen-ensemble) 或本征值单形 (eigenvalue simplex)。上述定理也说明同一密度矩阵所描述其他系综中的纯态必然线性依赖于其本征系综。

该定理的必要性不难验证。为证明其充分性，可构造 U 的前 N 列如下

4.1 密度矩阵

$$U_{ij} = \frac{\sqrt{p_i}}{\sqrt{\lambda_j}} \langle j|\psi_i\rangle. \tag{4.6}$$

由此可导出

$$\sum_{j=1}^{N} U_{ij}\sqrt{\lambda_j}|j\rangle = \sqrt{p_i}|\psi_i\rangle. \tag{4.7}$$

剩余 $M-N$ 列可在保证 U 幺正的前提下任意取。而 U 的幺正性也不难验证：

$$\sum_{i=1}^{M} U_{ki}^\dagger U_{ij} = \sum_{i=1}^{M} \frac{p_i}{\sqrt{\lambda_j\lambda_k}}\langle j|\psi_i\rangle\langle\psi_i|k\rangle = \frac{1}{\sqrt{\lambda_j\lambda_k}}\langle j|\rho|k\rangle = \delta_{jk}. \tag{4.8}$$

既然密度矩阵与混合态并非一一对应，那为何这种表述仍然被广泛使用呢？关于这个问题，绝大多数量子力学方面的书都语焉不详，这或许可以从数理统计的角度来理解。之前我们提到混合态可视为 (N 维) 量子系统状态的概率分布，因此可用量子态 (纯态) 相空间上的概率测度 p 来描述[①]

$$\rho = \int_{\mathbb{C}P^{N-1}} \mathrm{d}p(x)|x\rangle\langle x|, \tag{4.9}$$

这里，x 为量子相空间上的某种局域坐标。若量子系统为无穷维，上式既不好定义也不方便计算。物理学家更习惯在纯态态矢量所在的希尔伯特空间 (如 $\mathbb{C}^N$) 做计算。如 2.3.1 节中的讨论，令态矢希尔伯特空间为 $\mathbb{P}$，希望把相空间上的概率测度拓展到 $\mathbb{P}$，且是可归一化的，即

$$\rho = \int_{\mathbb{P}} \mathrm{d}p(x)|x\rangle\langle x|, \quad \int_{\mathbb{P}} \mathrm{d}p(x)||x||^2 = 1, \tag{4.10}$$

这里 $||x||^2 := \langle x|x\rangle$。这样，密度矩阵就与概率论中的二阶矩联系起来了。容易验证

$$\begin{aligned}
\mathrm{Tr}\rho &= \sum_n \int_{\mathbb{P}} \mathrm{d}p(x)\langle n|x\rangle\langle x|n\rangle \\
&= \int_{\mathbb{P}} \mathrm{d}p(x)\langle x|\sum_n |n\rangle\langle n|x\rangle \\
&= \int_{\mathbb{P}} \mathrm{d}p(x)\langle x|x\rangle \\
&= 1
\end{aligned} \tag{4.11}$$

[①] 以下内容部分参考了知乎网友 YorkYoung 对 "密度矩阵的物理意义是什么？" 这一问题的回答，在此表示感谢。

和
$$\begin{aligned}\mathrm{Tr}(\hat{\mathcal{O}}\rho) &= \sum_n \int_{\mathbb{P}} \mathrm{d}p(x)\langle n|\hat{\mathcal{O}}|x\rangle\langle x|n\rangle \\ &= \int_{\mathbb{P}} \mathrm{d}p(x)\langle x|\sum_n |n\rangle\langle n|\hat{\mathcal{O}}|x\rangle \\ &= \int_{\mathbb{P}} \mathrm{d}p(x)\langle x|\hat{\mathcal{O}}|x\rangle \\ &= \bar{\hat{\mathcal{O}}}. \end{aligned} \qquad (4.12)$$

所以 ρ 确实符合密度矩阵的定义。但是 $\mathbb{P}$ 中的不同概率测度完全可能给出同样的密度矩阵。如取坐标变换 $y = A(x)$, 有

$$\rho' = \int_{\mathbb{P}} \mathrm{d}p(y)|y\rangle\langle y| \qquad (4.13)$$

因为新坐标可能只是换了一种对 $\mathbb{P}$ 中点的标记方式,所以 $\rho' = \rho$。具体而言,在坐标变换下,有 $\mathrm{d}p(y) = \left|\det\left(\frac{\partial y}{\partial x}\right)\right|\mathrm{d}p(x)$,这里 $\left(\frac{\partial y}{\partial x}\right)$ 为雅可比矩阵。设态矢量荷载了坐标变换 A 的表示 U_A,则有

$$\rho = \int_{\mathbb{P}} \mathrm{d}p(x) \left|\det\left(\frac{\partial y}{\partial x}\right)\right| U_A|x\rangle\langle x|U_A^{\dagger}. \qquad (4.14)$$

在很多情况下,坐标变换是保测度的,因此有 $\left|\det\left(\frac{\partial y}{\partial x}\right)\right| = 1$。进一步只需要 $U_A|x\rangle\langle x|U_A^{\dagger} = |x\rangle\langle x|$,就足以使得 $\rho' = \rho$,这与上一段的讨论类似。之所以有这样的结论,是因为二阶矩不足以完全定义一个概率。实际上,我们需要给定一、二、三等各阶矩才行,这样才能合成该概率的特征函数。在物理上,就是混合态与密度矩阵并非一一对应,但到目前为止,密度矩阵的描述"基本"够用。因为 ρ 与波函数一样,本身并非可观测物理客体。在实验上,我们观测的是某物理量在给定量子态中的测量值。对于量子混合态,满足方程 (4.11) 和方程 (4.12) 的 ρ 就够用了,所以一般情况下不去深究它与混合态的关系,因为混合态本身可能也只是我们表述量子系统状态的方式,并非可观测的物理对象。但是,混合态的密度矩阵描述也有"不够用"的时候,如涉及相位的时候,尤其是物理上可观测的几何相位。由于 ρ 本身是厄米的,难以直接对其赋予相位,所以就必须拓展对混合态的数学表述,如 Uhlmann 引入的混合态纯化[22];抑或直接对某个物理过程赋予相关的相位,如 Sjöqvist 等学者类比与马赫-曾德尔 (Mach-Zehnder) 干涉仪相关的光学过程而提出的干涉几何相位[60]。我们将逐一对此进行阐述。

4.2 量子混合态的相空间

4.2.1 密度矩阵空间

由前两章的讨论可知,量子纯态的几何相位与纯态相空间 H 的几何属性有深刻的联系。对于 N 维量子系统,$H \cong \mathrm{CP}^{N-1}$ 是一个 Kähler 流形,具有优美的几何性质,如 AA 曲率与 CP^{N-1} 上的 Kähler-爱因斯坦度规、里奇曲率和辛形式均成正比。可惜的是,量子混合态的相空间并不具备类似的性质,因此混合态几何相位理论远不如纯态几何相位理论那么优美。

我们将密度矩阵所在的空间 (集合) 称为密度矩阵空间。由于密度矩阵不依赖波函数的局域相位变换,因此密度矩阵空间本身就是规范不变的,可视为量子混合态的相空间。那么该空间在数学上有什么特性呢?这是本节的重点。

1. 密度矩阵空间 $\mathcal{P}$

考虑某一 N 维量子体系,令所有纯态张成的线性空间为 $\mathcal{H}$。密度矩阵可视为作用在 $\mathcal{H}$ 上的厄米算子,因此有 $\rho \in \mathcal{H} \times \mathcal{H}^*$($\mathcal{H}^*$ 为 $\mathcal{H}$ 的对偶空间),且满足 $\rho \geqslant 0$ 和 $\mathrm{Tr}\rho = 1$。将所有满足这些性质的密度矩阵所构成的集合记为 $\mathcal{P}$,当强调密度矩阵为 N 阶矩阵时,也会用 $\mathcal{P}^{(N)}$ 来代替。

首先 $\mathcal{P}$ 并非一个向量空间,因为对任意 ρ_1、$\rho_2 \in \mathcal{P}$ 和任意复数 λ、μ,未必有 $\lambda\rho_1 + \mu\rho_2 \in \mathcal{P}$。而易证所有厄米矩阵张成的空间 $\mathcal{HM}$ 却是一个线性空间。在数学上,$\mathcal{P}$ 是 $\mathcal{HM}$ 中的正锥 (positive cone)。其次,可验证 $\mathcal{P}$ 为一个凸集,因为①对满足 $0 < t < 1$ 的实参数 t,有 $(1-t)\rho_1 + t\rho_2 \in \mathcal{P}$ 且 $\mathrm{Tr}\,[(1-t)\rho_1 + t\rho_2] = 1$;②由于 $\rho_{1,2} \geqslant 0$,因此对任意 $|\psi\rangle$ 均有 $\langle\psi|\rho_{1,2}|\psi\rangle \geqslant 0$,进而 $\langle\psi|\,[(1-t)\rho_1 + t\rho_2]\,|\psi\rangle \geqslant 0$。

2. $\mathcal{P}$ 的边界 $\partial\mathcal{P}$

作为一个凸集,$\mathcal{P}$ 自然有其边界,记为 $\partial\mathcal{P}$。其定义如下:若 $\rho \in \mathcal{P}$,将 ρ 对角化 (这总可以做到) 并检查其本征值。如果至少有一个本征值为 0,则 $\rho \in \partial\mathcal{P}$。按此定义,$\mathcal{P}^{(N)}$ 的边界有 N 个面 (face)。令 $\rho \in \mathcal{P}^{(N)}$ 的本征态为 $\{|1\rangle, |2\rangle, \cdots |N\rangle\}$。则 $\partial\mathcal{P}^{(N)}$ 的 N 个面分别为

$$\partial\mathcal{P}_1^{(N)} = \left\{\rho \in \mathcal{P}^{(N)} \text{且} \rho \text{与} \rho_1 = \sum_{i=2}^{N} p_i|i\rangle\langle i| \text{相似} \Big| p_i \geqslant 0 \text{且} \sum_{i=2}^{N} p_i = 1\right\},$$

$$\partial\mathcal{P}_2^{(N)} = \left\{\rho \in \mathcal{P}^{(N)} \text{且} \rho \text{与} \rho_2 = \sum_{i=1;i\neq 2}^{N} p_i|i\rangle\langle i| \text{相似} \Big| p_i \geqslant 0 \text{且} \sum_{i=1;i\neq 2}^{N} p_i = 1\right\},$$

$$\vdots$$

$$\partial \mathcal{P}_N^{(N)} = \left\{ \rho \in \mathcal{P}^{(N)} 且 \rho 与 \rho_{N-1} = \sum_{i=1}^{N-1} p_i |i\rangle\langle i| 相似 \Big| p_i \geqslant 0 且 \sum_{i=1}^{N-1} p_i = 1 \right\}. \quad (4.15)$$

显然，每个面都与 $\mathcal{P}^{(N-1)}$ 等价。注意，当 $N > 1$ 时，不同的面之间也有交集，如

$$\partial \mathcal{P}_1^{(N)} \bigcap \partial \mathcal{P}_2^{(N)} = \left\{ \rho \in \mathcal{P}^{(N)} 且 \rho 与 \rho_{1,2} = \sum_{i=3}^{N} p_i |i\rangle\langle i| 相似 \Big| p_i \geqslant 0 且 \sum_{i=3}^{N} p_i = 1 \right\}.$$
$$(4.16)$$

3. 纯态密度矩阵空间 $\mathcal{P}(\mathcal{H})$

如果 ρ 是某一纯态的密度矩阵，那么它成立的充要条件是 ρ 为投影算符且其秩为 1。所有这类密度矩阵构成 $\mathcal{P}$ 的一个子集

$$\mathcal{P}(\mathcal{H}) := \{\rho \in \mathcal{P} | \rho^2 = \rho\}, \quad (4.17)$$

且 $\mathcal{P}(\mathcal{H})$ 是凸集 $\mathcal{P}$ 中所有顶点 (亦称极点) 所构成的子集，如两能级系统 ($N = 2$) 的混合态构成 Bloch 球 (可参考例 4.2.1)，而其边界面代表纯态对应的密度矩阵，球内部则为非纯态密度矩阵。当 $N = 2$ 时，$\mathcal{P}(\mathcal{H}) = \partial \mathcal{P}$，边界只有一个面。当 $N > 2$ 时，$\mathcal{P}(\mathcal{H})$ 是 $\partial \mathcal{P}$ 的真子集。

4. $\mathcal{P}$ 及其子集的维数

关于 $\mathcal{P}$ 的维数，其定义可能有一些不太明确的地方。首先不能用对线性空间所采取的方式来定义 $\mathcal{P}$ 的维数，再者 $\mathcal{P}$ 是一个凸集，而凸集的维数在数学上也有明确的定义方式，但几乎没有物理学家沿用这种定义。本书中，将 $\dim \mathcal{P}$ 定义为确定 $\mathcal{P}$ 中任一密度矩阵所需要的自由实参数的个数。注意到 $\rho \in \mathcal{H} \times \mathcal{H}^*$，而 $\dim \mathcal{H} = N$，那么 ρ 可展开为

$$\rho = \sum_{i,j=1}^{N} c_{ij} |\psi_i\rangle\langle\psi_j|. \quad (4.18)$$

共需要 N^2 个复参数 c_{ij}，也就是 $2N^2$ 个实参数。此外，$\mathrm{Tr}\rho = 1$ 带来一个限制条件，而 ρ 的厄米性带来如下限制条件：ρ 的对角元为实数，有 N 个限制条件；而 $\rho_{ij} = \rho_{ji}^*$ 是一复数方程，其实部和虚部各带来一个限制条件，则共有 $2 \times \frac{1}{2}N(N-1)$ 个限制条件。那么，确定 ρ 所需要的自由实参数的数目为

$$2N^2 - 2 \times \frac{1}{2}N(N-1) - N - 1 = N^2 - 1, \quad (4.19)$$

即 $\mathcal{P}$ 的维数为 N^2-1，因此 $\partial\mathcal{P}$ 的维数为 N^2-2。此外 $\mathcal{P}(\mathcal{H})$ 与纯态相空间 CP^{N-1} 的实维数相同，即 $\dim\mathcal{P}(\mathcal{H}) = 2(N-1)$。当 $N=2$ 时，有 $\dim\partial\mathcal{P} = \dim\mathcal{P}(\mathcal{H})$，即 Bloch 球面 S^2 的维数。但在 $N>2$ 时，$\dim\partial\mathcal{P} > \dim\mathcal{P}(\mathcal{H})$，与上一段的结论一致。

5. $\mathcal{P}$ 的坐标

由于 $\mathcal{H} = \mathbb{C}^N$，因此 $\rho \in U(N)$。总可以对 ρ 作如下线性分解

$$\rho = \frac{1}{N}1_N + \mathrm{i}\alpha, \tag{4.20}$$

其中，1_N 为 N 阶单位阵。利用 $\mathrm{Tr}\rho = 1$ 和 $\rho^\dagger = \rho$，可证明 $\mathrm{Tr}\alpha = 0$ 和 $\alpha^\dagger = -\alpha$，即 $\alpha \in \mathrm{su}(N)$。由于 $\dim\mathcal{P} = N^2-1$，可将 ρ 进一步分解为

$$\rho = \frac{1}{N}1_N + \sum_{i=1}^{N^2-1} \tau_i\sigma_i. \tag{4.21}$$

在这里，σ_i 为 $\mathrm{SU}(N)$ 的产生元，且满足

$$\sigma_i\sigma_j = \frac{2}{N}\delta_{ij} + \sum_k d_{ijk}\sigma_k + \mathrm{i}\sum_k f_{ijk}\sigma_k, \tag{4.22}$$

其中，d_{ijk} 为全对称张量且在 $N=2$ 时无定义，而 f_{ijk} 为全反对称张量。通过将 $\mathcal{HM}$ 的原点从零矩阵平移到"最大混合态"$\rho_\star = \frac{1}{N}1_N$，可认为 $\mathcal{P}$ 也等价于李代数 $\mathrm{su}(N)$ 的一个子集。而 $\boldsymbol{\tau} = (\tau_1, \tau_2, \cdots, \tau_{N^2-1})^\mathrm{T}$ 称为 Bloch 矢量，τ_i 为 Bloch 空间的笛卡儿坐标，或称混合坐标 (mixture coordinates)。对于纯态密度矩阵，将式 (4.20) 和式 (4.21) 代入 $\rho^2 = \rho$，不难得到

$$\frac{2}{N}\tau^2 1_N + \sum_{ijk}\tau_i\tau_j d_{ijk}\sigma_k = \frac{N-1}{N^2}1_N + \frac{N-2}{N^2}\sum_k \tau_k\sigma_k. \tag{4.23}$$

由此可得

$$\tau^2 = \frac{N-1}{2N}, \quad (\boldsymbol{\tau}\star\boldsymbol{\tau})_k \equiv d_{ijk}\tau_i\tau_j = \frac{N-2}{N}\tau_k. \tag{4.24}$$

第一个等式说明所有纯态的 Bloch 矢量都在维数为 N^2-2、半径为 $\sqrt{\dfrac{N-1}{2N}}$ 的球面上，该球面实为凸集 $\mathcal{P}$ 的外接球面 (见 4.2.2 节内容)，且当 $N=2$ 时该球面就是 $\mathcal{P}(\mathcal{H})$。第二个等式仅在 $N>2$ 时成立，这说明纯态 Bloch 矢量除了在外接球上，还必须遵守额外的限制条件，因此 $\mathcal{P}(\mathcal{H})$ 是外接球面的真子集。

4.2.2 密度矩阵空间的几何特征

1. 外接球

到目前为止,除了知道 $\mathcal{P}$ 是个凸集,尚无法从直观上了解 $\mathcal{P}$ 在几何上"长什么样"。为此,需要先在 $\mathcal{P}$ 中引入距离的概念。尽管 $\mathcal{P}$ 既不是一个线性空间,目前也不知道它是否有流形的结构,但可以将其嵌入到一个度量空间中。$\mathcal{H}$ 上所有线性算子构成的空间为 $\mathcal{H} \times \mathcal{H}^*$,在其上可以引入厄米内积

$$\langle A, B \rangle_{\mathrm{HS}} = \mathrm{Tr}(A^\dagger B). \tag{4.25}$$

由此可以诱导出希尔伯特–施密特 (Hilbert-Schmidt) 距离

$$\mathrm{d}_{\mathrm{HS}}^2(A, B) = \frac{1}{2}\mathrm{Tr}\left[(A-B)(A^\dagger - B^\dagger)\right]. \tag{4.26}$$

$\mathcal{P}$ 作为 $\mathcal{H}$ 上有界算子的子集,自然被赋予了希尔伯特–施密特距离

$$\mathrm{d}_{\mathrm{HS}}^2(\rho, \rho') = \frac{1}{2}\mathrm{Tr}(\rho - \rho')^2. \tag{4.27}$$

若将 ρ、ρ' 展开为式 (4.21),则

$$\mathrm{d}_{\mathrm{HS}}(\rho, \rho') = \mathrm{d}_{\mathrm{HS}}\left(\sum_i \tau_i \sigma_i, \sum_i \tau_i' \sigma_i'\right) = \sqrt{\sum_i (\tau_i - \tau_i')^2}, \tag{4.28}$$

即众所周知的欧氏距离,这也是 τ_i 被称为笛卡儿坐标的原因。令最大混合态 $\rho_\star$ 为 $\mathcal{P}$ 的原点,则任意 ρ 到原点的距离为

$$\mathrm{d}_{\mathrm{HS}}^2(\rho, \rho_\star) = \frac{1}{2}\mathrm{Tr}(\rho - \rho_\star)^2 = \frac{1}{2}\mathrm{Tr}\rho^2 - \frac{1}{2N}. \tag{4.29}$$

若 ρ 是纯态密度矩阵,则 $\mathrm{Tr}\rho^2 = 1$,且有

$$\mathrm{d}_{\mathrm{HS}}(\rho, \rho_\star) = \sqrt{\frac{N-1}{2N}}. \tag{4.30}$$

而纯态密度矩阵在 $\mathcal{P}$ 的边界上,因此 $\mathrm{d}_{\mathrm{HS}}(\rho, \rho_\star)$ 为 $\mathcal{P}$ 的外接球半径。将外接球记为 S_{out}。

2. 本征值单形

现在选定一组基 $\{|i\rangle\}$,在这组基下所有被对角化的密度矩阵可表示为

$$\rho = \sum_{i=1}^N \lambda_i |i\rangle\langle i|, \quad \sum_i^N \lambda_i = 1, \quad \lambda_i \geqslant 0. \tag{4.31}$$

4.2 量子混合态的相空间

在数学上，上式定义了一个单形 (simplex) Δ_{N-1}，即之前提到的本征值单形。所有可表示为式 (4.31) 的密度矩阵形成 $\mathcal{P}$ 中的一个 $N-1$ 维"切片"。其余非对角密度矩阵可通过对式 (4.31) 中的 ρ 作幺正变换而得到 (因为任何密度矩阵都可对角化)。从这个角度来看，任何密度矩阵都在某一 Δ_{N-1} 的某个经由幺正变换而得到的"拷贝单形"中。所以 $\mathcal{P}$ 是 Δ_{N-1} 及其"拷贝"(幺正变换) 的总集合。注意到 Δ_{N-1} 也是凸集，它与 $\mathcal{P}$ 有共同的外接圆，且 Δ_{N-1} 有 N 个端点，属于 Δ_{N-1} 与 $\partial\mathcal{P}$ 的交集。而 Δ_{N-1} 及其所有拷贝与 $\partial\mathcal{P}$ 的交点的集合就是纯态密度矩阵集合 $\mathcal{P}(\mathcal{H})$。

例 4.2.1 以 $N=2$ 为例来将前面的抽象描述直观化。密度矩阵一般可表示为 $\rho = \frac{1}{2}\mathbf{1}_2 + \boldsymbol{\tau}\cdot\boldsymbol{\sigma}$，其中 $\boldsymbol{\sigma} = (\sigma_1,\sigma_2,\sigma_3)^\mathrm{T}$ 为泡利矩阵。由 $\mathrm{Tr}\rho^2 \leqslant 1$ 可知，$|\boldsymbol{\tau}| \leqslant \frac{1}{2}$，所以 $\mathcal{P}^{(2)}$ 是半径为 $\frac{1}{2}$ 的 Bloch 球，其球心坐标为 $(0,0,0)^\mathrm{T}$，对应点 $\rho_\star = \frac{1}{2}\mathbf{1}_2$。此时外接球为 Bloch 球面，也是 $\mathcal{P}^{(2)}$ 的边界 $\partial\mathcal{P}^{(2)}$。选 σ_3 的本征态 $|0\rangle = \begin{pmatrix} 1 \\ 0 \end{pmatrix}$，$|1\rangle = \begin{pmatrix} 0 \\ 1 \end{pmatrix}$ 为基，对应的本征值单形为

$$\Delta_1 = \left\{ \lambda_0|0\rangle\langle 0| + \lambda_1|1\rangle\langle 1| \,\middle|\, \lambda_0 + \lambda_1 = 1, \lambda_{0,1} \geqslant 0 \right\}. \tag{4.32}$$

Δ_1 的两个边界 (端点) 分别为

$$\rho_0 = |0\rangle\langle 0| = \frac{1+\sigma_3}{2}, \quad \rho_1 = |1\rangle\langle 1| = \frac{1-\sigma_3}{2}. \tag{4.33}$$

它们对应的笛卡儿坐标分别为 $\left(0, 0, \frac{1}{2}\right)^\mathrm{T}$ 和 $\left(0, 0, -\frac{1}{2}\right)^\mathrm{T}$，所以 Δ_1 是 Bloch 球中位于极轴上的直径。对 Δ_1 作任意幺正变换 (即旋转变换) 可得到它的拷贝，即 Bloch 球的其他直径显然也是单形。所有这些单形与 Bloch 球面的交点构成 $\mathcal{P}^{(2)}(\mathcal{H})$，而 $\mathcal{P}^{(2)}(\mathcal{H}) = \mathrm{CP}^1 \cong S^2$，即 Bloch 球面本身，所以当 $N=2$ 时，有 $\partial\mathcal{P}^{(2)} = \mathcal{P}^{(2)}(\mathcal{H}) = S_\mathrm{out}$ (图 4.1(a))。

3. $N \geqslant 3$ 时的对称群

当 $N \geqslant 3$ 时，情况变得更为复杂。由于 τ_i 是 ρ 的笛卡儿坐标，那么自然可将 $\mathcal{P}$ 视为欧氏空间 $\mathbb{R}^{N^2-1}$ 中的几何体，更准确地说，它是一个凸刚体。尽管其形状难以直观想象，但可以首先考虑它的一个单形"切片"，然后再对其作幺正变换。为了探究这一点，首先需要知道 $\mathcal{P}$ 具有什么样的对称性。既然 $\mathcal{P}$ 内接于球面 S_out，那么其对称变换必然是旋转群 $\mathrm{SO}(N^2-1)$ 的子群。尽管单形的每个面

(a) N=2

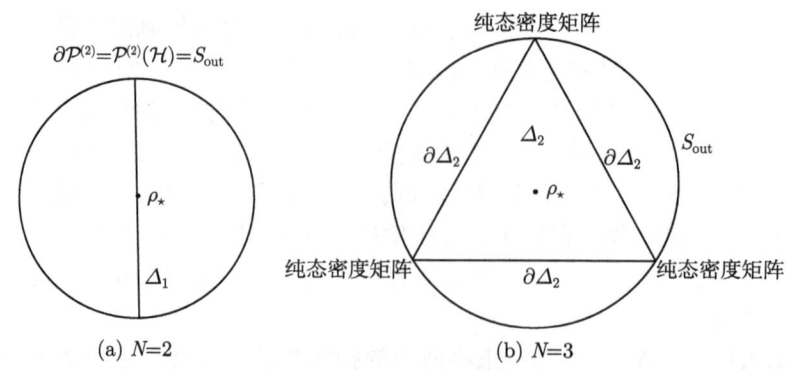

(b) N=3

图 4.1 $N = 2$(a) 和 $N = 3$(b) 时的密度矩阵空间 $\mathcal{P}$ (或其子集) 及其边界 $\partial\mathcal{P}$ (或其子集)、外接球 S_{out} 以及纯态密度矩阵流形 $\mathcal{P}(\mathcal{H})$ (或其子集)。在图 (a) 中, $\mathcal{P}^{(2)}$ 是一个三维球 (Bloch 球), 其边界球面 $\partial\mathcal{P}^{(2)}$ 既是外接球 S_{out}, 也是 $\mathcal{P}^{(2)}(\mathcal{H})$。在图 (b) 中, $\mathcal{P}^{(3)}$ 的结构大相径庭, 它是一个 8 维凸几何体, S_{out} 为 7 维球面, 其球心为最大混合态 $\rho_\star = \frac{1}{3}1_3$。仅能给出低维切片 Δ_2 及其边界 $\partial\Delta_2$。后者大部分在 S_{out} 内部, 而它与外接球的交点为 $\mathcal{P}^{(3)}(\mathcal{H})$ 的一部分

都是某种高维 ($N \geq 3$) 正多边形, 但并不意味着 $\mathcal{P}$ 的对称群是 $\mathrm{SO}(N^2 - 1)$ 的离散子群。此外, 在 $N > 2$ 时, 尽管 $\mathcal{P}(\mathcal{H})$ 是 $\partial\mathcal{P}$ 的真子集, 但同时也是连续流形。因此, $\mathcal{P}$ 的对称群应为 $\mathrm{SO}(N^2 - 1)$ 的连续子群。此外, $\mathcal{P}$ 的对称操作还应保证其凸性不变, 这使得只有某些特殊旋转变换才被允许。

卡迪森 (Kadison) 定理 令 $\Phi: \mathcal{P} \longrightarrow \mathcal{P}$ 是一一映射且是满射, 若 Φ 还保凸结构

$$\Phi[(1-t)\rho_1 + t\rho_2] = (1-t)\Phi(\rho_1) + t\Phi(\rho_2), \tag{4.34}$$

那么 Φ 只能是如下形式

$$\Phi(\rho) = U\rho U^{-1} \tag{4.35}$$

其中, U 是幺正或反幺正算符。

详细证明可见参考文献 [59]。根据式 (4.15), 在 $\mathcal{P}$ 的第 i 个边界面 $\partial\mathcal{P}_i$ 上, 任何密度矩阵都相似于 ρ_i, 两者之间的相似变换就应满足以上要求。在物理上, 一般只考虑幺正算符, 所以 $U \in \mathrm{SU}(N)$。之前曾提到 $\mathcal{P} \subset \mathrm{su}(N)$ (见式 (4.20) 及相关讨论), 因此 Φ 实为 $\mathrm{SU}(N)$ 变换作用于其自身李代数上的伴随作用 (adjoint action)。在 U 的作用下, 也有一些不动点, 即 $\rho = U\rho U^\dagger$ 或 $[\rho, U] = 0$, 因此, 不动点集合包含了与所有 $\mathrm{SU}(N)$ 矩阵对易的密度矩阵, 也是 $\mathrm{SU}(N)$ 群的中心, 其同构于 Z_N。因此 $\mathcal{P}$ 的对称群为射影幺正群 $\mathrm{SU}(N)/Z_N$。上述讨论说明 $\mathrm{SU}(N)/Z_N$

4.2 量子混合态的相空间

是旋转群 SO(N^2-1) 的子群,这也可以直接证明。利用 ρ 的分解式 (4.20),有

$$\rho' = U\rho U^\dagger = \frac{1}{N}\mathbf{1}_N + \sum_{i=1}^{N^2-1}\tau_i U\sigma_i U^\dagger = \frac{1}{N}\mathbf{1}_N + \sum_{i=1}^{N^2-1}\tau_i'\sigma_i, \tag{4.36}$$

其中,τ_i' 为旋转后的 Bloch 矢量的分量。显然有

$$\tau_i' = \frac{1}{2}\mathrm{Tr}(\rho'\sigma_i) = \frac{1}{2}\sum_j \mathrm{Tr}(\sigma_i U\sigma_j U^\dagger)\tau_j \equiv \sum_j O_{ij}\tau_j. \tag{4.37}$$

再利用完备性关系

$$(\sigma_i)_A{}^B(\sigma_j)_C{}^D = 2\delta_A{}^D\delta_B{}^C - \frac{2}{N}\delta_A{}^B\delta_C{}^D, \tag{4.38}$$

不难验证 O 是正交阵

$$(OO^{\mathrm{T}})_{ij} = \sum_k O_{ik}O_{jk} = \delta_{ij}. \tag{4.39}$$

例 4.2.2 为将以上讨论具象化,以 $N=3$ 为例作具体分析。以 $|1\rangle$、$|2\rangle$ 和 $|3\rangle$ 为基,取 $\mathcal{P}^{(3)}$ 的一个单形切片:

$$\Delta_2 = \Big\{\sum_{i=1}^3 \lambda_i|i\rangle\langle i|\Big|\sum_{i=1}^3 \lambda_i = 1, \lambda_i \geqslant 0\Big\}. \tag{4.40}$$

其三个边界面分别为

$$\begin{aligned}\partial\Delta_2^{(1)} &= \Big\{\lambda_2|2\rangle\langle 2| + \lambda_3|3\rangle\langle 3|\Big|\lambda_2+\lambda_3=1,\lambda_{2,3}\geqslant 0\Big\},\\ \partial\Delta_2^{(2)} &= \Big\{\lambda_3|3\rangle\langle 3| + \lambda_1|1\rangle\langle 1|\Big|\lambda_3+\lambda_1=1,\lambda_{3,1}\geqslant 0\Big\},\\ \partial\Delta_2^{(3)} &= \Big\{\lambda_1|1\rangle\langle 1| + \lambda_2|2\rangle\langle 2|\Big|\lambda_1+\lambda_2=1,\lambda_{1,2}\geqslant 0\Big\}.\end{aligned} \tag{4.41}$$

所以 $\partial\Delta_2$ 实际为三条边,而 Δ_2 等同于一个正三角形。三条边的交点为纯态密度矩阵

$$\partial\Delta_2^{(1)}\cap\partial\Delta_2^{(2)} = |3\rangle\langle 3|, \quad \partial\Delta_2^{(2)}\cap\partial\Delta_2^{(3)} = |1\rangle\langle 1|, \quad \partial\Delta_2^{(3)}\cap\partial\Delta_2^{(1)} = |2\rangle\langle 2|. \tag{4.42}$$

图 4.1(b) 给出了 Δ_2、边界 $\partial\Delta_2$、外接球 S_{out} 和后两者的交点集 ($\mathcal{P}^{(3)}(\mathcal{H})$ 的一部分) 的示意图。完整的 $\mathcal{P}^{(3)}$ 为内接于 7 维球面的 8 维凸几何体,纯态密度矩阵

流形 $\mathcal{P}^{(3)}(\mathcal{H}) \cong \mathrm{CP}^2$ 为边界 $\partial \mathcal{P}^{(3)}$ 的真子集，且 $\partial \mathcal{P}$ 在外接球面 S_{out} 之内。在图 4.1(b) 中，可见 $\partial \Delta_2$ 在 S_{out} 之内。与 $N = 2$ 不同，$\partial \mathcal{P}^{(3)}$ 并不等于外接球。$\partial \Delta_2$ 与外接球的交点为纯态密度矩阵。

我们很难从直观上想象 8 维几何体，但可借助 $\mathcal{P}^{(3)}$ 的对称操作来得到它的一个四维"切片"。一类特殊的对称操作是 Δ_2 的端点与 $\rho_\star$ 间的连线为转轴对 Δ_2 作旋转操作。图 4.2 为该操作的示意图，选择 Δ_2 的某端点来执行该旋转操作，则得到以该端点为顶点的圆锥体。然后选择另一维度为转轴将圆锥的底面旋转为 Bloch 球。该球其实对应于 $N = 2$ 的密度矩阵空间，即 $\mathcal{P}^{(2)}$。如前所述，它也是 $\partial \mathcal{P}^{(3)}$ 的一个面，这样的面一共有 3 个。对单形所有的"边"（实为"面"）都作同样的操作，则得到 $\mathcal{P}^{(3)}$ 的一个四维切片。$\mathcal{P}^{(3)}$ 作为一个凸几何体，其边界每个面都是一个三维 Bloch 球，而该球又是一个高维锥体的"底面"。该底面中所有密度矩阵都与其所属锥体顶点对应的纯态密度矩阵正交，如对比式 (4.41) 和式 (4.42)，显然 $\partial \Delta_2^{(1)} \cap \partial \Delta_2^{(2)}$ 与其对边 $\partial \Delta_2^{(3)}$ 中的密度矩阵垂直。

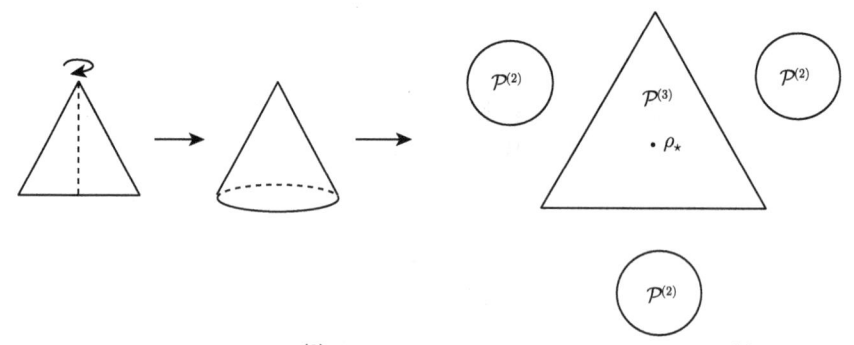

图 4.2 对 $N = 3$ 的 $\mathcal{P}$（简记为 $\mathcal{P}^{(3)}$）进一步具象化。通过两次旋转得到 $\mathcal{P}^{(3)}$ 的一个四维切片，即一个四维锥体，其每个"底面"为三维 Bloch 球 $\mathcal{P}^{(2)}$

4.2.3 密度矩阵空间的层化

相较于通过研究 $\mathcal{P}$ 的边界、外接圆及纯态子流形的方式来了解 $\mathcal{P}$ 的图像，还有另外一种方式有助于加深对 $\mathcal{P}$ 的理解，就是研究 $\mathcal{P}$ 在幺正变换下如何分解成不同的轨道。当密度矩阵 ρ 作幺正变换 $\rho' = U\rho U^\dagger$ 时，其特征根不变，可以认为 $\rho' \sim \rho$。当 U 取遍 $U \in U(N)$ 时，得到 $\mathcal{P}$ 中通过点 ρ 的一个轨道。但 ρ 在某些幺正变换下是一个不动点，即 $[\rho, U] = 0$，如之前在薛定谔混合定理中所构造的变换 U。为探讨这类变换的性质，先将 ρ 对角化为 $\rho = V\Lambda V^\dagger$。若 ρ 的本征值都不一样，即不存在简并，则如下对角分解也必然成立

$$\rho = VBAB^\dagger V^\dagger, \tag{4.43}$$

4.2 量子混合态的相空间

其中，B 为对角幺正矩阵。由于对角阵 B、Λ 之间彼此对易，所以上式显然成立。取遍所有该类型的 ρ，通过它们的轨道集合就构成 $\mathcal{P}$ 中的一个轨道空间。$U = VB$ 给出了一个新的且使 ρ 对角化的幺正变换，而 B 的每个对角元均为单位复数，因此这类 ρ 所属轨道空间为商集

$$U(N)/U(1) \times \cdots \times U(1), \quad U(1) \times \cdots \times U(1) \text{称为迷向子群或者小群.} \tag{4.44}$$

上述讨论可推广到一般情况，即 ρ 的本征值可以存在简并。在这种情况下，B 不必是对角阵，而只需是分块对角阵，便可以与 Λ 对易。同样，先把 ρ 对角化，

$$\rho \sim \Lambda \equiv \begin{pmatrix} \lambda_1 1_{n_1} & & \\ & \ddots & \\ & & \lambda_m 1_{n_m} \end{pmatrix}. \tag{4.45}$$

这里，$\lambda_1 > \lambda_2 > \cdots > \lambda_m \geqslant 0$ 为 ρ 的特征根。设它们的重数为 $n_1, n_2, \cdots, n_m$，则有

$$n_1 + \cdots + n_m = N, \quad \lambda_1 n_1 + \cdots + \lambda_m n_m = 1. \tag{4.46}$$

将一组特征根重数 $(n_1, \cdots, n_m)$ 称为一种轨型，它给定了密度矩阵本征值的简并类型。显然，任意一个形如下式的对角分块幺正矩阵都与 Λ 对易

$$B = \begin{pmatrix} U_{n_1} & & \\ & \ddots & \\ & & U_{n_m} \end{pmatrix}, \tag{4.47}$$

即 $B\Lambda B^\dagger = \Lambda$。令

$$U_\Lambda = \{B | B\Lambda B^\dagger = \Lambda \text{且} B \in U(N)\}, \tag{4.48}$$

则 $U_\Lambda \cong \mathrm{U}(n_1) \times \cdots \times \mathrm{U}(n_m)$。因此，所有与 ρ 等价的密度矩阵都在以下轨道中

$$O_\Lambda = \{U\Lambda U^\dagger | U \in U(N), \text{且}\Lambda\text{的轨型为}(n_1, \cdots, n_m)\}, \tag{4.49}$$

即 O_Λ 是所有具有轨型 $(n_1, \cdots, n_m)$ 的点的轨道集合，它显然与以下商集同构

$$O_\Lambda \cong U(N)/U_\Lambda \cong \frac{U(N)}{U(n_1) \times \cdots U(n_m)}. \tag{4.50}$$

在数学上，O_Λ 被称为复旗流形，并以 $P^{\mathbb{C}}_{n_1 \cdots n_m}$ 来表示，其维数为

$$\dim P^{\mathbb{C}}_{n_1 \cdots n_m} = N^2 - \sum_{i=1}^m n_i^2 = 2\sum_{1 \leqslant i < j \leqslant m} n_i n_j. \tag{4.51}$$

有趣的是，$P_{n_1\cdots n_m}^{\mathbb{C}}$ 也是一种 Kähler 流形。轨型 $(n_1,\cdots,n_m)$ 唯一确定了相关轨道的几何性质，也就是说，具有同样轨型的轨道是彼此微分同胚的。当轨型为 $(n, N-n)$ 时，

$$O_\Lambda \cong \frac{U(N)}{U(n)\times U(N-n)} \equiv G_{N,n}^{\mathbb{C}}, \tag{4.52}$$

这是复格拉斯曼流形，它是 $\mathbb{C}^N$ 中所有 k 维复平面所构成的线性空间。当 $n=1$ 时，有 $G_{N,1}^{\mathbb{C}} \cong \mathrm{CP}^{N-1}$，为复投影空间。

注意到所有对角阵 Λ 构成 $\mathcal{P}^{(N)}$ 中本征值单形 Δ_{N-1} 的一个子集。之所以是子集，是因为 Λ 的本征值默认以 $\lambda_1 > \lambda_2 > \cdots > \lambda_m \geqslant 0$ 的方式排列，而 Δ_{N-1} 中其他对角密度矩阵并无此要求。只需对 Λ 施加一个对角元重排操作 $P\Lambda P^\dagger$（这里 P 为排列矩阵），即可得到 Δ_{N-1} 中的所有元素。因此，Λ 形成的子集应为 $\tilde{\Delta}_{N-1} = \Delta_{N-1}/S_N$，这里 S_N 为 N 阶置换群，$\tilde{\Delta}_{N-1}$ 称为外尔腔 (Weyl chamber)，它是 Δ_{N-1} 的 $1/N!$。在 $U(N)$ 的作用下，外尔腔中点的轨迹构成了 $\mathcal{P}^{(N)}$ 的不同轨道。不定方程 $n_1+\cdots+n_m=N$ 的每一组非负整数解对应于 $\tilde{\Delta}_{N-1}$ 中的一个几何成分。我们以 $N=2、3$ 为例来具体说明。

例 4.2.3 当 $N=2$ 时，对应于两能级量子体系。如图 4.3所示，本征值单形 Δ_1 为一线段，其中心为 $\rho_\star$，对应的本征值为 $(\lambda_1,\lambda_2) = \left(\frac{1}{2},\frac{1}{2}\right)$。$\Delta_1$ 的两个端点分别为 $(\lambda_1,\lambda_2) = (1,0)、(0,1)$。位于 $\rho_\star$ 和左右端点之间的两个开线段中的内点分别满足 $\lambda_1>\lambda_2$ 和 $\lambda_1<\lambda_2$。而置换群 S_2 中的对称操作使得左右线段等价，因此外尔腔 $\tilde{\Delta}_1$ 为以 $(1,0)$ 和 $\left(\frac{1}{2},\frac{1}{2}\right)$ 为端点的线段。其中点 K_2 对应 $\left(\frac{1}{2},\frac{1}{2}\right)$，其轨型为 $(2,0)$，小群为 $U(2)$；剩下的一维线 K_{11}(含端点 $(1,0)$ 以及两端点之间的开线段)，其轨型为 $(1,1)$，小群为 $U(1)\times U(1)$。

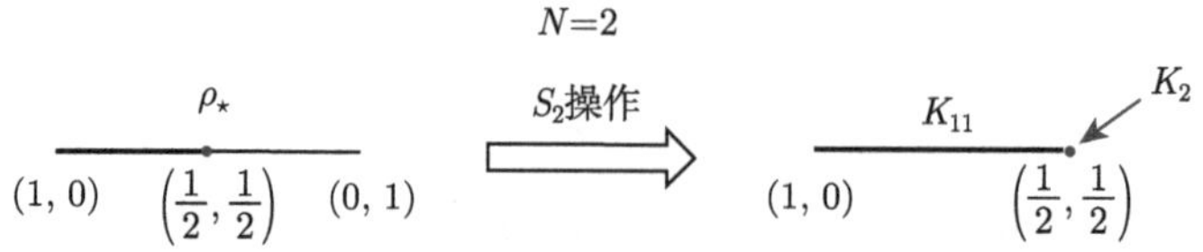

图 4.3 $N=2$ 本征值单形 Δ_1 与外尔腔 $\tilde{\Delta}_1$

为分析其轨道结构，用 $\boldsymbol{x}=\boldsymbol{\tau}$ 来表示笛卡儿坐标。根据式 (4.20)，密度矩阵可表示为

$$\rho_{\boldsymbol{x}} = \frac{1}{2}(1_2+\boldsymbol{\sigma}\cdot\boldsymbol{x}) = \frac{1}{2}\begin{pmatrix} 1+x_3 & x_1-\mathrm{i}x_2 \\ x_1+\mathrm{i}x_2 & 1-x_3 \end{pmatrix}, \tag{4.53}$$

其中，$\boldsymbol{x} \in \mathbb{R}^3$。由 $\mathrm{Tr}(\rho^2) \leqslant 1$ 可得 $|\boldsymbol{x}| \leqslant 1$，因此 $\mathcal{P}$ 可用 $\mathbb{R}^3$ 中的单位球来表示，即 Bloch 球。$\rho_{\boldsymbol{x}}$ 的本征值为

$$\lambda_{\pm} = \frac{1}{2}(1 \pm |\boldsymbol{x}|) \tag{4.54}$$

所以纯态在 $|\boldsymbol{x}| = 1$ 处，即 Bloch 球面。对比 2.3.1 节中的内容，球面 $\partial \mathcal{P} = S^2 \cong \mathrm{CP}^1 = H$，正是纯态相空间，而不含纯态的混合态构成 Bloch 球的内部。前面的分析已经指出有两种轨型的轨道，分别是 $(2,0)$ 和 $(1,1)$。

对轨型 $(2,0)$，在 $U(2)$ 变换下，K_2 产生的轨道为

$$O_{(2,0)} \cong \frac{U(2)}{U(2)} \cong 1, \tag{4.55}$$

对应单个点集 $\rho = \frac{1}{2} 1_2$，即 $|\boldsymbol{x}| = 0$ 或 Bloch 球的球心。这也是具有最大混合度的混合态。如果体系处于有限温度量子平衡态，那么该量子态则对应无限高温密度矩阵。

对于 $(1,1)$ 型，在 $U(2)$ 变换下，K_{11} 产生的轨道为

$$O_{(1,1)} \cong \frac{U(2)}{U(1) \times U(1)} \equiv G_{2,1}^{\mathbb{C}} \cong \mathrm{CP}^2 = \mathbb{C}^2 + \mathrm{CP}^1, \tag{4.56}$$

其中，CP^1 代表纯态子空间。对于固定的 $|\boldsymbol{x}|$，与 $\rho_{\boldsymbol{x}}$ 等价的混合态为 $U\rho_{\boldsymbol{x}}U^\dagger = \rho_{\boldsymbol{x}'}$ 且 $|\boldsymbol{x}'| = |\boldsymbol{x}|$。对幺正变换 U，可将其表示为 $U = \frac{1}{\sqrt{2}}(1 + \mathrm{i}\boldsymbol{\sigma} \cdot \boldsymbol{n})$（$\boldsymbol{n}$ 为单位矢量），那么 $U^\dagger = \frac{1}{\sqrt{2}}(1 - \mathrm{i}\boldsymbol{\sigma} \cdot \boldsymbol{n})$。利用 $(\boldsymbol{\sigma} \cdot \boldsymbol{a})(\boldsymbol{\sigma} \cdot \boldsymbol{b}) = \boldsymbol{a} \cdot \boldsymbol{b} + \mathrm{i}(\boldsymbol{a} \times \boldsymbol{b}) \cdot \boldsymbol{\sigma}$ 可证明（读者可自行验证）

$$U\rho_{\boldsymbol{x}}U^\dagger = \rho_{\boldsymbol{x}'} = \rho_{(\boldsymbol{x} \cdot \boldsymbol{n})\boldsymbol{n} + \boldsymbol{x} \times \boldsymbol{n}}, \tag{4.57}$$

且 $|\boldsymbol{x}'| = |(\boldsymbol{x} \cdot \boldsymbol{n})\boldsymbol{n} + \boldsymbol{x} \times \boldsymbol{n}| = |\boldsymbol{x}|$。从几何上看，$\boldsymbol{x}'$ 是将 $\boldsymbol{x}$ 绕单位矢量 $\boldsymbol{n}$ 旋转 $90°$ 之后的结果。对于任意与 $\boldsymbol{x}$ 等长的矢量 $\boldsymbol{y}$，总可以找到这样的 $\boldsymbol{n}$，使得 $\boldsymbol{y}$ 可通过把 $\boldsymbol{x}$ 绕单位矢量 $\boldsymbol{n}$ 旋转 $90°$ 而得到。因此，所有与 $\rho_{\boldsymbol{x}}$ 等价的密度矩阵形成 Bloch 球中半径为 $|\boldsymbol{x}| = \lambda_+ - \lambda_-$ 的一个球面。这样 $(1,1)$ 轨型的轨道实际上是一层层不同半径的球面嵌套起来的。在"模去" $U(2)$ 的作用之后，就得到 $\tilde{\Delta}_1$ 中的 K_{11}，它是从圆心（不含圆心）到球面的某一半径。

例 4.2.4 当 $N = 3$ 时，对应于三能级体系。如图 4.4所示，Δ_2 为正三角形。利用例 4.2.2 的结果，Δ_2 的三个顶点按逆时针方向分别为 $(\lambda_1, \lambda_2, \lambda_3) = (1, 0, 0)$，

$(0,1,0)$ 和 $(0,0,1)$。它们的对边分别可用 $\lambda_1 = 0$、$\lambda_2 = 0$ 和 $\lambda_3 = 0$ 标记,其中底边为 $N=2$ 时的本征值流形 Δ_1,其余两边为其拷贝。Δ_2 的中心为 $\rho_\star = \left(\frac{1}{3}, \frac{1}{3}, \frac{1}{3}\right)$。$\rho_\star$ 与顶点 $(1,0,0)$ 连线内任一点对应的密度矩阵可表示为

$$\lambda \rho_{(1,0,0)} + \mu \rho_\star = \begin{pmatrix} \lambda + \frac{\mu}{3} & 0 & 0 \\ 0 & \frac{\mu}{3} & 0 \\ 0 & 0 & \frac{\mu}{3} \end{pmatrix}. \tag{4.58}$$

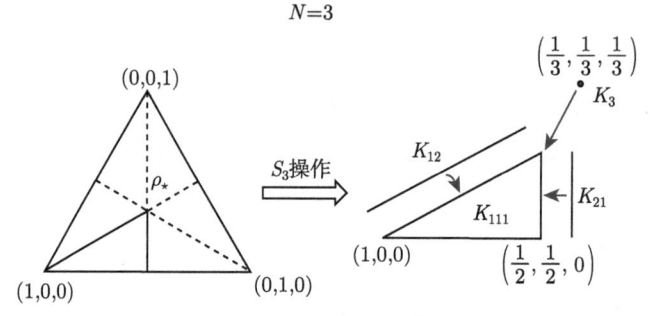

图 4.4 $N=3$ 本征值单形 Δ_1 与外尔腔 $\tilde{\Delta}_1$

本征值为 $\lambda_1 = \lambda + \frac{\mu}{3} > \lambda_2 = \lambda_3 = \frac{\mu}{3}$,其本征值简并度为 $(n_1, n_2) = (1, 2)$。同样,$\rho_\star$ 与底边中点 $\left(\frac{1}{2}, \frac{1}{2}, 0\right)$ 连线内任一点对应的密度矩阵为

$$\lambda \rho_{(\frac{1}{2}, \frac{1}{2}, 0)} + \mu \rho_\star = \begin{pmatrix} \frac{\lambda}{2} + \frac{\mu}{3} & 0 & 0 \\ 0 & \frac{\lambda}{2} + \frac{\mu}{3} & 0 \\ 0 & 0 & \frac{\mu}{3} \end{pmatrix}. \tag{4.59}$$

本征值为 $\lambda_1 = \lambda_2 = \frac{\lambda}{2} + \frac{\mu}{3} > \lambda_3 = \frac{\mu}{3}$,本征值简并度为 $(n_1, n_2) = (2, 1)$。同样,三角形 $\Delta \rho_{(1,0,0)} \rho_\star \rho_{(\frac{1}{2}, \frac{1}{2}, 0)}$ 其他点所对应的密度矩阵的本征值简并度均为 $(n_1, n_2, n_3) = (1, 1, 1)$。$\rho_\star$ 与三个顶点以及三边中点的连线将 Δ_2 分为 $3! = 6$ 部分,其中 $\Delta \rho_{(1,0,0)} \rho_\star \rho_{(\frac{1}{2}, \frac{1}{2}, 0)}$ 就是外尔腔 $\tilde{\Delta}_2$。通过对 $(\lambda_1, \lambda_2, \lambda_3)$ 的置换操作,可将 $\Delta \rho_{(1,0,0)} \rho_\star \rho_{(\frac{1}{2}, \frac{1}{2}, 0)}$ 变换为其余 5 个三角形,即后者都是外尔腔 $\tilde{\Delta}_2$ 的拷贝。而 $\tilde{\Delta}_2$ 的几何成分也可从上述分析中得到,显然包含四个部分:

(1) 点 $K_3 = \rho_\star$，简并度为 $n_1 = 3$，小群为 $U(3)$，轨道轨型为 $(3,0,0)$；

(2) $(1,0,0)$ 与 $\rho_\star$ 的连线 (不含 $\rho_\star$) K_{21}，简并度为 $(n_1, n_2) = (2,1)$，小群为 $U(1) \times U(2)$，轨道轨型为 $(2,1,0)$；

(3) $\left(\frac{1}{2}, \frac{1}{2}, 0\right)$ 与 $\rho_\star$ 的连线 (不含 $\rho_\star$) K_{12}，简并度为 $(n_1, n_2) = (1,2)$，小群为 $U(2) \times U(1)$，轨道轨型为 $(1,2,0)$；

(4) $\Delta \rho_{(1,0,0)} \rho_\star \rho_{(\frac{1}{2},\frac{1}{2},0)}$ 的内部以及 $(1,0,0)$ 与 $\left(\frac{1}{2}, \frac{1}{2}, 0\right)$ 的连线 (不含两端点)，两部分的简并度均为 $(n_1, n_2, n_3) = (1,1,1)$，小群为 $U(1) \times U(1) \times U(1)$，轨道轨型为 $(1,1,1)$。

在 $U(3)$ 变换下，(1) 中 K_3 产生的轨道为 $U(3)/U(3)$，为单点集；在 (2) 和 (3) 中，K_{12} 与 K_{21} 产生的轨道均为 $U(3)/U(1) \times U(2) = P_{12}^{\mathbb{C}} = \mathbb{CP}^2$；在 (4) 中，$K_{111}$ 产生的轨道为一般复旗流形 $P_{111}^{\mathbb{C}}$。

将上述讨论推广到一般情况，不难得到外尔腔 $\tilde{\Delta}_{N-1}$ 的分解

$$\tilde{\Delta}_{N-1} = \bigcup_{n_1+\cdots+n_m=N} K_{n_1\cdots n_m}. \tag{4.60}$$

而密度矩阵空间 $\mathcal{P}^{(N)}$ 在拓扑上等价于如下分解

$$\mathcal{P}^{(N)} \cong \bigcup_{n_1+\cdots+n_m=N} \left[\frac{U(N)}{U(n_1) \times \cdots \times U(n_m)}\right] \times K_{n_1\cdots n_m}. \tag{4.61}$$

轨型与混合态的几何相位是否有直接关系？我们将在后面的章节给出部分解答。

4.2.4 密度矩阵空间的秩分解

在通过单形切片、边界形状与层化分解对 $\mathcal{P}$ 的几何性质有了初步了解后，接下来的问题是 $\mathcal{P}$ 是否是一个流形？即是否可以在 $\mathcal{P}$ 上无歧义地引入局域坐标。根据之前的结果，可以确定 $\mathcal{P}$ 是一个凸刚体，且它的某些子集，如纯态密度矩阵空间 $\mathcal{P}(\mathcal{H})$ 或具有特定轨型的轨道 O_Λ，都是流形。除了层化分解之外，$\mathcal{P}$ 还有另一种更简单的分解：秩分解。令秩为 $k(1 \leqslant k \leqslant N)$ 的密度矩阵构成的集合为 $\mathcal{D}_k^N$，显然 $\mathcal{P}$ 可分解为

$$\mathcal{P}^{(N)} = \bigcup_{k=1}^{N} \mathcal{D}_k^N, \tag{4.62}$$

可以证明，每个 $\mathcal{D}_k^N$ 都是一个流形，其维数为

$$\dim \mathcal{D}_k^N = N^2 - (N-k)^2 - 1. \text{(该公式的证明置于本小节最后)} \tag{4.63}$$

利用之前引入的希尔伯特-施密特距离，可构造出 $\mathcal{D}_k^N$ 上的 Bures 度规，这是一种黎曼度规。构造方式由德国数学家 J. Dittmann 给出[61]，将在 8.1.3 节具体介绍如何在 $\mathcal{D}_N^N$ 上构造 Bures 度规。

既然每个子流形 $\mathcal{D}_k^N$ 上都存在黎曼度规，那么上述问题等价于：它们的并集 $\mathcal{P}^{(N)}$ 上是否存在某种方式的黎曼度规？或者用数学语言更准确地表述为：是否存在一个维数为 N^2-1 的流形 $\mathcal{M}$，$\bigcup_{k=1}^N \mathcal{D}_k^N$ 是它的拓扑子空间，且每个子流形 $\mathcal{D}_k^N$ 被等距地嵌入 $\mathcal{M}$ 中。

当 $N=2$ 时，该结论成立，$\mathcal{P}^2$ 就是一个三维球 (Bloch 球)。而当 $N>2$ 时，这样的流形 M 不存在，$\mathcal{P}^{(N)}$ 只是一个凸集。其原因是当任一点 $\rho \in \mathcal{D}_N^N$ 趋向于 $\mathcal{D}_k^N(k < N-1)$ 中的某个邻域时，在 ρ 处的截面曲率发散。也就是说，每个子流形 $\mathcal{D}_k^N$ 上的黎曼度规无法被"黏"起来使得 $\mathcal{P}^{(N)}$ 被嵌入同维的黎曼流形中，这是因为 $\mathcal{D}_N^N$ 包含了测地完整的子流形，其在边界 $\partial \mathcal{D}_N^N$ 中看起来像锥形奇点 (conical singularity)。这一结论也被称为迪特曼 (Dittmann) 定理，这已超出本书涵盖的范围，故略去其具体数学细节。

尽管 $\mathcal{P}^{(N)}$ 不是流形，但在一般物理问题中，最关心的是满秩密度矩阵，其集合 $\mathcal{D}_N^N$ 的确是一个微分流形，且可以引入黎曼度规。此外，在后续章节中还会学到，满秩密度矩阵的纯化具有唯一极化分解，在此基础上可引入 Uhlmann 相位和 Uhlmann 联络，进一步又可以建立混合态的量子几何张量理论。在物理上，常见的量子平衡态也由满秩密度矩阵来描述。之前关于密度矩阵空间几何性质的分析，也可以使得我们对 $\mathcal{D}_N^N$ 有一定了解，显然，

$$\mathcal{D}_N^N = \mathcal{P}^{(N)} - \partial \mathcal{P}^{(N)}, \tag{4.64}$$

即 $\mathcal{D}_N^N$ 是 $\mathcal{P}^{(N)}$ 的内部。根据例 4.2.3，当 $N=2$ 时，$\mathcal{D}_2^2$ 可以层化分解为一系列半径小于 1 的同心嵌套球面以及球心。

最后，我们给出维数公式 (4.63) 的证明。首先，由于密度矩阵的厄米性，任意 ρ 都可以被映射到一个 $N \times N$ 的实矩阵 $\tilde{\rho}$，使得 $\mathrm{Tr}\tilde{\rho}=1$ 且 $\mathrm{rank}(\tilde{\rho}) = \mathrm{rank}(\rho)$。借助这一结论可以方便地确定 $\mathcal{D}_k^N$ 的维数。如果 $\mathrm{rank}(\tilde{\rho}) = k$，那么它可以分解为 $\mathrm{rank}(\tilde{\rho}) = AB$，其中 A 为一个 $N \times k$ 矩阵，而 B 是一个 $k \times N$ 矩阵。显然，该分解不是唯一的，因为对任意 $k \times k$ 可逆矩阵 R，都有 $\mathrm{rank}(\tilde{\rho}) = (AR)(R^{-1}B)$，这就引入了 k^2 个冗余自由度。而 A、B 共有 $2Nk$ 个参数，再考虑条件 $\mathrm{Tr}\tilde{\rho} = 1$，独立参数的数目为

$$2Nk - k^2 - 1 = N^2 - (N-k)^2 - 1 = \dim \mathcal{D}_k^N. \tag{4.65}$$

4.3 量子混合态的纯化

4.3.1 混合态纯化的定义

Berry 相位是量子纯态在经历循回绝热演化后获得的几何相位。如果想把它推广至量子混合态，最直接的办法是把混合态以纯态的形式来"表达"，就可以把纯态几何相位理论"移植"到混合态。目前为止，已知的混合态数学表达方式就是密度矩阵，而它是厄米的，因此无法直接引入相因子。为了解决这一问题，注意到某一纯态 $|\psi\rangle$ 的密度矩阵是 $\rho = |\psi\rangle\langle\psi|$。所以 $|\psi\rangle$ 可以看成 ρ 的某种"平方根"。受此启发，对于一般满秩密度矩阵 ρ，可以通过以下方式进行"开方"[22]

$$\rho = WW^\dagger, \quad W = \sqrt{\rho}U. \tag{4.66}$$

上式中 W 被称为密度矩阵 ρ 的振幅 (amplitude) 或纯化 (purification)，而幺正矩阵 U 则是 W 的"相因子"。反之，$W = \sqrt{\rho}U$ 叫做 W 的极化分解。当 ρ 是满秩矩阵时 (自然 W 也是)，该分解是唯一的。Uhlmann 将满秩的 ρ 称为"忠实的"(faithful)。由 4.2 节的讨论可知，尽管在 $N > 2$ 时密度矩阵空间 $\mathcal{P}^{(N)}$ 并非一个流形，但所有忠实密度矩阵的集合是一个流形 $\mathcal{D}_N^N$。此外，对 ρ 而言，其纯化并非唯一的，它们之间可相差一个 $U(N)$ 规范自由度，即 W 和 $WU(U$ 是任一幺正矩阵) 属于同一密度矩阵的纯化。所有同阶纯化矩阵张成一个希尔伯特空间 $\mathcal{H}_W$，在其上可定义希尔伯特–施密特内积

$$(W_1, W_2) := \text{Tr}(W_1^\dagger W_2). \tag{4.67}$$

将密度矩阵 ρ 对角化为

$$\rho = \sum_i \lambda_i |i\rangle\langle i|, \tag{4.68}$$

则其纯化 W 可表达为

$$W = \sum_i \sqrt{\lambda_i}|i\rangle\langle i|U. \tag{4.69}$$

为了和纯态波函数对比，对 $\langle i|U$ 实施"形式上的转置操作"，可得

$$W = \sum_i \sqrt{\lambda_i}|i\rangle\langle i|U \longleftrightarrow |W\rangle = \sum_i \sqrt{\lambda_i}|i\rangle \otimes U^\text{T}|i\rangle. \tag{4.70}$$

这里，$|W\rangle$ 被称为 ρ 的"纯化态"(purified state)，其表达式中第一个态矢量所在的线性空间是原系统空间 (亦称第一希尔伯特空间)，而第二个态矢量所在的线性

空间称为"辅助量子空间"(亦称第二希尔伯特空间)。有一种看法认为，混合态的密度矩阵表示之所以 (部分地) 丧失了相干性，是因为系统与环境的相互作用。如果把环境的状态也包含进来，将系统和环境作为一个整体，用一个更"大"的量子纯态来描述，是不是就可以完全恢复相干性？有人认为混合态的纯化实际上做到了这一点：在 $|W\rangle$ 的表达式中，系统量子态代表系统本身，而辅助量子态代表环境。一般情况下，$|W\rangle$ 是一个纠缠态，代表系统与环境之间的纠缠。

方程 (4.70) 给出了 $\mathcal{H}_W$ 和 $H \otimes H$ 之间的同构映射。需要强调的是，在 $|W\rangle$ 的表达式中，$U^\mathrm{T}|i\rangle$ 仅仅是形式上的右矢，在实际运算中仍须当作 $\langle i|U$ 来处理。也就是说，在式 (4.70) 中没有真正实施转置操作，只有这样才能保证两个纯化态之间的矢量内积等于其对应纯化之间的希尔伯特–施密特内积

$$(W_1, W_2) = \mathrm{Tr}(W_1^\dagger W_2). \tag{4.71}$$

简单验证如下。令 W_1、W_2 是 ρ 的两个不同纯化，且有

$$W_1 = \sum_n \sqrt{\lambda_n}|n\rangle\langle n|U_1 \leftrightarrow |W_1\rangle = \sum_n \sqrt{\lambda_n}|n\rangle \otimes U_1^\mathrm{T}|n\rangle,$$

$$W_2 = \sum_m \sqrt{\lambda_m}|m\rangle\langle m|U_2 \leftrightarrow |W_2\rangle = \sum_m \sqrt{\lambda_m}|m\rangle \otimes U_2^\mathrm{T}|m\rangle. \tag{4.72}$$

容易验证方程 (4.71) 的右边为

$$\mathrm{Tr}(W_1^\dagger W_2) = \mathrm{Tr}(U_1^\dagger \sqrt{\rho}\sqrt{\rho}U_2) = \mathrm{Tr}(\rho U_2 U_1^\dagger). \tag{4.73}$$

在计算左边时，如果把 $|W_2\rangle$ 的辅助态矢量当作普通右矢处理，应有

$$\langle W_1|W_2\rangle = \sum_{n,m} \sqrt{\lambda_n \lambda_m}\langle n|m\rangle\langle n|U_1^* U_2^\mathrm{T}|m\rangle$$

$$= \sum_n \langle n|\lambda_n U_1^* U_2^\mathrm{T}|n\rangle$$

$$= \sum_n \langle n|\rho U_1^* U_2^\mathrm{T}|n\rangle$$

$$= \mathrm{Tr}(\rho U_1^* U_2^\mathrm{T}). \tag{4.74}$$

这与式 (4.73) 结果不一致。反之，如果仍把 $U_2^\mathrm{T}|n\rangle$ 当作左矢来处理，则有

$$\langle W_1|W_2\rangle = \sum_{n,m} \sqrt{\lambda_n \lambda_m}\langle n|m\rangle\langle m|U_2 U_1^\dagger|n\rangle$$

$$= \sum_n \lambda_n \langle n| \sum_m |m\rangle\langle m|U_2 U_1^\dagger|n\rangle$$

4.3 量子混合态的纯化

$$= \sum_n \langle n | \lambda_n U_2 U_1^\dagger | n \rangle$$

$$= \text{Tr}(\rho U_2 U_1^\dagger). \tag{4.75}$$

其结果就与式 (4.73) 吻合了。利用这一结果，可验证

$$\rho = \text{Tr}_2(|W\rangle\langle W|), \tag{4.76}$$

其中，Tr_2 为辅助量子空间上的求迹运算。在后续章节中，我们会发现这一要求是非常必要的[1]。在量子信息学中，这种仅对辅助量子空间实施的部分转置操作与密度矩阵的可分性密切相关，类似于式 (4.74) 和式 (4.75) 之间的差别也出现在 Choi-Jamiolkowski 对应 (correspondence) 中[62]。

4.3.2 平行性的定义

借助混合态的纯化，可将纯态的平行性概念推广到混合态。令 $W_{1,2}$ 分别是 $\rho_{1,2}$ 的纯化，对比式 (2.32)，一个自然的做法是

$$\langle W_1 | W_2 \rangle = \langle W_2 | W_1 \rangle > 0. \tag{4.77}$$

但这个条件远不够充分。量子纯态的相因子是一个 $U(1)$ 复数，而混合态纯化的相因子是一个 $U(N)$ 矩阵。后者的自由度大大增加，单独一个等式 (4.77) 远不能提供足够的限制条件。Uhlmann 的做法是把平行性条件加强为

$$W_1^\dagger W_2 = W_2^\dagger W_1 > 0. \tag{4.78}$$

上式最右边的 ">0" 指矩阵所有本征值都是正实数。该方程为矩阵方程，其给出的约束条件恰好足以确定所有矩阵元，并且该条件自然蕴含了式 (4.77)。这一加强版的平行条件来源于 Uhlmann 及其合作者早年对量子混合态之间"转移概率"(transition probability) 的思考。若对方程 (4.78) 两端求迹后再取平方，可得 $|\langle W_1 | W_2 \rangle|^2$，即 ρ_1 和 ρ_2 之间的转移概率。

关于混合态纯化之间的平行性，Uhlmann 给出的完整定义为[2]：对于有序对 $/\rho_1, \rho_2/$，当且仅当式 (4.78) 成立时，称 $/W_1, W_2/$ 为该密度矩阵对的平行纯化对，$/U_1, U_2/$ 为对应的平行相因子对。进一步可验证有如下事实：

(1) $/W_2, W_1/$ 和 $/U_2, U_1/$ 是有序对 $/\rho_2, \rho_1/$ 的平行对；

---

[1] 在讨论 Uhlmann 相位的实验模拟时（见 5.8.1 节），需要一个"弱化版" Uhlmann 平行输运条件，这要求对辅助量子态作正确的计算。此外，对混合态的干涉几何相位作推广时（见第 7 章），是否保留辅助量子态的转置操作也会产生不同的结果。

[2] 给出平行性的完整定义是为了保证内容的完整性，读者可跳过这一段而不会影响对后续内容的理解。

(2) 若 r_1 和 r_2 为正实数，则 $/\sqrt{r_1}W_1, \sqrt{r_2}W_2/$ 和 $/U_1, U_2/$ 是 $/r_1\rho_1, r_2\rho_2/$ 的平行对；

(3) 对幺正矩阵 V，$/VW_1, VW_2/$ 和 $/VU_1, VU_2/$ 为 $/V\rho_1V^\dagger, V\rho_2V^\dagger/$ 的平行对。

对于平行对 $/W_1, W_2/$，必然存在 $/\rho_1, \rho_2/$ 的另一平行对 $/\tilde{W}_1, \tilde{W}_2/$。由于同一密度矩阵的不同纯化之间相差一幺正变换，因此有 $\tilde{W}_{1,2} = W_{1,2}V_{1,2}$。平行性要求

$$V_1^\dagger W_1^\dagger W_2 V_2 = \tilde{W}_1^\dagger \tilde{W}_2 = \tilde{W}_2^\dagger \tilde{W}_1 = V_2^\dagger W_2^\dagger W_1 V_1 > 0. \tag{4.79}$$

令 $C = W_1^\dagger W_2$，$V = V_1 V_2^\dagger$，则上式给出 $C = V^\dagger C V > 0$。由 W 的唯一极化分解 $W = \sqrt{\rho} U$ 可导出 $W^\dagger W = U^\dagger \rho U$。若取 $W = \sqrt{\rho}$，则 $\rho = U^\dagger \rho U$，极化分解的唯一性要求 $U = 1$。类比这两式，便知 $V = 1$，因此 $V_1 = V_2$。由此可得到如下定理：

若 $/W_1, W_2/$ 和 $/U_1, U_2/$ 分别为有序对 $/\rho_1, \rho_2/$ 的平行纯化对和平行相因子对，则 $/\rho_1, \rho_2/$ 的其他平行对均可通过以下同步幺正变换而得到：$W_{1,2} \longrightarrow W_{1,2}V$，$U_{1,2} \longrightarrow U_{1,2}V$。

如果将上述平行对之间的幺正变换定义为某种规范变换，则该定理保证了 ρ_1 和 ρ_2 之间的转移概率 $|\langle W_1|W_2\rangle|^2$ 是规范不变的。借助于平行性，还可以唯一地定义有序对 $/\rho_1, \rho_2/$ 之间规范不变的相对纯化和相对相因子：

$$\text{AMP}(\rho_1, \rho_2) = W_1 W_2^\dagger, \quad \text{RPF}(\rho_1, \rho_2) = U_1 U_2^\dagger. \tag{4.80}$$

由平行性条件 (4.78) 易证

$$\text{AMP}(\rho_1, \rho_2) = \sqrt{\rho_1}\text{RPF}(\rho_1, \rho_2)\sqrt{\rho_2}, \quad \text{AMP}(\rho_1, \rho_2)^2 = \rho_1 \rho_2. \tag{4.81}$$

进一步有

$$\text{AMP}(\rho_1, \rho_2) = \sqrt{\rho_1}\sqrt{\rho_2}, \quad \text{RPF}(\rho_1, \rho_2) = 1, \tag{4.82}$$

当且仅当 $[\rho_1, \rho_2] = 0$ 时，对易的密度矩阵之间没有非平庸的相对相因子。此外，关于相对相因子有如下简单事实：

(1) $\text{RPF}(\rho_1, \rho_2) = \text{RPF}(\rho_2, \rho_1)$；

(2) 对任意幺正算符 V，有 $\text{RPF}(V\rho_1 V^\dagger, V\rho_2 V^\dagger) = V\text{RPF}(\rho_1, \rho_2)V^\dagger$；

(3) 对任意正实数 r_1，r_2，有 $\text{RPF}(r_1\rho_1, r_2\rho_2) = \text{RPF}(\rho_1, \rho_2)$。

4.3.3 平行性与 Bures 距离

第 3 章曾多次提到：彼此平行的两个量子纯态之间的 Fubini-Study 距离最短。对量子混合态 (或密度矩阵的纯化) 是否也有类似的结论？其答案是肯定的。考虑两个密度矩阵 ρ_1、ρ_2，定义它们之间的 Bures 距离为

$$d_B(\rho_1, \rho_2) := \sqrt{\inf \text{Tr}(W_1 - W_2)(W_1 - W_2)^\dagger}. \tag{4.83}$$

4.3 量子混合态的纯化

其中，取得下确界的前提是遍历 $\rho_{1,2}$ 各自所有可能的纯化 $W_{1,2}$。再利用 $\mathrm{Tr}\rho_1 = \mathrm{Tr}\rho_2 = 1$，可得

$$d_{\mathrm{B}}^2(\rho_1,\rho_2) = \inf \mathrm{Tr}(W_1 W_1^\dagger + W_2 W_2^\dagger - W_2 W_1^\dagger - W_1 W_2^\dagger)$$

$$= 2 - 2\sup \mathrm{Re}\left[\mathrm{Tr}(W_2 W_1^\dagger)\right]$$

$$= 2 - 2\sup \mathrm{Re}\left[\mathrm{Tr}(W_1^\dagger W_2)\right]. \tag{4.84}$$

令 $A = W_1^\dagger W_2$，则上式取到下确界等价于 $\mathrm{Re}\left[\mathrm{Tr}(A)\right]$ 取到极大值。由于矩阵 W_1、W_2 均满秩，所以 A 也满秩，因此有唯一极化分解：$A = |A|U_A$，其中 $|A| = \sqrt{AA^\dagger}$ 且 U_A 为幺正矩阵。易证下列不等式成立

$$\mathrm{Re}\left[\mathrm{Tr}(A)\right] \leqslant |\mathrm{Tr}(A)| = |\mathrm{Tr}(|A|U_A)| = |\mathrm{Tr}(\sqrt{|A|}\sqrt{|A|}U_A)|$$

$$\leqslant \sqrt{\mathrm{Tr}|A|\mathrm{Tr}(U_A^\dagger |A|U_A)} = \mathrm{Tr}|A|. \tag{4.85}$$

第二行利用了柯西–施瓦茨不等式：$|\mathrm{Tr}(A^\dagger B)|^2 \leqslant \mathrm{Tr}(A^\dagger A)\mathrm{Tr}(B^\dagger B)$，其中等号成立的条件为 $\sqrt{|A|} = \sqrt{|A|}U_A$，即 $U_A = 1$。因此有

$$A = |A| = \sqrt{AA^\dagger} \longrightarrow A^2 = AA^\dagger \tag{4.86}$$

由此可推出 $A = A^\dagger$。也就是说当不等式 (4.85) 取最小值时，有

$$W_1^\dagger W_2 = W_2^\dagger W_1 = \sqrt{W_1^\dagger W_2 W_2^\dagger W_1} > 0 \tag{4.87}$$

即 $W_1 \mathbin{/\mkern-4mu/} W_2$，此时 W_1 和 W_2 间的希尔伯特–施密特距离取最小值，这与纯态的结论类似。利用不等式 (4.85) 可得

$$\mathrm{Re}\left[\mathrm{Tr}(W_1^\dagger W_2)\right] = \mathrm{Re}\left[\mathrm{Tr}(U_1^\dagger \sqrt{\rho_1}\sqrt{\rho_2}U_2)\right]$$

$$= \mathrm{Re}\left[\mathrm{Tr}(\sqrt{\rho_1}\sqrt{\rho_2}U_{12}^\dagger)\right]$$

$$\leqslant \mathrm{Tr}|\sqrt{\rho_1}\sqrt{\rho_2}|$$

$$= \mathrm{Tr}\sqrt{\sqrt{\rho_1}\rho_2\sqrt{\rho_1}}, \tag{4.88}$$

其中，$U_{12} = U_1 U_2^\dagger$ 亦可理解为 W_1 和 W_2 之间的联络[①]。代回方程 (4.83)，最终得到 ρ_1 和 ρ_2 之间的 Bures 距离

$$d_{\mathrm{B}}(\rho_1,\rho_2) = \sqrt{2 - 2F(\rho_1,\rho_2)}, \tag{4.89}$$

[①] 注意，当且仅当 $W_1 \mathbin{/\mkern-4mu/} W_2$ 时，才有 $U_{12} = \mathrm{RPF}(\rho_1,\rho_2)$。

其中
$$F(\rho_1,\rho_2) \equiv \text{Tr}\sqrt{\sqrt{\rho_1}\rho_2\sqrt{\rho_1}} \tag{4.90}$$

也被称为密度矩阵 ρ_1、ρ_2 之间的 Uhlmann 保真度 (fidelity)，这也是量子信息理论中常见的物理量。当 $\rho_2 \longrightarrow \rho_1 = \rho$ 时，它们之间的 Bures 距离有解析表达式

$$d_B^2(\rho, \rho + d\rho) = \frac{1}{2}\sum_{ij}\frac{|\langle i|d\rho|j\rangle|^2}{\lambda_i + \lambda_j}. \tag{4.91}$$

这里，λ_i 为 ρ 的本征值，$|i\rangle$ 为对应的本征矢量，具体过程可见附录 C.1。不等式 (4.88) 中等号成立的条件为

$$U_{12}^\dagger = U_{\sqrt{\rho_1}\sqrt{\rho_2}}^\dagger = \left(|\sqrt{\rho_1}\sqrt{\rho_2}|^{-1}\sqrt{\rho_1}\sqrt{\rho_2}\right)^\dagger, \tag{4.92}$$

即

$$U_{21} = U_{12}^\dagger = \sqrt{\rho_2^{-1}}\sqrt{\rho_1^{-1}}\sqrt{\sqrt{\rho_1}\rho_2\sqrt{\rho_1}}. \tag{4.93}$$

对比式 (4.90)，可得

$$\sqrt{\rho_1}\sqrt{\rho_2} = \sqrt{\sqrt{\rho_1}\rho_2\sqrt{\rho_1}}U_{12}. \tag{4.94}$$

例 4.3.1

$$W_1 = \sqrt{\rho_1}, \quad W_2 = \sqrt{\rho_1^{-1}}\sqrt{\sqrt{\rho_1}\rho_2\sqrt{\rho_1}}, \tag{4.95}$$

是有序对 /ρ_1、ρ_2/ 的一组平行纯化对，且对应的相因子为

$$U_1 = 1, \quad U_2 = \sqrt{\rho_2^{-1}}\sqrt{\rho_1^{-1}}\sqrt{\sqrt{\rho_1}\rho_2\sqrt{\rho_1}}. \tag{4.96}$$

利用定义 (4.83) 可以直接验证 ρ_1、ρ_2 之间的 Bures 距离就是式 (4.89)。此外，它们之间的相对相因子 RPF(ρ_1,ρ_2) 由式 (4.93) 给出，而相对纯化为

$$\text{AMP}(\rho_1,\rho_2) = \sqrt{\rho_1}\sqrt{\sqrt{\rho_1}\rho_2\sqrt{\rho_1}}\sqrt{\rho_1^{-1}}. \tag{4.97}$$

例 4.3.2 当 ρ_1、ρ_2 均为纯态的密度矩阵时，令 $\rho_1 = |\psi_1\rangle\langle\psi_1|$，$\rho_2 = |\psi_2\rangle\langle\psi_2|$，则有 $\rho_1 = \sqrt{\rho_1}$，$\rho_2 = \sqrt{\rho_2}$。在该情况下，ρ_1 和 ρ_2 都不是满秩，所以它们的振幅

4.3 量子混合态的纯化

并无唯一极化分解，因此振幅之间的平行性也无从谈起。这里我们关心的是 ρ_1、ρ_2 之间的 Uhlmann 保真度。易知

$$F(\rho_1,\rho_2) = \text{Tr}\sqrt{|\psi_1\rangle\langle\psi_1|\psi_2\rangle\langle\psi_2|\psi_1\rangle\langle\psi_1|}$$
$$= |\langle\psi_1|\psi_2\rangle|\text{Tr}\sqrt{|\psi_1\rangle\langle\psi_1|}$$
$$= |\langle\psi_1|\psi_2\rangle|, \tag{4.98}$$

比较方程 (2.34) 和方程 (4.83)，可知此时混合态之间的 Bures 距离回到了纯态之间的 Fubini-Study 距离

$$d_{\text{B}}(\rho_1,\rho_2) = d_{\text{FS}}(|\psi_1\rangle,|\psi_2\rangle). \tag{4.99}$$

例 4.3.3 求两能级体系密度矩阵之间的 Bures 距离。在这里提供两种求解过程。

方法一[63] 为方便起见，令 $M = \sqrt{\rho_1}\rho_2\sqrt{\rho_1}$，且其本征值为 p_1、p_2。进一步假设 M 可被矩阵 A 对角化：

$$M = A\begin{pmatrix} p_1 & 0 \\ 0 & p_2 \end{pmatrix}A^{-1}, \tag{4.100}$$

从而有

$$\text{Tr}\sqrt{M} = \text{Tr}\left[A\begin{pmatrix} \sqrt{p_1} & 0 \\ 0 & \sqrt{p_2} \end{pmatrix}A^{-1}\right] = \sqrt{p_1} + \sqrt{p_2}. \tag{4.101}$$

进一步可推出

$$(\text{Tr}\sqrt{M})^2 = p_1 + p_2 + 2\sqrt{p_1 p_2} = \text{Tr}M + 2\sqrt{\det M}. \tag{4.102}$$

利用笛卡儿坐标，两个密度矩阵均可分解为 $\rho_i = \frac{1}{2}(1_2 + \boldsymbol{x}_i \cdot \boldsymbol{\sigma})$，那么有

$$\text{Tr}M = \text{Tr}(\rho_1\rho_2)$$
$$= \frac{1}{2} + \frac{1}{4}\text{Tr}\boldsymbol{x}_1 \cdot \boldsymbol{x}_2 + \frac{i}{4}\text{Tr}[(\boldsymbol{x}_1 \times \boldsymbol{x}_2) \cdot \boldsymbol{\sigma}]$$
$$= \frac{1}{2}(1 + \boldsymbol{x}_1 \cdot \boldsymbol{x}_2). \tag{4.103}$$

再利用 $\det\rho_i = \frac{1}{4}(1 - \boldsymbol{x}_i \cdot \boldsymbol{x}_i)$, $i=1,2$ 可得

$$\det M = \det\rho_1 \det\rho_2 = \frac{1}{16}(1 - \boldsymbol{x}_1 \cdot \boldsymbol{x}_1)(1 - \boldsymbol{x}_2 \cdot \boldsymbol{x}_2). \tag{4.104}$$

将上两式代入式 (4.102), 可得

$$\mathrm{Tr}\sqrt{M} = \sqrt{\frac{1}{2}\left[1 + \boldsymbol{x}_1 \cdot \boldsymbol{x}_2 + \sqrt{(1 - \boldsymbol{x}_1 \cdot \boldsymbol{x}_1)(1 - \boldsymbol{x}_2 \cdot \boldsymbol{x}_2)}\right]}. \tag{4.105}$$

令 $\mathcal{C}_i^2 = 4\det\rho_i = 1 - \boldsymbol{x}_i^2$, 根据式 (4.89), 有

$$d_\mathrm{B}^2(\rho_1, \rho_2) = 2 - \sqrt{2}\sqrt{1 + \boldsymbol{x}_1 \cdot \boldsymbol{x}_2 + \mathcal{C}_1\mathcal{C}_2}. \tag{4.106}$$

当 ρ_2 连续趋近 ρ_1 时, $\rho_1 \equiv \rho = \frac{1}{2}(1 + \boldsymbol{x} \cdot \boldsymbol{\sigma})$, 则有

$$\rho_2 = \rho + \mathrm{d}\rho = \rho + \frac{1}{2}\mathrm{d}\boldsymbol{x} \cdot \boldsymbol{\sigma} = \frac{1}{2}\left[1 + (\boldsymbol{x} + \mathrm{d}\boldsymbol{x}) \cdot \boldsymbol{\sigma}\right]. \tag{4.107}$$

它们之间的 Bures 距离为

$$d_\mathrm{B}^2(\rho, \rho + \mathrm{d}\rho) = 2 - \sqrt{2}\sqrt{1 + \boldsymbol{x}^2 + \boldsymbol{x} \cdot \mathrm{d}\boldsymbol{x} + \sqrt{1 - \boldsymbol{x}^2}\sqrt{1 - \boldsymbol{x}^2 - 2\boldsymbol{x} \cdot \mathrm{d}\boldsymbol{x} - (\mathrm{d}\boldsymbol{x})^2}}. \tag{4.108}$$

再取 $\mathcal{C} = \sqrt{1 - \boldsymbol{x}^2}$, 则有 $\mathrm{d}\mathcal{C} = -\dfrac{\boldsymbol{x} \cdot \mathrm{d}\boldsymbol{x}}{\mathcal{C}}$。将式 (4.108) 右侧根号内最后一项展开到泰勒级数的第二阶

$$\begin{aligned}
&\mathcal{C}^2\sqrt{1 - \frac{2\boldsymbol{x} \cdot \mathrm{d}\boldsymbol{x} + (\mathrm{d}\boldsymbol{x})^2}{\mathcal{C}^2}} \\
&\approx \mathcal{C}^2 - \frac{1}{2}[2\boldsymbol{x} \cdot \mathrm{d}\boldsymbol{x} + (\mathrm{d}\boldsymbol{x})^2] + \frac{1}{2!}\frac{1}{2}\left(\frac{1}{2} - 1\right)\mathcal{C}^2\frac{1}{\mathcal{C}^4}(-2\boldsymbol{x} \cdot \mathrm{d}\boldsymbol{x})^2 \\
&= \mathcal{C}^2 - \boldsymbol{x} \cdot \mathrm{d}\boldsymbol{x} - \frac{1}{2}(\mathrm{d}\boldsymbol{x})^2 - \frac{1}{2}(\mathrm{d}\mathcal{C})^2.
\end{aligned} \tag{4.109}$$

将其代回式 (4.108), 有

$$\begin{aligned}
d_\mathrm{B}^2(\rho, \rho + \mathrm{d}\rho) &= 2 - \sqrt{2}\sqrt{2 - \frac{1}{2}(\mathrm{d}\boldsymbol{x})^2 - \frac{1}{2}(\mathrm{d}\mathcal{C})^2} \\
&\approx \frac{\mathrm{d}\boldsymbol{x} \cdot \mathrm{d}\boldsymbol{x} + \mathrm{d}\mathcal{C}\mathrm{d}\mathcal{C}}{4}.
\end{aligned} \tag{4.110}$$

再利用

$$\mathrm{Tr}(\mathrm{d}\rho)^2 = \frac{1}{4}\mathrm{Tr}(\mathrm{d}\boldsymbol{x} \cdot \boldsymbol{\sigma})^2 = \frac{1}{8}(\mathrm{d}x_i\mathrm{d}x_j)\mathrm{Tr}(\sigma_i\sigma_j + \sigma_j\sigma_i) = \frac{1}{2}\mathrm{d}\boldsymbol{x} \cdot \mathrm{d}\boldsymbol{x}, \tag{4.111}$$

4.3 量子混合态的纯化

最终 Bures 距离为

$$d_B^2(\rho, \rho + \mathrm{d}\rho) = \frac{1}{2}\mathrm{Tr}(\mathrm{d}\rho)^2 + (\mathrm{d}\sqrt{\det\rho})^2. \tag{4.112}$$

方法二 我们亦可直接利用 Bures 距离的解析表达式 (4.91)。取 $\rho = \frac{1}{2} + \boldsymbol{a}\cdot\boldsymbol{\sigma}$, 其本征值为 $\lambda_{1,2} = \frac{1}{2} \pm |\boldsymbol{a}|$, 且两个本征态的投影算符分别为 $|1\rangle\langle 1| = \frac{1}{2}(1 + \hat{\boldsymbol{a}}\cdot\boldsymbol{\sigma})$ 和 $|2\rangle\langle 2| = \frac{1}{2}(1 - \hat{\boldsymbol{a}}\cdot\boldsymbol{\sigma})$, $\hat{\boldsymbol{a}} = \frac{\boldsymbol{a}}{|\boldsymbol{a}|}$。利用 $\mathrm{d}\rho = \mathrm{d}\boldsymbol{a}\cdot\boldsymbol{\sigma}$ 和 $\lambda_1 + \lambda_2 = 1$, Bures 距离可表达为

$$\begin{aligned}
\mathrm{d}_B^2(\rho, \rho + \mathrm{d}\rho) =& \frac{1}{4}\sum_i \frac{|\langle i|\mathrm{d}\rho|i\rangle|^2}{\lambda_i} + \frac{1}{2}\sum_{i\neq j}|\langle i|\mathrm{d}\rho|j\rangle|^2 \\
=& \langle 1|\mathrm{d}\boldsymbol{a}\cdot\boldsymbol{\sigma}\left(\frac{1+\hat{\boldsymbol{a}}\cdot\boldsymbol{\sigma}}{8\lambda_1} + \frac{1-\hat{\boldsymbol{a}}\cdot\boldsymbol{\sigma}}{4}\right)\mathrm{d}\boldsymbol{a}\cdot\boldsymbol{\sigma}|1\rangle \\
& + \langle 2|\mathrm{d}\boldsymbol{a}\cdot\boldsymbol{\sigma}\left(\frac{1-\hat{\boldsymbol{a}}\cdot\boldsymbol{\sigma}}{8\lambda_2} + \frac{1+\hat{\boldsymbol{a}}\cdot\boldsymbol{\sigma}}{4}\right)\mathrm{d}\boldsymbol{a}\cdot\boldsymbol{\sigma}|2\rangle \\
=& \left(\frac{1}{8\lambda_1\lambda_2} + \frac{1}{2}\right)\mathrm{d}\boldsymbol{a}\cdot\mathrm{d}\boldsymbol{a} - \sum_{i=1,2}(-1)^i\frac{1-2\lambda_i}{8\lambda_i}\langle i|\mathrm{d}\boldsymbol{a}\cdot\boldsymbol{\sigma}\hat{\boldsymbol{a}}\cdot\boldsymbol{\sigma}\mathrm{d}\boldsymbol{a}\cdot\boldsymbol{\sigma}|i\rangle.
\end{aligned} \tag{4.113}$$

然后, 利用 $\langle 1,2|\hat{\boldsymbol{a}}\cdot\boldsymbol{\sigma}|1,2\rangle = \pm 1$, $1 - 2\lambda_{1,2} = \mp 2|\boldsymbol{a}|$, $\langle 1|\boldsymbol{\sigma}|1\rangle = -\langle 2|\boldsymbol{\sigma}|2\rangle = \hat{\boldsymbol{a}}$, 以及

$$\begin{aligned}
\mathrm{d}\boldsymbol{a}\cdot\boldsymbol{\sigma}\hat{\boldsymbol{a}}\cdot\boldsymbol{\sigma}\mathrm{d}\boldsymbol{a}\cdot\boldsymbol{\sigma} &= [\mathrm{d}\boldsymbol{a}\cdot\hat{\boldsymbol{a}} + \mathrm{i}(\mathrm{d}\boldsymbol{a}\times\hat{\boldsymbol{a}})\cdot\boldsymbol{\sigma}]\mathrm{d}\boldsymbol{a}\cdot\boldsymbol{\sigma} \\
&= 2(\mathrm{d}\boldsymbol{a}\cdot\hat{\boldsymbol{a}})\mathrm{d}\boldsymbol{a}\cdot\boldsymbol{\sigma} - (\mathrm{d}\boldsymbol{a}\cdot\mathrm{d}\boldsymbol{a})\hat{\boldsymbol{a}}\cdot\boldsymbol{\sigma},
\end{aligned}$$

可得

$$\begin{aligned}
\mathrm{d}_B^2(\rho, \rho + \mathrm{d}\rho) =& \left(1 + \frac{1}{8\lambda_1\lambda_2} - \frac{1}{8\lambda_1} - \frac{1}{8\lambda_2}\right)\mathrm{d}\boldsymbol{a}\cdot\mathrm{d}\boldsymbol{a} \\
& - \mathrm{d}\boldsymbol{a}\cdot\boldsymbol{a}\left(\frac{\mathrm{d}\boldsymbol{a}\cdot\langle 1|\boldsymbol{\sigma}|1\rangle}{2\lambda_1} + \frac{\mathrm{d}\boldsymbol{a}\cdot\langle 2|\boldsymbol{\sigma}|2\rangle}{2\lambda_2}\right) \\
=& \mathrm{d}\boldsymbol{a}\cdot\mathrm{d}\boldsymbol{a} - \frac{(\mathrm{d}\boldsymbol{a}\cdot\boldsymbol{a})^2}{2|\boldsymbol{a}|}\left(\frac{1}{\lambda_1} - \frac{1}{\lambda_2}\right) \\
=& \mathrm{d}\boldsymbol{a}\cdot\mathrm{d}\boldsymbol{a} + \frac{(\mathrm{d}\boldsymbol{a}\cdot\boldsymbol{a})^2}{\det\rho}.
\end{aligned} \tag{4.114}$$

再利用以下事实

$$\mathrm{Tr}(\mathrm{d}\rho)^2 = \mathrm{Tr}(\mathrm{d}\boldsymbol{a}\cdot\boldsymbol{\sigma})^2 = 2\mathrm{d}\boldsymbol{a}\cdot\mathrm{d}\boldsymbol{a}, \tag{4.115}$$

和

$$\mathrm{d}\sqrt{\det\rho} = \mathrm{d}\sqrt{\frac{1}{4}-\boldsymbol{a}^2} = -\frac{\mathrm{d}\boldsymbol{a}\cdot\boldsymbol{a}}{\sqrt{\det\rho}}, \tag{4.116}$$

式 (4.114) 就是

$$\mathrm{d}_B^2(\rho,\rho+\mathrm{d}\rho) = \frac{1}{2}\mathrm{Tr}(\mathrm{d}\rho)^2 + \left(\mathrm{d}\sqrt{\det\rho}\right)^2. \tag{4.117}$$

4.4　Uhlmann 平行条件与 Thomas 旋转矩阵

4.3 节的结果表明, 若有序对 $/\rho_1,\rho_2/$ 的纯化 W_1 和 W_2 彼此平行, 则其相对相因子满足等式 (4.93), 且 ρ_1、ρ_2 满足式 (4.94)。对于两能级体系, Péter Lévay[64] 利用 Thomas 旋转矩阵对混合态纯化的平行条件给了一个漂亮的几何解释。取密度矩阵的笛卡儿坐标: $\rho_i = \frac{1}{2}(1+\boldsymbol{\sigma}\cdot\boldsymbol{x}_i)$, $i=1,2$。引入符号

$$\mathcal{C}_i = 2\sqrt{\det\rho_i} = \sqrt{1-\boldsymbol{x}_i^2}, \quad i=1,2. \tag{4.118}$$

令 $\sqrt{\rho_1} = a_0 + \boldsymbol{a}\cdot\boldsymbol{\sigma}$, 对比 $\rho_1 = a_0^2 + \boldsymbol{a}^2 + 2a_0\boldsymbol{a}\cdot\boldsymbol{\sigma}$, 则有

$$\boldsymbol{a} = \frac{1}{4a_0}\boldsymbol{x}_1, \quad a_0 = \sqrt{\frac{1}{2}-\boldsymbol{a}^2}. \tag{4.119}$$

对于一般密度矩阵, 有 $0 < |\boldsymbol{x}_i| \leqslant 1$。因此可取 $|\boldsymbol{x}_i| = \tanh\theta_i$, $0\leqslant\theta_i<+\infty$。对比以上各式, 有 $\frac{1}{\mathcal{C}_i} = \cosh\theta_i$, 再利用 $a_0^2+\boldsymbol{a}^2 = \frac{1}{2}$ 可得

$$16a_0^4 - 8a_0^2 + \tanh^2\theta_1 = 0, \tag{4.120}$$

由此解得

$$a_0^2 = \frac{1}{4}\left(1+\frac{1}{\cosh\theta_1}\right) \quad\text{或}\quad a_0 = \sqrt{\frac{\mathcal{C}_1}{2}}\cosh\frac{\theta_1}{2}. \tag{4.121}$$

进一步可得

$$\boldsymbol{a} = \frac{1}{4a_0}\tanh\theta_1\hat{\boldsymbol{x}}_1 = \sqrt{\frac{\mathcal{C}_1}{2}}\sinh\frac{\theta_1}{2}\hat{\boldsymbol{x}}_1. \tag{4.122}$$

4.4 Uhlmann 平行条件与 Thomas 旋转矩阵

其中，$\hat{\boldsymbol{x}}_1 = \dfrac{\boldsymbol{x}_1}{|\boldsymbol{x}_1|}$。因此 $\sqrt{\rho_1}$ 可以表示为

$$\sqrt{\rho_1}l = \sqrt{\dfrac{\mathcal{C}_1}{2}}\left(\cosh\dfrac{\theta_1}{2} + \sinh\dfrac{\theta_1}{2}\boldsymbol{\sigma}\cdot\hat{\boldsymbol{x}}_1\right) = \sqrt{\dfrac{\mathcal{C}_1}{2}}L(\theta_1, \hat{\boldsymbol{x}}_1), \tag{4.123}$$

其中，$L(\theta_1, \hat{\boldsymbol{x}}_1) = \mathrm{e}^{\theta_1\boldsymbol{\sigma}\cdot\hat{\boldsymbol{x}}_1}$ 是洛伦兹推动的自旋-$\dfrac{1}{2}$ 表示。同理可推出 $\sqrt{\rho_2} = \sqrt{\dfrac{\mathcal{C}_2}{2}}\mathrm{e}^{\theta_2\boldsymbol{\sigma}\cdot\hat{\boldsymbol{x}}_2}$。

同前，取 $M = \sqrt{\rho_1}\rho_2\sqrt{\rho_1}$，式 (4.94) 变为

$$\dfrac{1}{2}\sqrt{\mathcal{C}_1\mathcal{C}_2}L(\theta_1, \hat{\boldsymbol{x}}_1)L(\theta_2, \hat{\boldsymbol{x}}_2) = \sqrt{M}U_{12}. \tag{4.124}$$

分析方程右边的几何意义。根据式 (4.102)、式 (C.27)，有

$$\sqrt{M} = \dfrac{M + \det\sqrt{M}}{\mathrm{Tr}\sqrt{M}} = \dfrac{\sqrt{\rho_1}\rho_2\sqrt{\rho_1} + \det\sqrt{\rho_1}\det\sqrt{\rho_2}}{\sqrt{\mathrm{Tr}(\rho_1\rho_2) + 2\det\sqrt{\sqrt{\rho_1}\rho_2\sqrt{\rho_1}}}}. \tag{4.125}$$

再由式 (4.105)，上式分母为

$$\sqrt{\mathrm{Tr}(\rho_1\rho_2) + 2\det\sqrt{\sqrt{\rho_1}\rho_2\sqrt{\rho_1}}} = \sqrt{\dfrac{1}{2}(1 + \boldsymbol{x}_1\cdot\boldsymbol{x}_2 + \mathcal{C}_1\mathcal{C}_2)}. \tag{4.126}$$

令 $F(\boldsymbol{x}_1, \boldsymbol{x}_2) = \dfrac{1}{2}(1 + \boldsymbol{x}_1\cdot\boldsymbol{x}_2 + \mathcal{C}_1\mathcal{C}_2)$，再对比方程 (4.106)，可知 $F(\boldsymbol{x}_1, \boldsymbol{x}_2)$ 实际就是 Uhlmann 保真度 $F(\rho_1, \rho_2)$。为计算 $\sqrt{M}$ 的分子，由式 (4.122) 可导出

$$a_0 = \dfrac{\sqrt{1 + \mathcal{C}_1}}{2}, \quad \cosh\dfrac{\theta_1}{2} = \sqrt{\dfrac{1 + \mathcal{C}_1}{2\mathcal{C}_1}}, \quad \sinh\dfrac{\theta_1}{2} = \sqrt{\dfrac{1 - \mathcal{C}_1}{2\mathcal{C}_1}}, \tag{4.127}$$

因此 $\sqrt{\rho_1}$ 可表示为

$$\sqrt{\rho_1} = \dfrac{1}{2\sqrt{1 + \mathcal{C}_1}}(1 + \mathcal{C}_1 + \boldsymbol{\sigma}\cdot\boldsymbol{x}_1). \tag{4.128}$$

再利用 $\rho_2 = \dfrac{1}{2}(1 + \boldsymbol{\sigma}\cdot\boldsymbol{x}_2)$，经过冗长但细致的计算 (具体过程附于本小节最后)，可得到

$$\sqrt{\rho_1}\rho_2\sqrt{\rho_1} = \dfrac{1}{8(1 + \mathcal{C}_1)}(1 + \mathcal{C}_1 + \boldsymbol{\sigma}\cdot\boldsymbol{x}_1)(1 + \boldsymbol{\sigma}\cdot\boldsymbol{x}_2)(1 + \mathcal{C}_1 + \boldsymbol{\sigma}\cdot\boldsymbol{x}_1)$$

$$= \frac{1}{4}\left[1 + \boldsymbol{x}_1 \cdot \boldsymbol{x}_2 + \left(1 + \frac{\boldsymbol{x}_1 \cdot \boldsymbol{x}_2}{1 + \mathcal{C}_1}\right)\boldsymbol{\sigma} \cdot \boldsymbol{x}_1 + \mathcal{C}_1 \boldsymbol{\sigma} \cdot \boldsymbol{x}_2\right]. \tag{4.129}$$

由式 (4.104) 可知 $\det\sqrt{\rho_1}\det\sqrt{\rho_2} = \frac{1}{4}\mathcal{C}_1\mathcal{C}_2$,因此式 (4.125) 右边的分子为

$$\sqrt{\rho_1}\rho_2\sqrt{\rho_1} + \det\sqrt{\rho_1}\det\sqrt{\rho_2} = \frac{1}{2}F(\boldsymbol{x}_1, \boldsymbol{x}_2) + \frac{1}{4}\boldsymbol{\sigma} \cdot \boldsymbol{x}_3, \tag{4.130}$$

其中

$$\boldsymbol{x}_3 = \left(1 + \frac{\boldsymbol{x}_1 \cdot \boldsymbol{x}_2}{1 + \mathcal{C}_1}\right)\boldsymbol{x}_1 + \mathcal{C}_1\boldsymbol{x}_2. \tag{4.131}$$

注意到 $\boldsymbol{x}_3$ 的模方为

$$\boldsymbol{x}_3^2 = 1 - \mathcal{C}_1^2\mathcal{C}_2^2 + 2\boldsymbol{x}_1 \cdot \boldsymbol{x}_2 + (\boldsymbol{x}_1 \cdot \boldsymbol{x}_2)^2, \tag{4.132}$$

以及

$$\frac{1}{4}F^2(\boldsymbol{x}_1, \boldsymbol{x}_2) - \frac{1}{16}\boldsymbol{x}_3^2 = \frac{1}{8}\mathcal{C}_1\mathcal{C}_2(1 + \boldsymbol{x}_1 \cdot \boldsymbol{x}_2 + \mathcal{C}_1\mathcal{C}_2) = \frac{1}{4}\mathcal{C}_1\mathcal{C}_2 F(\boldsymbol{x}_1, \boldsymbol{x}_2), \tag{4.133}$$

那么可令

$$\sqrt{F(\boldsymbol{x}_1, \boldsymbol{x}_2)} = \sqrt{\mathcal{C}_1\mathcal{C}_2}\cosh\frac{\theta_3}{2}, \quad |\boldsymbol{x}_3| = 2\sqrt{\mathcal{C}_1\mathcal{C}_2}\sqrt{F(\boldsymbol{x}_1, \boldsymbol{x}_2)}\sinh\frac{\theta_3}{2}, \tag{4.134}$$

则 $\sqrt{M}$ 可表示为

$$\sqrt{M} = \frac{1}{2}\sqrt{\mathcal{C}_1\mathcal{C}_2}\left(\cosh\frac{\theta_3}{2} + \sinh\frac{\theta_3}{2}\boldsymbol{\sigma} \cdot \hat{\boldsymbol{x}}_3\right) \equiv \frac{1}{2}\sqrt{\mathcal{C}_1\mathcal{C}_2}L(\theta_3, \hat{\boldsymbol{x}}_3), \tag{4.135}$$

且式 (4.124) 进一步退化为

$$L(\theta_1, \hat{\boldsymbol{x}}_1)L(\theta_2, \hat{\boldsymbol{x}}_2) = L(\theta_3, \hat{\boldsymbol{x}}_3)U_{12}. \tag{4.136}$$

为导出 θ_3 与 $\theta_{1,2}$ 之间的关系,利用式 (4.134),$\cosh\theta_{1,2} = \dfrac{1}{\mathcal{C}_{1,2}}$ 和 $\sinh\theta_{1,2} = \dfrac{|\boldsymbol{x}_{1,2}|}{\mathcal{C}_{1,2}}$,可得

$$\cosh\theta_3 = 2\cosh^2\frac{\theta_3}{2} - 1$$
$$= \frac{1 + |\boldsymbol{x}_1||\boldsymbol{x}_2|\hat{\boldsymbol{x}}_1 \cdot \hat{\boldsymbol{x}}_2}{\mathcal{C}_1\mathcal{C}_2}$$

4.4 Uhlmann 平行条件与 Thomas 旋转矩阵

$$= \cosh\theta_1 \cosh\theta_2 + \sinh\theta_1 \sinh\theta_2 \hat{x}_1 \cdot \hat{x}_2. \tag{4.137}$$

这实际就是双曲三角函数的加法公式。

来分析相对相因子 U_{12} 的几何意义，它的表达式已在附录 C.3 中给出。令 $\sqrt{\rho_2} = b_0 + \boldsymbol{\sigma} \cdot \boldsymbol{b}$，则式 (C.30) 给出

$$U_{12} = \frac{a_0 b_0 + \boldsymbol{a} \cdot \boldsymbol{b} + \mathrm{i}\boldsymbol{\sigma} \cdot (\boldsymbol{a} \times \boldsymbol{b})}{\sqrt{(a_0 b_0 + \boldsymbol{a} \cdot \boldsymbol{b})^2 + |\boldsymbol{a} \times \boldsymbol{b}|^2}}. \tag{4.138}$$

这实际上是托马斯 (Thomas) 旋转矩阵的自旋表示。将 $a_0 = \frac{\sqrt{1+\mathcal{C}_1}}{2}$, $b_0 = \frac{\sqrt{1+\mathcal{C}_2}}{2}$, $\boldsymbol{a} = \frac{\boldsymbol{x}_1}{2\sqrt{1+\mathcal{C}_1}}$ 和 $\boldsymbol{b} = \frac{\boldsymbol{x}_2}{2\sqrt{1+\mathcal{C}_2}}$ 代入上式，可得

$$U_{12} = \frac{(1+\mathcal{C}_1)(1+\mathcal{C}_2) + \boldsymbol{x}_1 \cdot \boldsymbol{x}_2 + \mathrm{i}\boldsymbol{\sigma} \cdot (\boldsymbol{x}_1 \times \boldsymbol{x}_2)}{\sqrt{[(1+\mathcal{C}_1)(1+\mathcal{C}_2) + \boldsymbol{x}_1 \cdot \boldsymbol{x}_2]^2 + |\boldsymbol{x}_1 \times \boldsymbol{x}_2|^2}}$$

$$= \cos\frac{\alpha}{2} + \mathrm{i}\sin\frac{\alpha}{2}\boldsymbol{\sigma} \cdot \hat{n}, \tag{4.139}$$

其中

$$\tan\frac{\alpha}{2} = \frac{|\boldsymbol{x}_1 \times \boldsymbol{x}_2|}{(1+\mathcal{C}_1)(1+\mathcal{C}_2) + \boldsymbol{x}_1 \times \boldsymbol{x}_2}, \quad \hat{n} = \frac{\boldsymbol{x}_1 \times \boldsymbol{x}_2}{|\boldsymbol{x}_1 \times \boldsymbol{x}_2|}. \tag{4.140}$$

将 U_{12} 记为 $R(\alpha, \hat{n})$，最终 Uhlmann 平行条件 (4.94) 等价于一个非常漂亮的几何等式

$$L(\theta_1, \hat{x}_1)L(\theta_2, \hat{x}_2) = L(\theta_3, \hat{x}_3)R(\alpha, \hat{n}). \tag{4.141}$$

最后，给出式 (4.129) 的计算过程。利用以下事实

$$\mathrm{i}\boldsymbol{\sigma} \cdot (\boldsymbol{x}_1 \times \boldsymbol{x}_2)\boldsymbol{\sigma} \cdot \boldsymbol{x}_1 = \mathrm{i}(\boldsymbol{x}_1 \times \boldsymbol{x}_2) \cdot \boldsymbol{x}_1 + \mathrm{i}^2 \boldsymbol{\sigma} \cdot [(\boldsymbol{x}_1 \times \boldsymbol{x}_2) \times \boldsymbol{x}_1]$$

$$= \boldsymbol{\sigma} \cdot \boldsymbol{x}_1 \boldsymbol{x}_1 \cdot \boldsymbol{x}_2 - \boldsymbol{\sigma} \cdot \boldsymbol{x}_2 \boldsymbol{x}_1^2 \tag{4.142}$$

和

$$(1+\mathcal{C}_1)^2 + \boldsymbol{x}_1^2 = (1+\mathcal{C}_1)^2 + 1 - \mathcal{C}_1^2 = 2(1+\mathcal{C}_1),$$
$$(1+\mathcal{C}_1)^2 - \boldsymbol{x}_1^2 = (1+\mathcal{C}_1)^2 - 1 + \mathcal{C}_1^2 = 2(1+\mathcal{C}_1)\mathcal{C}_1, \tag{4.143}$$

则式 (4.129) 的结果为

$$\sqrt{\rho_1}\rho_2\sqrt{\rho_1} = \frac{1}{8(1+\mathcal{C}_1)}\left(1+\mathcal{C}_1+\boldsymbol{\sigma}\cdot\boldsymbol{x}_1\right)\left(1+\boldsymbol{\sigma}\cdot\boldsymbol{x}_2\right)\left(1+\mathcal{C}_1+\boldsymbol{\sigma}\cdot\boldsymbol{x}_1\right)$$

$$\begin{aligned}
&= \frac{1}{8}\left[1+\boldsymbol{\sigma}\cdot\boldsymbol{x}_2 + \frac{\boldsymbol{\sigma}\cdot\boldsymbol{x}_1 + \boldsymbol{x}_1\cdot\boldsymbol{x}_2 + \mathrm{i}\boldsymbol{\sigma}\cdot(\boldsymbol{x}_1\times\boldsymbol{x}_2)}{1+\mathcal{C}_1}\right](1+\mathcal{C}_1+\boldsymbol{\sigma}\cdot\boldsymbol{x}_1)\\
&= \frac{1}{8}\Big[1+\mathcal{C}_1 + \boldsymbol{\sigma}\cdot\boldsymbol{x}_1 + (1+\mathcal{C}_1)\boldsymbol{\sigma}\cdot\boldsymbol{x}_2 + \boldsymbol{x}_1\cdot\boldsymbol{x}_2 \\
&\qquad + \mathrm{i}\boldsymbol{\sigma}\cdot(\boldsymbol{x}_2\times\boldsymbol{x}_1) + \boldsymbol{\sigma}\cdot\boldsymbol{x}_1 + \frac{\boldsymbol{x}_1^2}{1+\mathcal{C}_1} + \boldsymbol{x}_1\cdot\boldsymbol{x}_2 + \frac{\boldsymbol{\sigma}\cdot\boldsymbol{x}_1\,\boldsymbol{x}_1\cdot\boldsymbol{x}_2}{1+\mathcal{C}_1}\\
&\qquad + \mathrm{i}\boldsymbol{\sigma}\cdot(\boldsymbol{x}_1\times\boldsymbol{x}_2) + \frac{\boldsymbol{\sigma}\cdot\boldsymbol{x}_1\,\boldsymbol{x}_1\cdot\boldsymbol{x}_2 - \boldsymbol{\sigma}\cdot\boldsymbol{x}_2\,\boldsymbol{x}_1^2}{1+\mathcal{C}_1}\Big]\\
&= \frac{1}{8}\Big\{(1+\mathcal{C}_1) + 2\boldsymbol{x}_1\cdot\boldsymbol{x}_2 + \frac{\boldsymbol{x}_1^2}{1+\mathcal{C}_1} + 2\boldsymbol{\sigma}\cdot\boldsymbol{x}_1\left(1+\frac{\boldsymbol{x}_1\cdot\boldsymbol{x}_2}{1+\mathcal{C}_1}\right)\\
&\qquad + \boldsymbol{\sigma}\cdot\boldsymbol{x}_2\left[(1+\mathcal{C}_1) - \frac{\boldsymbol{x}_1^2}{1+\mathcal{C}_1}\right]\Big\}\\
&= \frac{1}{4}\left[1+\boldsymbol{x}_1\cdot\boldsymbol{x}_2 + \left(1+\frac{\boldsymbol{x}_1\cdot\boldsymbol{x}_2}{1+\mathcal{C}_1}\right)\boldsymbol{\sigma}\cdot\boldsymbol{x}_1 + \mathcal{C}_1\boldsymbol{\sigma}\cdot\boldsymbol{x}_2\right]. \quad (4.144)
\end{aligned}$$

4.5 密度矩阵纯化的数学物理意义

4.5.1 同一密度矩阵的不同纯化

密度矩阵的纯化或者纯化态可视为纯态态矢量在混合态中的推广，但两者也有本质的区别。作为对比，考虑某一纯态态矢量 $|\psi\rangle$ 和某一密度矩阵 ρ 的纯化 W。对两者分别作整体规范变换，对前者实施 $U(1)$ 变换 $|\psi\rangle \longrightarrow |\psi'\rangle = \mathrm{e}^{\mathrm{i}\chi}|\psi\rangle$，而对后者实施 $U(N)$ 变换 $W \longrightarrow W' = W\mathcal{U}$。在物理上，$|\psi'\rangle$ 与 $|\psi\rangle$ 等价，因为对任一力学量 $\hat{O}$，总有

$$\langle\hat{O}\rangle = \langle\psi|\hat{O}|\psi\rangle = \langle\psi'|\hat{O}|\psi'\rangle, \quad (4.145)$$

并且它们之间的重叠总满足 $|\langle\psi|\psi'\rangle| = 1$(尽管 $\arg\langle\psi|\psi'\rangle = \chi \neq 0$ 意味着它们彼此不平行)。而 $\rho = WW^\dagger = W'W'^\dagger$ 意味着它们是同为密度矩阵 ρ 的纯化。那么，能否说两种纯化也是"等价"的？同样，考虑力学量 $\hat{O}$ 在混合态 ρ 中的测量值，有

$$\langle\hat{O}\rangle = \mathrm{Tr}(\rho\hat{O}) = \mathrm{Tr}(WW^\dagger\hat{O}) = \mathrm{Tr}(W^\dagger\hat{O}W) = \langle W|\hat{O}\otimes\hat{1}_a|W\rangle, \quad (4.146)$$

其中，$\hat{O}$ 仅作用于系统量子态，$\hat{1}_a$ 为辅助量子空间上的单位算子。在 $U(N)$ 规范变换下，纯化态变为 $|W\rangle \longrightarrow |W'\rangle = \hat{1}_s\otimes\mathcal{U}^T|W\rangle$，其中 $\hat{1}_s$ 为系统量子空间上的单位算子。容易验证，亦有

$$\langle\hat{O}\rangle = \langle W'|\hat{O}\otimes\hat{1}_a|W'\rangle. \quad (4.147)$$

4.5 密度矩阵纯化的数学物理意义

因此,对于仅作用于原系统量子态上的力学量来说,W 和 W' 是等价的。不过,由于密度矩阵纯化比纯态态矢量多出一个自由度,因此在规范变换后,未必会满足 $|\langle W|W'\rangle| = 1$。

例 4.5.1 动力学演化下的密度矩阵纯化。考虑某一量子系统的不含时动力学演化,密度矩阵满足海森伯运动方程

$$i\hbar\dot{\rho} = [\hat{H}, \rho]. \tag{4.148}$$

其形式解为

$$\rho(t) = e^{-\frac{i}{\hbar}\hat{H}t}\rho(0)e^{\frac{i}{\hbar}\hat{H}t}. \tag{4.149}$$

对比 $\rho(t) = W(t)W^\dagger(t)$,对上式做分解

$$W(t)W^\dagger(t) = e^{-\frac{i}{\hbar}\hat{H}t}W(0)W^\dagger(0)e^{\frac{i}{\hbar}\hat{H}t} = e^{-\frac{i}{\hbar}\hat{H}t}W(0)\mathcal{U}\left[e^{-\frac{i}{\hbar}\hat{H}t}W(0)\mathcal{U}\right]^\dagger, \tag{4.150}$$

其中,$\mathcal{U}$ 为任一 $U(N)$ 矩阵。因此有

$$W(t) = e^{-\frac{i}{\hbar}\hat{H}t}W(0)\mathcal{U}. \tag{4.151}$$

解此方程,纯化态应满足

$$|W(t)\rangle = e^{-\frac{i}{\hbar}\hat{H}t} \otimes \mathcal{U}^{\mathrm{T}}|W(0)\rangle. \tag{4.152}$$

进一步考虑准静态动力学过程,即系统在演化中时刻处于平衡态,因此有 $[\rho, \hat{H}] = 0$。在演化中,密度矩阵保持不变:$\rho(0) = \rho(t)$,但其纯化和纯化态分别按照方程 (4.151) 和方程 (4.152) 演化。在 t 时刻,初态与瞬时态之间的"重叠",或洛施密特 (Loschmidt) 振幅为

$$\mathcal{G}_\rho(T, t) \equiv \langle W(0)|W(t)\rangle = \mathrm{Tr}\left[\rho(0)e^{-\frac{i}{\hbar}\hat{H}t}\right]. \tag{4.153}$$

Loschmidt 振幅这一术语是借自于近十年来兴起的量子淬火动力学 (详见附录 D),其模方称为 Loschmidt 回波 (Loschmidt echo)。

现在我们阐明,即使对最简单的两能级系统,密度矩阵纯化之间的 Loschmidt 振幅也会有意想不到的行为。将系统哈密顿量展开为 $\hat{H} = \boldsymbol{R} \cdot \boldsymbol{\sigma}$。令 $R = |\boldsymbol{R}|$,$\hat{\boldsymbol{R}} = \dfrac{\boldsymbol{R}}{R}$ 和 $\omega = \dfrac{R}{\hbar}$。时间演化算符和初始密度矩阵分别为

$$e^{-\frac{i}{\hbar}\hat{H}t} = \cos(\omega t) - i\sin(\omega t)\hat{\boldsymbol{R}} \cdot \boldsymbol{\sigma}, \tag{4.154}$$

$$\rho(0) = \frac{e^{-\beta \hat{H}}}{Z} = \frac{1}{2}\left(1 - \tanh(\beta R)\hat{\boldsymbol{R}} \cdot \boldsymbol{\sigma}\right). \tag{4.155}$$

这里,$\beta = \dfrac{1}{k_{\rm B} T}$ 为温度倒数。将其代入式 (4.153),有

$$\mathcal{G}_\rho(T, t) = \cos(\omega t) + {\rm i}\sin(\omega t)\tanh(\beta R). \tag{4.156}$$

在无限高温时 ($\beta \longrightarrow 0$),Loschmidt 振幅在以下时刻为 0

$$\text{当}\, t_n^* = \frac{\left(n + \frac{1}{2}\right)\pi}{\omega} = \frac{\hbar\left(n + \frac{1}{2}\right)\pi}{R}\ \text{时}, \quad \langle W(0)|W(t_n^*)\rangle = 0, \tag{4.157}$$

其中,n 为非负整数。这意味着,对于混乱度达到最大的量子系统,在 t_n^* 时刻,$W(t)$ 竟然与 $W(0)$ 正交,尽管它们是同一密度矩阵 $\rho = \dfrac{1}{2}1_2$ 的纯化。显然,这与量子纯态之间的等价性有显著的不同。

在量子淬火动力学中,$\mathcal{G}_\rho(T, t)$ 的零点代表动力学量子相变点,因其 $F = -\dfrac{1}{\beta}\ln Z$ 在 t_n^* 处有奇异行为。但本例未进行任何淬火操作,系统自由能相对时间而言是常数,无奇异行为,因此不存在动力学量子相变。不过,仍可以将 $\mathcal{G}_\rho(T, t)$ 的辐角定义为演化过程中积累的动力学相位 (将在后续章节进一步详细讨论):

$$\theta_{\rm d}(T, t) := \arg \mathcal{G}_\rho(T, t) = \arg {\rm Tr}\left[\rho(0) e^{-\frac{1}{\hbar}\hat{H} t}\right] \tag{4.158}$$

显然动力学相位在 t_n^* 处发生跃变

$$\lim_{T \to \infty} \theta_{\rm d}\left(T, t_n^* = \frac{\left(n + \frac{1}{2}\right)\pi}{\omega}\right) = (-1)^n \frac{\pi}{2}. \tag{4.159}$$

将 t_n^* 称为 "共振点"。不过在非共振点处,动力学相位的取值也是离散的:

$$\lim_{T \to \infty} \theta_{\rm d}\left(T, t \neq t_n^*\right) = \begin{cases} 0, & \omega t \in \left(2n\pi - \dfrac{\pi}{2}, 2n\pi + \dfrac{\pi}{2}\right), \\ \pi, & \omega t \in \left[(2n-1)\pi, 2n\pi - \dfrac{\pi}{2}\right) \cup \left(2n\pi + \dfrac{\pi}{2}, (2n+1)\pi\right]. \end{cases} \tag{4.160}$$

对于两能级体系，这在无限高温时才可能出现。在有限温度时，动力学相位是时间的分段连续函数

$$\theta_{\mathrm{d}}(T,t) = \arctan\left[\tan(\omega t)\tanh(\beta R)\right]. \tag{4.161}$$

根据例 4.2.1，无限高温时的两能级体系密度矩阵 $\rho = \frac{1}{2}\mathbf{1}_2$ 属于 (2,0) 轨型，而有限温度下的密度矩阵属于 (1,1) 轨型。因此，动力学相位在 t_n^* 处的行为可以用来识别密度矩阵所属的轨型。

4.5.2 密度矩阵纯化的旋量表示

密度矩阵纯化的行为与其数学结构有关。接下来证明，密度矩阵的纯化其实是一种旋量表示[65]。仍以两能级系统为例，令 $\Delta = 2R$ 为两能级之间的能隙。因此，密度矩阵可写为 $\rho = \frac{1}{2}\left[1 - \tanh\left(\frac{\beta\Delta}{2}\right)\boldsymbol{\sigma}\cdot\hat{\boldsymbol{R}}\right]$。利用费米分布函数 $f(x) = 1/(\mathrm{e}^{\beta x}+1)$ 的性质，可对 ρ 作"开方"。利用

$$f(\Delta) + f(-\Delta) = 1, \quad f(\Delta) - f(-\Delta) = -\tanh\left(\frac{\beta\Delta}{2}\right), \tag{4.162}$$

密度矩阵可以表示为上下能级投影算符的线性组合

$$\rho = f(\Delta)P_+ + f(-\Delta)P_-, \tag{4.163}$$

其中投影算符

$$P_\pm = \frac{1}{2}\left(1 \pm \boldsymbol{\sigma}\cdot\hat{\boldsymbol{R}}\right) = \frac{1}{2}\left(1 \pm \frac{\hat{H}}{R}\right) \tag{4.164}$$

满足 $P_\pm^2 = P_\pm$ 和 $P_+P_- = P_-P_+ = 0$。再利用

$$\hat{H} = R\left(|+R\rangle\langle+R| - |-R\rangle\langle-R|\right), \quad |+R\rangle\langle+R| + |-R\rangle\langle-R| = 1, \tag{4.165}$$

可证

$$P_\pm = \frac{1}{2}\Big[1 \pm (|+R\rangle\langle+R| - |-R\rangle\langle-R|)\Big] = |\pm R\rangle\langle\pm R|. \tag{4.166}$$

因此 $P_\pm$ 实际为纯态 $|\pm R\rangle$ 的密度矩阵，而后者在形式上可视为前者的"平方根"。在两能级系统混合态的 Bloch 球表示中，$|\pm R\rangle$ 实际就代表 $P_\pm$。式 (4.163) 表明 ρ 的本征值为 $f(\pm\Delta)$。根据式 (4.70)，ρ 的纯化态 $|W\rangle$ 可表示为

$$|W\rangle = \frac{1}{\sqrt{\mathrm{e}^{\beta\Delta}+1}}|W_+\rangle + \frac{1}{\sqrt{\mathrm{e}^{-\beta\Delta}+1}}|W_-\rangle, \tag{4.167}$$

其中，$|W_\pm\rangle = |\pm R\rangle \otimes |\pm R\rangle$。

为了阐明 $|W\rangle$ 的数学意义，将单位矢量 $\hat{R}$ 扩充为闵可夫斯基 4-矢量 $R^\mu = (1, \hat{R})$。其中指标的提升或下降由度规矩阵 $\eta_{\mu\nu} = \eta^{\mu\nu} = \text{diag}(1,-1,-1,-1)$ 来实现。这种相对论形式有助于实现矢量的"开方"。扩充后，R^μ 是零模 4-矢量：$R^\mu R_\mu = 0$。为进一步简化表达方式，引入 $\sigma^\mu = (1, \boldsymbol{\sigma})$ 和 $\bar{\sigma}^\mu = (1, -\boldsymbol{\sigma})$。于是投影算符可表示为 $P_+ = \frac{1}{2} R^\mu \bar{\sigma}_\mu$ 和 $P_- = \frac{1}{2} R^\mu \sigma_\mu$。因此 $P_\pm$ 实际为 R^μ 的两种矩阵表示，且满足

$$\det P_+ = \det P_- = \frac{1}{4} R^\mu R_\mu = \frac{1}{4}\left(1 - \hat{\mathbf{R}}^2\right) = 0. \tag{4.168}$$

尽管零模 4-矢量 R^μ 无法在实数域上开方，但在二维矩阵表示下可实现：$P_\pm = |\pm R\rangle\langle\pm R|$，当然这种开方需要借助矢量的外积运算。在此意义上，$|\pm R\rangle$ 是矢量 R^μ 的两个"平方根"。此外，$|W_\pm\rangle\langle W_\pm| = P_\pm \otimes P_\pm$ 是 R^μ 的可约矩阵表示，因此 $|W_\pm\rangle$ 也是 R^μ 的两个更高维的平方根，只不过是可约的：$|W_\pm\rangle = |\pm R\rangle \otimes |\pm R\rangle$。

矢量（特指 4-矢量）的"平方根"或者说"半矢量"在数学上称为旋量。因此 $|\pm R\rangle$ 和 $|W_\pm\rangle$ 均为旋量，前者是二分量不可约旋量，而后者是四分量可约旋量。之所以零模 4-矢量的二维矩阵表示有两个平方根，其原因在于数学中的一个定理：SO(1,3)=SU(2)×SU(2)/Z_2[66]。那么四分量的 $|W\rangle$ 是否也是旋量？回到式 (4.163)，注意到

$$\det \rho = \frac{1}{4} \text{sech}^2 \left(\frac{\beta\Delta}{2}\right) > 0, \tag{4.169}$$

因此 ρ 不可能是某一零模 4-矢量的二维矩阵表示，从而它不存在二分量"开方根"。这也符合以下物理事实：一般混合态的密度矩阵 ρ 不能分解为 $\rho = |\psi\rangle\langle\psi|$。不过，也可以把 ρ 表达为 $\rho = \frac{1}{2} \tilde{R}^\mu \bar{\sigma}_\mu$，其中 $\tilde{R}^\mu = \left(1, \tanh\left(\frac{\beta\Delta}{2}\right)\right)$ 的模非零。这意味着 ρ 为 $\tilde{R}^\mu$ 的二维矩阵表示。而由 $\rho = \text{Tr}_2(|W\rangle\langle W|)$ 可知 ρ(或者 $\tilde{R}^\mu$) 的平方根为四分量旋量 $|W\rangle$，且不可约。

最后，概括一下本节的主要结论。如果 ρ 为某量子纯态的密度矩阵，则它是某零模 4-矢量的二维矩阵表示，其纯化态为一个四分量旋量，且可以进一步约化为二分量旋量。事实上，此时 ρ 的纯化态是可分离态。如果 ρ 为真实量子混合态的密度矩阵，那么它是某模非零的 4-矢量的二维矩阵表示，其纯化态为一不可约四分量旋量，同时 ρ 也是一个纠缠态。对于三能级或有更多能级的量子系统，我们猜想其密度矩阵的纯化应该是更高维的旋量。不过严格的数学证明已超出本书的范围。

4.5.3 准静态动力学过程的旋转解释

密度矩阵纯化态的旋量解释可以为它在准静态动力学过程下的演化提供清晰的物理图像。在该过程中，纯化态的演化方式为 $|W(t)\rangle = \mathrm{e}^{-\mathrm{i}\hat{H}t} \otimes \hat{1}_a |W(0)\rangle$。其时间演化算符可以表达为

$$\mathrm{e}^{-\mathrm{i}\hat{H}t} \otimes \hat{1}_a = \mathrm{e}^{-\mathrm{i}R^i \sigma_i t} \otimes \hat{1}_a = \mathrm{e}^{-\mathrm{i}R^i t(\sigma_i \otimes \hat{1}_a)} = \mathrm{e}^{-\mathrm{i}R^i t \Gamma_i}. \tag{4.170}$$

这里，$\Gamma_i \equiv \sigma_i \otimes \hat{1}_a$ 为伽马矩阵的某种表示，因此准静态动力学演化可以理解为作用在纯化态旋量表示上的某种旋转变换。在物理上，同一密度矩阵的纯化态在 $\mathrm{e}^{-\mathrm{i}\hat{H}t} \otimes \hat{1}_a$ 作用下的演化就像某一旋量在算子 $\mathrm{e}^{-\mathrm{i}R^i t \Gamma_i}$ 的作用下旋转。

如果初始纯化态由式 (4.167) 给定，那么在 t 时刻，后续纯化态为

$$|W(t)\rangle = \frac{\mathrm{e}^{-\mathrm{i}\omega t}}{\sqrt{\mathrm{e}^{\beta\Delta}+1}}|W_+\rangle + \frac{\mathrm{e}^{\mathrm{i}\omega t}}{\sqrt{\mathrm{e}^{-\beta\Delta}+1}}|W_-\rangle. \tag{4.171}$$

在此过程中，易证密度矩阵保持不变

$$\mathrm{Tr}_2(|W(t)\rangle\langle W(t)|) = \mathrm{Tr}_2(|W(0)\rangle\langle W(0)|) = \rho(0). \tag{4.172}$$

上式应用了如下事实：$\mathrm{Tr}_2(|W_+\rangle\langle W_-|) = \mathrm{Tr}_2(|W_-\rangle\langle W_+|) = 0$。利用式 (4.171)，可非常方便地求出 t 时刻的 Loschmidt 振幅：

$$\mathcal{G}_\rho(T,t) = \langle W(0)|W(t)\rangle = \frac{\mathrm{e}^{-\mathrm{i}\omega t}}{\mathrm{e}^{\beta\Delta}+1} + \frac{\mathrm{e}^{\mathrm{i}\omega t}}{\mathrm{e}^{-\beta\Delta}+1}. \tag{4.173}$$

显然在无穷高温时，$\beta \longrightarrow 0$，$\mathcal{G}_\rho(T,t) = \cos(\omega t)$，其零点为 $t_n^* = \dfrac{\left(n+\dfrac{1}{2}\right)\pi}{\omega}$。在该时刻，$|W(t_n^*)\rangle$ 被旋转至与初始纯化态 $|W(0)\rangle$ 垂直的位置，即最大限度地丧失了与 $|W(0)\rangle$ 的共同性，尽管它们是同一密度矩阵的纯化。在第 5 章我们会认识到，每一个满秩密度矩阵的纯化是如此之多以至于会张成一个线性空间 (纤维空间)，该空间中的不同矢量自然可能彼此正交。这是多了一个自由度之后的必然结果。而对量子纯态，则不存在这种纤维空间，物理等价的纯态之间的重叠必然是单位复数。

第 5 章 量子混合态的 Uhlmann 相位

5.1 量子混合态几何相位的研究历程

与纯态相比，混合态是量子系统更普遍的存在方式。因此，一个自然的问题是能否将量子纯态的几何相位理论推广到混合态？事实上，在 Berry 公开他的发现后不久，德国数学物理学家 Uhlmann[22] 就首先迈出了这一步。他的想法基于以下事实。Simon[67] 曾给出 Berry 相位的优雅几何解释①，表明可以从物理意义上的量子绝热演化导出几何意义上的相因子平行输运，而初末态之间的相因子之差即 Berry 相因子，后者在数学上构成了一个和乐群。Uhlmann 注意到由 Berry 和乐所关联的初、末态矢量之间是线性相关的。因此他考虑是否可以将该结论扩展为线性无关的情况。而混合态的纯化就是他所要找的"态矢量"。由此，就可以将量子纯态的平行输运推广到量子混合态。在此基础上，他建立了后来被称为 Uhlmann 相位的混合态几何相位理论。这一领域早期的相关工作由 Uhlmann 及个别数学物理学家推进，而且他们的工作多发表于偏数学的期刊，理论表述也不够"物理"，因此他们的工作长期未能得到物理学界的关注。

在 2000 年，量子光学领域的学者 Sjöqvist 与合作者受 Mach-Zehnder 干涉实验的启发，提出了量子混合态之间的"同相"(in phase) 概念，并引入一种新的平行输运条件[60]，由此建立了混合态的"干涉几何相位"(interferometric geometric phase) 理论②。这两种几何相位背后的平行输运条件并不等价，但也存在相似之处。从混合态纯化的角度看，Sjöqvist 等提出的条件仅由作用于系统量子态的幺正演化产生；而 Uhlmann 平行输运条件离不开辅助量子态的相因子演化。然而，它们的类似之处在于都排除了动力学相位的产生。在这一领域，我国学者也作出过很多贡献，如仝殿民教授与合作者将干涉几何相位推广到非幺正演化过程。在本章，首先将关注点集中于 Uhlmann 相位，然后在第 6 章详细讨论干涉几何相位。

在两种混合态几何相位相继引入之后，它们所引起的关注却有着显著差异。干涉几何相位的物理图像更为直观，也不涉及太多数学概念，因此吸引了更多的研究兴趣。相比之下，Uhlmann 相位的引入离不开和乐群元的概念，因此直到 2014

---

① Berry 在发现几何相因子后曾与多位物理学家讨论，所以 Simon 的论文反而先于 Berry 发表。
② 这一名称是后来才出现在他们的论文里，如文献 [68]。

年，它才重获物理学界，主要是凝聚态物理学界的关注。其原因是一支来自西班牙的研究小组，包括 Viyuela、Rivas 和 Martin-Delgado 等，研究了几个易于在实验上实现的物理模型，如 Creutz 梯子、Kitaev 链和 SSH 模型等三个一维量子系统，并给出了它们 Uhlmann 相位的解析表达式[69]。他们发现 Uhlmann 相位的数值会因热扰动而产生离散跃变，这可以理解为一种温度驱使的拓扑相变。此后，一些研究人员也开始从不同角度参与 Uhlmann 相位的研究，如 Arovas 小组在利用非平庸回路 Uhlmann 和乐矩阵的本征值对开放量子系统的拓扑相做了探讨[70]。但在二维量子系统，有关 Uhlmann 相位的研究引起了一些争议。Uhlmann 相因子是 $U(N)$ 主丛的量子和乐，但与 Berry 丛不同，这个纤维丛是拓扑平庸的，因此依据 Uhlmann 曲率计算的陈数总是 0，无法刻画偶数维量子系统的拓扑性。为解决这一问题，西班牙小组改变了在布里渊区计算陈数的动量积分方式，认为"先后"积分法也可用于 Uhlmann 曲率，因此他们引入了所谓的"拓扑 Uhlmann 数"，并将其视为陈数的推广[71]。很快，这一做法遭到 Diehl 和 Budich 的严厉批评[72]。后者指出，由于 Uhlmann 联络的非阿贝尔性，如果对布里渊区的两个方向交换积分顺序，就会得到不同的 Uhlmann 数，所以西班牙小组所定义的 Uhlmann 数是有歧义的。

尽管有一些问题，但 Uhlmann 相位理论仍有很强的生命力。首先在奇数维量子系统中，根据 Uhlmann 联络计算的环绕数仍是无歧义的拓扑不变量。其次，Uhlmann 相位的几何理论是 Berry 相位几何理论的直接推广，它们的纤维丛描述非常相似，因此 Uhlmann 曲率可以直接应用于混合态量子几何张量的研究中。此外，Uhlmann 相位理论中的一些概念，如表征混合态之间相似度的 Uhlmann 保真度，也在量子信息理论[73]和量子估计理论 (quantum estimation theory) 中有重要应用[74]。目前，有关 Uhlmann 相位的研究工作方兴未艾，且仍有一些未解之谜有待解决，如 Uhlmann 平行演化过程的物理本质是什么，如何在实验上实现？本章将系统介绍与 Uhlmann 相位有关的概念、理论和计算技巧。

5.2 量子混合态的 Uhlmann 相位

5.2.1 混合态纯化的平行演化

1. 离散和连续平行输运

Uhlmann 对平行输运条件的推广涉及一些数学上比较棘手的细节，在这里作一简短介绍，读者跳过这一段也不会影响理解其后的内容。首先考虑"离散版本"的平行输运。在 4.3.2 节中，引入了密度矩阵的有序对。在这里，可将其推广为密度矩阵的有序集

$$C = /\rho_1, \rho_2, \cdots, \rho_m/, \quad m > 2. \tag{5.1}$$

对每一密度矩阵 ρ_i，可选择其纯化 W_i 及相因子 U_i。首先，选择任一 W_1（或 U_1），然后从 $i=1$ 到 $i=m-1$ 依次选择 W_{i+1} 且使得 $W_{i+1} /\!/ W_i$，即

$$W_i^\dagger W_{i+1} = W_{i+1}^\dagger W_i, \tag{5.2}$$

由此得到纯化和相因子的平行有序集

$$/W_1, W_2, \cdots, W_m/ \quad 和 \quad /U_1, U_2, \cdots, U_m/, \tag{5.3}$$

其中，任一对最近邻的纯化对和相因子对彼此平行。需要注意的是，因为平行性不具备可传递性，所以当 $m>2$ 时未必有 $W_1 /\!/ W_m$ 及 $U_1 /\!/ U_m$。根据 4.3.2 节中的定理，当 W_1 做规范变换 $W_1 \longrightarrow W_1 V$ 时，其后所有振幅 W_i 均需作同样的变换 $W_i \longrightarrow W_i V$。同样，对偏序集 C 也可引入相对纯化和相对相因子

$$\mathrm{AMP}(C) = W_1 W_m^\dagger, \quad \mathrm{RFP}(C) = U_1 U_m^\dagger. \tag{5.4}$$

它们在规范变换下不变，因此其定义是唯一的，这显然可以从下式看出

$$\mathrm{RFP}(C) = U_1 U_m^\dagger = \mathrm{RFP}(\rho_1, \rho_2) \mathrm{RFP}(\rho_2, \rho_3) \cdots \mathrm{RFP}(\rho_{m-1}, \rho_m). \tag{5.5}$$

如果将有序集 C 与 $C' = /\rho_{m+1}, \rho_{m+2}, \cdots, \rho_{m+n}/$ "黏合" 得到

$$CC' = /\rho_1, \rho_2, \cdots, \rho_{m+n}/, \tag{5.6}$$

根据式 (5.5)，必有

$$\mathrm{RFP}(CC') = \mathrm{RFP}(C) \mathrm{RFP}(C'). \tag{5.7}$$

此外，针对有序集 C 定义 $C^\dagger = /\rho_m, \rho_{m-1}, \cdots, \rho_1/$，则有

$$\mathrm{RFP}(C^\dagger) = \mathrm{RFP}(C)^\dagger. \tag{5.8}$$

因此，相对相因子 RFP 可以视为 2.10 节中 Bargmann 不变量在量子混合态的推广。

接下来，考虑如何实现相因子的 "连续" 平行输运。即使偏序集 C 中的点足够 "稠密"，它也是离散的。那么，是否可以将 C 连续化成集合 $t \in [0, \tau]$？如果在平行性条件 (5.2) 中取 $W_i = W(t)$ 以及 $W_{i+1} = W(t+\mathrm{d}t)$，并将其展开到一阶，有

$$W^\dagger \dot{W} = \dot{W}^\dagger W. \tag{5.9}$$

这可以视为平行输运条件的"连续版本"。我们进一步考虑，对任何一对彼此平行的纯化 $W_{1,2}$，是否存在满足平行输运条件 (5.9) 的 $W(t)$ 将它们连接起来？一种很简单且不引入额外参数的构造方式为 $W_{1,2}$ 的凸线性组合

$$W(t) = tW_1 + (1-t)W_2, \tag{5.10}$$

满足 $W(0) = W_2$，$W(1) = W_1$。由 $W_1^\dagger W_2 = W_2^\dagger W_1$ 和 $\dot W(t) = W_1 - W_2$ 不难验证 $W(t)$ 确实满足平行输运条件 (5.9)。最后一个问题，假设 $W_{1,2}$ 分别是满秩密度矩阵 $\rho_{1,2}$ 的纯化，那么 $\rho(t) = W(t)W^\dagger(t)$ 是否是"忠实的"？通过计算可知，这样定义的 $\rho(t)$ 为

$$\rho(t) = t^2 \rho_1 + (1-t)^2 \rho_2 + t(1-t)(W_1 W_2^\dagger + W_2 W_1^\dagger). \tag{5.11}$$

根据该式，首先 $\mathrm{Tr}\rho(t) = 1$ 未必能够成立，即 $\rho(t)$ 不一定被归一化。但这并不意味着 $\rho(t)$ 一定不符合密度矩阵的定义，事实上满足平行输运条件的 ρ 很多也不是处处归一化的，因为不难找出同时满足式 (5.9) 和 $\mathrm{Tr}\dot\rho \neq 0$ 的 $\rho(t)$。在后续章节，将对此作详细讨论。其次，由式 (5.11) 给出的 $\rho(t)$ 未必是"忠实的"，即它可能有为 0 的本征值。对上述问题的完整论证需要更精细的数学处理，如需借助部分等距映射 (partial isometry) 和广群 (groupoid) 等数学工具，这已超出多数物理学工作者的数学知识储备，且与物理本身无关。因此，我们略去这些细节，感兴趣的读者可参考 Uhlmann 的原文[22]。需要知道的是，密度矩阵的离散有序集 C 确实可以连续化为 $\rho(t)$，其纯化 $W(t)$ 处处满足连续性平行输运条件 (5.9)。

例 5.2.1 Uhlmann 平行输运条件 (5.9) 在形式上看起来与纯态平行输运条件 (2.38) 大相径庭，那么它们之间是否可以通过某种方式建立联系？考虑这样一个例子：某一被 t 所参数化的 N 维量子力学系统，其哈密顿量的正交归一化本征态为 $|\psi_i(t)\rangle$，$i = 0, 1, \cdots, N-1$。为方便起见，考虑投影算符

$$P(t) = \sum_{i=0}^{N-1} |\psi_i(t)\rangle\langle\psi_i(t)| \tag{5.12}$$

而非密度矩阵的平行输运。注意到 $\mathrm{Tr}P(t) = N$，所以从密度矩阵的角度来看 $P(t)$ 是非归一化的。尽管如此，仍可对 $P(t)$ "开方"，引入其"振幅" $W(t)$(这里显然不适合称其为"纯化")。任取另一组正交归一化基 $\{|\phi_i\rangle\}$，$i = 0, 1, \cdots, N-1$。$W(t)$ 可以如下方式构造

$$W(t) = \sum_{i=0}^{N-1} |\psi_i(t)\rangle\langle\phi_i|. \tag{5.13}$$

显然有 $P(t) = W(t)W^\dagger(t)$。将上式代入平行输运条件 (5.9)，可得

$$\sum_{i,j=0}^{N-1} \Big(\langle\psi_j(t)|\dot\psi_i(t)\rangle|\phi_j\rangle\langle\phi_i| - \langle\dot\psi_i(t)|\psi_j(t)\rangle|\phi_i\rangle\langle\phi_j| \Big) = 0. \tag{5.14}$$

对左边第二项作指标互换 $i \longleftrightarrow j$，并利用 $\langle\dot\psi_j(t)|\psi_i(t)\rangle = -\langle\psi_j(t)|\dot\psi_i(t)\rangle$，可推出

$$\sum_{i,j=0}^{N-1} \langle\psi_j(t)|\dot\psi_i(t)\rangle|\phi_j\rangle\langle\phi_i| = 0. \tag{5.15}$$

再利用 $|\phi_j\rangle\langle\phi_i|$ 之间的线性无关性，最终有

$$\langle\psi_j(t)|\frac{\mathrm{d}}{\mathrm{d}t}|\psi_i(t)\rangle = 0, \quad i,j = 0,1,\cdots,N-1. \tag{5.16}$$

对于一维系统，该式自然回到 Berry 相位理论的平行输运条件 (2.38)。事实上，条件 (5.16) 可进一步导出

$$W^\dagger(t)\frac{\mathrm{d}}{\mathrm{d}t}W(t) = 0, \tag{5.17}$$

这在形式上可视为条件 (2.38) 的矩阵推广。实际上，该条件描述的是格拉斯曼流形上的 N 维正交标架丛的平行输运。

2. Uhlmann 相位的引入

如前所述，密度矩阵有序集 C 的连续化 $C(t): t \longrightarrow \rho(t)$ 会诱导出 $t \longrightarrow W(t)$ 和 $t \longrightarrow U(t)$。若 $W(t)$ 满足连续性平行输运条件 (5.9)，则称量子混合态被平行输运。与量子纯态之间的平行性关系类似，混合态纯化之间的平行性也不是一种等价关系，因为不具备传递性。若 ρ 作周期性平行演化，即初末态满足 $\rho(0) = \rho(\tau)$，平行性的丧失使得一般有 $W(0) \neq W(\tau)$。对纯化作极化分解，有

$$W(0) = \sqrt{\rho(0)}U(0), \quad W(\tau) = \sqrt{\rho(\tau)}U(\tau) = \sqrt{\rho(0)}U(\tau). \tag{5.18}$$

它们之间的差别可借助两者的"重叠"来表达

$$\langle W(0)|W(\tau)\rangle = \mathrm{Tr}\left[\rho(0)U(\tau)U^\dagger(0)\right], \tag{5.19}$$

显然，其区别在于初末态之间的 $U(N)$ 相因子之差。可借助量子淬火理论中的术语，称 $\langle W(0)|W(\tau)\rangle$ 为 Loschmidt 振幅，其模方为 Loschmidt 回波。为引入

Uhlmann 相位，回顾第 2 章的内容，由式 (2.82)、式 (2.86) 可知 Uhlmann 相位可表示为

$$\theta_{\mathrm{B}} = \arg\langle\psi(0)|\psi(\tau)\rangle, \tag{5.20}$$

那么也可通过下式引入 Uhlmann 相位

$$\theta_U = \arg\langle W(0)|W(\tau)\rangle = \arg \operatorname{Tr}\left[\rho(0)U_{\tau 0}\right] = \arg \operatorname{Tr}\left[\rho(0)\mathrm{RPF}(C^\dagger(t))\right] \tag{5.21}$$

其中，$U_{\tau 0} = U(\tau)U^\dagger(0) = \mathrm{RPF}(C^\dagger(t))$ 是规范不变的。同样，Uhlmann 相位是在平行输运中混合态纯化的平行性丢失程度的度量。要解析地计算 Uhlmann 相位，必须先建立 Uhlmann 相位的完整几何描述。

5.2.2　Uhlmann 相位的几何理论

Uhlmann 早期关于混合态几何相位的理论表述还比较粗糙，甚至存在一些问题 (见附录 C.4)。本节将使用现代微分几何理论对其作重新阐述[①]，系统地给出基于 $U(N)$ 主丛的 Uhlmann 相位理论，并以一种更自然的方式导出 Uhlmann 联络。为方便起见，将底流形上定义了 Uhlmann 联络的 $U(N)$ 主丛称为 Uhlmann 丛，它可视为 Berry 相位纤维丛表述 (Berry 丛) 的直接推广。

1. $U(N)$ 主丛

在 2.3.1 节中，Berry 丛的底流形是纯态相空间 $H = \mathrm{CP}^{N-1}$。那么推广到 (满秩) 混合态，$U(N)$ 主丛的底流形应为满秩密度矩阵流形 $\mathcal{D}_N^N$。在 $\mathcal{D}_N^N$ 的每个点 ρ 处，其纤维空间由 $W = \sqrt{\rho}U$ 张成。因此自然有投影映射

$$\pi(W) = WW^\dagger = \rho, \tag{5.22}$$

显然 W 也一定是满秩的。又因为 W 是 $N \times N$ 矩阵，因此可认为 $W \in \mathcal{H} \times \mathcal{H}^*$。而在 $\mathcal{H} \times \mathcal{H}^*$ 上定义有希尔伯特–施密特内积 (见式 (4.25))，由此可诱导出希尔伯特–施密特范数：$\|\cdot\|_{\mathrm{HS}} = \langle\cdot,\cdot\rangle_{\mathrm{HS}}$。再根据投影映射 (5.22)，可知 W 是归一化的

$$\|W\|_{\mathrm{HS}} = \operatorname{Tr}(W^\dagger W) = \operatorname{Tr}\rho = 1. \tag{5.23}$$

因此，所有满秩密度矩阵的纯化构成 $\mathcal{H} \times \mathcal{H}^*$ 中的单位球面：$\mathcal{S}_N = \{W|W \in \mathcal{H} \times \mathcal{H}^* \text{且} \|W\|_{\mathrm{HS}} = 1\}$。基于以上事实，可建立一个 $U(N)$ 主丛，其中 $\mathcal{S}_N$ 为总空间，式 (5.22) 定义了从 $\mathcal{S}_N$ 到 $\mathcal{D}_N^N$ 的投影映射：$\pi: \mathcal{S}_N \longrightarrow \mathcal{D}_N^N$。在底流形 $\mathcal{D}_N^N$ 的每个点 ρ 处，$W = \sqrt{\rho}U$ 张成了纤维空间 F_ρ，后者显然是 $U(N)$ 群元从右方

[①] 同前，本节所用的微分几何背景知识可参考 Mikio Nakahara 所著《几何，拓扑与物理》(*Geometry, Topology and Physics*)[25] 一书。

作用于 $\sqrt{\rho}$ 而形成的轨道，因此 F_ρ 同构于结构群 $U(N)$。综上所述，该主丛为 $P(\mathcal{D}_N^N, U(N))$，其中 $P \equiv \mathcal{S}_N$，对应的纤维化为

$$P/U(N) = \mathcal{S}_N/U(N) \sim \mathcal{D}_N^N. \tag{5.24}$$

在点 ρ 处，其纤维空间 F_ρ 为

$$\pi^{-1}(\rho) = \{W = \sqrt{\rho}U | U \in U(N)\}. \tag{5.25}$$

借助局域平庸化算子 ϕ，投影映射把纤维丛上的点投影到底流形

$$\pi \circ \phi(\rho, \sqrt{\rho}U) = \rho; \quad \forall U \in U(N). \tag{5.26}$$

结构群中某一群元 $\mathcal{U}$ 对主丛中某点的作用也可通过局域平庸化算子来表达：

$$\phi^{-1}(\rho)\mathcal{U} = (\rho, \sqrt{\rho}U)\mathcal{U} = (\rho, \sqrt{\rho}U\mathcal{U}). \tag{5.27}$$

主丛上的截面 $\sigma : \mathcal{D}_N^N \longrightarrow \mathcal{S}_N$ 满足 $\pi \circ \sigma = 1_{\mathcal{S}_N}$。显然，在主丛上总存在一个整体截面：$\sigma(\rho) = \sqrt{\rho}$，因此该纤维丛是平庸的，这与 Berry 丛不一样。Uhlmann 丛的拓扑平庸性在一定程度上也限制了 Uhlmann 相位的应用。

若密度矩阵依赖于参数 $\boldsymbol{R} \in M$，考虑 M 中的一条闭合曲线 $C(t) = \boldsymbol{R}(t)$，$t \in [0, \tau]$，它诱导出底流形上的曲线 $\gamma(t) = \rho(\boldsymbol{R}(t))$。由于 $\boldsymbol{R}(0) = \boldsymbol{R}(\tau)$，$\gamma(t)$ 也是闭合曲线。利用截面映射可以将 $\gamma(t)$ "水平提升" 为主丛 P 上的曲线 $\tilde{\gamma}(t)$，其过程如下：取截面 $\sigma(\rho(\boldsymbol{R}(t))) = \sqrt{\rho(\boldsymbol{R}(t))}$，则有 $\tilde{\gamma}(t) = \sigma(\rho(\boldsymbol{R}(t)))U(\boldsymbol{R}(t))$，它显然满足 $\pi(\tilde{\gamma}(t)) = \rho(\boldsymbol{R}(t)) = \gamma(t)$，所以 $\tilde{\gamma}(t)$ 的确为 $\gamma(t)$ 的水平提升。$\tilde{\gamma}$ 的首末两个端点为

$$\tilde{\gamma}(0) = \sqrt{\rho(\boldsymbol{R}(0))}U(\boldsymbol{R}(0)), \quad \tilde{\gamma}(\tau) = \sqrt{\rho(\boldsymbol{R}(\tau))}U(\boldsymbol{R}(\tau)). \tag{5.28}$$

尽管有 $\sqrt{\rho(\boldsymbol{R}(0))} = \sqrt{\rho(\boldsymbol{R}(\tau))}$，但未必有 $U(\boldsymbol{R}(0)) = U(\boldsymbol{R}(\tau))$，因此水平提升 $\tilde{\gamma}$ 未必是一条闭合曲线，初末态的相因子之间相差一个 Uhlmann 和乐

$$U(\tau) = U(0)g(\tau). \tag{5.29}$$

$g(\tau)$ 代表了 $F_{\rho(0)}$ 中两根纤维之间的 $U(N)$ 变换。

2. 水平与垂直子空间

既然 $\tilde{\gamma}(t)$ 是 $\gamma(t)$ 的水平提升，那么它的切向量必从属于切丛 TP 的水平子空间，而 TP 的直和分解为 $TP = HP \oplus VP$。与 Berry 丛类似，这一分解可由 Uhlmann 丛上的 Ehresmann 联络来完成。先分析一下这两个子空间的具体结构。

5.2 量子混合态的 Uhlmann 相位

考虑底流形上一点 $\rho = WW^\dagger$，该点处的纤维空间为 F_ρ。在 F_ρ 中过 W 的一条曲线可表示为 $WU(t)$ 且 $U(t) = e^{tu}$。因为 $U(t) \in U(N)$，所以 $u^\dagger = -u$，即 u 是 N 阶反厄米矩阵：$u \in u(N)$。由于 $\pi(WU(t)) = \pi(W) = \rho$，即 $WU(t) \in F_\rho$，所以它的切向量必为垂直向量，因而属于 VP。该曲线在点 W 处的切向量为

$$\dot{W}_V \equiv \frac{\mathrm{d}}{\mathrm{d}t}WU(t)\Big|_{t=0} = Wu. \tag{5.30}$$

既然 $\dot{W}_V \in VP$，则必有 $\pi_*\dot{W}_V = 0$，这可由 $\pi(WU(t)) = WU(t)(WU(t))^\dagger = WW^\dagger$ 导出

$$\begin{aligned}\pi_*\dot{W}_V &= \frac{\mathrm{d}}{\mathrm{d}t}\left[We^{tu}(We^{tu})^\dagger\right]\Big|_{t=0} \\ &= WuW^\dagger + Wu^\dagger W^\dagger \\ &= 0,\end{aligned} \tag{5.31}$$

或者写成

$$\dot{W}_V W^\dagger + W\dot{W}_V^\dagger = 0. \tag{5.32}$$

因此 W 处的垂直子空间为

$$VE_W = \{Y \in T_W P | YW^\dagger + WY^\dagger = 0\}. \tag{5.33}$$

之前，定义了 $\mathcal{H} \times \mathcal{H}^*$ 上的希尔伯特-施密特内积，它是一个厄米内积，其实部可诱导出一个黎曼内积 (度规)

$$h(A, B) = \mathrm{ReTr}(A^\dagger B) = \frac{1}{2}\mathrm{Tr}(AB^\dagger + BA^\dagger). \tag{5.34}$$

该内积诱导出的范数就是希尔伯特-施密特范数：$h(\cdot, \cdot) = \|\cdot\|_{\mathrm{HS}}$。利用黎曼内积，$Y$ 与 W 垂直的条件为 $h(Y, W) = \frac{1}{2}\mathrm{Tr}(YW^\dagger + WY^\dagger) = 0$，而式 (5.33) 显然满足这一要求。

接下来考虑水平子空间。令 $\tilde{\gamma}(t) = W(t)$，且它的切向量为 $\tilde{X}$，因此有

$$W(t + \mathrm{d}t) = W(t) + \mathrm{d}t\tilde{X}(W), \quad \text{即} \quad \tilde{X}(W) = \dot{W}_H. \tag{5.35}$$

既然 $\tilde{X} \in HP$，那么它与 F_ρ 中任意切方向垂直，即

$$h(\dot{W}_H, Wu) = 0 \tag{5.36}$$

利用 $u^\dagger = -u$ 可将上式整理为

$$\mathrm{Tr}\left[u(\dot{W}_H^\dagger W - W^\dagger \dot{W}_H)\right] = 0. \tag{5.37}$$

该等式对任意反厄米矩阵 u 都成立。注意到 $\dot{W}_H^\dagger W - W^\dagger \dot{W}_H$ 本身也是反厄米矩阵，它与 u 有同样多的自由度。因此，若上式对任意反厄米矩阵 u 都成立，则有如下必要条件

$$\dot{W}_H^\dagger W - W^\dagger \dot{W}_H = 0. \tag{5.38}$$

这正是 W 的平行输运条件。综上所述，点 W 处的水平子空间可定义为

$$HP_W = \{Y \in T_W P | Y^\dagger W - W^\dagger Y = 0\}. \tag{5.39}$$

如果 $\tilde{X}$、$\tilde{Y}$ 同为曲线 γ 的水平提升 $\tilde{\gamma}$ 上 W 处的切向量，则它们都是水平向量，但是 $[\tilde{X}, \tilde{Y}]$ 必是垂直切向量（详见 Nakahara 书[25](10.34) 式及讨论）。因此，即使 γ 是闭合曲线，$\tilde{\gamma}$ 一般也不闭合。

3. Ehresmann 联络

要把切丛分解为水平与垂直子空间的直和，可以利用 Ehresmann 联络 ω 作为"投影"算符，它将切丛 TP 投影到水平子空间 HP。如果 $\tilde{X}$ 是水平切向量，则必有

$$\omega(\tilde{X}) = 0. \tag{5.40}$$

这也是条件 (2.91) 在混合态中的自然推广。若 $Y \in VE$，则有

$$\omega(Y) \in u(N). \tag{5.41}$$

既然 $\tilde{X}$ 是曲线 $\tilde{\gamma}(t) = W(t)$ 的切向量，那么

$$\dot{W}_H = \mathrm{d}_P W(\tilde{X}), \tag{5.42}$$

其中，$\mathrm{d}_P W$ 为总空间 $P = \mathcal{S}_N$ 上的 1-形式。利用式 (5.42)，方程 (5.38) 可表达为

$$W^\dagger \mathrm{d}_P W(\tilde{X}) - \mathrm{d}_P W^\dagger(\tilde{X})W = 0. \tag{5.43}$$

类比式 (2.68)，似乎 $u(N)$-取值的联络 1-形式 ω 可以自然地表示为

$$\omega = W^\dagger \mathrm{d}_P W - \mathrm{d}_P W^\dagger W. \tag{5.44}$$

但该式不符合联络的恰当定义，因为可以证明，在规范变换 $W \longrightarrow WU$ 下，ω 并非以规范势的形式进行变换。要确定 ω 的正确形式，还需要更多条件。注意到 ω

5.2 量子混合态的 Uhlmann 相位

与垂直矢量的缩并也必须满足特定条件，即式 (2.89) 在 $U(N)$ 主丛中的推广。若 $\tilde{X}$ 是纤维空间 $\pi^{-1}(\rho)$ 中曲线 $W(t) = \sqrt{\rho}e^{tu}$ 的切向量，则可由式 (5.30) 导出

$$d_P W(\tilde{X}) = \dot{W}_V = Wu. \tag{5.45}$$

与 Berry 相位的几何理论类似，引入标记 $\tilde{X} = u^\#$，表示 $u^\#$ 为 u 在纤维空间中所产生曲线的切向量。

如果 $\tilde{X}$ 是一般切向量，可以将它分解为水平和垂直部分：$\tilde{X} = \tilde{X}^H + \tilde{X}^V$。其中水平部分满足条件 (5.40)：$\omega(\tilde{X}^H) = 0$。若垂直部分满足 $\tilde{X}^V = u^\#$, $u \in u(N)$，则 ω 还必须满足

$$\omega(\tilde{X}^V) = \omega(u^\#) = u. \tag{5.46}$$

由方程 (5.43) 可知 1-形式 $W^\dagger d_P W - d_P W^\dagger W$ 和水平矢量的缩并与平行条件相容，而它与垂直矢量的缩并给出

$$\begin{aligned} W^\dagger d_P W(\tilde{X}^V) - d_P W^\dagger(\tilde{X}^V) W &= W^\dagger W u - u^\dagger W^\dagger W \\ &= W^\dagger W \omega(\tilde{X}^V) + \omega(\tilde{X}^V) W^\dagger W, \end{aligned} \tag{5.47}$$

利用式 (5.40)、式 (5.43) 和式 (5.47) 可知，对于任意切向量 $\tilde{X}$，总有

$$W^\dagger d_P W(\tilde{X}) - d_P W^\dagger(\tilde{X}) W = W^\dagger W \omega(\tilde{X}) + \omega(\tilde{X}) W^\dagger W, \tag{5.48}$$

因此，在一般情况下有

$$W^\dagger d_P W - d_P W^\dagger W = W^\dagger W \omega + \omega W^\dagger W. \tag{5.49}$$

该等式保证了 ω 的反厄米性。在规范变换 $W' = W\mathcal{U}$ 下，可得

$$dW' = (dW)\mathcal{U} + W d\mathcal{U}, \quad dW'^\dagger = \mathcal{U}^\dagger dW^\dagger + (d\mathcal{U}^\dagger)W^\dagger. \tag{5.50}$$

因此方程 (5.49) 左边变为 (为方便起见，我们在这里略去下标 P)

$$\begin{aligned} W'^\dagger dW' - dW'^\dagger W' &= \mathcal{U}^\dagger \left[W^\dagger dW - (dW^\dagger)W \right] \mathcal{U} + \left[\mathcal{U}^\dagger W^\dagger W d\mathcal{U} - (d\mathcal{U}^\dagger) W^\dagger W \mathcal{U} \right] \\ &= \mathcal{U}^\dagger \left[W^\dagger W \omega + \omega W^\dagger W \right] \mathcal{U} + \left[\mathcal{U}^\dagger W^\dagger W d\mathcal{U} - (d\mathcal{U}^\dagger) W^\dagger W \mathcal{U} \right] \\ &= \mathcal{U}^\dagger W^\dagger W (\omega - \mathcal{U} d\mathcal{U}^\dagger) \mathcal{U} + \mathcal{U}^\dagger (\omega - \mathcal{U} d\mathcal{U}^\dagger) W^\dagger W \mathcal{U}, \end{aligned} \tag{5.51}$$

而右边变为

$$W'^\dagger W' \omega' + \omega' W'^\dagger W' = \mathcal{U}^\dagger W^\dagger W \mathcal{U} \omega' + \omega' \mathcal{U}^\dagger W^\dagger W \mathcal{U}$$

$$=\mathcal{U}^\dagger W^\dagger W(\mathcal{U}\omega'\mathcal{U}^\dagger)\mathcal{U}+\mathcal{U}^\dagger(\mathcal{U}\omega'\mathcal{U}^\dagger)W^\dagger W\mathcal{U}. \tag{5.52}$$

对比方程 (5.51) 和方程 (5.52), 可得

$$\mathcal{U}\omega'\mathcal{U}^\dagger = \omega - \mathcal{U}\mathrm{d}\mathcal{U}^\dagger, \tag{5.53}$$

利用 $\mathcal{U}(\mathrm{d}\mathcal{U}^\dagger)\mathcal{U} = -\mathrm{d}\mathcal{U}$, 上式即

$$\omega' = \mathcal{U}^\dagger(\omega - \mathcal{U}\mathrm{d}\mathcal{U}^\dagger)\mathcal{U} = \mathcal{U}^\dagger\omega\mathcal{U} + \mathcal{U}^\dagger\mathrm{d}\mathcal{U}. \tag{5.54}$$

这的确是非阿贝尔联络在规范变换下的变换形式, 因此式 (5.49) 才是 ω 的正确引入方式, 且可以视为 Berry 相位理论中方程 (2.68) 的直接推广。需要指出的是, 在 Uhlmann 的早期论文中, 他将该式作为一个预设解 (ansatz) 直接引入, 而未指出 ω 是 Ehresmann 联络, 且他的原始论证存在一些问题, 在附录 C.4 中对此做了仔细分析。

4. Uhlmann 联络

Uhlmann 联络是利用截面 σ 将 ω 拖回为底流形上的联络:

$$\mathcal{A}_\mathrm{U} = \sigma^*\omega. \tag{5.55}$$

反之, 根据式 (5.40)、式 (5.41) 和式 (5.46), Ehresmann 联络也可用 Uhlmann 联络表示为

$$\omega = U^\dagger \pi^* \mathcal{A}_\mathrm{U} U + U^\dagger \mathrm{d}_P U, \tag{5.56}$$

这也是方程 (2.76) 的推广。由于 $\tilde{X}$ 和 X 分别为 $\tilde{\gamma}(t)$ 和 $\gamma(t)$ 的切向量, 且 $\tilde{\gamma}(t) = \sigma(\gamma(t))U(t)$, 则有

$$\tilde{X} = U^{-1}(t)\sigma_* X U(t) + \left[U^{-1}\mathrm{d}U(X)\right]^\#. \tag{5.57}$$

将上式代入条件 (5.40) 并利用式 (5.46), 则有

$$0 = \omega(\tilde{X}) = U^{-1}\omega(\sigma_* X)U(t) + U^{-1}(t)\mathrm{d}U(X). \tag{5.58}$$

因此有

$$\mathrm{d}U(X) = -\omega(\sigma_* X)U(t). \tag{5.59}$$

又因为 $\omega(\sigma_* X) = \sigma^*\omega(X) = \mathcal{A}_\mathrm{U}(X)$, 所以 $\mathcal{A}_\mathrm{U}(X) = -\mathrm{d}U(X)U^\dagger$ 再由 X 的任意性可知

$$\mathcal{A}_\mathrm{U} = -\mathrm{d}U U^\dagger, \tag{5.60}$$

5.2 量子混合态的 Uhlmann 相位

注意到曲线 $\gamma(t)$ 的参数为 t，因此在 H 上有 $X = \dfrac{\mathrm{d}}{\mathrm{d}t}$ 和

$$\mathcal{A}_{\mathrm{U}}(X) = -\frac{\mathrm{d}U}{\mathrm{d}t}U^\dagger. \tag{5.61}$$

那么相因子满足微分方程

$$\frac{\mathrm{d}U}{\mathrm{d}t} + \mathcal{A}_{\mathrm{U}}(X)U = 0. \tag{5.62}$$

对该方程沿闭合曲线 $\gamma = \pi \circ \tilde{\gamma}$ 作路径积分，可解出末态相因子

$$U(\tau) = \mathcal{P}\mathrm{e}^{-\int_0^\tau \mathcal{A}_{\mathrm{U}}(X)\mathrm{d}t}U(0) = \mathcal{P}\mathrm{e}^{-\oint_C \mathcal{A}_{\mathrm{U}}}U(0). \tag{5.63}$$

如果 $\tilde{X}$ 是垂直矢量，则有 $\pi_* \tilde{X} = 0$，从而进一步有 $\pi^* \mathcal{A}_{\mathrm{U}}(\tilde{X}) = 0$。令 $\tilde{X} = \dfrac{\mathrm{d}}{\mathrm{d}t}$，这里 t 为纤维空间中某曲线的参数。利用条件 (5.46)，则有

$$\tilde{X}^\# = \omega(\tilde{X}) = U^\dagger \mathrm{d}_P U(\tilde{X}) = U^\dagger \frac{\mathrm{d}U}{\mathrm{d}t}. \tag{5.64}$$

由此可解出 $U(t) = U(0)\mathrm{e}^{t\tilde{X}^\#}$ 为纤维空间中的一条曲线，与之前的讨论结果完全一致。为求出 Uhlmann 联络的表达式，把 $W = \sqrt{\rho}U$ 代入方程 (5.49)，可得

$$U^\dagger[\sqrt{\rho}, \mathrm{d}_P\sqrt{\rho}]U + U^\dagger \rho \mathrm{d}_P U + U^\dagger \mathrm{d}_P U U^\dagger \rho U = U^\dagger \rho U \omega + \omega U^\dagger \rho U, \tag{5.65}$$

再把式 (5.56) 代入方程 (5.65) 可推出

$$\rho \pi^* \mathcal{A}_{\mathrm{U}} + \pi^* \mathcal{A}_{\mathrm{U}} \rho = [\sqrt{\rho}, \mathrm{d}_P \sqrt{\rho}]. \tag{5.66}$$

将方程 (5.66) 两边与任意水平向量 $\tilde{X}$ 缩并，可得

$$\rho \mathcal{A}_{\mathrm{U}}(X) + \mathcal{A}_{\mathrm{U}}(X)\rho = [\sqrt{\rho}, \mathrm{d}_P \sqrt{\rho}(\tilde{X})]. \tag{5.67}$$

同样，由于 X 的任意性，该式相当于把式 (5.66) 限制在底流形上，即

$$\rho \mathcal{A}_{\mathrm{U}} + \mathcal{A}_{\mathrm{U}} \rho = -[\mathrm{d}\sqrt{\rho}, \sqrt{\rho}], \tag{5.68}$$

其中，d 为底流形 $\mathcal{D}_N^N$ 上的外微分算符。假设 ρ 的本征值和本征矢量分别为 λ_i 和 $|i\rangle$，以 $\{|i\rangle\}$ 为基计算方程 (5.68) 两边的矩阵元，可得

$$(\lambda_i + \lambda_j)\langle i|\mathcal{A}_{\mathrm{U}}|j\rangle = -\langle i|[\mathrm{d}\sqrt{\rho}, \sqrt{\rho}]|j\rangle. \tag{5.69}$$

最终有

$$\mathcal{A}_U = \sum_{ij} |i\rangle\langle i|\mathcal{A}_U|j\rangle\langle j| = -\sum_{ij} |i\rangle \frac{\langle i|[\mathrm{d}\sqrt{\rho},\sqrt{\rho}]|j\rangle}{\lambda_i + \lambda_j} \langle j|. \tag{5.70}$$

当量子系统沿任一光滑回路 γ 演化时，γ 总存在唯一的水平提升 $\tilde{\gamma}$。这是因为由 $\rho(t)$ 可给出 Uhlmann 联络 $\mathcal{A}_U$，再由式 (5.56) 进一步给出主丛上的联络 ω，而 ω 对切丛的分解可确定 $\tilde{\gamma}$。最后，由 $\tilde{\gamma}$ 可导出唯一的 Uhlmann 和乐。在 1993 年，德国学者 Hübner 通过计算 Bures 距离的表达式[75]，首先导出了 Uhlmann 联络的表达式 (5.70)，但过程较为烦琐。我们在附录 C.2 重现了其基本思想，并给出更多计算细节，以供读者参考。从式 (5.70) 可看出，密度矩阵必须是满秩的，否则其本征值中必然出现 0，从而导致 $\mathcal{A}_U$ 发散，因此式 (5.70) 不适用于量子纯态 (单能级体系除外)。尽管 Uhlmann 相位是纯态几何相位的推广，但无法从其表达式看出与 Berry 相位的直接联系。在后续章节中，将进一步探讨两者之间的关系。

式 (5.61) 可改写为

$$\nabla_X U \equiv \frac{\mathrm{d}U}{\mathrm{d}t} + \mathcal{A}_U(X)U = 0. \tag{5.71}$$

这里，∇_X 为沿 X 方向 (γ 的切向量) 的协变微分，这表明当 $W(t)$ 沿曲线 $\gamma(t)$ 作平行输运时，它可能逐渐丧失与 $W(0)$ 的平行性。当 $t = \tau$ 时，初末态纯化之间的差异为 Loschmidt 振幅

$$\mathcal{G}_U = \langle W(0)|W(\tau)\rangle = \mathrm{Tr}\left[\rho(0)\mathcal{P}\mathrm{e}^{-\oint_C \mathcal{A}_U}\right], \tag{5.72}$$

而其辐角为 Uhlmann 相位

$$\begin{aligned}
\theta_U &:= \arg\langle W(0)|W(\tau)\rangle \\
&= \arg \mathrm{Tr}[U^\dagger(0)\sqrt{\rho(0)}\sqrt{\rho(0)}U(\tau)] \\
&= \arg \mathrm{Tr}[\rho(0)U(\tau)U^\dagger(0)] \\
&= \arg \mathrm{Tr}[\rho(0)\mathcal{P}\mathrm{e}^{-\oint_C \mathcal{A}_U}].
\end{aligned} \tag{5.73}$$

其中，$\mathcal{P}\mathrm{e}^{-\oint \mathcal{A}_U}$ 为 Uhlmann 和乐。它与 Uhlmann 相位均为初末态纯化之间平行性差异的度量。

5. Uhlmann 联络的规范不变性

在规范变换 $W' = W\mathcal{U}$ 的作用下，相因子 U 以同样的方式变换：$U' = U\mathcal{U}$。已经导出 Ehresmann 联络 ω 根据式 (5.54) 进行规范变换，那么 Uhlmann 联络的变换形式是什么？注意到 $\rho = WW^\dagger$ 是规范不变的，则其本征态也必然规范不变，进一步由式 (5.70) 可知 $\mathcal{A}_U$ 也是规范不变的。另外，根据 $\mathcal{A}_U = -\mathrm{d}UU^\dagger$，Uhlmann 联络应作如下变换

$$\mathcal{A}'_U = -\mathrm{d}U'U'^\dagger = -\mathrm{d}(U\mathcal{U})(U\mathcal{U})^\dagger = \mathcal{A}_U + U\mathrm{d}\mathcal{U}\mathcal{U}^\dagger U^\dagger. \tag{5.74}$$

到底哪一个正确？事实上，若 $\mathcal{A}'_U$ 是 Uhlmann 联络，则 $W'(t) = \sqrt{\rho(t)}U'(t)$ 必然是 $\rho(t)$ 的水平提升，即必须满足平行输运条件：$W'^\dagger \dot{W}' = \dot{W}'^\dagger W'$。将 $W' = W\mathcal{U}$ 代入，则有

$$\mathcal{U}^\dagger W^\dagger \dot{W}\mathcal{U} + \mathcal{U}^\dagger W^\dagger W\dot{\mathcal{U}} = \mathcal{U}^\dagger \dot{W}^\dagger W\mathcal{U} + \dot{\mathcal{U}}^\dagger W^\dagger W\mathcal{U}. \tag{5.75}$$

利用式 (5.9)，可得

$$\mathcal{U}^\dagger W^\dagger W\dot{\mathcal{U}} = \dot{\mathcal{U}}^\dagger W^\dagger W\mathcal{U}. \tag{5.76}$$

再将 $\dot{\mathcal{U}}\mathcal{U}^\dagger + \mathcal{U}\dot{\mathcal{U}}^\dagger = 0$ 和 $W = \sqrt{\rho}U$ 代入上式，经过计算可得

$$\rho U\dot{\mathcal{U}}\mathcal{U}^\dagger U^\dagger + U\dot{\mathcal{U}}\mathcal{U}^\dagger U^\dagger \rho = 0 \quad \text{或} \quad \rho U\mathrm{d}\mathcal{U}\mathcal{U}^\dagger U^\dagger + U\mathrm{d}\mathcal{U}\mathcal{U}^\dagger U^\dagger \rho = 0. \tag{5.77}$$

此外，Uhlmann 联络的表达式 (5.70) 与式 (5.68) 等价，只需证明 $\mathcal{A}'_U = -\mathrm{d}(U\mathcal{U}) \cdot (U\mathcal{U})^\dagger$ 也满足式 (5.68) 即可。利用该式，有

$$[\mathrm{d}\sqrt{\rho}, \sqrt{\rho}] = \rho\mathrm{d}UU^\dagger + \mathrm{d}UU^\dagger \rho = \rho\mathrm{d}U\mathcal{U}\mathcal{U}^\dagger U^\dagger + \mathrm{d}U\mathcal{U}\mathcal{U}^\dagger U^\dagger \rho. \tag{5.78}$$

将其与式 (5.77) 相加，最终有

$$-[\mathrm{d}\sqrt{\rho}, \sqrt{\rho}] = -\rho\mathrm{d}(U\mathcal{U})(U\mathcal{U})^\dagger - \mathrm{d}(U\mathcal{U})(U\mathcal{U})^\dagger \rho = \rho\mathcal{A}'_U + \mathcal{A}'_U \rho. \tag{5.79}$$

根据同样的过程，$\mathcal{A}'_U$ 的表达式也由式 (5.70) 给出，即总有 $\mathcal{A}'_U = \mathcal{A}_U$。再对比式 (5.74)，可知能保持平行输运条件不变的规范变换 $\mathcal{U}$ 只能是常幺正变换，即不依赖于 t。

6. Uhlmann 联络的另一常用表达式

除了式 (5.70)，Uhlmann 联络还有另一常用表达形式，在很多情况下使用起来更加方便。对 $\sqrt{\rho} = \sum_i \sqrt{\lambda_i}|i\rangle\langle i|$ 微分可得

$$\mathrm{d}\sqrt{\rho} = \sum_i \left(\mathrm{d}\sqrt{\lambda_i}|i\rangle\langle i| + \sqrt{\lambda_i}\mathrm{d}|i\rangle\langle i| + \sqrt{\lambda_i}|i\rangle\mathrm{d}\langle i| \right). \tag{5.80}$$

因此有

$$[\sqrt{\rho}, \mathrm{d}\sqrt{\rho}] = \sum_{i,j} \sqrt{\lambda_i \lambda_j} \left(|i\rangle\langle i|\mathrm{d}|j\rangle\langle j| - |j\rangle(\mathrm{d}\langle j|)|i\rangle\langle i| \right)$$
$$+ \sum_i \lambda_i \left(|i\rangle \mathrm{d}\langle i| - \mathrm{d}|i\rangle\langle i| \right). \tag{5.81}$$

对第一行右边第二项作指标对换 $i \longleftrightarrow j$，并利用 $(\mathrm{d}\langle i|)|j\rangle = -\langle i|\mathrm{d}|j\rangle$，则第一行右边变为

$$2\sum_{i,j} \sqrt{\lambda_i \lambda_j} |i\rangle\langle i|\mathrm{d}|j\rangle\langle j|. \tag{5.82}$$

用类似的方法，第二行变为

$$\sum_{i,j} \lambda_i \left(|i\rangle(\mathrm{d}\langle i|)|j\rangle\langle j| - |j\rangle\langle j|\mathrm{d}|i\rangle\langle i| \right) = -\sum_{i,j} (\lambda_i + \lambda_j)|i\rangle\langle i|\mathrm{d}|j\rangle\langle j|. \tag{5.83}$$

综合上述结果得

$$[\sqrt{\rho}, \mathrm{d}\sqrt{\rho}] = -\sum_{i,j} \left(\sqrt{\lambda_i} - \sqrt{\lambda_j} \right)^2 |i\rangle\langle i|\mathrm{d}|j\rangle\langle j|. \tag{5.84}$$

将其代入式 (5.70)，可得 Uhlmann 联络的一般性表达式

$$\mathcal{A}_\mathrm{U} = -\sum_{ij} \frac{\left(\sqrt{\lambda_i} - \sqrt{\lambda_j}\right)^2}{\lambda_i + \lambda_j} |i\rangle\langle i|\mathrm{d}|j\rangle\langle j|$$
$$= -\sum_{i \neq j} \frac{\left(\sqrt{\lambda_i} - \sqrt{\lambda_j}\right)^2}{\lambda_i + \lambda_j} |i\rangle\langle i|\mathrm{d}|j\rangle\langle j|. \tag{5.85}$$

第二行的合理性来源于所有 $i = j$ 的项均无贡献这一事实。

7. 小结

最后，概括一下本节的几个重要结果。在处理量子混合态时，我们对密度矩阵"开方"，从而得到其纯化 W，后者可视为纯态波函数的混合态"对应物"。当量子系统沿参数流形上某一闭合曲线 $C(t)$ 输运时[1]，$C(t)$ 诱导出密度矩阵回路 $\gamma(t) = \rho(t)$，后者的纯化 $W(t)$ 沿 $\gamma(t)$ 的水平提升 $\tilde{\gamma}(t)$ 输运。若要保持瞬时平行性，W 需满足平行输运条件

$$W^\dagger \dot{W} = \dot{W}^\dagger W. \tag{5.86}$$

---

[1] 注意，这里我们刻意回避了"演化"这一术语，因为 t 未必代表时间。

5.2 量子混合态的 Uhlmann 相位

$\tilde{\gamma}(t)$ 的切向量 $\tilde{X}$ 为水平向量,因此满足

$$\omega(\tilde{X}) = 0. \tag{5.87}$$

反之,若 $\tilde{X}$ 为垂直向量,可令它为 u 在纤维空间中所生成单参数曲线的切向量,即 $\tilde{X} = u^{\#}$。那么有

$$\omega(\tilde{X}) = \omega(u^{\#}) = u. \tag{5.88}$$

注意,与 Berry 相位的几何理论不同 (见方程 (2.38)、方程 (2.91) 及相关讨论),条件 (5.86) 和 (5.87) 并不直接等价,因为联络 ω 的形式更复杂。利用 $\tilde{X} = \dfrac{\mathrm{d}}{\mathrm{d}t}$,将方程 (5.86) 改写为

$$W^{\dagger} \mathrm{d}_P W(\tilde{X}) - \mathrm{d}_P W^{\dagger}(\tilde{X}) W = 0. \tag{5.89}$$

再利用式 (5.88),可导出 ω 满足的方程

$$W^{\dagger} \mathrm{d}_P W - \mathrm{d}_P W^{\dagger} W = W^{\dagger} W \omega + \omega W^{\dagger} W. \tag{5.90}$$

该方程所确定的 ω 满足非阿贝尔联络的恰当定义。根据主丛上联络 ω 与底流形上联络 $\mathcal{A}_\mathrm{U}$ 之间的一般关系

$$\omega = U^{\dagger} \pi^* \mathcal{A}_\mathrm{U} U + U^{\dagger} \mathrm{d}_P U, \tag{5.91}$$

可进一步导出

$$\mathcal{A}_\mathrm{U} = -\mathrm{d}_P U U^{\dagger} = -\sum_{ij} |i\rangle \frac{\langle i|[\mathrm{d}\sqrt{\rho}, \sqrt{\rho}]|j\rangle}{\lambda_i + \lambda_j} \langle j|. \tag{5.92}$$

因此,当 W 沿 $\tilde{\gamma}$ 作平行输运时,其初末态之间的相因子差异 (即 Uhlmann 和乐) 为

$$g(\tau) = U(\tau) U^{\dagger}(0) = \mathcal{P} \mathrm{e}^{-\int_0^{\tau} \mathcal{A}_\mathrm{U}(X) \mathrm{d}t} = \mathcal{P} \mathrm{e}^{-\oint_C \mathcal{A}_\mathrm{U}}. \tag{5.93}$$

同时由方程 (5.92) 也可导出

$$\nabla_X U \equiv \frac{\mathrm{d}U}{\mathrm{d}t} + \mathcal{A}_\mathrm{U}(X) U = 0. \tag{5.94}$$

即 $W(t)$ 的相因子确实沿 $\tilde{\gamma}(t)$ 平行输运。Uhlmann 相位是 Berry 相位或 AA 相位的直接推广,但它的理论出发点是纯数学的,因此其几何意义非常清楚,而物理意义却并不明确,尤其是混合态纯化的平行输运代表什么物理过程,又如何在具体物理实验中实现,仍有待探讨。此外,相较于 Berry 相位,Uhlmann 相位的计算也更为复杂,目前可以给出解析表达式的例子还不多,这将在 5.5 节、5.6 节具体讨论。

5.2.3* 从平行演化条件直接导出 Uhlmann 联络

在之前的讨论中,我们通过纤维丛理论系统地导出了 Uhlmann 联络的表达式 (5.70),或者其前提条件 (5.68)。其实,亦可避开复杂的微分几何语言,直接从平行演化条件 (5.86) 导出 Uhlmann 联络 $\mathcal{A}_\mathrm{U}$ 的表达式。

对 $W = \sum_n \sqrt{\lambda_n}|n\rangle\langle n|U$ 进行参数微分,可得

$$\dot{W} = \sum_n \left(\dot{\sqrt{\lambda_n}}|n\rangle\langle n|U + \sqrt{\lambda_n}|\dot{n}\rangle\langle n|U + \sqrt{\lambda_n}|n\rangle\langle \dot{n}|U + \sqrt{\lambda_n}|n\rangle\langle n|\dot{U} \right). \quad (5.95)$$

因此有

$$W^\dagger \dot{W} = \sum_n \left(\sqrt{\lambda_n}\dot{\sqrt{\lambda_n}} U^\dagger|n\rangle\langle n|U + \lambda_n U^\dagger|n\rangle\langle \dot{n}|U + \lambda_n U^\dagger|n\rangle\langle n|\dot{U} \right)$$
$$+ \sum_{mn} \sqrt{\lambda_m \lambda_n} U^\dagger|m\rangle\langle n|U \langle m|\dot{n}\rangle. \quad (5.96)$$

作厄米转置后,有

$$\dot{W}^\dagger W = \sum_n \left(\sqrt{\lambda_n}\dot{\sqrt{\lambda_n}} U^\dagger|n\rangle\langle n|U + \lambda_n U^\dagger|\dot{n}\rangle\langle n|U + \lambda_n \dot{U}^\dagger|n\rangle\langle n|U \right)$$
$$+ \sum_{mn} \sqrt{\lambda_m \lambda_n} U^\dagger|n\rangle\langle m|U \langle \dot{n}|m\rangle. \quad (5.97)$$

利用平行输运条件 $W^\dagger \dot{W} = \dot{W}^\dagger W$,则上两式右边第一项互相消去。再对剩余的项左乘 U,且右乘 $U^\dagger$,并移项,最终可得

$$\sum_{mn} \sqrt{\lambda_m \lambda_n} \left(|m\rangle\langle m|\dot{n}\rangle\langle n| - |n\rangle\langle \dot{n}|m\rangle\langle m|\right) + \sum_n \lambda_n \left(|n\rangle\langle \dot{n}| - |\dot{n}\rangle\langle n|\right)$$
$$= -\sum_n \left(\lambda_n|n\rangle\langle n|\dot{U}U^\dagger + \dot{U}U^\dagger \lambda_n|n\rangle\langle n| \right)$$
$$= \rho \mathcal{A}_\mathrm{U}(X) + \mathcal{A}_\mathrm{U}(X)\rho. \quad (5.98)$$

将上式第一行与式 (5.81) 对比,不难发现左边为 $[\sqrt{\rho}, \mathrm{d}\sqrt{\rho}(X)]$。综合上述结果,最终可得

$$\rho \mathcal{A}_\mathrm{U} + \mathcal{A}_\mathrm{U} \rho = [\sqrt{\rho}, \mathrm{d}\sqrt{\rho}]. \quad (5.99)$$

进一步可导出 Uhlmann 联络的表达式 (5.70)。

5.2.4 Uhlmann 曲率

令 $C_{ij} = \dfrac{(\sqrt{\lambda_i} - \sqrt{\lambda_j})^2}{\lambda_i + \lambda_j}$，并引入投影算子 $P_i = |i\rangle\langle i|$，不难证明，Uhlmann 联络可以表示为

$$\mathcal{A}_U = -\sum_{i \neq j} C_{ij} P_i \mathrm{d}P_j. \tag{5.100}$$

Uhlmann 曲率为 $\mathcal{F}_U = \mathrm{d}\mathcal{A}_U + \mathcal{A}_U \wedge \mathcal{A}_U$，其中，第一项为

$$\mathrm{d}\mathcal{A}_U = (\mathrm{d}C_{ij}) \wedge (P_i \mathrm{d}P_j) + C_{ij} \mathrm{d}(P_i \mathrm{d}P_j) = (\mathrm{d}C_{ij}) \wedge (P_i \mathrm{d}P_j) + C_{ij} \mathrm{d}P_i \wedge \mathrm{d}P_j. \tag{5.101}$$

注意到 C_{ij} 关于 i、j 对称，而 $\mathrm{d}P_i \wedge \mathrm{d}P_j$ 关于 i、j 反对称，因此第一项为

$$\mathrm{d}\mathcal{A}_U = (\mathrm{d}C_{ij}) \wedge (P_i \mathrm{d}P_j), \tag{5.102}$$

且有

$$\mathrm{d}C_{ij} = \dfrac{\sqrt{\lambda_i \lambda_j}(\mathrm{d}\lambda_i + \mathrm{d}\lambda_j)}{(\lambda_i + \lambda_j)^2}. \tag{5.103}$$

因此，Uhlmann 曲率的一般表达式为

$$\mathcal{F}_U = -\sum_{i \neq j}(\mathrm{d}C_{ij}) \wedge (P_i \mathrm{d}P_j) + \sum_{i \neq j}\sum_{k \neq l} C_{ij}C_{kl}(P_i \mathrm{d}P_j) \wedge (P_k \mathrm{d}P_l). \tag{5.104}$$

接下来，探讨 $\mathcal{F}_U$ 的基本性质。首先，可以证明，$\mathcal{F}_U$ 具有反厄米性，这一结论可以从 $\mathcal{A}_U$ 的反厄米性导出。利用 $C_{ij} = C_{ij}^* = C_{ji}$，有

$$\mathcal{A}_U^\dagger = -\sum_{i \neq j} C_{ij}^* \langle \mathrm{d}j|i\rangle|j\rangle\langle i| \stackrel{i \leftrightarrow j}{=} \sum_{i \neq j} C_{ij}\langle i|\mathrm{d}j\rangle|i\rangle\langle j| = -\mathcal{A}_U. \tag{5.105}$$

因此

$$\mathcal{F}_U^\dagger = (\mathrm{d}\mathcal{A}_U)^\dagger + (\mathcal{A}_U \wedge \mathcal{A}_U)^\dagger = -\mathrm{d}\mathcal{A}_U + (-1)\mathcal{A}_U^\dagger \wedge \mathcal{A}_U^\dagger = -\mathcal{F}_U. \tag{5.106}$$

其次，可以证明，对于有限维量子体系，$\mathcal{F}_U$ 的迹等于 0。该结论的验证过程如下。$\mathcal{F}_U$ 第一项的迹为

$$-\sum_{i \neq j}(\mathrm{d}C_{ij}) \wedge \mathrm{Tr}(P_i \mathrm{d}P_j) = -\sum_{i \neq j}\sum_m (\mathrm{d}C_{ij}) \wedge \langle i|\mathrm{d}j\rangle \delta_{mi}\delta_{jm}, \tag{5.107}$$

上式当且仅当 $i = m = j$ 时才有贡献，但求和排除了 $i = j$ 的可能性，因此迹为 0。为计算第二项的迹，令系统依赖于参数 $\{R^\mu\}$，Uhlmann 联络的矩阵元则为

$$(\mathcal{A}_{\mathrm{U}})_{ij} = -C_{ij}\langle i|\partial_\mu j\rangle \mathrm{d}R^\mu, \tag{5.108}$$

因此有

$$\mathrm{Tr}(\mathcal{A}_{\mathrm{U}} \wedge \mathcal{A}_{\mathrm{U}}) = \sum_{i\neq j} C_{ij}C_{ji}\langle i|\partial_\mu j\rangle\langle j|\partial_\nu i\rangle \mathrm{d}R^\mu \wedge \mathrm{d}R^\nu$$

$$\stackrel{i\leftrightarrow j, \mu\leftrightarrow\nu}{=} \sum_{i\neq j} C_{ji}C_{ij}\langle j|\partial_\nu i\rangle\langle i|\partial_\mu j\rangle \mathrm{d}R^\nu \wedge \mathrm{d}R^\mu$$

$$= -\mathrm{Tr}(\mathcal{A}_{\mathrm{U}} \wedge \mathcal{A}_{\mathrm{U}}) = 0, \tag{5.109}$$

因此，$\mathrm{Tr}\mathcal{F}_{\mathrm{U}} = 0$。对于偶数维系统，陈数 $n = \dfrac{\mathrm{i}}{2\pi}\int \mathrm{Tr}\mathcal{F}_{\mathrm{U}} = 0$，这与 Uhlmann 丛的拓扑平庸性相吻合。对于无限维量子体系，$\mathcal{F}_{\mathrm{U}}$ 的迹可能没有明确的定义。这一问题将在后续关于玻色谐振子相干态的讨论中进一步探讨。

5.3 Uhlmann 过程与动力学过程

5.3.1 两种过程之间的关系

量子纯态的几何相位理论告诉我们，平行输运条件与"纯动力学过程"不相容 (详见式 (2.44) 及相关讨论)。具体而言，就是描述纯态动力学演化的薛定谔方程会破坏平行输运条件。因此，在量子纯态的平行输运过程中，不会有动力学相位产生。那么，这一结论是否也适用于 Uhlmann 平行输运过程？首先，需要讨论量子混合态的动力学过程以及动力学相位该如何定义。

若用密度矩阵来表示量子混合态，则其动力学演化由海森伯运动方程描述

$$\dot\rho = -\dfrac{\mathrm{i}}{\hbar}[\hat H, \rho]. \tag{5.110}$$

为简单起见，先假设 $\hat H$ 不依赖于时间。在此情况下，上述方程的解为

$$\rho(t) = \mathrm{e}^{-\frac{\mathrm{i}}{\hbar}\hat H t}\rho(0)\mathrm{e}^{\frac{\mathrm{i}}{\hbar}\hat H t}. \tag{5.111}$$

但是，仅通过 ρ 无法引入混合态的动力学相位。类似于 Uhlmann 相位，必须借助密度矩阵的纯化。利用分解

$$\rho(t) = W(t)W^\dagger(t) = \mathrm{e}^{-\frac{\mathrm{i}}{\hbar}\hat H t}W(0)W^\dagger(0)\mathrm{e}^{\frac{\mathrm{i}}{\hbar}\hat H t}, \tag{5.112}$$

5.3　Uhlmann 过程与动力学过程

可将 $\rho(t)$ 的纯化表示为

$$W(t) = e^{-\frac{i}{\hbar}\hat{H}t}W(0). \tag{5.113}$$

它显然是以下"薛定谔方程"的解

$$i\hbar\dot{W} = \hat{H}W. \tag{5.114}$$

该方程描述了 W 的"纯动力学演化"或"常规动力学演化"(ordinary dynamical evolution)[①]。

为了方便起见，将满足 Uhlmann 平行输运条件的物理演化过程简称为 Uhlmann 过程。因此，在 Uhlmann 过程中，密度矩阵纯化满足条件

$$W^\dagger\dot{W} = \dot{W}^\dagger W. \tag{5.115}$$

亦可将该条件重新整理为

$$i\hbar\dot{W} = \tilde{H}W \tag{5.116}$$

其中，$\tilde{H} = i\hbar\dot{W}W^{-1}$。易证 $\tilde{H}$ 是反厄米算子

$$\frac{i}{\hbar}W^\dagger\tilde{H}^\dagger W = \dot{W}^\dagger W = W^\dagger\dot{W} = -\frac{i}{\hbar}W^\dagger\tilde{H}W. \tag{5.117}$$

这可以视为式 (3.93) 的推广。表面上看，演化方程 (5.116) 很像由 $\tilde{H}$ 驱动的"反厄米薛定谔方程"。再根据 $\rho = WW^\dagger$，可推出

$$\dot{\rho} = -\frac{i}{\hbar}\{\tilde{H}, \rho\}. \tag{5.118}$$

它描述了当 W 作 Uhlmann 平行输运时，密度矩阵的相应演化方式。对比 W 所满足的动力学方程 (5.114) 与平行输运方程 (5.116)，两者分别由厄米算子 $\hat{H}$ 和反厄米算子 $\tilde{H}$ 支配。除非满足特定条件，否则两者不可能同时成立。在这里，给出一个简单证明。

将方程 (5.114) 代入平行演化条件 (5.115)，经过整理可得

$$\hat{H}WW^\dagger = -WW^\dagger\hat{H} \quad \text{或者} \quad \{\hat{H}, \rho\} = 0. \tag{5.119}$$

因为 ρ 是满秩的，所以其逆存在。那么由上式可进一步推出

$$\sqrt{\rho^{-1}}\hat{H}\sqrt{\rho} = -\sqrt{\rho}\hat{H}\sqrt{\rho^{-1}} = -(\sqrt{\rho^{-1}}\hat{H}\sqrt{\rho})^\dagger, \tag{5.120}$$

[①] 若取 $W(t) = e^{-\frac{i}{\hbar}\hat{H}t}W(0)\mathcal{U}(t)$，其中 $\mathcal{U}(t)$ 为幺正算符，则 $\rho(t)$ 仍满足动力学演化方程 (5.111)，但 $\mathcal{U}(t)$ 可能带来非动力学效应，我们将在后续内容给出详细讨论。

注意到 $\sqrt{\rho^{-1}}\hat{H}\sqrt{\rho}$ 与 $\hat{H}$ 仅相差一个相似变换，因此两者有相同的本征值。又因为 $\hat{H}$ 是厄米的，所以 $\sqrt{\rho^{-1}}\hat{H}\sqrt{\rho}$ 的本征值都是实数。但上式显然说明 $\sqrt{\rho^{-1}}\hat{H}\sqrt{\rho}$ 只有为 0 的本征值，这与 $\hat{H}$ 的任意性不符。因此，非平庸的 Uhlmann 过程与方程 (5.114) 所描述的"纯动力学过程"不相容，从而不会产生动力学相位。显然，该证明也适用于含时哈密顿量 $\hat{H}(t)$。有趣的是，在 Sjöqvist 等提出的干涉几何相位理论中，他们所引入的另一类平行演化条件同样排除了动力学相位产生的可能性[60]。

5.3.2 混合态的动力学相位

其实在 4.5.1 节中，已经讨论过混合态在准静态动力学过程中所积累的动力学相位，并把它定义为 Loschmidt 振幅的辐角，这一定义可以推广到一般含时动力学演化中。在含时动力学演化下，海森伯运动方程 (5.110) 的形式解为

$$\rho(t) = U_d(t)\rho(0)U_d^\dagger(t), \tag{5.121}$$

其中

$$U_d(t) = \mathcal{T}[e^{-\frac{i}{\hbar}\int_0^t \hat{H}(t')dt'}] \tag{5.122}$$

代表含时动力学演化算符，且 $\mathcal{T}$ 为时间编序算子。将 $W = \sqrt{\rho}U$ 代入演化方程 (5.121)，得到

$$W(t) = U_d(t)W(0) = U_d(t)\sqrt{\rho(0)}U(0). \tag{5.123}$$

动力学相位为 $W(0)$ 与 $W(t)$ 之间"重叠"的辐角，即

$$\begin{aligned}\theta_d(t) &:= \arg\langle W(0)|W(t)\rangle \\ &= \arg\text{Tr}\left[U^\dagger(0)\sqrt{\rho(0)}U_d(t)\sqrt{\rho(0)}U(0)\right] \\ &= \arg\text{Tr}\left\{\rho(0)\mathcal{T}\left[e^{-\frac{i}{\hbar}\int_0^t \hat{H}(t')dt'}\right]\right\}.\end{aligned} \tag{5.124}$$

若 $\hat{H}$ 不显含时间，则有

$$\theta_d(t) = \arg\text{Tr}\left[\rho(0)e^{-i\hat{H}t}\right], \tag{5.125}$$

重现了 4.5.1 节中的结论 (4.158)。若系统处于热平衡态，则初始密度矩阵为 $\rho(0) = \frac{1}{Z}e^{-\beta\hat{H}} = \sum_n \frac{1}{Z}e^{-\beta E_n}|n\rangle\langle n|$，那么

$$\theta_d(t) = \arg\text{Tr}\left[\sum_n \lambda_n e^{-\frac{i}{\hbar}E_n t}\right] = \arg\text{Tr}\left[\sum_n \frac{e^{-\beta E_n}}{Z}e^{-\frac{i}{\hbar}E_n t}\right] \tag{5.126}$$

5.3　Uhlmann 过程与动力学过程

为各能级动力学相因子热平均之后的辐角。当 $\rho = |n\rangle\langle n|$ 为纯态 $|n\rangle$ 的密度矩阵时，则上式为

$$\theta_{\mathrm{d}}(t) = -\frac{1}{\hbar} E_n t. \tag{5.127}$$

自然退化为纯态动力学相位。

知道了 W 的演化，就可以得到相因子 $U(t)$ 满足的演化方程。一般情况下，$\sqrt{\rho}$ 与 ρ 满足同样的运动方程，即 $\sqrt{\rho(t)} = U_{\mathrm{d}}(t)\sqrt{\rho(0)}U_{\mathrm{d}}^{\dagger}(t)$，因此有

$$W(t) = \sqrt{\rho(t)}U(t) = U_{\mathrm{d}}(t)\sqrt{\rho(0)}U_{\mathrm{d}}^{\dagger}(t)U(t). \tag{5.128}$$

再与 $W(t) = U_{\mathrm{d}}(t)W(0) = U_{\mathrm{d}}(t)\sqrt{\rho(0)}U(0)$ 对比，不难得到

$$U(t) = U_{\mathrm{d}}(t)U(0), \quad W(t) = U_{\mathrm{d}}(t)\sqrt{\rho(0)}U(0). \tag{5.129}$$

所以相因子与 W 满足同样的演化方程。若采用纯化态表示，则有

$$|W(t)\rangle = \sum_n \sqrt{\lambda_n} U_{\mathrm{d}}(t)|n\rangle_{\mathrm{s}} \otimes U^T(0)|n\rangle_{\mathrm{a}}. \tag{5.130}$$

可见，只有系统量子态经历动力学演化，而辅助量子态保持不变。因此在这种情况下，动力学相位仅来自于系统量子态。

5.3.3　对偶哈密顿量

之前的结论似乎表明动力学演化与 Uhlmann 过程不相容。更严格的说法是，W 的薛定谔方程 (5.114) 与 Uhlmann 平行输运条件 (5.115) 无法同时成立。这是否意味着 ρ 满足的海森伯运动方程与 Uhlmann 过程不相容？换言之，就是当密度矩阵按照方程 (5.121) 演化时，能否找到它的一个纯化，能够满足 Uhlmann 平行输运条件？从几何角度来看，这种纯化是存在的。满足海森伯方程的 $\rho(t)$ 可被视为 Uhlmann 丛底流形上的一条连续曲线，而它肯定有唯一的水平提升 $W(t)$，后者自然满足 Uhlmann 平行输运条件。然而，在这种情况下海森伯方程 (5.121) 所描述的物理过程可能不再是"纯"动力学演化，因为在此过程中不仅仅只有动力学相位产生。

在 Uhlmann 的早期论文中[76]，也考虑过类似问题。为了使平行输运条件 (5.115) 与 W 的动力学方程相容，他考虑将演化方程 (5.114) 修改为[76]

$$\mathrm{i}\hbar \dot{W} = \hat{H}W - W\check{H}, \tag{5.131}$$

其中，$\hat{H}$ 为系统原有的哈密顿量，$\check{H}$ 为待定厄米算子：$\check{H} = \check{H}^\dagger$。不过，Uhlmann 本人并未给出 $\check{H}$ 的实现方法与物理本质。不难验证，密度矩阵仍满足海森伯方程 (5.110)

$$i\hbar\dot{\rho} = -WW^\dagger\hat{H} + W\check{H}W^\dagger + \hat{H}WW^\dagger - W\check{H}W^\dagger = [\hat{H},\rho], \qquad (5.132)$$

其解为式 (5.121)。在物理上，$\check{H}$ 可视为 $\hat{H}$ 所在线性空间的"对偶空间"的等效哈密顿量，可称为"对偶哈密顿量"。因此方程 (5.131) 也被称为 W 的对偶动力学演化。令 $\tilde{\rho} = W^\dagger W$，它的动力学方程为

$$\begin{aligned}i\hbar\dot{\tilde{\rho}} &= i\hbar\dot{W}^\dagger W + i\hbar W^\dagger \dot{W} \\ &= -W^\dagger\hat{H}W + \check{H}W^\dagger W + W^\dagger\hat{H}W - W^\dagger W\check{H} \\ &= [\check{H},\tilde{\rho}].\end{aligned} \qquad (5.133)$$

这可视为动力学方程 (5.110) 的"对偶方程"。那么，对偶空间的物理内涵是什么？为简单起见，假设 $\hat{H}$ 与 $\check{H}$ 彼此独立且均不依赖于时间，则方程 (5.131) 的解为

$$W(t) = \mathrm{e}^{-\frac{i}{\hbar}\hat{H}t}W(0)\mathrm{e}^{\frac{i}{\hbar}\check{H}t}. \qquad (5.134)$$

利用 $W(0) = \sqrt{\rho(0)}U(0)$，可用纯化态将上式表示为

$$|W(t)\rangle = \sum_n \sqrt{\lambda_n}\mathrm{e}^{-\frac{i}{\hbar}\hat{H}t}|n\rangle_\mathrm{s} \otimes \left(\mathrm{e}^{\frac{i}{\hbar}\check{H}t}\right)^\mathrm{T}U^T(0)|n\rangle_\mathrm{a}. \qquad (5.135)$$

因此，对偶量子空间可视为辅助量子空间，而 $\tilde{\rho}$ 则为该空间上的密度矩阵。表面上看，$\check{H}$ 是辅助量子态动力学演化的生成元 (尽管形式上相差一个转置)，因此会产生额外的动力学相位。不过，$\check{H}$ 只是形式上的"等效"哈密顿量，完全可能带来非动力学效应，如产生 Ulmann 相位等。

为了使得 W 满足 Uhlmann 平行输运条件，我们将式 (5.131) 代入条件 (5.115)，经过简单整理，可得

$$2W^\dagger\hat{H}W = \{W^\dagger W, \check{H}\}. \qquad (5.136)$$

这是对偶哈密顿量应满足的条件。在这里，我们给出构造 $\check{H}$ 的基本思路。将 Uhlmann 平行输运条件的推论 $i\hbar\dot{W} = \tilde{H}W$ 代入式 (5.131)，可得

$$\check{H} = W^{-1}(\hat{H} - \tilde{H})W = W^{-1}\hat{H}W - i\hbar W^{-1}\dot{W}. \qquad (5.137)$$

5.3 Uhlmann 过程与动力学过程

可以证明，在满足 Uhlmann 平行输运条件的前提下，上式与条件 (5.136) 等价。因此，只需给出合乎条件的 $W(t)$，就能构造出 $\check{H}$。现将证明简单归纳如下。将条件 (5.131) 代入条件 (5.136)，则有

$$2W^\dagger \hat{H} W = W^\dagger W \check{H} + \check{H} W^\dagger W$$
$$= W^\dagger \hat{H} W - i\hbar W^\dagger \dot{W} + W^{-1} \hat{H} W W^\dagger W - i\hbar W^{-1}\dot{W} W^\dagger W. \tag{5.138}$$

等式两边左乘 W，并移项整理，可得

$$i\hbar \rho \dot{W} + i\hbar \dot{W} W^\dagger W = [\hat{H}, \rho] W = i\hbar \dot{\rho} W = i\hbar (\dot{W} W^\dagger W + W \dot{W}^\dagger W). \tag{5.139}$$

再利用 $\rho = WW^\dagger$，并左乘 W^{-1}，最终上式等价于 Uhlmann 平行输运条件

$$W^\dagger \dot{W} = \dot{W}^\dagger W. \tag{5.140}$$

上式过程步步可逆，因此可利用 Uhlmann 平行输运条件和条件 (5.136) 反推出条件 (5.136)。

5.3.4 混合过程与 Uhlmann 动力学过程

在本小节，将给出对偶哈密顿量 $\check{H}$ 的具体构造方式，使得密度矩阵的海森伯运动方程与 Uhlmann 平行输运条件相容。那么，在该过程中就可以产生 Uhlmann 相位。根据 5.3.3 节的讨论，$\check{H}$ 必须引入非动力学效应。因此，这一过程不再是"纯动力学的"，将其称为"混合过程"。如果混合过程还满足 Uhlmann 平行输运条件，则称其为 Uhlmann 动力学过程。我们将证明，在该过程中，系统会同时获得动力学相位与几何相位。

令 $\rho(t)$ 由式 (5.121) 给出。设曲线 $\rho(t)$ 的切向量为 X，根据式 (5.70) 可得

$$\mathcal{A}_\text{U}(X) = -\sum_{nm} |n(t)\rangle \frac{\langle n(t)|[\sqrt{\dot{\rho}(t)}, \sqrt{\rho(t)}]|m(t)\rangle}{\lambda_n(t) + \lambda_m(t)} \langle m(t)|. \tag{5.141}$$

因此，要产生非平庸的 Uhlmann 相位，则必有 $\sqrt{\dot{\rho}} \neq 0$，进而有 $\dot{\rho} \neq 0$。再根据方程 (5.121)，这要求 $\hat{H}$ 必须是含时的，或者系统经历量子淬火过程。为了引入非平庸的 $\check{H}$，对比式 (5.112)，在 $\rho(t)$ 的纯化分解中插入 $\mathcal{U}(t)\mathcal{U}^\dagger(t)$

$$\rho(t) = U_\text{d}(t) W(0) W^\dagger(0) U_\text{d}^\dagger(t) = U_\text{d}(t) W(0) \mathcal{U}(t) \mathcal{U}^\dagger(t) W^\dagger(0) U_\text{d}^\dagger(t), \tag{5.142}$$

在这里 $U_\text{d}(t)$（见式 (5.122)）为含时动力学演化算符。若 $\hat{H}$ 不依赖于时间，那么有 $U_\text{d}(t) = \text{e}^{-\frac{i}{\hbar}\hat{H}t}$。注意 $\mathcal{U}(t)$ 虽然是幺正的但是并非 $W(t)$ 的相因子。从上式可得

$$W(t) = U_\text{d}(t) W(0) \mathcal{U}(t). \tag{5.143}$$

利用 $i\hbar \dot{U}_d(t) = \hat{H} U_d(t)$ 可进一步推出

$$\dot{W} = -\frac{i}{\hbar}\hat{H}W + W\mathcal{U}^\dagger \dot{\mathcal{U}}, \quad \dot{W}^\dagger = \frac{i}{\hbar}W^\dagger \hat{H} + \dot{\mathcal{U}}^\dagger \mathcal{U} W^\dagger. \tag{5.144}$$

$-i\hbar \mathcal{U}^\dagger \dot{\mathcal{U}}$ 显然是厄米算子，可以验证它与式 (5.137) 中的 $\check{H}$ 一致。将式 (5.144) 中的 $\dot{W}$ 代入式 (5.137)，有

$$\check{H} = W^{-1}\hat{H}W - i\hbar W^{-1}\left(-\frac{i}{\hbar}\hat{H}W + W\mathcal{U}^\dagger \dot{\mathcal{U}}\right) = -i\hbar \mathcal{U}^\dagger \dot{\mathcal{U}}. \tag{5.145}$$

再将式 (5.144) 代入 Uhlmann 平行输运条件 $W^\dagger \dot{W} = \dot{W}^\dagger W$，得

$$2\frac{i}{\hbar}W^\dagger \hat{H}W = W^\dagger W \mathcal{U}^\dagger \dot{\mathcal{U}} - \dot{\mathcal{U}}^\dagger \mathcal{U} W^\dagger W = W^\dagger W \mathcal{U}^\dagger \dot{\mathcal{U}} + \mathcal{U}^\dagger \dot{\mathcal{U}} W^\dagger W. \tag{5.146}$$

这实际上就是条件 (5.136) 的等价形式。为了简单起见，可令 $U(0) = 1$，因此有 $W(0) = \sqrt{\rho(0)}$。再利用式 (5.143)，可推出 $W^\dagger W = \mathcal{U}^\dagger \rho(0) \mathcal{U}$ 以及

$$2\frac{i}{\hbar}\mathcal{U}^\dagger \sqrt{\rho(0)} U_d^\dagger(t)\hat{H} U_d(t)\sqrt{\rho(0)}\mathcal{U} = \mathcal{U}^\dagger \rho(0)\mathcal{U}\mathcal{U}^\dagger \dot{\mathcal{U}} - \dot{\mathcal{U}}^\dagger \mathcal{U}\mathcal{U}^\dagger \rho(0)\mathcal{U}$$

$$\Rightarrow 2\frac{i}{\hbar}\sqrt{\rho(0)} U_d^\dagger(t)\hat{H} U_d(t)\sqrt{\rho(0)} = \rho(0)\dot{\mathcal{U}}\mathcal{U}^\dagger - \mathcal{U}\dot{\mathcal{U}}^\dagger \rho(0) = \rho(0)\dot{\mathcal{U}}\mathcal{U}^\dagger + \dot{\mathcal{U}}\mathcal{U}^\dagger \rho(0)$$

$$\Rightarrow 2\frac{i}{\hbar}U_d^\dagger(t)\hat{H} U_d(t) = \sqrt{\rho(0)}\dot{\mathcal{U}}\mathcal{U}^\dagger \sqrt{\rho(0)}^{-1} + \sqrt{\rho(0)}^{-1}\dot{\mathcal{U}}\mathcal{U}^\dagger \sqrt{\rho(0)}. \tag{5.147}$$

这就是 $\mathcal{U}$ 所必须满足的条件。为了解出 $\mathcal{U}$，注意到 $\sqrt{\rho(t)} = U_d(t)\sqrt{\rho(0)}U_d^\dagger(t)$，并取 $W(t)$ 的极化分解

$$W(t) = \sqrt{\rho(t)}U(t) = U_d(t)\sqrt{\rho(0)}U_d^\dagger(t)U(t). \tag{5.148}$$

在这里 $U(t)$ 为 $W(t)$ 的相因子，且 $U(0) = 1$。与式 (5.143) 对比，可得

$$U(t) = U_d(t)\mathcal{U}(t) \quad \text{或} \quad \mathcal{U}(t) = U_d^\dagger(t)U(t). \tag{5.149}$$

对其微分可得

$$\dot{\mathcal{U}} = \frac{i}{\hbar}\hat{H}U_d^\dagger(t)U(t) + U_d^\dagger(t)\dot{U} \quad \text{或} \quad \dot{\mathcal{U}}\mathcal{U}^\dagger = \frac{i}{\hbar}\hat{H} + U_d^\dagger(t)\dot{U}U^\dagger U_d(t). \tag{5.150}$$

同时，因为 Uhlmann 平行输运条件被满足，所以必有

$$\dot{U}U^\dagger = -\mathcal{A}_U(X), \tag{5.151}$$

5.3 Uhlmann 过程与动力学过程

其中, $X = \dfrac{\mathrm{d}}{\mathrm{d}t}$ 为演化路径的切矢量。将式 (5.150) 和式 (5.151) 代入条件 (5.147), 得到它的等价形式

$$2\sqrt{\rho(0)}U_\mathrm{d}^\dagger(t)\hat{H}U_\mathrm{d}(t)\sqrt{\rho(0)} = \left\{\rho(0), U_\mathrm{d}^\dagger(t)\left[\hat{H} + \mathrm{i}\hbar\mathcal{A}_\mathrm{U}(X)\right]U_\mathrm{d}(t)\right\}. \tag{5.152}$$

可以证明这实际上是一个恒等式。

将初始密度矩阵对角化为 $\rho(0) = \sum_n \lambda_n |n\rangle\langle n|$, 则有 $\sqrt{\rho(t)} = \sum_n \sqrt{\lambda_n} U_\mathrm{d}(t) \cdot |n\rangle\langle n|U_\mathrm{d}^\dagger(t)$, 其运动方程为

$$\mathrm{i}\hbar\dot{\sqrt{\rho(t)}} = [\hat{H}, \sqrt{\rho(t)}]. \tag{5.153}$$

将以上结果代入式 (5.141), 并利用 $|n(t)\rangle = U_\mathrm{d}(t)|n\rangle$ 和 $\lambda_n(t) = \lambda_n$, 则 Uhlmann 联络变为

$$\begin{aligned}
& U_\mathrm{d}^\dagger(t)\mathrm{i}\hbar\mathcal{A}_\mathrm{U}(X)U_\mathrm{d}(t) \\
&= \sum_{nm} |n\rangle \frac{\langle n|U_\mathrm{d}^\dagger(t)[\sqrt{\rho(t)}, [\hat{H}, \sqrt{\rho(t)}]]U_\mathrm{d}(t)|m\rangle}{\lambda_n + \lambda_m}\langle m| \\
&= \sum_{nm} |n\rangle \frac{\langle n|U_\mathrm{d}^\dagger(t)\left[2\sqrt{\rho(t)}\hat{H}\sqrt{\rho(t)} - \hat{H}\rho(t) - \rho(t)\hat{H}\right]U_\mathrm{d}(t)|m\rangle}{\lambda_n + \lambda_m}\langle m| \\
&= \sum_{nm} |n\rangle \frac{\langle n|\left[2\sqrt{\rho(0)}\hat{H}(t)\sqrt{\rho(0)} - \hat{H}(t)\rho(0) - \rho(0)\hat{H}(t)\right]|m\rangle}{\lambda_n + \lambda_m}\langle m| \\
&= \sum_{nm} |n\rangle \frac{\langle n|\left[2\sqrt{\lambda_n\lambda_m}\hat{H}(t) - \hat{H}(t)(\lambda_n + \lambda_m)\right]|m\rangle}{\lambda_n + \lambda_m}\langle m| \\
&= 2\sum_{nm} |n\rangle \frac{\langle n|\sqrt{\lambda_n\lambda_m}\hat{H}(t)|m\rangle}{\lambda_n + \lambda_m}\langle m| - \hat{H}(t), \tag{5.154}
\end{aligned}$$

其中, $\hat{H}(t) \equiv U_\mathrm{d}^\dagger(t)\hat{H}U_\mathrm{d}(t)$。将上式代入式 (5.152) 的右边, 第二项 $-\hat{H}(t)$ 恰好被消去, 剩余结果为

$$\begin{aligned}
\left\{\rho(0), \sum_{nm} |n\rangle \frac{\langle n|\sqrt{\lambda_n\lambda_m}\hat{H}(t)|m\rangle}{\lambda_n + \lambda_m}\langle m|\right\} &= \sum_{nm} |n\rangle\langle n|\sqrt{\lambda_n\lambda_m}\hat{H}(t)|m\rangle\langle m| \\
&= \sqrt{\rho(0)}U_\mathrm{d}^\dagger(t)\hat{H}U_\mathrm{d}(t)\sqrt{\rho(0)}. \tag{5.155}
\end{aligned}$$

综合以上结论，只需将 $W(t)$ 取为式 (5.143)，或者

$$W(t) = U_{\mathrm{d}}(t)\sqrt{\rho(0)}U_{\mathrm{d}}^\dagger(t)U(t) = U_{\mathrm{d}}(t)\sqrt{\rho(0)}U_{\mathrm{d}}^\dagger(t)\mathcal{P}\mathrm{e}^{-\int_0^t \mathrm{d}t'\mathcal{A}_\mathrm{U}(X(t'))}, \quad (5.156)$$

那么它必同时满足 Uhlmann 平行输运条件以及演化方程 (5.144)，这就是经历 "Uhlmann 动力学过程" 的纯化 $W(t)$。对上式微分，则有

$$\mathrm{i}\hbar\dot{W} = \hat{H}W - W\left[U^\dagger \hat{H}U + \mathrm{i}\hbar\mathcal{A}_\mathrm{U}(X)\right]. \quad (5.157)$$

所以，对偶哈密顿量为

$$\check{H} = U^\dagger \hat{H}U + \mathrm{i}\hbar\mathcal{A}_\mathrm{U}(X), \quad (5.158)$$

其中，$U(t) = \mathcal{P}\mathrm{e}^{-\int_0^t \mathrm{d}t' A_U(X(t'))}$。

最后，讨论如何在 Uhlmann 动力学过程中产生 Uhlmann 相位。在这类物理过程中，$W(t)$ 按方程 (5.156) 作演化，若用纯化态来表示，则有

$$|W(t)\rangle = \sum_n \sqrt{\lambda_n}U_\mathrm{d}(t)|n\rangle \otimes \left[U_\mathrm{d}^\dagger(t)\mathcal{P}\mathrm{e}^{-\int_0^t \mathrm{d}t'\mathcal{A}_\mathrm{U}(X(t'))}\right]^\mathrm{T}|n\rangle. \quad (5.159)$$

显然，系统量子态经历动力学演化，而辅助量子态经历 "动力学–Uhlmann 平行输运" 混合演化。在这种情况下，初末纯化态重叠的辐角应为总相位

$$\theta_\mathrm{tot}(t) = \arg\langle W(0)|W(t)\rangle = \arg\mathrm{Tr}\left[\sqrt{\rho(0)}\sqrt{\rho(t)}\mathcal{P}\mathrm{e}^{-\int_0^t \mathrm{d}t'\mathcal{A}_\mathrm{U}(X(t'))}\right]. \quad (5.160)$$

为了得到几何相位，应从总相位中除去动力学相位，后者产生于纯动力学过程。而纯动力学过程不含任何几何效应，因此只需取 $\mathcal{A}_\mathrm{U} = 0$，此时有 $\mathcal{U}(t) = U_\mathrm{d}^\dagger(t)$ 且 $U(t) = 1$，那么纯化 W 的演化方程为

$$W(t) = U_\mathrm{d}(t)W(0)U_\mathrm{d}^\dagger(t) = U_\mathrm{d}(t)\sqrt{\rho(0)}U_\mathrm{d}^\dagger(t) = \sqrt{\rho(t)}. \quad (5.161)$$

注意，该演化方程与式 (5.123) 略有不同，因此两者产生的动力学相位也不同。在演化 (5.161) 中，系统获得的瞬时动力学相位应为

$$\theta_\mathrm{d}(t) = \arg\langle W(0)|W(t)\rangle = \arg\mathrm{Tr}\left[W^\dagger(0)W(t)\right] = \arg\mathrm{Tr}\left[\sqrt{\rho(0)}\sqrt{\rho(t)}\right] = 0. \quad (5.162)$$

这是因为 $\sqrt{\rho(0)}$ 与 $\sqrt{\rho(t)}$ 均为正定厄米矩阵，其矩阵乘积的迹为正实数，因此辐角为 0。其原因更容易从纯化态 $|W\rangle$ 的表达式看出来

$$W(t) = \sum_n \sqrt{\lambda_n}U_\mathrm{d}(t)|n\rangle\langle n|U_\mathrm{d}^\dagger(t) \to |W(t)\rangle = \sum_n \sqrt{\lambda_n}U_\mathrm{d}(t)|n\rangle \otimes (U_\mathrm{d}^\dagger(t))^\mathrm{T}|n\rangle, \quad (5.163)$$

即 $|W\rangle$ 是个双模纯态,其动力学相位应同时包含系统空间与辅助空间的贡献。但因为 $U_{\mathrm{d}}^{\dagger}(t) = U_{\mathrm{d}}^{-1}(t)$,即系统空间和辅助空间经历的动力学演化是互逆的,因此两者产生的动力学相位互相抵消。

在 Uhlmann 动力学演化过程中,系统获得的瞬时几何相位为总相位与动力学相位之差,由于后者为 0,因此有

$$\theta_{\mathrm{g}}(t) = \theta_{\mathrm{tot}}(t) - \theta_{\mathrm{d}}(t) = \arg \mathrm{Tr}\left[\sqrt{\rho(0)}\sqrt{\rho(t)}\mathcal{P}\mathrm{e}^{-\int_0^t \mathrm{d}t' \mathcal{A}_{\mathrm{U}}(X(t'))}\right]. \tag{5.164}$$

Uhlmann 相位只能产生于周期性过程。对于某量子系统,若存在周期 τ,使得 $\rho(\tau) = \rho(0)$,那么该时刻的几何相位为

$$\begin{aligned}\theta_{\mathrm{g}} &= \arg \mathrm{Tr}\left[\sqrt{\rho(0)}\sqrt{\rho(\tau)}\mathcal{P}\mathrm{e}^{-\int_0^\tau \mathrm{d}t \mathcal{A}_{\mathrm{U}}(X(t))}\right] \\ &= \arg \mathrm{Tr}\left[\rho(0)\mathcal{P}\mathrm{e}^{-\oint \mathcal{A}_{\mathrm{U}}}\right].\end{aligned} \tag{5.165}$$

正是 Uhlmann 相位。

5.4 Uhlmann 过程的其他性质

5.4.1 Uhlmann 平行演化条件与纯态平行演化条件的对比

先简要回顾一下量子纯态的平行演化 (输运) 条件。在 2.2 节中提到,当纯态 $|\psi\rangle$ 在沿参数为 t 的路径作保平行性演化时,必须满足

$$\langle \psi(t)|\psi(t+\mathrm{d}t)\rangle = \langle \psi(t+\mathrm{d}t)|\psi(t)\rangle > 0, \tag{5.166}$$

即 $|\psi(t)\rangle$ 在演化时,时刻保持相位匹配:

$$\arg\langle \psi(t)|\psi(t+\mathrm{d}t)\rangle = 0. \tag{5.167}$$

将上式在 t 附近展开,不难得到保平行条件

$$\langle \psi(t)|\frac{\mathrm{d}}{\mathrm{d}t}|\psi(t)\rangle = 0. \tag{5.168}$$

由 $\langle \psi(t)|\psi(t)\rangle = 1$ 可知 $\langle \psi(t)|\frac{\mathrm{d}}{\mathrm{d}t}|\psi(t)\rangle$ 是纯虚数,因此条件 (5.168) 也可以等价地表示为

$$\mathrm{Im}\langle \psi(t)|\frac{\mathrm{d}}{\mathrm{d}t}|\psi(t)\rangle = 0. \tag{5.169}$$

但在本章中,对于混合态的纯化 $W(t)$,Uhlmann 给出的保平行条件是

$$W^\dagger(t)\dot{W}(t) = \dot{W}^\dagger(t)W(t) \tag{5.170}$$

而非条件 (5.166) 的自然推广

$$\langle W(t)|W(t+\mathrm{d}t)\rangle = \langle W(t+\mathrm{d}t)|W(t)\rangle > 0$$

或 $$\mathrm{Tr}\left[W^\dagger(t)W(t+\mathrm{d}t)\right] = \mathrm{Tr}\left[W^\dagger(t+\mathrm{d}t)W(t)\right] > 0. \tag{5.171}$$

Uhlmann 给出的条件显然更强，这是因为对于 N 维量子体系而言，纯化态 $W = \sqrt{\rho}U$ 的相因子 U 作为 $N \times N$ 矩阵有 N^2 个待定矩阵元，条件 (5.171) 仅能给出一个限制条件，而 Uhlmann 平行演化条件 (5.170) 是一个矩阵方程，且恰有 N^2 个限制条件，足以确定所有矩阵元。将弱化版的平行演化条件 (5.171) 在 t 附近展开，可得

$$\langle W(t)|\dot{W}(t)\rangle = \langle \dot{W}(t)|W(t)\rangle \tag{5.172}$$

或者

$$\mathrm{Tr}\left[W^\dagger(t)\dot{W}(t)\right] = \mathrm{Tr}\left[\dot{W}^\dagger(t)W(t)\right]. \tag{5.173}$$

从 Uhlmann 的保平行条件 (5.170) 可直接导出式 (5.173)，而式 (5.170) 也可以被视为 Uhlmann 过程的"演化方程"。式 (5.172) 等价于

$$\mathrm{Im}\langle W(t)|\frac{\mathrm{d}}{\mathrm{d}t}|W(t)\rangle = 0. \tag{5.174}$$

又因为 $\langle W(t)|W(t)\rangle = \mathrm{Tr}\rho(t) = 1$，因此上式又等价于

$$\langle W(t)|\frac{\mathrm{d}}{\mathrm{d}t}|W(t)\rangle = 0. \tag{5.175}$$

那么 Uhlmann 平行演化条件是否过强呢？在第 2 章我们提到，纯态之间的平行性条件其实是它们之间的 Fubini-Study 距离最小的充要条件。类似地，Uhlmann 的平行性条件也是混合态纯化之间的希尔伯特-施密特距离最小的充要条件，从这个角度来看，Uhlmann 的条件是"恰当的"。

此外，Uhlmann 平行演化条件也可以表达成类似于式 (5.168) 的形式

$$\langle W(t)|(1\otimes u)|\frac{\mathrm{d}}{\mathrm{d}t}W(t)\rangle = 0, \tag{5.176}$$

其中，1 为作用于系统量子空间 $\mathcal{H}$ 上的单位算子，而 u 为作用于辅助量子空间 $\mathcal{H}^*$ 上的任意反厄米算子（即 $u^\dagger = -u$），可以视为 $\mathcal{H}^*$ 上的任一演化方向。该条件要求 $\mathrm{d}W(t)$ 的变化方向与 $1\otimes u$ 生成的方向正交，这是把平行传输的核心思想推广到复合量子态：$W(t)$ 的瞬时变化不应引入辅助空间 $\mathcal{H}^*$ 上的"旋转"。

5.4 Uhlmann 过程的其他性质

为了证明这一结论, 利用 W 的纯化态形式 $|W\rangle$ 比较方便。不过, 我们并不准备使用标准形式 (4.70), 而是分别选择 $\mathcal{H}$ 和 $\mathcal{H}^*$ 上不依赖于参数 t 的基: $\{|i\rangle_{\mathcal{H}}\}$ 和 $\{|j\rangle_{\mathcal{H}^*}\}$, 使得

$$W(t) = \sum_{ij} W_{ij}(t)|i\rangle_{\mathcal{H}}\langle j|_{\mathcal{H}^*}, \tag{5.177}$$

从而有

$$|W(t)\rangle = \sum_{ij} W_{ij}(t)|i\rangle_{\mathcal{H}} \otimes |j\rangle_{\mathcal{H}^*}, \quad \langle W(t)| = \sum_{ij} W_{ij}^*\langle i|_{\mathcal{H}} \otimes \langle j|_{\mathcal{H}^*}. \tag{5.178}$$

Uhlmann 平行演化条件 (5.9) 给出

$$\sum_j \dot{W}_{ij} W_{kj}^* = \sum_j W_{ij} \dot{W}_{kj}^*, \tag{5.179}$$

而条件 (5.176) 要求

$$\langle W(t)|(1 \otimes u)|\dot{W}(t)\rangle = \sum_{ijklm} W_{il}^* \dot{W}_{jm}\delta_{ij} u_{lm} = \sum_{ilm} W_{il}^* \dot{W}_{im} u_{lm}. \tag{5.180}$$

为了证明 $\sum_{ilm} W_{il}^* \dot{W}_{im} u_{lm} = 0$ 对于任意反厄米 u 成立, 定义一个矩阵 M:

$$M_{ml} = \sum_i W_{il}^* \dot{W}_{im}, \tag{5.181}$$

则有 $\langle W(t)|(1 \otimes u)|\dot{W}(t)\rangle = \text{Tr}(Mu)$。由于 u 是反厄米的, $\text{Tr}(Mu) = 0$ 当且仅当 M 是厄米的 (因为对于厄米矩阵 M 和反厄米矩阵 u, $\text{Tr}(Mu)$ 只可能是纯虚数或零)。注意到 $M_{ml}^\dagger = M_{lm}^* = \sum_i W_{im} \dot{W}_{il}^*$。对式 (5.179) 两边取转置, 并令 $j \to i$、$k \to l$ 和 $i \to m$, 则有 $\sum_i W_{il}^* \dot{W}_{im} = \sum_i \dot{W}_{il}^* W_{im}$, 由此可导出 $M^\dagger = M$, 所以结论成立。这表明 Uhlmann 平行演化条件通过确保 $W(t)$ 的变化在辅助量子空间中不引入非几何自由度, 从而产生几何相位。

5.4.2 无限高温下的 Uhlmann 过程

在讨论 Uhlmann 相位理论的具体应用之前, 先证明一个一般性的结果, 即在无限高温下, 任何量子系统的 Uhlmann 相位总是平庸的[77]。

如前所述, 当量子混合态体系经历一个 Uhlmann 过程后, 其初末态之间的平行性可能被破坏, 其破坏程度可用 Uhlmann 相位 θ_U 来度量。对于一些具有非平庸拓扑性的量子系统, 其 Uhlmann 相位在不同参数下 (包括温度) 的取值是

离散的，因此可作为某种"拓扑序"来标识系统所处的"拓扑相"。但有一个例外，即在无限高温时，无论我们对其他参数作何种调节，系统总是处于拓扑平庸相 ($\theta_{\mathrm{U}} = 0$)。可以用反证法来作简单论证。

当量子系统处于无限高温时，其密度矩阵总是 $\rho = \frac{1}{N}1_N$，这里 $N = \dim \rho$。在这种情况下，无论系统作何种演化 (令其参数为 t)，总有 $\rho(t) = \rho(0)$。也就是说，在底流形上，系统的演化曲线缩为一个单点 $\gamma(t) = \rho(0)$，即 $\gamma(t)$ 是平庸的。考虑 $\gamma(t)$ 的水平提升 $\widetilde{\gamma}(t)$，它也必然是平庸的，这样 $W(\tau) = W(t) = W(0)$，该过程对应的 Uhlmann 相位也是平庸的：$\theta_{\mathrm{U}} = \arg\langle W(0)|W(\tau)\rangle = 0$。如果 $\widetilde{\gamma}(t)$ 并未收缩为一点，那么它必然是纤维空间 $\pi^{-1}(\rho(0))$ 上的一条曲线，则其切向量 $\widetilde{X}$ 为垂直矢量。注意到 $\widetilde{\gamma}(t)$ 上的点总可以表达为

$$W(t) = \frac{1}{\sqrt{N}} \mathrm{e}^{tu}, \tag{5.182}$$

其中，u 为反厄米矩阵 $u^\dagger = -u$。因此 $\dot{W} = Wu$。注意 $W(t)$ 沿 $\widetilde{\gamma}$ 作平行输运，即满足式 (5.86)，则推出

$$-uW^\dagger W = W^\dagger W u. \tag{5.183}$$

利用 $WW^\dagger = W^\dagger W = \frac{1}{N}1_N$，上式给出 $u = 0$，因此 $W(t) = \frac{1}{\sqrt{N}}1_N$。这意味着 $\widetilde{\gamma}(t)$ 确实也是平庸曲线。图 5.1 给出了上述论证的图示说明。

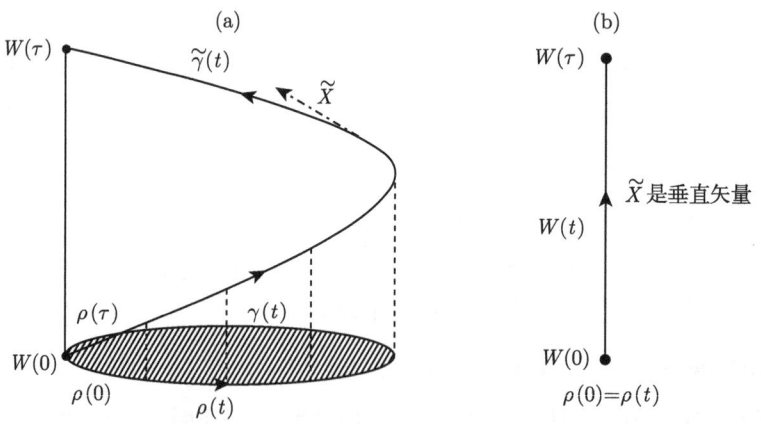

图 5.1　(a) 为底流形上曲线 $\gamma(t)$ 及其水平提升 $\widetilde{\gamma}(t)$ 的一般示意图。$\widetilde{\gamma}(t)$ 的切向量 $\widetilde{X}$ 为水平矢量。对于周期性过程，$\gamma(t)$ 为闭合曲线，但一般情况下曲线 $\widetilde{\gamma}(t)$ 并不闭合，因此初态 $W(0)$ 和末态 $W(\tau)$ 并不一样，它们彼此相差一个 Uhlmann 和乐，尽管它们是同一密度矩阵 $\rho(0) = \rho(\tau)$ 的纯化态。(b) 为无限高温时的示意图，此时曲线 $\gamma(t) = \rho(t)$ 收缩为一点。若其水平提升 $\widetilde{\gamma}(t) = W(t)$ 不收缩为一点，则其切向量 $\widetilde{X}$ 必为垂直向量，从而引出矛盾

5.5 两能级体系与非幺正 Uhlmann 过程

5.5.1 两能级系统

1. Uhlmann 联络

在本节中将计算几类典型量子系统的 Uhlmann 相位。需要明确的是，Uhlmann 过程不一定是幺正的，特别是对于凝聚态物理中的各种能带模型而言，因为在这些过程中哈密顿量的本征值可能会发生改变。

首先关注两能级能带模型，它具有广泛代表性，因为凝聚态物理中很多系统都可归约为这类模型。采用例 4.2.1 中的符号标记，将一般两能级体系的密度矩阵记为 $\rho = \frac{1}{2}(1_2 + \boldsymbol{\sigma} \cdot \boldsymbol{x})$，则其本征值为 $\lambda_\pm = \frac{1}{2}(1 \pm |\boldsymbol{x}|)$。注意到 $|\boldsymbol{x}| \leqslant 1$，因此 $\lambda_\pm \geqslant 0$。根据式 (5.70)，两能级体系的 Uhlmann 联络为

$$\mathcal{A}_U = -\sum_{i,j=+,-} |i\rangle \frac{\langle i|[d\sqrt{\rho}, \sqrt{\rho}]|j\rangle}{\lambda_i + \lambda_j} \langle j|. \tag{5.184}$$

易知，当 $i = j$ 时，矩阵元 $\langle i|[d\sqrt{\rho}, \sqrt{\rho}]|j\rangle = 0$。因此，所有对求和有非零贡献的项的分母总是 $\lambda_+ + \lambda_- = 1$。也就是说，上式中的分母 $\lambda_i + \lambda_j$ 总可以用 1 来取代，所以有

$$\mathcal{A}_U = -\sum_{i,j=+,-} |i\rangle\langle i|[d\sqrt{\rho}, \sqrt{\rho}]|j\rangle\langle j| = -[d\sqrt{\rho}, \sqrt{\rho}]. \tag{5.185}$$

根据式 (5.85)，自然有

$$\mathcal{A}_U = -\sum_{i,j=+,-} \left(\sqrt{\lambda_i} - \sqrt{\lambda_j}\right)^2 |i\rangle\langle i|d|j\rangle\langle j|. \tag{5.186}$$

由于所有 $i = j$ 的项均为 0，因此上式也可表示为

$$\mathcal{A}_U = -\left(\sqrt{\lambda_+} - \sqrt{\lambda_-}\right)^2 (|+\rangle\langle+|d|-\rangle\langle-| + |-\rangle\langle-|d|+\rangle\langle+|). \tag{5.187}$$

取两个能级的投影算符 $P_\pm = |\pm\rangle\langle\pm|$，Uhlmann 联络还可表示为

$$\mathcal{A}_U = -\left(\sqrt{\lambda_+} - \sqrt{\lambda_-}\right)^2 (P_+ dP_- + P_- dP_+). \tag{5.188}$$

再对比式 (4.166)，可知 $P_\pm = \frac{1}{2}(1 \pm \boldsymbol{\sigma} \cdot \hat{\boldsymbol{x}})$，其中 $\hat{\boldsymbol{x}} = \frac{\boldsymbol{x}}{|\boldsymbol{x}|}$。代入上式可导出

$$\mathcal{A}_U = \frac{1}{2}\left(\sqrt{\lambda_+} - \sqrt{\lambda_-}\right)^2 \boldsymbol{\sigma} \cdot \hat{\boldsymbol{x}} \boldsymbol{\sigma} \cdot d\hat{\boldsymbol{x}}$$

$$= \frac{\mathrm{i}}{2}\left(\sqrt{\lambda_+} - \sqrt{\lambda_-}\right)^2 \boldsymbol{\sigma} \cdot (\hat{\boldsymbol{x}} \times \mathrm{d}\hat{\boldsymbol{x}}). \tag{5.189}$$

第二步利用了 $\hat{\boldsymbol{x}} \cdot \mathrm{d}\hat{\boldsymbol{x}} = 0$。注意到

$$\sqrt{\rho} = \sqrt{\lambda_+}P_+ + \sqrt{\lambda_-}P_- = \frac{\sqrt{\lambda_+} + \sqrt{\lambda_-}}{2} + \frac{\sqrt{\lambda_+} - \sqrt{\lambda_-}}{2}\boldsymbol{\sigma} \cdot \hat{\boldsymbol{x}}. \tag{5.190}$$

也就是说，若将 $\sqrt{\rho}$ 在基矢 $\{1_2, \boldsymbol{\sigma}\}$ 下展开：$\sqrt{\rho} = a_0 1_2 + \boldsymbol{a} \cdot \boldsymbol{\sigma}$，则系数矢量 $\boldsymbol{a} = \dfrac{\sqrt{\lambda_+} - \sqrt{\lambda_-}}{2}\hat{\boldsymbol{x}}$。根据式 (5.189)，Uhlmann 联络可进一步表示为

$$\mathcal{A}_{\mathrm{U}} = 2\mathrm{i}\boldsymbol{\sigma} \cdot (\boldsymbol{a} \times \mathrm{d}\boldsymbol{a}). \tag{5.191}$$

利用例 4.3.1 中的结果，在不引用 Uhlmann 联络表达式 (5.184) 的情况下，也可导出上式，具体过程可参考附录 C.3。

令量子系统的哈密顿量为 $\hat{H} = \dfrac{\Delta}{2}\boldsymbol{\sigma} \cdot \hat{\boldsymbol{R}}$，则温度为 T 时的热平衡态密度矩阵为 $\rho = \dfrac{1}{2}\left(1_2 - \tanh\dfrac{\beta\Delta}{2}\boldsymbol{\sigma} \cdot \hat{\boldsymbol{R}}\right)$，其本征值为 $\lambda_\pm = \dfrac{1}{2}\left(1 \mp \tanh\dfrac{\beta\Delta}{2}\right)$，并和 $\hat{H}$ 有共同本征态 $|u_\pm\rangle = |\pm R\rangle$，这里 $R = \dfrac{\Delta}{2}$。此时 $\boldsymbol{x} = -\tanh\dfrac{\beta\Delta}{2}\hat{\boldsymbol{R}}$ 为 Bloch 矢量，且 $\hat{\boldsymbol{x}} = \hat{\boldsymbol{R}}$。易证此时有 $(\sqrt{\lambda_+} - \sqrt{\lambda_-})^2 = 1 - \operatorname{sech}\dfrac{\beta\Delta}{2}$。将单位矢量 $\hat{\boldsymbol{x}}$ 参数化为 $\hat{\boldsymbol{x}} = (\sin\theta\cos\phi, \sin\theta\sin\phi, \cos\theta)^{\mathrm{T}}$，利用式 (5.189) 可导出 Uhlmann 联络

$$\mathcal{A}_{\mathrm{U}} = \frac{\mathrm{i}}{2}\left(1 - \operatorname{sech}\frac{\beta\Delta}{2}\right)\begin{pmatrix} \sin^2\theta\mathrm{d}\phi & -\mathrm{i}\mathrm{e}^{-\mathrm{i}\phi}\left(\mathrm{d}\theta - \dfrac{\mathrm{i}}{2}\sin 2\theta\mathrm{d}\phi\right) \\ \mathrm{i}\mathrm{e}^{\mathrm{i}\phi}\left(\mathrm{d}\theta + \dfrac{\mathrm{i}}{2}\sin 2\theta\mathrm{d}\phi\right) & -\sin^2\theta\mathrm{d}\phi \end{pmatrix}. \tag{5.192}$$

根据式 (5.93)，当量子系统沿参数空间中闭合曲线 $C(t)(0 \leqslant t \leqslant \tau)$ 演化一周后，初末态振幅相差一个 Uhlmann 和乐

$$g_C = \mathcal{P}\mathrm{e}^{-\oint_C \mathcal{A}_{\mathrm{U}}}. \tag{5.193}$$

在这里略去 g_C 对 τ 的依赖，这是因为它仅与曲线 $C(t)$ 的整体几何性质有关。如果 $\mathcal{A}_{\mathrm{U}}$ 正比于某常数矩阵，那么上式中的路径编序算子 $\mathcal{P}$ 可以被略去，从而可以导出 Uhlmann 和乐的解析表达式。来具体分析几种可能性。

情况 1：当 $\theta = 0, \pi$ 时，恒有 $\mathcal{A}_{\mathrm{U}} = 0$，所有结果都是平庸的，这是因为 $C(t)$ 退化为极轴上的一点，即平庸曲线。

5.5 两能级体系与非幺正 Uhlmann 过程

情况 2：当 $\theta = \dfrac{\pi}{2}$ 时，$C(t)$ 为赤道面上的曲线，Bloch 矢量

$$\boldsymbol{x} = -\tanh\frac{\beta\Delta}{2}(\cos\phi, \sin\phi, 0) \tag{5.194}$$

为平面矢量，而 Uhlmann 联络为

$$\mathcal{A}_{\mathrm{U}} = \frac{\mathrm{i}}{2}\left(1 - \mathrm{sech}\frac{\beta\Delta}{2}\right)\sigma_3 \mathrm{d}\phi, \tag{5.195}$$

显然正比于常数矩阵 σ_3。由此可导出对应的 Uhlmann 和乐

$$g_C = \cos\left[\oint_C \frac{1}{2}\left(1 - \mathrm{sech}\frac{\beta\Delta}{2}\right)\mathrm{d}\phi\right] + \mathrm{i}\sin\left[\oint_C \frac{1}{2}\left(1 - \mathrm{sech}\frac{\beta\Delta}{2}\right)\mathrm{d}\phi\right]\sigma_3. \tag{5.196}$$

若 $\oint_C \mathrm{d}\phi = 2n\pi$，$n \in \mathbb{Z}$，即 n 为 $\phi(t)$ 的环绕数，则上式可继续简化为

$$g_C = (-1)^n\left[\cos\left(\oint_C \frac{1}{2}\mathrm{sech}\frac{\beta\Delta}{2}\mathrm{d}\phi\right) - \mathrm{i}\sin\left(\oint_C \frac{1}{2}\mathrm{sech}\frac{\beta\Delta}{2}\mathrm{d}\phi\right)\sigma_3\right]. \tag{5.197}$$

情况 3：当 $\phi = \phi_0$ 为常数时，$\boldsymbol{x}$ 在经度为 ϕ_0 的子午面上，且 $\dfrac{1}{2\pi}\oint_C \mathrm{d}\theta$ 为曲线 $\theta(t)$ 的环绕数。此时，Uhlmann 联络为

$$\mathcal{A}_{\mathrm{U}} = \frac{\mathrm{i}}{2}\left(1 - \mathrm{sech}\frac{\beta\Delta}{2}\right)\begin{pmatrix} 0 & -\mathrm{i}\mathrm{e}^{-\mathrm{i}\phi_0} \\ \mathrm{i}\mathrm{e}^{\mathrm{i}\phi} & 0 \end{pmatrix}\mathrm{d}\theta = \frac{\mathrm{i}}{2}\left(1 - \mathrm{sech}\frac{\beta\Delta}{2}\right)\mathrm{d}\theta\boldsymbol{\sigma}\cdot\hat{\boldsymbol{n}}_0, \tag{5.198}$$

其中，单位矢量 $\hat{\boldsymbol{n}}_0 = (-\sin\phi_0, \cos\phi_0, 0)^{\mathrm{T}}$。Uhlmann 和乐为

$$g_C = (-1)^n\left[\cos\left(\oint_C \frac{1}{2}\mathrm{sech}\frac{\beta\Delta}{2}\mathrm{d}\theta\right) - \mathrm{i}\sin\left(\oint_C \frac{1}{2}\mathrm{sech}\frac{\beta\Delta}{2}\mathrm{d}\theta\right)\boldsymbol{\sigma}\cdot\hat{\boldsymbol{n}}_0\right], \tag{5.199}$$

其中，$n = \dfrac{1}{2\pi}\oint_C \mathrm{d}\theta$。

2. Uhlmann 曲率

令 $C = 1 - \mathrm{sech}(\beta R)$。根据式 (5.189) 的第一行，Uhlmann 联络亦可以表示为

$$\mathcal{A}_{\mathrm{U}} = \frac{1}{2}C(\hat{\boldsymbol{R}}\cdot\boldsymbol{\sigma})(\mathrm{d}\hat{\boldsymbol{R}}\cdot\boldsymbol{\sigma}). \tag{5.200}$$

为了计算 Uhlmann 曲率，先计算 $\mathcal{A}_U$ 的外微分：

$$\mathrm{d}\mathcal{A}_U = \frac{1}{2}\mathrm{d}C \wedge (\hat{\boldsymbol{R}} \cdot \boldsymbol{\sigma})(\mathrm{d}\hat{\boldsymbol{R}} \cdot \boldsymbol{\sigma}) + \frac{C}{2}(\mathrm{d}\hat{\boldsymbol{R}} \cdot \boldsymbol{\sigma}) \wedge (\mathrm{d}\hat{\boldsymbol{R}} \cdot \boldsymbol{\sigma}). \quad (5.201)$$

在第二项中，有

$$(\mathrm{d}\hat{\boldsymbol{R}} \cdot \boldsymbol{\sigma}) \wedge (\mathrm{d}\hat{\boldsymbol{R}} \cdot \boldsymbol{\sigma}) = \mathrm{d}\hat{R}_a \wedge \mathrm{d}\hat{R}_b \sigma_a \sigma_b = \mathrm{i}\epsilon_{abc}\mathrm{d}\hat{R}_a \wedge \mathrm{d}\hat{R}_b \sigma_c, \quad (5.202)$$

因此

$$\mathrm{d}\mathcal{A}_U = \frac{\mathrm{i}\beta}{2}\mathrm{sech}(\beta R)\tanh(\beta R)\mathrm{d}R \wedge \epsilon_{abc}\hat{R}_a\mathrm{d}\hat{R}_b\sigma_c + \frac{\mathrm{i}C}{2}\epsilon_{abc}\mathrm{d}\hat{R}_a \wedge \mathrm{d}\hat{R}_b\sigma_c. \quad (5.203)$$

再计算 $\mathcal{A}_U \wedge \mathcal{A}_U$：

$$\begin{aligned}\mathcal{A}_U \wedge \mathcal{A}_U &= \left(\frac{\mathrm{i}}{2}C\epsilon_{abc}\hat{R}_a\mathrm{d}\hat{R}_b\sigma_c\right) \wedge \left(\frac{\mathrm{i}}{2}C\epsilon_{def}\hat{R}_d\mathrm{d}\hat{R}_e\sigma_f\right) \\ &= -\frac{1}{4}C^2\epsilon_{abc}\epsilon_{def}\hat{R}_a\hat{R}_d\mathrm{d}\hat{R}_b \wedge \mathrm{d}\hat{R}_e(\delta_{cf}1_2 + \mathrm{i}\epsilon_{cfg}\sigma_g).\end{aligned} \quad (5.204)$$

其中，第一项为

$$-\frac{1}{4}C^2\epsilon_{abc}\hat{R}_a\mathrm{d}\hat{R}_b \wedge \epsilon_{dec}\hat{R}_d\mathrm{d}\hat{R}_e. \quad (5.205)$$

做指标互换：$a \leftrightarrow d$，$b \leftrightarrow e$，两个 1-形式交换位置，利用外积的反对称性可知该项为 0。第二项为

$$\begin{aligned}&-\frac{\mathrm{i}}{4}C^2\epsilon_{abc}\epsilon_{def}\epsilon_{cfg}\hat{R}_a\hat{R}_d\mathrm{d}\hat{R}_b \wedge \mathrm{d}\hat{R}_e\sigma_g \\ =&\frac{\mathrm{i}}{4}C^2\epsilon_{abc}\left(\delta_{dc}\delta_{eg} - \delta_{dg}\delta_{ec}\right)\hat{R}_a\hat{R}_d\mathrm{d}\hat{R}_b \wedge \mathrm{d}\hat{R}_e\sigma_g \\ =&\frac{\mathrm{i}}{4}C^2\left[\epsilon_{abc}\hat{R}_a\hat{R}_c\mathrm{d}\hat{R}_b \wedge \mathrm{d}\hat{R}_e\sigma_e - \epsilon_{abc}\hat{R}_a\mathrm{d}\hat{R}_b \wedge \mathrm{d}\hat{R}_c(\hat{R}_d\sigma_d)\right] \\ =&-\frac{\mathrm{i}}{4}C^2\epsilon_{abc}\hat{R}_a\mathrm{d}\hat{R}_b \wedge \mathrm{d}\hat{R}_c\hat{\boldsymbol{R}} \cdot \boldsymbol{\sigma}.\end{aligned} \quad (5.206)$$

其中，因为 $\epsilon_{abc}\hat{R}_a\hat{R}_c = 0$，上式第三行第一项为 0。综上可得

$$\begin{aligned}\mathcal{F}_U = &\frac{\mathrm{i}\beta}{2}\mathrm{sech}(\beta R)\tanh(\beta R)\mathrm{d}R \wedge \epsilon_{abc}\hat{R}_a\mathrm{d}\hat{R}_b\sigma_c + \frac{\mathrm{i}C}{2}\epsilon_{abc}\mathrm{d}\hat{R}_a \wedge \mathrm{d}\hat{R}_b\sigma_c \\ &- \frac{\mathrm{i}C^2}{4}\epsilon_{abc}\hat{R}_a\mathrm{d}\hat{R}_b \wedge \mathrm{d}\hat{R}_c\hat{\boldsymbol{R}} \cdot \boldsymbol{\sigma}.\end{aligned} \quad (5.207)$$

在零温极限下，$\lim\limits_{\beta\to+\infty}\beta\mathrm{sech}(\beta R)=0$，$\lim\limits_{\beta\to+\infty}C=1$，因此

$$\lim_{\beta\to+\infty}\mathcal{F}_{\mathrm{U}}=\frac{\mathrm{i}}{2}\epsilon_{abc}\mathrm{d}\hat{R}_a\wedge\mathrm{d}\hat{R}_b\sigma_c-\frac{\mathrm{i}C^2}{4}\epsilon_{abc}\hat{R}_a\mathrm{d}\hat{R}_b\wedge\mathrm{d}\hat{R}_c\hat{\boldsymbol{R}}\cdot\boldsymbol{\sigma}. \tag{5.208}$$

不能回到两能级体系的 Berry 曲率 (参考式 (2.128))。这并不奇怪，因为 Uhlmann 曲率是矩阵，而 Berry 曲率是数，为了直接比较两者，可以尝试计算 $\mathrm{Tr}(\rho\mathcal{F}_{\mathrm{U}})$：

$$\mathrm{Tr}(\rho\mathcal{F}_{\mathrm{U}})=-\frac{\mathrm{i}C\tanh(\beta R)}{2}\epsilon_{abc}\hat{R}_a\mathrm{d}\hat{R}_b\wedge\mathrm{d}\hat{R}_c+\frac{\mathrm{i}C^2\tanh(\beta R)}{4}\epsilon_{abc}\hat{R}_a\mathrm{d}\hat{R}_b\wedge\mathrm{d}\hat{R}_c$$

$$=-\frac{\mathrm{i}}{4}\tanh^3(\beta R)\epsilon_{abc}\hat{R}_a\mathrm{d}\hat{R}_b\wedge\mathrm{d}\hat{R}_c. \tag{5.209}$$

在零温极限下，$\tanh(\beta R)\to 1$，与式 (2.128) 对比，该结果确实重现了 Berry 曲率。

5.5.2 SSH 模型

接下来计算 SSH 模型在经历循环过程后所获得的 Uhlmann 相位。SSH 模型的细节可以在 2.4.4 节中找到。其哈密顿量为 $\hat{H}_k=\frac{\Delta_k}{2}\boldsymbol{\sigma}\cdot\hat{\boldsymbol{R}}_k$，$k$ 为一维布里渊动量，且

$$\Delta_k=2\sqrt{J_1^2+J_2^2+2J_1J_2\cos k},\quad \hat{\boldsymbol{R}}_k=\frac{2}{\Delta_k}(-J_1-J_2\cos k,J_2\sin k,0)^{\mathrm{T}}. \tag{5.210}$$

这显然属于 5.5.1 节讨论的第二种情况。

假设系统沿布里渊区上的曲线 $k(t)=\dfrac{2\pi t}{\tau}$ 演化①。由于 $k(0)=k(\tau)\mod 2\pi$，所以这是个周期性过程。此外，假设系统在演化中与温度为 T 的恒温热源接触，因此温度保持不变。当 $t=0$ 时，系统的初态满足

$$\Delta_{k(0)}=2|J_1+J_2|,\quad \hat{\boldsymbol{R}}_{k(0)}=(-\mathrm{sgn}(J_1+J_2),0,0)^{\mathrm{T}}, \tag{5.211}$$

且

$$\rho(0)=\frac{1}{2}\left[1_2+\tanh\frac{\beta\Delta_{k(0)}}{2}\mathrm{sgn}(J_1+J_2)\sigma_1\right]. \tag{5.212}$$

引入该过程对应的 Loschmidt 振幅

$$\mathcal{G}_{\mathrm{U}}(\beta)=\langle W(0)|W(\tau)\rangle=\mathrm{Tr}(W^\dagger(0)W(\tau))=\mathrm{Tr}(\rho(0)\mathcal{P}\mathrm{e}^{-\oint_C\mathcal{A}_{\mathrm{U}}}). \tag{5.213}$$

---

① 在这里我们再次强调，尽管上文中使用"演化"一词来描述该过程，但并不意味着 t 代表时间。

将 $\hat{\boldsymbol{R}}_k$ 参数化为 $\hat{\boldsymbol{R}}_k = (\sin\theta_k\cos\phi_k, \sin\theta_k\sin\phi_k, \cos\theta_k)^{\mathrm{T}}$，再利用方程 (5.197) 和方程 (5.212) 可得

$$\mathcal{G}_{\mathrm{U}}(\beta, m) = (-1)^n \cos\left(\int_0^{2\pi} \frac{1}{2}\mathrm{sech}\frac{\beta\Delta_k}{2}\frac{\mathrm{d}\phi(k)}{\mathrm{d}k}\mathrm{d}k\right)$$
$$= \cos\left[\int_0^{2\pi} \frac{1}{2}\left(1 - \mathrm{sech}\frac{\beta\Delta_k}{2}\right)\phi'(k)\mathrm{d}k\right], \tag{5.214}$$

其中，$m = \dfrac{J_1}{J_2}$, $\phi'(k) = \dfrac{\mathrm{d}\phi(k)}{\mathrm{d}k}$, $\phi(k) \equiv \phi_k$ 由式 (2.147) 给出，而 Uhlmann 相位为

$$\theta_{\mathrm{U}}(\beta, m) = \arg\mathcal{G}_{\mathrm{U}}(\beta, m) = \arg\left\{\cos\left[\int_0^{2\pi} \frac{1}{2}\left(1 - \mathrm{sech}\frac{\beta\Delta_k}{2}\right)\phi'(k)\mathrm{d}k\right]\right\}. \tag{5.215}$$

由于 $\mathcal{G}_{\mathrm{U}}$ 为实数，所以 θ_{U} 的取值只有 0、π 两种。作为 β 的函数，在 $\mathcal{G}_{\mathrm{U}}$ 的零点 $\beta^* = \dfrac{1}{k_{\mathrm{B}}T^*}$ 处，θ_{U} 的值从 β^{*-} 到 β^{*+} 会发生跃变，所以在温度 T^* 处发生拓扑相变。式 (4.153) 中提到 Loschmidt 振幅，其零点 t^* 为动力学量子相变点。在有限温度量子场论的松原机制中，温度倒数 β 和时间通过 Wick 转动联系起来：$\beta\hbar \sim it$。因此 $\mathcal{G}_{\mathrm{U}}(\beta)$ 可视为 Loschmidt 振幅对时间 t 的解析延拓，因此在量子淬火动力学中，动力学量子相变点为 Loschmidt 振幅在时间实轴上的零点；而在 Uhlmann 相位理论中，拓扑相变点为 Loschmidt 振幅在时间虚轴上的零点。

在 SSH 模型中，$\mathcal{G}_{\mathrm{U}}(\beta)$ 作为 β 的函数是否一定有零点？注意到当 $T \longrightarrow 0$ 时，$\beta \longrightarrow +\infty$，且 $\mathrm{sech}\dfrac{\beta\Delta_k}{2} \longrightarrow 0$，因此在式 (5.214) 中，余弦函数的变量为

$$\int_0^{2\pi} \frac{1}{2}\left(1 - \mathrm{sech}\frac{\beta\Delta_k}{2}\right)\phi'(k)\mathrm{d}k \to \frac{1}{2}\int_0^{2\pi}\phi'(k)\mathrm{d}k = n\pi. \tag{5.216}$$

θ_k 恒为 $\dfrac{\pi}{2}$，则 $\phi(k)$ 可被视为从布里渊区到 Bloch 矢量 $\boldsymbol{x} = -\tanh\dfrac{\beta\Delta_k}{2}\hat{\boldsymbol{R}}_k$ 的映射，n 则为该映射的环绕数或重数（参考 2.4.3 节、2.4.4 节中相关的讨论）。而当 $T \longrightarrow +\infty$ 时，$\beta \longrightarrow 0$，$\mathrm{sech}\dfrac{\beta\Delta_k}{2} \longrightarrow 1$，因此有

$$\int_0^{2\pi} \frac{1}{2}\left(1 - \mathrm{sech}\frac{\beta\Delta_k}{2}\right)\phi'(k)\mathrm{d}k \longrightarrow 0. \tag{5.217}$$

所以若 n 为正奇数，如 $n=1$，$\int_0^{2\pi}\dfrac{1}{2}\left(1-\mathrm{sech}\dfrac{\beta\Delta_k}{2}\right)\phi'(k)\mathrm{d}k$ 在 $\beta \in (0, +\infty)$ 时的取值范围为 $(0, \pi)$。由于 $\int_0^{2\pi}\dfrac{1}{2}\left(1-\mathrm{sech}\dfrac{\beta\Delta_k}{2}\right)\phi'(k)\mathrm{d}k$ 是 β 的连续函数，因

5.5 两能级体系与非幺正 Uhlmann 过程

此必存在 $0 < \beta^* < +\infty$ 使得

$$\int_0^{2\pi} \frac{1}{2}\left(1 - \operatorname{sech}\frac{\beta^*\Delta_k}{2}\right)\phi'(k)\mathrm{d}k = \frac{\pi}{2}. \tag{5.218}$$

因此 $\mathcal{G}_U(\beta^*) = 0$,即此时 $\mathcal{G}_U$ 至少有一个零点 β^*。简单推广可知,当 $n = (2k+1)$ 且 k 为非负整数时,$\mathcal{G}_U$ 有 $k+1$ 个零点,即 $k+1$ 个拓扑相变点,对应于

$$\int_0^{2\pi} \frac{1}{2}\left(1 - \operatorname{sech}\frac{\beta_i^*\Delta_k}{2}\right)\phi'(k)\mathrm{d}k = \frac{(2i+1)\pi}{2}, \quad i = 0, 1, \cdots, k. \tag{5.219}$$

每个相变点的温度为 $T_i^* = \dfrac{1}{k_B\beta_i^*}$。当系统的温度从 T_i^{*-} 变到 T_i^{*+} 时,Uhlmann 相位的取值发生大小为 π 的跃变,标志着系统的拓扑构型发生改变。

在零温时,根据上面的讨论,有

$$\lim_{T \to 0} \theta_U(T, m) = \arg[(-1)^n] = n\pi \mod 2\pi. \tag{5.220}$$

所以 Uhlmann 相位并非只有平庸取值,这与 5.7 节最后的预期一致。而由式 (2.148),该量子系统的 Berry 相位为

$$\theta_B = -\frac{1}{2}\int_0^{2\pi}\phi'(k)\mathrm{d}k = -n\pi \equiv n\pi \mod 2\pi. \tag{5.221}$$

在这种情况下,Uhlmann 相位回到基态的 Berry 相位。

由于相变点的个数与 Bloch 矢量的环绕数 n 有关,下面来讨论一般情况下 n 的取值,这在 2.4.4 节已有类似讨论 (图 2.3),但那里的 Bloch 矢量是单位矢量,而在有限温度下,Bloch 矢量为

$$\boldsymbol{x} = -\frac{2}{\Delta_k}\tanh\frac{\beta\Delta_k}{2}(-J_1 - J_2\cos k, J_2\sin k, 0)^\mathrm{T}, \tag{5.222}$$

其模依赖于动量 k。与 2.4.4 节的讨论一样,布里渊区 S^1 是参数空间,演化曲线可取 $C(t) := k(t) = \dfrac{2\pi t}{\tau}$,而 Bloch 矢量顶端轨迹实际是 $C(t)$ 在底流形上诱导出的曲线 $\gamma(t)$,其环绕数为 $n = \dfrac{1}{2\pi}\displaystyle\int_0^{2\pi}\phi'(k)\mathrm{d}k = \dfrac{1}{2\pi}(\phi(2\pi) - \phi(0))$。在图 5.2 中,给出了 $T = \dfrac{J_2}{k_B}$,且 m 取不同数值时 Bloch 矢量端点的轨迹。经分析不难得到以下结论。

(1) 当 $0 < m < 1.0$ 时，通过对比图 5.2 与图 2.3 各自的图 (a)、(b)，可见 Bloch 矢量端点的轨迹从圆变成与原点距离为 $|\boldsymbol{x}| = \tanh\dfrac{\beta\Delta_k}{2}$ 的闭合曲线 (非圆)，此时原点依然在曲线内，因此环绕数为 $n = 1$。此时温度为 $T = \dfrac{J_2}{k_\mathrm{B}}$，但在无穷高温总有 $n = 0$，所以随着温度增高必然会发生至少一次拓扑相变。尽管未画出 $\gamma(t)$ 的水平提升 $\tilde{\gamma}(t)$，但它在有限温度时必然为非闭合曲线。

(2) 当 $m = 1.0$ 时，由图 (c)，发现原来的轨迹变成过原点的闭合曲线，此时 $\gamma(t)$ 相对原点的环绕数 n 依然无法定义。这说明系统能隙的闭合也会导致 Uhlmann 相位无法定义，这实际上是 m 导致的拓扑相变。

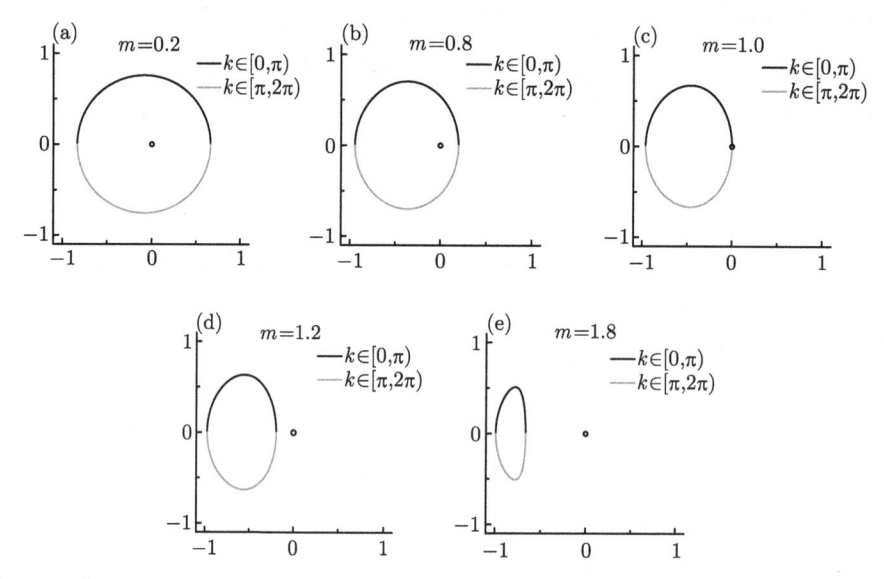

图 5.2 当 $m =0.2$, 0.8, 1.0, 1.2 和 1.8 时，Bloch 矢量端点随 k 变化而变的轨迹。当 $0 < m < 1.0$ 时，轨迹相对原点的环绕数为 1；当 $m = 1.0$ 时，环绕数无意义；当 $m > 1.0$ 时，环绕数为 0

(3) 当 $m > 1.0$ 时，对比图 5.2 与图 2.3 各自的图 (d)、(e)，可知 Bloch 矢量端点的轨迹从原来的圆弧 (实为重合的闭合曲线) 变为明显的闭合曲线，只是曲线整个都在原点的左侧，此时它们相对原点的环绕数为 $n = 0$。实际上，在任何有限温度和无穷高温下，环绕数都为 0，因此在任何温度下都不可能发生 Uhlmann 相位所定义的拓扑相变。需要指出的是，此时水平提升曲线 $\tilde{\gamma}(t)$ 未必是闭合曲线 (由式 (5.196) 可知 $g_C \neq 1$)，这与 SSH 模型 Berry 相位的相关结论不同 (详见 2.4.4 节)。

当 $m = 0$(即 $J_1 = 0$) 时，$\Delta_k = 2|J_2|$ 对应平带。由式 (2.147)，可知

$$\phi(k) = \pi - k \tag{5.223}$$

Bloch 矢量为

$$\begin{aligned}\boldsymbol{x} &= -\tanh(\beta|J_2|)\mathrm{sgn}(J_2)(-\cos k, \sin k, 0)^{\mathrm{T}} \\ &= \tanh(\beta J_2)(\cos k, -\sin k, 0)^{\mathrm{T}}.\end{aligned} \tag{5.224}$$

当 $J_2 > 0$ 时，Bloch 矢量的端点轨迹为赤道面内半径为 $\tanh(\beta J_2)$、方向为顺时针的圆。由 $\int_0^{2\pi} \phi'(k)\mathrm{d}k = -\int_0^{2\pi} \mathrm{d}k = -2\pi$，因此 Loschmidt 振幅为

$$\mathcal{G}_{\mathrm{U}}(\beta, 0) = \cos\left[(1 - \mathrm{sech}(\beta|J_2|)\pi)\right] = -\cos\left(\mathrm{sech}(\beta|J_2|)\pi\right). \tag{5.225}$$

对应的相变点为

$$\beta^* = \frac{\ln(2+\sqrt{3})}{|J_2|} \quad \text{或} \quad T^* = \frac{|J_2|}{k_{\mathrm{B}}\ln(2+\sqrt{3})}. \tag{5.226}$$

当 $T < T^*$ 时，$\theta_{\mathrm{U}} = 0$；当 $T > T^*$ 时，$\theta_{\mathrm{U}} = \pi$。

对于两能级系统，有限温度下的平衡态密度矩阵总是满秩的，对应的轨型为 $(1,1)$。由于存在有限温度相变，所以 Uhlmann 相位与密度矩阵的轨型并无一一对应的关系。

5.5.3 关于二维量子系统拓扑 Uhlmann 数的争议

5.5.2 节的讨论表明了 Uhlmann 相位在探讨量子系统的有限温度拓扑相变时的巨大作用，但仅局限于一维量子系统，如 SSH 模型的布里渊区是一维的 ($k \in S^1$)。其原因是 Uhlmann 丛本身是平庸的，因为该丛上总存在一个整体截面 $\sigma(\rho) = \sqrt{\rho}$。对于一维量子系统，尽管 Uhlmann 丛平庸，但仍可用 Uhlmann 相位来度量系统在有限温度下的拓扑性，从 5.4 节关于一维 SSH 模型的分析可知它实际上等价于某种环绕数，因此也被称为 "拓扑 Uhlmann 相位"。对于二维量子系统，其布里渊区矢量为 $\boldsymbol{k} = (k_x, k_y)^{\mathrm{T}}$，对应的 Uhlmann 丛上此时定义有 (第一) 陈数：$\mathrm{Ch}_{\mathrm{U}} = \dfrac{\mathrm{i}}{2\pi} \int_{\mathrm{BZ}} \mathrm{d}k^2 \mathrm{Tr}(\mathcal{F}_{xy}^{\mathrm{U}})$，其中 $\mathcal{F}_{xy}^{\mathrm{U}} = \partial_x \mathcal{A}_{\mathrm{U}y} - \partial_y \mathcal{A}_{\mathrm{U}x} + [\mathcal{A}_{\mathrm{U}x}, \mathcal{A}_{\mathrm{U}y}]$ 为 Uhlmann 曲率。但 Uhlmann 丛的平庸性使得陈数总为 0：$\mathrm{Ch}_{\mathrm{U}} = 0$。为解决这一问题，Viyuela 等学者曾提出 "拓扑 Uhlmann 数" 以取代陈数[71]，但其定义存在严重的问题，受到 Diehl 等学者的批评[72]。这里简单介绍这一争议。

二维布里渊区由 $k_x \in [0, 2\pi)$, $k_y \in [0, 2\pi)$ 给定。由于它在 k_x、k_y 方向上均有周期性，所以可在拓扑上将其等同于二维环面 (轮胎面)。Viyuela 等首先将基于 Berry 曲率的陈数表达式作了改写，然后通过类比定义了拓扑 Uhlmann 数[71]。由式 (2.134)，根据 Berry 曲率计算的陈数为 (仅考虑基态)

$$\text{Ch} = \frac{\text{i}}{2\pi} \iint_{\text{BZ}} \text{d}k_x \text{d}k_y (\partial_x \mathcal{A}_{\text{B}y} - \partial_y \mathcal{A}_{\text{B}x}) \tag{5.227}$$

其中，$\partial_{x,y} := \dfrac{\partial}{\partial k_{x,y}}$，$\mathcal{A}_{\text{B}x,y}$ 为 Berry 曲率的分量。Viyuela 等建议将布里渊区沿 k_x 方向切成一系列宽度趋于 0 的细长条，然后利用斯托克斯定理将式 (5.227) 改写为

$$\text{Ch} = \frac{\text{i}}{2\pi} \oint \text{d}k_x \frac{\text{d}\theta_{\text{B}}(k_x)}{\text{d}k_x}, \tag{5.228}$$

其中，$\theta_{\text{B}}(k_x) = \oint \text{d}k_y \mathcal{A}_{\text{B}y}(k_x, k_y)$ 为布里渊区 (二维环面) 沿 k_y 方向非平庸闭链的 Berry 相位，并且 $\oint \text{d}k_x$ 也是沿 k_x 方向非平庸闭链的积分。$\theta_{\text{B}}(k_x)$ 的取值实为 $\theta_{\text{B}}(k_x) \mod 2\pi$，以避免相位值的 2π 跳跃并使得 $\theta_{\text{B}}(k_x)$ 的取值连续。上式表明 Ch 可视为 $\theta_{\text{B}}(k_x)$ 沿 k_x 闭链的环绕数，这显然是一个拓扑量子数。通过类比，Viyuela 等把式 (5.228) 中的 Berry 相位 θ_{B} 替换为 Uhlmann 相位 θ_{U}(沿布里渊的 k_y 闭链积分而得)，从而引入 "拓扑 Uhlmann 数"

$$n_{\text{U}} = \frac{\text{i}}{2\pi} \oint \text{d}k_x \frac{\text{d}\theta_{\text{U}}(k_x)}{\text{d}k_x}, \tag{5.229}$$

并将其应用于二维拓扑超导体模型。

上述讨论中存在一系列问题，首先式 (5.228) 并非与式 (5.227) 严格等价。按照 Viyuela 等对布里渊区的切分法，式 (5.227) 右边第一项为

$$\frac{\text{i}}{2\pi} \int_0^{2\pi} \text{d}k_x \frac{\text{d}}{\text{d}k_x} \int_{(k_x,0)}^{(k_x,2\pi)} \text{d}k_y \mathcal{A}_{\text{B}y}(k_x, k_y) = \frac{\text{i}}{2\pi} \oint \text{d}k_x \frac{\text{d}\theta_{\text{B}}(k_x)}{\text{d}k_x}. \tag{5.230}$$

但第二项也未必总是 0：

$$-\text{i} \int_0^{2\pi} \frac{\text{d}k_x}{2\pi} \int_{(k_x,0)}^{(k_x,2\pi)} \mathcal{A}_{\text{B}x}(k_x, k_y) = \text{i} \int_0^{2\pi} \frac{\text{d}k_x}{2\pi} [\mathcal{A}_{\text{B}x}(k_x, 0) - \mathcal{A}_{\text{B}x}(k_x, 2\pi)] \tag{5.231}$$

其中，$\mathcal{A}_{Bx}(k_x, k_y)$ 代表当 k_x 固定时 $\mathcal{A}_{Bx}$ 对 k_y 的微分。令系统基态为 $|R_-\rangle$，则 $\mathcal{A}_{Bx}(k_x, k_y) = \langle R_-(k_x, k_y)|\partial_x|R_-(k_x, k_y)\rangle$。而 $|R_-(k_x, 2\pi)\rangle$ 与 $|R_-(k_x, 0)\rangle$ 在物理上等价，即仅相差一相位。令 $e^{i\theta_x(k_x)}|R_-(k_x, 2\pi)\rangle = |R_-(k_x, 0)\rangle$，那么一般有

$$-\frac{i}{2\pi}\int_0^{2\pi} dk_x \int_{(k_x,0)}^{(k_x,2\pi)} \mathcal{A}_{Bx}(k_x, k_y) = \frac{1}{2\pi}[\theta_x(2\pi) - \theta_x(0)]. \tag{5.232}$$

显然该结果未必是 0，因此公式 (5.228) 并不准确。

其次，即使我们承认式 (5.228) 的合理性，Diehl 指出也不能将其简单推广到 Uhlmann 相位理论。注意到 Berry 相因子 $e^{i\theta_B^C}$ 为 $U(1)$ 和乐群元，其中 C 为系统的循环演化路径。由于 $U(1)$ 群的性质，有 $\theta_B^{C_{12}} = \theta_B^{C_1} + \theta_B^{C_2} \mod 2\pi$，其中 C_{12} 为回路 C_1、C_2 组合而成的复合回路。但 Uhlmann 和乐群是 $U(N)$ 的子群，不具备上述简单性质。事实上，如果在式 (5.229) 中交换 k_x 和 k_y 的积分顺序，如定义

$$\tilde{n}_U = \frac{i}{2\pi}\oint dk_y \frac{d\theta_U^{k_x}(k_y)}{dk_y}, \tag{5.233}$$

其中，$\theta_U^{k_x}$ 为系统沿布里渊区 k_x 闭链演化而获得的 Uhlmann 相位，则一般有 $n_U \neq \tilde{n}_U$。因此，"拓扑 Uhlmann 数"并非一个明确无歧义的定义。

5.6 幺正 Uhlmann 过程

5.6.1 幺正 Uhlmann 过程的存在性

在幺正过程中，哈密顿量及其他物理量的本征值并不改变。令 $\rho(t) = \sum_n \lambda_n \cdot |n(t)\rangle\langle n(t)|$。取幺正变换 $U_s(t) = \sum_n |n(t)\rangle\langle n(0)|$，则可将密度矩阵的演化表示为 $\rho(t) = U_s(t)\rho(0)U_s^\dagger(t)$，这里的下标 "s" 指代作用于原系统 (system) 态矢量上的变换。由 $\rho(t) = W(t)W^\dagger(t)$ 可知，密度矩阵的纯化一般满足

$$W(t) = U_s(t)W(0)U_a(t), \tag{5.234}$$

且初始条件满足 $U_s(0) = U_a(0) = 1$。这里的下标 "a" 代表作用于辅助空间 (ancilla) 态矢量上的幺正变换 U_a。但注意，U_s 与 U_a 都并非混合态的相因子。我们需要面对一个基本问题：对于任何幺正演化 U_s，是否总存在满足平行输运条件的 $W(t)$？

仍用 U 来标记相因子。那么初始纯化应为 $W(0) = \sqrt{\rho(0)}U(0)$。利用 $\sqrt{\rho(t)} = U_s(t)\sqrt{\rho(0)}U_s^\dagger(t)$ 以及式 (5.234) 可得

$$W(t) = U_s(t)\sqrt{\rho(0)}U(0)U_a(t) = \sqrt{\rho(t)}U_s(t)U(0)U_a(t). \tag{5.235}$$

因此相因子的演化满足

$$U(t) = U_{\rm s}(t)U(0)U_{\rm a}(t), \tag{5.236}$$

其形式与 $W(t)$ 一致 (见方程 (5.234))。对于 Uhlmann 过程，相因子的演化满足

$$U(t) = \mathcal{P}e^{-\int_0^t \mathcal{A}_{\rm U}(X(t')){\rm d}t'}U(0). \tag{5.237}$$

因此，对于幺正 Uhlmann 过程 $U_{\rm s}(t)$，可根据上两式确定 $U_{\rm a}(t)$，由此可确定 $W(t)$ 的演化方程 (5.234)。那么该演化满足平行演化条件吗？事实上，只要 $\mathcal{A}_{\rm U}$ 是 Uhlmann 联络，那么该过程一定是 Uhlmann 过程。其证明可简单归纳如下[78]。

将式 (5.234) 代入平行演化条件 $\dot{W}^\dagger W = W^\dagger \dot{W}$，可得其等价形式

$$U_{\rm a}^\dagger W^\dagger(0) U_{\rm s}^\dagger \dot{U}_{\rm s} W(0) U_{\rm a} + U_{\rm a}^\dagger W^\dagger(0) W(0) \dot{U}_{\rm a}$$
$$= U_{\rm a}^\dagger W^\dagger(0) \dot{U}_{\rm s}^\dagger U_{\rm s} W(0) U_{\rm a} + \dot{U}_{\rm a}^\dagger W^\dagger(0) W(0) U_{\rm a}. \tag{5.238}$$

若联络 $\mathcal{A}_{\rm U}$ 由式 (5.92) 给出，则该条件成立。为简单起见，取 $U(0) = 1$，从而有 $W(0) = \sqrt{\rho(0)}$, $U(t) = U_{\rm s}(t)U_{\rm a}(t)$。条件 (5.238) 可重新表述为

$$U_{\rm a}^\dagger \sqrt{\rho_0} U_{\rm s}^\dagger \dot{U}_{\rm s} \sqrt{\rho_0} U_{\rm a} + U_{\rm a}^\dagger \rho_0 \dot{U}_{\rm a} = U_{\rm a}^\dagger \sqrt{\rho_0} \dot{U}_{\rm s}^\dagger U_{\rm s} \sqrt{\rho_0} U_{\rm a} + \dot{U}_{\rm a}^\dagger \rho_0 U_{\rm a},$$

其中，$\rho_0 \equiv \rho(0)$。移项并进一步整理，可得

$$U_{\rm s}\sqrt{\rho_0}U_{\rm s}^\dagger \dot{U}_{\rm s}\sqrt{\rho_0}U_{\rm s}^\dagger - U_{\rm s}\sqrt{\rho_0}\dot{U}_{\rm s}^\dagger U_{\rm s}\sqrt{\rho_0}U_{\rm s}^\dagger = U_{\rm s}U_{\rm a}\dot{U}_{\rm a}^\dagger \rho_0 U_{\rm s}^\dagger - U_{\rm s}\rho_0 \dot{U}_{\rm a}U_{\rm a}^\dagger U_{\rm s}^\dagger. \tag{5.239}$$

该式即幺正 Uhlmann 过程所遵循的平行演化条件，可证明它可由式 (5.92) 导出。由 $U(0) = 1$ 可知 $\mathcal{A}_{\rm U} = -{\rm d}UU^\dagger = -{\rm d}(U_{\rm s}U_{\rm a})(U_{\rm s}U_{\rm a})^\dagger$。令 $X = \dfrac{\rm d}{{\rm d}t}$ 为系统演化曲线 $\rho(t)$ 的切线，因此

$$\mathcal{A}_{\rm U}(X) = -\dot{U}_{\rm s}U_{\rm s}^\dagger - U_{\rm s}\dot{U}_{\rm a}U_{\rm a}^\dagger U_{\rm s}^\dagger. \tag{5.240}$$

注意到与式 (5.92) 和式 (5.68) 等价，即

$$\rho \mathcal{A}_{\rm U} + \mathcal{A}_{\rm U}\rho = [\sqrt{\rho}, {\rm d}\sqrt{\rho}]. \tag{5.241}$$

令 X 的水平提升为 $\tilde{X}$，则有 ${\rm d}\sqrt{\rho}(\tilde{X}) = \dot{\sqrt{\rho}}$，以及

$$\rho \mathcal{A}_{\rm U}(X) + \mathcal{A}_{\rm U}(X)\rho = [\sqrt{\rho}, {\rm d}\sqrt{\rho}(\tilde{X})] = [\sqrt{\rho}, \dot{\sqrt{\rho}}]. \tag{5.242}$$

将 $\sqrt{\rho} = U_{\rm s}\sqrt{\rho_0}U_{\rm s}^\dagger$ 代入上式右边并移项，可得

$$U_{\rm s}\sqrt{\rho_0}U_{\rm s}^\dagger \dot{U}_{\rm s}\sqrt{\rho_0}U_{\rm s}^\dagger - U_{\rm s}\sqrt{\rho_0}\dot{U}_{\rm s}^\dagger U_{\rm s}\sqrt{\rho_0}U_{\rm s}^\dagger$$

$$= \rho \mathcal{A}_U(X) + \mathcal{A}_U(X)\rho + \dot{U}_s \rho_0 U_s^\dagger - U_s \rho_0 \dot{U}_s^\dagger$$
$$= \rho \mathcal{A}_U(X) + \mathcal{A}_U(X)\rho + \dot{U}_s U_s^\dagger \rho - \rho U_s \dot{U}_s^\dagger. \tag{5.243}$$

最终，利用式 (5.240) 以及 $U_s \dot{U}_s^\dagger = -\dot{U}_s U_s^\dagger$，可证

$$U_s\sqrt{\rho_0}U_s^\dagger \dot{U}_s \sqrt{\rho_0}U_s^\dagger - U_s\sqrt{\rho_0}\dot{U}_s^\dagger U_s \sqrt{\rho_0}U_s^\dagger$$
$$= -\rho U_s \dot{U}_a U_a^\dagger U_s^\dagger - U_s \dot{U}_a U_a^\dagger U_s^\dagger \rho$$
$$= U_s U_a \dot{U}_a^\dagger \rho_0 U_s^\dagger - U_s \rho_0 \dot{U}_a U_a^\dagger U_s^\dagger, \tag{5.244}$$

即修改后的平行演化条件 (5.239)。

上述证明很容易推广至非幺正 Uhlmann 过程。这实际回答了一个问题，即 Uhlmann 过程是否一定存在。经历周期性过程的量子混合态总是可以表示为 $\rho(t)$，$0 \leqslant t \leqslant \tau$，其密度矩阵存在无穷多种纯化 $W(t)$。Uhlmann 过程的存在性等同于：是否一定存在 $W(t)$ 满足平行输运条件 $\dot{W}W^\dagger = \dot{W}^\dagger W$？假定曲线 $\rho(t)$ 至少是分段光滑的。回答是肯定的，而且由于方程 (5.62) 总存在唯一解，这样的纯化 $W(t)$ 也是唯一的。从几何角度来讲，上述结论等价于闭合曲线 $\gamma(t) := \rho(t)$ 总存在唯一水平提升 $\tilde{\gamma}(t) := W(t)$。

5.6.2 谐振子相干态的 Uhlmann 相位

1. 玻色谐振子

谐振子相干态的 Uhlmann 相位可视为谐振子系综在复参数平面作幺正平行输运后所获得的 Uhlmann 相位。首先考虑玻色谐振子系统，在 2.5.1 节中已有对它的具体介绍，其哈密顿量为 $\hat{H} = \hbar\omega\left(a^\dagger a + \dfrac{1}{2}\right)$。玻色谐振子相干态可通过平移变化得到：$|z\rangle = D(z)|0\rangle \equiv e^{za^\dagger - \bar{z}a}|0\rangle$（见式 (2.150)）。$D(z)$ 即 5.6.1 节中所提到的幺正变换，且满足如下性质

$$D(z)aD^\dagger(z) = a - z, \quad D(z)a^\dagger D^\dagger(z) = a^\dagger - \bar{z}, \tag{5.245}$$

以及

$$D^\dagger(z) = D^{-1}(z) = D(-z). \tag{5.246}$$

由于幺正变换不改变量子系统的能级，因此谐振子相干态为平移哈密顿量的基态

$$\hat{H}(z) = D(z)\hat{H}D^\dagger(z) = \hbar\omega\left[(a^\dagger - \bar{z})(a - z) + \dfrac{1}{2}\right]. \tag{5.247}$$

同样，$\hat{H}(z)$ 的一般本征态可通过同样的方式构造：$|n,z\rangle = D(z)|n\rangle$，且满足 $\hat{H}(z)|n,z\rangle = E_n|n,z\rangle$，$E_n = \hbar\omega\left(n + \dfrac{1}{2}\right)$。

考虑由大量玻色谐振子构成的正则量子系综 (混合态)，对其作连续平移操作 $D(z(t))$，且 $C(t) := z(t)$，$0 \leqslant t \leqslant \tau$ 为复平面上一光滑曲线，由此可诱导出曲线 $\gamma(t) := \rho(z(t))$。经此操作后，在每个"时刻" t 处，哈密顿量的第 n 级本征态为相干态 $D(z(t))|n\rangle$。当 $z(0) = z(\tau)$ 时，这一系列连续变换产生了复平面上的闭合演化回路。对 $\rho(z(t))$ 开方得 $W(z(t)) = \sqrt{\rho(z(t))}U(z(t))$，则平行输运条件要求 $\tilde{\gamma}(t) := W(z(t))$ 为 $\gamma(t)$ 的水平提升。当 $U(z(t))$ 沿 $\gamma(t)$ 平行输运一周后，初末相因子之间相差一个 Uhlmann 和乐。当温度为 T 时，系统的密度矩阵为 $\rho = \dfrac{1}{Z}\mathrm{e}^{-\beta\hat{H}}$。在幺正变换下，配分函数 Z 不变，因此有

$$Z = \mathrm{e}^{-\frac{1}{2}\beta\hbar\omega} + \mathrm{e}^{-\frac{3}{2}\beta\hbar\omega} + \mathrm{e}^{-\frac{5}{2}\beta\hbar\omega} + \cdots = \frac{\mathrm{e}^{-\frac{1}{2}\beta\hbar\omega}}{1 - \mathrm{e}^{-\beta\hbar\omega}} = \frac{1}{2}\mathrm{csch}\left(\frac{\beta\hbar\omega}{2}\right). \quad (5.248)$$

而密度矩阵则为

$$\rho(z) = \frac{1}{Z}\mathrm{e}^{-\beta\hat{H}(z)} = \frac{1}{Z}D(z)\mathrm{e}^{-\beta\hat{H}}D^{\dagger}(z). \quad (5.249)$$

同样，密度矩阵的本征值在 $D(z)$ 的作用下不变：$\lambda_n = \dfrac{\mathrm{e}^{-\beta\hbar\omega(n+\frac{1}{2})}}{Z}$。

此时用式 (5.85) 计算 Uhlmann 联络更方便：

$$\begin{aligned}\mathcal{A}_{\mathrm{U}} &= -\sum_{n\neq m}\frac{(\sqrt{\lambda_n} - \sqrt{\lambda_m})^2}{\lambda_n + \lambda_n}|n,z\rangle\langle n,z|\mathrm{d}|m,z\rangle\langle m,z| \\ &= -\sum_{n\neq m}\frac{(\mathrm{e}^{-\frac{n}{2}\beta\hbar\omega} - \mathrm{e}^{-\frac{m}{2}\beta\hbar\omega})^2}{\mathrm{e}^{-n\beta\hbar\omega} + \mathrm{e}^{-m\beta\hbar\omega}}D(z)|n\rangle\langle n|D^{\dagger}(z)\mathrm{d}D(z)|m\rangle\langle m|D^{\dagger}(z)\end{aligned} \quad (5.250)$$

由 $D(z)$ 的另一表达式 (2.154) 可导出

$$\begin{aligned}\mathrm{d}D(z) &= \left(a^{\dagger} - \frac{1}{2}\bar{z}\right)D(z)\mathrm{d}z - D(z)\left(a + \frac{1}{2}z\right)\mathrm{d}\bar{z}, \\ D^{\dagger}(z)\mathrm{d}D(z) &= \left(a^{\dagger} + \frac{1}{2}\bar{z}\right)\mathrm{d}z - \left(a + \frac{1}{2}z\right)\mathrm{d}\bar{z}.\end{aligned} \quad (5.251)$$

代入式 (5.250) 得

$$\mathcal{A}_{\mathrm{U}} = -\sum_{n\neq m}\frac{(\mathrm{e}^{-\frac{n}{2}\beta\hbar\omega} - \mathrm{e}^{-\frac{m}{2}\beta\hbar\omega})^2}{\mathrm{e}^{-n\beta\hbar\omega} + \mathrm{e}^{-m\beta\hbar\omega}}D(z)|n\rangle\langle n|(a^{\dagger}\mathrm{d}z - a\mathrm{d}\bar{z})|m\rangle\langle m|D^{\dagger}(z)$$

5.6 幺正 Uhlmann 过程

$$= \sum_{n\neq m} \chi_{nm} D(z) \left(\sqrt{n+1}|n\rangle\langle n+1|\delta_{n,m-1}\mathrm{d}\bar{z} - \sqrt{n}|n\rangle\langle n-1|\delta_{n-1,m}\mathrm{d}z\right) D^{\dagger}(z)$$

$$= D(z) \left(\sum_{n=0}^{\infty} \chi_{n,n+1}\sqrt{n+1}|n\rangle\langle n+1|\mathrm{d}\bar{z} - \sum_{n=1}^{\infty} \chi_{n,n-1}\sqrt{n}|n\rangle\langle n-1|\mathrm{d}z\right) D^{\dagger}(z), \tag{5.252}$$

在第二行，$\chi_{nm} = \dfrac{(\mathrm{e}^{-\frac{n}{2}\beta\hbar\omega} - \mathrm{e}^{-\frac{m}{2}\beta\hbar\omega})^2}{\mathrm{e}^{-n\beta\hbar\omega} + \mathrm{e}^{-m\beta\hbar\omega}}$，且用了等式 $\langle n|a^{\dagger} = \sqrt{n}\langle n-1|$，$a|m\rangle = \sqrt{m}|m-1\rangle$。对最后一行第一项作指标变换: $n \longrightarrow n+1$，并利用

$$\chi_{n,n+1} = \chi_{n+1,n} = \frac{(1-\mathrm{e}^{-\frac{1}{2}\beta\hbar\omega})^2}{1+\mathrm{e}^{-\beta\hbar\omega}} = 1 - \mathrm{sech}\frac{\beta\hbar\omega}{2}, \tag{5.253}$$

令 $\chi = \chi_{n,n+1}$，$\mathcal{A}_{\mathrm{U}}$ 可进一步简化为

$$\mathcal{A}_{\mathrm{U}} = -\chi \sum_{n=0}^{\infty} D(z) \left(\sqrt{n+1}|n+1\rangle\langle n|\mathrm{d}z - \sqrt{n+1}|n\rangle\langle n+1|\mathrm{d}\bar{z}\right) D^{\dagger}(z)$$

$$= -\chi D(z) \left(a^{\dagger} \sum_{n=0}^{\infty} |n\rangle\langle n|\mathrm{d}z - \sum_{n=0}^{\infty} |n\rangle\langle n|a\mathrm{d}\bar{z}\right) D^{\dagger}(z)$$

$$= -\chi D(z) \left(a^{\dagger}\mathrm{d}z - a\mathrm{d}\bar{z}\right) D^{\dagger}(z)$$

$$= -\left(1 - \mathrm{sech}\frac{\beta\hbar\omega}{2}\right) \left[(a^{\dagger} - \bar{z})\mathrm{d}z - (a - z)\mathrm{d}\bar{z}\right]. \tag{5.254}$$

在零温时，利用 $\lim\limits_{\beta\to\infty} \mathrm{sech}\dfrac{\beta\hbar\omega}{2} = 0$，Uhlmann 联络显然不能回到 Berry 联络 (2.152)，不过可以证明 Uhlmann 相位会回到 Berry 相位。在无限高温时，$\lim\limits_{\beta\to 0} \mathrm{sech}\dfrac{\beta\hbar\omega}{2} = 1$，$\mathcal{A}_{\mathrm{U}} = 0$，因此 Uhlmann 相位恒为 0，正是 5.4.2 节中的结论。

为了计算 Uhlmann 曲率: $\mathcal{F}_{\mathrm{U}} = \mathrm{d}\mathcal{A}_{\mathrm{U}} + \mathcal{A}_{\mathrm{U}} \wedge \mathcal{A}_{\mathrm{U}}$，引入 $f(\beta) = 1 - \mathrm{sech}\dfrac{\beta\hbar\omega}{2}$。Uhlmann 曲率的两项分别为

$$\mathrm{d}\mathcal{A}_{\mathrm{U}} = -2f(\beta)\,\mathrm{d}z \wedge \mathrm{d}\bar{z} \tag{5.255}$$

和

$$\mathcal{A}_{\mathrm{U}} \wedge \mathcal{A}_{\mathrm{U}} = f(\beta)^2 \left[(a^{\dagger} - \bar{z})\,\mathrm{d}z - (a - z)\,\mathrm{d}\bar{z}\right] \wedge \left[(a^{\dagger} - \bar{z})\,\mathrm{d}z - (a - z)\,\mathrm{d}\bar{z}\right]$$

$$= f(\beta)^2 \left[(a - z)(a^{\dagger} - \bar{z}) - (a^{\dagger} - \bar{z})(a - z)\right] \mathrm{d}z \wedge \mathrm{d}\bar{z}$$

$$= f(\beta)^2 \,\mathrm{d}z \wedge \mathrm{d}\bar{z}. \tag{5.256}$$

那么

$$\mathcal{F}_\mathrm{U} = \left[f(\beta)^2 - 2f(\beta)\right] \mathrm{d}z \wedge \mathrm{d}\bar{z} = -\tanh^2 \frac{\beta\hbar\omega}{2} \mathrm{d}z \wedge \mathrm{d}\bar{z} 1_\infty. \tag{5.257}$$

在最后一步，给出了无穷维单位阵 1_∞ 的显式。Uhlmann 曲率满足 $\mathcal{F}_\mathrm{U}^\dagger = -\mathcal{F}_\mathrm{U}$，且正比于 1_∞，因此 $\mathrm{Tr}(\mathcal{F}_\mathrm{U})$ 没有确切的定义。不过，$\mathrm{Tr}(\rho(z)\mathcal{F}_\mathrm{U})$ 是可以计算的：

$$\mathrm{Tr}(\rho(z)\mathcal{F}_\mathrm{U}) = -\tanh^2 \frac{\beta\hbar\omega}{2} \mathrm{d}z \wedge \mathrm{d}\bar{z} \mathrm{Tr}(\rho(z)) = -\tanh^2 \frac{\beta\hbar\omega}{2} \mathrm{d}z \wedge \mathrm{d}\bar{z}. \tag{5.258}$$

在零温极限下，$\tanh^2 \frac{\beta\hbar\omega}{2} \to 1$，因此 $\mathrm{Tr}(\rho(z)\mathcal{F}_\mathrm{U}) \to -\mathrm{d}z \wedge \mathrm{d}\bar{z}$。对比同一种体系的 Berry 曲率的表达式 (2.152)，可知

$$\lim_{T \to 0} \mathrm{Tr}(\rho(z)\mathcal{F}_\mathrm{U}) = \mathcal{F}_\mathrm{B}. \tag{5.259}$$

与两能级系统一样，我们再次获得同样的结果。

接下来，计算 Uhlmann 相位。与演化回路 $C(t)$ 相关的 Uhlmann 和乐为 $g = \mathcal{P}\mathrm{e}^{-\oint_C \mathcal{A}_\mathrm{U}}$。计算 g 的方法至少有两种，前一种是由 *The Geometric Phase in Quantum Systems*[79] 一书中的方法推广而来，具有一定的通用性；另一种则利用平移变换 $D(z)$ 的等价表达形式，虽较为特殊，但可给出 g 的一般表达式。

在第一种方法中，可引入

$$g(t) = \mathcal{P}\mathrm{e}^{-\int_{0,\gamma}^t \mathcal{A}_\mathrm{U}(t')}, \tag{5.260}$$

这里，$\int_{0,\gamma}^t$ 代表沿曲线 γ 对 $t' \in [0, t]$ 作积分。显然有 $g = g(\tau)$，$g(0) = 1$。$g(t)$ 满足微分方程

$$\frac{\mathrm{d}g(t)}{\mathrm{d}t} = \chi D(z(t)) \left(a^\dagger \dot{z} - a\dot{\bar{z}}\right) D^\dagger(z(t)) g(t). \tag{5.261}$$

令 $g'(t) = D^\dagger(z(t))g(t)$，则 $g'(t)$ 满足方程

$$\frac{\mathrm{d}g'(t)}{\mathrm{d}t} = \dot{D}^\dagger(z(t)) D(z(t)) g'(t) + \chi\left(a^\dagger \dot{z} - a\dot{\bar{z}}\right) g'(t) \tag{5.262}$$

且初始条件满足 $g'(0) = D^\dagger(z(0))$。对式 (5.251) 中的第二个等式两端求厄米共轭，可得 $\dot{D}^\dagger D = -(a^\dagger \dot{z} - a\dot{\bar{z}}) + \frac{1}{2}(z\dot{\bar{z}} - \bar{z}\dot{z})$，因此方程 (5.262) 继续化简为

$$\frac{\mathrm{d}g'(t)}{\mathrm{d}t} = \left[-\mathrm{sech}\frac{\beta\hbar\omega}{2}\left(a^\dagger \dot{z} - a\dot{\bar{z}}\right) + \frac{1}{2}(z\dot{\bar{z}} - \bar{z}\dot{z})\right] g'(t). \tag{5.263}$$

5.6 幺正 Uhlmann 过程

该方程的解依赖于沿回路 $C(t) = z(t)$ 的路径积分，这里的计算需要小心处理。由于 $g'(t) = D^{\dagger}(z(t))g(t) = D(-z(t))g(t)$，因此对 $g'(t)$ 的求解实际上是沿着 $C(t)$ 的顺时针方向（即 $-z(t)$）作路径积分，这会影响路径编序对算子的排列顺序。只需对积分走向取反即可，因此有

$$g'(t) = e^{\frac{1}{2}\int_{0,C}^{t}[z(t')\dot{\bar{z}}(t')-\bar{z}(t')\dot{z}(t')]dt'} \mathcal{P}e^{\operatorname{sech}\frac{\beta\hbar\omega}{2}\int_{0,C}^{t}(a^{\dagger}\dot{z}(t')-a\dot{\bar{z}}(t'))dt'} D^{\dagger}(z(0)). \tag{5.264}$$

当 $t = \tau$ 时，有

$$\begin{aligned} g &= g(\tau) \\ &= D(z(\tau))e^{\frac{1}{2}\oint_C(zd\bar{z}-\bar{z}dz)}\mathcal{P}e^{\operatorname{sech}\frac{\beta\hbar\omega}{2}\oint_C(a^{\dagger}dz-ad\bar{z})}D^{\dagger}(z(0)) \\ &= e^{-2iS_C}D(z(0))\mathcal{P}e^{\operatorname{sech}\frac{\beta\hbar\omega}{2}\oint_C(a^{\dagger}dz-ad\bar{z})}D^{\dagger}(z(0)), \end{aligned} \tag{5.265}$$

其中，利用了 $z(\tau) = z(0)$ 和式 (2.156) 中的结论。这种方法无法进一步给出路径积分的具体结果，但已足够证明 Uhlmann 相位在零温时可以回到 Berry 相位。Uhlmann 相位为

$$\begin{aligned} \theta_{\mathrm{U}} &= \arg\operatorname{Tr}\left[\rho(z(0))g\right] \\ &= \arg\operatorname{Tr}\left[D^{\dagger}(z(0))\rho(z(0))D(z(0))\mathcal{P}e^{\operatorname{sech}\frac{\beta\hbar\omega}{2}\oint_C(a^{\dagger}dz-ad\bar{z})}e^{-2iS_C}\right] \\ &= \arg\operatorname{Tr}\left[\rho(0)e^{-2iS_C}\mathcal{P}e^{\operatorname{sech}\frac{\beta\hbar\omega}{2}\oint_C(a^{\dagger}dz-ad\bar{z})}\right]. \end{aligned} \tag{5.266}$$

在接近零温时，$\beta \longrightarrow +\infty$，$\operatorname{sech}\frac{\beta\hbar\omega}{2} \longrightarrow 0$，可以发现始终有

$$\theta_{\mathrm{U}} \longrightarrow \arg\operatorname{Tr}\left[\rho(0)e^{-2iS_C}\right] = -2S_C, \tag{5.267}$$

该结果回到玻色谐振子相干态的 Berry 相位 (2.156)。在无穷高温下，则有 $g(\tau) = 1$，根据式 (5.265)，应有 $e^{\oint_C(a^{\dagger}dz-ad\bar{z})} = e^{2iS_C}$，将在下面证明这一等式。

第二种方法可以给出路径积分的一般结果。由式 (5.251) 中的第一式可得

$$dD(z) = \left[\left(a^{\dagger} - \frac{1}{2}\bar{z}\right)dz - \left(a - \frac{1}{2}z\right)d\bar{z}\right]D(z). \tag{5.268}$$

当 z 沿复平面上某曲线 $C(t) = z(t)$ 变化时，上式给出微分方程

$$\frac{dD(z(t))}{dt} = \left[a^{\dagger}\dot{z} - a\dot{\bar{z}} - \frac{1}{2}(\bar{z}\dot{z} - z\dot{\bar{z}})\right]D(z(t)). \tag{5.269}$$

解该方程可得

$$\begin{aligned} D(z(t)) &= \mathcal{P}\mathrm{e}^{\int_0^t \{a^\dagger \dot{z}(t')-a\dot{\bar{z}}(t')-\frac{1}{2}[\bar{z}(t')\dot{z}(t')-z(t')\dot{\bar{z}}(t')]\}\mathrm{d}t'} D(z(0)) \\ &= \mathrm{e}^{-\frac{1}{2}\int_0^t [\bar{z}(t')\dot{z}(t')-z(t')\dot{\bar{z}}(t')]\mathrm{d}t'} \mathcal{P}\mathrm{e}^{\int_0^t [a^\dagger \dot{z}(t')-a\dot{\bar{z}}(t')]\mathrm{d}t'} D(z(0)). \end{aligned} \quad (5.270)$$

若 $C(t)$ 是闭合曲线，且 $z(\tau) = z(0)$，则有

$$D(z(\tau)) = D(z(0)) = \mathrm{e}^{-\frac{1}{2}\oint_C (\bar{z}\mathrm{d}z - z\mathrm{d}\bar{z})} \mathcal{P}\mathrm{e}^{\oint_C (a^\dagger \mathrm{d}z - a\mathrm{d}\bar{z})} D(z(0)) \quad (5.271)$$

或

$$\mathcal{P}\mathrm{e}^{\oint_C (a^\dagger \mathrm{d}z - a\mathrm{d}\bar{z})} = \mathrm{e}^{\frac{1}{2}\oint_C (\bar{z}\mathrm{d}z - z\mathrm{d}\bar{z})} = \mathrm{e}^{2\mathrm{i}S_C}, \quad (5.272)$$

证实了我们之前的猜想。利用变量代换，由此式可推出

$$\mathcal{P}\mathrm{e}^{\chi \oint_C (a^\dagger \mathrm{d}z - a\mathrm{d}\bar{z})} = \mathrm{e}^{\frac{\chi^2}{2}\oint_C (\bar{z}\mathrm{d}z - z\mathrm{d}\bar{z})} = \mathrm{e}^{2\mathrm{i}\chi^2 S_C}. \quad (5.273)$$

令 $\eta = 1 - \chi = \mathrm{sech}\dfrac{\beta\hbar\omega}{2}$，Uhlmann 和乐为

$$g = \mathcal{P}\mathrm{e}^{(1-\eta)\oint_C [(a^\dagger-\bar{z})\mathrm{d}z-(a-z)\mathrm{d}\bar{z}]} = \mathrm{e}^{-4\mathrm{i}(1-\eta)S_C}\mathrm{e}^{2\mathrm{i}(1-\eta)^2 S_C} = \mathrm{e}^{-2\mathrm{i}(1-\eta^2)S_C} \quad (5.274)$$

尽管 a、$a^\dagger$ 在福克 (Fock) 空间上的矩阵表示是无穷维的，但仍可给出一般温度下 Uhlmann 和乐的具体表达式。值得注意的是，尽管 Uhlmann 联络的取值在 $u(N)$ 代数上，但 Uhlmann 和乐群的范围却小得多，仅仅是 $U(1)$ 群的子群。最终，Uhlmann 相位为

$$\begin{aligned} \theta_\mathrm{U} &= \arg \mathrm{Tr}\,[\rho(z(0))g] \\ &= \arg \mathrm{Tr}\,\left[\rho(0)D^\dagger(z(0))\mathrm{e}^{-2\mathrm{i}(1-\eta^2)S_C}D(z(0))\right] \\ &= -2(1-\eta^2)S_C. \end{aligned} \quad (5.275)$$

在无限高温时，$\eta = \lim\limits_{\beta \to \infty} \mathrm{sech}\dfrac{\beta\hbar\omega}{2} = 1$，因此有 $\theta_\mathrm{U} = 0$，与 5.4.2 节中的结果一致。

2. 费米谐振子

费米谐振子相干态的构造已在 2.5.1 节中给出

$$|\xi\rangle = D(\xi)|0\rangle \equiv \mathrm{e}^{b^\dagger \xi - \bar{\xi} b}|0\rangle, \quad (5.276)$$

其中，b、$b^\dagger$ 为费米产生算符和湮灭算符，ξ 为格拉斯曼数。类似 5.6.2 节 1. 中对玻色谐振子的讨论，在这里可将 $D(\xi)$ 视为依赖于格拉斯曼数的幺正变换，以此

5.6 幺正 Uhlmann 过程

来讨论费米谐振子系综所经历的由 $D(\xi(t))$ 诱导的幺正 Uhlmann 过程，其演化曲线可表示为 $\xi(t)$。根据式 (5.185) 及相关讨论，两能级系统的 Uhlmann 联络可简单表示为

$$\mathcal{A}_\mathrm{U} = -[\mathrm{d}\sqrt{\rho(\xi)}, \sqrt{\rho(\xi)}], \tag{5.277}$$

其中，$\rho(\xi) = \dfrac{1}{Z}\mathrm{e}^{-\beta \hat{H}(\xi)}$，配分函数在幺正变换下不变：$Z = \mathrm{e}^{\frac{1}{2}\beta\hbar\omega} + \mathrm{e}^{-\frac{1}{2}\beta\hbar\omega} = 2\cosh\dfrac{\beta\hbar\omega}{2}$。令 $\hat{N} = b^\dagger b$ 为费米粒子数算符，显然满足 $\hat{N}^2 = \hat{N}$。由此可得

$$\begin{aligned}\rho(\xi) &= \frac{\mathrm{e}^{\frac{1}{2}\beta\hbar\omega}}{Z} D(\xi)\mathrm{e}^{-\beta\hbar\omega \hat{N}} D^\dagger(\xi) \\ &= \frac{\mathrm{e}^{\frac{1}{2}\beta\hbar\omega}}{Z} D(\xi)\left[1 - (1 - \mathrm{e}^{-\beta\hbar\omega})\hat{N}\right] D^\dagger(\xi) \\ &= \frac{1}{1 + \mathrm{e}^{-\beta\hbar\omega}} - \tanh\left(\frac{\beta\hbar\omega}{2}\right)(b^\dagger - \bar{\xi})(b - \xi). \end{aligned} \tag{5.278}$$

同理

$$\begin{aligned}\sqrt{\rho(\xi)} &= \frac{\mathrm{e}^{\frac{1}{4}\beta\hbar\omega}}{Z} D(\xi)\mathrm{e}^{-\frac{1}{2}\beta\hbar\omega \hat{N}} D^\dagger(\xi) \\ &= \frac{1}{\sqrt{1 + \mathrm{e}^{-\beta\hbar\omega}}} - \frac{\mathrm{e}^{\frac{1}{4}\beta\hbar\omega} - \mathrm{e}^{-\frac{1}{4}\beta\hbar\omega}}{\sqrt{\mathrm{e}^{\frac{1}{2}\beta\hbar\omega} + \mathrm{e}^{-\frac{1}{2}\beta\hbar\omega}}}(b^\dagger - \bar{\xi})(b - \xi). \end{aligned} \tag{5.279}$$

进一步可推出

$$\mathrm{d}\sqrt{\rho(\xi)} = \frac{\mathrm{e}^{\frac{1}{4}\beta\hbar\omega} - \mathrm{e}^{-\frac{1}{4}\beta\hbar\omega}}{\sqrt{\mathrm{e}^{\frac{1}{2}\beta\hbar\omega} + \mathrm{e}^{-\frac{1}{2}\beta\hbar\omega}}} \left[\mathrm{d}\bar{\xi}(b - \xi) + (b^\dagger - \bar{\xi})\mathrm{d}\xi\right]. \tag{5.280}$$

利用这些结果，可导出 Uhlmann 联络的表达式

$$\begin{aligned}\mathcal{A}_\mathrm{U} &= \frac{\left(\mathrm{e}^{\frac{\beta\hbar\omega}{4}} - \mathrm{e}^{-\frac{\beta\hbar\omega}{4}}\right)^2}{\mathrm{e}^{\frac{\beta\hbar\omega}{2}} + \mathrm{e}^{-\frac{\beta\hbar\omega}{2}}} \left[\mathrm{d}\bar{\xi}(b - \xi)(b^\dagger - \bar{\xi})(b - \xi) - (b^\dagger - \bar{\xi})(b - \xi)(b^\dagger - \bar{\xi})\mathrm{d}\xi\right] \\ &= \frac{\left(\mathrm{e}^{\frac{\beta\hbar\omega}{4}} - \mathrm{e}^{-\frac{\beta\hbar\omega}{4}}\right)^2}{\mathrm{e}^{\frac{\beta\hbar\omega}{2}} + \mathrm{e}^{-\frac{\beta\hbar\omega}{2}}} \left[\mathrm{d}\bar{\xi}(b - \xi) - (b^\dagger - \bar{\xi})\mathrm{d}\xi\right] \\ &= \left(1 - \operatorname{sech}\frac{\beta\hbar\omega}{2}\right)\left(\mathrm{d}\bar{\xi} b - b^\dagger \mathrm{d}\xi + \bar{\xi}\mathrm{d}\xi - \mathrm{d}\bar{\xi}\xi\right). \end{aligned} \tag{5.281}$$

为计算 Uhlmann 和乐与 Uhlmann 相位，考虑 2.5.1 节中的演化路线，即 $\xi = z\zeta$，其中 z 为普通复变数，而 ζ 为格拉斯曼数。那么 $\mathrm{d}\xi = \zeta \mathrm{d}z$，$\mathrm{d}\bar{\xi} = \bar{\zeta}\mathrm{d}\bar{z}$。演化

回路 $\xi(t) = \zeta z(t)$ 等同于 z-复平面上的闭合曲线 $C(t) := z(t)$，且 $z(0) = z(\tau)$(或 $\xi(0) = \xi(\tau)$)。由于费米 Fock 空间是有限维的，无需采用玻色谐振子相干态中的特殊方法即可直接计算出 Uhlmann 和乐

$$\begin{aligned}g &= \mathcal{P}e^{-\oint \mathcal{A}_U} \\ &= e^{-\chi \oint (\bar{\xi}d\xi - d\bar{\xi}\xi)} \mathcal{P}e^{-\chi \oint (d\bar{\xi}b - b^\dagger d\xi)} \\ &= e^{-4i\chi\bar{\zeta}\zeta S_C} \mathcal{P}e^{\chi \oint_C (b^\dagger \zeta dz - d\bar{z}\bar{\zeta}b)}.\end{aligned} \qquad (5.282)$$

我们需首先计算 $\mathcal{P}e^{\chi \oint (b^\dagger \zeta dz - d\bar{z}\bar{\zeta}b)}$，可以将其展开为

$$\mathcal{P}e^{\chi \oint (b^\dagger \zeta dz - d\bar{z}\bar{\zeta}b)} = 1 + \chi^2 \int_0^\tau dt_1 \int_0^{t_1} dt_2 (b^\dagger \zeta \dot{z}_1 - \dot{\bar{z}}_1 \bar{\zeta} b)(b^\dagger \zeta \dot{z}_2 - \dot{\bar{z}}_2 \bar{\zeta} b). \quad (5.283)$$

由于 $\oint dz = \oint d\bar{z} = 0$，展开式中的一阶项为 0；而利用 $\zeta^2 = \bar{\zeta}^2 = 0$ 或 $b^2 = b^{\dagger 2} = 0$ 可知三阶及更高阶项也都为 0。在剩下的二阶项中，已令 $z_1 := z(t_1)$，$z_2 := z(t_2)$，并将路径编序算子 $\mathcal{P}$ 替换为时间编序算子 $\mathcal{T}$。式 (5.283) 可继续化简为

$$\mathcal{P}e^{\chi \oint (b^\dagger \zeta dz - d\bar{z}\bar{\zeta}b)} = 1 + \chi^2 \int_0^\tau dt_1 \int_0^{t_1} dt_2 \bar{\zeta}\zeta \left(\dot{z}_1 \dot{\bar{z}}_2 b^\dagger b - \dot{\bar{z}}_1 \dot{z}_2 b b^\dagger\right). \quad (5.284)$$

计算关于 t 的积分，可知

$$\int_0^\tau dt_1 \int_0^{t_1} dt_2 \dot{z}_1 \dot{\bar{z}}_2 = \int_0^\tau dt_1 \dot{z}(t_1)[\bar{z}(t_1) - \bar{z}(0)] = \int_0^\tau dt_1 \dot{z}(t_1)\bar{z}(t_1) \quad (5.285)$$

其中，$\int_0^\tau dt_1 \dot{z}(t_1)\bar{z}(0) = [z(\tau) - z(0)]\bar{z}(0) = 0$。取极坐标 $z(t) = r(t)e^{i\theta(t)}$，并将 $\dot{z}\bar{z} = \dot{r}r + ir^2\dot{\theta}$ 和 $\dot{\bar{z}}z = \dot{r}r - ir^2\dot{\theta}$ 代入式 (5.284)，其第二项为

$$\begin{aligned}&\chi^2 \bar{\zeta}\zeta \int_0^\tau dt_1 \left(\dot{z}\bar{z}b^\dagger b - \dot{\bar{z}}z b b^\dagger\right) \\ &= \frac{\chi^2 \bar{\zeta}\zeta}{2} \int_{r(0)}^{r(\tau)} dr^2 (b^\dagger b - bb^\dagger) + i\chi^2 \bar{\zeta}\zeta r^2 \int_0^{2\pi} d\theta (b^\dagger b + bb^\dagger) \\ &= 2i\chi^2 \bar{\zeta}\zeta S_C,\end{aligned} \qquad (5.286)$$

在最后一行，利用了 $r(\tau) = r(0)$ 以及 $S_C = \frac{1}{2}r^2 \oint_C d\theta$。再利用 $\bar{\zeta}^2 = \zeta^2 = 0$，Uhlmann 和乐为

$$g = e^{-4i\chi\bar{\zeta}\zeta S_C} \left(1 + 2i\chi^2 \bar{\zeta}\zeta S_C\right)$$

$$\begin{aligned}
&= \left(1 - 4\mathrm{i}\chi\bar{\zeta}\zeta S_C\right)\left(1 + 2\mathrm{i}\chi^2\bar{\zeta}\zeta S_C\right) \\
&= 1 - 2\mathrm{i}(1-\eta^2)\bar{\zeta}\zeta S_C \\
&= \mathrm{e}^{-2\mathrm{i}(1-\eta^2)\bar{\zeta}\zeta S_C}.
\end{aligned} \tag{5.287}$$

对比式 (5.274), 除了一个额外因子 $\bar{\zeta}\zeta$, 两种情况下的 Uhlmann 和乐非常相似, 均为 $U(1)$ 的子群。在无穷高温时, $\eta = 1$, 则有 $g = 1$, 回归熟知的结果。最终, Uhlmann 相位为

$$\begin{aligned}
\theta_\mathrm{U} &= \arg\mathrm{Tr}\left[\rho(\xi(0))g\right] \\
&= \arg\mathrm{Tr}\left[\rho(0)D^\dagger(\xi(0))\mathrm{e}^{-2\mathrm{i}(1-\eta^2)\bar{\zeta}\zeta S_C}D(\xi(0))\right] \\
&= -2(1-\eta^2)\bar{\zeta}\zeta S_C.
\end{aligned} \tag{5.288}$$

在零温时, $\eta = 0$, $\theta_\mathrm{U} = -2\bar{\zeta}\zeta S_C$, 回归到 Berry 相位的表达式 (2.167)。

5.6.3 自旋-j 系统的 Uhlmann 相位

1. 能级与本征态

与外磁场耦合的自旋-j 顺磁体系统亦可经历幺正 Uhlmann 过程。在 2.5.2 节已对该体系做过简介, 其哈密顿量为式 (2.168)。外磁场可参数化为 $\boldsymbol{B} = B(\sin\theta\cos\phi, \sin\theta\sin\phi, \cos\theta)^\mathrm{T}$。为便于讨论, 可将哈密顿量表达式 (2.173) 改写为对 $\hat{H}_0 = \omega_0 J_z$ 作幺正变换后的形式

$$\begin{aligned}
\hat{H}(\theta,\phi) &= \omega_0(J_x\sin\theta\cos\phi + J_y\sin\theta\sin\phi + J_z\cos\theta) \\
&= \omega_0 \mathrm{e}^{-\frac{\mathrm{i}}{\hbar}\phi J_z}\mathrm{e}^{-\frac{\mathrm{i}}{\hbar}\theta J_y}J_z\mathrm{e}^{\frac{\mathrm{i}}{\hbar}\theta J_y}\mathrm{e}^{\frac{\mathrm{i}}{\hbar}\phi J_z} \\
&= R(\theta,\phi)\omega_0 J_z R^\dagger(\theta,\phi) \\
&= U(\theta,\phi)\omega_0 J_z U^\dagger(\theta,\phi),
\end{aligned} \tag{5.289}$$

其中

$$R(\theta,\phi) = \mathrm{e}^{-\frac{\mathrm{i}}{\hbar}\phi J_z}\mathrm{e}^{-\frac{\mathrm{i}}{\hbar}\theta J_y}, \quad U(\theta,\phi) = R(\theta,\phi)\mathrm{e}^{\frac{\mathrm{i}}{\hbar}\phi J_z} = \mathrm{e}^{\frac{\mathrm{i}}{\hbar}\theta(J_x\sin\phi - J_y\cos\phi)}. \tag{5.290}$$

系统的本征态可从 $\hat{H}_0$ 的本征态 $|jm\rangle$ 构造而来

$$|\psi_m^j(\theta,\phi)\rangle = U(\theta,\phi)|jm\rangle = \mathrm{e}^{\mathrm{i}m\phi}R(\theta,\phi)|jm\rangle = \mathrm{e}^{-\mathrm{i}\phi(\frac{J_z}{\hbar}-m)}\mathrm{e}^{-\frac{\mathrm{i}}{\hbar}\theta J_y}|jm\rangle, \tag{5.291}$$

且 $m = -j, -j+1, \cdots, j-1, j$。

2. Uhlmann 联络

与 5.6.2 节的讨论类似，我们可令系统在变换 R 或 U 的作用下作连续幺正变换，其参数流形即为二维球面 S^2，局域坐标为 (θ, ϕ)。可利用 R 或 U 构造幺正 Uhlmann 过程。在温度为 T 时，系统密度矩阵为 $\rho = \frac{1}{Z}e^{-\beta \hat{H}}$，因此有

$$\sqrt{\rho} = \frac{e^{-\frac{\beta \hat{H}}{2}}}{\sqrt{Z}} = \frac{1}{\sqrt{Z}}e^{-\frac{1}{2}\beta U \omega_0 J_z U^\dagger} = \frac{1}{\sqrt{Z}}U e^{-\frac{1}{2}\beta \omega_0 J_z} U^\dagger,$$

$$d\sqrt{\rho} = \frac{dU e^{-\frac{\beta \omega_0 J_z}{2}} U^\dagger}{\sqrt{Z}} + \frac{U e^{-\frac{\beta \omega_0 J_z}{2}} dU^\dagger}{\sqrt{Z}} - \frac{1}{2Z^{\frac{3}{2}}} dZ e^{-\frac{\beta \hat{H}}{2}}$$

$$= \frac{dU U^\dagger e^{-\frac{\beta \hat{H}}{2}}}{\sqrt{Z}} + \frac{e^{-\frac{\beta \hat{H}}{2}} U dU^\dagger}{\sqrt{Z}} - \frac{dZ}{2Z}\sqrt{\rho}. \tag{5.292}$$

注意到 $d\sqrt{\rho}$ 最后一项与 $\sqrt{\rho}$ 对易，再利用 $dU U^\dagger + U dU^\dagger = 0$，通过直接计算不难得到

$$[d\sqrt{\rho}, \sqrt{\rho}] = \frac{\{dU U^\dagger, e^{-\beta \hat{H}}\}}{Z} + \frac{2e^{-\frac{\beta \hat{H}}{2}} U dU^\dagger e^{-\frac{\beta \hat{H}}{2}}}{Z}. \tag{5.293}$$

将 $\lambda_m = \frac{1}{Z}e^{-\beta m \hbar \omega_0}$ 与上式代入式 (5.70)，可得 Uhlmann 联络

$$\mathcal{A}_U = \sum_{mn} \chi_{mn} |\psi_m^j\rangle \langle \psi_m^j| U dU^\dagger |\psi_n^j\rangle \langle \psi_n^j|, \tag{5.294}$$

其中

$$\chi_{mn} = \frac{e^{-\beta m \hbar \omega_0} + e^{-\beta n \hbar \omega_0} - 2e^{-\frac{\beta(m+n)\hbar \omega_0}{2}}}{e^{-\beta m \hbar \omega_0} + e^{-\beta n \hbar \omega_0}}. \tag{5.295}$$

上式表明 $\chi_{mn} = \chi_{nm}$，$\chi_{nn} = 0$。为计算矩阵元 $\langle \psi_m^j| U dU^\dagger |\psi_n^j\rangle$，由 $U^\dagger = e^{-\frac{i}{\hbar}\phi J_z} e^{\frac{i}{\hbar}\theta J_y} e^{\frac{i}{\hbar}\phi J_z}$ 可得

$$dU^\dagger = \frac{i}{\hbar} e^{-\frac{i}{\hbar}\phi J_z} e^{\frac{i}{\hbar}\theta J_y} J_y e^{\frac{i}{\hbar}\phi J_z} d\theta - \frac{i}{\hbar}[J_z, U^\dagger] d\phi. \tag{5.296}$$

再利用式 (2.171)，式 (5.296) 右边第一项变为

$$e^{\frac{i}{\hbar}\theta(-J_x \sin\phi + J_y \cos\phi)}(-J_x \sin\phi + J_y \cos\phi) d\theta = -U^\dagger(J_x \sin\phi - J_y \cos\phi) d\theta.$$

5.6 幺正 Uhlmann 过程

进一步有

$$UdU^\dagger = -\frac{i}{\hbar}(J_x \sin\phi - J_y \cos\phi)d\theta + \frac{i}{\hbar}(J_z - UJ_zU^\dagger)d\phi. \tag{5.297}$$

将 Uhlmann 联络分解为其分量之和：$\mathcal{A}_U = \mathcal{A}_U^\theta d\theta + \mathcal{A}_U^\phi d\phi$。式 (5.297) 右边第一项与算子 U 对易，因此与 $\mathcal{A}_U^\theta$ 相关的矩阵元为

$$-\langle\psi_m^j|\frac{i}{\hbar}(J_x\sin\phi - J_y\cos\phi)|\psi_n^j\rangle = \langle jm|e^{-\frac{i}{\hbar}\phi J_z}\frac{i}{\hbar}J_y e^{\frac{i}{\hbar}\phi J_z}|jn\rangle$$

$$= e^{i(n-m)\phi}\langle jm|\frac{i}{\hbar}J_y|jn\rangle. \tag{5.298}$$

所以 $\mathcal{A}_U$ 的 θ 分量为

$$\mathcal{A}_U^\theta d\theta = \frac{i}{\hbar}\sum_{mn}\chi_{mn}R|jm\rangle\langle jm|J_y|jn\rangle\langle jn|R^\dagger d\theta. \tag{5.299}$$

再利用 $J_y = \frac{1}{2i}(J_+ - J_-)$ 和 $J_\pm|jn\rangle = \hbar\sqrt{(j\mp n)(j\pm n+1)}|jn\pm 1\rangle$，可得到

$$\mathcal{A}_U^\theta = \sum_{m,n=-j}^{j}\frac{\chi_{mn}}{2}R|jm\rangle\langle jn|R^\dagger\sqrt{(j-n)(j+n+1)}\delta_{m,n+1}$$

$$- \sum_{m,n=-j}^{j}\frac{\chi_{mn}}{2}R|jm\rangle\langle jn|R^\dagger\sqrt{(j+n)(j-n+1)}\delta_{m,n-1}. \tag{5.300}$$

显然仅有满足 $m = n\pm 1$ 的项才有非零贡献。再注意到 $\chi_{n+1,n} = \chi_{n-1,n} = 1 - \mathrm{sech}\frac{\beta\hbar\omega_0}{2}$，这意味着可将式 (5.299) 中的 χ_{mn} 用 $\chi \equiv 1 - \mathrm{sech}\frac{\beta\hbar\omega_0}{2}$ 代替，并作为常数从求和中提出，因此有

$$\mathcal{A}_U^\theta d\theta = \frac{i}{\hbar}\chi R\sum_m|jm\rangle\langle jm|J_y\sum_n|jn\rangle\langle jn|R^\dagger d\theta$$

$$= \frac{i}{\hbar}\chi RJ_yR^\dagger d\theta$$

$$= -\frac{i}{\hbar}\chi(J_x\sin\phi - J_y\cos\phi)d\theta. \tag{5.301}$$

为计算 $\mathcal{A}_U^\phi$，注意到 $\chi_{mn}\langle\psi_m^j|UJ_zU^\dagger|\psi_n^j\rangle = m\delta_{mn}\chi_{mn} = 0$，因此仅有 $\frac{i}{\hbar}J_z$ 的矩阵元有非零贡献，不难得到

$$\mathcal{A}_U^\phi = \frac{i}{\hbar}\sum_{mn}\chi_{mn}U|jm\rangle\langle jm|U^\dagger J_z U|jn\rangle\langle jn|U^\dagger$$

$$= -\frac{\mathrm{i}}{\hbar} \sum_{mn} \chi_{mn} R|jm\rangle\langle jm| (J_x \sin\theta - J_z \cos\theta) |jn\rangle\langle jn| R^\dagger$$

$$= -\frac{\mathrm{i}}{\hbar} \sum_{mn} \chi_{mn} R|jm\rangle\langle jm|J_x \sin\theta|jn\rangle\langle jn|R^\dagger. \tag{5.302}$$

同样，由 $J_x = \frac{1}{2}(J_+ + J_-)$ 可知矩阵元 $\langle jm|J_x|jn\rangle$ 仅在 $m = n \pm 1$ 时不为 0。根据与 $\mathcal{A}_U^\theta$ 类似的推导，在式 (5.302) 最后一行的求和中用 χ 代替 χ_{mn}，从而有

$$\begin{aligned}\mathcal{A}_U^\phi \mathrm{d}\phi &= -\frac{\mathrm{i}}{\hbar} \sum_{mn} \chi R|jm\rangle\langle jm|J_x \sin\theta|jn\rangle\langle jn|R^\dagger \mathrm{d}\phi \\ &= -\frac{\mathrm{i}}{\hbar} \chi R J_x R^\dagger \sin\theta \mathrm{d}\phi \\ &= -\frac{\mathrm{i}}{\hbar} \chi \left[(J_x \cos\phi + J_y \sin\phi) \cos\theta - J_z \sin\theta\right] \sin\theta \mathrm{d}\phi \\ &= -\frac{\mathrm{i}}{\hbar} \frac{\chi}{\omega_0} \hat{H}\left(\theta + \frac{\pi}{2}, \phi\right) \sin\theta \mathrm{d}\phi.\end{aligned} \tag{5.303}$$

最终，Uhlmann 联络为

$$\mathcal{A}_U = -\frac{\mathrm{i}}{\hbar} \chi (J_x \sin\phi - J_y \cos\phi) \mathrm{d}\theta - \frac{\mathrm{i}}{\hbar} \frac{\chi}{\omega_0} \hat{H}\left(\theta + \frac{\pi}{2}, \phi\right) \sin\theta \mathrm{d}\phi. \tag{5.304}$$

3. Uhlmann 曲率

利用 $\boldsymbol{J} \times \boldsymbol{J} = \mathrm{i}\hbar \boldsymbol{J}$，可知 Uhlmann 曲率 $\mathcal{F}_U = \mathrm{d}\mathcal{A}_U + \mathcal{A}_U \wedge \mathcal{A}_U$ 为

$$\begin{aligned}\mathcal{F}_U &= \frac{\mathrm{i}}{\hbar}(2\chi - \chi^2)\left[(J_x \cos\phi + J_y \sin\phi)\sin\theta + J_z \cos\theta\right] \sin\theta \mathrm{d}\theta \wedge \mathrm{d}\phi \\ &= \frac{\mathrm{i}}{\hbar} \frac{(2\chi - \chi^2)}{\omega_0} \hat{H}(\theta, \phi) \sin\theta \mathrm{d}\theta \wedge \mathrm{d}\phi.\end{aligned} \tag{5.305}$$

由 $\mathrm{Tr} J_x = \mathrm{Tr} J_y = \mathrm{Tr} J_z = 0$，则 $\mathcal{F}_U$ 给出的陈数为 0：$\mathrm{Ch}_U = \frac{\mathrm{i}}{2\pi}\int_{S^2} \mathrm{Tr}\mathcal{F}_U = 0$，这与 Uhlmann 丛的拓扑平庸性一致。此外，与式 (5.209) 的计算类似，我们也验证 $\mathrm{Tr}(\rho\mathcal{F}_U)$ 在零温极限下能否回到基态 Berry 曲率。利用 $2\chi - \chi^2 = 1 - (1-\chi)^2 = \tanh^2 \frac{\beta\omega_0}{2}$，可得

$$\mathrm{Tr}(\rho\mathcal{F}_U) = \mathrm{i}\frac{\tanh^2\left(\frac{\beta\hbar\omega_0}{2}\right)}{\hbar\omega_0} \sin\theta \, \mathrm{d}\theta \wedge \mathrm{d}\phi \, \mathrm{Tr}\left[\rho\hat{H}(\theta,\phi)\right]. \tag{5.306}$$

5.6 幺正 Uhlmann 过程

由于 $\hat{H}(\theta,\phi)$ 的本征值为 $E_m = m\hbar\omega_0$，因此有

$$\text{Tr}\left[\rho\hat{H}(\theta,\phi)\right] = \frac{1}{Z}\sum_{m=-j}^{j} m\hbar\omega_0 e^{-\beta m\hbar\omega_0}, \qquad (5.307)$$

其中，配分函数为

$$Z = \sum_{m=-j}^{j} e^{-\beta m\hbar\omega_0} = \frac{\sinh\left(\left(j+\frac{1}{2}\right)\beta\hbar\omega_0\right)}{\sinh\left(\frac{\beta\hbar\omega_0}{2}\right)}. \qquad (5.308)$$

利用求和公式：

$$\frac{1}{Z}\sum_{m=-j}^{j} m e^{-\beta m\hbar\omega_0} = -\frac{\partial \ln Z}{\partial(\beta\hbar\omega_0)}, \qquad (5.309)$$

可得

$$\text{Tr}\left[\rho\hat{H}(\theta,\phi)\right] = -\hbar\omega_0\left[\left(j+\frac{1}{2}\right)\coth\left(\left(j+\frac{1}{2}\right)\beta\hbar\omega_0\right) - \frac{1}{2}\coth\left(\frac{\beta\hbar\omega_0}{2}\right)\right]. \qquad (5.310)$$

因此有

$$\text{Tr}(\rho\mathcal{F}_\text{U}) = i\tanh^2\left(\frac{\beta\hbar\omega_0}{2}\right)\sin\theta\,d\theta \wedge d\phi$$
$$\left[\frac{1}{2}\coth\left(\frac{\beta\hbar\omega_0}{2}\right) - \left(j+\frac{1}{2}\right)\coth\left(\left(j+\frac{1}{2}\right)\beta\hbar\omega_0\right)\right]. \qquad (5.311)$$

在零温极限下有 $\tanh\left(\frac{\beta\hbar\omega_0}{2}\right) \to 1$, $\coth\left(\left(j+\frac{1}{2}\right)\beta\hbar\omega_0\right) \to 1$ 和 $\coth\left(\frac{\beta\hbar\omega_0}{2}\right) \to 1$，因此

$$\lim_{T\to 0} \text{Tr}(\rho\mathcal{F}_\text{U}) = -ij\sin\theta\,d\theta \wedge d\phi. \qquad (5.312)$$

对比式 (2.177)，$\text{Tr}(\rho\mathcal{F}_\text{U})$ 确实回到了基态 Berry 曲率。

4. Uhlmann 相位

在计算 Uhmann 相位时，需要处理 Uhlmann 和乐 $\mathcal{P}e^{-\oint \mathcal{A}_\text{U}}$ 中的路径编序算子。与之前的讨论一样，如果系统沿 S^2 上的某条曲线 $C(t)$ 演化时，$\mathcal{A}_\text{U}(t)$ 总是

正比于对角阵或常数矩阵，那么所有不同 $\mathcal{A}_U(t)$ 之间彼此对易，则 $\mathcal{P}$ 的作用是平庸的，可略去。此外，对于某些特殊的演化回路，即使 $\mathcal{A}_U(t)$ 不是对角阵或常数矩阵，对应的 Uhlmann 和乐也可解析地算出。我们来对此具体分析。

1) 沿任意经线演化

首先，当系统沿经度为 ϕ_0 的经线演化时，$\mathrm{d}\phi = 0$，那么

$$\begin{aligned}\oint \mathcal{A}_U &= -\frac{\mathrm{i}}{\hbar}\chi(J_x\sin\phi_0 - J_y\cos\phi_0)\oint \mathrm{d}\theta \\ &= -2\pi\frac{\mathrm{i}}{\hbar}\chi(J_x\sin\phi_0 - J_y\cos\phi_0)\Omega \\ &= 2\pi\frac{\mathrm{i}}{\hbar}\chi \mathrm{e}^{-\frac{\mathrm{i}}{\hbar}\phi_0 J_z} J_y \mathrm{e}^{\frac{\mathrm{i}}{\hbar}\phi_0 J_z}\Omega, \end{aligned} \qquad (5.313)$$

其中，$\Omega \equiv \frac{1}{2\pi}\oint \mathrm{d}\theta$ 为系统经历 Uhlmann 过程时绕经线圈的环绕数。之所以引入 Ω，是因为若自旋 j 为半整数，$\Omega = 2$ 等同于将系统完整地转一圈。但在这里有一处细节必须注意，为方便起见，将系统演化的起点取为 S^2 的北极点。设系统从北极点出发沿经线 ϕ_0 演化时，当越过南极点后，经度会从 ϕ_0 跃变为 $\phi_0 + \pi$。同样，当系统从南极点沿经线 $\phi_0 + \pi$ 演化回北极点时，经度从 $\phi + \pi$ 变化为 ϕ_0。南北极是 S^2 上的奇点，但这实为坐标选择而导致的伪奇点。对此至少有两种处理方式。

方法一 当 $\Omega = 1$ 时，式 (5.313) 可以通过如下方式计算

$$\begin{aligned}\oint \mathcal{A}_U = &-\frac{\mathrm{i}}{\hbar}\chi(J_x\sin\phi_0 - J_y\cos\phi_0)\int_0^\pi \mathrm{d}\theta \\ &-\frac{\mathrm{i}}{\hbar}\chi[J_x\sin(\phi_0+\pi) - J_y\cos(\phi_0+\pi)]\int_\pi^0 \mathrm{d}\theta \\ =&-2\pi\frac{\mathrm{i}}{\hbar}\chi(J_x\sin\phi_0 - J_y\cos\phi_0). \end{aligned} \qquad (5.314)$$

注意到第二行对 θ 积分时产生的负号正好抵消了 $\phi_0 \longrightarrow \phi_0 + \pi$ 所带来的负号，因此结果其实与式 (5.313) 并无区别。

方法二 调整球坐标的定义。传统上，(θ, ϕ) 的取值范围为 $0 \leqslant \theta \leqslant \pi$，$0 \leqslant \phi < 2\pi$。在这种定义方式下，一个完整的经线圈包含两段，即经度为 ϕ_0 的半段 $(0 \leqslant \theta < \pi, \phi_0)$ 以及经度为 $\phi_0 + \pi$ 的另一半段 $(\pi \geqslant \theta > 0, \phi_0 + \pi)$。当系统从北极点沿经线圈演化时，纬度 θ 先增大后减小，很不利于计算纬度积分。尤其在南北两极点，经度的跃变使得 $\mathrm{d}\phi$ 为有限值。但从表达式 (5.289) 不难发现，哈密顿量在变换 $(\theta, \phi) \longrightarrow (2\pi - \theta, \phi + \pi)$ 下保持不变，而这一变换恰好把任一经线圈的

5.6 幺正 Uhlmann 过程

其中一半映射为另一半。因此，可以重新定义经纬度的取值范围，令 $0 \leqslant \theta < 2\pi$，$0 \leqslant \phi \leqslant \pi$，并将上述两个经线圈的半段合并为 $(0 \leqslant \theta < 2\pi, \phi_0)$。这种做法并不改变整个过程的物理本质，并且当系统从北极出发沿经线圈演化时，纬度 θ 一直递增，从而可以直接计算纬度的积分，且有 $\oint \mathrm{d}\theta = 2\pi\Omega$。需要强调这一做法显然仅适用于经线圈，沿纬线圈的积分仍采用传统球坐标。

在系统演化起点 (即北极点) 有 $\theta = 0$，且 $\hat{H}(0, \phi_0) = \omega_0 J_z$，则初始密度矩阵为

$$\rho(0) = \frac{1}{Z(0)} \mathrm{e}^{-\beta \omega_0 J_z}. \tag{5.315}$$

将式 (5.313) 和式 (5.315) 代入式 (5.72)，得到 Loschmidt 振幅

$$\begin{aligned}
\mathcal{G}_{\mathrm{U}}^{\theta}(T) &= \sum_{m=-j}^{j} \frac{\mathrm{e}^{-\beta\hbar\omega_0 m}}{Z(0)} \langle jm | \mathrm{e}^{-2\pi\Omega\chi\frac{\mathrm{i}}{\hbar}\mathrm{e}^{-\frac{\mathrm{i}}{\hbar}\phi_0 J_z} J_y \mathrm{e}^{\frac{\mathrm{i}}{\hbar}\phi_0 J_z}} | jm \rangle \\
&= \sum_{m=-j}^{j} \frac{\mathrm{e}^{-\beta\hbar\omega_0 m}}{Z(0)} \langle jm | \mathrm{e}^{-\frac{\mathrm{i}}{\hbar}\phi_0 J_z} \mathrm{e}^{-2\pi\Omega\chi\frac{\mathrm{i}}{\hbar}J_y} \mathrm{e}^{\frac{\mathrm{i}}{\hbar}\phi_0 J_z} | jm \rangle \\
&= \sum_{m=-j}^{j} \frac{\mathrm{e}^{-\beta\hbar\omega_0 m}}{Z(0)} \langle jm | \mathrm{e}^{-2\pi\Omega\chi\frac{\mathrm{i}}{\hbar}J_y} | jm \rangle \\
&= \sum_{m=-j}^{j} \frac{\mathrm{e}^{-\beta\hbar\omega_0 m}}{Z(0)} d_{mm}^{j}(2\pi\Omega\chi),
\end{aligned} \tag{5.316}$$

这里，$d_{mm'}^{j}(\theta) = \langle jm | \mathrm{e}^{-\frac{\mathrm{i}}{\hbar}\theta J_y} | jm' \rangle$ 是 Wigner-d 函数。可见，该结果并不依赖具体经度 ϕ_0。

2) 沿赤道演化

其次，当系统沿赤道演化时，$\theta_0 = \frac{\pi}{2}$，$\mathrm{d}\theta = 0$，根据式 (5.303) 和式 (5.304)，Uhlmann 联络的解析表达式非常简单

$$\mathcal{A}_{\mathrm{U}} = \frac{\mathrm{i}}{\hbar} \chi J_z \mathrm{d}\phi. \tag{5.317}$$

这样，

$$\oint_{\text{赤道}} \mathcal{A}_{\mathrm{U}} = 2\pi \frac{\mathrm{i}}{\hbar} \chi J_z \Omega, \tag{5.318}$$

此时 $\Omega \equiv \frac{1}{2\pi}\oint d\phi$ 为系统经历 Uhlmann 过程时绕赤道的环绕数。将系统演化的起点取为赤道与本初子午线的交点：$\theta_0 = \frac{\pi}{2}$，$\phi_0 = 0$，由式 (5.289)，初始密度矩阵为

$$\rho(0) = \frac{1}{Z(0)}e^{-\beta\omega_0 e^{-\frac{i}{\hbar}\frac{\pi}{2}J_y}J_z e^{\frac{i}{\hbar}\frac{\pi}{2}J_y}} = \frac{1}{Z(0)}e^{-\frac{i}{\hbar}\frac{\pi}{2}J_y}e^{-\beta\omega_0 J_z}e^{\frac{i}{\hbar}\frac{\pi}{2}J_y}. \tag{5.319}$$

将其代入式 (5.72)，可得 Loschmidt 振幅

$$\begin{aligned}\mathcal{G}_U^\phi(T) &= \frac{1}{Z(0)}\mathrm{Tr}\left(e^{-\frac{i}{\hbar}\frac{\pi}{2}J_y}e^{-\beta\omega_0 J_z}e^{\frac{i}{\hbar}\frac{\pi}{2}J_y}e^{-2\pi\Omega\chi\frac{i}{\hbar}J_z}\right)\\ &= \frac{1}{Z(0)}\mathrm{Tr}\left(e^{-\frac{i}{\hbar}\frac{\pi}{2}J_y}e^{-\beta\omega_0 J_z}e^{\frac{i}{\hbar}\frac{\pi}{2}J_y}e^{-\frac{i}{\hbar}\frac{\pi}{2}J_z}e^{-2\pi\Omega\chi i J_z}e^{\frac{i}{\hbar}\frac{\pi}{2}J_z}\right)\\ &= \frac{1}{Z(0)}\mathrm{Tr}\left[e^{-\beta\omega_0 J_z}R^\dagger\left(\frac{\pi}{2},-\frac{\pi}{2}\right)e^{-2\pi\Omega\chi\frac{i}{\hbar}J_z}R\left(\frac{\pi}{2},-\frac{\pi}{2}\right)\right]\\ &= \sum_{m=-j}^{j}\frac{e^{-\beta\hbar\omega_0 m}}{Z(0)}\langle jm|e^{-2\pi\Omega\chi\frac{i}{\hbar}J_y}|jm\rangle\\ &= \sum_{m=-j}^{j}\frac{e^{-\beta\hbar\omega_0 m}}{Z(0)}d_{mm}^j(2\pi\Omega\chi). \end{aligned} \tag{5.320}$$

因此，得到一个有趣的结果：$\mathcal{G}_U^\phi(T) = \mathcal{G}_U^\theta(T)$。这也不难理解，因为赤道与经线均为 S^2 上的大圆，它们之间可以通过旋转变换来彼此转换。可以合理猜想，当系统沿 S^2 球面上任何大圆经历 Uhlmann 过程后，其初末态之间的 Loschmidt 振幅都一样。但严格的数学证明超出了本书的范围。

3) 沿任意纬线演化

事实上，当系统沿任意纬线 (包括赤道) 演化时，对应的 Uhlmann 和乐 $g_{\theta_0} = \mathcal{P}e^{-\oint_{C_{\theta_0}}\mathcal{A}_U}$ 也有解析表达式[80]，这里 $C_{\theta_0}(t) = (\theta_0, \phi(t))$ 为纬度为 θ_0 的纬线。利用在 5.6.2 节中的方法，令

$$\begin{aligned}g_{\theta_0}(\phi) &= \mathcal{P}e^{-\int_0^\phi A_U^{\phi'}d\phi'}\\ &= \mathcal{P}e^{\frac{i}{\hbar}\chi\int_0^\phi\left[(J_x\cos\phi'+J_y\sin\phi')\cos\theta_0 - J_z\sin\theta_0\right]\sin\theta_0 d\phi'},\end{aligned} \tag{5.321}$$

在第二行利用了式 (5.303)，且 $\mathcal{P}$ 为沿 $C_{\theta_0}(t)$ 的路径编序算子。显然有 $g_{\theta_0} = g_{\theta_0}(2\pi)$。注意到 $g_{\theta_0}(\phi)$ 是下列微分方程的解

$$i\hbar\frac{\partial g_{\theta_0}(\phi)}{\partial\phi} = -\chi\left[(J_x\cos\phi + J_y\sin\phi)\cos\theta_0 - J_z\sin\theta_0\right]\sin\theta_0 g_{\theta_0}(\phi)$$

5.6 幺正 Uhlmann 过程

$$= -\frac{\chi}{\omega_0}\hat{H}\left(\theta_0+\frac{\pi}{2},\phi\right)\sin\theta_0 g_{\theta_0}(\phi)$$
$$= -\frac{\chi}{\omega_0}e^{-\frac{i}{\hbar}\phi J_z}\hat{H}_0 e^{\frac{i}{\hbar}\phi J_z}\sin\theta_0 g_{\theta_0}(\phi), \tag{5.322}$$

其中

$$\hat{H}_0 = \omega_0 e^{-\frac{i}{\hbar}(\theta_0+\frac{\pi}{2})J_y} J_z e^{\frac{i}{\hbar}(\theta_0+\frac{\pi}{2})J_y} = \omega_0\left(J_x\cos\theta_0 - J_z\sin\theta_0\right). \tag{5.323}$$

为求解方程 (5.322)，可令 $g'_{\theta_0}(\phi) = U_z^\dagger(\phi)g_{\theta_0}(\phi) \equiv e^{\frac{i}{\hbar}\phi J_z}g_{\theta_0}(\phi)$，则 g'_{θ_0} 满足的微分方程为

$$\begin{aligned}i\hbar\frac{\partial g'_{\theta_0}(\phi)}{\partial\phi} &= i\hbar\frac{\partial U_z^\dagger(\phi)}{\partial\phi}g_{\theta_0}(\phi) + i\hbar U_z^\dagger(\phi)\frac{\partial g_{\theta_0}(\phi)}{\partial\phi}\\ &= -\left[\frac{\chi}{\omega_0}\hat{H}_0\sin\theta_0 - i\hbar\frac{\partial U_z^\dagger(\phi)}{\partial\phi}U_z(\phi)\right]g'_{\theta_0}(\phi)\\ &= \left[J_z(\chi\sin^2\theta_0 - 1) - \chi J_x\sin\theta_0\cos\theta_0\right]g'_{\theta_0}(\phi).\end{aligned} \tag{5.324}$$

利用初始 $g_{\theta_0}(0) = g'_{\theta_0}(0) = 1$，可解出

$$g_{\theta_0}(\phi) = e^{-\frac{i}{\hbar}\phi J_z}e^{-\frac{i}{\hbar}\left[J_z(\chi\sin^2\theta_0 - 1) - \chi J_x\sin\theta_0\cos\theta_0\right]\phi} \tag{5.325}$$

当 $\phi = 2\pi\Omega$ 时，相当于系统作了环绕数为 Ω 的循环演化，对应的 Uhlmann 和乐为

$$g_{\theta_0} = (-1)^{2j\Omega}e^{-\frac{i}{\hbar}2\pi\Omega\left[J_z(\chi\sin^2\theta_0 - 1) - \chi J_x\sin\theta_0\cos\theta_0\right]}. \tag{5.326}$$

其中我们利用了如下事实：$e^{-\frac{i}{\hbar}2\pi J_z} = (-1)^{2j}$。当 $\theta_0 = \frac{\pi}{2}$ 时，上式退回到系统沿赤道演化的结果。取系统的演化起点为 $(\theta_0, 0)$，则初始密度矩阵为

$$\rho(0) = \frac{1}{Z(0)}e^{-\beta\hat{H}(0)} = \frac{1}{Z(0)}e^{-\beta(J_x\sin\theta_0 + J_z\cos\theta_0)\omega_0}, \tag{5.327}$$

而 Loschmidt 振幅为

$$\mathcal{G}_U(T) = (-1)^{2j\Omega}\text{Tr}\left\{\frac{e^{-\beta(J_x\sin\theta_0 + J_z\cos\theta_0)\omega_0}}{Z(0)}e^{\frac{i}{\hbar}2\pi\Omega\left[J_z(1-\chi\sin^2\theta_0) + \chi J_x\sin\theta_0\cos\theta_0\right]}\right\}. \tag{5.328}$$

利用式 (5.316)、式 (5.320) 和式 (5.328) 可计算系统沿任意经线或纬线演化后的 Uhlmann 相位。对于前两式，只需知道任意 j 时的 Wigner-d 函数即可。式

(5.328) 看似比较复杂，但实际上仅需要求等号右边的迹，这可以借助 SL(2,$\mathbb{C}$) 的表示来实现，具体过程如下。

注意到
$$\det e^{-\beta \hat{H}(0)} = e^{-\beta\omega_0 \text{Tr}(J_x \sin\theta_0 + J_z \cos\theta_0)} = 1, \tag{5.329}$$

那么 $\det \rho(0) = \dfrac{1}{Z^N(0)}$，这里 $N = 2j+1$ 为 $\rho(0)$ 的阶数。由于 $\hat{H}(0)$ 的本征值为 $-j\hbar\omega_0$, $-(j-1)\hbar\omega_0$, $\cdots$, $(j-1)\hbar\omega_0$, $j\hbar\omega_0$，则有

$$Z(0) = e^{\beta j\hbar\omega_0} + e^{\beta(j-1)\hbar\omega_0} + \cdots + e^{-\beta(j-1)\hbar\omega_0} + e^{-\beta j\hbar\omega_0} = \frac{\sinh\dfrac{\beta N\hbar\omega_0}{2}}{\sinh\dfrac{\beta\hbar\omega_0}{2}}. \tag{5.330}$$

最终可知 $Z(0)\rho(0) = \dfrac{\sinh\dfrac{\beta N\hbar\omega_0}{2}}{\sinh\dfrac{\beta\hbar\omega_0}{2}}\rho(0)$ 的行列式为 1。同样，令

$$C := \sqrt{(1-\chi\sin^2\theta_0)^2 + \chi^2 \sin^2\theta_0 \cos^2\theta_0} = \sqrt{1 - \sin^2\theta_0 \tanh^2\dfrac{\beta\hbar\omega_0}{2}}, \tag{5.331}$$

则 Uhlmann 和乐可表示为

$$g_{\theta_0} = (-1)^{2j\Omega} e^{\frac{i}{\hbar}\pi\Omega C \boldsymbol{J}\cdot\hat{\boldsymbol{n}}_\alpha}, \tag{5.332}$$

其中，角 $\alpha = \arcsin\dfrac{\chi\sin\theta_0 \cos\theta_0}{C}$，且单位矢量 $\hat{\boldsymbol{n}}_\alpha = (\sin\alpha, 0, \cos\alpha)^{\text{T}}$。由此可知 g_{θ_0} 的行列式为

$$\det g_{\theta_0} = (-1)^{2j(2j+1)\Omega} e^{\frac{i}{\hbar}\pi\Omega C \text{Tr}(\boldsymbol{J}\cdot\hat{\boldsymbol{n}}_\alpha)} = 1. \tag{5.333}$$

在这里，利用了如下事实：即使 j 是半整数，$2j(2j+1)$ 也总是偶数；此外 $\text{Tr}(\boldsymbol{J}) = 0$。因此矩阵 $Z(0)\rho(0)g_{\theta_0}$ 的行列式是 1，所以它可视为李群 SL(2,$\mathbb{C}$) 的 $(j,0)$ 表示。如果 $\left(\dfrac{1}{2},0\right)$ 表示的本征值为 λ_+、λ_-，那么根据群表示论，$(j,0)$ 表示的本征值为

$$\lambda^{2j}, \quad \lambda^{2j-2}, \quad \cdots, \quad \lambda^{-2j+2}, \quad \lambda^{-2j} \tag{5.334}$$

且 $\lambda = \lambda_+ = \lambda_-^{-1}$（对于 $j = \dfrac{1}{2}$，显然有 $\lambda_+\lambda_- = 1$）。因此，Loschmidt 振幅为

5.6 幺正 Uhlmann 过程

$$Z(0)\mathcal{G}_{\mathrm{U}}(T) = \lambda^{2j} + \lambda^{2j-2} + \cdots + \lambda^{-2j+2} + \lambda^{-2j}$$
$$= \frac{\lambda^{2j+1} - \lambda^{-2j-1}}{\lambda - \lambda^{-1}}. \tag{5.335}$$

为了导出 $\lambda_\pm$，取 $\boldsymbol{J} = \dfrac{\hbar}{2}\boldsymbol{\sigma}$，即 $j = \dfrac{1}{2}$。此时有

$$2\cosh\frac{\beta\hbar\omega_0}{2}\rho(0) = \cosh\frac{\beta\hbar\omega_0}{2} - \sinh\frac{\beta\hbar\omega_0}{2}\boldsymbol{\sigma}\cdot\hat{\boldsymbol{n}}_{\theta_0}, \tag{5.336}$$

其中，单位矢量 $\hat{\boldsymbol{n}}_{\theta_0} = (\sin\theta_0, 0, \cos\theta_0)^{\mathrm{T}}$。而 Uhlmann 和乐为

$$g_{\theta_0} = (-1)^\Omega \mathrm{e}^{\mathrm{i}\pi\Omega C \boldsymbol{\sigma}\cdot\hat{\boldsymbol{n}}_\alpha} = (-1)^\Omega \left[\cos(\pi\Omega C) + \mathrm{i}\sin(\pi\Omega C)\boldsymbol{\sigma}\cdot\hat{\boldsymbol{n}}_\alpha\right]. \tag{5.337}$$

令 $\left(\dfrac{1}{2}, 0\right)$ 表示矩阵为 $(-1)^\Omega M = 2\cosh\dfrac{\beta\hbar\omega_0}{2}\rho(0)g_{\theta_0}$，$M$ 显然为二阶矩阵，其本征值 λ_+、λ_- 满足

$$\lambda_+ + \lambda_- = \mathrm{Tr}M, \quad \lambda_+\lambda_- = 1. \tag{5.338}$$

由此可解出

$$\lambda_+ = z + \sqrt{z^2 - 1}, \quad z := \frac{1}{2}\mathrm{Tr}M. \tag{5.339}$$

利用式 (5.336) 和式 (5.337) 可知

$$z = \cos(\pi\Omega C)\cosh\frac{\beta\hbar\omega_0}{2} - \mathrm{i}\sin(\pi\Omega C)\sinh\frac{\beta\hbar\omega_0}{2}\hat{\boldsymbol{n}}_\alpha\cdot\hat{\boldsymbol{n}}_{\theta_0}$$
$$= \cos(\pi\Omega C)\cosh\frac{\beta\hbar\omega_0}{2} - \mathrm{i}\sin(\pi\Omega C)\sinh\frac{\beta\hbar\omega_0}{2}\frac{\cos\theta_0}{C}. \tag{5.340}$$

代回式 (5.335)，可得

$$\mathcal{G}_{\mathrm{U}}(T) = \frac{(-1)^{2j\Omega}}{Z(0)}\frac{\left(z + \sqrt{z^2-1}\right)^{2j+1} - \left(z - \sqrt{z^2-1}\right)^{2j+1}}{2\sqrt{z^2-1}}. \tag{5.341}$$

由于系数 $Z(0)$ 的辐角为 0，则 Uhlmann 相位为

$$\theta_{\mathrm{U}}^j = \arg\left[(-1)^{2j\Omega}\frac{\left(z + \sqrt{z^2-1}\right)^{2j+1} - \left(z - \sqrt{z^2-1}\right)^{2j+1}}{2\sqrt{z^2-1}}\right]$$
$$= \arg\left[(-1)^{2j\Omega}U_{2j}(z)\right], \tag{5.342}$$

其中，$U_{2j}(z)$ 为第二类切比雪夫多项式。

若 $\theta_0 = \dfrac{\pi}{2}$，演化回路为赤道，则 $C = \mathrm{sech}\dfrac{\beta\hbar\omega_0}{2} = 1 - \chi$，且

$$z = \cos\left(\pi\Omega\,\mathrm{sech}\dfrac{\beta\hbar\omega_0}{2}\right)\cosh\dfrac{\beta\hbar\omega_0}{2}. \tag{5.343}$$

此时，等式 (5.316) 或式 (5.320) 与式 (5.328) 应相等 (同一对象的不同算法)，这建立了 Wigner-d 函数与第二类切比雪夫多项式之间的一个有趣的关系。我们针对 $j = \dfrac{1}{2}$ 作验证。此时 Uhlmann 联络为

$$\mathcal{A}_{\mathrm{U}} = \dfrac{\chi}{2}\begin{pmatrix} 0 & \mathrm{e}^{-\mathrm{i}\phi} \\ -\mathrm{e}^{\mathrm{i}\phi} & 0 \end{pmatrix}\mathrm{d}\theta - \dfrac{\mathrm{i}\chi}{2}\begin{pmatrix} -\sin\theta & \cos\theta\,\mathrm{e}^{-\mathrm{i}\phi} \\ \cos\theta\,\mathrm{e}^{\mathrm{i}\phi} & \sin\theta \end{pmatrix}\mathrm{d}\phi. \tag{5.344}$$

当 ϕ 为常数或 $\theta = \dfrac{\pi}{2}$ 时，$\mathcal{A}_{\mathrm{U}}$ 均正比于常数矩阵。注意到 $Z(0) = 2\cosh\dfrac{\beta\hbar\omega_0}{2}$ 以及 $d^{\frac{1}{2}}_{-\frac{1}{2},-\frac{1}{2}}(2\pi\Omega\chi) = d^{\frac{1}{2}}_{\frac{1}{2},\frac{1}{2}}(2\pi\Omega\chi) = \cos(\pi\Omega\chi)$，根据式 (5.320) 可得

$$\mathcal{G}_{\mathrm{U}}(T) = \cos(\pi\Omega)\cos\left(\pi\Omega\,\mathrm{sech}\dfrac{\beta\hbar\omega_0}{2}\right). \tag{5.345}$$

而由式 (5.328) 可得

$$\mathcal{G}_{\mathrm{U}}(T) = \dfrac{(-1)^{\Omega}}{\cosh\dfrac{\beta\hbar\omega_0}{2}}z = \cos(\pi\Omega)\cos\left(\pi\Omega\,\mathrm{sech}\dfrac{\beta\hbar\omega_0}{2}\right). \tag{5.346}$$

两者的结果确实一样。当作具体计算时，若演化路径为大圆，则可用表达式 (5.316) 或式 (5.320)；若演化路径为一般纬线，则用表达式 (5.328)。此外，系统的演化路径也可以选为经线与纬线构成的组合回路，如球面三角形、平行四边形等。

5. Uhlmann 相位与 Berry 相位

当 $T \longrightarrow 0$ 时，$\beta \longrightarrow +\infty$。为了与 Berry 相位对比，取 $\Omega = 1$，因此有 $\tanh\dfrac{\beta\hbar\omega_0}{2} \longrightarrow 1$。为方便起见，令 $0 < \theta_0 < \dfrac{\pi}{2}$，则有 $C \longrightarrow \cos\theta_0$，以及

$$z = \cos(\pi C)\cosh\dfrac{\beta\hbar\omega_0}{2} - \mathrm{i}\sin(\pi C)\sinh\dfrac{\beta\hbar\omega_0}{2}. \tag{5.347}$$

当 $\beta \longrightarrow +\infty$ 时，$\cosh\dfrac{\beta\hbar\omega_0}{2} \sim \sinh\dfrac{\beta\hbar\omega_0}{2} \longrightarrow +\infty$ (因为 $\tanh\dfrac{\beta\hbar\omega_0}{2} \longrightarrow 1$)，因此 $|z| \longrightarrow +\infty$。进一步有以下近似：$\sqrt{z^2 - 1} \approx z$，$z - \sqrt{z^2 - 1} \approx 0$。由式 (5.342)，

5.6 幺正 Uhlmann 过程

Uhlmann 相位可近似为

$$\theta_U^j \longrightarrow \arg\left[(-1)^{2j}(2z)^{2j}\right] = 2j(-\pi + \arg z). \tag{5.348}$$

根据式 (5.347)，$\arg z = 2\pi - \pi C$，因此

$$\theta_U^j \longrightarrow 2j\pi(1 - \cos\theta_0). \tag{5.349}$$

由式 (2.175)，基态 $(m = -j)$ 的 Berry 相位为

$$\theta_{B(-j)} = j\int_0^{2\pi}(1 - \cos\theta_0)\mathrm{d}\phi = 2j\pi(1 - \cos\theta_0). \tag{5.350}$$

因此，又一次发现，Uhlmann 相位在零温时重现了基态 Berry 相位。

6. 自旋-$\frac{1}{2}$ 系统

接下来针对有特定自旋的系统作具体计算。为了使得拓扑相变的物理图像更加直观,类比量子淬火动力学中的率函数而引入几何母函数 (geometric generating function)：

$$g = -\lim_{L\to\infty}\frac{1}{L}\ln|\mathcal{G}_U(T)|^2, \tag{5.351}$$

其中，L 为系统的自由度。那么拓扑相变点 ($\mathcal{G}_U$ 的零点) 是 g 的奇点。先考虑系统沿简单的大圆演化，这样就没必要区分演化回路是 S^2 的经线还是赤道。$\mathcal{G}_U$ 已由式 (5.345) 给出。

首先研究低温和高温极限这两种特殊情况。在接近零温时,有 $\lim_{T\to 0}\mathrm{sech}\left(\frac{\beta\omega_0}{2}\right)$ $= 0$，因此 $\mathcal{G}_U(T\to 0) = \cos(\pi\Omega) = (-1)^\Omega$。若 Ω 为偶数，总有 $\theta_U = 0$，意味着初末纯化态之间的相因子之差或 Uhlmann 和乐是平庸的，即无拓扑相变发生；而当 Ω 为奇数时，有 $\theta_U = \pi$，因此 Uhlmann 和乐是拓扑非平庸的。在无限高温下，$\lim_{T\to\infty}\mathrm{sech}\left(\frac{\beta\omega_0}{2}\right) = 1$，总有 $\mathcal{G}_U(T\to\infty) = \cos^2(\pi\Omega) = 1$。正如之前在 5.4.2 节所指出的，此时 Uhlmann 和乐总是拓扑平庸的。在这里，Uhlmann 和乐的拓扑性 (或称系统的拓扑性) 可以理解为演化回路 $\gamma(t)$ 的水平提升 $\tilde{\gamma}(t)$ 的拓扑性质。若 Uhlmann 和乐是拓扑平庸的，那么 $\tilde{\gamma}(t)$ 是闭合的，此时初末纯化态是彼此"平行"的。反之，若 Uhlmann 和乐是拓扑不平庸的，则 $\tilde{\gamma}(t)$ 是非闭合的，意味着初末纯化态彼此不平行。因此，Uhlmann 和乐 $\mathcal{P}e^{-\oint A_U}$ 形成一个 Z_2 群，为系统的拓扑性提供了一个 Z_2 分类。

在 $\mathcal{G}_U(T)$ 的零点 T^* 处,会发生拓扑相变,即 θ_U 的取值从 T^{*-} 到 T^{*+} 会发生离散跃变。根据式 (5.345) 求解方程 $\mathcal{G}_U(T^*) = 0$,可得

$$\cosh\left(\frac{\hbar\omega_0}{2k_B T^*}\right) = \frac{\Omega}{n+\frac{1}{2}}. \tag{5.352}$$

从而有

$$k_B T^* = \frac{\hbar\omega_0}{2\ln\left(\dfrac{\Omega}{n+\dfrac{1}{2}} + \sqrt{\left(\dfrac{\Omega}{n+\dfrac{1}{2}}\right)^2 - 1}\right)}, \tag{5.353}$$

其中,n 为整数。一般取 $\Omega > 0$,因此必须有 $n \geqslant 0$ 以使得 $T^* > 0$。此外,式 (5.353) 还有个隐含前提:$\dfrac{\Omega}{n+\frac{1}{2}} \geqslant 1$,因此 n 的可能取值为 $n = 0, 1, \cdots, \Omega - 1$。这意味着该模型可能有 Ω 个拓扑相变点。若 $\Omega = 1$,则 $n = 0$ 对应唯一的相变点,其临界温度为 $T^* = \dfrac{\hbar\omega_0}{2k_B \ln(2+\sqrt{3})}$,与 SSH 模型的平带相变温度式 (5.226) 一致 ($|J_2| = \frac{1}{2}\Delta_k$ 与 $\frac{1}{2}\hbar\omega_0$ 对应),这是因为在幺正变换下系统的能级保持不变,类似于能带模型中的平带。

为了具象化体系的拓扑特性,在图 5.3 中展示了数值计算结果。显然,图 5.3(a) 显示几何母函数 $g(T)$ 确实有 Ω 个峰,每个峰都对应一个拓扑相变点,内嵌子图显示了 Uhlmann 相位取值在相变点处的跃变。图 5.3(b) 则显示了 g 作为 T 和 ω_0 的二元函数的三维图像。图 5.3(a) 可视为图 5.3(b) 在 $\omega_0 = 1.0$ 时 (自然单位制) 的横截面。

由图 5.3 可见,当 $\Omega = 1$ 时,随着温度升高,系统从拓扑非平庸相 ($\theta_U = \pi$) 变为拓扑平庸相 ($\theta_U = 0$),共有 $\Omega = 1$ 个相变点,这意味着温度 (热扰动) 破坏了系统的拓扑性质。当 $\Omega = 2$ 时,系统在低温时处于拓扑平庸相,随着温度升高,先变为拓扑非平庸相,再变为拓扑平庸相,共有 $\Omega = 2$ 个相变点。此时,系统呈现了一个特有的有限温度拓扑非平庸相,这是 SSH 模型所没有的。这也意味着温度不仅会破坏也会恢复系统的拓扑属性。

7. 自旋-1 系统

当 $j = 1$ 时,利用

5.6 幺正 Uhlmann 过程

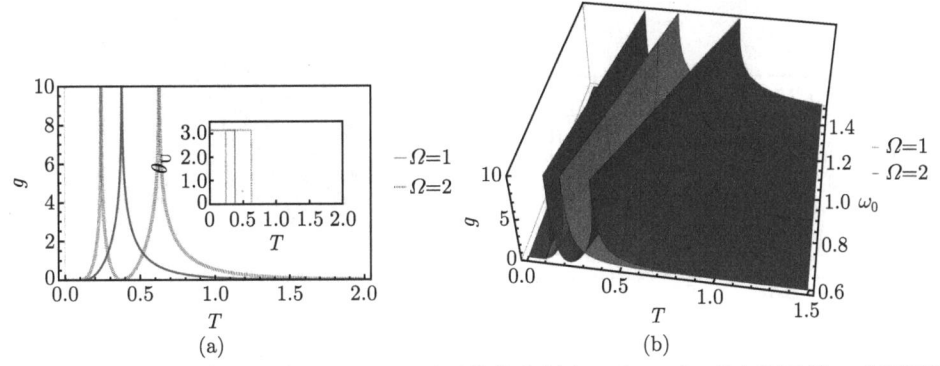

图 5.3 取自然单位制。(a) 当 $\omega_0 = 1.0$,且环绕数分别为 1 和 2 时,几何母函数 g 在不同温度下的行为;内嵌小图为 Uhlmann 相位 θ_U 在不同温度下的行为。(b) 环绕数分别为 1 和 2 时,几何母函数 g 在不同温度和 ω_0 时的行为 (彩图请扫封底二维码)

$$J_x = \frac{\hbar}{\sqrt{2}}\begin{pmatrix} 0 & 1 & 0 \\ 1 & 0 & 1 \\ 0 & 1 & 0 \end{pmatrix}, \quad J_y = \frac{\hbar}{\sqrt{2}\mathrm{i}}\begin{pmatrix} 0 & 1 & 0 \\ -1 & 0 & 1 \\ 0 & -1 & 0 \end{pmatrix}, \quad J_z = \frac{\hbar}{\sqrt{2}}\begin{pmatrix} 1 & 0 & 0 \\ 0 & 0 & 0 \\ 0 & 0 & -1 \end{pmatrix}$$

和式 (5.304),Uhlmann 联络的表达式为

$$\mathcal{A}_U = \frac{\chi}{\sqrt{2}}\begin{pmatrix} 0 & \mathrm{e}^{-\mathrm{i}\phi} & 0 \\ -\mathrm{e}^{\mathrm{i}\phi} & 0 & \mathrm{e}^{-\mathrm{i}\phi} \\ 0 & -\mathrm{e}^{\mathrm{i}\phi} & 0 \end{pmatrix}\mathrm{d}\theta - \frac{\mathrm{i}\chi}{\sqrt{2}}\begin{pmatrix} -\sqrt{2}\sin\theta & \cos\theta\mathrm{e}^{-\mathrm{i}\phi} & 0 \\ \cos\theta\mathrm{e}^{\mathrm{i}\phi} & 0 & \cos\theta\mathrm{e}^{-\mathrm{i}\phi} \\ 0 & \cos\theta\mathrm{e}^{\mathrm{i}\phi} & \sqrt{2}\sin\theta \end{pmatrix}\mathrm{d}\phi.$$
(5.354)

沿球面上任意大圆的 Loschmidt 振幅可表示为

$$\mathcal{G}_U = \frac{1}{Z(0)}\left\{\cosh(\beta\hbar\omega_0)\left[1 + \cos\left(2\pi\Omega\mathrm{sech}\frac{\beta\hbar\omega_0}{2}\right)\right] + \cos\left(2\pi\Omega\mathrm{sech}\frac{\beta\hbar\omega_0}{2}\right)\right\},$$
(5.355)

其中,$Z(0) = 1 + 2\cosh(\beta\hbar\omega_0)$。

易知,在低温和高温极限时,均有 $\mathcal{G}_U(T \longrightarrow 0) = 1 = \mathcal{G}_U(T \longrightarrow \infty)$。因此,系统的拓扑非平庸相仅出现在有限温度区域。这种情况下,相变点温度 T^* 没有解析解,仅可通过数值方法求解,同样在图 5.4 中针对 $\Omega = 1, 2$ 展示了几何母函数 g 与 Uhlmann 行为的图像。从图中可推断出,系统总是有 2Ω 个拓扑相变点,随着温度的升高,系统的拓扑性依次从平庸变为非平庸,再变为平庸等,最后回归拓扑平庸。

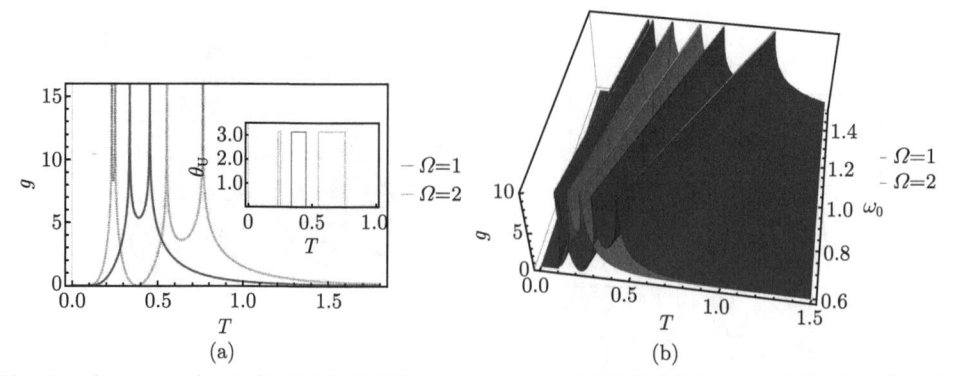

图 5.4 在 $j=1$ 时，几何母函数的行为。(a) $\omega_0=1.0$(自然单位制) 时，g 随温度的变化趋势，峰值处为拓扑相变点，内嵌小图为 Uhlmann 相位的行为。(b) g 在不同 ω_0 和温度下的三维图像 (彩图请扫封底二维码)

5.7 Uhlmann-Berry 对应关系

5.7.1 Uhlmann 相位与 Berry 相位

在前面讨论的三个具体例子中，均发现 Uhlmann 相位在低温极限下会趋向于 Berry 相位。那么，这是否是一个普遍性的结果？

首先，尽管 Berry 相位和 Uhlmann 相位的纤维丛图像非常相似，但它们的表达式之间似乎没有什么直接的联系。若要直接从数学上证明后者的低温极限趋向于前者，就不得不处理 Uhlmann 相位表达式中的路径编序算子。通过合适的变量代换，路径编序算子总可以转变为时间编序算子。但在目前，尚无将时间编序乘积展开为简单解析表达式的数学方法。量子场论中的费曼图方法只能接近这一目标。因此，直接证明这一结论在数学上有很大的困难。

其次，两种几何相位的理论基础有本质区别。Berry 丛是 $U(1)$ 主丛，可以是拓扑非平庸的；而 Uhlmann 丛是 $U(N)$ 主丛，总是拓扑平庸的。此外，对于 $N \geqslant 2$ 的非简并量子系统，Uhlmann 相位理论总要求密度矩阵是严格满秩的，而纯态密度矩阵的秩总是 1(即不满秩)。因此，当 $N=1$ 时，Uhlmann 丛不可能简单地退化为 Berry 丛。那么，能否以所有密度矩阵的集合为基础，建立一个统一的几何相位理论呢？在第 4 章曾指出，所有密度矩阵形成一个凸集，而非一个流形。满秩密度矩阵构成该凸集的内部，是一个流形；而纯态密度矩阵则是该凸集边界的子集，两者互不相属。即使放弃纤维丛图像，也需要广群等数学工具来建立新的几何相位理论，而这已经远超本书的范围，我们也不清楚这样的理论是否存在。

所有这些事实似乎说明，Uhlmann 相位和 Berry 相位之间的关系并非那么直

5.7 Uhlmann-Berry 对应关系

接。不过,可以严格证明,在某些特定的条件下,Uhlmann 相位在零温极限下的确可以退化为 Berry 相位[81]。

首先需要明确的是,这个猜想仅对维数不小于 2 的量子体系才可能成立,否则 Uhlmann 联络恒为 0,且 Uhlmann 相位也总是平庸的。证明:考虑 $N=1$ 的量子系统,这显然是一个单能级体系,且其量子态总处于纯态,令其密度矩阵为 $\rho(t) = |\psi(t)\rangle\langle\psi(t)|$。考虑最一般的情况,甚至其密度矩阵的归一化条件 $\text{Tr}\rho(t) = \langle\psi(t)|\psi(t)\rangle = 1$ 未必总能被满足 (尤其在涉及开放系统时)。令 $\lambda = \langle\psi|\psi\rangle$,则 $\rho|\psi\rangle = \lambda|\psi\rangle$。将波函数归一化为 $|\tilde\psi\rangle = \frac{1}{\sqrt{\lambda}}|\psi\rangle$,那么 $\rho = \lambda|\tilde\psi\rangle\langle\tilde\psi|$,$\sqrt{\rho} = \sqrt{\lambda}|\tilde\psi\rangle\langle\tilde\psi|$。利用 $\langle\tilde\psi|\tilde\psi\rangle = 1$,易证

$$[\mathrm{d}\sqrt{\rho}, \sqrt{\rho}] = \lambda \mathrm{d}|\tilde\psi\rangle\langle\tilde\psi| + \lambda|\tilde\psi\rangle(\mathrm{d}\langle\tilde\psi|)|\tilde\psi\rangle\langle\tilde\psi| - \lambda|\tilde\psi\rangle\mathrm{d}\langle\tilde\psi| - \lambda|\tilde\psi\rangle\langle\tilde\psi|(\mathrm{d}|\tilde\psi\rangle)\langle\tilde\psi|. \tag{5.356}$$

将上式代入式 (5.70),总有 $\mathcal{A}_{\mathrm{U}} = 0$,从而 $\theta_{\mathrm{U}} = 0$。而系统在作循环绝热演化时显然可以获得非平庸的 Berry 相位。因此,至少在这种情况下,Uhlmann 相位无法直接退化为纯态几何相位。

接下来再考虑 $N \geqslant 2$ 且处于热平衡态的一般量子系统。从物理直觉上看,若温度趋向于绝对零度,则密度矩阵中来自基态的贡献占绝对主导地位,那么 Uhlmann 相位中来自基态几何相位的贡献也必然是最主要的。也就是说,在该极限下,Uhlmann 相位的主要"成分"是基态 Berry 相位。接下来展示如何从数学上接近这一结论。将密度矩阵对角化为 $\rho = \sum_i \lambda_i |i\rangle\langle i|$,Uhlmann 联络可表达为 (见式 (5.85))

$$\mathcal{A}_{\mathrm{U}} = -\sum_{i \neq j} \frac{(\sqrt{\lambda_i} - \sqrt{\lambda_j})^2}{\lambda_i + \lambda_j} |i\rangle\langle i|\mathrm{d}|j\rangle\langle j|. \tag{5.357}$$

设量子系统的温度为 T,则 $\rho = \frac{1}{Z}\mathrm{e}^{-\beta\hat{H}}$,此时 ρ、$\hat{H}$ 具有共同本征态。令 $\hat{H}|i\rangle = E_i|i\rangle$,则 $\lambda_i = \frac{\mathrm{e}^{-\beta E_i}}{Z}$。不考虑能级简并,且令 $E_0 < E_1 < \cdots$,当温度趋向绝对零度时,有

$$\lim_{T \to 0} \frac{\lambda_i}{\lambda_j} = \lim_{\beta \to \infty} \mathrm{e}^{-\beta(E_i - E_j)} = 0, \quad \text{当 } i > j \text{ 时}. \tag{5.358}$$

由于 $\lambda_i \neq \lambda_j$,可令 $\lambda_m = \min\{\lambda_i, \lambda_j\}$,$\lambda_M = \max\{\lambda_i, \lambda_j\}$,因此

$$\lim_{T\to 0}\frac{(\sqrt{\lambda_i}-\sqrt{\lambda_j})^2}{\lambda_i+\lambda_j}=\lim_{T\to 0}\frac{\left(1-\sqrt{\frac{\lambda_m}{\lambda_M}}\right)^2}{1+\frac{\lambda_m}{\lambda_M}}=1. \tag{5.359}$$

所以在 $T \to 0$ 时，总有

$$\begin{aligned}\mathcal{A}_{\mathrm{U}}&=-\sum_{i\neq j}|i\rangle\langle i|\mathrm{d}|j\rangle\langle j|\\&=-\sum_{ij}|i\rangle\langle i|\mathrm{d}|j\rangle\langle j|+\sum_i|i\rangle\langle i|\mathrm{d}|i\rangle\langle i|\\&=-\sum_i\mathrm{d}|i\rangle\langle i|+\sum_i\langle i|\mathrm{d}|i\rangle|i\rangle\langle i|.\end{aligned} \tag{5.360}$$

其中，第二项即第 i 个能级的 Berry 联络，这似乎已经接近目的了。在零温极限下，仅有 $\lambda_0 = \dfrac{\mathrm{e}^{-\beta E_0}}{Z} \approx 1$，其余 $\lambda_i \approx 0$，则有 $\rho(0) \approx |0\rangle\langle 0|$。这种情况下，Uhlmann 相位可近似为 $\theta_{\mathrm{U}} \approx \arg\langle 0|\mathcal{P}\mathrm{e}^{-\oint \mathcal{A}_{\mathrm{U}}}|0\rangle$。但需要注意在计算中求迹运算与路径编序运算在很多情况下不可对易。

类比相干态的 Berry 相位和 Uhlmann 相位的计算，先给出在特定条件下的证明。2.5 节、5.6 节中关于玻色和费米相干态的计算有如下特点：①Berry 相位与 Uhlmann 相位均由幺正过程产生；②Berry 联络的表达式与能级无关，可见式 (2.152) 与式 (2.166)。因此，先考虑如下一类 Uhlmann 过程 $\mathcal{D}(t)$：首先它是幺正过程，能量本征值在该过程中不变，而能级演化方程为 $|n(t)\rangle = \mathcal{D}(t)|n(0)\rangle$，且周期为 τ，即 $\mathcal{D}(\tau) = 1$；其次，每个能级的 Berry 联络具有同样的表达式：

$$\mathcal{A}_{\mathrm{B}} = \langle n(t)|\mathrm{d}|n(t)\rangle = \langle n(0)|\mathcal{D}^{\dagger}\mathrm{d}\mathcal{D}|n(0)\rangle. \tag{5.361}$$

根据式 (5.360)，在 $T \to 0$ 时，Uhlmann 联络趋向于

$$\begin{aligned}\lim_{T\to 0}\mathcal{A}_{\mathrm{U}}&=-\sum_n\mathrm{d}|n(t)\rangle\langle n(t)|+\sum_n\langle n(t)|\mathrm{d}|n(t)\rangle|n(t)\rangle\langle n(t)|\\&=-\mathrm{d}\mathcal{D}\sum_n|n(0)\rangle\langle n(0)|\mathcal{D}^{\dagger}+\mathcal{A}_{\mathrm{B}}\sum_n|n(t)\rangle\langle n(t)|\\&=\mathcal{A}_{\mathrm{B}}1_N-\mathrm{d}\mathcal{D}\mathcal{D}^{-1}.\end{aligned} \tag{5.362}$$

在这里，1_N 表示 $N \times N$ 的单位矩阵，$\mathrm{d}\mathcal{D}\mathcal{D}^{-1}$ 是 $U(N)$ 群的 Maurer-Cartan 形式。在零温极限下，有

$$\lim_{T\to 0}\theta_{\mathrm{U}}(C) = \arg\mathrm{Tr}\left[\rho(0)\mathcal{P}\mathrm{e}^{-\oint_C \mathcal{A}_{\mathrm{U}}}\right] = \arg\left\{\mathrm{e}^{-\oint_C \mathcal{A}_{\mathrm{B}}}\mathrm{Tr}\left[\rho(0)\mathcal{P}\mathrm{e}^{\oint_C \mathrm{d}\mathcal{D}\mathcal{D}^{-1}}\right]\right\}. \tag{5.363}$$

5.7 Uhlmann-Berry 对应关系

因为 $\mathrm{d}\mathcal{D}\mathcal{D}^\dagger$ 是反厄米的，所以路径积分 $\mathcal{P}\mathrm{e}^{\oint_C \mathrm{d}\mathcal{D}\mathcal{D}^\dagger}$ 构成一个 $N \times N$ 的幺正矩阵。这个路径积分将演化回路 $C \sim S^1$ 映射到幺正群 $U(N)$，得到的 $\mathcal{P}\mathrm{e}^{\oint_C \mathrm{d}\mathcal{D}\mathcal{D}^\dagger}$ 是基本群 $\pi_1(\mathrm{U}(N)) = \mathbb{Z}$ 的一个元素。因此，我们得到

$$\mathcal{P}\exp\left(\oint_C \mathrm{d}\mathcal{D}\mathcal{D}^\dagger\right) = \mathrm{e}^{2\pi\mathrm{i}k}1_N, \tag{5.364}$$

其中 1_N 表示 $N \times N$ 的单位矩阵，k 为沿回路 C 的幺正演化 $\mathcal{D}$ 所产生的环绕数，由下式给出

$$k = \frac{1}{2\pi\mathrm{i}}\oint_C \mathrm{Tr}\left(\mathrm{d}\mathcal{D}\mathcal{D}^\dagger\right). \tag{5.365}$$

如果 C 是可缩的平庸回路，则 $k = 0$。最终，式 (5.363) 给出

$$\lim_{T \to 0}\theta_\mathrm{U}(C) = \theta_\mathrm{B}(C) + 2\pi k = \theta_\mathrm{B}(C) \mod 2\pi. \tag{5.366}$$

其实，上述两个前提还可以进一步减弱或者改变。首先，Uhlmann 过程可以是非幺正的，仅需要引入算子 $\mathcal{D}(t) = \sum_n |n(t)\rangle\langle n(0)|$ 以代替。注意 $\mathcal{D}(t)$ 本身依然是幺正的，因为 $\mathcal{D}^\dagger\mathcal{D} = \mathcal{D}\mathcal{D}^\dagger = 1$。但在该过程中，$E_n(t) = E_n(0)$ 未必能处处满足，因此该过程可能是非幺正的。其次，各能级的 Berry 联络也不必是一样的，可以引入 "Berry 联络矩阵"

$$\hat{\mathcal{A}}_\mathrm{B} = \sum_n \mathcal{A}_{\mathrm{B}n}|n(t)\rangle\langle n(t)| = \sum_n \langle n(t)|\mathrm{d}|n(t)\rangle|n(t)\rangle\langle n(t)|. \tag{5.367}$$

在这更一般的情况下，有 $\mathcal{A}_\mathrm{U} = \hat{\mathcal{A}}_\mathrm{B} - \mathrm{d}\mathcal{D}\mathcal{D}^{-1}$，并引入条件 $[\hat{\mathcal{A}}_\mathrm{B}, \mathrm{d}\mathcal{D}\mathcal{D}^{-1}] = 0$。在零温极限下，有

$$\rho(0) \approx |E_0(0)\rangle\langle E_0(0)|, \tag{5.368}$$

这里，$|E_n(t)\rangle \equiv |n(t)\rangle$。Uhlmann 相位为

$$\begin{aligned}\lim_{T \to 0}\theta_\mathrm{U}(C) &= \arg\langle E_0(0)|\left(\mathcal{P}\mathrm{e}^{-\oint_C \hat{\mathcal{A}}_\mathrm{B}}\right)\left(\mathcal{P}\mathrm{e}^{\oint_C \mathrm{d}\mathcal{D}\mathcal{D}^{-1}}\right)|E_0(0)\rangle \\ &= \arg\langle E_0(0)|\mathcal{P}\mathrm{e}^{-\oint_C \hat{\mathcal{A}}_\mathrm{B}}|E_0(0)\rangle + 2\pi k \\ &= \arg\langle E_0(0)|\mathcal{P}\mathrm{e}^{-\oint_C \hat{\mathcal{A}}_\mathrm{B}}|E_0(0)\rangle \mod 2\pi.\end{aligned} \tag{5.369}$$

此时，$\hat{\mathcal{A}}_\mathrm{B} \in u(N)$，因此路径编序算子 $\mathcal{P}$ 的作用一般是非平庸的，为使得证明可继续，需引入一个额外条件：当系统沿参数空间某特定回路演化时，$\hat{\mathcal{A}}_\mathrm{B}$ 作为 t 的

函数在以 $\{|n(0)\rangle\}$ 为基时是对角阵或常数阵。此时算子 $\mathcal{P}$ 的作用仍是平庸的，可略去。因此，在"模去" 2π 的整数倍后，有

$$\begin{aligned}\lim_{T\to 0}\theta_{\mathrm{U}}(C) &= \arg\langle E_0(0)|\mathrm{e}^{-\oint_C \sum_n \mathcal{A}_{\mathrm{B}n}|n(t)\rangle\langle n(t)|}|E_0(0)\rangle \\ &= \arg\langle E_0(0)|\mathcal{D}(t)\mathrm{e}^{-\oint_C \sum_n \mathcal{A}_{\mathrm{B}n}|n(0)\rangle\langle n(0)|}\mathcal{D}^\dagger(t)|E_0(0)\rangle \\ &= \arg\left[|\langle E_0(0)|E_n(t)\rangle|^2 \langle E_0(0)|\mathrm{e}^{-\oint_C \sum_n \mathcal{A}_{\mathrm{B}n}|n(0)\rangle\langle n(0)|}|E_0(0)\rangle\right] \\ &= \arg\left[\langle E_0(0)|\mathrm{e}^{-\oint_C \mathcal{A}_{\mathrm{B}0}|E_0(0)\rangle\langle E_0(0)|}|E_0(0)\rangle\right] \\ &= \theta_{\mathrm{B}0}(C),\end{aligned} \tag{5.370}$$

其中，$\theta_{\mathrm{B}0}$ 为基态的 Berry 相位。因此得到了在零温极限下 Uhlmann 相位和 Berry 相位的对应关系。

5.7.2 Uhlmann 曲率与 Berry 曲率

在前面的讨论中，式 (5.209) 和式 (5.312) 表明，在零温极限下，有限维系统的 $\mathrm{Tr}(\rho\mathcal{F}_{\mathrm{U}})$ 都退回为基态 Berry 曲率。那么，这是一个普遍性结论吗？

注意到

$$\mathrm{Tr}(\rho\mathcal{F}_{\mathrm{U}}) = \sum_i \lambda_i \langle i|\mathcal{F}_{\mathrm{U}}|i\rangle = \sum_i \lambda_i \left[\mathrm{d}(\mathcal{A}_{\mathrm{U}})_{ii} + \sum_k (\mathcal{A}_{\mathrm{U}})_{ik} \wedge (\mathcal{A}_{\mathrm{U}})_{ki}\right], \tag{5.371}$$

需要分别讨论两项的贡献。令 $C_{ij} = \dfrac{(\sqrt{\lambda_i} - \sqrt{\lambda_j})^2}{\lambda_i + \lambda_j}$，显然满足 $C_{ii} = 0$ 和 $C_{ij} = C_{ji}$。Uhlmann 联络可以表示为

$$\mathcal{A}_{\mathrm{U}} = -\sum_{j\neq k} C_{jk}|j\rangle\langle j|\mathrm{d}|k\rangle\langle k|. \tag{5.372}$$

求其微分，可得

$$\begin{aligned}\mathrm{d}\mathcal{A}_{\mathrm{U}} = &-\sum_{j\neq k}\mathrm{d}C_{jk}\wedge|j\rangle\langle j|\mathrm{d}|k\rangle\langle k| - \sum_{j\neq k}C_{jk}\Big(\mathrm{d}|j\rangle\wedge\langle j|\mathrm{d}|k\rangle\langle k| \\ &+|j\rangle\langle\mathrm{d}j|\wedge|\mathrm{d}k\rangle\langle k|+|j\rangle\langle\mathrm{d}k|\wedge\langle j|\mathrm{d}k\rangle\Big).\end{aligned} \tag{5.373}$$

在上式中，$|\mathrm{d}k\rangle \equiv \mathrm{d}|k\rangle$，$\langle\mathrm{d}k| \equiv \mathrm{d}\langle k|$。当计算 $\mathrm{Tr}(\rho\mathrm{d}\mathcal{A}_{\mathrm{U}})$ 时，式 (5.373) 右边第一项给出

$$-\sum_i \lambda_i \sum_{j\neq k} \mathrm{d}C_{jk}\wedge\langle j|\mathrm{d}|k\rangle\langle i|j\rangle\langle k|i\rangle = -\sum_i \lambda_i \sum_{j\neq k} \mathrm{d}C_{jk}\wedge\langle j|\mathrm{d}|k\rangle\delta_{ij}\delta_{ki}. \tag{5.374}$$

5.7 Uhlmann-Berry 对应关系

显然,仅当 $i = j = k$ 时,上式不为 0。但求和要求 $j \neq k$,所以这一项没有非零贡献。同理,式 (5.373) 右边第三项在与 ρ 相乘后求迹,其结果也为 0。因此,

$$\mathrm{Tr}(\rho \mathrm{d}\mathcal{A}_\mathrm{U}) = -\sum_i \lambda_i \left(\sum_{j \neq i} C_{ji} \langle i|\mathrm{d}j\rangle \wedge \langle j|\mathrm{d}i\rangle + \sum_{i \neq k} C_{ik} \langle \mathrm{d}k|i\rangle \wedge \langle i|\mathrm{d}k\rangle \right)$$

$$= -2 \sum_{i \neq k} \lambda_i \frac{(\sqrt{\lambda_i} - \sqrt{\lambda_k})^2}{\lambda_i + \lambda_k} \langle i|\mathrm{d}k\rangle \wedge \langle k|\mathrm{d}i\rangle. \tag{5.375}$$

$\mathrm{Tr}(\rho \mathcal{F}_\mathrm{U})$ 的第二项为

$$\mathrm{Tr}(\rho \mathcal{A}_\mathrm{U} \wedge \mathcal{A}_\mathrm{U}) = \sum_{k \neq i} \lambda_i \frac{(\sqrt{\lambda_k} - \sqrt{\lambda_i})^4}{(\lambda_i + \lambda_k)^2} \langle i|\mathrm{d}k\rangle \wedge \langle k|\mathrm{d}i\rangle. \tag{5.376}$$

合并两项后,得到

$$\mathrm{Tr}(\rho \mathcal{F}_\mathrm{U}) = \sum_{k \neq i} \lambda_i \left[\frac{4\lambda_i \lambda_k}{(\lambda_i + \lambda_k)^2} - 1 \right] \langle i|\mathrm{d}k\rangle \wedge \langle k|\mathrm{d}i\rangle. \tag{5.377}$$

在零温极限下,由于 $E_0 < E_1 < \cdots$,只有基态的占据概率 λ_0 趋近于 1,而其他态的权重 $\lambda_{k>0} \to 0$,因此主要贡献来自 $i = 0$,即

$$\mathrm{Tr}(\rho \mathcal{F}_\mathrm{U}) \to \lambda_0 \langle 0|\mathcal{F}_\mathrm{U}|0\rangle, \tag{5.378}$$

在零温极限下,取 $\lambda_0 \to 1$,$\lambda_{k>0} \to 0$,则有

$$\lim_{T \to 0} \frac{4\lambda_i \lambda_{k>0}}{(\lambda_i + \lambda_{k>0})^2} = 0. \tag{5.379}$$

因此有

$$\mathrm{Tr}(\rho \mathcal{F}_\mathrm{U}) \to -\langle 0|\mathrm{d}k\rangle \wedge \langle k|\mathrm{d}0\rangle. \tag{5.380}$$

在纯态情况下,基态的 Berry 曲率为

$$\mathcal{F}_\mathrm{B} = \mathrm{d}\langle 0| \wedge \mathrm{d}|0\rangle = \sum_k (\mathrm{d}\langle 0|)|k\rangle \wedge \langle k|\mathrm{d}0\rangle = -\sum_{k \neq 0} \langle 0|\mathrm{d}k\rangle \wedge \langle k|\mathrm{d}0\rangle. \tag{5.381}$$

由此得到,在零温极限下

$$\mathrm{Tr}(\rho \mathcal{F}_\mathrm{U}) \to \mathcal{F}_\mathrm{B}. \tag{5.382}$$

如果按照多数物理文献的习惯,将 Berry 联络定义为 $\mathcal{A}_B = i\langle 0|d|0\rangle$,则有 $\text{Tr}(\rho \mathcal{F}_U) \to -i\mathcal{F}_B$。

对于偶数维系统,可以引入"非拓扑 Uhlmann-陈数"(non-topological Uhlmann-Chern number)[82]

$$n_U = \frac{i}{2\pi} \int \text{Tr}(\rho \mathcal{F}_U). \tag{5.383}$$

尽管它不是整数,但根据上面的讨论,在零温极限,n_U 趋向于由 Berry 曲率计算的第一陈数,从而反映基态 Berry 丛的拓扑性质;而在无穷高温,n_U 为 0,反映混合态 Uhlmann 丛的拓扑平庸性。因此,在某种程度上,n_U 可以视为这两种截然不同的拓扑性之间的"连续内插"。

5.7.3 Uhlmann 曲率与 Wilczek-Zee 曲率

式 (5.383) 定义的 n_U 在零温极限下趋向于第一陈数。那么,这个结果是否可以推广到高阶陈数?注意到非零的高阶陈数只能由非阿贝尔规范曲率给出,即 Wilczek-Zee 曲率。一个自然的猜想是:是否可以将 Uhlmann 曲率和 Berry 曲率之间的关系推广为 Uhlmann 曲率和 Wilczek-Zee 曲率之间的关系?式 (5.382) 其实也可以写为

$$\lim_{T \to 0} \langle 0|\mathcal{F}_U|0\rangle = \mathcal{F}_B, \tag{5.384}$$

这种形式将为它的推广带来更多方便。

考虑一个具有 D 重简并基态子空间的量子系统,密度矩阵为

$$\rho = \sum_{a=1}^{D} \lambda_0 |\psi_a\rangle\langle\psi_a| + \sum_{\mu \notin \{1,\cdots,D\}} \lambda_\mu |\psi_\mu\rangle\langle\psi_\mu|. \tag{5.385}$$

在零温极限下,基态占据概率 $\lambda_a \to \frac{1}{D}$ $(a = 1, \cdots, D)$,激发态占据概率 $\lambda_\mu \to 0$ $(\mu > D)$。Uhlmann 联络 $\mathcal{A}_U$ 在零温极限下近似为

$$\mathcal{A}_U = -\sum_{a,\mu} (|\psi_a\rangle\langle\psi_a|d\psi_\mu\rangle\langle\psi_\mu| + |\psi_\mu\rangle\langle\psi_\mu|d\psi_a\rangle\langle\psi_a|) - \sum_{\mu,\nu} C_{\mu\nu}|\psi_\mu\rangle\langle\psi_\mu|d\psi_\nu\rangle\langle\psi_\nu|, \tag{5.386}$$

这是因为基态子空间内部项因 $C_{ab} \to 0$,而基态与激发态的交叉项 $C_{a\mu} = C_{\mu a} \to 1$。在式 (5.386) 的第三项中,系数 $C_{\mu\nu}$ 在零温极限下的取值需要分情况讨论。若量子数 μ、ν 属于简并激发态子空间 (如果存在的话),即当 λ_μ 和 λ_ν 对应同一能

5.7 Uhlmann-Berry 对应关系

级时, 有 $C_{\mu\nu} = 0$; 反之, 当 λ_μ 和 λ_ν 对应不同能级时, 可证明 $C_{\mu\nu} = 1$。在这里, 我们的目标是对式 (5.384) 进行推广: $\langle\psi_a|\mathcal{F}_U|\psi_b\rangle$。值得注意的是, 式 (5.386) 第三项的矩阵结构为 $|\psi_\mu\rangle\langle\psi_\nu|$, 当计算 $\mathcal{F}_U$ 时, 这一项带来的贡献总会涉及 $|\psi_\mu\rangle$ 和 $\langle\psi_\nu|$ 中的至少一个。因此, 当计算 $\mathcal{F}_U$ 在基态子空间中的矩阵元时, 这一项的贡献必为 0。因此, 在后续计算中可以安全地忽略这一项。

引入基态投影算子 $P = \sum_a |\psi_a\rangle\langle\psi_a|$ 和激发态投影算子 $Q = \sum_\mu |\psi_\mu\rangle\langle\psi_\mu|$, 显然有 $P + Q = 1$。利用 $\langle\psi_a|\psi_\mu\rangle = 0$ 可知, 在零温极限下 (下同) 有

$$\mathcal{A}_U = -P\mathrm{d}Q - Q\mathrm{d}P. \tag{5.387}$$

对 $P^2 = P$ 微分可得

$$(\mathrm{d}P)P + P\mathrm{d}P = \mathrm{d}P. \tag{5.388}$$

等式两边左乘 P, 可继续推出

$$P(\mathrm{d}P)P = 0. \tag{5.389}$$

为了计算 $\mathcal{F}_U$, 注意到

$$\mathrm{d}\mathcal{A}_U = -\mathrm{d}P \wedge \mathrm{d}Q - \mathrm{d}Q \wedge \mathrm{d}P = 2\mathrm{d}P \wedge \mathrm{d}P. \tag{5.390}$$

此外, 利用式 (5.388), 可得 $\mathcal{A}_U = 2P\mathrm{d}P - \mathrm{d}P$, 因此有

$$\mathcal{A}_U \wedge \mathcal{A}_U = 4P\mathrm{d}P \wedge P\mathrm{d}P - 2P\mathrm{d}P \wedge \mathrm{d}P - 2\mathrm{d}P \wedge P\mathrm{d}P + \mathrm{d}P \wedge \mathrm{d}P. \tag{5.391}$$

利用式 (5.389), 第一项等于 $4P(\mathrm{d}P)P \wedge \mathrm{d}P = 0$。利用式 (5.388), 第二、三项合并为 $2\mathrm{d}P \wedge \mathrm{d}P$。综合以上结果有

$$\mathcal{F}_U = \mathrm{d}\mathcal{A}_U + \mathcal{A}_U \wedge \mathcal{A}_U = \mathrm{d}P \wedge \mathrm{d}P. \tag{5.392}$$

利用 $\mathrm{d}P = \sum_a (|\mathrm{d}\psi_a\rangle\langle\psi_a| + |\psi_a\rangle\langle\mathrm{d}\psi_a|)$, 有

$$\mathcal{F}_U = \sum_{c,d} \Big(|\mathrm{d}\psi_c\rangle \wedge \langle\psi_c|\mathrm{d}\psi_d\rangle\langle\psi_d| + |\mathrm{d}\psi_c\rangle \wedge \langle\mathrm{d}\psi_d|\delta_{cd}$$
$$+ |\psi_c\rangle\langle\mathrm{d}\psi_c| \wedge |\mathrm{d}\psi_d\rangle\langle\psi_d| + |\psi_c\rangle\langle\mathrm{d}\psi_c|\psi_d\rangle \wedge \langle\mathrm{d}\psi_d| \Big). \tag{5.393}$$

在基态子空间中, $\mathcal{F}_U$ 在零温极限下的矩阵元为

$$\mathcal{F}_{U,ab} = \langle\psi_a|\mathcal{F}_U|\psi_b\rangle = \langle\mathrm{d}\psi_a| \wedge |\mathrm{d}\psi_b\rangle + \sum_c \langle\psi_a|\mathrm{d}\psi_c\rangle \wedge \langle\psi_c|\mathrm{d}\psi_b\rangle. \tag{5.394}$$

根据 Wilczek-Zee 联络的表达式：$\mathcal{A}_{ab}^{\mathrm{WZ}} = \langle \psi_a | \mathrm{d} \psi_b \rangle$ 可知

$$\lim_{T \to 0} \langle \psi_a | \mathcal{F}_{\mathrm{U}} | \psi_b \rangle = \mathrm{d} \mathcal{A}_{ab}^{\mathrm{WZ}} + \sum_c \mathcal{A}_{ac}^{\mathrm{WZ}} \wedge \mathcal{A}_{cb}^{\mathrm{WZ}} = \mathcal{F}_{ab}^{\mathrm{WZ}} \tag{5.395}$$

这正是式 (5.382) 或式 (5.384) 的推广。若基态简并度为 1，上式就回到式 (5.382) 或式 (5.384)。

类比第 k 阶陈数，我们引入第 k 阶非拓扑 Uhlmann-陈数

$$n_{\mathrm{U}}^{(k)} = \frac{1}{k!} \left(\frac{\mathrm{i}}{2\pi} \right)^k \int_M \mathrm{Tr}(\rho \underbrace{\mathcal{F}_{\mathrm{U}} \wedge \cdots \wedge \mathcal{F}_{\mathrm{U}}}_{k \text{个}}), \tag{5.396}$$

其中，M 为参数流形。在零温极限下，$\rho \to \frac{1}{D} P$，且求迹运算只在基态子空间中进行。利用式 (5.395)，有

$$n_{\mathrm{U}}^{(k)} \to \frac{1}{D} \frac{1}{k!} \left(\frac{\mathrm{i}}{2\pi} \right)^k \int_M \mathcal{F}_{a_1 a_2}^{\mathrm{WZ}} \wedge \mathcal{F}_{a_2 a_3}^{\mathrm{WZ}} \wedge \cdots \wedge \mathcal{F}_{a_k a_1}^{\mathrm{WZ}} = \frac{n^{(k)}}{D}. \tag{5.397}$$

其中，$n^{(k)}$ 为第 k 阶陈数。以上结果表明，尽管混合态的 Uhlmann 丛是拓扑平庸的，而纯态的 Berry 丛是拓扑非平庸的，但它们之间却有着深刻的内在联系。

5.8 Uhlmann 相位的实验模拟

5.8.1 平行演化的实验实现

Berry 相位、Aharonov-Anandan 相位等量子纯态几何相位早已在实验上被观测到，但是至今尚无关于 Uhlmann 相位的实验测量报道，其根源在于 Uhlmann 过程，尤其是平行输运的物理内涵尚不清楚。在 2016 年，西班牙的 Viyuela 等学者与 IBM 苏黎世实验室的科学家合作，提出了以两能级模型为原型，在 IBM 量子模拟器上模拟测量 Uhlmann 的实验方案[83]①，其好处是量子比特本身就是一个两能级系统。在本节，我们将基于前面介绍的自旋-j 模型，也给出一个测量 Uhlmann 相位的方案[77]，其优点是该 Uhlmann 过程是幺正的，原则上仅需借助核磁共振脉冲就可完成。

要在实验上实现 Uhlmann 过程，需要解决两个基本问题。首先，如何表征密度矩阵的纯化 $W = \sqrt{\rho} U = \sum_n \sqrt{\lambda_n} |n\rangle \langle n| U$；其次，怎么实现 W 的平行输运：$W^\dagger \dot{W} = \dot{W}^\dagger W$。由于 W 是一个矩阵 (算子)，而且一般是非厄米的，甚至同一密

---

① 不过，也有学者在重复他们的模拟时遇到了一些问题。

5.8 Uhlmann 相位的实验模拟

度矩阵的不同纯化之间还可能彼此垂直 (见 4.5.1 节)，所以目前尚不知如何在实验上完美地实现 W。有两种办法来解决这些困难。一种是用纯化态 $|W\rangle$ 来替代纯化 W，因为它们是一一对应的。这可以借助辅助系统，通过原系统与辅助系统的耦合，构造它们之间的纠缠态来实现：$|W(t)\rangle = \sum_n \sqrt{\lambda_n}|n\rangle_s \otimes U^T|n\rangle_a$，这里下标 "s"、"a" 分别代表系统量子态与辅助量子态。但不同 W 之间的矩阵运算无法对应到 $|W\rangle$ 之间的任何已知运算 (至少目前如此) 中，因此无法用纯化态 $|W\rangle$ 来实现 W 所遵循的平行演化。一个妥协的办法就是采用弱化版的平行输运条件 (见式 (5.174))：

$$\text{Im}\langle W(t)|\frac{\mathrm{d}}{\mathrm{d}t}|W(t)\rangle = 0. \tag{5.398}$$

这样做还有一个额外好处，注意到原平行演化条件与一般动力学演化不相容，但弱化后的条件却不受此限制，这意味着 t 可以代表时间。因此，Uhlmann 过程可用 $|W\rangle$ 所经历的合适含时演化来模拟。第二种办法是利用量子淬火。在 5.3.4 节中，我们提到淬火动力学演化与 Uhlmann 过程是相容的，因此，也可以通过量子淬火操作来实现 Uhlmann 平行演化过程。

5.8.2 自旋-j 系统的弱化 "平行演化"

在实验上，自旋-j 量子态 $|jm\rangle$ 可用原子的超精细结构能级来实现，目前对后者的制备、调控和测量手段已非常成熟。在量子信息理论中，量子位本质上是自旋-$\frac{1}{2}$ 的两能级体系，被称为量子比特 (qubit)，有人也建议可将具有 $2j+1$ 个分量的自旋-j 系统称为 qu$j$it。

具体而言，可将相关原子置于外磁场，其超精细结构能级与磁场耦合并产生哈密顿量 $\hat{H} = \omega_0 \hat{\boldsymbol{B}} \cdot \boldsymbol{J}$。只需改变磁场方向，便可产生参数空间中某特定 Uhlmann 演化路径。例如，令磁场指向沿本初子午线转动，自然给出演化轨道 $(\theta(t), 0)$，其中 $\theta(0) = 0$, $\theta(\tau) = 2\Omega\pi$。根据式 (5.304)，对应的 Uhlmann 联络为 $\mathcal{A}_U = -\frac{\mathrm{i}}{\hbar}\chi J_y \mathrm{d}\theta$，初始和终了的相因子之间满足

$$U(\tau) = \mathrm{e}^{-\oint \mathcal{A}_U}U(0) = \mathrm{e}^{-\frac{\mathrm{i}}{\hbar}\chi \int_0^\tau \dot{\theta}\mathrm{d}t J_y}U(0), \tag{5.399}$$

其中，$\dot{\theta} = \frac{\mathrm{d}\theta(t)}{\mathrm{d}t}$。因为 $\mathcal{A}_U$ 正比于常算子 J_y，所以路径编序算子已被略去。沿本初子午线的这族密度矩阵可表示为

$$\rho(t) \equiv \rho_{\theta(t)} = \sum_m \lambda_m |\psi_m^j(t)\rangle\langle\psi_m^j(t)|, \tag{5.400}$$

且 $\lambda_m = \dfrac{\mathrm{e}^{-\beta m \hbar \omega_0}}{Z(0)}$，$|\psi_m^j(t)\rangle \equiv |\psi_m^j(\theta(t),0)\rangle = \mathrm{e}^{-\frac{\mathrm{i}}{\hbar}\theta(t)J_y}|jm\rangle$（根据式 (5.291)）。满足 Uhlmann 平行演化条件的纯化为

$$W(t) \equiv W_{\theta(t)} = \sum_m \sqrt{\lambda_m}|\psi_m^j(t)\rangle\langle\psi_m^j(t)|U(t), \tag{5.401}$$

其中，$U(t) = \mathrm{e}^{-\mathrm{i}\chi\int_0^t \theta' \mathrm{d}t' J_y}$ 为 t 时刻的相因子，且 $\theta' = \dfrac{\mathrm{d}\theta(t')}{\mathrm{d}t'}$。引入

$$U_\mathrm{S}(t) = \mathrm{e}^{-\frac{\mathrm{i}}{\hbar}\int_0^t \theta' \mathrm{d}t' J_y}, \tag{5.402}$$

则 $W(t)$ 对应的纯化态为

$$|W(t)\rangle = \sum_m \sqrt{\lambda_m} U_\mathrm{S}(t)|jm\rangle \otimes U_\mathrm{A}(t)|jm\rangle, \tag{5.403}$$

作用于辅助量子态上的等效算子为

$$U_\mathrm{A}(t) = \left[U_\mathrm{S}^\dagger(t)U(t)\right]^\mathrm{T} = \mathrm{e}^{-\frac{\mathrm{i}}{\hbar}\eta\int_0^t \theta' \mathrm{d}t' J_y}. \tag{5.404}$$

这里，$\eta = 1 - \chi = \mathrm{sech}(\beta\hbar\omega_0/2)$，且在上式中利用了 $J_y^\mathrm{T} = -J_y$。

根据上述结果，可认为纯化态 $|W(t)\rangle$ 是扩展希尔伯特空间 $\mathcal{H} = \mathcal{H}_\mathrm{S} \otimes \mathcal{H}_\mathrm{A}$ 中的一个量子态，S 和 A 自然代表原系统和辅助系统，$U_\mathrm{S}(t)$ 和 $U_\mathrm{A}(t)$ 则是系统空间和辅助空间上的等效时间演化算符，η 被称为辅助权重。对温度的依赖则通过参数 χ、η 来达成。在实验上，可以通过对系统量子态以及辅助量子态施加射频脉冲来诱导出绕 y 轴的旋转，从而实现对动力学演化算符 $U_\mathrm{S}(t)$ 和 $U_\mathrm{A}(t)$ 的模拟。

$|W(t)\rangle$ 无法直接满足 Uhlmann 平行条件，但满足弱平行演化条件 (5.398)。直接计算表明

$$\mathrm{Im}\langle W(t)|\frac{\mathrm{d}}{\mathrm{d}t}|W(t)\rangle$$
$$=\mathrm{Im}\sum_{mn}\sqrt{\lambda_m\lambda_n}\Big(\langle jn|U_\mathrm{S}^\dagger \dot{U}_\mathrm{S}|jm\rangle\langle jm|U_\mathrm{A}U_\mathrm{A}^\dagger|jn\rangle + \langle jn|U_\mathrm{S}^\dagger U_\mathrm{S}|jm\rangle\langle jm|\dot{U}_\mathrm{A}U_\mathrm{A}^\dagger|jn\rangle\Big)$$
$$=-\mathrm{Im}\sum_{m=-j}^{j}\lambda_m \mathrm{i}\chi\dot{\theta}\langle jm|J_y|jm\rangle,$$
$$=0. \tag{5.405}$$

在计算中，用到了如下事实

$$\dot{U}_\mathrm{S} = -\mathrm{i}\dot{\theta}J_y U_\mathrm{S}, \quad \dot{U}_\mathrm{A} = -\mathrm{i}\eta\dot{\theta}J_y U_\mathrm{A}. \tag{5.406}$$

在式 (5.405) 第二行的计算中，纯化态之间的内积必须采取与式 (4.75) 一致的运算方式才能与矩阵间的希尔伯特–施密特内积相自洽。等式 (5.405) 表明上述构造方式保证了 $|W(t)\rangle$ 沿本初子午线平行输运。

最后，还需验证当 $t = \tau$ 时，初始和终了纯化态之间的 Loschmidt 振幅由式 (5.316) 给出。注意到 $U_\mathrm{S}(\tau) = \mathrm{e}^{-\frac{\mathrm{i}}{\hbar}2\pi\Omega J_y}$, $U_\mathrm{A}(\tau) = \mathrm{e}^{-\frac{\mathrm{i}}{\hbar}2\eta\pi\Omega J_y}$ (Ω 为环绕数)，因此

$$\mathcal{G}_\mathrm{U}(T) = \langle W(0)|W(\tau)\rangle = \sum_{mn}\sqrt{\lambda_m\lambda_n}\langle jm|U_\mathrm{S}(\tau)|jn\rangle\langle jn|U_\mathrm{A}^\mathrm{T}(\tau)|jm\rangle. \tag{5.407}$$

注意到

$$\langle jm|U_\mathrm{S}(\tau)|jn\rangle = d_{mn}^j(2\pi\Omega) = (-1)^{2j\Omega}\delta_{mn}, \tag{5.408}$$

这表明只有满足 $m = n$ 的项才对式 (5.407) 的求和有贡献。因此可将求和式中的 λ_n 替换为 λ_m，最终可推出

$$\begin{aligned}\mathcal{G}_\mathrm{U}(T) &= \sum_m \lambda_m \langle jm|U_\mathrm{S}(\tau)\sum_n|jn\rangle\langle jn|U_\mathrm{A}^T(\tau)|jm\rangle \\ &= \sum_{m=-j}^j \frac{\mathrm{e}^{-\beta\hbar\omega_0 m}}{Z(0)}d_{mm}^j(2\pi\Omega\chi).\end{aligned} \tag{5.409}$$

这表明自旋-j 系统的 Uhlmann 过程确实可以用 $|W(t)\rangle$ 来模拟，且 Uhlmann 相位为 $\theta_\mathrm{U} = \arg\mathcal{G}_\mathrm{U}(T)$，代表初始纯化态 $|W(0)\rangle$ 与终了纯化态 $|W(\tau)\rangle$ 之间的相位差。

在定义上，$\mathcal{G}_\mathrm{U}$ 其实就是 Uhlmann 过程的 Loschmidt 振幅 (即末态回到初态的概率幅)，而拓扑相变点则为 $\mathcal{G}_\mathrm{U}$ 的零点或几何母函数的奇点。如前所述，几何母函数 g 与量子淬火动力学中率函数的定义类似。在量子淬火理论中，动力学量子相变点为 Loschmidt 振幅的费希尔 (Fisher) 零点，或者率函数的奇点。因此，近年来蓬勃发展的观测动力学量子相变的实验技术也可用于观测由 Uhlmann 相位诱导的拓扑量子相变，这些都为 Uhlmann 相位的真实测量 (模拟) 提供了可靠的基础。

5.8.3 自旋-$\frac{1}{2}$ 系统的 Uhlmann 淬火动力学过程

在 5.3.4 节讨论了 Uhlmann 过程与动力学过程的结合——Uhlmann 动力学过程。但在一般情况下，$U_\mathrm{d}(t)$ 的表达式涉及时间编序 (详见式 (5.122))，而 Uhlmann 和乐又涉及路径编序。为了简化计算，考虑 Uhlmann 动力学过程的一种特例：将 Uhlmann 过程与量子淬火动力学结合起来。设量子系统的初始哈密顿量为 $\hat{H}_0$。

当 $t = 0^+$ 时，突然改变系统参数使得 $\hat{H}_0 \to \hat{H}$，且满足 $[\rho(0), \hat{H}] \neq 0$。在淬火之后，密度矩阵按如下方式演化

$$\rho(t) = e^{-\frac{i}{\hbar}\hat{H}t}\rho(0)e^{\frac{i}{\hbar}\hat{H}t}, \tag{5.410}$$

显然在一般情况下有 $\rho(t) \neq \rho(0)$。因此，可以让该过程"荷载"Uhlmann 平行输运条件，并称其为"Uhlmann 淬火动力学过程"。在 5.3.4 节的推导中，只需将 $U_d(t)$ 替换为 $e^{-\frac{i}{\hbar}\hat{H}t}$，并注意到 $\hat{H}(t) = U_d^\dagger(t)\hat{H}U_d(t) = \hat{H}$，那么所有推导过程依然成立，甚至过程更为简单。此外，还需要注意 Uhlmann 相位只能产生于周期性过程。尽管量子淬火要求 $[\rho(0), \hat{H}] \neq 0$，但不难找到可经历周期性 Uhlmann 淬火动力学过程的物理系统。比如对自旋系统，$e^{-\frac{i}{\hbar}\hat{H}t}$ 等同于旋转操作，因此总可以找到合适的 τ，使得 $[\rho(0), e^{-\frac{i}{\hbar}\hat{H}\tau}] = 0$。此时，系统获得的几何相位就是 Uhlmann 相位。最后，纯化态 $|W\rangle$ 在该过程中根据方程 (5.159) 而演化，即系统量子态与辅助量子态均经历幺正演化，因此可用 5.8.2 节提到的实验技术来作模拟。

根据以上讨论，以自旋-$\frac{1}{2}$ 系统为例，通过具体计算来了解更多模拟细节。由式 (2.168)，系统哈密顿量为

$$\hat{H} = \frac{\hbar\omega_0}{2}\hat{\boldsymbol{B}} \cdot \boldsymbol{\sigma}. \tag{5.411}$$

假设在淬火前，外磁场方向 $\boldsymbol{B} \parallel \hat{e}_z$，即 $\theta = 0$，所以初始哈密顿量为 $\hat{H}_0 = \frac{\hbar\omega_0}{2}\sigma_z$，其本征值与能级为

$$E_- = -\frac{\omega_0}{2}, \quad |-\rangle = \begin{pmatrix} 0 \\ 1 \end{pmatrix}; \quad E_+ = \frac{\omega_0}{2}, \quad |+\rangle = \begin{pmatrix} 1 \\ 0 \end{pmatrix}. \tag{5.412}$$

初始密度矩阵为

$$\rho(0) = \frac{1}{Z}e^{-\beta\hat{H}_0} = f(-\hbar\omega_0)|-\rangle\langle-| + f(\hbar\omega_0)|+\rangle\langle+|, \tag{5.413}$$

其中，$f(x)$ 为费米分布函数。在 $t = 0^+$ 时刻，磁场 $\boldsymbol{B}$ 被瞬时改变到 (θ, ϕ) 方向，其对应的哈密顿量为

$$\hat{H} = \frac{\hbar\omega_0}{2}\begin{pmatrix} \cos\theta & \sin\theta e^{-i\phi} \\ \sin\theta e^{i\phi} & -\cos\theta \end{pmatrix}. \tag{5.414}$$

它所产生的动力学演化为

5.8 Uhlmann 相位的实验模拟

$$e^{-\frac{i}{\hbar}\hat{H}t} = \begin{pmatrix} \cos\left(\frac{\hbar\omega_0 t}{2}\right) - i\sin\left(\frac{\hbar\omega_0 t}{2}\right)\cos\theta & -i\sin\left(\frac{\hbar\omega_0 t}{2}\right)\sin\theta e^{-i\phi} \\ -i\sin\left(\frac{\hbar\omega_0 t}{2}\right)\sin\theta e^{i\phi} & \cos\left(\frac{\hbar\omega_0 t}{2}\right) + i\sin\left(\frac{\hbar\omega_0 t}{2}\right)\cos\theta \end{pmatrix}.$$
(5.415)

利用式 (5.154)，Uhlmann 联络为

$$i\hbar\mathcal{A}_U(X) = e^{-\frac{i}{\hbar}\hat{H}t}\Big(|-\rangle\langle-|\hat{H}|-\rangle\langle-| + |+\rangle\langle+|\hat{H}|+\rangle\langle+|\Big)e^{\frac{i}{\hbar}\hat{H}t}$$
$$+ \frac{2e^{\frac{\beta\hbar\omega_0}{2}}}{e^{\beta\hbar\omega_0}+1}e^{-\frac{i}{\hbar}\hat{H}t}\Big(|-\rangle\langle-|\hat{H}|+\rangle\langle+| + |+\rangle\langle+|\hat{H}|-\rangle\langle-|\Big)e^{\frac{i}{\hbar}\hat{H}t} - \hat{H}.$$
(5.416)

将最后一项 $\hat{H}$ 改写为

$$\hat{H} = e^{-\frac{i}{\hbar}\hat{H}t}\hat{H}e^{\frac{i}{\hbar}\hat{H}t} = \sum_{n,m=\pm} e^{-\frac{i}{\hbar}\hat{H}t}|n\rangle\langle n|\hat{H}|m\rangle\langle m|e^{\frac{i}{\hbar}\hat{H}t},$$
(5.417)

从而式 (5.416) 进一步变为

$$i\hbar\mathcal{A}_U(X) = \left(\frac{2e^{\frac{\beta\hbar\omega_0}{2}}}{e^{\beta\hbar\omega_0}+1} - 1\right)e^{-\frac{i}{\hbar}\hat{H}t}\Big(|-\rangle\langle-|\hat{H}|+\rangle\langle+| + |+\rangle\langle+|\hat{H}|-\rangle\langle-|\Big)e^{\frac{i}{\hbar}\hat{H}t}$$
$$\equiv e^{-\frac{i}{\hbar}\hat{H}t}\chi\tilde{H}e^{\frac{i}{\hbar}\hat{H}t},$$
(5.418)

其中

$$\chi = \frac{2e^{\frac{\beta\hbar\omega_0}{2}}}{e^{\beta\hbar\omega_0}+1} - 1, \quad \tilde{H} = |-\rangle\langle-|\hat{H}|+\rangle\langle+| + |+\rangle\langle+|\hat{H}|-\rangle\langle-|.$$
(5.419)

取 $g(t) = \mathcal{T}e^{-\int_0^t dt' \mathcal{A}_U(X(t'))}$，亦可利用 5.6.2 节中的方法求出 $g(t)$ 的解析表达式。令 $g'(t) = e^{\frac{i}{\hbar}\hat{H}t}g(t)$，则其满足微分方程

$$\frac{dg'(t)}{dt} = \frac{i}{\hbar}\hat{H}e^{\frac{i}{\hbar}\hat{H}t}g(t) + e^{\frac{i}{\hbar}\hat{H}t}\frac{dg(t)}{dt} = \frac{i}{\hbar}(\hat{H} + \chi\tilde{H})g'(t)$$
(5.420)

及初始条件 $g'(0) = 1$。解之可得

$$g'(t) = e^{\frac{i}{\hbar}(H+\chi\tilde{H})t} \Rightarrow g(t) = e^{-\frac{i}{\hbar}\hat{H}t}e^{\frac{i}{\hbar}(\hat{H}+\chi\tilde{H})t}.$$
(5.421)

最终，在演化过程中 Loschmidt 振幅为

$$\mathcal{G}(T,t) = \langle W(0)|W(t)\rangle = \mathrm{Tr}\left[\sqrt{\rho(0)}\mathrm{e}^{-\frac{\mathrm{i}}{\hbar}\hat{H}t}\sqrt{\rho(0)}\mathrm{e}^{\frac{\mathrm{i}}{\hbar}(\hat{H}+\chi\tilde{H})t}\right]$$

$$= \frac{4\sin^2\theta\sin\left(\frac{\omega_0 t}{2}\right)\sin\left(\frac{\omega_0 t}{2}B\right)}{(\mathrm{e}^{\frac{\beta\hbar\omega_0}{2}}+\mathrm{e}^{-\frac{\beta\hbar\omega_0}{2}})^2 B} + \cos\left(\frac{\omega_0 t}{2}B\right)\left(\frac{A(t)}{1+\mathrm{e}^{-\beta\hbar\omega_0}}+\frac{A^*(t)}{1+\mathrm{e}^{\beta\hbar\omega_0}}\right)$$

$$+ \frac{\mathrm{i}\cos\theta\sin(\frac{\omega_0 t}{2}B)}{B}\left(\frac{A^*(t)}{1+\mathrm{e}^{\beta\hbar\omega_0}}-\frac{A(t)}{1+\mathrm{e}^{-\beta\hbar\omega_0}}\right), \tag{5.422}$$

且 $A(t) = \cos\left(\frac{\omega_0 t}{2}\right)+\mathrm{i}\cos\theta\sin\left(\frac{\omega_0 t}{2}\right)$，$B = \sqrt{\cos^2\theta+(\chi+1)^2\sin^2\theta}$。最终结果与方位角 (经度)$\phi$ 无关，仅与淬火后的极角 (纬度)θ 有关，这是因为淬火过程具有绕 z-轴的旋转对称性。关于率函数的计算需要注意一些细节。率函数的定义见式 (D.5)。对于 N 个自旋-$\frac{1}{2}$ 粒子，可类比晶格模型。考虑一个具有 N 个格点的等效晶格，每个格点上都有一个自旋-$\frac{1}{2}$ 的顺磁体，不同格点之间没有相互作用，而外界存在磁场 $\boldsymbol{B}$。因此，总的 Loschmidt 振幅为 $\mathcal{G}_N(T,t) = \mathcal{G}(T,t)^N$，这是由多体量子态的张量积结构导致的。根据式 (D.5)，率函数为 $r(t) = -\ln|\mathcal{G}(T,t)|^2$。相变点为 $r(t)$ 奇点或者 $\mathcal{G}(T,t)$ 的零点。

由 $\mathcal{G}(T,t) = 0$ 可解出动力学量子相变点 t_n^*。但根据式 (5.422)，这是一个非常复杂的超越方程。为了简单起见，考虑 $\theta = \frac{\pi}{2}$，即量子淬火操作将磁场 $\boldsymbol{B}$ 瞬时旋转至赤道上某一点，那么 Loschmidt 振幅变为

$$\mathcal{G}(T,t) = \cos\left[\frac{\omega_0}{2}(\chi+1)t\right]\cos\left(\frac{\omega_0 t}{2}\right) + \frac{2\sin\left[\frac{\omega_0}{2}(\chi+1)t\right]}{\mathrm{e}^{\frac{\beta\omega_0}{2}}+\mathrm{e}^{\frac{-\beta\omega_0}{2}}}\sin\left(\frac{\omega_0 t}{2}\right). \tag{5.423}$$

尽管 $\mathcal{G}(T,t) = 0$ 仍是一个超越方程，但在低温极限下会变得很简单。此外，密度矩阵的演化方程 (5.410) 显然是周期的。注意到系统具有绕 z-轴的旋转对称性。不失一般性，可以选 $\phi = 0$。那么演化方程 (5.410) 给出

$$\rho(t) = \frac{1}{Z}\mathrm{e}^{-\beta\hat{H}(t)}, \tag{5.424}$$

且

$$\hat{H}(t) = \mathrm{e}^{-\frac{\mathrm{i}}{\hbar}\hat{H}t}\hat{H}_0 \mathrm{e}^{\frac{\mathrm{i}}{\hbar}\hat{H}t} = \frac{\omega_0}{2}\mathrm{e}^{-\mathrm{i}\frac{\omega_0 t}{2}\sigma_x}\sigma_z \mathrm{e}^{\mathrm{i}\frac{\omega_0 t}{2}\sigma_x} = \frac{\omega_0}{2}\left[\cos(\omega_0 t)\sigma_z - \sin(\omega_0 t)\sigma_y\right]. \tag{5.425}$$

5.8 Uhlmann 相位的实验模拟

这显然是将 $\hat{H}_0 = \frac{\omega_0}{2}\sigma_z$ 绕 x-轴进行旋转。系统演化周期为 $\tau = \frac{2\pi}{\omega_0}$ (n 为正整数)。因此在 $t = n\tau$ 时有 $\rho(n\tau) = \rho(0)$，且 $\theta_{\rm G}(T,t_n) = \arg \mathcal{G}(T,t_n)$ 为 Uhlmann 相位。注意，在一般情况下有 $t_n^* \neq n\tau$，因为在淬火后系统的演化周期与 Loschmidt 振幅的演化周期一般并不一样。

为更形象地理解 Uhlmann 淬火动力学过程的性质，以 ω_0 为单位，分别在 (相对) 高温和低温下作具体数值计算，来探究如何在淬火动力学过程中产生 Uhlmann 相位。在高温极限下，式 (5.422) 和式 (5.423) 都给出 $\mathcal{G}(T,t) = 1$，这与 $\lim\limits_{T\to +\infty} \rho = \frac{1}{2}\mathbb{1}_2$ 相吻合。在这种情况下，系统在淬火后的演化是平庸的。因此，选择一个适当高的温度 $T = 1.0\frac{\hbar\omega_0}{k_{\rm B}}$，使得系统在淬火后有非平庸的行为。在图 5.5 的上图和下图，分别画出了几何相位与率函数随时间的变化图，星号标记表示几何相位恰好等于 Uhlmann 相位的时间点 ($t = n\tau$)。显然，在每个 t_n^* 处，率函数出现奇异行为，且 $\theta_{\rm G}$ 的取值出现 $\pm\pi$ 跳变。这意味着动力学量子相变的产生伴随着系统演化几何性质的变化。回顾 Uhlmann 平行输运条件，它要求 $W(t+{\rm d}t)$ 时刻与 $W(t)$ 平行。然而，平行性的不可传递性使得瞬时纯化 $W(t)$ 未必与初始纯化 $W(0)$ 平行。若 $\theta_{\rm G} = 0$，表示 $W(t)$ 平行于 $W(0)$；若 $\theta_{\rm G} = \pi$，表示 $W(t)$ 反平行于 $W(0)$。当 $t = n\tau$ 时，$\theta_{\rm G}(n\tau)$ 为 Uhlmann 相位，它描述循环演化回路的拓扑性质。显然，在这种情况下，两次相邻动力学量子相变之间的时间间隔要大于 τ。

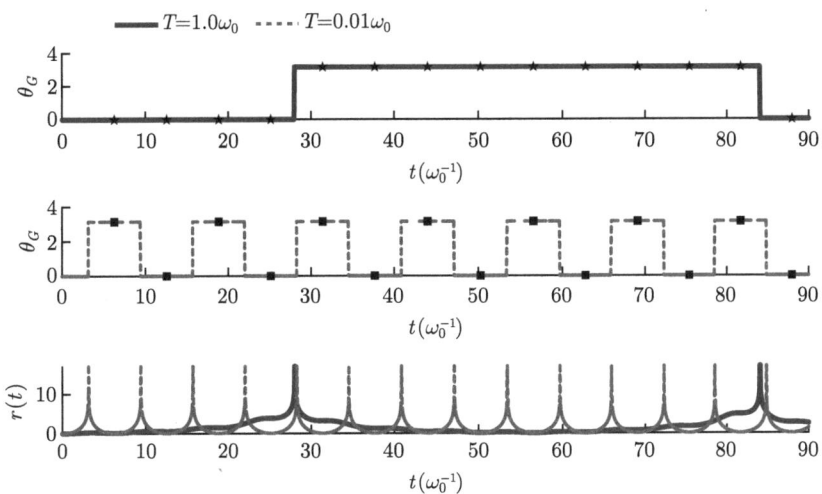

图 5.5 本图中所有物理量均采用自然单位制。上图和中图分别展示在低温 ($T = 0.01\omega_0$，红色实线) 和相对高温 ($T = 1.0\omega_0$，蓝色实线) 下，几何相位随时间的变化。星形点和方形点分别标记几何相位等于 Uhlmann 相位的位置。下图：速率函数在两种情况下的行为 (彩图请扫封底二维码)

在低温极限下，根据方程 (5.423) 有：$\lim_{T\to 0}\mathcal{G}(T,t) = \cos\left(\frac{\omega_0 t}{2}\right)$。因此，当 $T = 0.01$ 时，$\theta_G(t)$ 和 $r(t)$ 都近乎为周期函数。动力学量子相变发生的时间点为 $t_n^* \approx \frac{1}{\omega_0}(2n+1)\pi$，且 n 为非负整数。在中图和下图用红色实线标明了它们随时间的演化行为。同样，黑色方块标记 $\theta_G = \theta_U$ 的位置。此外，θ_U 的周期满足 $\tau = \frac{2\pi}{\omega_0} \approx t_{n+1}^* - t_n^*$，意味着在相邻两次动力学量子相变之间，$\theta_G = \theta_U$ 仅出现一次，正如中间图所示。此外，还分别给出当时间为 $t = 10.0\omega_0^{-1}$ 和 $t = 10.0\pi\omega_0^{-1}$ 时，几何相位 θ_G 随温度的变化图，详见图 5.6。由图可见，当温度改变时，θ_G 经历了多次 $\pm\pi$ 跳变，预示着经历了多次几何相变。当 $t = 10.0\pi\omega_0^{-1}$ 时，θ_G 为 Uhlmann 相位，其数值跳变代表着拓扑相变。

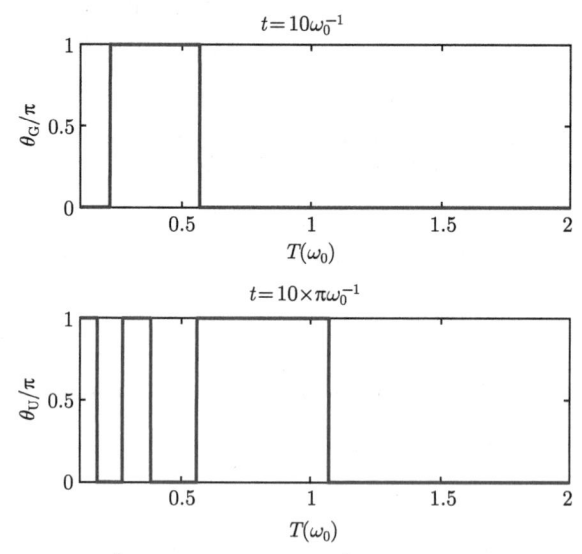

图 5.6 当时间为 $t = 10\omega_0^{-1}$(上图) 和 $t = 10\pi\omega_0^{-1}$(下图) 时，几何相位 θ_G 随温度的变化。对于后者，θ_G 即为 Uhlmann 相位

利用本例的结果，可在自旋-$\frac{1}{2}$ 系统中通过 Uhlmann 淬火来模拟实现 Uhlmann 相位，其方法与前一例类似。为简单起见，取淬火后的哈密顿量为 $\hat{H} = \frac{\hbar\omega_0}{2}(\cos\phi\sigma_x + \sin\phi\sigma_y)$。因为 $\hat{H}$ 没有对角元，所以 $\tilde{H} = \hat{H}$。在 Uhlmann 淬火后，密度矩阵纯化以如下方式演化

$$W(t) = e^{-\frac{i}{\hbar}\hat{H}t}\sqrt{\rho(0)}e^{\frac{i}{\hbar}(1+\chi)\hat{H}t}. \tag{5.426}$$

同样，可以用相应的纯化态来模拟 $W(t)$，且不需要像上一例那样引入额外的动力

5.8 Uhlmann 相位的实验模拟

学演化来补偿。因此有

$$|W(t)\rangle = \sum_n \sqrt{\lambda_n} U_S(t)|n\rangle_s \otimes U_A^T(t)|n\rangle_a, \tag{5.427}$$

其中，$U_S(t) = e^{-\frac{i}{\hbar}\hat{H}t}$ 为系统量子空间上的动力学演化，而 $U_A(t) = e^{\frac{i}{\hbar}(1+\chi)\hat{H}t}$ 作用于辅助量子空间的"有效"动力学演化，且可以通过参数 χ 来模拟产生。

第 6 章 量子混合态的干涉几何相位

除了 Uhlmann 相位，也有多位学者从不同角度探讨了量子混合态几何相位的其他定义方式。其中最常用且物理意义最明确的是由 Sjöqvist 及合作者通过类比 Mach-Zehnder 干涉实验而引入的相位[60]，他们也因此将其命名为"干涉几何相位"(interferometric geometric phase)，该相位是处于混合态的量子体系在作幺正平行演化时所获得的几何相位。随后，我国学者全殿民教授将其进一步推广到非幺正演化过程[84,85]。产生干涉几何相位所要求的平行演化条件与 Uhlmann 平行输运条件的并不相同，因此这两种几何相位也互不等价。在本章，我们将对它们的相似与相异之处作一一对比。

6.1 干涉几何相位简介

6.1.1 混合态的相位

混合态是用密度矩阵 ρ 来描述的，而 ρ 为厄米算子，因此无法直接赋予其相位。Uhlmann 相位理论通过引入 ρ 的纯化 $W = \sqrt{\rho}\,\mathcal{U}$[①]来给混合态赋予相因子，若用纯化态 $|W\rangle$ 来表示密度矩阵纯化，则 $\mathcal{U}$ 可视为作用于辅助量子态上的算子。不过，这受到了一些物理学家的批评，他们认为 Uhlmann 相位依赖于辅助量子空间的选择以及演化方式，因此其并非反映系统量子态的性质[②]。此外，Uhlmann 平行输运条件缺乏明确的物理内涵也是其缺点之一。

在 2000 年，Sjöqvist 等学者通过类比量子光学中的干涉效应而以另一种方式引入混合态几何相位。要测量两束光 $|\psi_1\rangle$、$|\psi_2\rangle$ 之间的相位差 $\arg\langle\psi_1|\psi_2\rangle$，一种物理上可行的办法是干涉测量法。先对 $|\psi_1\rangle$ 作相移操作：$|\psi_1\rangle \to e^{i\chi}|\psi_1\rangle$，然后与 $|\psi_2\rangle$ 相干叠加，再测量叠加态的光强，得到

$$\begin{aligned}
I &= \left|e^{i\chi}|\psi_1\rangle + |\psi_2\rangle\right|^2 \\
&= 2 + e^{-i\chi}\langle\psi_1|\psi_2\rangle + e^{i\chi}\langle\psi_2|\psi_1\rangle \\
&= 2 + 2|\langle\psi_1|\psi_2\rangle|\cos(\chi - \arg\langle\psi_1|\psi_2\rangle).
\end{aligned} \quad (6.1)$$

---

① 为了避免与后面引入的系统空间幺正变换 U 相混淆，我们在这里用 $\mathcal{U}$ 来指代相因子。

② 这一点值得商榷，Uhlmann 联络为满秩密度矩阵流形 (底流形) 上的规范联络，由密度矩阵的性质唯一确定，因此底流形上的任一连续演化曲线都有唯一的"水平提升"。只需要将辅助空间选为系统空间的复制 (自由度加倍)，就可认为 Uhlmann 相位反映了自由度加倍后系统空间的性质。

6.1 干涉几何相位简介

当初始相移恰好满足条件 $\chi = \arg\langle\psi_1|\psi_2\rangle$，则光强达到最大。该过程可用 Mach-Zehnder 干涉实验来实现，这里略去其细节。

以上方法很容易推广到混合态。考虑作幺正演化的密度矩阵：$\rho(t) = U(t)\rho(0)U^\dagger(t)$，将其对角化，有

$$\rho(0) = \sum_n \lambda_n |n\rangle\langle n|, \quad \rho(t) = \sum_n \lambda_n |n(t)\rangle\langle n(t)|, \quad 且 \quad |n(t)\rangle = U(t)|n\rangle. \quad (6.2)$$

现在对 $|n\rangle$ 作整体相移：$|n\rangle \to \mathrm{e}^{\mathrm{i}\chi}|n\rangle$，然后考察初态与瞬时量子态之间的干涉光强

$$I = \sum_n \lambda_n \left|\mathrm{e}^{\mathrm{i}\chi}|n\rangle + |n(t)\rangle\right|^2 = 2 + 2\sum_n \lambda_n |\langle n|n(t)\rangle| \cos(\chi - \arg\langle n|n(t)\rangle). \quad (6.3)$$

令

$$\langle n|n(t)\rangle = \langle n|U(t)|n\rangle = v_n \mathrm{e}^{\mathrm{i}\phi_n}, \quad (6.4)$$

其中，$v_n = |\langle n|U(t)|n\rangle|$ 称为第 n 个能级的"可视度"，ϕ_n 为 $|n\rangle$ 与 $|n(t)\rangle$ 之间的相位差。总光强 I 可以简化为

$$\begin{aligned} I &= 2 + 2\sum_n \lambda_n v_n \cos(\chi - \phi_n) \\ &= 2 + 2\left(\cos\chi \sum_n \lambda_n v_n \cos\phi_n + \sin\chi \sum_n \lambda_n v_n \cos\phi_n\right). \end{aligned} \quad (6.5)$$

注意到 $\sum_n \lambda_n v_n \cos\phi_n$ 与 $\sum_n \lambda_n v_n \cos\phi_n$ 分别为 $\sum_n \lambda_n v_n \mathrm{e}^{\mathrm{i}\phi_n}$ 的实部与虚部，因此也可以分别表示为

$$\left|\sum_n \lambda_n v_n \mathrm{e}^{\mathrm{i}\phi_n}\right| \cos\left(\arg \sum_n \lambda_n v_n \mathrm{e}^{\mathrm{i}\phi_n}\right), \quad \left|\sum_n \lambda_n v_n \mathrm{e}^{\mathrm{i}\phi_n}\right| \sin\left(\arg \sum_n \lambda_n v_n \mathrm{e}^{\mathrm{i}\phi_n}\right) \quad (6.6)$$

最终，I 表示为

$$\begin{aligned} I = &2 + 2\left|\sum_n \lambda_n v_n \mathrm{e}^{\mathrm{i}\phi_n}\right| \\ &\cdot \left[\cos\chi \cos\left(\arg\sum_n \lambda_n v_n \mathrm{e}^{\mathrm{i}\phi_n}\right) + \sin\chi \cos\left(\arg\sum_n \lambda_n v_n \mathrm{e}^{\mathrm{i}\phi_n}\right)\right] \end{aligned}$$

$$= 2 + 2\left|\sum_n \lambda_n v_n e^{i\phi_n}\right| \cos\left(\chi - \arg\sum_n \lambda_n v_n e^{i\phi_n}\right). \tag{6.7}$$

对比式 (6.1)，可见 $\sum_n \lambda_n v_n e^{i\phi_n}$ 与 $\langle\psi_1|\psi_2\rangle$ 扮演类似的角色，可视为初始混合态与瞬时混合态的"重叠"(overlap)，其辐角就是混合态在该幺正演化过程中获得的额外相位。注意到

$$\sum_n \lambda_n v_n e^{i\phi_n} = \sum_n \lambda_n \langle n|U(t)|n\rangle = \text{Tr}\left[\rho(0)U(t)\right], \tag{6.8}$$

因此，

$$\theta = \arg \text{Tr}\left[\rho(0)U(t)\right] \tag{6.9}$$

代表混合态在幺正演化 $\rho(t) = U(t)\rho(0)U^\dagger(t)$ 中获得的相位。

6.1.2 平行演化条件

为了把纯态平行演化条件合理地推广到混合态，Sjöqvist 等注意到纯态在平行演化中时刻保持相位匹配条件 (5.167)。若混合态从 $\rho(0)$ 开始以 $U(t)$ 作幺正演化，则在演化过程中获得相位 $\theta = \arg\text{Tr}[\rho(0)U(t)]$。类比纯态保平行条件，要使得 $U(t)$ 为平行演化，则 $\rho(t)$ 和 $\rho(t+\mathrm{d}t)$ 必须时刻保持相位匹配，即相对相位差为 0。注意到

$$\rho(t+\mathrm{d}t) = U(t+\mathrm{d}t)\rho(0)U^\dagger(t+\mathrm{d}t) = U(t+\mathrm{d}t)U^\dagger(t)\rho(t)U(t)U^\dagger(t+\mathrm{d}t), \tag{6.10}$$

则有

$$\arg\text{Tr}\left[\rho(t)U(t+\mathrm{d}t)U^\dagger(t)\right] = 0, \tag{6.11}$$

或

$$\text{Tr}\left[\rho(t)U(t+\mathrm{d}t)U^\dagger(t)\right] > 0. \tag{6.12}$$

由于 $U(t)$ 是幺正演化，则 $\rho(t)$ 总是归一化且厄米的。将上式在 t 处展开

$$\text{Tr}\left[\rho(t)U(t+\mathrm{d}t)U^\dagger(t)\right] \approx \text{Tr}\left[\rho(t)\right] + \mathrm{d}t\text{Tr}\left[\rho(t)\dot{U}(t)U^\dagger(t)\right]. \tag{6.13}$$

注意到 $\text{Tr}\left[\rho(t)\dot{U}(t)U^\dagger(t)\right]$ 为纯虚数，因此相位匹配条件要求

$$\text{Tr}\left[\rho(t)\dot{U}(t)U^\dagger(t)\right] = 0. \tag{6.14}$$

6.1 干涉几何相位简介

这也是干涉几何相位所要求的平行演化条件[①]。利用 $\rho(t) = U(t)\rho(0)U^\dagger(t)$，可知该条件也等价于

$$\mathrm{Tr}\left[\rho(0)U^\dagger(t)\dot{U}(t)\right] = 0. \tag{6.15}$$

量子纯态的类似过程可参考推导式 (2.37)。随后会证明条件 (6.15) 实际上等价于式 (5.175)。

若 $\rho(0)$ 为纯态 $|\psi(0)\rangle = |n\rangle$ 所对应的密度矩阵，当系统在 $U(t)$ 的作用下演化时，有 $|\psi(t)\rangle = U(t)|n\rangle$，那么 $\rho(t) = |\psi(t)\rangle\langle\psi(t)|$，则平行演化条件变为

$$\mathrm{Tr}\left[|n\rangle\langle n|U^\dagger\dot{U}\right] = \langle n|U^\dagger\dot{U}|n\rangle = \langle\psi(t)|\frac{\mathrm{d}}{\mathrm{d}t}|\psi(t)\rangle, \tag{6.16}$$

即回到纯态平行演化条件 $\langle\psi(t)|\frac{\mathrm{d}}{\mathrm{d}t}|\psi(t)\rangle = 0$。

6.1.3 干涉几何相位与动力学相位

对于演化过程本身，Sjöqvist 平行演化条件会给出什么样的限制？考虑量子系统的连续含时演化 $\gamma: t \in [0,\tau] \to \rho(t) = U(t)\rho(0)U^\dagger(t)$，演化路径 $\gamma(t)$ 为密度矩阵空间中的一条曲线。在这里，并不要求它是一条闭合曲线。在此演化过程中，Sjöqvist 等定义系统积累的动力学相位为

$$\theta_\mathrm{d} = -\frac{1}{\hbar}\int_{0,\gamma}^{\tau} \mathrm{d}t\, \mathrm{Tr}\left[\rho(t)\hat{H}(t)\right] \tag{6.17}$$

若取 U 为哈密顿量 $\hat{H}$ 所产生的动力学演化算符，则有 $U(t) = \mathcal{T}\mathrm{e}^{-\frac{\mathrm{i}}{\hbar}\int_0^t \hat{H}(t')\mathrm{d}t'}$，且满足方程 $\mathrm{i}\hbar\dot{U} = \hat{H}U$，因此有

$$\begin{aligned}\theta_\mathrm{d} &= -\frac{1}{\hbar}\int_{0,\gamma}^{\tau} \mathrm{d}t\, \mathrm{Tr}\left[U(t)\rho(0)U^\dagger(t)\hat{H}(t)\right] \\ &= -\mathrm{i}\int_{0,\gamma}^{\tau} \mathrm{d}t\, \mathrm{Tr}\left[\rho(0)U^\dagger(t)\dot{U}(t)\right].\end{aligned} \tag{6.18}$$

此外，注意到 $\hat{H} = \mathrm{i}\hbar\dot{U}U^\dagger$，则有

$$\theta_\mathrm{d} = -\mathrm{i}\int_{0,\gamma}^{\tau} \mathrm{d}t\, \mathrm{Tr}\left[\rho(t)\dot{U}(t)U^\dagger(t)\right] = 0. \tag{6.19}$$

因此在 Sjöqvist 平行演化过程中，系统不会积累动力学相位，而仅获得几何相位

$$\theta_\mathrm{I}(t) = \arg\mathrm{Tr}\left[\rho(0)U(t)\right]. \tag{6.20}$$

[①] 在后面的讨论中，为方便起见，我们有时也将其简称为 Sjöqvist 平行演化条件。

这与 Uhlmann 过程和一般动力学过程的不相容性很类似。

平行演化条件 (6.14) 仅给出一个限制条件, 远不足以彻底确定幺正演化算符 $U(t)$。对此, Sjöqvist 等对该条件做了如下加强。假如将 $\rho(t)$ 对角化为 $\rho(t) = \sum_{n=0}^{N-1} \lambda_n(t)|n(t)\rangle\langle n(t)|$, 那么由式 (6.20) 可导出干涉几何相位

$$\theta_{\mathrm{I}} = \arg \sum_{n=0}^{N-1} \lambda_n(t)\langle n(t)|U(t)|n(t)\rangle, \tag{6.21}$$

因此可将相位匹配条件 (6.14) 加强为

$$\langle n(t)|\dot{U}(t)U^\dagger(t)|n(t)\rangle = 0, \quad n = 0, 2, \cdots, N-1. \tag{6.22}$$

Sjöqvist 等认为, 当密度矩阵是非简并时, 上述条件足以确定平行演化算符 $U(t)$。但严格来说, 上式只给出了 N 个限制方程, 仅能确定 $\dot{U}U^\dagger$ 的对角元。

在第 5 章, 我们也讨论了混合态的动力学相位, 其定义由方程 (5.125) 给出, 与 Sjöqvist 等所定义的动力学相位式 (6.17) 不同。不过当 ρ 是纯态密度矩阵时, 两者均自然退化为纯态动力学相位。在第 5 章, 已对前者作了证明。为了验证后者, 令 $\rho = |n\rangle\langle n|$。为简单起见, 设哈密顿量不含时, 那么式 (6.17) 退化为

$$\theta_{\mathrm{d}} = -\frac{1}{\hbar}E_n\tau. \tag{6.23}$$

即纯态波函数在经历动力学演化后获得的相位。

现在简单对比一下两种定义所给出的动力学相位。对于不含时哈密顿量, 时间演化算符可简化为 $U(t) = \mathrm{e}^{-\frac{\mathrm{i}}{\hbar}\hat{H}t}$, 因此有 $[\hat{H}, \rho] = 0$。根据定义 (6.17), 动力学相位为

$$\theta_{\mathrm{d}} = -\frac{1}{\hbar}\int_0^\tau \mathrm{d}t \mathrm{Tr}\left[\rho(0)\hat{H}\right] = -\frac{1}{\hbar}\sum_n \langle n|\rho(0)|n\rangle E_n\tau. \tag{6.24}$$

若令 $\rho(0) = \sum_n \lambda_n|n\rangle\langle n|$, 则动力学相位为

$$\theta_{\mathrm{d}} = -\frac{1}{\hbar}\sum_n \lambda_n E_n\tau, \tag{6.25}$$

即各能级动力学相位的概率平均。作为对比, 第 5 章的定义 (5.126) 给出

$$\theta_{\mathrm{d}} = \arg\left(\sum_n \lambda_n \mathrm{e}^{-\frac{\mathrm{i}}{\hbar}E_n\tau}\right), \tag{6.26}$$

6.1 干涉几何相位简介

为各能级动力学相因子概率平均的辐角,意味着混合态各子系统成分的动力学相因子之间仍有相干效应,这是取密度矩阵的纯化态表示后的必然结果。在一般情况下,动力学相位不是物理可观测量,因此定义不同所带来的影响不大。不过,前一种方式定义的动力学相位是 Loschmidt 振幅的辐角,在量子淬火动力学演化中,其取值在动力学量子相变点处会有跃变,因此存在被实验验证的可能性。

6.1.4 干涉几何相位的规范依赖性

在第 5 章,已证明 Uhlmann 联络是规范不变的,因此 Uhlmann 相位也必然规范不变。与 Uhlmann 的理论不同,干涉几何相位并不要求量子系统所经历的演化是周期性的。对任意幺正演化 $U(t)$,只要它满足平行演化条件 (6.22),混合态在时刻 t 就获得几何相位 $\theta_\mathrm{I}(t) = \arg \mathrm{Tr}\left[\rho(0)U(t)\right]$。那么干涉几何相位是否也是规范不变的?

首先,规范变换应使得 $\rho(t) = U(t)\rho(0)U^\dagger(t)$ 保持不变。在 Uhlmann 相位理论中,这可以通过仅针对辅助态的幺正变换来实现:$\rho = WW^\dagger = (W\mathcal{U})(W\mathcal{U})^\dagger$。但在本章中,$U(t)$ 直接作用于系统态 (具体可见 6.2.1 节中的讨论)。若有另一幺正算符 $U'(t)$ 使系统经历与 $U(t)$ 具有相同效果的演化,即 $U'(t)\rho(0)U'^\dagger(t) = \rho(t) = U(t)\rho(0)U^\dagger(t)$,那么必有 $U'(t) = U(t)\mathcal{U}(t)$,这里幺正变换 $\mathcal{U}(t)$ 即为规范变换,且满足 $\mathcal{U}(0) = 1$ 以及

$$\rho(0) = \mathcal{U}(t)\rho(0)\mathcal{U}^\dagger(t) \quad \text{或} \quad [\rho(0), \mathcal{U}(t)] = 0. \tag{6.27}$$

Sjöqvist 等进一步引入规范势 (即联络)

$$\Omega = -\mathrm{i}\mathrm{Tr}\left[\rho(0)W^\dagger \mathrm{d}W\right] \tag{6.28}$$

其中

$$W(t) = \frac{\mathrm{Tr}\left[\rho(0)U(t)\right]}{|\mathrm{Tr}\left[\rho(0)U(t)\right]|}U(t) = \mathrm{e}^{\mathrm{i}\arg\{\mathrm{Tr}[\rho(0)U(t)]\}}U(t) \tag{6.29}$$

注意,在这里 $W(t)$ 并非第 5 章引入的密度矩阵纯化。易知 $W(t)$ 也是幺正算符且 $W(0) = U(0) = 1$。注意到

$$-\mathrm{i}W^\dagger(t)\mathrm{d}W(t) = \mathrm{d}\arg\left\{\mathrm{Tr}\left[\rho(0)U(t)\right]\right\} - \mathrm{i}U^\dagger(t)\mathrm{d}U(t), \tag{6.30}$$

再利用平行演化条件 $\mathrm{Tr}\left[\rho(0)U^\dagger(t)\dot{U}(t)\right] = 0$,最终可得

$$\theta_\mathrm{I}^U(t) = -\mathrm{i}\int_0^t \mathrm{d}t' \mathrm{Tr}\left[\rho(0)W^\dagger(t')\frac{\mathrm{d}W(t')}{\mathrm{d}t'}\right] = \int_{U(t)} \Omega, \tag{6.31}$$

在这里，$U(t)$ 实为 $\rho(t)$ 的一条演化"路径"。

在规范变换 $U'(t) = U(t)\mathcal{U}(t)$ 的作用下，显然有 $W(t) \to W'(t) = e^{i\arg\{\mathrm{Tr}[\rho(0)U'(t)]\}}U'(t)$。通过类似的计算，可验证规范势变为

$$\begin{aligned}\Omega' &= \mathrm{d}\arg\{\mathrm{Tr}[\rho(0)U'(t)]\} - i\mathrm{Tr}[\rho(0)U'^{\dagger}(t)\mathrm{d}U'(t)] \\ &= \mathrm{d}\arg\{\mathrm{Tr}[\rho(0)U(t)\mathcal{U}(t)]\} - i\mathrm{Tr}[\rho(0)\mathcal{U}^{\dagger}(t)\mathrm{d}\mathcal{U}(t)],\end{aligned} \quad (6.32)$$

其中，第二步利用了式 (6.27)。如果 $U'(t)$ 仍为平行演化，则有

$$\Omega' = \mathrm{d}\arg\{\mathrm{Tr}[\rho(0)U(t)\mathcal{U}(t)]\}. \quad (6.33)$$

此时，系统沿"路径"$U'(t)$ 演化时获得的几何相位为

$$\theta_{\mathrm{I}}^{U'}(t) = \int_{U'(t)} \Omega' = \arg\mathrm{Tr}[\rho(0)U(t)\mathcal{U}(t)]. \quad (6.34)$$

需要指出的是，尽管系统沿两条不同路径 $U(t)$ 与 $U'(t)$ 演化，但密度矩阵的演化是相同的，因为有 $U'(t)\rho(0)U'^{\dagger}(t) = \rho(t) = U(t)\rho(0)U^{\dagger}(t)$。然而表达式 (6.31) 与式 (6.34) 表明，平行演化条件以及干涉几何相位均依赖于规范 $\mathcal{U}(t)$，甚至对于周期性演化亦如此。假设 ρ 经历一个时长为 $\tau(0 \leqslant t \leqslant \tau)$ 的周期性演化，在演化结束后有

$$U'(\tau)\rho(0)U'^{\dagger}(\tau) = U(\tau)\rho(0)U^{\dagger}(\tau) = \rho(0). \quad (6.35)$$

为满足上述条件，只需要 $[\rho(0), U(\tau)] = [\rho(0), U'(\tau)] = 0$ 即可。系统沿路径 $U(t)$ 与 $U'(t)$ 演化后获得的几何相位仍有可能不同。

6.1.5 典型例子

尽管干涉几何相位有可能并非规范不变，但其物理过程却非常清晰，因此仍有重要的物理意义。下面通过几个典型例子来进一步分析其性质。

例 6.1.1 若初始密度矩阵被对角化为 $\rho(0) = \sum_n \lambda_n |n\rangle\langle n|$，则干涉几何相位有一般性表达式

$$\theta_{\mathrm{I}}(C) = \arg\left(\lambda_n\langle n|U(t)|n\rangle\right) = \arg\left(\sum_n \lambda_n v_n e^{i\phi_n}\right), \quad (6.36)$$

如式 (6.4) 所定义，$v_n = |\langle n|U(t)|n\rangle|$ 为第 n 个能级的"可视度"。考虑一个量子系统，其所有能级都沿参数空间中某闭合回路 $C(t)$ 绝热演化。在"模去"动力学

6.1 干涉几何相位简介

相位之后，其幺正演化算符为

$$U(t) = \sum_{n=0}^{N-1} e^{-\int_0^t dt' \langle \tilde{n}(t')| \frac{d}{dt'} |\tilde{n}(t')\rangle} |\tilde{n}(t)\rangle \langle n|. \tag{6.37}$$

这里，$|\tilde{n}(t)\rangle \equiv |n(\boldsymbol{R}(t))\rangle$，且 $|\tilde{n}(0)\rangle = |n\rangle$。该变换使得

$$|n(t)\rangle = U(t)|n\rangle = e^{-\int_0^t dt' \langle \tilde{n}(t')| \frac{d}{dt'} |\tilde{n}(t')\rangle} |\tilde{n}(t)\rangle. \tag{6.38}$$

易证

$$\dot{U}(t)U^\dagger(t) = \sum_{n=0}^{N-1} \left[-\langle \tilde{n}(t)| \frac{d}{dt} |\tilde{n}(t)\rangle |\tilde{n}(t)\rangle \langle \tilde{n}(t)| + \left(\frac{d}{dt} |\tilde{n}(t)\rangle \right) \langle \tilde{n}(t)| \right], \tag{6.39}$$

由此可验证 $U(t)$ 确实满足平行输运条件：$\langle n(t)|\dot{U}(t)U^\dagger(t)|n(t)\rangle = \langle \tilde{n}(t)|\dot{U}(t)U^\dagger(t)\cdot|\tilde{n}(t)\rangle = 0$，$n = 0, 2, \cdots, N-1$。当经历一个周期性过程之后，第 k 个能级获得一个几何相位

$$\phi_k = \theta_{Bk}(C) = i \oint_C dt \langle k(\boldsymbol{R}(t))| \frac{d}{dt} |k(\boldsymbol{R}(t))\rangle, \tag{6.40}$$

因此

$$U(\tau) = \begin{pmatrix} e^{i\theta_{B0}} & 0 & \cdots \\ 0 & e^{i\theta_{B1}} & \\ \vdots & & \ddots \end{pmatrix}. \tag{6.41}$$

对应的几何相位为

$$\theta_I(C) = \arg \left(\sum_n \lambda_n e^{i\theta_{Bn}(C)} \right). \tag{6.42}$$

即混合态几何相因子是量子系统各本征态 Berry 相因子的概率平均，这反而与第 5 章所定义的动力学相位的表达方式类似。在零温极限，$\lambda_0 \longrightarrow 1$，$\lambda_{n>0} \longrightarrow 0$ 时，θ_I 自然退化为基态 Berry 相位。

例 6.1.2 再考虑常见的两能级系统，其哈密顿量由式 (2.104) 描述。在经历周期性绝热过程后，每个能级获得一个由式 (2.112) 给出的 Berry 相位，其表达式由式 (2.113) 给出。设温度为 T，则该量子系统的密度矩阵为

$$\rho = \frac{1}{2}[1 - \tanh(\beta R) \boldsymbol{R} \cdot \boldsymbol{\sigma}]$$

$$= \frac{1}{2\cosh(\beta R)}(\mathrm{e}^{-\beta R}|+\rangle\langle+| + \mathrm{e}^{\beta R}|-\rangle\langle-|), \tag{6.43}$$

其中，$Z = 2\cosh(\beta R)$ 为配分函数，$\beta = \dfrac{1}{k_\mathrm{B}T}$ 为温度倒数。在经历时长为 τ 的周期性绝热过程后，根据式 (6.37)，对应的演化矩阵满足

$$U(0) = 1, \quad U(\tau) = \mathrm{e}^{\mathrm{i}\theta_+}|+\rangle\langle+| + \mathrm{e}^{\mathrm{i}\theta_-}|-\rangle\langle-|, \tag{6.44}$$

由式 (6.42)，该过程的干涉几何相位为

$$\theta_\mathrm{g} = \arg\left(\frac{\mathrm{e}^{-\beta R+\mathrm{i}\theta_{\mathrm{B}+}} + \mathrm{e}^{\beta R+\mathrm{i}\theta_{\mathrm{B}-}}}{2\cosh(\beta R)}\right) = \arctan\left(\tanh(\beta R)\tan\theta_{\mathrm{B}-}\right). \tag{6.45}$$

一般情况下，θ_g 是温度的连续函数，但当 $\theta_{\mathrm{B}-}$ 处于"共振点" $\theta_{\mathrm{B}-} = k\pi + \dfrac{\pi}{2}$ 时，有

$$\theta_\mathrm{g} = (-1)^k \mathrm{sgn}(\beta)\frac{\pi}{2}. \tag{6.46}$$

当 $\beta = 0$ 或 $T = +\infty$ 时，θ_g 失去了明确的意义，可将其视为某种 (几何) 相变的发生点。这意味着处于无限高温的混合态与普通混合态有本质区别。这并不奇怪，在例 4.2.1 中已经指出，若对密度矩阵空间作层化分解，无限高温密度矩阵会单独构成一个轨型 (2,0)，而其他密度矩阵都属于 (1,1) 轨型。有意思的是，这与 Uhlmann 相位在无限高温时不会诱导拓扑相变恰好相反。

例 6.1.3 两能级混合态的相位解释。

在 Uhlmann 相位理论中，可以通过极化分解 $W = \sqrt{\rho}U$ 来引入混合态的相因子 U。借助例 6.1.2 中的结果，我国学者刘正鑫提供了一个关于两能级混合态相位的漂亮解释[86]。假设系统哈密顿量为 $\hat{H} = \boldsymbol{\sigma}\cdot\boldsymbol{R} = R\boldsymbol{\sigma}\cdot\hat{\boldsymbol{R}}$，其中 $\hat{\boldsymbol{R}}$ 为系统极化方向。取 $|\uparrow\rangle = \begin{pmatrix}1\\0\end{pmatrix}$、$|\downarrow\rangle = \begin{pmatrix}0\\1\end{pmatrix}$ 分别代表向上、向下极化的纯态，根据式 (2.107)，能级为 R 的本征态 $|+\rangle \equiv |+R\rangle$ 则为极化方向平行于 $\hat{\boldsymbol{R}}$ 的量子态

$$|+\rangle = \cos\frac{\theta}{2}|\uparrow\rangle + \sin\frac{\theta}{2}\mathrm{e}^{\mathrm{i}\phi}|\downarrow\rangle. \tag{6.47}$$

其中，$\dfrac{\theta}{2}$ 可视为 $|\uparrow\rangle$、$|\downarrow\rangle$ 之间的"混合角"，而 ϕ 为它们之间的相对相位。利用 $|+\rangle\langle+| = \dfrac{1}{2}\left(1_2 + \dfrac{\hat{H}}{R}\right)$，该体系的任意密度矩阵可表示为

$$\rho = \frac{1}{2}(1 + r\boldsymbol{R}\cdot\boldsymbol{\sigma}) = \frac{1}{2}(1-r) + r|+\rangle\langle+|, \tag{6.48}$$

6.1 干涉几何相位简介

ρ 可视为完全极化态 $|+\rangle$ 对应的密度矩阵,且 r 为 $|+\rangle\langle+|$ 的出现概率,亦可理解为极化度,$1-r$ 为完全非极化态 1_2 的出现概率。当 $r=1$ 时,密度矩阵退化为纯态 $|+\rangle$ 的密度矩阵。当系统处于温度为 T 的平衡态时,则有 $r=-\tanh(\beta R)$。引入标记 $\rho_+^r \equiv \rho$,那么极化态 $|\uparrow,\downarrow\rangle$ 所对应的具有同样极化度的密度矩阵可定义为

$$\rho_\uparrow^r = \frac{1}{2}(1-r) + r|\uparrow\rangle\langle\uparrow|, \quad \rho_\downarrow^r = \frac{1}{2}(1-r) + r|\downarrow\rangle\langle\downarrow|. \tag{6.49}$$

既然 $|+\rangle$ 是 $|\uparrow\rangle$、$|\downarrow\rangle$ 通过混合角 $\frac{\theta}{2}$ 与相对相位 ϕ 相干叠加而来,那么 ρ_+^r 也可以通过对 $\rho_\uparrow^r$、$\rho_\downarrow^r$ 以某种方式求和而得到。为此,刘正鑫[86] 建议引入如下求和规则

$$\begin{aligned}\rho_+^r &= \mathrm{Sum}\left(\rho_\uparrow^r, \rho_\downarrow^r; \frac{\theta}{2}, \phi\right) \\ &= \frac{1-r}{2}\left(\cos^2\frac{\theta}{2} + \sin^2\frac{\theta}{2}\right) + r\left(\cos\frac{\theta}{2}|\uparrow\rangle + \sin\frac{\theta}{2}\mathrm{e}^{\mathrm{i}\phi}|\downarrow\rangle\right) \\ &\quad \left(\cos\frac{\theta}{2}\langle\uparrow| + \sin\frac{\theta}{2}\mathrm{e}^{\mathrm{i}\phi}\langle\downarrow|\right). \end{aligned} \tag{6.50}$$

也就是说,对完全非极化密度矩阵作普通概率求和,而完全极化密度矩阵的获得方式与纯态叠加类似。由于 $|\uparrow\rangle$、$|\downarrow\rangle$ 均为 σ_z 的本征态,那么由 σ_z 诱导的幺正演化所产生的干涉几何相位实际就是终态密度矩阵中 $|\uparrow\rangle$、$|\downarrow\rangle$ 之间的相对相位。

取初始混合态为

$$\rho^r(0) = \frac{1-r}{2} + r\left(\cos\frac{\theta}{2}|\uparrow\rangle + \sin\frac{\theta}{2}|\downarrow\rangle\right)\left(\cos\frac{\theta}{2}\langle\uparrow| + \sin\frac{\theta}{2}\langle\downarrow|\right). \tag{6.51}$$

即初始相对相位为 $\phi(0)=0$。在以 $|\uparrow\rangle$、$|\downarrow\rangle$ 为基的表示空间中,由 σ_z 产生的幺正演化矩阵在 $t=\tau$ 时为

$$U(\tau) = \mathrm{e}^{-\mathrm{i}\sigma_z\theta_\mathrm{B}} = \begin{pmatrix} \mathrm{e}^{-\mathrm{i}\theta_\mathrm{B}} & 0 \\ 0 & \mathrm{e}^{\mathrm{i}\theta_\mathrm{B}} \end{pmatrix} \tag{6.52}$$

其中,$\mp\theta_\mathrm{B}$ 分别为 $|\uparrow\rangle$、$|\downarrow\rangle$ 在演化终了时获得的 Berry 相位,因此相对相位为 $2\theta_\mathrm{B}$。终态密度矩阵为

$$\begin{aligned}\rho^r(\tau) &= U(\tau)\rho^r(0)U^\dagger(\tau) \\ &= \frac{1-r}{2} + r\left(\cos\frac{\theta}{2}|\uparrow\rangle + \sin\frac{\theta}{2}\mathrm{e}^{2\mathrm{i}\theta_\mathrm{B}}|\downarrow\rangle\right)\left(\cos\frac{\theta}{2}\langle\uparrow| + \sin\frac{\theta}{2}\mathrm{e}^{-2\mathrm{i}\theta_\mathrm{B}}\langle\downarrow|\right)\end{aligned}$$

$$= \text{Sum}\left(\rho_\uparrow^r, \rho_\downarrow^r; \frac{\theta}{2}, 2\theta_B\right). \tag{6.53}$$

同理，对于更一般的终态演化矩阵 $U(\tau) = e^{-i\boldsymbol{\sigma}\cdot\hat{\boldsymbol{n}}\theta_B}$，只需将以上讨论中的 $|\uparrow,\downarrow\rangle$ 替换为 $\boldsymbol{\sigma}\cdot\hat{\boldsymbol{n}}$ 的本征态即可。

例 6.1.4 自旋-j 系统。

在 5.6.3 节中，详细探讨了自旋-j 系统的 Uhlmann 相位，它在有限温度下是量子化的，且会产生数值跃变，预示着某种拓扑相变。那么干涉几何相位呢？在本例中，会发现干涉几何相位依赖于具体演化方式 (规范) 以及演化路径，在不同规范下系统会获得不同的干涉几何相位。

先简单回顾一下自旋-j 系统，其哈密顿量为 $\hat{H} = \omega_0 \hat{\boldsymbol{B}} \cdot \boldsymbol{J}$，其中 $\hat{\boldsymbol{B}} = \boldsymbol{B}/|\boldsymbol{B}|$ 为外磁场的单位方向，显然可被调控。令其极角与方位角为 (θ, ϕ)，则参数空间为单位球面 S^2。当改变外磁场方向时，哈密顿量可表达成幺正演化的形式

$$\hat{H}(\theta,\phi) = R(\theta,\phi)\omega_0 J_z R^\dagger(\theta,\phi), \tag{6.54}$$

其中，$R(\theta,\phi) = e^{-\frac{i}{\hbar}\phi J_z}e^{-\frac{i}{\hbar}\theta J_y}$，或者为另一等价形式

$$\hat{H}(\theta,\phi) = U(\theta,\phi)\omega_0 J_z U^\dagger(\theta,\phi) \tag{6.55}$$

其中，幺正变换为 $U(\theta,\phi) = e^{-\frac{i}{\hbar}\phi J_z}e^{-\frac{i}{\hbar}\theta J_y}e^{\frac{i}{\hbar}\phi J_z}$。若外磁场沿闭合曲线 $C(t) = (\theta(t), \phi(t))(0 \leqslant t \leqslant \tau)$ 改变方向，这相当于对初始哈密顿量 $\hat{H}_0 = \omega_0 J_z$ 作幺正变换 $R(\theta(t), \phi(t))$ 或 $U(\theta(t), \phi(t))$。

1. 平行演化条件

令 $|\psi_m^j(t)\rangle \equiv |\psi_m^j(\theta(t), \phi(t))\rangle$。若系统经历幺正演化 U(或称规范 U)，则有

$$\langle\psi_m^j(t)|\dot{U}(\theta(t),\phi(t))U^\dagger(\theta(t),\phi(t))|\psi_m^j(t)\rangle = 0. \tag{6.56}$$

同理，若经历幺正演化 R(或称规范 R)，则有

$$\langle\psi_m^j(t)|\dot{R}(\theta(t),\phi(t))R^\dagger(\theta(t),\phi(t))|\psi_m^j(t)\rangle = 0 \tag{6.57}$$

对等式 (5.297) 取厄米转置，有

$$dUU^\dagger = \frac{i}{\hbar}(J_x\sin\phi - J_y\cos\phi)d\theta - \frac{i}{\hbar}(J_z - UJ_zU^\dagger)d\phi. \tag{6.58}$$

利用 $R = Ue^{-\frac{i}{\hbar}\phi J_z}$，则有

$$dRR^\dagger = dUU^\dagger - \frac{i}{\hbar}RJ_zR^\dagger d\phi. \tag{6.59}$$

6.1 干涉几何相位简介

再注意到 $RJ_zR^\dagger = UJ_zU^\dagger$，则由式 (6.58) 和式 (6.59) 导出

$$\mathrm{d}RR^\dagger = \frac{\mathrm{i}}{\hbar}(J_x\sin\phi - J_y\cos\phi)\mathrm{d}\theta - \frac{\mathrm{i}}{\hbar}J_z\mathrm{d}\phi. \tag{6.60}$$

根据 $[U, J_x\sin\phi - J_y\cos\phi] = 0$ 可知

$$\langle \psi_m^j(t)|(J_x\sin\phi - J_y\cos\phi)|\psi_m^j(t)\rangle = \langle jm|(J_x\sin\phi - J_y\cos\phi)|jm\rangle = 0, \tag{6.61}$$

因此条件 (6.56) 和 (6.57) 中涉及 $\mathrm{d}\theta$ 的项均为 0。因此，对幺正变换 U，平行演化条件变为

$$\begin{aligned}0 &= \mathrm{i}\hbar\langle\psi_m^j|\dot{U}U^\dagger|\psi_m^j\rangle \\ &= \langle jm|\left[-\sin\theta(J_x\cos\phi + J_y\sin\phi) + J_z\cos\theta\right]|jm\rangle\dot\phi - m\hbar\dot\phi \\ &= m\hbar(\cos\theta - 1)\dot\phi,\end{aligned} \tag{6.62}$$

要求 $\theta = 0$ 或 $\phi = $ 常数。若取前者，则 $C(t)$ 整个收缩为北极点，对此不予考虑；后者代表任一经线，可令其经度为常数 ϕ_0。同样，对幺正变换 R，平行演化条件变为

$$0 = \mathrm{i}\hbar\langle\psi_m^j|\dot{R}R^\dagger|\psi_m^j\rangle = \langle jm|U^\dagger J_z U|jm\rangle\dot\phi = m\hbar\cos\theta\dot\phi, \tag{6.63}$$

则有 $\theta = \frac{\pi}{2}$ 或 $\phi = $ 常数，前者对应赤道，后者对应任一经线。当然，演化路径亦可为两条经线与赤道形成的球面三角形。

2. 沿任意经线的演化

首先考虑系统沿经度为 ϕ_0 的经线演化。将初态选为 S^2 的北极点 ($\theta(0) = 0, \phi_0$) 对应的密度矩阵，则

$$\rho(0) = \frac{1}{Z(0)}\mathrm{e}^{-\beta\hat{H}(0)} = \frac{1}{Z(0)}\mathrm{e}^{-\beta\omega_0 J_z}. \tag{6.64}$$

假设系统沿经线演化 Ω 圈，在末态时有 $\theta(\tau) = 2\pi\Omega$。在规范 U 对应的幺正演化下，有

$$U(2\pi\Omega, \phi_0) = \mathrm{e}^{-\frac{\mathrm{i}}{\hbar}\phi_0 J_z}\mathrm{e}^{-2\pi\frac{\mathrm{i}}{\hbar}\Omega J_y}\mathrm{e}^{\frac{\mathrm{i}}{\hbar}\phi_0 J_z} = \mathrm{e}^{-2\pi\frac{\mathrm{i}}{\hbar}\Omega(-J_x\sin\phi_0 + J_y\cos\phi_0)}, \tag{6.65}$$

在演化结束后，干涉几何相位为

$$\theta_\mathrm{I}^U(T) = \arg\mathrm{Tr}\left[\rho(0)U(2\pi\Omega, \phi_0)\right]$$

$$= \arg \sum_{m=-j}^{j} \frac{\mathrm{e}^{-\beta m \hbar \omega_0}}{Z(0)} d_{mm}^{j}(2\pi\Omega)$$

$$= \pi \frac{1-(-1)^{2j\Omega}}{2}. \tag{6.66}$$

其取值与纬度、温度无关，因此温度的改变不会导致干涉几何相位的改变，就不存在相应的拓扑相变。

对于幺正变换 R，情况更复杂。在演化过程中，干涉几何相位依赖于纬度 ϕ_0。而在系统跨过南极点时，纬度会从 ϕ_0 跳为 $\phi_0+\pi$。需要分别计算从北极点沿经线 ϕ_0 演化到南极点，以及从南极点沿经线 $\phi_0+\pi$ 演化回北极点两条路径所产生的干涉几何相位，然后求和。为简单起见，仅考虑 $\Omega=1$。两条路径对应的演化算符分别为

$$R(\pi,\phi_0) = \mathrm{e}^{-\frac{\mathrm{i}}{\hbar}\phi_0 J_z}\mathrm{e}^{-\pi\frac{\mathrm{i}}{\hbar}J_y},$$

$$R(-\pi,\phi_0+\pi) = \mathrm{e}^{-\frac{\mathrm{i}}{\hbar}(\phi_0+\pi)J_z}\mathrm{e}^{\pi\frac{\mathrm{i}}{\hbar}J_y}. \tag{6.67}$$

在演化终了，产生的干涉几何相位为

$$\theta_{\mathrm{I}}^{R}(T) = \arg \mathrm{Tr}\left[\rho(0)R(\pi,\phi_0)\right] + \arg \mathrm{Tr}\left[\rho(\pi)R(-\pi,\phi_0+\pi)\right]$$

$$= \arg \left[(-1)^{2j\Omega} \sum_{m=-j}^{j} \frac{\mathrm{e}^{-(\beta\hbar\omega_0+\mathrm{i}\phi_0)m}}{Z(0)}\right]$$

$$= \arg \left[\frac{(-1)^{2j\Omega}}{Z(0)} \frac{\mathrm{e}^{(j+\frac{1}{2})(\beta\hbar\omega_0+\mathrm{i}\phi_0)} - \mathrm{e}^{-(j+\frac{1}{2})(\beta\hbar\omega_0+\mathrm{i}\phi_0)}}{\mathrm{e}^{\frac{1}{2}(\beta\hbar\omega_0+\mathrm{i}\phi_0)} - \mathrm{e}^{-\frac{1}{2}(\beta\hbar\omega_0+\mathrm{i}\phi_0)}}\right]. \tag{6.68}$$

易知，在有限温度下，$0 \leqslant \beta + \infty$，括号内分母在任何温度下都没有零点，所以干涉几何相位不会出现跃变，因此在这种情况下不会出现有限温度下的拓扑相变。

3. 沿赤道的演化

这种情况下，只需变换 R 满足平行演化条件。将演化起点取为 $\left(\theta(0)=\frac{\pi}{2}, \phi(0)=0\right)$，则 $\hat{H}(0) = \mathrm{e}^{-\frac{\mathrm{i}}{\hbar}\frac{\pi}{2}J_y}\omega_0 J_z \mathrm{e}^{\frac{\mathrm{i}}{\hbar}\frac{\pi}{2}J_y}$，对应的初始密度矩阵为

$$\rho(0) = \frac{1}{Z(0)}\mathrm{e}^{-\frac{\mathrm{i}}{\hbar}\frac{\pi}{2}J_y}\mathrm{e}^{-\beta\omega_0 J_z}\mathrm{e}^{\frac{\mathrm{i}}{\hbar}\frac{\pi}{2}J_y}. \tag{6.69}$$

假设系统沿赤道演化 Ω 圈，在末态时有 $\phi(\tau)=2\pi\Omega$，且

$$R\left(\frac{\pi}{2},2\pi\Omega\right) = \mathrm{e}^{-2\pi\frac{\mathrm{i}}{\hbar}\Omega J_z}\mathrm{e}^{-\frac{\mathrm{i}}{\hbar}\frac{\pi}{2}J_y}. \tag{6.70}$$

在演化终了时，干涉几何相位为

$$\begin{aligned}\theta_{\mathrm{I}}^{R}(T) &= \arg \mathrm{Tr}\left[\rho(0) R\left(\frac{\pi}{2}, 2\pi\Omega\right)\right] \\ &= \arg \sum_{m,m'=-j}^{j} \frac{\mathrm{e}^{-\beta\hbar\omega_0 m}}{Z(0)} d_{mm'}^{j}\left(\frac{\pi}{2}\right) \mathrm{e}^{-2\pi\mathrm{i}\Omega m'} d_{m'm}^{j}(\pi) \\ &= \arg \sum_{m=-j}^{j} (-1)^{2m} \frac{\mathrm{e}^{-m\beta\hbar\omega_0}}{Z(0)} d_{mm}^{j}\left(\frac{\pi}{2}\right), \end{aligned} \quad (6.71)$$

其中，在最后一步利用了 $d_{m'm}^{j}(\pi) = \delta_{m',-m}(-1)^{j+m}$。经过数值计算，可以验证在有限温度下 $\theta_{\mathrm{I}}^{R}(T)$ 的取值总是随温度连续变化，因此也不会有拓扑相变。

6.2 干涉几何相位与 Uhlmann 相位

6.2.1 混合态纯化与相位匹配条件

尽管 Sjöqvist 平行演化条件 (6.14) 的引入未曾涉及混合态纯化这一概念，但可以证明，借助后者，前者亦可等价地表示为之前曾出现过的形式，也就是纯态平行演化条件的直接推广——式 (5.175)。其推导过程概括如下。将初态密度矩阵 $\rho(0)$ 纯化为 $\rho(0) = W(0)W(0)^{\dagger}$。在幺正变换 $U(t)$ 下，有

$$\rho(t) = U(t)W(0)W^{\dagger}(0)U^{\dagger}(t). \quad (6.72)$$

对比 $\rho(t) = W(t)W^{\dagger}(t)$，可得

$$W(t) = U(t)W(0) \quad \text{或} \quad |W(t)\rangle = U(t) \otimes \mathbb{1}|W(0)\rangle. \quad (6.73)$$

因此 $W(0)$ 与 $W(t)$ 之间的相位差为

$$\theta = \arg\langle W(0)|W(t)\rangle = \arg \mathrm{Tr}\left[W^{\dagger}(0)W(t)\right] = \arg \mathrm{Tr}\left[\rho(0)U(t)\right]. \quad (6.74)$$

这与定义式 (6.9) 一致。利用式 (6.73) 和极化分解 $W(0) = \sqrt{\rho(0)}\mathcal{U}(0)$，进一步可得

$$W(t) = U(t)\sqrt{\rho(0)}\mathcal{U}(0). \quad (6.75)$$

再利用 $W(t) = \sqrt{\rho(t)}\mathcal{U}(t)$ 和 $\sqrt{\rho(t)} = U(t)\sqrt{\rho(0)}U^{\dagger}(t)$，得到相因子之间的关系

$$\mathcal{U}(t) = U(t)\mathcal{U}(0), \quad (6.76)$$

即密度矩阵的纯化与相因子满足相同的演化方式。利用上述结果，有

$$\dot{W}(t) = \dot{U}(t)\sqrt{\rho(0)}\mathcal{U}(0), \quad W^{\dagger}(t) = \mathcal{U}^{\dagger}(0)\sqrt{\rho(0)}U^{\dagger}(t). \tag{6.77}$$

将其代入条件 (5.175)，得到

$$\langle W(t)|\frac{\mathrm{d}}{\mathrm{d}t}|W(t)\rangle = \mathrm{Tr}\left[\rho(0)U^{\dagger}(t)\dot{U}(t)\right] = \mathrm{Tr}\left[\rho(t)\dot{U}(t)U^{\dagger}(t)\right] = 0, \tag{6.78}$$

这与相位匹配条件 (6.14) 完全一致。又因为 $U(t)$ 是幺正的，因此混合态纯化的模保持不变：$\langle W(t)|W(t)\rangle = 1$，所以上式也等价于

$$\mathrm{Im}\langle W(t)|\frac{\mathrm{d}}{\mathrm{d}t}|W(t)\rangle = 0. \tag{6.79}$$

由此可见，尽管 Uhlmann 相位与干涉几何相位并不等价，但它们涉及的平行演化条件均满足一个必要条件，即式 (5.174)，可将其视为最基本的保平行条件。

在实验上，混合态的纯化可借助辅助系统与原系统构成的复合量子系统来实现，对应的纯化态则为系统量子态与辅助量子态构成的纠缠态。而幺正变换 $U(t)$ 有清楚的物理意义，在实验上一般也不难实现。具体而言，有

$$|W(t)\rangle = \sum_n \sqrt{\lambda_n}U(t)|n\rangle_{\mathrm{s}} \otimes |n\rangle_{\mathrm{a}}. \tag{6.80}$$

与之前一样，下标 "s"、"a" 分别代表系统量子态与辅助量子态。最后，强调 Sjöqvist 平行演化条件与式 (6.79) 等价的前提是辅助量子态上不可有任何幺正演化。若引入 U_{a}，使得

$$W(t) = U(t)W(0)U_{\mathrm{a}}(t) \quad \text{或} \quad |W(t)\rangle = U(t) \otimes U_{\mathrm{a}}^{\dagger}(t)|W(0)\rangle. \tag{6.81}$$

尽管仍有 $\rho(t) = U(t)\rho(0)U^{\dagger}(t)$，即密度矩阵的演化方式不变，但可验证式 (6.78) 不再成立，事实上它等价于后续章节中的条件 (6.91)。

6.2.2 干涉几何相位与 Uhlmann 相位的异同

同为混合态的几何相位，Uhlmann 相位与干涉几何相位自然有一些共同之处。第一个相似点是两者的产生机制均与一般动力学过程相斥；第二个相似点在于两者的平行演化条件都满足一个弱化版的必要条件 (6.79)。然而，Uhlmann 相位与干涉几何相位的区别也很明显。① 根据定义，Uhlmann 相位只可产生于周期性过程，这是和乐群元的定义所要求的，而干涉几何相位则无此要求。② 根据式 (5.63)，Uhlmann 和乐为初末态的相因子之差，而相因子 U 可视为作用于辅

6.2 干涉几何相位与 Uhlmann 相位

助量子态上的算子 (见式 (4.69))，因此 Uhlmann 相位的产生离不开辅助量子态的演化。若在式 (5.93) 中取 $U(0) = 1$，则 Uhmann 相位可表示为

$$\theta_{\mathrm{U}} = \arg \mathrm{Tr}\left[\rho(0)U_{\mathrm{a}}(\tau)\right], \tag{6.82}$$

与干涉几何相位的表达式 (6.20) 类似，这里下标 a 强调相因子为辅助量子空间上的算子。相比之下，在 Sjöqvist 平行演化中，$U(t)$ 仅作用于系统量子态上，这在方程 (6.73) 或方程 (6.80) 中可以明显看出。如果引入仅作用在辅助量子态上的幺正变换：$|W(t)\rangle = \hat{1}_{\mathrm{s}} \otimes U(t)|W(0)\rangle$，那么系统量子态的密度矩阵保持不变：$\rho(t) = \mathrm{Tr}_{\mathrm{a}}\left[|W(t)\rangle\langle W(t)|\right] = \rho(0)$，就不会产生干涉几何相位。这是两者的本质区别。③ Uhlmann 相位的引入自然离不开纤维丛图像，那么干涉几何相位是否也有类似的几何表述？我们先回顾 Uhlmann 丛的构造。在底流形上任何一点 ρ 处，有纤维空间 F_ρ，它是由 ρ 的所有纯化 W 所张成的线性空间。对 W 作任意 $U(N)$ 操作后，$W' = W\mathcal{U}$ 仍从属于 F_ρ。而 Uhlmann 平行输运条件天然与 F_ρ 直接相关，因为它必须借助 W 才能表达 $W^\dagger \dot{W} = \dot{W}^\dagger W$。作为对比，Sjöqvist 平行演化条件为

$$\mathrm{Tr}[\rho(t)\dot{U}(t)U^\dagger(t)] = 0, \tag{6.83}$$

或加强为

$$\langle n(t)|\dot{U}(t)U^\dagger(t)|n(t)\rangle = 0, \quad n = 0, 1, \cdots, N-1, \tag{6.84}$$

因为 U 与辅助量子空间无关，所以即使引入纤维空间 F_ρ，干涉几何相位也与其无关。尽管借助密度矩阵纯化也可将 Sjöqvist 平行演化条件等价地表示为 $\langle W(t)|\frac{\mathrm{d}}{\mathrm{d}t}\cdot|W(t)\rangle = 0$，但在纤维变换下，后者无法保持不变。具体而言，若考虑系统量子态与辅助量子态的联合变换 $|W(t)\rangle = U_{\mathrm{s}}(t) \otimes U_{\mathrm{a}}(t)|W(0)\rangle$，则上式等价于条件 (6.91)，而非 Sjöqvist 平行演化条件。从这个角度来看，对于干涉几何相位，既不需要也无法引入基于纤维丛的几何表述。

6.2.3 同一物理过程，两种几何相位

对于量子混合态，在第 5 章已用 Uhlmann 相位预言了几类物理体系在有限温度下的拓扑相变。而在无限高温下，Uhlmann 相位总是平庸的，不会诱导任何拓扑相变。与此相反，例 6.1.2 表明干涉几何相位可预言无限高温下的几何相变，却不会刻画有限温度相变。那么，对任何量子系统，干涉几何相位是否都不会产生温度改变导致的数值跃变？

作为一个公平的对比，我们希望针对同一量子体系、同一演化过程分别计算 Uhlmann 相位和干涉几何相位。那么，首先需要设计这样一种物理过程，它能同时满足 Uhlmann 平行输运条件与 Sjöqvist 平行演化条件[78]。

若存在这样的过程，其显然必为幺正 Uhlmann 过程，已在 5.5 节详细讨论了这类过程的细节，现简述如下。根据之前的分析，设系统密度矩阵经历幺正演化：$\rho(t) = U_s(t)\rho(0)U_s^\dagger(t)$，其纯化 W 必须同时包含系统量子态与辅助量子态的演化。因此设：$W(t) = U_s(t)W(0)U_a(t)$，且满足初始条件为 $U_s(0) = U_a(0) = 1$。若用 $\mathcal{U}(t)$ 来标记相因子，则有 $W(0) = \sqrt{\rho(0)}\mathcal{U}(0)$。利用 $\sqrt{\rho(t)} = U_s(t)\sqrt{\rho(0)}U_s^\dagger(t)$ 和式 (5.234) 可证明：$\mathcal{U}(t) = U_s(t)\mathcal{U}(0)U_a(t)$。因此相因子的演化方式与 $W(t)$ 一致。若该过程是 Uhlmann 过程，只需

$$\mathcal{A}_U = -d\mathcal{U}\mathcal{U}^\dagger = -d\left[U_s\mathcal{U}(0)U_a\right]\left[U_s\mathcal{U}(0)U_a\right]^\dagger \tag{6.85}$$

满足条件 (5.70)，即 $\mathcal{A}_U$ 是 Uhlmann 联络。若该过程同时也满足 Sjöqvist 平行演化条件，只需系统量子态的幺正演化同时满足

$$\langle n(t)|\dot{U}_s(t)U_s^\dagger(t)|n(t)\rangle = 0, \quad n = 0, 2, \cdots, N-1 \tag{6.86}$$

即可。因此，当系统的密度矩阵纯化按照方程 $W(t) = U_s(t)W(0)U_a(t)$ 演化时，其末态 ($t = \tau$) 同时获得 Uhlmann 相位和干涉几何相位。这就带来一个问题：初末态之间的相位差到底是两者中的哪一个？两种相位又该如何计算？注意到演化结束于 $t = \tau$，即 $\rho(\tau) = U_s(\tau)\rho(0)U_s^\dagger(\tau)$，而周期性过程又要求 $\rho(\tau) = \rho(0)$，那么必有

$$[\rho(0), U_s(\tau)] = 0. \tag{6.87}$$

利用该式，初末态之间的相对相位为

$$\begin{aligned}
\arg\langle W(0)|W(\tau)\rangle &= \arg \mathrm{Tr}\left[W^\dagger(0)W(\tau)\right] \\
&= \arg \mathrm{Tr}\left[\mathcal{U}^\dagger(0)\sqrt{\rho(0)}U_s(\tau)\sqrt{\rho(0)}\mathcal{U}(0)U_a(\tau)\right] \\
&= \arg \mathrm{Tr}\left[\rho(0)U_s(\tau)\mathcal{U}(0)U_a(\tau)\mathcal{U}^\dagger(0)\right],
\end{aligned} \tag{6.88}$$

再利用 $\mathcal{U}(\tau) = U_s(\tau)\mathcal{U}(0)U_a(\tau)$ 以及 $\mathcal{U}(\tau) = \mathcal{P}e^{-\oint_\gamma \mathcal{A}_U}\mathcal{U}(0)$，不难得出

$$\arg\langle W(0)|W(\tau)\rangle = \arg \mathrm{Tr}\left[\rho(0)\mathcal{P}e^{-\oint_\gamma \mathcal{A}_U}\right] = \theta_U, \tag{6.89}$$

即初末态相对相位为 Uhlmann 相位。该结果在意料之中，因为 Uhlmann 平行输运条件满足最基本的平行演化条件

$$\langle W(t)|\frac{d}{dt}|W(t)\rangle = 0. \tag{6.90}$$

此外，$W(t)$ 的演化包含了系统量子空间与辅助量子空间上的联合幺正演化，因此上式与 Sjöqvist 平行演化条件不等价。若将 $W(t) = U_\mathrm{s}(t)W(0)U_\mathrm{a}(t)$ 代入上式，则得到

$$\mathrm{Tr}_\mathrm{s}\left[\rho(0)\dot{U}_\mathrm{s}U_\mathrm{s}^\dagger\right] + \mathrm{Tr}_\mathrm{a}\left[\rho_\mathrm{a}^\mathrm{T}(0)\dot{U}_\mathrm{a}U_\mathrm{a}^\dagger\right] = 0, \tag{6.91}$$

其中，ρ_a 为辅助空间上的密度矩阵，将在第 7 章详细讨论这种联合幺正演化。尽管如此，因为系统密度矩阵遵循如下幺正演化 $\rho(t) = U_\mathrm{s}(t)\rho(0)U_\mathrm{s}^\dagger(t)$，所以仍可采取干涉几何相位的定义

$$\theta_\mathrm{I}(\tau) = \arg\mathrm{Tr}\left[\rho(0)U_\mathrm{s}(\tau)\right] \tag{6.92}$$

来计算演化结束时系统密度矩阵所积累的干涉几何相位。

6.2.4 三能级玩具模型

在本节，构造一个三能级玩具模型 (toy model)，它可以同时满足 Uhlmann 平行输运条件与 Sjöqvist 平行演化条件。此外，还尤其关心这样一个问题：是否存在某个量子体系，在有限温度下其干涉几何相位可产生跃变？之前，计算了两能级体系以及自旋-j 系统的干涉几何相位，均未发现由它诱导的有限温度几何相变，其原因何在？回顾干涉几何相位的表达式

$$\theta_\mathrm{I} = \arg\left(\sum_n \lambda_n \mathrm{e}^{\mathrm{i}\theta_{\mathrm{B}n}}\right), \tag{6.93}$$

对于热平衡态密度矩阵，已知在零温极限有：$\theta_\mathrm{I} \to \theta_{\mathrm{B}0}$，即干涉几何相位趋向于基态 Berry 相位。那么，有没有可能在某个有限温度时，有 $\theta_\mathrm{I} \to \theta_{\mathrm{B}m\neq 0}$。在这种情况下，$\theta_\mathrm{I}$ 的取值可能在某个临界温度发生突变，从而产生有限温度几何相变。对照式 (6.93)，这要求在该温度下热权重因子 λ_m 应远大于其他权重 $\lambda_{n\neq m}$。但对于热平衡态，$\lambda_n = \dfrac{1}{Z}\mathrm{e}^{-\beta E_n}$，因此有 $\lambda_0 > \lambda_1 > \cdots > \lambda_{N-1}$。仅在无穷高温时，有 $\lambda_0 = \lambda_1 = \cdots = \lambda_{N-1} = \dfrac{1}{N}$，此时系统的混乱程度达到最大，且 θ_I 与任何能级的 Berry 相位都毫无类似之处，这也是两能级体系和自旋-j 系统的 θ_I 仅能诱导无穷高温相变的原因。要使得 θ_I 的取值在有限温度下能发生跃变，只有一种可能：使某一激发态产生简并，从而使得简并能级的热权重变大。基于这一思想，构造一个简单的三能级玩具模型，其激发态为双重简并，并探究该模型的 Uhlmann 相位与干涉几何相位是否都可以诱导有限温度相变。

对两能级模型稍加修改，引入如下哈密顿量

$$\hat{H} = \begin{pmatrix} \boldsymbol{R}\cdot\boldsymbol{\sigma} & \\ & R \end{pmatrix} = R\begin{pmatrix} \cos\theta & \sin\theta\mathrm{e}^{-\mathrm{i}\phi} & \\ \sin\theta\mathrm{e}^{\mathrm{i}\phi} & -\cos\theta & \\ & & 1 \end{pmatrix}. \qquad (6.94)$$

$\hat{H}$ 可对角化为

$$\hat{H} = U(\theta,\phi)\begin{pmatrix} R & & \\ & -R & \\ & & +R \end{pmatrix}U^{\dagger}(\theta,\phi) = RU(\theta,\phi)\hat{H}_0 U^{\dagger}(\theta,\phi), \qquad (6.95)$$

其中

$$U(\theta,\phi) = \begin{pmatrix} \cos\dfrac{\theta}{2} & \sin\dfrac{\theta}{2}\mathrm{e}^{-\mathrm{i}\phi} & \\ \sin\dfrac{\theta}{2}\mathrm{e}^{\mathrm{i}\phi} & -\cos\dfrac{\theta}{2} & \\ & & 1 \end{pmatrix}, \quad \hat{H}_0 = \begin{pmatrix} 1 & & \\ & -1 & \\ & & 1 \end{pmatrix}. \qquad (6.96)$$

该系统的三个能级中，$+R$ 为二重简并。其三个本征态分别为

$$|+R_1\rangle = \begin{pmatrix} \cos\dfrac{\theta}{2} \\ \sin\dfrac{\theta}{2}\mathrm{e}^{\mathrm{i}\phi} \\ 0 \end{pmatrix}, \quad |-R\rangle = \begin{pmatrix} \sin\dfrac{\theta}{2} \\ -\cos\dfrac{\theta}{2}\mathrm{e}^{\mathrm{i}\phi} \\ 0 \end{pmatrix}, \quad |+R_2\rangle = \begin{pmatrix} 0 \\ 0 \\ 1 \end{pmatrix}. \qquad (6.97)$$

与之前的讨论类似，系统哈密顿量依赖于参数 (θ,ϕ)，参数空间为 S^2。考虑系统在经历周期性幺正变换 $U(\theta(t),\phi(t))(0\leqslant t\leqslant\tau)$ 后所获得的几何相位。

1. Uhlmann 相位

作为对比，先探讨该三能级玩具模型的 Uhlmann 相位以及它所诱导的有限温度拓扑相变。密度矩阵同样满足方程 (5.293)，即

$$[\mathrm{d}\sqrt{\rho},\sqrt{\rho}] = \frac{\{\mathrm{d}UU^{\dagger},\mathrm{e}^{-\beta\hat{H}}\}}{Z} + \frac{2\mathrm{e}^{-\frac{\beta\hat{H}}{2}}U\mathrm{d}U^{\dagger}\mathrm{e}^{-\frac{\beta\hat{H}}{2}}}{Z}. \qquad (6.98)$$

利用式 (5.70)，Uhlmann 联络为

$$\mathcal{A}_{\mathrm{U}} = \sum_{m,n=+1,+1,-1}\chi_{mn}|\psi_m\rangle\langle\psi_m|U\mathrm{d}U^{\dagger}|\psi_n\rangle\langle\psi_n|, \qquad (6.99)$$

6.2 干涉几何相位与 Uhlmann 相位

其中，$|\psi_n\rangle = |+R_1\rangle$，$|+R_2\rangle$ 或 $|-R\rangle$，且

$$\chi_{mn} = \frac{e^{-m\beta R} + e^{-n\beta R} - 2e^{-\frac{(m+n)\beta R}{2}}}{e^{-m\beta R} + e^{-n\beta R}}. \tag{6.100}$$

利用

$$dU^\dagger(\theta,\phi) = \begin{pmatrix} -\frac{1}{2}\sin\frac{\theta}{2} & \frac{1}{2}\cos\frac{\theta}{2}e^{-i\phi} & \\ \frac{1}{2}\cos\frac{\theta}{2}e^{i\phi} & \frac{1}{2}\sin\frac{\theta}{2} & \\ & & 0 \end{pmatrix} d\theta$$

$$+ \begin{pmatrix} 0 & -i\sin\frac{\theta}{2}e^{-i\phi} & \\ i\sin\frac{\theta}{2}e^{i\phi} & 0 & \\ & & 0 \end{pmatrix} d\phi, \tag{6.101}$$

并经过冗长但直接的计算，最终可得

$$\mathcal{A}_U = -\frac{\chi}{2}\begin{pmatrix} 0 & -e^{-i\phi} & 0 \\ e^{i\phi} & 0 & 0 \\ 0 & 0 & 0 \end{pmatrix} d\theta - \frac{i\chi}{2}\begin{pmatrix} -\sin\theta & \cos\theta e^{-i\phi} & 0 \\ \cos\theta e^{i\phi} & \sin\theta & 0 \\ 0 & 0 & 0 \end{pmatrix} \sin\theta d\phi, \tag{6.102}$$

其中，$\chi \equiv \chi_{11} = \dfrac{e^{-\beta R} + e^{\beta R} - 2}{e^{-\beta R} + e^{\beta R}}$。

1) 沿任意经线演化

首先，当系统沿经度为 ϕ_0 的经线演化时，有

$$\mathcal{P}e^{-\oint \mathcal{A}_U} = e^{\frac{\chi}{2}\begin{pmatrix} 0 & -e^{-i\phi_0} & \\ e^{i\phi_0} & 0 & \\ & & 0 \end{pmatrix} \oint d\theta}$$

$$= \begin{pmatrix} \cos(\Omega\pi\chi) & & \\ & \cos(\Omega\pi\chi) & \\ & & 1 \end{pmatrix} + \sin(\Omega\pi\chi)\begin{pmatrix} 0 & e^{-i\phi_0} & \\ -e^{i\phi_0} & 0 & \\ & & 0 \end{pmatrix}, \tag{6.103}$$

其中，$\Omega = \frac{1}{2\pi}\oint \mathrm{d}\theta$ 为系统在演化过程中绕经线的圈数。令系统初态对应于参数空间的北极点，即 $\theta(0) = 0$，那么初始密度矩阵为

$$\rho(0) = \frac{1}{Z(0)}\mathrm{e}^{-\beta R\begin{pmatrix} 1 & 0 \\ 0 & -1 \\ & & 1 \end{pmatrix}} = \frac{1}{Z(0)}\begin{pmatrix} \mathrm{e}^{-\beta R} & 0 \\ 0 & \mathrm{e}^{\beta R} \\ & & \mathrm{e}^{-\beta R} \end{pmatrix}. \quad (6.104)$$

在演化终了，系统获得的 Uhlmann 相位为 $\theta_\mathrm{U}(T) = \arg \mathcal{G}_\mathrm{U}(T)$，即为 Loschmidt 振幅 $\mathcal{G}_\mathrm{U}(T)$ 的辐角，而 $\mathcal{G}_\mathrm{U}(T)$ 为

$$\begin{aligned}
\mathcal{G}_\mathrm{U}(T) &= \mathrm{Tr}\left[\rho(0)\mathcal{P}\mathrm{e}^{-\oint \mathcal{A}_\mathrm{U}}\right] \\
&= \frac{2\cosh(\beta R)\cos(\pi\Omega\chi) + \mathrm{e}^{-\beta R}}{Z(0)} \\
&= \frac{(-1)^\Omega 2\cosh(\beta R)\cos\left(\dfrac{\Omega\pi}{\cosh(\beta R)}\right) + \mathrm{e}^{-\beta R}}{Z(0)}.
\end{aligned} \quad (6.105)$$

为了描述 Loschmidt 振幅零点所标识的拓扑相变，对照量子淬火过程中热力学自由能的定义，引入几何母函数

$$g(T) = -\lim_{L\to\infty}\frac{1}{L}\ln|\mathcal{G}_\mathrm{U}(T)|^2, \quad (6.106)$$

其中，L 为系统自由度的数目。在量子淬火动力学理论中 (详见附录 D)，与 g 对应的物理量为率函数 $r(t)$(见式 (D.3))，它是时间的函数。如果 $r(t)$ 在 t^* 处发散，则表明系统发生了动力学量子相变。由于温度可被视为时间的解析延拓，因此若 $g(T)$ 在 T_c 处发散，则可认为系统在此处发生了某种相变。由于 θ_U 刻画了系统在有限温度下的拓扑性质，因此 T_c 代表了系统的拓扑相变点。

2) 沿赤道演化

由于 $\theta = \dfrac{\pi}{2}$，$\mathrm{d}\theta = 0$，因此有

$$\mathcal{P}\mathrm{e}^{-\oint \mathcal{A}_\mathrm{U}} = \mathrm{e}^{\frac{\mathrm{i}\chi}{2}\begin{pmatrix} 1 & 0 \\ 0 & -1 \\ & & 0 \end{pmatrix}\oint \mathrm{d}\phi} = \mathrm{e}^{\mathrm{i}\Omega\pi\chi\begin{pmatrix} 1 & 0 \\ 0 & -1 \\ & & 0 \end{pmatrix}}. \quad (6.107)$$

令系统初态对应于参数空间上 $(\theta(0), \phi(0)) = \left(\dfrac{\pi}{2}, 0\right)$，则初始密度矩阵为

$$\rho(0) = \frac{\mathrm{e}^{-\beta R\begin{pmatrix} 0 & 1 \\ 1 & 0 \\ & & 1 \end{pmatrix}}}{Z(0)}. \quad (6.108)$$

6.2 干涉几何相位与 Uhlmann 相位

在演化终了，系统获得的 Uhlmann 相位为

$$\theta_{\mathrm{U}}(T) = \arg\left[\frac{(-1)^{\Omega} 2\cosh(\beta R)\cos\left(\dfrac{\Omega\pi}{\cosh(\beta R)}\right) + \mathrm{e}^{-\beta R}}{Z(0)}\right]. \tag{6.109}$$

不出意外，其结果与系统沿经线演化时的结果一致，这与 5.6.3 节中自旋-j 的结论类似，因为赤道与经线均为参数空间上的大圆。

在图 6.1 中将数值计算结果可视化，并给出三能级玩具模型的几何母函数 g 与 Uhlmann 相位随温度的变化趋势。计算表明，无论 Ω 是奇数还是偶数，$\mathcal{G}_{\mathrm{U}}(T)$ 至少有一个零点，即临界温度 T_{c}。在 T_{c} 处，θ_{U} 的值发生跃变，且几何母函数 g 发散。图 6.1 的结果还显示，环绕数 Ω 对系统的拓扑相变有非平庸的影响。如当 $\Omega = 1$ 时，$\mathcal{G}_{\mathrm{U}}(T)$ 只有一个零点，为 $T_{\mathrm{c}} \approx 0.7338R$ 处有一个零点。类似地，当 g 发散时，θ_{U} 的值在 T_{c} 处发生跃变，系统在 $T < T_{\mathrm{c}}$ 时处于拓扑非平庸相，$\theta_{\mathrm{U}} = \pi$。而当 $T > T_{\mathrm{c}}$ 时，系统进入拓扑平庸相，$\theta_{\mathrm{U}} = 0$，这是因为热分布改变了 $W(t)$ 的拓扑性质。而当 $\Omega = 2$ 时，随着温度的改变，系统会经历两个不同的拓扑相变，因为 $\mathcal{G}_{\mathrm{U}}(T)$ 有两个零点。随着温度从零温开始上升，系统首先处于拓扑平庸相 ($T < T_{\mathrm{c}1}$)，然后进入非平庸相 ($T_{\mathrm{c}1} < T < T_{\mathrm{c}2}$)，最后再回到平庸相 ($T > T_{\mathrm{c}2}$)。对比环绕数 Ω 的取值，可知该模型相变点的个数恰好等于 Ω。

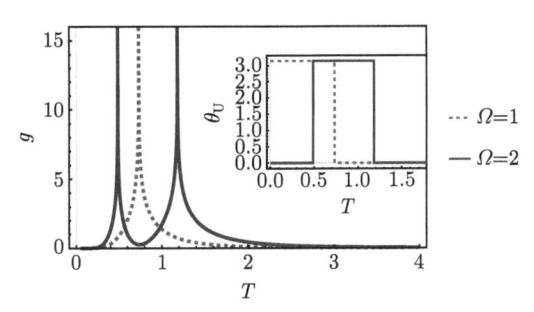

图 6.1　Uhlmann 相位诱导的三能级玩具模型有限温度拓扑相变。g 为几何母函数，在临界温度处，g 发散，而 Uhlmann 相位的取值发生跃变。图中的红虚线与蓝实线分别对应于 $\Omega = 1, 2$ (彩图请扫封底二维码)

2. 干涉几何相位

接下来，分析这种模型的干涉几何相位是否也存在温度驱使的数值跃变，从而引发有限温度几何相变。首先，需要确定系统沿参数空间上哪条回路演化才能满足 Sjöqvist 平行演化条件。利用

$$U^{\dagger}\dot{U} = \begin{pmatrix} 0 & \frac{1}{2}e^{-i\phi} & 0 \\ -\frac{1}{2}e^{i\phi} & 0 & 0 \\ 0 & 0 & 0 \end{pmatrix}\dot{\theta}$$
$$+ i\begin{pmatrix} \sin^2\frac{\theta}{2} & -\sin\frac{\theta}{2}\cos\frac{\theta}{2}e^{-i\phi} & 0 \\ -\sin\frac{\theta}{2}\cos\frac{\theta}{2}e^{i\phi} & -\sin^2\frac{\theta}{2} & 0 \\ 0 & 0 & 0 \end{pmatrix}\dot{\phi} \tag{6.110}$$

可得

$$\begin{aligned}
\mathrm{Tr}(\rho\dot{U}U^{\dagger}) &= \frac{1}{Z}\mathrm{Tr}\left(Ue^{-\beta R\hat{H}_0}U^{\dagger}\dot{U}U^{\dagger}\right) \\
&= \frac{1}{Z}\mathrm{Tr}\left(\begin{pmatrix} e^{-\beta R} & 0 & \\ 0 & e^{\beta R} & \\ & & e^{-\beta R} \end{pmatrix}U^{\dagger}\dot{U}\right) \\
&= \frac{1}{Z}\mathrm{Tr}\left[\begin{pmatrix} 0 & e^{-\beta R}e^{-i\phi} & \\ -e^{\beta R}e^{i\phi} & 0 & \\ & & 0 \end{pmatrix}\frac{\dot{\theta}}{2}\right. \\
&\quad + \left.\begin{pmatrix} \frac{i}{2}(1-\cos\theta)e^{-\beta R} & -\frac{i}{2}\sin\theta e^{-i\phi}e^{-\beta R} & \\ -\frac{i}{2}\sin\theta e^{i\phi}e^{\beta R} & -\frac{i}{2}(1-\cos\theta)e^{\beta R} & \\ & & 0 \end{pmatrix}\dot{\phi}\right] \\
&= \frac{i}{Z}\dot{\phi}\sin^2\frac{\theta}{2}\left(e^{-\beta R} - e^{\beta R}\right).
\end{aligned} \tag{6.111}$$

不难看出，只有 $\dot{\phi} = 0$ 才能满足条件 $\mathrm{Tr}(\rho\dot{U}U^{\dagger}) = 0$，甚至也满足加强后的平行演化条件 (6.86)。结合之前的分析，可知任一经线为同时满足 Uhlmann 平行输运条件与 Sjöqvist 平行演化条件的演化路径。

假设量子系统从北极点沿经度为 ϕ_0 的经线大圆开始演化，且绕了 Ω 圈后回到起点，那么初态密度矩阵为

6.2 干涉几何相位与 Uhlmann 相位

$$\rho(0) = \frac{1}{Z(0)} \begin{pmatrix} e^{-\beta R} & 0 & \\ 0 & e^{\beta R} & \\ & & e^{-\beta R} \end{pmatrix}. \tag{6.112}$$

在演化终了,系统获得的干涉几何相位为

$$\begin{aligned}\theta_{\mathrm{I}}(T) &= \arg \mathrm{Tr}\left[\rho(0) U(2\pi\Omega, \phi_0)\right] \\ &= \arg \mathrm{Tr} \left[\begin{pmatrix} \frac{e^{-\beta R}}{Z(0)} & 0 & \\ 0 & \frac{e^{\beta R}}{Z(0)} & \\ & & \frac{e^{-\beta R}}{Z(0)} \end{pmatrix} \begin{pmatrix} \cos(\pi\Omega) & 0 & \\ 0 & -\cos(\pi\Omega) & \\ & & 1 \end{pmatrix} \right] \\ &= \arg \frac{\cos(\pi\Omega)e^{-\beta R} + e^{-\beta R} - \cos(\pi\Omega)e^{\beta R}}{Z(0)}. \end{aligned} \tag{6.113}$$

容易看出,仅当 Ω 为偶数时,干涉几何相位会在满足如下条件的温度下发生跃变: $e^{2\beta^* R} = 2$,即

$$T^* = \frac{2R}{k_{\mathrm{B}} \ln 2}. \tag{6.114}$$

这表明量子系统的几何性质发生了变化。由于干涉几何相位与系统的拓扑性并无直接关联[①],把由它的数值跃变所标识的相变称为几何相变。同样,为了更形象化地展示这种相变的特性,引入几何母函数

$$g(t) = -\lim_{L\to\infty} \frac{1}{L} \ln |\mathcal{G}_{\mathrm{I}}(T)|^2, \tag{6.115}$$

其中,$\mathcal{G}_{\mathrm{I}}(T) = \mathrm{Tr}\left[\rho(0) U(2\pi\Omega, \phi_0)\right]$ 为 Loschmidt 振幅,其辐角为干涉几何相位,即 $\theta_{\mathrm{I}} = \arg \mathcal{G}_{\mathrm{I}}$。$g$ 若表现出非解析行为,则预示着几何相变的发生。

在图 6.2 中,给出了三能级玩具模型干涉几何相位与相应过程的几何母函数随温度的变化趋势图。根据之前的分析,简并使得激发态的热权重增大,从而使有限临界温度 T^* 的出现成为可能。作为对比,选取了 $\Omega = 1$(奇数) 和 $\Omega = 2$(偶数) 两种情况,显然,仅当 Ω 为偶数时,T 经过 $T^* = \dfrac{2R}{k_{\mathrm{B}} \ln 2}$ 时,θ_{I} 的取值会发生离散跃变 (从 π 跳到 0 或者相反),而 g 在 T^* 处表现出非解析行为,这表明量子

[①] 干涉几何相位并不像 Uhlmann 相位那样与和乐群元直接相关。

系统的几何性质发生了变化。由于干涉几何相位的几何属性,将图 6.2 中由其诱导的相变称为几何相变。当 $T < T^*$ 时,干涉几何相位的性质更类似于基态 Berry 相位;而当 $T > T^*$ 时,则其性质类似于简并激发态的 Berry 相位。因此,干涉几何相位可以作为一种手段,用于探测密度矩阵在多高的温度下失去获取基态几何特性的能力。

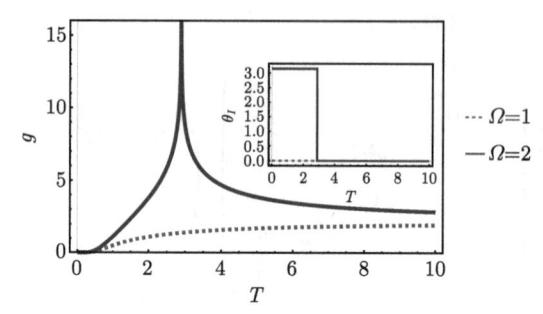

图 6.2 干涉几何相位诱导的三能级玩具模型的有限温度几何相变。g 为几何母函数,θ_I 为干涉几何相位。当 $\Omega = 2$ 时 (蓝实线),在 $T/(R/k_\mathrm{B}) = \dfrac{2}{\ln 2}$ 处,g 发散,θ_I 的取值发生跃变。而当 $\Omega = 1$(红虚线) 时,g 和 θ_I 随温度的变化都是连续的 (彩图请扫封底二维码)

第 7 章 混合态几何相位的其他定义

7.1 引　言

7.1.1 Berry 相位的"直接"推广

借助密度矩阵的纯化以及两类平行输运条件,已将纯态 Berry 相位推广为混合态的 Uhlmann 相位与干涉几何相位。不过,这显然不可能穷尽纯态几何相位的所有推广。那么是否还有其他可能性?回顾 Berry 相位理论,当沿参数曲线 $\boldsymbol{R}(t)(0 \leqslant t \leqslant \tau)$ 作绝热周期演化后,量子系统第 n 个能级会获得 Berry 相位

$$\theta_{\mathrm{B}n} = \mathrm{i} \int_0^\tau \mathrm{d}t \langle n(\boldsymbol{R}(t)) | \frac{\mathrm{d}}{\mathrm{d}t} | n(\boldsymbol{R}(t)) \rangle. \tag{7.1}$$

一个很自然且直接的想法是:能否将上式中的 $|\boldsymbol{R}(t)\rangle$ 替换成密度矩阵的纯化态 $|W(\boldsymbol{R}(t))\rangle$,由此来定义纯化态的"Berry 相位"

$$\theta_{\mathrm{B}} \stackrel{?}{=} \mathrm{i} \int_0^\tau \mathrm{d}t \langle W(\boldsymbol{R}(t)) | \frac{\mathrm{d}}{\mathrm{d}t} | W(\boldsymbol{R}(t)) \rangle. \tag{7.2}$$

不过,我们需要谨慎判断这种推广是否有明确的物理意义,新的相位是否也有清晰的几何图像?是否也是某种平行输运之后的结果?通过类比热场动力学,会发现纯化态与"热基态"在数学表示上类似。如果将后者代入式 (7.2),会得到"热 Berry 相位",它有着清晰的物理图像。

在计算式 (7.2) 的右边时,还有一处细节需要特别关注。将密度矩阵对角化: $\rho = \sum_n \lambda_n |n\rangle\langle n|$,则其纯化态为

$$|W\rangle = \sum_n \sqrt{\lambda_n} |n\rangle_{\mathrm{s}} \otimes U^{\mathrm{T}} |n\rangle_{\mathrm{a}}. \tag{7.3}$$

在形式上,它似乎仅仅是把 ρ 表达式中的 $\langle n|$ 做了转置。因此,$|W\rangle$ 同时包含系统量子态与辅助量子态 (分别以下标 "s" 和 "a" 来标记),成为两者间的一个双模纠缠态。这种仅作用于辅助量子态上的转置操作在数学上被称为部分转置。然而,为了引入希尔伯特-施密特内积,这种转置其实只是形式上的,在计算中并不

真正付诸实施，我们已在 4.3.1 节中对此做了详细讨论。具体而言，对于两个纯化态 W_1、W_2，定义它们之间的希尔伯特-施密特内积为

$$\langle W_1|W_2\rangle = \text{Tr}(W_1^\dagger W_2). \tag{7.4}$$

若取 $W_{1,2} = \sum_n \sqrt{\lambda_n}|n\rangle_s \otimes U_{1,2}^{\text{T}}|n\rangle_a$，则在作希尔伯特-施密特内积时，必须有

$$\langle W_1|W_2\rangle = \sum_{nm} \sqrt{\lambda_n\lambda_m} \times {}_s\langle n|m\rangle_s \times {}_a\langle m|U_2 U_1^\dagger|n\rangle_a \tag{7.5}$$

而非

$$\langle W_1|W_2\rangle = \sum_{nm} \sqrt{\lambda_n\lambda_m} \times {}_s\langle n|m\rangle_s \times {}_a\langle n|U_1^* U_2^{\text{T}}|m\rangle_a, \tag{7.6}$$

才能使得式 (7.4) 成立。但是在式 (7.2) 中，仅涉及纯化态 $|W\rangle$ 而非纯化 W，因此并无必要为了满足希尔伯特-施密特内积的定义而遵循条件 (7.4)，纯化态之间的内积完全可以按式 (7.6) 的方式去计算。这两种计算方式的本质区别在于，是否真正实施辅助量子态上的部分转置操作。这就带来一个问题：式 (7.2) 中对纯态几何相位的推广，会因为这两种处理方式的不同而造成本质区别吗？

此外，在式 (7.3) 中，如果忽略 U^{T} 的作用，则辅助量子态可视为系统量子态的拷贝。在一些文献中，这被称为"自由度加倍"(doubling the degrees of freedom)[87]，这类方法的应用广泛见诸量子信息、量子统计和量子场论等诸多物理领域。

7.1.2 干涉几何相位的"直接"推广

第 6 章的讨论告诉我们，混合态的干涉几何相位产生于 Sjöqvist 平行演化过程。若用密度矩阵的纯化态来表示，则平行演化条件可等价地改写为

$$\langle W(t)|\frac{\text{d}}{\text{d}t}|W(t)\rangle = 0. \tag{7.7}$$

不过两者的等价性有个前提，就是 $|W(t)\rangle$ 不可包含辅助量子态上的演化，即只能有

$$|W(t)\rangle = \sum_n \sqrt{\lambda_n} U(t)|n\rangle_s \otimes |n\rangle_a = U(t) \otimes \hat{1}_a|W(0)\rangle. \tag{7.8}$$

否则，条件 (7.7) 就变为式 (6.91)，不再与 Sjöqvist 平行演化条件等价。那么，一个自然的想法是可否把辅助量子态上的幺正演化也包含进来？事实上，可以用方程 (7.7) 作为一般的平行演化条件，由此来导出干涉几何相位的推广。在后续章节中，将这种推广称为"广义干涉几何相位"。

7.2 热基态–密度矩阵的另一纯态表示

7.2.1 热基态简介

在量子多体物理中,有一种不同于普通单体量子场论的有限温度场论,叫做热场动力学(热场论)[88-91]。在该理论中,热平衡量子混合态(密度矩阵)亦有一种纯态形式的表示:热基态。它与纯化态的区别在于,后者引入了希尔伯特-施密特内积运算,因此满足条件 (7.4)。也就是说,两者的辅助量子态相差一个转置操作,但都可以被视为密度矩阵的纯态表示。

热基态是热场论的核心概念之一,其要点在于,针对每一热平衡混合态,我们都可以找到一个形式上的量子纯态,使得任一物理量 $\hat{O}$ 在该混合态下的统计平均值都可以表示为它在对应纯态中的期望值,即

$$\langle \hat{O} \rangle_\beta \equiv \frac{1}{Z} \text{Tr}(e^{-\beta H} \hat{O}) = \langle 0_\beta | \hat{O} | 0_\beta \rangle. \tag{7.9}$$

$|0_\beta\rangle$ 就是我们所要找的形式上的纯态。它依赖于温度,所以必是某个"热哈密顿量"的基态,因此被称为"热基态"(thermal vacuum)。对于处于特定温度下的热平衡态,其密度矩阵的纯化态本质上也是一种热基态,因为无论后者的辅助量子态是否被施加部分转置,它都会满足定义 (7.9)。

令量子系统的哈密顿量为 $\hat{H}$,其本征态 $|n\rangle$ 对应于能级 E_n,且 $\langle n|m\rangle = \delta_{nm}$。为导出 $|0_\beta\rangle$ 的表达式,一个自然的想法是把 $|0_\beta\rangle$ 展开为

$$|0_\beta\rangle = \sum_n |n\rangle\langle n|0_\beta\rangle = \sum_n f_n(\beta)|n\rangle. \tag{7.10}$$

将其代入定义 (7.9)

$$\langle 0_\beta | \hat{O} | 0_\beta \rangle = \frac{1}{Z} \sum_n \langle n|\hat{O}|n\rangle e^{-\beta E_n}, \tag{7.11}$$

应有

$$f_n^*(\beta) f_m(\beta) = Z^{-1} e^{-\beta E_n} \delta_{nm}. \tag{7.12}$$

但一般情况下这组方程没有平庸解,因为限制条件的个数远大于待定系数 f_n 的个数。通过简单计算可知,若哈密顿量有 N 个本征态,那么方程 (7.12) 给出 N^2 个限制条件,而未知数 f_n 仅有 N 个。为解决这一问题,唯有扩大未知量的个数。如将 $f_n(\beta)$ 也扩充为一个 N 分量向量 $|f_n(\beta)\rangle$,这样,所有未知系数的个数就扩

充为 N^2 个。该方法等价于将原系统的自由度加倍，即引入一个辅助量子系统，其哈密顿量为 $\tilde{H}$，且满足

$$\tilde{H}|\tilde{n}\rangle = E_n|\tilde{n}\rangle, \quad \langle\tilde{n}|\tilde{m}\rangle = \delta_{nm}. \tag{7.13}$$

新的物理体系为一复合量子系统，其态矢量为 $|n,\tilde{m}\rangle = |n\rangle \otimes |\tilde{m}\rangle$，而热基态可展开为

$$|0_\beta\rangle = \sum_n |n\rangle \otimes |f_n(\beta)\rangle = \sum_n f_n(\beta)|n,\tilde{n}\rangle. \tag{7.14}$$

再回到式 (7.11)，并令力学量 $\hat{O}$ 仍作用于原量子系统，则有

$$\begin{aligned}\langle 0_\beta|\hat{O}|0_\beta\rangle &= \sum_{n,m} f_n^*(\beta)f_m(\beta)\langle n,\tilde{n}|\hat{O}|m,\tilde{m}\rangle \\ &= \sum_{n,m} f_n^*(\beta)f_m(\beta)\langle n|\hat{O}|n\rangle\delta_{nm} \\ &= \sum_n |f_n(\beta)|^2 \langle n|\hat{O}|n\rangle. \end{aligned} \tag{7.15}$$

容易看出，条件 (7.9) 满足的前提是

$$|f_n(\beta)|^2 = Z^{-1}\mathrm{e}^{-\beta E_n}, \tag{7.16}$$

或

$$|0_\beta\rangle = \frac{1}{\sqrt{Z}} \sum_n \mathrm{e}^{-\frac{\beta E_n}{2}+\mathrm{i}\chi_n}|n\rangle \otimes |\tilde{n}\rangle, \tag{7.17}$$

其中，χ_n 为任意相因子。一般情况下，可以通过对双模基态 $|0,\tilde{0}\rangle$ 施加一个依赖于温度的幺正变换而得到热基态

$$|0_\beta\rangle = U_\beta(|0\rangle \otimes |\tilde{0}\rangle) \equiv U_\beta|0,\tilde{0}\rangle. \tag{7.18}$$

因此，$|0_\beta\rangle$ 可视为"热哈密顿量" $\hat{H}_\beta = U_\beta \hat{H} U_\beta^{-1}$ 的基态。这里 0 代表基态的能级排序，β 代表对温度的依赖。

下面证明热平衡态密度矩阵的纯化态也是一种热基态。将 ρ 的纯化态表示为 $|W\rangle = \sum_n \sqrt{\lambda_n}|n\rangle \otimes \tilde{U}^\mathrm{T}|\tilde{n}\rangle$，利用式 (4.75)，则 $\hat{O}$ 在 $|W\rangle$ 下的期望值为

$$\begin{aligned}\langle W|\hat{O}|W\rangle &\equiv \langle W|\hat{O}\otimes\tilde{1}|W\rangle \\ &= \sum_{n,m} \sqrt{\lambda_n\lambda_m}\langle n|\hat{O}|\tilde{m}\rangle\langle\tilde{m}|\tilde{U}\tilde{U}^\dagger|n\rangle\end{aligned}$$

$$= \sum_n \lambda_n \langle n|\hat{O}|n\rangle$$
$$= \langle \hat{O}\rangle. \tag{7.19}$$

上式第一行右边意味着 $\hat{O}$ 仅作用于系统量子态上，并且用 "~" 符号来标记辅助量子态以及作用于其上的算子。对比方程 (7.9)，可知 $|W\rangle$ 确实满足热基态的定义，将其称为热平衡纯化态。需要再次强调的是，纯化态与一般热基态不同，因为其辅助量子态 $|\tilde{n}\rangle$ 只是 $\langle n|$ 形式上的转置。不过，为了避免混淆和便于分析，在后续章节仍将热基态和纯化态视为密度矩阵的两种不同的纯态表示。

7.2.2* BCS 模型的热基态描述

作为具体应用，在本节讨论如何用热基态来描述超导理论，若有读者不感兴趣，亦可跳过这一节。众所周知，Bardeen-Cooper-Shrieffer(BCS) 理论很好地解释了常规超导现象的微观机制。在 BCS 理论中，自旋为 ↑,↓ 的电子由费米算符 $\psi_{\uparrow,\downarrow}(\psi_{\uparrow,\downarrow}^\dagger)$ 描述，后者在动量空间满足反对易关系 $\{\psi_{\boldsymbol{k}\sigma},\psi_{\boldsymbol{k}'\sigma'}^\dagger\} = \delta_{\boldsymbol{k}\boldsymbol{k}'}\delta_{\sigma\sigma'}$，$\sigma,\sigma' = \uparrow,\downarrow$。BCS 哈密顿量为

$$\hat{H}_{\rm BCS} = \sum_{\boldsymbol{k}\sigma} \psi_{\boldsymbol{k}\sigma}^\dagger \xi_{\boldsymbol{k}} \psi_{\boldsymbol{k}\sigma} + \sum_{\boldsymbol{k}} \left(\Delta^* \psi_{-\boldsymbol{k}\uparrow}\psi_{\boldsymbol{k}\downarrow} + \Delta \psi_{\boldsymbol{k}\downarrow}^\dagger \psi_{-\boldsymbol{k}\uparrow}^\dagger\right) + \frac{|\Delta|^2}{g}, \tag{7.20}$$

其中，m 为粒子质量，μ 为化学势，$\Delta(\boldsymbol{x}) = -g\langle\psi_\uparrow(\boldsymbol{x})\psi_\downarrow(\boldsymbol{x})\rangle$ 为配对能隙函数，$\xi_{\boldsymbol{k}} = \frac{\boldsymbol{k}^2}{2m} - \mu$ 是以 μ 为能量零点的动能。由于 BCS 哈密顿量是双线性的，因此可通过线性变换将其对角化

$$H_{\rm BCS} = \sum_{\boldsymbol{k}} E_{\boldsymbol{k}}(\alpha_{\boldsymbol{k}}^\dagger \alpha_{\boldsymbol{k}} + \beta_{-\boldsymbol{k}}^\dagger \beta_{-\boldsymbol{k}}) + \sum_{\boldsymbol{k}}(\xi_{\boldsymbol{k}} - E_{\boldsymbol{k}}) + \frac{|\Delta|^2}{g}, \tag{7.21}$$

其中，α、β 为准粒子算符，$E_{\boldsymbol{k}} = \sqrt{\xi_{\boldsymbol{k}}^2 + |\Delta|^2}$ 为准粒子能量。该变换为著名的博戈留波夫 (Bogoliubov) 变换，且可以写成明显的幺正变换形式

$$\begin{aligned}\alpha_{\boldsymbol{k}} &= {\rm e}^G \psi_{\boldsymbol{k}\uparrow} {\rm e}^{-G} = \cos\phi_{\boldsymbol{k}} \psi_{\boldsymbol{k}\uparrow} - \sin\phi_{\boldsymbol{k}} \psi_{-\boldsymbol{k}\downarrow}^\dagger, \\ \beta_{-\boldsymbol{k}}^\dagger &= {\rm e}^G \psi_{-\boldsymbol{k}\downarrow} {\rm e}^{-G} = \sin\phi_{\boldsymbol{k}} \psi_{\boldsymbol{k}\uparrow} + \cos\phi_{\boldsymbol{k}} \psi_{-\boldsymbol{k}\downarrow}^\dagger,\end{aligned} \tag{7.22}$$

这里，$\cos(2\phi_{\boldsymbol{k}}) = \frac{\xi_{\boldsymbol{k}}}{E_{\boldsymbol{k}}}$，$\sin(2\phi_{\boldsymbol{k}}) = \frac{|\Delta|}{E_{\boldsymbol{k}}}$，$G = \sum_{\boldsymbol{k}} \phi_{\boldsymbol{k}}(\psi_{\boldsymbol{k}\uparrow}\psi_{-\boldsymbol{k}\downarrow} + \psi_{\boldsymbol{k}\uparrow}^\dagger \psi_{-\boldsymbol{k}\downarrow}^\dagger)$ 为幺正变换的产生算符。易证准粒子算符满足反对易关系

$$\{\alpha_{\boldsymbol{k}},\alpha_{\boldsymbol{k}'}^\dagger\} = \delta_{\boldsymbol{k}\boldsymbol{k}'}, \quad \{\beta_{\boldsymbol{k}},\beta_{\boldsymbol{k}'}^\dagger\} = \delta_{\boldsymbol{k}\boldsymbol{k}'}. \tag{7.23}$$

BCS 基态亦可利用 Bogoliubov 变换来求得

$$|g\rangle = e^G|0\rangle$$
$$= \left(\prod_{k}\cos\phi_{k}\right)e^{\sum_{k}\tan\phi_{k}\psi_{k\uparrow}^{\dagger}\psi_{-k\downarrow}^{\dagger}}|0\rangle$$
$$= \prod_{k}\left(\cos\phi_{k}+\sin\phi_{k}\psi_{k\uparrow}^{\dagger}\psi_{-k\downarrow}^{\dagger}\right)|0\rangle. \tag{7.24}$$

其中，粒子空态 $|0\rangle$ 满足 $\psi_{k\sigma}|0\rangle = 0$，而 BCS 基态满足 $\alpha_k|g\rangle = \beta_{-k}|g\rangle = 0$。为了给出 BCS 热基态，需引入辅助量子系统。最简单的做法就是对原量子系统直接 "拷贝"，令对应的准粒子算符为 $\tilde{\alpha}_k$ 和 $\tilde{\beta}_{-k}$，因而复合量子系统的基态为双模的

$$|g,\tilde{g}\rangle = \prod_{k}|0,\tilde{0}\rangle_{\alpha_k}\otimes|0,\tilde{0}\rangle_{\beta_{-k}}. \tag{7.25}$$

这里，$|0,\tilde{0}\rangle_{\alpha_k}(|0,\tilde{0}\rangle_{\beta_{-k}})$ 是 α_k 和 $\tilde{\alpha}_k$(β_{-k} 和 $\tilde{\beta}_{-k}$) 的 Fock 基态。

类比 BCS 基态 (7.24) 的构造方式，其热基态可通过如下方式构造

$$|0_\beta\rangle = e^Q|g,\tilde{g}\rangle$$
$$= \prod_{k}\left(\cos\theta_{k}+\sin\theta_{k}e^{-i\chi}\alpha_{k}^{\dagger}\tilde{\alpha}_{k}^{\dagger}\right)\left(\cos\theta_{k}+\sin\theta_{k}e^{-i\chi}\beta_{-k}^{\dagger}\tilde{\beta}_{-k}^{\dagger}\right)|g,\tilde{g}\rangle, \tag{7.26}$$

其中，$\sin\theta_k = \sqrt{f(E_k)}$，且

$$Q = \sum_{k}\theta_{k}\left(\alpha_{k}\tilde{\alpha}_{k}e^{i\chi}+\alpha_{k}^{\dagger}\tilde{\alpha}_{k}^{\dagger}e^{-i\chi}+\beta_{-k}\tilde{\beta}_{-k}e^{i\chi}+\beta_{-k}^{\dagger}\tilde{\beta}_{-k}^{\dagger}e^{-i\chi}\right). \tag{7.27}$$

容易证明

$$\langle 0_\beta|\alpha_k^{\dagger}\alpha_k|0_\beta\rangle = \langle g,\tilde{g}|e^{-Q}\alpha_k^{\dagger}\alpha_k e^Q|g,\tilde{g}\rangle = f(E_k), \tag{7.28}$$

同样，$\langle 0(\beta)|\beta_{-k}^{\dagger}\beta_{-k}|0(\beta)\rangle = f(E_k)$。由此可推出 BCS 理论的两个重要状态方程，即粒子数方程

$$N = \frac{1}{2}\sum_{k}\left(\langle 0_\beta|\psi_{k\uparrow}^{\dagger}\psi_{k\uparrow}|0_\beta\rangle+\langle 0_\beta|\psi_{-k\downarrow}^{\dagger}\psi_{-k\downarrow}|0_\beta\rangle\right)$$
$$= \sum_{k}\left\{|u_k|^2 f(E_k)+|v_k|^2\left[1-f(E_k)\right]\right\} \tag{7.29}$$

和能隙方程

$$\Delta = -g \sum_{\bm{k}} \langle 0_\beta | \psi_{\bm{k}\uparrow} \psi_{-\bm{k}\downarrow} | 0_\beta \rangle = g\Delta \sum_{\bm{k}} \frac{1 - 2f(E_{\bm{k}})}{2E_{\bm{k}}} \tag{7.30}$$

或

$$\frac{1}{g} = \sum_{\bm{k}} \frac{1 - 2f(E_{\bm{k}})}{2E_{\bm{k}}}. \tag{7.31}$$

7.3 热 Berry 相位

7.3.1 平行演化条件的推广

现在回到本章开头的问题：式 (7.2) 引入了新的混合态几何相位，其几何与物理图像是什么？在热场动力学中，将热哈密顿量 $\hat{H}_\beta$ 所描述的系统称为"热量子系统"。假设某热量子系统处于热基态 $|0_\beta\rangle$，在 $t = 0$ 时系统开始沿参数曲线 $C(t) = \bm{R}(t)$ 作循回平行演化，且周期为 τ。取瞬时热基态为 $|\Psi(t)\rangle = \mathrm{e}^{\mathrm{i}\theta_{\mathrm{TB}}(t)}|0_\beta(\bm{R}(t))\rangle$，其中动力学相位 $\mathrm{e}^{-\frac{\mathrm{i}}{\hbar}\int_0^t \mathrm{d}t' E_0(\bm{R}(t))}$ 已被排除。将其代入平行输运条件

$$\langle \Psi(t) | \frac{\mathrm{d}}{\mathrm{d}t} | \Psi(t) \rangle = 0, \tag{7.32}$$

则有

$$\frac{\mathrm{d}\theta_{\mathrm{TB}}(t)}{\mathrm{d}t} = \mathrm{i}\langle 0_\beta(\bm{R}(t)) | \frac{\mathrm{d}}{\mathrm{d}t} | 0_\beta(\bm{R}(t)) \rangle. \tag{7.33}$$

因此，在演化结束时，系统获得"Berry 相位"

$$\theta_{\mathrm{TB}}(C) = \mathrm{i} \oint_C \mathrm{d}t \langle 0_\beta(\bm{R}(t)) | \frac{\mathrm{d}}{\mathrm{d}t} | 0_\beta(\bm{R}(t)) \rangle. \tag{7.34}$$

因为这种"Berry 相位"依赖于温度，所以我们称之为"热 Berry 相位"。在上式中，热基态也可以被替换为热平衡态密度矩阵的纯化态 $|W(t)\rangle$，从而得到另一种形式的几何相位。为了简单起见，仍将它们统一称为热几何相位[92]。

以上推广可能隐含一个问题，就是热哈密顿依赖于温度，这是否具备真实物理意义。在基础理论层面，一般认为哈密顿量是独立于温度的，因为它描述的是在无环境相互作用时系统所有可能状态的能量。然而，在某些平均场理论中，哈密顿量可能包含一些以自洽方式引入并依赖于温度的参数，这类模型多见于量子化学领域[93]。在物理领域，也有个别这样的模型。如对于经典伊辛模型，如果将关于自旋的哈密顿量重新表示为关于角度变量的哈密顿量，在无需引入任何近似[①]的情况下

[①] 标准的平均场近似会得到金兹堡–朗道 (Landau-Ginzburg) 模型。

就会得到依赖温度的哈密顿量。另一个例子与维数约化 (dimensional reduction) 有关,这一操作需要积掉非零的松原 (Matsubara) 模。如在量子电动力学中,这种做法会产生一个有效拉格朗日量或有效哈密顿量,其中磁场是无质量的,而电场是有质量的,其质量正比于 eT (e 为电子电荷,T 为温度)。

7.3.2 热 Berry 相位的理论分析

在推导热 Berry 相位的表达式时,需要注意辅助量子态是以热基态还是纯化态的形式引入的。尽管两者仅相差一个部分转置操作,但最终结果完全不同。反过来,也可以根据热 Berry 相位来区分热基态和纯化态。

1. 热基态

当热量子系统沿 $\boldsymbol{R}(t)$ 作形式上的绝热演化时,可将热基态表示为

$$|0_\beta(t)\rangle \equiv \frac{1}{\sqrt{Z(t)}} \sum_n e^{-\frac{\beta E_n(t)}{2}} |n(t)\rangle \otimes \tilde{U}^{\mathrm{T}}(t)|\tilde{n}(t)\rangle, \tag{7.35}$$

其中,$Z(t) \equiv Z(\boldsymbol{R}(t))$,$E_n(t) \equiv E_n(\boldsymbol{R}(t))$,$|n(t)\rangle \equiv |n, \boldsymbol{R}(t)\rangle$,以及 $\tilde{U}(t) \equiv \tilde{U}(\boldsymbol{R}(t))$。同前,对所有与辅助量子空间有关的量都标上 ~ 以示区别。将上式代入式 (7.34),直接计算给出

$$\begin{aligned}\theta_{\mathrm{TB}} = \mathrm{i} \int_0^\tau \mathrm{d}t \bigg\{ &-\frac{1}{2Z(t)} \sum_n e^{-\beta E_n(t)} \left(\frac{\dot{Z}(t)}{Z(t)} + \beta \dot{E}_n(t) \right) \\ &+ \frac{1}{Z(t)} \sum_n e^{-\beta E_n(t)} \Big[\langle n(t)|\frac{\mathrm{d}}{\mathrm{d}t}|n(t)\rangle + \langle \tilde{n}(t)|\frac{\mathrm{d}}{\mathrm{d}t}|\tilde{n}(t)\rangle \\ &+ \langle \tilde{n}(t)|\tilde{U}^*(t)\dot{\tilde{U}}^{\mathrm{T}}(t)|\tilde{n}(t)\rangle \Big] \bigg\}. \end{aligned} \tag{7.36}$$

利用 $\dot{Z}(t) = -\sum_n \beta \dot{E}_n(t) e^{-\beta E_n(t)}$ 和 $\sum_n e^{-\beta E_n(t)} = Z(t)$ 可以证明式 (7.36) 的第一行为 0。又因为辅助量子态 $|\tilde{n}(t)\rangle$ 是系统量子态 $|n(t)\rangle$ 的复制,因此有

$$\theta_{\mathrm{TB}} = \mathrm{i} \int_0^\tau \mathrm{d}t \sum_n \frac{e^{-\beta E_n(t)}}{Z(t)} \left[2\langle n(t)|\frac{\mathrm{d}}{\mathrm{d}t}|n(t)\rangle + \langle n(t)|\tilde{U}^*(t)\dot{\tilde{U}}^{\mathrm{T}}(t)|n(t)\rangle \right], \tag{7.37}$$

抑或

$$\theta_{\mathrm{TB}} = 2\mathrm{i} \int_0^\tau \mathrm{d}t \mathrm{Tr}_t \left[\rho(t) \left(\frac{\mathrm{d}}{\mathrm{d}t} + \frac{1}{2}\tilde{U}^*(t)\dot{\tilde{U}}^{\mathrm{T}}(t) \right) \right], \tag{7.38}$$

7.3 热 Berry 相位

其中，Tr_t 代表在瞬时本征态 $|n(t)\rangle (n = 0, 2, \cdots, N-1)$ 所张成的线系空间中求迹，因子 2 来自系统量子态和辅助量子态的贡献。

令 X 为曲线 $C(t)$ 的切向量，且局域地表示为 $X = \dfrac{\mathrm{d}}{\mathrm{d}t}$。对每个能级，引入对应的 Berry 联络

$$\mathcal{A}_\mathrm{B}^n = \langle n(\boldsymbol{R})|\mathrm{d}|n(\boldsymbol{R})\rangle, \tag{7.39}$$

那么 θ_TB 的第一项可表示为

$$2\mathrm{i}\int_0^\tau \sum_n \frac{\mathrm{e}^{-\beta E_n(t)}}{Z(t)}\mathcal{A}_\mathrm{B}^n(X(t))\mathrm{d}t = 2\mathrm{i}\oint_C \sum_n \frac{\mathrm{e}^{-\beta E_n(\boldsymbol{R})}}{Z(\boldsymbol{R})}\mathcal{A}_\mathrm{B}^n(\boldsymbol{R})\cdot \mathrm{d}\boldsymbol{R}. \tag{7.40}$$

注意，$\mathrm{i}\oint_C \mathcal{A}_\mathrm{B}^n(\boldsymbol{R})\cdot \mathrm{d}\boldsymbol{R}$ 为第 n 个能级在绝热演化后获得的 Berry 相位，但上式并不一定是各能级 Berry 相位的加权之和，因为 $\dfrac{\mathrm{e}^{-\beta E_n(\boldsymbol{R})}}{Z(\boldsymbol{R})}$ 未必是常数，也要参与积分运算。如果平行演化是幺正的，即所有能级 E_n 均不改变，此时式 (7.40) 确实代表各能级 Berry 相位的加权之和，携带与 $C(t)$ 有关的几何信息。这恰与干涉几何相位 (6.42) 形成对比。

再来分析式 (7.38) 的第二项。第一眼看上去，这一项显得并不那么"几何"。引入 1-形式

$$A = \frac{1}{2}\tilde{U}^*\mathrm{d}\tilde{U}^\mathrm{T} = \frac{1}{2}\tilde{U}^*\mathrm{d}(\tilde{U}^*)^\dagger, \tag{7.41}$$

那么 $\dfrac{1}{2}\tilde{U}^*(t)\dot{\tilde{U}}^\mathrm{T}(t) = A(X(t))$ 可视为作用在辅助量子空间上的幺正算符 $\tilde{U}$ 所诱导的等效规范势 (规范联络)，且热 Berry 相位可简化为

$$\begin{aligned}\theta_\mathrm{TB} &= 2\mathrm{i}\int_0^\tau \mathrm{d}t \text{Tr}_t\left[\rho(t)\nabla_X^A\right]\\ &= 2\mathrm{i}\int_0^\tau \mathrm{d}t \sum_n \frac{\mathrm{e}^{-\beta E_n(t)}}{Z(t)}\langle n(t)|\left(\frac{\mathrm{d}}{\mathrm{d}t} + A(X(t))\right)|n(t)\rangle,\end{aligned} \tag{7.42}$$

其中，∇^A 为联络 A 所定义的协变微分。注意到 A 是纯规范，那么其对应的规范曲率为 0，因而不会引入几何效应。若以 $\{|n(t)\rangle\}$ 为基，则 A 未必是一个对角阵，意味着 $\hat{H}$ 的不同能级之间会发生跃迁。但这并不奇怪，因为前面提到的绝热演化过程是热量子系统 (由热哈密顿量 $\hat{H}_\beta$ 描述) 而非原量子系统 (由哈密顿量 $\hat{H}$ 描述) 所经历的物理过程。此外，平行输运条件 (7.32) 排除了 $\hat{H}_\beta$ 所驱动的动力学演化

$$U_\beta^\mathrm{D}(t) = \mathrm{e}^{-\frac{\mathrm{i}}{\hbar}\int_0^t \hat{H}_\beta(\boldsymbol{R}(t))\mathrm{d}t'}, \tag{7.43}$$

然而，却未必排除了由 $\hat{H}$ 或 $\tilde{H}$ 驱使的动力学演化。假设系统量子态保持不变，而辅助量子态受 $\tilde{H}$ 驱动作动力学演化，那么有

$$|0_\beta(t)\rangle = \frac{1}{\sqrt{Z}} \sum_n e^{-\frac{\beta E_n}{2}} |n\rangle \otimes \tilde{U}^{\mathrm{T}}(t)|\tilde{n}\rangle. \tag{7.44}$$

为简单起见，令 $\tilde{H}$ 不含时，则相应的时间演化算符为

$$\tilde{U}^T(t) = \begin{pmatrix} e^{-\frac{i}{\hbar} E_0 t} & 0 & 0 & \cdots \\ 0 & e^{-\frac{i}{\hbar} E_1 t} & 0 & \cdots \\ 0 & 0 & e^{-\frac{i}{\hbar} E_2 t} & \cdots \\ \vdots & \vdots & \vdots & \ddots \end{pmatrix}. \tag{7.45}$$

此时，热 Berry 相位实际为辅助量子态上的动力学相位。根据式 (7.37)，有

$$\theta_{\mathrm{TB}} = \sum_n \frac{e^{-\beta E_n}}{Z} \frac{E_n}{\hbar} \tau = \frac{\bar{E}\tau}{\hbar}, \tag{7.46}$$

其中, $\bar{E}$ 为辅助量子系统的平均能量。这一项为 θ_{TB} 的第二项，且是非几何的。由此可知，热 Berry 相位的几何性仅仅是针对热量子系统而言的，因为平行输运条件仅可排除 $\hat{H}_\beta$ 产生的动力学相位，而不能对 $\tilde{U}^T$ 施加任何限制。正因为 $\tilde{U}^T$ 可以携带非几何信息，所以相对于辅助量子系统，θ_{TB} 不具备确定的几何性。如果希望它是纯几何相位，一种简单的作法是取 $\tilde{U} = 1$，此时 $\theta_{\mathrm{TB}} = 2\mathrm{i} \oint_C \sum_n \frac{e^{-\beta E_n(\mathbf{R})}}{Z(\mathbf{R})} \mathcal{A}_{\mathrm{B}}^n(\mathbf{R}) \cdot \mathrm{d}\mathbf{R}$。

2. 纯化态

现在考虑另一种可能性：将式 (7.34) 中的热基态替换为热平衡纯化态。通过类似的计算，式 (7.36) 变为

$$\begin{aligned}\theta_{\mathrm{TB}} = \mathrm{i} \int_0^\tau \mathrm{d}t \bigg\{ &-\frac{1}{2Z(t)} \sum_n e^{-\beta E_n(t)} \left(\frac{\dot{Z}(t)}{Z(t)} + \beta \dot{E}_n(t) \right) \\ &+ \frac{1}{Z(t)} \sum_n e^{-\beta E_n(t)} \Big[\langle n(t)|\frac{\mathrm{d}}{\mathrm{d}t}|n(t)\rangle + \langle \tilde{n}(t)|\frac{\overleftarrow{\mathrm{d}}}{\mathrm{d}t}|\tilde{n}(t)\rangle \Big] \\ &+ \langle \tilde{n}(t)|\dot{\tilde{U}}(t)\tilde{U}^\dagger(t)|\tilde{n}(t)\rangle \bigg] \bigg\}. \end{aligned} \tag{7.47}$$

7.3 热 Berry 相位

由于 $|\tilde{n}(t)\rangle$ 仅仅是 $|n(t)\rangle$ 的拷贝，并且

$$\langle\tilde{n}(t)|\overleftarrow{\frac{\mathrm{d}}{\mathrm{d}t}}|\tilde{n}(t)\rangle \equiv \left(\frac{\mathrm{d}}{\mathrm{d}t}\langle\tilde{n}(t)|\right)|\tilde{n}(t)\rangle = -\langle\tilde{n}(t)|\frac{\mathrm{d}}{\mathrm{d}t}|\tilde{n}(t)\rangle, \tag{7.48}$$

意味着式 (7.47) 第二行前两项互相抵消，所以热 Berry 相位为

$$\theta_{\mathrm{TB}} = \mathrm{i}\int_0^\tau \mathrm{d}t \sum_n \frac{\mathrm{e}^{-\beta E_n(t)}}{Z(t)} \langle\tilde{n}(t)|\dot{\tilde{U}}(t)\tilde{U}^\dagger(t)|\tilde{n}(t)\rangle, \tag{7.49}$$

或者

$$\theta_{\mathrm{TB}} = \mathrm{i}\int_0^\tau \mathrm{d}t \mathrm{Tr}_t\left[\rho(t)\dot{\tilde{U}}(t)\tilde{U}^\dagger(t)\right]. \tag{7.50}$$

关于该结果，有两点需要强调。其一：它与热基态的热 Berry 相位不同，导致这一差异的根源在于辅助量子态上的部分转置操作。在量子信息理论中，部分转置可用于区分混合态的可分离性。反过来，热 Berry 相位的这种差异性也可用于区分密度矩阵的纯态表示是热基态抑或纯化态。其二：同前，相对于热量子系统，纯化态热 Berry 相位是几何相位，但相对于系统量子态或辅助量子态，它完全可能携带动力学信息。例如，取 $\tilde{U}$ 为 $\tilde{H}$ 所产生的动力学演化，则有 $\mathrm{i}\hbar\dot{\tilde{U}} = \tilde{H}\tilde{U}$，那么式 (7.50) 给出

$$\theta_{\mathrm{TB}} = \frac{1}{\hbar}\int_0^\tau \mathrm{d}t \mathrm{Tr}_t\left[\rho(t)\tilde{H}(t)\right], \tag{7.51}$$

这正是辅助量子态获得的动力学相位。又如，取

$$\tilde{U}(t) = \sum_{n=0}^{N-1} \mathrm{e}^{\int_0^t \mathrm{d}t'\langle\tilde{n}(t')|\frac{\mathrm{d}}{\mathrm{d}t'}|\tilde{n}(t')\rangle}|\tilde{n}(t)\rangle\langle\tilde{n}(t)|. \tag{7.52}$$

它是一个幺正算符，且满足

$$\dot{\tilde{U}}\tilde{U}^\dagger = \sum_{n=0}^{N-1}\left[\langle\tilde{n}|\dot{\tilde{n}}\rangle|\tilde{n}\rangle\langle\tilde{n}| + |\dot{\tilde{n}}\rangle\langle\tilde{n}| + |\tilde{n}\rangle\langle\dot{\tilde{n}}|\right], \tag{7.53}$$

再利用 $\langle n|\dot{n}\rangle + \langle\dot{n}|n\rangle = 0$，可得

$$\theta_{\mathrm{TB}} = \mathrm{i}\sum_n \int_0^\tau \mathrm{d}t\left[\frac{\mathrm{e}^{-\beta E_n(t)}}{Z(t)}\langle\tilde{n}(t)|\frac{\mathrm{d}}{\mathrm{d}t}|\tilde{n}(t)\rangle\right] \tag{7.54}$$

在这种情况下,它显然是辅助量子态的几何相位。但与式 (7.40) 类似,它未必是辅助空间各能级 Berry 相位的加权之和。

再如,取

$$\tilde{U}(t) = \sum_{n=0}^{N-1} e^{\int_0^t dt' \langle \tilde{n}(t') | \frac{d}{dt'} | \tilde{n}(t') \rangle} |\tilde{n}(0)\rangle \langle \tilde{n}(t)|, \tag{7.55}$$

易证 $\tilde{U}$ 满足辅助量子空间上的平行输运条件:

$$\langle \tilde{n}(t) | \dot{\tilde{U}}(t) \tilde{U}^\dagger(t) | \tilde{n}(t) \rangle = 0, \quad n = 0, 1, \cdots, N-1. \tag{7.56}$$

但是式 (7.49) 给出

$$\theta_{\text{TB}} = 0. \tag{7.57}$$

总结一下本节内容。对热平衡密度矩阵的两种纯态表示施加平行输运条件 (7.32),由此引入了热 Berry 相位。但由于纯态表示的自由度被加倍,因此单独的平行输运条件并不足以唯一确定该演化的性质 (如辅助量子态上的操作 $\tilde{U}^{\text{T}}$),因此热 Berry 相位只是热量子系统的几何相位。对于原量子系统与辅助量子系统,它不可避免地携带非几何信息。尽管如此,热几何相位仍有一些有趣的性质,比如可以用以区分混合态的纯态表示。

7.3.3 典型例子

1. 两能级体系

考虑被多次讨论过的两能级体系,令哈密顿量为 $\hat{H} = R \boldsymbol{n} \cdot \boldsymbol{\sigma}$。将单位矢量 $\boldsymbol{n}$ 参数化为 $\boldsymbol{n} = (\sin\theta\cos\phi, \sin\theta\sin\phi, \cos\theta)^{\text{T}}$,则参数空间为二维球面 S^2。系统的能级和本征态为

$$E_\pm = \pm R, \quad |+\rangle = \begin{pmatrix} \cos\frac{\theta}{2} \\ \sin\frac{\theta}{2} e^{i\phi} \end{pmatrix}, \quad |-\rangle = \begin{pmatrix} \sin\frac{\theta}{2} \\ -\cos\frac{\theta}{2} e^{i\phi} \end{pmatrix}. \tag{7.58}$$

当系统处于温度为 T 的热平衡态时,ρ 与 $\hat{H}$ 有共同本征态,且其本征值为 $\lambda_\pm = \frac{e^{\mp\beta R}}{Z} = \frac{1}{2}(1 \mp \tanh(\beta R))$,配分函数为 $Z = e^{-\beta R} + e^{\beta R} = 2\cosh(\beta R)$。考虑系统沿 S^2 上的闭合曲线 $C(t) := (\theta(t), \phi(t))$ 演化,并令辅助量子空间上的演化是平庸的,即 $\tilde{U} = 1$。由于原哈密顿量的能级在演化过程中不变,所以这是一个幺正演化。每个能级的 Berry 联络为

$$\mathcal{A}_{\text{B}}^{\pm} = \langle \pm | d | \pm \rangle = \frac{i}{2}(1 \mp \cos\theta) d\phi. \tag{7.59}$$

7.3 热 Berry 相位

若取密度矩阵的纯化态表示，则热 Berry 相位为 0。若取密度矩阵的热基态表示，利用式 (7.40)，热 Berry 相位为

$$\theta_{\mathrm{TB}} = 2\mathrm{i} \oint_C \left(\lambda_+ \mathcal{A}_{\mathrm{B}}^+ + \lambda_- \mathcal{A}_{\mathrm{B}}^- \right)$$

$$= -\lambda_+ \Omega(C) - \lambda_- \left(4\pi - \Omega(C) \right)$$

$$= (2\lambda_- - 1)\Omega(C) - 4\lambda_- \pi \tag{7.60}$$

其中，$\Omega(C) = \oint_C (1 - \cos\theta)\, \mathrm{d}\phi$ 为球面曲线 $C(t)$ 所对应的立体角。在图 7.1 中，我们绘制了不同 $\Omega(C)$ 值下 θ_{TB} 与温度的关系曲线，以展示其变化趋势。由于 $\tilde{U} = 1$，此时热 Berry 相位是纯几何的。根据其表达式，热 Berry 相位携带演化曲线 $C(t)$ 的几何信息。而根据例 4.2.1 的结果，热 Berry 相位也可用来对两能级密度矩阵的等价类进行分类。注意到密度矩阵 $\rho_{\boldsymbol{x}} = \frac{1}{2} [1 - \tanh(\beta R) \boldsymbol{n} \cdot \boldsymbol{\sigma}]$，其中 Bloch 矢量 $\boldsymbol{x} = -\tanh(\beta R)\boldsymbol{n}$ 也称为 $\rho_{\boldsymbol{x}}$ 的特性矢量。由例 4.2.1 可知，任何与 $\rho_{\boldsymbol{x}}$ 等价的密度矩阵可表示为 $U\rho_{\boldsymbol{x}}U^\dagger = \rho_{\boldsymbol{x}'}$，且总有 $|\boldsymbol{x}'| = |\boldsymbol{x}|$。因此，所有与 $\rho_{\boldsymbol{x}}$ 等价的密度矩阵形成 Bloch 球内的一个球壳，其半径为

$$|\boldsymbol{x}| = \lambda_+ - \lambda_- = \frac{\theta_{\mathrm{TB}} + 4\pi\lambda_-}{\Omega(C)}. \tag{7.61}$$

反过来，它们具有相同的热 Berry 相位 (在温度和演化路径被确定的前提下)，也就是说，热 Berry 相位可以用来对 Bloch 球中的等价混合态进行分类。

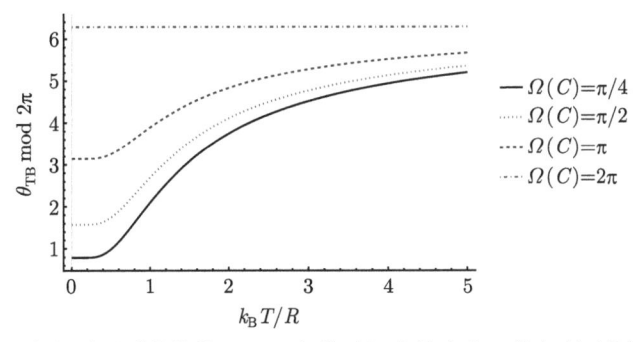

图 7.1 两能级量子系统的热 Berry 相位随温度的变化。从上到下依次对应于：$\Omega(C) = \pi/4, \pi/2, \pi, 2\pi$(彩图请扫封底二维码)

2.* BCS 模型

热 Berry 相位的第二项也会携带有趣的信息。在 BCS 理论的热基态表示中，我们保留了相位参数 χ(见式 (7.26))，因此参数空间代表 BCS 热基态流形，在拓

扑上等价于 S^1。当 χ 沿 S^1 绝热演化一周之后，热量子系统获得一个热 Berry 相位

$$\begin{aligned}\theta_{\rm B}(S^1) &= {\rm i}\oint_{S^1}{\rm d}t\langle 0_\beta(\chi(t))|\frac{\rm d}{{\rm d}t}|0_\beta(\chi(t))\rangle \\ &= {\rm i}\int_0^{2\pi}{\rm d}\chi\langle 0_\beta(\chi)|\frac{\partial}{\partial\chi}|0_\beta(\chi)\rangle.\end{aligned} \quad (7.62)$$

利用贝克–坎贝尔–豪斯多夫 (Baker-Campbell-Hausdorff) 公式可证

$$|0_\beta(\chi)\rangle = {\rm e}^{\sum_{\bm k}2\ln\cos\theta_{\bm k}}{\rm e}^{\sum_{\bm k}\tan\theta_{\bm k}{\rm e}^{-{\rm i}\chi}(\alpha_{\bm k}^\dagger\tilde\alpha_{\bm k}^\dagger+\beta_{-\bm k}^\dagger\tilde\beta_{-\bm k}^\dagger)}|g,\tilde g\rangle, \quad (7.63)$$

因此有

$${\rm i}\frac{\partial}{\partial\chi}|0_\beta(\chi)\rangle = {\rm e}^{-{\rm i}\chi}\sum_{\bm k}\tan\theta_{\bm k}(\alpha_{\bm k}^\dagger\tilde\alpha_{\bm k}^\dagger+\beta_{-\bm k}^\dagger\tilde\beta_{-\bm k}^\dagger)|0_\beta(\chi)\rangle, \quad (7.64)$$

进一步可得

$$\begin{aligned}{\rm i}\langle 0_\beta(\chi)|\frac{\partial}{\partial\chi}|0_\beta(\chi)\rangle &= \sum_{\bm k}\langle 0_\beta(\chi)|{\rm e}^{-{\rm i}\chi}\tan\theta_{\bm k}(\alpha_{\bm k}^\dagger\tilde\alpha_{\bm k}^\dagger+\beta_{-\bm k}^\dagger\tilde\beta_{-\bm k}^\dagger)|0_\beta(\chi)\rangle \\ &= {\rm e}^{-{\rm i}\chi}\sum_{\bm k}\tan\theta_{\bm k}{\rm e}^{{\rm i}\chi}\sin\theta_{\bm k}\cos\theta_{\bm k}\langle g,\tilde g|(\tilde\alpha_{\bm k}\tilde\alpha_{\bm k}^\dagger+\tilde\beta_{-\bm k}\tilde\beta_{-\bm k}^\dagger)|g,\tilde g\rangle \\ &= 2\sum_{\bm k}f(E_{\bm k}).\end{aligned} \quad (7.65)$$

最终，热 Berry 相位为

$$\theta_{\rm TB}(S^1) = 4\pi\sum_{\bm k}f(E_{\bm k}) = 2\pi[N_\alpha(\beta)+N_\beta(\beta)], \quad (7.66)$$

正比于在温度为 $T=\dfrac{1}{k_{\rm B}\beta}$ 时被激发的总准粒子数 $N_\alpha(\beta)+N_\beta(\beta)$。根据式 (7.26)，热幺正变换在原系统空间和辅助空间上每产生一对准粒子，都伴随一个相因子 ${\rm e}^{-{\rm i}\chi}$。因此，当系统沿 BCS 热基态流形演化一周后，辅助空间上每个准粒子都贡献一个相位 2π，所以自然有结果 (7.66)。

7.4 热 Berry 相位与 $U(1)$ 丛

7.4.1 热 Berry 相位的规范不变性

在第 2 章中，用纤维丛理论重新表述了 Berry 相位理论。而热 Berry 相位是 Berry 相位的直接推广，我们自然好奇是否也可用合适的纤维丛理论来描述它。回

7.4 热 Berry 相位与 $U(1)$ 丛

顾 2.3 节的内容，Berry 相位满足 $U(1)$ 不变性，所以在其几何描述中，纤维丛的结构群是 $U(1)$ 群。同样，如果要建立热 Berry 相位的纤维丛描述，我们首先需确定热 Berry 相位在何种规范变化下不变。从前面的讨论可知，辅助空间上的任何么正操作都使得系统密度矩阵不变，即在局域变换 $|0_\beta(\boldsymbol{R})\rangle \longrightarrow \hat{1}_s \otimes \tilde{U}(\boldsymbol{R})|0_\beta(\boldsymbol{R})\rangle$ 下，$\rho(\boldsymbol{R})$ 总是不变的。但这并不意味着热 Berry 相位在该变换下不变，否则它与 Uhlmann 相位一样都成 $U(N)$ 不变的几何相位了 (因为 $\tilde{U}(\boldsymbol{R}) \in U(N)$)。若采用 $|0_\beta(\boldsymbol{R})\rangle$ 的纯化态表示，经过与式 (7.49) 类似的计算过程，不难得到

$$\mathrm{i} \oint \mathrm{d}\boldsymbol{R} \cdot \langle 0_\beta|\nabla|0_\beta\rangle \longrightarrow \mathrm{i}\oint \mathrm{d}\boldsymbol{R} \cdot \langle 0_\beta|\nabla|0_\beta\rangle + \mathrm{i}\oint \mathrm{d}\boldsymbol{R}\cdot \langle 0_\beta|\hat{1}_s \otimes (\nabla\tilde{U})\tilde{U}^\dagger|0_\beta\rangle$$

$$= \mathrm{i} \oint \mathrm{d}\boldsymbol{R} \cdot \langle 0_\beta|\nabla|0_\beta\rangle + \mathrm{i}\oint \mathrm{d}\boldsymbol{R} \cdot \langle \tilde{n}|(\nabla\tilde{U})\tilde{U}^\dagger|\tilde{n}\rangle. \qquad (7.67)$$

在上式中，为简化符号，略去 $|0_\beta\rangle$ 和 $\tilde{U}$ 等对 $\boldsymbol{R}$ 的依赖。变换之后，额外的第二项显然不为 0。但若 $\tilde{U}(\boldsymbol{R})$ 是一个局域 $U(1)$ 变换：$\tilde{U}(\boldsymbol{R}) = \mathrm{e}^{\mathrm{i}\chi(\boldsymbol{R})}$，则式 (7.67) 右边第二项的被积函数变为纯规范，那么有

$$\mathrm{i} \oint \mathrm{d}\boldsymbol{R} \cdot \langle \tilde{n}|(\nabla\tilde{U})\tilde{U}^\dagger|\tilde{n}\rangle = -\oint \mathrm{d}\boldsymbol{R}\cdot\nabla\chi$$

$$= -\oint \mathrm{d}\chi$$

$$= 0. \qquad (7.68)$$

若 $|0_\beta(\boldsymbol{R})\rangle$ 取热基态表示，结果也一样。因此，热 Berry 相位仅在 $U(1)$ 规范变换下不变，其原因在前面已经给出：热 Berry 相位不携带辅助空间的几何信息。因此，热 Berry 相位的几何理论只能建构于 $U(1)$ 主丛之上。

7.4.2 $U(1)$ 丛

为简单起见，将基于 $|0_\beta\rangle$ 的纯化态表示来建立热 Berry 相位的纤维丛理论。同前，令所有满秩且秩为 N 的密度矩阵张成相空间 $\mathcal{D}_N^N$。对 $\rho = \sum_n \lambda_n |n\rangle\langle n|$，取它的某一特殊纯化

$$W = \sum_n \sqrt{\lambda_n}|n\rangle\langle n_0|\mathrm{e}^{\mathrm{i}\theta_n}, \qquad (7.69)$$

其中，$\{|n_0\rangle\}_{n=0}^{N-1}$ 为一组固定的量子态，其具体选择将在后续讨论中给出。反之，W 的极化分解可表示为 $W = \sqrt{\rho}U$，且

$$U = \sum_n e^{i\theta_n}|n\rangle\langle n_0| \sim \begin{pmatrix} e^{i\theta_0} & & \\ & \ddots & \\ & & e^{i\theta_{N-1}} \end{pmatrix}. \tag{7.70}$$

因此，W 的所有可能相因子构成 $U^N(1) \equiv \underbrace{U(1) \times \cdots \times U(1)}_{N}$ 群，只需定义 U 和 U' 之间的乘法 "$\times$" 为

$$U \times U' = \sum_n e^{i\theta_n + i\theta'_n}|n\rangle\langle n_0|. \tag{7.71}$$

因此，在 $\mathcal{D}_N^N$ 上任一点 ρ，其所有满足以上条件的纯化 W 构成纤维空间 F_ρ，且 F_ρ 同构于 $U^N(1)$。由于热 Berry 相位满足 $U(1)$ 规范不变性，那么在底流形上应引入 $U(1)$ 规范联络，这进一步要求纤维丛的结构群是 $U(1)$ 群。不过这种纤维丛需通过特定的构造方式来实现。对于纤维丛而言，结构群必须能通过自同构作用于其纤维。在这里，纤维空间为 $U^N(1)$，其自同构群为 $\mathrm{GL}(N,\mathbb{Z})$，而结构群 $U(1)$ 需要以某种特殊方式嵌入其中。这可以通过"对角嵌入"(diagonal embedding) 来实现。具体而言，对于任一 $g \in U(1)$，定义其对纤维 $U^N(1)$ 的作用为

$$g \cdot (u_1, u_2, \cdots, u_N) = (g \cdot u_1, g \cdot u_2, \cdots, g \cdot u_N), \tag{7.72}$$

即每个分量均被 g 同步旋转。这就是自然的对角嵌入

$$U(1) \to U^N(1), \quad g \mapsto (g, g, \cdots, g). \tag{7.73}$$

可以验证此作用可以保持 $U^N(1)$ 的群作用，因为

$$g \cdot (u \cdot v) = (g \cdot u) \cdot (g \cdot v), \quad \forall u, v \in U^N(1). \tag{7.74}$$

但严格来说，这种作用并不属于标准自同构群 $\mathrm{GL}(N,\mathbb{Z})$，而是通过连续参数扩展了自同构的定义。此外，坐标转移函数的构造也需要满足特定的条件①。注意到结构群 $U(1)$ 为 $U^N(1)$ 的真子集，所以这里建立的纤维丛并非一个主丛。在物理中，这类丛可以描述多个 $U(1)$ 规范场的同步规范变换，例如所有场共享同一相位旋转。

引入希尔伯特–施密特范数：$||\cdot||_{\mathrm{HS}}^2 = \langle\cdot,\cdot\rangle_{\mathrm{HS}}$，则 W 的集合构成总空间 $S_N = \{W|W = \sqrt{\rho}U, \rho \in \mathcal{D}_N^N, U \in U^N(1), \text{且}||W||_{\mathrm{HS}} = 1\}$（注意 S_N 与 5.2.2 节中 $\mathcal{S}_N$ 的区别）。接下来建立 $U(1)$ 丛：$P(\mathcal{D}_N^N, U(1))$，其中 $P \equiv S_N$，对应的纤维化为

---

① 底流形上的局域坐标转移函数 $t_{ij}: U_i \bigcap U_j \to U(1)$ 取值于对角嵌入的 $U(1)$；转移函数同时满足上闭链条件 $t_{ij} \cdot t_{jk} = t_{ik}$，以确保局域平庸化的一致性。

7.4 热 Berry 相位与 $U(1)$ 丛

$$P/U^N(1) = \mathcal{D}_N^N. \tag{7.75}$$

在主丛上定义有自然投影

$$\pi : P \longrightarrow \mathcal{D}_N^N, \quad \pi(W) = WW^\dagger = \rho. \tag{7.76}$$

若用更精确的语言，那么 π 的作用可借助局域平庸化算子 χ 来实现

$$\pi \circ \chi(\rho, W) = \rho, \quad 其中 W = \sqrt{\rho}U. \tag{7.77}$$

$U(1)$ 中的一个群元 $\mathcal{U}$ 对纤维空间中一点的右作用可通过式 (5.27) 来实现。纤维丛上的截面 $\sigma : \mathcal{D}_N^N \longrightarrow S_N$ 满足 $\pi \circ \sigma = 1_{S_N}$。同样，由于 P 上存在整体截面 $\sigma(\rho) = \sqrt{\rho}$，该丛也是平庸的。

考虑参数流形 M 上的曲线 $C(t) = \boldsymbol{R}(t)(0 \leqslant t \leqslant \tau)$，满足 $\boldsymbol{R}(0) = \boldsymbol{R}_0 = \boldsymbol{R}(\tau)$，并将 $|n_0\rangle$ 取为 $|n(\boldsymbol{R}_0)\rangle$。它诱导出 $\mathcal{D}_N^N$ 上的曲线 $\gamma(t) := \rho(t) \equiv \rho(\boldsymbol{R}(t))$（以下对其他相关符号也采用类似标记）。因为 $\gamma(0) = \gamma(\tau)$，所以它也是闭合曲线。γ 的水平提升为 P 中的曲线

$$\tilde{\gamma}(t) = \sigma(\gamma(t)) = W(t) = \sqrt{\rho(t)}U(t), \tag{7.78}$$

满足 $\pi \circ \tilde{\gamma} = \gamma$。显然它未必是闭合曲线，因为初末态之间可能差一个 $U(1)$ 变换：$\tilde{\gamma}(\tau) = \tilde{\gamma}(0)g(\tau)$，与之等价的是相因子之间也满足 $U(\tau) = U(0)g(\tau)$。根据定义，所谓水平提升曲线就是对纯化 $W(t)$ 做平行输运，因此 $g(\tau)$ 是一个 $U(1)$ 和乐群元。注意该平行输运与 Uhlmann 平行输运以及 Sjöqvist 平行演化均不同。

为导出平行输运条件，令 X、$\tilde{X}$ 分别为曲线 $\gamma(t)$、$\tilde{\gamma}(t)$ 的切向量。同前，它们之间满足 $\pi_*\tilde{X} = X$（或 $\tilde{X} = \sigma_*X$），$\sigma \circ \gamma = \tilde{\gamma}$，且可以分别表示为

$$X = \frac{\mathrm{d}_{\mathcal{D}_N^N}}{\mathrm{d}t}, \quad \tilde{X} = \frac{\mathrm{d}_{S_N}}{\mathrm{d}t}. \tag{7.79}$$

为简单起见，统一将其记为 $\dfrac{\mathrm{d}}{\mathrm{d}t}$，只需记住它们分别是底流形和总空间上的微分算符，在需要强调其本质时则恢复使用上述式子。将 $\tilde{X}$ 作用于 $W(t)$，得到 $\tilde{\gamma}$ 的水平切向量 $\tilde{X}W(t) = \dfrac{\mathrm{d}}{\mathrm{d}t}W(t)$。与式 (2.66) 或式 (2.63) 类似，若 $\tilde{X}W(t)$ 是水平切向量，那么它必与 $W(t)$ 垂直。在这里，垂直是根据希尔伯特-施密特内积而定的

$$\langle W(t), \tilde{X}W(t)\rangle_{\mathrm{HS}} = \langle W(t)|\frac{\mathrm{d}}{\mathrm{d}t}|W(t)\rangle = 0, \tag{7.80}$$

其中，$|W(t)\rangle$ 为 $W(t)$ 对应的纯化态。上式也是 $W(t)$ 的平行输运条件，显然它是 Berry 相位理论中平行输运条件的推广。

7.4.3 Ehresmann 联络与 $U(1)$ 规范联络

利用式 (7.80)，我们同样可以引入纤维丛 $P(\mathcal{D}_N^N, U(1))$ 上的 Ehresmann 联络 ω。在点 W 处，它可表示为

$$\omega_W = \langle W | \mathrm{d}_{S_N} | W \rangle. \tag{7.81}$$

在规范变换 $|W\rangle \longrightarrow \mathrm{e}^{\mathrm{i}\chi}|W\rangle$ 下，ω 的变换为

$$\omega_W \longrightarrow \omega_W + \mathrm{id}_{S_N}\chi. \tag{7.82}$$

显然，其规范场强在此变换下不变。当 W 沿曲线 $\tilde\gamma(t)$ 作平行输运时，条件 (7.80) 可重新表达为

$$\omega_W(\tilde X) = \langle W(t)|\tilde X|W(t)\rangle = \langle W(t)|\frac{\mathrm{d}}{\mathrm{d}t}|W(t)\rangle = 0. \tag{7.83}$$

同前，Ehresmann 联络将切丛 TP 分解成水平子空间 HP 与垂直子空间 VP，上式表明 $\tilde X \in HP$。利用截面映射 σ 可将 ω 拖回为底流形 $\mathcal{D}_N^N$ 上的联络，即 $U(1)$ 规范联络，

$$\mathcal{A}_{U(1)} = \sigma^*\omega = \langle W | \mathrm{d}_{\mathcal{D}_N^N} | W \rangle. \tag{7.84}$$

由于 $\mathrm{d}_{\mathcal{D}_N^N}$ 不含纤维空间上的坐标微分，即与相位有关的微分，因此

$$\mathcal{A}_{U(1)} = \langle \mathcal{W}(\boldsymbol{R})|\mathrm{d}|\mathcal{W}(\boldsymbol{R})\rangle \quad 或 \quad \mathcal{A}_{U(1)i}(\boldsymbol{R}) = \left\langle \mathcal{W}(\boldsymbol{R}) \left| \frac{\partial}{\partial R^i} \right| \mathcal{W}(\boldsymbol{R}) \right\rangle, \tag{7.85}$$

其中

$$\mathcal{W}(\boldsymbol{R}) = \sum_n \sqrt{\lambda_n(\boldsymbol{R})} |n(\boldsymbol{R})\rangle\langle n(\boldsymbol{R}_0)|$$

$$或 \quad |\mathcal{W}(\boldsymbol{R})\rangle = \sum_n \sqrt{\lambda_n(\boldsymbol{R})} |n(\boldsymbol{R})\rangle \otimes |n(\boldsymbol{R}_0)\rangle, \tag{7.86}$$

显然 $\mathcal{W}$ 或 $|\mathcal{W}\rangle$ 不含任何与相因子（纤维）有关的信息。考虑 $U(1)$ 和乐群元

$$g(\boldsymbol{R}) = \mathrm{e}^{\mathrm{i}\theta(\boldsymbol{R})}, \quad \theta(\boldsymbol{R}_0) = 0. \tag{7.87}$$

它是 $|W(t)\rangle$ 在经历周期性平行输运后的纤维变换，因此有 $W = \mathcal{W}g$，或以纯化态的形式表示为 $|W\rangle = \hat{1}_s \otimes g|\mathcal{W}\rangle = \mathrm{e}^{\mathrm{i}\theta}|\mathcal{W}\rangle$。当 W 沿曲线 $\tilde\gamma(t)(0 \leqslant t \leqslant \tau)$ 作平行输运时，相应地有

$$W(t) = \sum_n \sqrt{\lambda_n(t)}|n(t)\rangle\langle n(0)|g(t),$$

7.4 热 Berry 相位与 $U(1)$ 丛

$$\mathcal{W}(t) = \sum_n \sqrt{\lambda_n(t)} |n(t)\rangle\langle n(0)|,$$

$$g(t) = e^{i\theta(t)}, \quad \theta(t) = 0. \tag{7.88}$$

对比前面的讨论，也应有 $U(\tau) = U(0)g(\tau)$。由于 $\tilde{\gamma}(t)$ 的切向量 $\tilde{X} \in HP$，利用平行输运条件 (7.83) 以及 (4.75)，可得

$$\langle \mathcal{W}(t) | \frac{d}{dt} | \mathcal{W}(t)\rangle + \frac{dg(t)}{dt} g^{-1}(t) = 0, \tag{7.89}$$

或者

$$\frac{dg(t)}{dt} = -\mathcal{A}_{U(1)}(X) g(t). \tag{7.90}$$

另外，也可从 $U(1)$ 规范联络构造 Ehresmann 联络，类似于式 (2.76)，有

$$\omega = \pi^* \mathcal{A}_{U(1)} + g^{-1} d_{S_N} g. \tag{7.91}$$

结合 $\pi^* \mathcal{A}_{U(1)}(\tilde{X}) = \mathcal{A}_{U(1)}(\pi_* \tilde{X}) = \mathcal{A}_{U(1)}(X)$，由条件 $\omega(\tilde{X}) = 0$ 也可自然推出式 (7.90)。利用该方程可进一步解出系统在作平行输运时获得的几何相位，我们将在下一小节完成这最后一步。

若 $\tilde{X} \in VP$，那么 $\pi_* \tilde{X} = 0$。将其代入式 (7.91)，且令 $\omega(\tilde{X}) = u(t)$，那么有

$$\begin{aligned} u(t) &= \pi^* \mathcal{A}_{U(1)}(\tilde{X}) + g^{-1} d_{S_N} g(X) \\ &= \mathcal{A}_{U(1)}(\pi_* \tilde{X}) + g^{-1} \frac{dg(t)}{dt} \\ &\longrightarrow \frac{dg(t)}{dt} = g(t) u(t). \end{aligned} \tag{7.92}$$

解之可得 $g(t) = e^{u(t)}$，即 u 是 $U(1)$ 纤维变换 $g(t)$ 的产生元，即 $u \in u(1)$。同前，我们一般将垂直切向量 $\tilde{X}$ 记为 $u^\#$，那么有 $\omega(u^\#) = u$。

7.4.4 $U(1)$ 几何相位–热 Berry 相位

由式 (7.90) 可得 g 所满足的微分方程

$$\frac{dg(t)}{dt} = -\mathcal{A}_{U(1)}(X) g(t) = -\langle \mathcal{W}(t) | \frac{d}{dt} | \mathcal{W}(t)\rangle g(t). \tag{7.93}$$

利用式 (7.88) 可知

$$\langle \mathcal{W}(t) | \frac{d}{dt} | \mathcal{W}(t)\rangle = \mathrm{Tr}\left[\mathcal{W}^\dagger(t) \dot{\mathcal{W}}(t) \right]$$

$$= \sum_n \sqrt{\lambda_n(t)}\frac{\mathrm{d}}{\mathrm{d}t}\sqrt{\lambda_n(t)} + \sum_n \lambda_n(t)\langle n(t)|\frac{\mathrm{d}}{\mathrm{d}t}|n(t)\rangle$$

$$= \sum_n \lambda_n(t)\mathcal{A}_{\mathrm{B}n}(X) \tag{7.94}$$

其中最后一行利用了

$$\sum_n \sqrt{\lambda_n(t)}\frac{\mathrm{d}}{\mathrm{d}t}\sqrt{\lambda_n(t)} = \frac{1}{2}\frac{\mathrm{d}}{\mathrm{d}t}\sum_n \lambda_n(t) = 0, \tag{7.95}$$

且 $\mathcal{A}_{\mathrm{B}n}$ 为 ρ 的第 n 个本征态的 Berry 联络。因此

$$\mathcal{A}_{U(1)} = \sum_n \lambda_n \mathcal{A}_{\mathrm{B}n}, \tag{7.96}$$

而方程 (7.93) 的解为

$$g(\tau) = \mathrm{e}^{-\oint_C \mathcal{A}_{U(1)}} = \mathrm{e}^{-\sum_n \oint_C \lambda_n \mathcal{A}_{\mathrm{B}n}}, \tag{7.97}$$

在此平行输运过程中所产生的几何相位为

$$\theta_{\mathrm{TB}}(C) = \arg\langle W(0)|W(\tau)\rangle$$

$$= \arg\mathrm{Tr}\left[\rho(0)U^\dagger(\tau)U(0)\right]$$

$$= \arg\left[\mathrm{e}^{-\sum_n \oint_C \lambda_n \mathcal{A}_{\mathrm{B}n}}\mathrm{Tr}\rho(0)\right]$$

$$= \mathrm{i}\sum_n \oint_C \lambda_n \mathcal{A}_{\mathrm{B}n}. \tag{7.98}$$

与式 (7.54) 对比，两者完全一致。若 $C(t)$ 代表一幺正演化，即 λ_n 在此演化中均为常数，那么

$$\theta_{\mathrm{TB}}(C) = \sum_n \lambda_n \theta_{\mathrm{B}n}(C), \tag{7.99}$$

即 θ_{TB} 为所有能级的 Berry 相位的加权求和。若 $|0_\beta\rangle$ 取热基态表示，依据类似步骤也可以建立其对应的纤维丛理论。

7.5　广义干涉几何相位

7.5.1　简介

尽管热 Berry 相位可以给出一些有意思的信息，并能区分热基态与热平衡纯化态，但它并非纯粹的几何相位，而且 $\hat{H}_\beta$ 的物理本质仍值得探讨。在本节中，我

7.5 广义干涉几何相位

们考虑另一种可能的扩展,这实际上是干涉几何相位的一种推广。考虑由原系统量子态与辅助量子态构成的复合量子态,其演化由复合哈密顿量 $\hat{H} \otimes \tilde{H}$ 来决定。与热 Berry 相位相比,可以考虑复合量子系统而非热量子系统经历的幺正平行演化,将条件 (2.38) 中的纯态 $|\psi(t)\rangle$ 替换为 $|W(t)\rangle$,由此得到

$$\langle W(t)|\frac{\mathrm{d}}{\mathrm{d}t}|W(t)\rangle = 0, \tag{7.100}$$

其中,$|W(t)\rangle \equiv |W(\boldsymbol{R}(t))\rangle$,$\boldsymbol{R}(t)$ 为对应的演化回路。由于热基态也是复合粒子系热平衡态的纯态表示,因此也可以将上式中的 $|W(t)\rangle$ 替换为热基态。再根据是否对系统量子态和辅助量子态进行幺正操作,平行演化的实现方式又有三种。因此,总共有 6 种组合方式,将逐一讨论。

7.5.2 系统空间上的幺正演化

首先考虑系统量子空间上的幺正演化 $U(t)$,密度矩阵满足:$\rho(t)=U(t)\rho(0)U^\dagger(t)$,且 $U(0)=1$,演化时长总是 τ。那么纯化态的演化为

$$|W(t)\rangle = U(t) \otimes 1|W(0)\rangle, \tag{7.101}$$

将式 (7.101) 代入条件 (7.100),有

$$\begin{aligned}\langle W(t)|\frac{\mathrm{d}}{\mathrm{d}t}|W(t)\rangle &= \langle W(0)|\left(U^\dagger(t)\dot{U}(t)\right) \otimes 1|W(0)\rangle \\ &= \mathrm{Tr}_\mathrm{s}\left[\rho(0)U^\dagger(t)\dot{U}(t)\right] \\ &= 0. \end{aligned} \tag{7.102}$$

其中,下标"s"代表在系统量子空间中求迹。对比式 (6.15),可知这其实就是干涉几何相位的平行演化条件。若 $U(t)$ 是系统量子态的动力学演化算符,即 $i\hbar\dot{U}(t) = \hat{H}U(t)$,那么条件 (7.102) 自然回到

$$\theta_\mathrm{d} = -\frac{1}{\hbar}\int_0^\tau \mathrm{d}t \mathrm{Tr}_\mathrm{s}[\rho(t)\hat{H}] = 0 \tag{7.103}$$

即系统量子态的动力学相位为 0。同样,可以将平行演化条件加强为

$$\langle n(t)|\dot{U}(t)U^\dagger(t)|n(t)\rangle = 0. \tag{7.104}$$

在演化过程中,复合量子系统获得几何相位。由于条件 (7.102) 是干涉几何相位的平行输运条件 (6.22) 的直接推广,将该几何相位命名为广义干涉几何相位[①]。又

[①] 由于某些原因,我们在最初发表的论文中将该相位命名为广义 Berry 相位,因为条件 (7.102) 也是 Berry 相位理论平行输运条件 (2.38) 的推广。但通过对比,"广义干涉几何相位"这个名字显然更为准确。

因为 $\tilde{U} = 1$，这种情况下广义干涉几何相位就是干涉几何相位

$$\theta_g = \arg\langle W(0)|W(\tau)\rangle = \arg\mathrm{Tr}\,[\rho(0)U(t)]. \tag{7.105}$$

也可以在条件 (7.102) 中用热基态 $|0_\beta(t)\rangle \equiv |0_\beta(\boldsymbol{R}(t))\rangle$ 来取代 $|W(t)\rangle$，则整个复合量子系统的演化是 $U(t) \otimes 1$。在这种情况下，对辅助量子态施加的部分转置在计算中不会有额外的贡献，因此所有结果与热平衡纯化态一样。

7.5.3 辅助空间上的幺正演化

接下来考虑仅作用于辅助量子态上的幺正演化 $\tilde{U}(t)$，则纯化态通过以下方式演化

$$|W(t)\rangle = 1 \otimes \tilde{U}^{\mathrm{T}}(t)|W(0)\rangle = \sum_n \sqrt{\lambda_n(0)}|n(0)\rangle \otimes \tilde{U}^{\mathrm{T}}(t)|\tilde{n}(0)\rangle, \tag{7.106}$$

且满足初始条件 $\tilde{U}(0) = 1$。上式等价于

$$W(t) = W(0)\tilde{U}(t). \tag{7.107}$$

在这种变换下，原系统的密度矩阵保持不变：$\rho(t) = W(t)W^\dagger(t) = \rho(0)$。然而，由于对辅助量子态施加了幺正操作 $\tilde{U}^{\mathrm{T}}$，整个复合系统仍会获得额外的几何相位。表面上，这个结论看起来不太自然：密度矩阵保持不变，为何还会获得相位？但这种现象并不罕见。如果将平行演化换为动力学演化，且考虑不含时的哈密顿量 $\hat{H}$，则密度矩阵以如下方式演化：$\rho(t) = \mathrm{e}^{-\frac{\mathrm{i}}{\hbar}\hat{H}t}\rho(0)\mathrm{e}^{\frac{\mathrm{i}}{\hbar}\hat{H}t}$。因为 $\rho(0) = \dfrac{\mathrm{e}^{-\beta\hat{H}}}{Z}$，所以 $[\rho(0), \hat{H}] = 0$，那么 $\rho(t) = \rho(0)$，即密度矩阵在演化过程中保持不变，但根据式 (7.103)，系统量子态在此过程中仍获得非平庸的动力学相位 θ_d。此外，在 4.1 节中曾指出，混合态与密度矩阵并非一一对应。因此，混合态在其密度矩阵保持不变的演化中获得额外相位也是完全可以理解的。

再回到平行演化条件 (7.100)，它给出

$$\langle W(t)|\frac{\mathrm{d}}{\mathrm{d}t}|W(t)\rangle = \sum_n \lambda_n(0)\langle\tilde{n}(0)|\dot{\tilde{U}}(t)\tilde{U}^\dagger(t)|\tilde{n}(0)\rangle$$

$$= \mathrm{Tr}_a[\tilde{\rho}(0)\dot{\tilde{U}}(t)\tilde{U}^\dagger(t)]$$

$$= 0, \tag{7.108}$$

其中，下标"a"代表在辅助量子空间中求迹，$\tilde{\rho}(0) = \sum_n \lambda_n(0)|\tilde{n}(0)\rangle\langle\tilde{n}(0)|$ 为辅助量子空间的初始密度矩阵，其演化方程为[①]：$\tilde{\rho}(t) = \tilde{U}^\dagger(t)\tilde{\rho}(0)\tilde{U}(t)$。若 $\tilde{U}$ 为辅

[①] 在做具体运算时，我们应将式 (7.106) 中辅助量子空间上的 $\tilde{U}^{\mathrm{T}}(t)|\tilde{n}(0)\rangle$ 当作 $\langle\tilde{n}(0)|\tilde{U}(t)$。

7.5 广义干涉几何相位

助量子空间上的动力学演化，则 $i\hbar\dot{\tilde{U}} = \tilde{H}\tilde{U}$，平行演化条件要求如下有效动力学相位为 0

$$\tilde{\theta}_{\mathrm{d}} = -\frac{1}{\hbar}\int_0^\tau \mathrm{d}t \mathrm{Tr}_a[\tilde{\rho}(t)\tilde{H}_{\tilde{U}}] = 0, \tag{7.109}$$

其中，$\tilde{H}_{\tilde{U}} = \tilde{U}\tilde{H}\tilde{U}^\dagger$ 为有效哈密顿量。同样，亦可将条件 (7.108) 加强为

$$\langle\tilde{n}(0)|\dot{\tilde{U}}(t)\tilde{U}^\dagger(t)|\tilde{n}(0)\rangle = 0. \tag{7.110}$$

在该演化下，复合量子系统获得的几何相位为

$$\theta_{\mathrm{g}}(t) = \arg\mathrm{Tr}_a\left[\tilde{\rho}(0)\tilde{U}(t)\right]. \tag{7.111}$$

需要注意的是，这种幺正演化仅发生于辅助量子空间。作为对比，在 5.6 节中，讨论了幺正 Uhlmann 过程，它同样仅涉及辅助量子空间上的幺正过程。这里就产生了一个有趣的问题：幺正 Uhlmann 过程[①]是否归属于这一类幺正演化？令 $\tilde{U}(t)$ 描述幺正 Uhlmann 过程，在式 (5.62) 中用 $\tilde{U}^\dagger(t)$ 代替 $U(t)$，可得

$$\dot{\tilde{U}}^\dagger(t)\tilde{U}(t) = -\mathcal{A}_{\mathrm{U}}(X) \Rightarrow \tilde{U}^\dagger(t)\dot{\tilde{U}}(t) = \mathcal{A}_{\mathrm{U}}(X). \tag{7.112}$$

由于 $|\tilde{n}(t)\rangle = \tilde{U}(t)|\tilde{n}(0)\rangle$，那么平行演化条件 (7.110) 变为

$$\langle\tilde{n}(t)|\tilde{U}^\dagger(t)\dot{\tilde{U}}(t)|\tilde{n}(t)\rangle = 0. \tag{7.113}$$

再利用式 (5.70)，幺正 Uhlmann 过程的条件 (7.112) 变为

$$\tilde{U}^\dagger(t)\dot{\tilde{U}}(t) = -\sum_{nm}|\tilde{n}(t)\rangle\langle\tilde{m}(t)|\frac{\langle\tilde{n}(t)|[\partial_t\sqrt{\tilde{\rho}(t)},\sqrt{\tilde{\rho}(t)}]|\tilde{m}(t)\rangle}{\lambda_n + \lambda_m}. \tag{7.114}$$

现在验证它是否满足平行演化条件 (7.113)。利用上式以及

$$\sqrt{\tilde{\rho}(t)}|\tilde{n}(t)\rangle = \sqrt{\lambda_n}|\tilde{n}(t)\rangle, \tag{7.115}$$

的确有

$$\langle\tilde{k}(t)|\tilde{U}^\dagger(t)\dot{\tilde{U}}(t)|\tilde{k}(t)\rangle = -\frac{\langle\tilde{k}(t)|\left[\partial_t\sqrt{\tilde{\rho}(t)}\sqrt{\tilde{\rho}(t)} - \sqrt{\tilde{\rho}(t)}\partial_t\sqrt{\tilde{\rho}(t)}\right]|\tilde{k}(t)\rangle}{2\lambda_k}$$

$$= 0. \tag{7.116}$$

[①] 严格来说，还需附加系统量子态不变这一条件。

因此，幺正 Uhlmann 过程确实属于辅助量子空间上的幺正演化，并且式 (7.111) 自然给出 Uhlmann 相位。这表明，对于混合态而言，平行演化条件 (7.100) 有些过于宽泛，即使将其加强为式 (7.110)，也无法唯一确定幺正演化 $\tilde{U}^T$，这与热 Berry 相位的平行演化条件颇为类似。事实上，干涉几何相位的加强版平行演化条件 (6.22) 也不足以唯一确定 U，因为后者有 N^2 个矩阵元，而式 (6.22) 只能给出 N 个限制。作为干涉几何相位的推广，广义干涉几何相位自然也有类似的结果。

若把热平衡纯化态替换为热基态，则平行输运条件变为

$$0 = \langle 0_\beta(t)| \frac{\mathrm{d}}{\mathrm{d}t} |0_\beta(t)\rangle$$

$$= \sum_n \lambda_n(0) \langle \tilde{n}(0)| \tilde{U}^*(t) \dot{\tilde{U}}^T(t) |\tilde{n}(0)\rangle$$

$$= \mathrm{Tr}_a \left[\left(\dot{\tilde{U}}(t) \tilde{U}^\dagger(t) \tilde{\rho}^T(0) \right)^T \right]$$

$$= \mathrm{Tr}_a[\tilde{\rho}^T(0) \dot{\tilde{U}}(t) \tilde{U}^\dagger(t)], \tag{7.117}$$

其中，利用了如下事实：任意矩阵转置的迹等于原矩阵的迹。热基态与热平衡纯化态相比，两者的辅助量子态相差一个部分转置。因此对于前者，可将辅助量子空间上的哈密顿量表示为 $\tilde{H}^T$，由其产生的动力学演化算符满足：$i\hbar \dot{\tilde{U}} = \tilde{H}^T \tilde{U}$，对应的平行演化条件则为

$$\tilde{\theta}_\mathrm{d} = -\frac{1}{\hbar} \int_0^\tau \mathrm{d}t \mathrm{Tr}_a[\tilde{\rho}(t) \tilde{H}^T] = 0, \tag{7.118}$$

即等效动力学相位为 0。亦可将平行演化条件加强为

$$\langle \tilde{n}(0)| \dot{\tilde{U}}^*(t) \tilde{U}^T(t) |\tilde{n}(0)\rangle = 0. \tag{7.119}$$

不难导出，此时复合量子系统获得的几何相位为

$$\theta_\mathrm{g}(t) = \arg \mathrm{Tr}_a \left[\tilde{\rho}^T(0) \tilde{U}(t) \right]. \tag{7.120}$$

7.5.4 系统空间与辅助空间上的联合幺正演化

现在考虑最一般的情况，即系统量子空间与辅助量子空间经历联合幺正演化

$$|W(t)\rangle = U_1(t) \otimes \tilde{U}_2^T(t) |W(0)\rangle \tag{7.121}$$

7.5 广义干涉几何相位

初始条件为 $U_1(0) = \tilde{U}_2(0) = 1$，且一般有 $U_1 \neq \tilde{U}_2$。在该变换下，纯化 W 以及密度矩阵的演化为

$$W(t) = U_1(t)W(0)\tilde{U}_2(t),$$

$$\rho(t) = U_1(t)\rho(0)U_1^\dagger(t), \quad \tilde{\rho}(t) = \tilde{U}_2^\dagger(t)\tilde{\rho}(0)\tilde{U}_2(t). \tag{7.122}$$

利用

$$|\dot{W}(t)\rangle = \left[\dot{U}_1(t) \otimes \tilde{U}_2^{\mathrm{T}}(t) + U_1(t) \otimes \dot{\tilde{U}}_2^{\mathrm{T}}(t)\right]|W(0)\rangle \tag{7.123}$$

可导出平行演化条件为

$$\langle W(t)|\frac{\mathrm{d}}{\mathrm{d}t}|W(t)\rangle = \mathrm{Tr}_\mathrm{s}\left[\rho(0)U_1^\dagger(t)\dot{U}_1(t)\right] + \mathrm{Tr}_\mathrm{a}\left[\tilde{\rho}(0)\dot{\tilde{U}}_2(t)\tilde{U}_2^\dagger(t)\right] = 0. \tag{7.124}$$

同理，对于热基态，平行演化条件为

$$\langle 0_\beta(t)|\frac{\mathrm{d}}{\mathrm{d}t}|0_\beta(t)\rangle = \mathrm{Tr}_\mathrm{s}\left[\rho(0)U_1^\dagger(t)\dot{U}_1(t)\right] + \mathrm{Tr}_\mathrm{a}\left[\tilde{\rho}^{\mathrm{T}}(0)\dot{\tilde{U}}_2(t)\tilde{U}_2^\dagger(t)\right] = 0. \tag{7.125}$$

两个等式均等同于总动力学相位为 0

$$\theta_\mathrm{d} + \tilde{\theta}_\mathrm{d} = 0, \tag{7.126}$$

在两种情况下，动力学相位 $\tilde{\theta}_\mathrm{d}$ 分别由式 (7.109) 或式 (7.118) 给定。同前，可加强平行演化条件以确定联合幺正演化的具体形式。基于辅助量子态的选择，加强后的平行演化条件可以为

$$\langle n(t)|\dot{U}_1(t)U_1^\dagger(t)|n(t)\rangle = \langle \tilde{n}(0)|\dot{\tilde{U}}_2(t)\tilde{U}_2^\dagger(t)|\tilde{n}(0)\rangle = 0 \tag{7.127}$$

或

$$\langle n(t)|\dot{U}_1(t)U_1^\dagger(t)|n(t)\rangle = \langle \tilde{n}(0)|\dot{\tilde{U}}_2^*(t)\tilde{U}_2^{\mathrm{T}}(t)|\tilde{n}(0)\rangle = 0. \tag{7.128}$$

当平行输运条件被满足时，系统在演化结束时获得的几何相位为

$$\theta_\mathrm{g} = \arg\langle W(0)|W(\tau)\rangle \quad (\text{纯化态}),$$

$$= \arg\langle 0_\beta(0)|0_\beta(\tau)\rangle \quad (\text{热基态}). \tag{7.129}$$

对于纯化态，几何相位还可表示为 $\theta_\mathrm{g} = \arg \mathrm{Tr}\left[W^\dagger(0)W(\tau)\right]$。在这种情况下，复合幺正变换所产生的广义干涉几何相位为

$$\theta_\mathrm{g} = \arg\sum_{nm}\sqrt{\lambda_n(0)\lambda_m(0)}\langle n(0)|U_1(\tau)|m(0)\rangle\langle \tilde{m}(0)|\tilde{U}_2(\tau)|\tilde{n}(0)\rangle$$

$$= \arg \sum_{nm} \langle n(0)|\sqrt{\rho(0)}U_1(\tau)\sqrt{\rho(0)}|m(0)\rangle\langle \tilde{m}(0)|\tilde{U}_2(\tau)|\tilde{n}(0)\rangle$$

$$= \arg \sum_{n} \langle n(0)|\sqrt{\rho(0)}U_1(\tau)\sqrt{\rho(0)} \sum_{m} |m(0)\rangle\langle m(0)|\tilde{U}_2(\tau)|n(0)\rangle$$

$$= \arg \mathrm{Tr}\left[\sqrt{\rho(0)}U_1(\tau)\sqrt{\rho(0)}\tilde{U}_2(\tau)\right]. \tag{7.130}$$

最后一行的迹即可在系统量子空间也可在辅助量子空间中计算，因此略去下标 "s" 或 "a"。类似地，当复合量子系统的密度矩阵取热基态表示时，复合幺正变换所产生的广义干涉几何相位为

$$\theta_g = \arg \sum_{nm} \sqrt{\lambda_n(0)\lambda_m(0)}\langle n(0)|U_1(\tau)|m(0)\rangle\langle \tilde{n}(0)|\tilde{U}_2^{\mathrm{T}}(\tau)|\tilde{m}(0)\rangle$$

$$= \arg \sum_{nm} U_1(\tau)_{nm} \left(\sqrt{\tilde{\rho}(0)}\tilde{U}_2^{\mathrm{T}}(\tau)\sqrt{\tilde{\rho}(0)}\right)_{\tilde{n}\tilde{m}}$$

$$= \arg \sum_{nm} U_1(\tau)_{nm} \left(\sqrt{\tilde{\rho}(0)}^{\mathrm{T}}\tilde{U}_2(\tau)\sqrt{\tilde{\rho}(0)}^{\mathrm{T}}\right)_{mn}$$

$$= \arg \mathrm{Tr}\left[\sqrt{\tilde{\rho}(0)}^{\mathrm{T}}U_1(\tau)\sqrt{\tilde{\rho}(0)}^{\mathrm{T}}\tilde{U}_2(\tau)\right]. \tag{7.131}$$

这些结论均可视为干涉几何相位的推广。

7.5.5 典型例子

1. 联合幺正变换的构造

考虑最一般的情况，复合量子系统沿参数回路 $C(t) = \boldsymbol{R}(t)$ 作周期性幺正演化。对于热平衡纯化态，有 $\rho(t) = \dfrac{\mathrm{e}^{-\beta \hat{H}(t)}}{Z(t)}$，因此总有 $[\rho(t), \hat{H}(t)] = 0$，这意味着它们在任何时刻都有共同本征态。幺正演化算符可具体构造如下

$$U_1(t) = \sum_n \mathrm{e}^{-\int_{0,C}^t \mathrm{d}t' \langle n(t')|\frac{\mathrm{d}}{\mathrm{d}t'}|n(t')\rangle}|n(t)\rangle\langle n(0)|,$$

$$\tilde{U}_2(t) = \sum_n \mathrm{e}^{\int_{0,C}^t \mathrm{d}t' \langle \tilde{n}(t')|\frac{\mathrm{d}}{\mathrm{d}t'}|\tilde{n}(t')\rangle}|\tilde{n}(0)\rangle\langle \tilde{n}(t)|, \tag{7.132}$$

其中，$|n(t)\rangle \equiv |n(\boldsymbol{R}(t))\rangle$，$|\tilde{n}(t)\rangle \equiv |\tilde{n}(\boldsymbol{R}(t))\rangle$。直接计算表明

$$\dot{U}_1(t)U_1^\dagger(t) = \sum_n \left[-\langle n(t)|\tfrac{\mathrm{d}}{\mathrm{d}t}|n(t)\rangle|n(t)\rangle\langle n(t)| + \left(\tfrac{\mathrm{d}}{\mathrm{d}t}|n(t)\rangle\right)\langle n(t)|\right],$$

$$\dot{\tilde{U}}_2(t)\tilde{U}_2^\dagger(t) = \sum_n \langle \tilde{n}(t)|\tfrac{\mathrm{d}}{\mathrm{d}t}|\tilde{n}(t)\rangle|\tilde{n}(0)\rangle\langle \tilde{n}(0)|$$

7.5 广义干涉几何相位

$$+ \sum_{nm} e^{\int_{0,C}^{t} dt' \left(\langle \tilde{n}(t')| \frac{d}{dt'} |\tilde{n}(t')\rangle - \langle \tilde{m}(t')| \frac{d}{dt'} |\tilde{m}(t')\rangle \right)} \langle \tilde{n}(t)| \overleftarrow{\frac{d}{dt}} |\tilde{m}(t)\rangle |\tilde{n}(0)\rangle \langle \tilde{m}(0)|, \quad (7.133)$$

由此可验证它们满足以下所有平行演化条件

$$\langle n(t)|\dot{U}_1(t)U_1^\dagger(t)|n(t)\rangle = 0,$$
$$\langle \tilde{n}(0)|\dot{\tilde{U}}_2(t)\tilde{U}_2^\dagger(t)|\tilde{n}(0)\rangle = 0 \quad \text{或} \quad \langle \tilde{n}(0)|\tilde{U}_2^*(t)\dot{\tilde{U}}_2^T(t)|\tilde{n}(0)\rangle = 0. \quad (7.134)$$

在演化终了，每个系统量子态与辅助量子态均获得一个 Berry 相位

$$\theta_{Bn}(C) = i \oint_C dt \langle n(t)| \frac{d}{dt} |n(t)\rangle,$$
$$\tilde{\theta}_{B\tilde{n}}(C) = -i \oint_C dt \langle \tilde{n}(t)| \frac{d}{dt} |\tilde{n}(t)\rangle = -\theta_{Bn}(C). \quad (7.135)$$

因此，在 $\rho(0)$ 的本征态张成的线性空间中，在 $t = \tau$ 时两个幺正变换为

$$U_1(\tau) = \tilde{U}_2^\dagger(\tau) = \begin{pmatrix} e^{i\theta_{B0}} & 0 & \cdots \\ 0 & e^{i\theta_{B1}} & \\ \vdots & & \ddots \end{pmatrix}. \quad (7.136)$$

再利用

$$\sqrt{\rho(0)} = \begin{pmatrix} \sqrt{\lambda_0(0)} & 0 & \cdots \\ 0 & \sqrt{\lambda_1(0)} & \\ \vdots & & \ddots \end{pmatrix}, \quad (7.137)$$

式 (7.130) 和式 (7.131) 都给出

$$\theta_g(C) = 0. \quad (7.138)$$

此例为例 6.1.1 的推广。若取 $\tilde{U}_2 = 1$，上述结果自然退回到式 (6.42)。

2. 两能级系统上的非对角幺正变换

在上一个例子中，广义干涉几何相位无法区分纯化态和热基态。但也可以构造合适的联合幺正变换，使广义干涉几何相位能够区分两者。考虑一个简单的两能级系统，其哈密顿量为 $\hat{H} = R\sigma_2$。令其两个能级为 $|R_\pm\rangle$，则辅助量子态为

$|\tilde{R}_{\pm}\rangle$。构造一个仅作用于辅助量子态上的幺正算符 $1 \otimes \tilde{U}^{\mathrm{T}}(t)$，其中 $\tilde{U}(t)$ 为非对角相移算符

$$\tilde{U}(t) = \mathrm{e}^{\int_0^t \mathrm{d}t' \langle \tilde{R}_+(t')|\frac{\mathrm{d}}{\mathrm{d}t'}|\tilde{R}_+(t')\rangle} |\tilde{R}_-(0)\rangle\langle \tilde{R}_+(t)|$$
$$+ \mathrm{e}^{\int_0^t \mathrm{d}t' \langle \tilde{R}_-(t')|\frac{\mathrm{d}}{\mathrm{d}t'}|\tilde{R}_-(t')\rangle} |\tilde{R}_+(0)\rangle\langle \tilde{R}_-(t)|. \tag{7.139}$$

其中，初始辅助量子态为 $|\tilde{R}_{\pm}(0)\rangle = |\tilde{R}_{\pm}\rangle$，在 t 时刻有

$$|\tilde{R}_{\pm}(t)\rangle = \mathcal{U}(t)|\tilde{R}_{\pm}(0)\rangle, \tag{7.140}$$

这里，$\mathcal{U}(t)$ 为任一幺正变换，而 $\tilde{U}(t)$ 的幺正性可验证如下

$$\tilde{U}(t)\tilde{U}^{\dagger}(t) = |\tilde{R}_+\rangle\langle \tilde{R}_+| + |\tilde{R}_-\rangle\langle \tilde{R}_-| = 1 \tag{7.141}$$

以及

$$\tilde{U}^{\dagger}(t)\tilde{U}(t) = |\tilde{R}_+(t)\rangle\langle \tilde{R}_+(t)| + |\tilde{R}_-(t)\rangle\langle \tilde{R}_-(t)| = \mathcal{U}(t)\mathcal{U}^{\dagger}(t) = 1. \tag{7.142}$$

令

$$\theta_{\pm}(t) = \mathrm{i} \int_0^t \mathrm{d}t' \langle \tilde{R}_{\pm}(t')|\frac{\mathrm{d}}{\mathrm{d}t'}|\tilde{R}_{\pm}(t')\rangle. \tag{7.143}$$

不难验证

$$\dot{\tilde{U}}(t)\tilde{U}^{\dagger}(t) = \mathrm{e}^{\mathrm{i}(\theta_-(t)-\theta_+(t))} \langle \dot{\tilde{R}}_+(t)|\tilde{R}_-(t)\rangle |\tilde{R}_-(0)\rangle\langle \tilde{R}_+(0)|$$
$$+ \mathrm{e}^{\mathrm{i}(\theta_+(t)-\theta_-(t))} \langle \dot{\tilde{R}}_-(t)|\tilde{R}_+(t)\rangle |\tilde{R}_+(0)\rangle\langle \tilde{R}_-(0)|, \tag{7.144}$$

由此可证明

$$\langle \tilde{R}_{\pm}(0)|\dot{\tilde{U}}(t)\tilde{U}^{\dagger}(t)|\tilde{R}_{\pm}(0)\rangle = 0. \tag{7.145}$$

所以，平行演化条件对纯化态和热基态均满足。尽管并不要求该演化必须是周期性的，但为了方便起见，仍假定 $\mathcal{U}(t)$ 由参数空间 S^2 上的闭合演化曲线 $C(t)$ 所诱导出。因此，在演化终了，有

$$\tilde{U}(\tau) = \mathrm{e}^{-\frac{\mathrm{i}\Omega(C)}{2}}|\tilde{R}_-(0)\rangle\langle \tilde{R}_-(0)| + \mathrm{e}^{\frac{\mathrm{i}\Omega(C)}{2}}|\tilde{R}_+(0)\rangle\langle \tilde{R}_+(0)|$$
$$= \begin{pmatrix} \cos\frac{\Omega(C)}{2} + \mathrm{i}\cos\theta_0 \sin\frac{\Omega(C)}{2} & \mathrm{i}\sin\theta_0 \mathrm{e}^{-\mathrm{i}\phi_0}\sin\frac{\Omega(C)}{2} \\ \mathrm{i}\sin\theta_0 \mathrm{e}^{\mathrm{i}\phi_0}\sin\frac{\Omega(C)}{2} & \cos\frac{\Omega(C)}{2} - \mathrm{i}\cos\theta_0 \sin\frac{\Omega(C)}{2} \end{pmatrix}, \tag{7.146}$$

7.5 广义干涉几何相位

其中，$\theta_0 = \theta(0)$ 为初始极角，$\phi_0 = \phi(0)$ 为初始方位角，而 $\Omega(C)$ 为 $C(t)$ 所包围曲面相对原点而形成的立体角。辅助量子空间的初始密度矩阵为

$$\tilde{\rho}(0) = \frac{1}{2}\begin{pmatrix} 1 - \tanh(\beta R)\cos\theta_0 & -\sin\theta_0 e^{-i\phi_0}\tanh(\beta R) \\ -\sin\theta_0 e^{i\phi_0}\tanh(\beta R) & 1 + \tanh(\beta R)\cos\theta_0 \end{pmatrix}. \tag{7.147}$$

根据式 (7.130) 和式 (7.131)，当复合量子系统的密度矩阵取纯化态表示时，广义干涉几何相位为

$$\theta_{gP} = \arg\mathrm{Tr}_2\left[\tilde{\rho}(0)\tilde{U}(\tau)\right], \tag{7.148}$$

而复合量子系统的密度矩阵取热基态表示时，广义干涉几何相位为

$$\theta_{gT} = \arg\mathrm{Tr}_2\left[\tilde{\rho}^T(0)\tilde{U}(\tau)\right]. \tag{7.149}$$

有趣的是，经计算可知，在这种情况下，总有 $\mathrm{Tr}_2\left[\tilde{\rho}(0)\tilde{U}(\tau)\right] = 0$，因此 θ_{gP} 失去明确的定义。而对于后一种情况，有

$$\theta_{gT} = \arg\left\{2\sin\theta_0\tanh(\beta R)\left[\cos\theta_0\cos\frac{\Omega(C)}{2}(\cos 2\phi_0 - 1) - \sin 2\phi_0\sin\frac{\Omega(C)}{2}\right]\right\}. \tag{7.150}$$

当下列条件满足时

$$\cos\theta_0\cos\frac{\Omega(C)}{2}(\cos 2\phi_0 - 1) = \sin 2\phi_0\sin\frac{\Omega(C)}{2}, \tag{7.151}$$

随着初始位置、演化路径包围的立体角和温度的改变，θ_{gT} 的取值会发生大小为 $\pm\pi$ 的跳跃，θ_{gT} 会有非常复杂的行为。所以，在这种情况下，从广义干涉几何相位的行为可以区分两者。

第 8 章 混合态流形与量子几何张量

8.1 混合态流形及其度规

8.1.1 混合态相空间 $\mathcal{D}_N^N$

在第 3 章，我们讨论了纯态流形的纤维化、距离分解以及量子几何张量。纯态相空间 CP^{N-1} 是一个 Kähler 流形，拥有非常优美的几何性质。如 CP^{N-1} 上的 Kähler 度规，其实部和虚部分别为 Fubini-Study 度规和 Berry 联络 (或 AA 联络)。因为量子混合态在自然界中的存在更为普遍，所以将量子几何张量这一重要概念推广至混合态也是不可避免的。那么，推广后的量子几何张量能否继承之前那样优美的性质？

在目前的量子力学理论框架下，处于混合态的量子系统，其状态可用密度矩阵来表示。在第 4 章，我们详细介绍了密度矩阵空间 $\mathcal{P}$ 及其性质。与纯态流形不同，$\mathcal{P}$ 既非线系空间也不是流形，而只是一个凸集。然而，在 4.2.2 节中提到，秩为 $k(0 < k \leqslant N)$ 的密度矩阵所构成的空间 $\mathcal{D}_k^N$ 拥有流形结构，并且在 $\mathcal{D}_k^N$ 上可以引入黎曼度规。尽管如此，即使 $\mathcal{P} = \bigcup_{k=1}^{N} \mathcal{D}_k^N$，但由于 $\partial \mathcal{D}_k^N$ 的邻域存在锥形奇异性 (conical singularity)，无法以任何方式将所有 $\mathcal{D}_k^N (1 \leqslant k \leqslant N)$ 的黎曼度规"黏合"起来以构造 $\mathcal{P}$ 的度规[61]。幸运的是，在量子统计物理中，最受关注的物理状态是处于有限温度的热平衡态，其密度矩阵是满秩的，它们构成流形 $\mathcal{D}_N^N$。因此在本章中，我们将着眼于与 $\mathcal{D}_N^N$ 相关的纤维化、距离分解，并构建其量子几何张量。不过 $\mathcal{D}_N^N$ 并非 Kähler 流形 (它本身是一个实流形)，所以预期混合态量子几何张量应该不具备纯态量子几何张量那样优美的性质。

在正式讨论之前，需要先确定混合态的相空间，即物理上不等价的混合态所构成的空间。在第 4 章中，简单指出，对于满秩密度矩阵而言，其相空间为 $\mathcal{D}_N^N$。更详细的理由如下。正如薛定谔混合定理 (详见 4.1 节) 所述，混合态与密度矩阵 (系综) 并非一一对应。事实上，同一个密度矩阵可以表示无限多种不同的系综，但这些系综无法通过任何物理测量来区分。因此，密度矩阵本身就足以表示在物理上可区分 (不等价) 的混合态。在明确了相空间之后，接下来需要进一步找出什么几何量可以作为混合态的量子几何张量。回顾纯态的结果，其量子几何张量在 $U(1)$ 局域规范变换下保持不变，那么混合态量子几何张量也应有类似的规范不变性。在本章将讨论两种规范不变性：$U(N)$ 和 $U^N(1)$。

8.1.2 Hilbert-Schmidt 度规

第 4 章曾讨论过密度矩阵之间的 Hilbert-Schmidt 距离与 Bures 距离，先重温一下两者的定义，再由它们导出相应的度规，然后系统讨论两者之间的联系。在 4.2 节中，将 $\mathcal{P}$ 嵌入到 $\mathcal{H} \times \mathcal{H}^*(\mathcal{H} = \mathbb{C}^N)$。在 $\mathcal{H} \times \mathcal{H}^*$ 上定义有 Hilbert-Schmidt 内积 (4.25)，由此可定义 Hilbert-Schmidt 距离，进一步又可诱导出 $\mathcal{D}_N^N \subset \mathcal{P}$ 上的 Hilbert-Schmidt 距离

$$d_{\text{HS}}^2(\rho, \rho') = \frac{1}{2}\text{Tr}(\rho - \rho')^2. \tag{8.1}$$

令 $\rho' \longrightarrow \rho + d\rho$，则有

$$d_{\text{HS}}^2(\rho, \rho + d\rho) = \frac{1}{2}\text{Tr}(d\rho)^2. \tag{8.2}$$

取外参数 $\boldsymbol{R} = (R^1, \cdots, R^k)^{\text{T}}$ 为 $\mathcal{D}_N^N$ 上的局域坐标，那么 Hilbert-Schmidt 度规为

$$g_{\mu\nu}^{\text{HS}} = \frac{1}{2}\text{Tr}(\partial_\mu \rho \partial_\nu \rho). \tag{8.3}$$

然而，以这种方式引入的度规是平直的，因此无法刻画 $\mathcal{D}_N^N$ 的局域几何性质。引入 Bloch 矢量 $\boldsymbol{a}(\boldsymbol{R}) = (a^1(\boldsymbol{R}), a^2(\boldsymbol{R}), \cdots, a^{N^2-1}(\boldsymbol{R}))^{\text{T}}$，根据式 (4.21) 将密度矩阵 $\rho(\boldsymbol{R})$ 展开为

$$\rho(\boldsymbol{R}) = \frac{1}{N}\mathbf{1}_N + \sum_{i=1}^{N^2-1} a^i(\boldsymbol{R})\sigma_i. \tag{8.4}$$

利用 $\text{Tr}\sigma_i = 0$，有

$$d_{\text{HS}}^2(\rho, \rho + d\rho) = d\boldsymbol{a} \cdot d\boldsymbol{a} = \sum_{ij} \delta_{ij} da^i da^j. \tag{8.5}$$

这显然是欧氏距离，而 a^i 就是 Bloch 空间的笛卡儿坐标，对应的 Hilbert-Schmidt 度规为

$$g_{\mu\nu}^{\text{HS}} = \frac{\partial \boldsymbol{a}}{\partial R^\mu} \cdot \frac{\partial \boldsymbol{a}}{\partial R^\nu} = \frac{\partial a^i}{\partial R^\mu}\frac{\partial a^j}{\partial R^\nu}\delta_{ij}, \tag{8.6}$$

这其实是平直度规 δ_{ij} 的坐标变换形式。

8.1.3 Bures 度规

8.1.2 节的结果表明，简单地将 Hilbert-Schmidt 度规限制在 $\mathcal{D}_N^N$ 上并非一种好的方法，需要找到一种合适的手段将 $\mathcal{D}_N^N$ "等距"地嵌入到 $\mathcal{H} \times \mathcal{H}^*$，或者更严格地说，是嵌入进 $\mathcal{S}_N = \{W|W \in \mathcal{H} \times \mathcal{H}^* \text{且} ||W||_{\mathrm{HS}} = 1\}$，因为 $\mathrm{Tr}\rho = \langle W, W \rangle_{\mathrm{HS}} = 1$。在第 5 章，通过投影映射

$$\pi : \mathcal{S}_N \longrightarrow \mathcal{D}_N^N, \quad \pi(W) = WW^\dagger = \rho. \tag{8.7}$$

而引入了 $\mathcal{S}_N$ 的纤维化 (5.24)。该投影 ($\rho = \pi(W)$) 就是我们所需的嵌入映射，通过它的推前映射 π_* 可从 Hilbert-Schmidt 度规诱导出 $\mathcal{D}_N^N$ 上的度规 g。其定义如下：$g(\cdot,\cdot) : T_\rho \mathcal{D}_N^N \times T_\rho \mathcal{D}_N^N \longrightarrow \mathbb{C}$，若 Y_ρ 为点 ρ 处的切向量，即 $Y_\rho \in T_\rho \mathcal{D}_N^N$，那么

$$g(Y_\rho, Y_\rho) := \inf\{\langle V, V \rangle_{\mathrm{HS}} | \pi_*(V) = Y_\rho, V \in T\mathcal{S}_N\}. \tag{8.8}$$

由于 Hilbert-Schmidt 度规在规范变换 $V \to V\mathcal{U}$(在这里 $\mathcal{U} \in U(N)$) 下保持不变，那么可以选择 V 为 $\mathcal{S}_N$ 中点 $W(0) = \sqrt{\rho}$ 处的切向量。为了导出该度规的具体形式，我们考虑 $\mathcal{D}_N^N$ 中以 ρ 为起点的一小段曲线 $\rho(t) = \rho(0) + tY_\rho$，其中 $\rho(0) = \rho$ 且参数 t 为小量。基于以上设定，$\rho(t)$ 的纯化必为 $W(t) = W(0) + tV = \sqrt{\rho} + tV$。利用 $\rho(t) = W(t)W^\dagger(t)$ 不难得到 $\sqrt{\rho}V^\dagger + V\sqrt{\rho} = Y_\rho$。根据切向量的定义，有 $V = \lim_{t \to 0} \dfrac{W(t) - W(0)}{t}$，因此式 (8.8) 可进一步表示为

$$g(Y_\rho, Y_\rho) = \inf\left\{\lim_{t \to 0}\dfrac{\langle W(t) - W(0), W(t) - W(0)\rangle_{\mathrm{HS}}}{t^2} \Big| \sqrt{\rho}V^\dagger + V\sqrt{\rho} = Y_\rho\right\}. \tag{8.9}$$

因此，$\mathrm{d}^2 s := g(Y_\rho, Y_\rho)t^2$ 表示 $W(t)$ 与 $W(0)$ 之间距离的下确界。再对比定义 (4.83)，可知该距离就是 $\rho(t)$ 与 $\rho(0)$ 之间的 Bures 距离。根据 Hilbert-Schmidt 内积的定义，式 (8.9) 等价于

$$\begin{aligned}\mathrm{d}_{\mathrm{B}}^2(\rho(t), \rho) &= \inf \mathrm{Tr}\,(W(t) - W(0))(W(t) - W(0))^\dagger \\ &= \inf\left[2 - \mathrm{Tr}(W^\dagger(0)W(t) + W^\dagger(t)W(0))\right].\end{aligned} \tag{8.10}$$

根据之前的讨论，当 $W(t) /\!/ W(0)$ 时，即

$$W^\dagger(0)W(t) = W^\dagger(t)W(0) > 0, \tag{8.11}$$

8.1 混合态流形及其度规

式 (8.10) 右边的下确界 (即 Bures 距离) 为

$$\mathrm{d}_B^2(\rho(t),\rho) = \mathrm{d}_B^2(\rho,\rho(t)) = 2 - 2\mathrm{Tr}\sqrt{\sqrt{\rho}\rho(t)\sqrt{\rho}}. \tag{8.12}$$

由式 (8.11) 不难推出 V 与 Y_ρ 之间的具体关系。将 $W(t) = W(0) + tV$ 与 $W(0) = \sqrt{\rho}$ 代入上式，可得

$$V^\dagger \sqrt{\rho} = \sqrt{\rho} V, \tag{8.13}$$

即 $V /\!/ \sqrt{\rho}$，也就是说 V 属于 $T_{W(0)}\mathcal{S}_N$ 的水平子空间。注意到 V 和 ρ 都是满秩的，因此 $V^\dagger = \sqrt{\rho} V \sqrt{\rho}^{-1}$。进一步将其代入 $\sqrt{\rho} V^\dagger + V\sqrt{\rho} = Y_\rho$，可得

$$\rho V + V\rho = Y_\rho \sqrt{\rho}. \tag{8.14}$$

再利用 ρ 本征态的完备性关系 $\sum_i |i\rangle\langle i| = 1$，有

$$\sum_{ij}(\lambda_i+\lambda_j)\langle i|V|j\rangle|i\rangle\langle j| = \sum_{ij}\sqrt{\lambda_j}\langle i|Y_\rho|j\rangle|i\rangle\langle j|. \tag{8.15}$$

最后，根据 $\{|i\rangle\langle j|\}$ 的线性独立性可知，当如下关系满足时

$$\langle i|V|j\rangle = \frac{\sqrt{\lambda_j}}{\lambda_i+\lambda_j}\langle i|Y_\rho|j\rangle, \tag{8.16}$$

等式 (8.9) 右边取到其下确界，这就是 Bures 距离，它刻画了密度矩阵 (不等价量子混合态) 之间的距离。由于密度矩阵在规范变换下保持不变，因而 Bures 距离自然是规范不变的。以参数 $\boldsymbol{R}$ 为坐标，则 ρ 与 $\rho + \mathrm{d}\rho$ 之间的 Bures 距离可展开为

$$\mathrm{d}_B^2(\rho,\rho+\mathrm{d}\rho) = g_{\mu\nu}(\rho(\boldsymbol{R}))\mathrm{d}R^\mu \mathrm{d}R^\nu, \tag{8.17}$$

其中，$g_{\mu\nu}$ 为 Bures 度规。由附录 C.1 中的式 (C.14)，可得

$$\mathrm{d}_B^2(\rho,\rho+\mathrm{d}\rho) = \frac{1}{2}\sum_{ij}\frac{\langle i|\partial_\mu\rho|j\rangle\langle j|\partial_\nu\rho|i\rangle}{\lambda_i+\lambda_j}\mathrm{d}R^\mu \mathrm{d}R^\nu. \tag{8.18}$$

因此，Bures 度规为

$$g_{\mu\nu}^B = \frac{1}{2}\sum_{ij}\frac{\langle i|\partial_\mu\rho|j\rangle\langle j|\partial_\nu\rho|i\rangle}{\lambda_i+\lambda_j}. \tag{8.19}$$

有趣的是，Bures 度规与量子 Fisher 信息矩阵的矩阵元整体上仅相差一个 4 倍的因子[94,95]。显然，Bures 度规也是规范不变的，因此它天然可作为混合态量子几何张量的候选者。不过，容易验证 Bures 度规是实的，没有虚部。与纯态量子几何张量 (其虚部与 Berry 曲率成比例) 相比，前者似乎缺乏足够好的性质。那么，是否还有其他可能的选择呢？

例 8.1.1 两能级体系的 Bures 度规。令 $\rho = \frac{1}{2}(1 + \boldsymbol{x} \cdot \boldsymbol{\sigma})$，已在 4.3.3 节导出 Bures 距离的表达式 (4.112)，因此有

$$\begin{aligned} d_B^2(\rho, \rho + d\rho) &= \frac{1}{2}\mathrm{Tr}(d\rho)^2 + (d\sqrt{\det\rho})^2 \\ &= \frac{1}{4}\left(d\boldsymbol{x} \cdot d\boldsymbol{x} + d\mathcal{C}d\mathcal{C}\right) \\ &= \frac{1}{4}\left[d\boldsymbol{x} \cdot d\boldsymbol{x} + \frac{(\boldsymbol{x} \cdot d\boldsymbol{x})^2}{\mathcal{C}^2}\right] \end{aligned} \tag{8.20}$$

其中，$\mathcal{C} = \sqrt{1 - \boldsymbol{x}^2}$。由此可得

$$g_{\mu\nu}^B = \frac{1}{4}\frac{\partial \boldsymbol{x}}{\partial R^\mu} \cdot \frac{\partial \boldsymbol{x}}{\partial R^\nu} + \frac{1}{4(1-\boldsymbol{x}^2)}\boldsymbol{x} \cdot \frac{\partial \boldsymbol{x}}{\partial R^\mu}\boldsymbol{x} \cdot \frac{\partial \boldsymbol{x}}{\partial R^\nu}. \tag{8.21}$$

令 $r = |\boldsymbol{x}|$, $\boldsymbol{n} = \dfrac{\boldsymbol{x}}{r}$，则单位矢量 $\boldsymbol{n}$ 满足 $\boldsymbol{n} \cdot d\boldsymbol{n} = 0$。利用该式，不难验证式 (8.20) 中的 Bures 距离亦可表示为

$$d_B^2(\rho, \rho + d\rho) = \frac{1}{4}\left(\frac{dr^2}{1-r^2} + r^2 d\boldsymbol{n} \cdot d\boldsymbol{n}\right). \tag{8.22}$$

当 $r = 1$ 时，ρ 为纯态密度矩阵。在这种情况下，d_B^2 似乎是发散的。但当 $r \to 1$ 时，亦有 $dr \to 0$。为了更明显地观察 Bures 距离在 $r \to 1$ 处的行为，引入坐标变换 $r = \cos u$(因为 $0 \leqslant r \leqslant 1$)，那么式 (8.22) 变为

$$d_B^2(\rho, \rho + d\rho) = \frac{1}{4}\left(du^2 + \cos^2 u\, d\boldsymbol{n} \cdot d\boldsymbol{n}\right). \tag{8.23}$$

当 $r = 1$ 时，有 $u = 0$，上式退化为 $d_B^2(\rho, \rho + d\rho) = \dfrac{1}{4}d\boldsymbol{n} \cdot d\boldsymbol{n}$。取 $\boldsymbol{n} = (\sin\theta\cos\phi, \sin\theta\sin\phi, \cos\theta)^T$，不难验证

$$d_B^2(\rho, \rho + d\rho) = \frac{1}{4}\left(d\theta^2 + \sin\theta^2 d\phi^2\right), \tag{8.24}$$

回到纯态时的结果 (3.61) 或式 (3.130)。

例 8.1.2 两能级系统 Bures 度规的性质。在例 8.1.1 中，推导出了 Bures 度规的表达式 (8.21)。现在证明，Bures 度规满足如下不等式

$$g^{\rm B}_{\mu\mu} g^{\rm B}_{\nu\nu} \geqslant \left(g^{\rm B}_{\mu\nu}\right)^2. \tag{8.25}$$

证明

$$16\left[g^{\rm B}_{\mu\mu} g^{\rm B}_{\nu\nu} - \left(g^{\rm B}_{\mu\nu}\right)^2\right] = (\partial_\mu \boldsymbol{x} \cdot \partial_\mu \boldsymbol{x})(\partial_\nu \boldsymbol{x} \cdot \partial_\nu \boldsymbol{x}) - (\partial_\mu \boldsymbol{x} \cdot \partial_\nu \boldsymbol{x})^2$$
$$+ \frac{\partial_\mu \boldsymbol{x} \cdot \partial_\mu \boldsymbol{x} (\boldsymbol{x} \cdot \partial_\nu \boldsymbol{x})^2 + \partial_\nu \boldsymbol{x} \cdot \partial_\nu \boldsymbol{x} (\boldsymbol{x} \cdot \partial_\mu \boldsymbol{x})^2}{(1-\boldsymbol{x}^2)^2}$$
$$- 2\frac{(\boldsymbol{x} \cdot \partial_\mu \boldsymbol{x})(\boldsymbol{x} \cdot \partial_\nu \boldsymbol{x})(\partial_\mu \boldsymbol{x} \cdot \partial_\nu \boldsymbol{x})}{(1-\boldsymbol{x}^2)^2}. \tag{8.26}$$

由柯西–施瓦茨不等式，第一行显然大于等于 0。再取 $\boldsymbol{a} = \partial_\mu \boldsymbol{x}$，$\boldsymbol{b} = \partial_\nu \boldsymbol{x}$，那么

$$\boldsymbol{a} \cdot \boldsymbol{a} (\boldsymbol{x} \cdot \boldsymbol{b})^2 + \boldsymbol{b} \cdot \boldsymbol{b} (\boldsymbol{x} \cdot \boldsymbol{a})^2 \geqslant 2\sqrt{|\boldsymbol{a}|^2 |\boldsymbol{b}|^2}\,(\boldsymbol{x} \cdot \boldsymbol{a})(\boldsymbol{x} \cdot \boldsymbol{b})$$
$$\geqslant 2(\boldsymbol{a} \cdot \boldsymbol{b})(\boldsymbol{x} \cdot \boldsymbol{a})(\boldsymbol{x} \cdot \boldsymbol{b}). \tag{8.27}$$

所以第二行大于等于第三行。因此，不等式 (8.25) 得证。

若考虑二维两能级系统，可取 $\mu = 1$，$\nu = 2$，则不等式 (8.25) 等价于

$$\det(g^{\rm B}) = g^{\rm B}_{11} g^{\rm B}_{22} - \left(g^{\rm B}_{12}\right)^2 \geqslant 0. \tag{8.28}$$

这与纯态量子几何张量满足的不等式 (3.148) 类似。将在 8.2.6 节讨论该不等式的进一步推广。

例 8.1.3 幺正演化下的 Bures 距离。假设某量子系统沿参数曲线 $\boldsymbol{R}(t)$ 作幺正演化，那么有 $\rho(t) = U(t)\rho(0)U^\dagger(t)$，其中 $\rho(t) \equiv \rho(\boldsymbol{R}(t))$，$U(t) \equiv U(\boldsymbol{R}(t))$。在幺正演化下，密度矩阵的本征值不改变，所以若 $\rho(0) = \sum_n \lambda_n |n(0)\rangle\langle n(0)|$，那么 $\rho(t) = \sum_n \lambda_n |n(t)\rangle\langle n(t)|$，其中 $|n(t)\rangle = U(t)|n(0)\rangle$。演化过程中，邻近两点的 Bures 距离为

$$d_{\rm B}^2(\rho(t), \rho(t+dt))$$
$$= \frac{1}{2}\sum_{nm} \frac{|\langle n(t)|d\rho(t)|m(t)\rangle|^2}{\lambda_n + \lambda_m}$$
$$= \sum_{nm} \frac{|\langle n(0)|U^\dagger(t)\left[\dot{U}(t)\rho(0)U^\dagger(t) + U(t)\rho(0)\dot{U}^\dagger(t)\right]U(t)|m(0)\rangle|^2}{2(\lambda_n + \lambda_m)} dt^2$$

$$\begin{aligned}
&= \sum_{nm} \frac{|\langle n(0)|\left[U^\dagger(t)\dot{U}(t)\rho(0)+\rho(0)\dot{U}^\dagger(t)U(t)\right]|m(0)\rangle|^2}{2(\lambda_n+\lambda_m)}\mathrm{d}t^2 \\
&= \frac{1}{2}\sum_{nm} \frac{(\lambda_n-\lambda_m)^2}{\lambda_n+\lambda_m}|\langle n(0)|U^\dagger(t)\dot{U}(t)|m(0)\rangle|^2\mathrm{d}t^2 \\
\text{或}\quad &= \frac{1}{2}\sum_{nm} \frac{(\lambda_n-\lambda_m)^2}{\lambda_n+\lambda_m}|\langle n(t)|\dot{U}(t)U^\dagger(t)|m(t)\rangle|^2\mathrm{d}t^2 \\
&= -\frac{1}{2}\sum_{nm} \frac{(\lambda_n-\lambda_m)^2}{\lambda_n+\lambda_m}\langle n(t)|\dot{U}(t)U^\dagger(t)|m(t)\rangle\langle m(t)|\dot{U}(t)U^\dagger(t)|n(t)\rangle\mathrm{d}t^2.
\end{aligned}$$
(8.29)

由上式可知,所有对角项 (即满足 $n=m$ 的项) 对 Bures 距离均无贡献,这与干涉几何相位理论的平行输运条件相容,因为后者要求 $\langle n(t)|\dot{U}(t)U^\dagger(t)|n(t)\rangle=0$。由于 Bures 距离是密度矩阵纯化之间的最小裸距离,且达到最小值的条件是 Uhlmann 平行输运条件,而这个条件与一般动力学演化不相容。因此,可以合理推测,在热平衡态的动力学过程中不会产生非零的 Bures 距离。若 U 是一个动力学演化算符,则有 $i\hbar\dot{U}(t)=\hat{H}(t)U(t)$,且 $H(t)|n(t)\rangle=E_n|n(t)\rangle$。将其代入式 (8.29) 的倒数第二行,有

$$\begin{aligned}
\mathrm{d}_{\mathrm{B}}^2(\rho(t),\rho(t+\mathrm{d}t)) &= -\frac{1}{2\hbar^2}\sum_{nm}\frac{(\lambda_n-\lambda_m)^2}{\lambda_n+\lambda_m}|\langle n(t)|\hat{H}(t)|m(t)\rangle|^2\mathrm{d}t^2 \\
&= \frac{1}{2\hbar^2}\sum_{nm}E_n^2\frac{(\lambda_n-\lambda_m)^2}{\lambda_n+\lambda_m}\delta_{nm}\delta_{nm}\mathrm{d}t^2 \\
&= 0.
\end{aligned}$$
(8.30)

8.1.4 Bures 度规与量子 Fisher 信息矩阵

除了 Bures 距离,混合态之间的距离还有其他多种定义方式,如量子度量学中的量子费希尔 (Fisher) 信息距离[94,95]。有趣的是,Bures 度规与量子 Fisher 信息 (quantum Fisher information, QFI) 之间仅相差一个 4 倍的因子。量子 Fisher 信息是量子参数估计理论中的一个重要工具,它衡量了量子态对小参数变化的敏感度。其核心作用类似于经典统计中的 Fisher 信息矩阵,但它适用于量子系统,并与量子 Cramér-Rao 界限 (quantum Cramér-Rao Bound, QCRB) 紧密相关,决定了量子参数估计的最优精度。在这里仅作简单介绍,并略去 Fisher 信息等概念的严格定义,感兴趣的读者可以参考相关文献。

在量子力学中,假定要测量的物理量是编码在量子态中的,即 $\rho(\theta)$,其中,ρ 为密度矩阵,θ 为参数。这一编码一般通过幺正过程 $U=\mathrm{e}^{-i\hat{H}\theta}$ 来实现。将该过

8.1 混合态流形及其度规

程作用于探针态 ρ_0,则有 $\rho(\theta) = U\rho_0 U^\dagger$。由此可得 ρ 的导数

$$\frac{\partial \rho}{\partial \theta} = \mathrm{i}[\rho, \hat{H}]. \tag{8.31}$$

这与密度矩阵的海森伯 (Heisenberg) 运动方程类似,涉及 ρ 与 $\hat{H}$ 的对易子。但还有另一种导数表示,其结果中有反对易子,叫做对称对数导数 (symmetric logarithmic derivative, SLD)

$$\frac{\partial \rho}{\partial \theta} = \frac{1}{2}\{\rho, L(\hat{H})\} = \frac{1}{2}\left(\rho L(\hat{H}) + L(\hat{H})\rho\right). \tag{8.32}$$

其中,$L(\hat{H})$ 为满足 $\frac{1}{2}\{\rho, L(\hat{H})\} = \mathrm{i}[\rho, \hat{H}]$ 的算符。利用 ρ 的谱分解,不难得出 $L(\hat{H})$ 的显式形式

$$L(\hat{H}) = 2\mathrm{i}\sum_{ij} \frac{\lambda_i - \lambda_j}{\lambda_i + \lambda_j}\langle i|\hat{H}|j\rangle |i\rangle\langle j|. \tag{8.33}$$

若量子态依赖于一族参数 $\theta^\mu = (\theta^1, \theta^2, \cdots)^\mathrm{T}$,那么方程 (8.32) 也可以等价表示为

$$\partial_\mu \rho = \frac{1}{2}(L_\mu \rho + \rho L_\mu). \tag{8.34}$$

据此,量子 Fisher 信息矩阵的分量可以定义为

$$Q_{\mu\nu} = \mathrm{Tr}\left(\rho L_\mu L_\nu\right). \tag{8.35}$$

对于纯态 $|\psi\rangle$,其密度矩阵为 $\rho = |\psi\rangle\langle\psi|$,则有 $\partial_\mu \rho = |\partial_\mu \psi\rangle\langle\psi| + |\psi\rangle\langle\partial_\mu \psi|$。此外,根据 $\rho^2 = \rho$ 可得 $\partial_\mu \rho = \partial_\mu \rho \rho + \rho \partial_\mu \rho$。与式 (8.34) 对比,不难得到

$$L_\mu = 2\partial_\mu \rho = 2\left(|\partial_\mu \psi\rangle\langle\psi| + |\psi\rangle\langle\partial_\mu \psi|\right). \tag{8.36}$$

注意到 ρ 也可以表示为 $|\psi\rangle$ 的投影算子 $P_{|\psi\rangle}$。那么,量子 Fisher 信息矩阵 (8.35) 则表示为

$$Q_{\mu\nu} = 4\mathrm{Tr}\left(\rho \partial_\mu P_{|\psi\rangle} \partial_\nu P_{|\psi\rangle}\right). \tag{8.37}$$

将其与纯态量子几何张量 (3.200) 对比 (尽管后者适用于简并量子体系的情况),不难发现,该表达式恰好退化为 Fubini-Study 度规 $Q_{\mu\nu}^{\mathrm{FS}} = \langle\partial_\mu\psi|\partial_\nu\psi\rangle - \langle\psi|\partial_\mu\psi\rangle\langle\partial_\nu\psi|\psi\rangle$ 的 4 倍。

对于一般混合态，也不难求出量子 Fisher 信息矩阵的显式形式。利用 ρ 的本征态求方程 (8.34) 两端的矩阵元，有

$$\langle n|\partial_\mu \rho|m\rangle = \frac{1}{2}\langle n|(L_\mu \rho + \rho L_\mu)|m\rangle = \frac{\lambda_n + \lambda_m}{2}\langle n|L_\mu|m\rangle, \tag{8.38}$$

由此可以得 SLD 的显示表示

$$L_\mu = \sum_{nm}\langle n|L_\mu|m\rangle|n\rangle\langle m| = \sum_{nm}\frac{2}{\lambda_n + \lambda_m}\langle n|\partial_\mu\rho|m\rangle|n\rangle\langle m|. \tag{8.39}$$

利用这一结果，不难得到量子 Fisher 信息矩阵的表达式

$$Q_{\mu\nu} = \frac{1}{2}\left[\operatorname{Tr}(\rho L_\mu L_\nu) + \operatorname{Tr}(L_\mu L_\nu \rho)\right] = \sum_{nm}\frac{2}{\lambda_n + \lambda_m}\langle n|\partial_\mu\rho|m\rangle\langle m|\partial_\nu\rho|n\rangle. \tag{8.40}$$

对比 Bures 度规 (8.19)，两者确实仅相差一个 4 倍的因子。

8.2 $U(N)$-量子几何张量

除了 Bures 度规，还有其他适合作为混合态量子几何张量的候选吗？回顾第 3 章的内容，通过对归一化纯态流形 S^{2N-1} 上的裸度规做规范不变的修正，可以得到量子几何张量。那么同样的规范修正技巧是否也可以用于混合态流形？如果确实可行，预期会得到一个 $U(N)$ 不变的量子几何张量[96]。此外，注意到满秩密度矩阵流形的纤维化是 $\mathcal{S}_N/U(N) = \mathcal{D}_N^N$，由它也可以推出与式 (3.125) 类似的局域距离分解。

8.2.1 Uhlmann 度规

回顾之前的定义，所有满足 $\operatorname{Tr}\rho = 1$ 的满秩密度矩阵，其纯化构成单位球 $\mathcal{S}_N$。类比纯态流形的讨论，同样先考虑 $\mathcal{S}_N$ 上的裸距离。取 $\mathcal{S}_N$（注意不是 $\mathcal{D}_N^N$）上的局域坐标 $\boldsymbol{R}$，则 $\mathcal{S}_N$ 上的局域距离可以表示为

$$\begin{aligned}\mathrm{d}s^2(\mathcal{S}_N) &= \Big||W(\boldsymbol{R}+\mathrm{d}\boldsymbol{R})\rangle - |W(\boldsymbol{R})\rangle\Big|^2 = \langle\partial_\mu W|\partial_\nu W\rangle\mathrm{d}R^\mu\mathrm{d}R^\nu \\ &= \operatorname{Tr}(\partial_\mu W^\dagger \partial_\nu W)\mathrm{d}R^\mu\mathrm{d}R^\nu.\end{aligned} \tag{8.41}$$

$\langle\partial_\mu W|\partial_\nu W\rangle$ 一般为复度规，称其为裸度规。注意到 $\mathrm{d}R^\mu\mathrm{d}R^\nu$ 关于其指标 μ、ν 对称，因此有

$$\mathrm{d}s^2 = \langle\partial_\mu W|\partial_\nu W\rangle\mathrm{d}R^\mu\mathrm{d}R^\nu = \gamma_{\mu\nu}\mathrm{d}R^\mu\mathrm{d}R^\nu, \tag{8.42}$$

8.2 $U(N)$-量子几何张量

其中

$$\gamma_{\mu\nu} = \frac{\langle\partial_\mu W|\partial_\nu W\rangle + (\langle\partial_\mu W|\partial_\nu W\rangle)^\dagger}{2} = \frac{\langle\partial_\mu W|\partial_\nu W\rangle + \langle\partial_\nu W|\partial_\mu W\rangle}{2} \tag{8.43}$$

是 $\langle\partial_\mu W|\partial_\nu W\rangle$ 的实部。同样，其虚部

$$\sigma_{\mu\nu} = \frac{1}{2\mathrm{i}}\left(\langle\partial_\mu W|\partial_\nu W\rangle - \langle\partial_\nu W|\partial_\mu W\rangle\right) \tag{8.44}$$

对距离无贡献。与纯态不同，$\gamma_{\mu\nu}$ 和 $\sigma_{\mu\nu}$ 均非规范不变。在规范变换 $W' = W\mathcal{U}(\mathcal{U} \in \mathrm{U}(N))$ 下，$\langle\partial_\mu W|\partial_\nu W\rangle$ 变为

$$\begin{aligned}\mathrm{Tr}(\partial_\mu W'^\dagger \partial_\nu W') =& \mathrm{Tr}(\partial_\mu W^\dagger \partial_\nu W) + \mathrm{Tr}(W^\dagger \partial_\nu W \mathcal{U}\partial_\mu \mathcal{U}^\dagger) \\ &+ \mathrm{Tr}(\partial_\mu W^\dagger W \partial_\nu \mathcal{U}\mathcal{U}^\dagger) + \mathrm{Tr}(W^\dagger W \partial_\nu \mathcal{U}\partial_\mu \mathcal{U}^\dagger).\end{aligned} \tag{8.45}$$

代入到式 (8.43) 和式 (8.44)，则实部和虚部的变换分别为

$$\begin{aligned}\gamma'_{\mu\nu} =& \gamma_{\mu\nu} + \frac{1}{2}\mathrm{Tr}\left[(W^\dagger \partial_\nu W - \partial_\nu W^\dagger W)\mathcal{U}\partial_\mu \mathcal{U}^\dagger\right] \\ &+ \frac{1}{2}\mathrm{Tr}\left[(W^\dagger \partial_\mu W - \partial_\mu W^\dagger W)\mathcal{U}\partial_\nu \mathcal{U}^\dagger\right] \\ &+ \frac{1}{2}\mathrm{Tr}\left[W^\dagger W(\partial_\mu \mathcal{U}\partial_\nu \mathcal{U}^\dagger + \partial_\nu \mathcal{U}\partial_\mu \mathcal{U}^\dagger)\right],\end{aligned} \tag{8.46}$$

$$\begin{aligned}\sigma'_{\mu\nu} =& \sigma_{\mu\nu} + \frac{\mathrm{i}}{2}\mathrm{Tr}\left[\partial_\mu(W^\dagger W)\mathcal{U}\partial_\nu \mathcal{U}^\dagger - \partial_\nu(W^\dagger W)\mathcal{U}\partial_\mu \mathcal{U}^\dagger\right] \\ &+ \frac{\mathrm{i}}{2}\mathrm{Tr}\left[W^\dagger W(\partial_\mu \mathcal{U}\partial_\nu \mathcal{U}^\dagger - \partial_\nu \mathcal{U}\partial_\mu \mathcal{U}^\dagger)\right],\end{aligned} \tag{8.47}$$

若 $N=1$，即 $\mathcal{U} \in U(1)$，则 $\mathcal{U}\partial_\mu \mathcal{U}^\dagger$ 是纯虚数。再利用

$$\mathrm{Tr}(W^\dagger \partial_\nu W + \partial_\nu W^\dagger W) = \partial_\nu \mathrm{Tr}(W^\dagger W) = 0 \tag{8.48}$$

不难发现式 (8.46) 和式 (8.47) 分别退化为纯态情况下式 (3.114) 的第一、第二式。

为了使得 $\gamma_{\mu\nu}$ 和 $\sigma_{\mu\nu}$ 具有规范不变性，必须采用合适的修正。为了达到这一目的，可以参考纯态情况下的方法。在式 (3.116) 中，可以利用 AA 联络 (实为 Ehresmann 联络) 来进行规范修正。这给了我们启示：也可以利用 Uhlmann 丛上的 Ehresmann 联络 ω 来修正 $\mathcal{S}_N$ 上的裸度规 $\langle\partial_\mu W|\partial_\nu W\rangle$。首先回顾一下 ω 的重要性质，它与 Uhlmann 联络的关系为

$$\omega = U^\dagger \pi^* \mathcal{A}_\mathrm{U} U + U^\dagger \mathrm{d}_P U, \tag{8.49}$$

其中，$U = U(\boldsymbol{R})$ 为 $W(\boldsymbol{R})$ 的相因子。需要强调的是，在这里 W 沿参数曲线 $\boldsymbol{R}(t)$ 演化时不必遵循平行输运条件，因此相因子 U 也不必满足平行输运方程 $\mathcal{A}_U(X(t)) + \dot{U}U^\dagger = 0$，其中 $X(t) = \dfrac{\mathrm{d}}{\mathrm{d}t}$ 为 $\rho(\boldsymbol{R}(t))$ 的切向量。一般情况下，ω 满足方程

$$W^\dagger \mathrm{d}_P W - \mathrm{d}_P W^\dagger W = W^\dagger W \omega + \omega W^\dagger W. \tag{8.50}$$

当限制在底流形上时，上式的分量形式为

$$W^\dagger \partial_\mu W - \partial_\mu W^\dagger W = W^\dagger W \omega_\mu + \omega_\mu W^\dagger W. \tag{8.51}$$

在规范变换 $W \to W' = W\mathcal{U}$ 下，ω 的变换方式为

$$\omega' = \mathcal{U}^\dagger \omega \mathcal{U} + \mathcal{U}^\dagger \mathrm{d}\mathcal{U}, \tag{8.52}$$

或以分量式表达为

$$\omega'_\mu = \mathcal{U}^\dagger \omega_\mu \mathcal{U} + \mathcal{U}^\dagger \partial_\mu \mathcal{U}. \tag{8.53}$$

利用式 (8.51)，$\gamma_{\mu\nu}$ 的变换 (8.46) 可改写为

$$\begin{aligned}
\gamma'_{\mu\nu} &= \gamma_{\mu\nu} + \frac{1}{2}\mathrm{Tr}\left[(W^\dagger W \omega_\mu + \omega_\mu W^\dagger W)\mathcal{U}\partial_\nu \mathcal{U}^\dagger\right] \\
&\quad + \frac{1}{2}\mathrm{Tr}\left[(W^\dagger W \omega_\nu + \omega_\nu W^\dagger W)\mathcal{U}\partial_\mu \mathcal{U}^\dagger\right] \\
&\quad + \frac{1}{2}\mathrm{Tr}\left[W^\dagger W (\partial_\mu \mathcal{U}\partial_\nu \mathcal{U}^\dagger + \partial_\nu \mathcal{U}\partial_\mu \mathcal{U}^\dagger)\right].
\end{aligned} \tag{8.54}$$

对比纯态的结果，可猜想 $\gamma_{\mu\nu}$ 的修正为

$$g^{\mathrm{U}}_{\mu\nu} = \gamma_{\mu\nu} + \frac{1}{2}\mathrm{Tr}\left(W^\dagger W \omega_\mu \omega_\nu + \omega_\nu \omega_\mu W^\dagger W\right). \tag{8.55}$$

由于借助了 Uhlmann 联络来做修正，将修正后的度规称为 Uhlmann 度规，并以上标 U 来标记。容易验证，若 $\rho = WW^\dagger$ 为纯态密度矩阵，则 $g^{\mathrm{U}}_{\mu\nu}$ 自然退化为 Fubini-Study 度规。同样，虚部 $\sigma_{\mu\nu}$ 的变换 (8.47) 可整理为

$$\sigma'_{\mu\nu} = \sigma_{\mu\nu} + \frac{\mathrm{i}}{2}\mathrm{Tr}\left[\partial_\mu(W^\dagger W\mathcal{U}\partial_\nu \mathcal{U}^\dagger) - \partial_\nu(W^\dagger W\mathcal{U}\partial_\mu \mathcal{U}^\dagger)\right]. \tag{8.56}$$

根据 ω 的变换 (8.53)，对它的规范修正可取为

$$\sigma^{\mathrm{U}}_{\mu\nu} = \sigma_{\mu\nu} + \frac{\mathrm{i}}{2}\mathrm{Tr}\left[\partial_\mu(W^\dagger W \omega_\nu) - \partial_\nu(W^\dagger W \omega_\mu)\right]. \tag{8.57}$$

8.2 $U(N)$–量子几何张量

接下来单证明 $g_{\mu\nu}^{\mathrm{U}}$ 和 $\sigma_{\mu\nu}^{\mathrm{U}}$ 的规范不变性。在变换 $W' = W\mathcal{U}$ 下，$g_{\mu\nu}^{\mathrm{U}}$ 的第二项变为

$$\frac{1}{2}\mathrm{Tr}\left(W^\dagger W\omega_\mu\omega_\nu + \omega_\mu\omega_\nu W^\dagger W\right) \to \frac{1}{2}\mathrm{Tr}\left(W'^\dagger W'\omega'_\mu\omega'_\nu + \omega'_\nu\omega'_\mu W'^\dagger W'\right)$$

$$=\frac{1}{2}\mathrm{Tr}\left[V^\dagger W^\dagger W\mathcal{U}(\mathcal{U}^\dagger\omega_\mu\mathcal{U} + \mathcal{U}^\dagger\partial_\mu\mathcal{U})(\mathcal{U}^\dagger\omega_\nu\mathcal{U} + \mathcal{U}^\dagger\partial_\nu\mathcal{U})\right] + (\mu \leftrightarrow \nu)$$

$$=\frac{1}{2}\mathrm{Tr}\left[W^\dagger W(\omega_\mu\omega_\nu + \omega_\mu\partial_\nu\mathcal{U}\mathcal{U}^\dagger + \partial_\mu\mathcal{U}\mathcal{U}^\dagger\omega_\nu + \partial_\mu\mathcal{U}\mathcal{U}^\dagger\partial_\nu\mathcal{U}\mathcal{U}^\dagger)\right] + (\mu \leftrightarrow \nu)$$

$$=\frac{1}{2}\mathrm{Tr}\left[W^\dagger W(\omega_\mu\omega_\nu - \omega_\mu\mathcal{U}\partial_\nu\mathcal{U}^\dagger - \mathcal{U}\partial_\mu\mathcal{U}^\dagger\omega_\nu - \partial_\mu\mathcal{U}\partial_\nu\mathcal{U}^\dagger)\right] + (\mu \leftrightarrow \nu)$$

$$=\frac{1}{2}\mathrm{Tr}\left(W^\dagger W\omega_\mu\omega_\nu + \omega_\mu\omega_\nu W^\dagger W\right) - \frac{1}{2}\mathrm{Tr}\left[(W^\dagger W\omega_\mu + \omega_\mu W^\dagger W)\mathcal{U}\partial_\nu\mathcal{U}^\dagger\right]$$

$$-\frac{1}{2}\mathrm{Tr}\left[(W^\dagger W\omega_\nu + \omega_\nu W^\dagger W)\mathcal{U}\partial_\mu\mathcal{U}^\dagger + W^\dagger W(\partial_\mu\mathcal{U}\partial_\nu\mathcal{U}^\dagger + \partial_\nu\mathcal{U}\partial_\mu\mathcal{U}^\dagger)\right]. \quad (8.58)$$

在这里利用了

$$\partial_{\mu,\nu}\mathcal{U}\mathcal{U}^\dagger = -\mathcal{U}\partial_{\mu,\nu}\mathcal{U}^\dagger, \quad \mathcal{U}^\dagger\partial_\nu\mathcal{U}\mathcal{U}^\dagger = -\partial_\nu\mathcal{U}^\dagger \quad (8.59)$$

以及矩阵迹的轮换性。对比式 (8.54)，不难发现在规范变换下确实有 $g_{\mu\nu}^{\mathrm{U}\prime} = g_{\mu\nu}^{\mathrm{U}}$。类似的方法也可应用于 $\sigma_{\mu\nu}^{\mathrm{U}}$，其第二项在规范变换下变为

$$\frac{\mathrm{i}}{2}\mathrm{Tr}\left[\partial_\mu(W^\dagger W\omega_\nu) - \partial_\nu(W^\dagger W\omega_\mu)\right]$$

$$\to \frac{\mathrm{i}}{2}\mathrm{Tr}\left[\partial_\mu(W'^\dagger W'\omega'_\nu) - \partial_\nu(W'^\dagger W'\omega'_\mu)\right]$$

$$=\frac{\mathrm{i}}{2}\mathrm{Tr}\left\{\partial_\mu\left[\mathcal{U}^\dagger W^\dagger W\mathcal{U}(\mathcal{U}^\dagger\omega_\nu\mathcal{U} + \mathcal{U}^\dagger\partial_\nu\mathcal{U})\right]\right\} - (\mu \leftrightarrow \nu)$$

$$=\frac{\mathrm{i}}{2}\mathrm{Tr}\left[\partial_\mu(W^\dagger W\omega_\nu) + W^\dagger W\omega_\nu(\mathcal{U}\partial_\mu\mathcal{U}^\dagger + \partial_\mu\mathcal{U}\mathcal{U}^\dagger)\right.$$

$$\left.+ \partial_\mu(W^\dagger W)\partial_\nu\mathcal{U}\mathcal{U}^\dagger + W^\dagger W(\partial_\nu\mathcal{U}\partial_\mu\mathcal{U}^\dagger + \partial_\mu\partial_\nu\mathcal{U}\mathcal{U}^\dagger)\right] - (\mu \leftrightarrow \nu)$$

$$=\frac{\mathrm{i}}{2}\mathrm{Tr}\left[\partial_\mu(W^\dagger W\omega_\nu) - \partial_\nu(W^\dagger W\omega_\mu)\right]$$

$$-\frac{\mathrm{i}}{2}\mathrm{Tr}\left[\partial_\mu(W^\dagger W\mathcal{U}\partial_\nu\mathcal{U}^\dagger) - \partial_\nu(W^\dagger W\mathcal{U}\partial_\mu\mathcal{U}^\dagger)\right]. \quad (8.60)$$

最后一行恰好消去式 (8.56) 的第二项，从而使得 $\sigma_{\mu\nu}^{\mathrm{U}\prime} = \sigma_{\mu\nu}^{\mathrm{U}}$。通过这种修正，裸度规的实部与虚部均在 $U(N)$ 规范变换下不变。因此，可以将这种 $U(N)$ 不变的量子几何张量称为 $U(N)$–量子几何张量。

8.2.2 Uhlmann 度规与 Bures 度规

由于 Uhlmann 度规是规范不变的，自然也可以作为混合态流形量子几何张量的候选 (至少作为后者的实部)。那么它与 Bures 度规有什么不同？为了做一个公平的比较，将局域坐标 $\boldsymbol{R} = (R^1, R^2, \cdots, R^k)^{\mathrm{T}}$ 限制在底流形 $\mathcal{D}_N^N$ 上，则有 $\omega_\mu = U^\dagger \mathcal{A}_{\mathrm{U}\mu} U + U^\dagger \partial_\mu U$。再利用式 (8.49) 以及 $W^\dagger W = U^\dagger \rho U$，那么 Uhlmann 度规的表达式变为

$$g_{\mu\nu}^{\mathrm{U}} = \gamma_{\mu\nu} + \frac{1}{2}\mathrm{Tr}\left[\rho(\mathcal{A}_{\mathrm{U}\mu} + \partial_\mu UU^\dagger)(\mathcal{A}_{\mathrm{U}\nu} + \partial_\nu UU^\dagger)\right]$$
$$+ \frac{1}{2}\mathrm{Tr}\left[\rho(\mathcal{A}_{\mathrm{U}\nu} + \partial_\nu UU^\dagger)(\mathcal{A}_{\mathrm{U}\mu} + \partial_\mu UU^\dagger)\right]. \tag{8.61}$$

当 W 沿曲线 $\boldsymbol{R}(t)$ 作平行演化时，它满足条件 $W^\dagger \dot{W} = \dot{W}^\dagger W$，或以分量式表达为 $W^\dagger \partial_\mu W = \partial_\mu W^\dagger W$，同时相因子 U 满足平行输运方程 $\mathcal{A}_{\mathrm{U}\mu} + \partial_\mu UU^\dagger = 0$，从而有 $g_{\mu\nu}^{\mathrm{U}} = \gamma_{\mu\nu}$。而第 4、5 章的结果告诉我们，当 W 满足平行输运条件时，裸距离 $\mathrm{d}s^2(\mathcal{S}_N)$ 取最小值，即 Bures 距离。因此，Uhlmann 度规在此时退化为 Bures 度规

$$g_{\mu\nu}^{\mathrm{U}} = \gamma_{\mu\nu} = g_{\mu\nu}^{\mathrm{B}}. \tag{8.62}$$

事实上，接下来还会发现更强的结论。

根据式 (8.61) 可定义 $\mathcal{D}_N^N$ 上的 Uhlmann 距离 $\mathrm{d}s_{\mathrm{U}}^2 = g_{\mu\nu}^{\mathrm{U}}\mathrm{d}R^\mu \mathrm{d}R^\nu$。代入式 (8.61)，可得

$$\mathrm{d}s_{\mathrm{U}}^2 = \langle \mathrm{d}W | \mathrm{d}W \rangle + \mathrm{Tr}\left[\rho(\mathcal{A}_{\mathrm{U}} + \mathrm{d}UU^\dagger)^2\right]$$
$$\Rightarrow \mathrm{d}s^2(\mathcal{S}_N) = \mathrm{d}s_{\mathrm{U}}^2 + \mathrm{Tr}\left[\rho(\mathrm{i}\mathcal{A}_{\mathrm{U}} + \mathrm{i}\mathrm{d}UU^\dagger)^2\right]. \tag{8.63}$$

与纯态情况一样 (对比式 (3.120))，也得到了混合态流形上的局域距离分解。在上式中，$\mathcal{A}_{\mathrm{U}}$ 与 $\mathrm{d}UU^\dagger$ 均为反厄米的，因此在第二行加入因子 "i" 以使 $(\mathrm{i}\mathcal{A}_{\mathrm{U}} + \mathrm{i}\mathrm{d}UU^\dagger)^2$ 为正定矩阵。由于 ρ 也是正定矩阵，而两个正定矩阵之积仍为正定矩阵，因此式 (8.63) 第二行左边确为两正数之和。为了与纯态流形的结果做对比，在式 (3.120) 中取相因子 $g = \mathrm{e}^{\mathrm{i}\phi}$，可得 $\mathrm{d}\phi = -\mathrm{i}\mathrm{d}gg^\dagger$，那么式 (3.120) 可改写为

$$\mathrm{d}s^2(S^{2N-1}) = \mathrm{d}s^2(\mathrm{CP}^{N-1}) + (\mathrm{i}\mathcal{A} + \mathrm{i}\mathrm{d}gg^\dagger)^2. \tag{8.64}$$

与式 (8.63) 对比，$\mathrm{i}\mathrm{d}gg^\dagger$ 表示纯态在作平行演化时，其 $U(1)$ 相因子 (纤维) 的变换产生元的微小改变；而 $\mathrm{i}\mathrm{d}UU^\dagger$ 为混合态在平行输运时，其 $U(N)$ 相因子的变换产生元的微小改变。此外，通过对比可以发现，Uhlmann 距离 $\mathrm{d}s_{\mathrm{U}}^2$ 的角色与

8.2 $U(N)$–量子几何张量

$ds^2(\mathbb{CP}^{N-1})$ 类似。但在 8.1 节的讨论中,早已论证后者应该对应混合态流形的 Bures 距离。那么,Uhlmann 距离与 Bures 距离之间满足什么关系?而且,由式 (8.63) 不难看出,当满足平行输运条件 $\mathcal{A}_{U\mu} + \partial_\mu U U^\dagger = 0$ 时,$ds^2(\mathcal{S}_N) = ds_U^2$。然而,在 8.1 节最后已发现,在同样的条件下,$ds^2(\mathcal{S}_N)$ 退化为 Bures 距离。因此,可以合理地猜测:

当限制在 $\mathcal{D}_N^N$ 上时,Uhlmann 距离等于 Bures 距离。

如果这个猜想成立,那么 Uhlmann 度规是否就是 Bures 度规?其实两者不完全一样,因为前者是总空间 $\mathcal{S}_N$ 上的度规,而后者则为底流形 $\mathcal{D}_N^N$ 上的度规。完整的 Uhlmann 度规应该包含纤维空间上的部分。不过,在这里已将 Uhlmann 度规限制在 $\mathcal{D}_N^N$ 上。上述的猜想等价于:

当限制在 $\mathcal{D}_N^N$ 上时,Uhlmann 度规等于 Bures 度规。

为证明上述结果,将 Bures 距离的表达式 (4.91) 稍加改写。利用 $\sqrt{\rho}|i\rangle = \sqrt{\lambda_i}|i\rangle$ 和 $d\rho = d\sqrt{\rho}\sqrt{\rho} + \sqrt{\rho}d\sqrt{\rho}$,$d\rho$ 的矩阵元为

$$\langle i|d\rho|j\rangle = (\sqrt{\lambda_i} + \sqrt{\lambda_j})\langle i|d\sqrt{\rho}|j\rangle. \tag{8.65}$$

将其代入式 (4.91),得到

$$d_B^2(\rho, \rho + d\rho) = \frac{1}{2}\sum_{ij}\frac{(\sqrt{\lambda_i} + \sqrt{\lambda_j})^2}{\lambda_i + \lambda_j}|\langle i|d\sqrt{\rho}|j\rangle|^2. \tag{8.66}$$

那么,Bures 度规为

$$g_{\mu\nu}^B = \frac{1}{2}\sum_{ij}\frac{(\sqrt{\lambda_i} + \sqrt{\lambda_j})^2}{\lambda_i + \lambda_j}\langle i|\partial_\mu\sqrt{\rho}|j\rangle\langle j|\partial_\nu\sqrt{\rho}|i\rangle. \tag{8.67}$$

利用类似方法,由 Uhlmann 联络 1-形式

$$\mathcal{A}_U = -\sum_{ij}|i\rangle\frac{\langle i|[d\sqrt{\rho},\sqrt{\rho}]|j\rangle}{\lambda_i + \lambda_j}\langle j| \tag{8.68}$$

可得其分量形式

$$\mathcal{A}_{U\mu} = \sum_{ij}\frac{\sqrt{\lambda_i} - \sqrt{\lambda_j}}{\lambda_i + \lambda_j}\langle i|\partial_\mu\sqrt{\rho}|j\rangle|i\rangle\langle j|. \tag{8.69}$$

利用 $W = \sqrt{\rho}U$,裸度规展开为

$$\text{Tr}(\partial_\mu W^\dagger \partial_\nu W) = \text{Tr}[\partial_\mu\sqrt{\rho}\partial_\nu\sqrt{\rho} + \rho\partial_\nu U\partial_\mu U^\dagger$$

$$+ \sqrt{\rho}\partial_\nu\sqrt{\rho}U\partial_\mu U^\dagger + \partial_\mu\sqrt{\rho}\sqrt{\rho}\partial_\nu UU^\dagger]. \tag{8.70}$$

其实部为

$$\gamma_{\mu\nu} = \text{Tr}\,(\partial_\mu\sqrt{\rho}\partial_\nu\sqrt{\rho}) + \frac{1}{2}\text{Tr}\,[\rho(\partial_\mu U\partial_\nu U^\dagger + \partial_\nu U\partial_\mu U^\dagger)]$$

$$+ \frac{1}{2}\text{Tr}\,\{[\sqrt{\rho},\partial_\mu\sqrt{\rho}]U\partial_\nu U^\dagger + [\sqrt{\rho},\partial_\nu\sqrt{\rho}]U\partial_\mu U^\dagger\}. \tag{8.71}$$

利用矩阵迹的轮换性，式 (8.61) 右边第二、三项之和为

$$\frac{1}{2}\text{Tr}\,[\rho(\mathcal{A}_{U\mu}\mathcal{A}_{U\nu} + \mathcal{A}_{U\nu}\mathcal{A}_{U\mu}) - (\rho\mathcal{A}_{U\mu} + \mathcal{A}_{U\mu}\rho)U\partial_\nu U^\dagger$$

$$- (\rho\mathcal{A}_{U\nu} + \mathcal{A}_{U\nu}\rho)U\partial_\mu U^\dagger - \rho(\partial_\mu U\partial_\nu U^\dagger + \partial_\nu U\partial_\mu U^\dagger)]$$

$$= \frac{1}{2}\text{Tr}\,[\rho(\mathcal{A}_{U\mu}\mathcal{A}_{U\nu} + \mathcal{A}_{U\nu}\mathcal{A}_{U\mu}) - [\sqrt{\rho},\partial_\mu\sqrt{\rho}]U\partial_\nu U^\dagger$$

$$- [\sqrt{\rho},\partial_\nu\sqrt{\rho}]U\partial_\mu U^\dagger - \rho(\partial_\mu U\partial_\nu U^\dagger + \partial_\nu U\partial_\mu U^\dagger)]. \tag{8.72}$$

不难发现，式 (8.72) 最后三项恰好消去式 (8.71) 的最后三项。因此根据式 (8.61)，Uhlmann 度规最终变为

$$g^{\text{U}}_{\mu\nu} = \text{Tr}\,(\partial_\mu\sqrt{\rho}\partial_\nu\sqrt{\rho}) + \frac{1}{2}\text{Tr}\,[\rho(\mathcal{A}_{U\mu}\mathcal{A}_{U\nu} + \mathcal{A}_{U\nu}\mathcal{A}_{U\mu})]. \tag{8.73}$$

由于 ρ 是底流形上的点，而 $\mathcal{A}_U$ 为底流形上的规范联络，因此得到一个重要结论：$g^{\text{U}}_{\mu\nu}$ 不依赖于纤维 U。这也解决了式 (8.63) 可能带来的困惑：虽然 $\text{d}s^2_{\text{U}}$ 是底流形上的距离，但在形式上又对纤维 U 有明显的依赖。

为了证明式 (8.73) 就是 Bures 度规的表达式，注意到式 (8.73) 第一项可表示为

$$\text{Tr}\,(\partial_\mu\sqrt{\rho}\partial_\nu\sqrt{\rho}) = \sum_{ij}\langle i|\partial_\mu\sqrt{\rho}|j\rangle\langle j|\partial_\nu\sqrt{\rho}|i\rangle. \tag{8.74}$$

利用式 (8.69)，并交换指标 i 和 j，式 (8.73) 的第二项变为

$$\frac{1}{2}\sum_{ijk}\lambda_i\frac{\sqrt{\lambda_i} - \sqrt{\lambda_j}}{\lambda_i + \lambda_j}\frac{\sqrt{\lambda_j} - \sqrt{\lambda_k}}{\lambda_j + \lambda_k}$$

$$\times \text{Tr}\,\Big(\langle i|\partial_\mu\sqrt{\rho}|j\rangle\langle j|\partial_\nu\sqrt{\rho}|k\rangle|i\rangle\langle k| + \langle i|\partial_\nu\sqrt{\rho}|j\rangle\langle j|\partial_\mu\sqrt{\rho}|k\rangle|i\rangle\langle k|\Big)$$

8.2 $U(N)$-量子几何张量

$$\begin{aligned}
&= -\sum_{ij} \frac{\lambda_i(\sqrt{\lambda_i} - \sqrt{\lambda_j})^2}{2(\lambda_i + \lambda_j)^2} \left(\langle i|\partial_\mu\sqrt{\rho}|j\rangle\langle j|\partial_\nu\sqrt{\rho}|i\rangle + \langle i|\partial_\nu\sqrt{\rho}|j\rangle\langle j|\partial_\mu\sqrt{\rho}|i\rangle \right) \\
&= -\frac{1}{2}\sum_{ij} \frac{(\sqrt{\lambda_i} - \sqrt{\lambda_j})^2}{\lambda_i + \lambda_j} \langle i|\partial_\mu\sqrt{\rho}|j\rangle\langle j|\partial_\nu\sqrt{\rho}|i\rangle.
\end{aligned} \quad (8.75)$$

再与式 (8.74) 相加，最终得到

$$\begin{aligned}
g_{\mu\nu}^{\mathrm{U}} &= \sum_{ij}\left(1 - \frac{1}{2}\frac{(\sqrt{\lambda_i} - \sqrt{\lambda_j})^2}{\lambda_i + \lambda_j} \right) \langle i|\partial_\mu\sqrt{\rho}|j\rangle\langle j|\partial_\nu\sqrt{\rho}|i\rangle \\
&= \frac{1}{2}\sum_{ij} \frac{(\sqrt{\lambda_i} + \sqrt{\lambda_j})^2}{\lambda_i + \lambda_j} \langle i|\partial_\mu\sqrt{\rho}|j\rangle\langle j|\partial_\nu\sqrt{\rho}|i\rangle \\
&= g_{\mu\nu}^{\mathrm{B}}
\end{aligned} \quad (8.76)$$

在这种情况下，Uhlmann 距离确实就是 Bures 距离，且距离分解 (8.63) 变为

$$\mathrm{d}s^2(\mathcal{S}_N) = \mathrm{d}s_{\mathrm{B}}^2(\mathcal{D}_N^N) + \mathrm{Tr}\left[\rho(\mathrm{i}A_{\mathrm{U}} + \mathrm{i}\mathrm{d}UU^\dagger)^2\right], \quad (8.77)$$

它正是混合态流形纤维化 $\mathcal{S}_N/U(N) = \mathcal{D}_N^N$ 的局域体现，总空间 $\mathcal{S}_N$ 上的局部距离有两个贡献，分别来自底流形 $\mathcal{D}_N^N$ 和纤维空间 $U(N)$。该式也是纯态流形距离分解式 (8.64) 的对应等式，两者间的微妙区别在于 g 是一个 $U(1)$ 相因子，而 U 是一个 $U(N)$ 相因子。与纯态情况类似，混合态的平行输运使得 $\mathrm{d}s^2(\mathcal{S}_N)$ 最小化，因为来自纤维的"垂直"贡献消失了。因此，在这个框架内，Bures 度规是混合态的规范不变量子几何张量的唯一实部。此外需要注意的是，式 (8.63) 并非式 (8.64) 的平庸推广，因为 Uhlmann 联络在温度趋于 0K 时并不会自然退化为 Berry 联络。

8.2.3 Uhlmann 形式

接下来探究规范不变的虚部 $\sigma_{\mu\nu}^{\mathrm{U}}$ 的具体意义。为此，引入 2-形式

$$\sigma^{\mathrm{U}} = \frac{1}{2}\sigma_{\mu\nu}^{\mathrm{U}}\mathrm{d}R^\mu \wedge \mathrm{d}R^\nu = \frac{1}{2\mathrm{i}}\mathrm{Tr}\left[\partial_\mu W^\dagger \partial_\nu W - \partial_\mu(W^\dagger W \omega_\nu)\right]\mathrm{d}R^\mu \wedge \mathrm{d}R^\nu, \quad (8.78)$$

并称其为 Uhlmann 形式。对于纯态，其量子几何张量的虚部正比于 Berry 曲率或 AA 曲率；然而对于混合态，σ^{U} 却并不正比于 Uhlmann 曲率 $\mathcal{F}_{\mathrm{U}} = \mathrm{d}\mathcal{A}_{\mathrm{U}} + \mathcal{A}_{\mathrm{U}} \wedge \mathcal{A}_{\mathrm{U}}$，这可能是因为 $\mathcal{D}_N^N$ 并非一个 Kähler 流形。同样，若把局域坐标限制于 $\mathcal{D}_N^N$ 上，则有 $\omega_\mu = U^\dagger A_{\mathrm{U}\mu}U + U^\dagger \partial_\mu U$。因此，在这种情况下 Uhlmann 形式也不依赖于

纤维 U

$$\sigma^{\mathrm{U}} = \frac{\mathrm{i}}{2}\mathrm{Tr}\left[\partial_\mu(\rho A_{\mathrm{U}\nu})\right]\mathrm{d}R^\mu \wedge \mathrm{d}R^\nu = \frac{\mathrm{i}}{2}\mathrm{Tr}[\mathrm{d}(\rho A_{\mathrm{U}})]. \tag{8.79}$$

其证明可归纳如下。利用式 (8.70)，式 (8.78) 的第一项变为

$$\mathrm{Tr}(\partial_\mu W^\dagger \partial_\nu W)\mathrm{d}R^\mu \wedge \mathrm{d}R^\nu = \mathrm{Tr}\left[\partial_\mu\sqrt{\rho}\partial_\nu\sqrt{\rho} + \rho\partial_\nu U \partial_\mu U^\dagger \right.$$
$$\left. + \sqrt{\rho}\partial_\nu\sqrt{\rho}U\partial_\mu U^\dagger + \partial_\mu\sqrt{\rho}\sqrt{\rho}\partial_\nu U U^\dagger\right]\mathrm{d}R^\mu \wedge \mathrm{d}R^\nu. \tag{8.80}$$

其中，右边第一项 $\mathrm{Tr}\left[\partial_\mu\sqrt{\rho}\partial_\nu\sqrt{\rho}\right]\mathrm{d}R^\mu \wedge \mathrm{d}R^\nu = 0$。对第三项交换指标 μ 和 ν，可得

$$\mathrm{Tr}(\partial_\mu W^\dagger \partial_\nu W)\mathrm{d}R^\mu \wedge \mathrm{d}R^\nu$$
$$= \mathrm{Tr}\left[\rho\partial_\nu U \partial_\mu U^\dagger - \sqrt{\rho}\partial_\mu\sqrt{\rho}U\partial_\nu U^\dagger - \partial_\mu\sqrt{\rho}\sqrt{\rho}U\partial_\nu U^\dagger\right]\mathrm{d}R^\mu \wedge \mathrm{d}R^\nu$$
$$= \mathrm{Tr}\left[\rho\partial_\nu U \partial_\mu U^\dagger - \partial_\mu\rho U\partial_\nu U^\dagger\right]\mathrm{d}R^\mu \wedge \mathrm{d}R^\nu. \tag{8.81}$$

再利用 $W^\dagger W = U^\dagger \rho U$ 以及式 (5.56) 的分量形式，式 (8.78) 的第二项变为

$$\mathrm{Tr}\left\{\partial_\mu\left[U^\dagger\rho U(U^\dagger\mathcal{A}_{\mathrm{U}\nu}U + U^\dagger\partial_\nu U)\right]\right\}\mathrm{d}R^\mu \wedge \mathrm{d}R^\nu$$
$$= \mathrm{Tr}\left[\partial_\mu(\rho\mathcal{A}_{\mathrm{U}\nu}) + \partial_\mu\rho\partial_\nu U U^\dagger + \rho\partial_\nu U\partial_\mu U^\dagger\right]\mathrm{d}R^\mu \wedge \mathrm{d}R^\nu$$
$$= \mathrm{Tr}\left[\partial_\mu(\rho\mathcal{A}_{\mathrm{U}\nu}) + \rho\partial_\nu U\partial_\mu U^\dagger - \partial_\mu\rho U\partial_\nu U^\dagger\right]\mathrm{d}R^\mu \wedge \mathrm{d}R^\nu. \tag{8.82}$$

将式 (8.81) 和式 (8.82) 代入式 (8.78)，就可以证明式 (8.79)。

以上过程和结果也可以推广到更一般的情况，只需取消 $\boldsymbol{R}$ 为底流形上局域坐标这一限制，那么式 (8.79) 中 $\mathcal{A}_{\mathrm{U}}$ 被替换为 $\pi^*\mathcal{A}_{\mathrm{U}}$，$\sigma^{\mathrm{U}}$ 则是总空间 $\mathcal{S}_N$ 上的 1-形式

$$\sigma^{\mathrm{U}} = \frac{\mathrm{i}}{2}\mathrm{Tr}[\mathrm{d}(\rho\pi^*A_{\mathrm{U}})]. \tag{8.83}$$

当量子系统有限维时 ($N < \infty$)，上式的外微分可与求迹运算对易。根据 Uhlmann 联络的性质式 (5.68)，有

$$\sigma^{\mathrm{U}} = \frac{\mathrm{i}}{4}\mathrm{d}\mathrm{Tr}(\rho\pi^*A_{\mathrm{U}} + \pi^*A_{\mathrm{U}}\rho) = \frac{\mathrm{i}}{4}\mathrm{d}\mathrm{Tr}\left([\sqrt{\rho}, \mathrm{d}_{\mathcal{S}_N}\sqrt{\rho}]\right) = 0. \tag{8.84}$$

8.2 $U(N)$-量子几何张量

那么 $\sigma^U = 0$ 的物理意义是什么？将式 (8.78) 以微分形式的方式表达，有

$$\sigma^U = \frac{1}{2i} d\text{Tr}(W^\dagger dW - W^\dagger W\omega) = 0. \tag{8.85}$$

这是一个微分 2-形式，将其与水平矢量 $\tilde{X} = \dfrac{d}{dt}$ 缩并两次，并利用等式 $\omega(\tilde{X}) = 0$，可得

$$\frac{d}{dt}\text{Tr}(W^\dagger \dot{W}) = 0. \tag{8.86}$$

水平切向量产生平行输运，从而有 $W^\dagger \dot{W} = \dot{W}^\dagger W$。再利用 $\rho = WW^\dagger$ 以及矩阵迹的轮换性，可知上式等价于

$$\frac{d}{dt}\text{Tr}(\dot{\rho}) = 0. \tag{8.87}$$

对于 Uhlmann 平行输运过程，$\sigma^U = 0$ 施加了一个额外的约束条件。显然，所有保持 $\text{Tr}\rho = 1$ 的 Uhlmann 过程都满足该约束，而非保迹的物理过程 (如某些开放系统所经历的物理过程) 则被排除。同样，若与垂直矢量 $\tilde{X}^V = \dfrac{d}{dt}$ 缩并两次，则式 (8.85) 给出

$$\frac{d}{dt}\text{Tr}(W^\dagger \dot{W} - W^\dagger W u) = 0, \tag{8.88}$$

其中，$u = \omega(\tilde{X}^V)$ 为纤维空间上的变换产生元，其取值为 $u(N)$ 矩阵。其实，关于纤维的一般 $U(N)$ 变换均可满足条件 (8.88)。例如，变换 $\dot{W} = Wu$ 的解为 $W(t) = W(0)e^{tu}$，就显然满足式 (8.88)。因此，可认为 $\sigma^U = 0$ 反映了 Uhlmann 平行传输的物理性质。除非是那些违反式 (8.87) 或式 (8.88) 的非常规物理过程，否则 Uhlmann 形式总为 0。

8.2.4 纯态与混合态之间的对应与不同

总结一下已有的结果，并将其与纯态情形对比，列于表 8.1 中。尽管纯态流形和混合态流形在纤维化结构和局部距离分解上有相似之处，但是两者也存在一些显著差异。例如，混合态量子几何张量的虚部完全消失，而不是与 Uhlmann 曲率成比例，这与纯态量子几何张量完全不同。这应该归因于 $\mathcal{D}_N^N$ 不是 Kähler 流形。后者可以通过如下方式简单论证。因为 ρ 总是厄米的，因此 $\mathcal{D}_N^N$ 上总可以定义一组实坐标卡，且与近复结构不相容。一个典型的例子是 $\mathcal{D}_N^N$ 的实维数完全可以是奇数，但 Kähler 流形 $\mathbb{CP}^{N-1}$ 的实维数却为偶数 $2(N-1)$。

表 8.1　纯态与混合态流形 ($U(N)$) 局域几何的对比

	纯态	混合态
总空间	S^{2N-1}	$\mathcal{S}_N$
相空间	CP^{N-1}	$\mathcal{D}_N^N$
纤维化	$S^{2N-1}/U(1) = \mathrm{CP}^{N-1}$	$\mathcal{S}_N/U(N) = \mathcal{D}_N^N$
联络	Berry 联络 ($U(1)$ 主丛)	Uhlmann 联络 ($U(N)$ 主丛)
裸距离	$\mathrm{d}s^2(S^{2N-1})$	$\mathrm{d}s^2(\mathcal{S}_N)$
规范不变距离	$\mathrm{d}s^2(\mathrm{CP}^{N-1})$	$\mathrm{d}s_\mathrm{B}^2(\mathcal{D}_N^N)$
距离分解	等式 (8.64)	等式 (8.77)
裸度规	$\langle \partial_i \tilde{\psi} | \partial_j \tilde{\psi} \rangle$	$\langle \partial_\mu W | \partial_\nu W \rangle$
实部	Fubini-Study 度规	Bures 度规
虚部	Berry 曲率	Uhlmann 形式 ($= 0$)

既然混合态与纯态之间存在一系列对应，那么在零温极限下，前者的结果能否退化为后者的结果？显然，至少对部分结果，这种退化不可能实现。比如 Berry 丛可能是非平庸丛，而 Uhlmann 丛却一定是平庸丛，它们的拓扑结构不同。Uhlmann 联络和 Uhlmann 曲率在零温时也不可能自然退化为 Berry 联络和 Berry 曲率，因为前者的取值为矩阵。尽管如此，在前面已经有条件地证明了 Uhlmann 相位在零温时会退化为 Berry 相位。此外，当 $N > 1$ 时，满秩混合态流形 $\mathcal{D}_N^N$ 在零温时也不会退化为 CP^{N-1}，因为 $\mathcal{D}_1^N = \mathrm{CP}^{N-1}$。那么 $\mathcal{D}_N^N$ 上的 Bures 距离与 CP^{N-1} 上的 Fubini-Study 距离呢？有趣的是，可以严格证明，当 $N < \infty$ 时，Bures 距离在零温时会退化为 Fubini-Study 距离，这凸显了纯态流形与混合态流形之间复杂的内在关系。

8.2.5　Bures 距离与 Fubini-Study 距离

考虑处于热平衡态的有限维量子体系，其哈密顿量为 $\hat{H}$，基态为 $|E_0\rangle \equiv |\tilde{\psi}\rangle$。密度矩阵 ρ 和 $\hat{H}$ 有共同本征态 $|i\rangle = |E_i\rangle$，对应的本征值为 $\lambda_i = \dfrac{\mathrm{e}^{-\beta E_i}}{Z}$。Bures 距离的表达式由式 (8.66) 给出，将其改写为

$$\mathrm{d}s_\mathrm{B}^2 = \sum_i \langle i|\mathrm{d}\sqrt{\rho}|i\rangle^2 + \frac{1}{2}\sum_{i \neq j} \frac{(\sqrt{\lambda_i} + \sqrt{\lambda_j})^2}{\lambda_i + \lambda_j} |\langle i|\mathrm{d}\sqrt{\rho}|j\rangle|^2. \tag{8.89}$$

为简单起见，仅考虑无能级简并的情况。令 $E_0 < E_1 < \cdots < E_{N-1}$，则有

$$\lim_{T \to 0} \frac{\lambda_i}{\lambda_j} = \lim_{\beta \to \infty} \mathrm{e}^{-\beta(E_i - E_j)} = 0, \quad i > j. \tag{8.90}$$

当 $i \neq j$ 时，令 $\lambda_\mathrm{min} = \min\{\lambda_i, \lambda_j\}$，$\lambda_\mathrm{max} = \max\{\lambda_i, \lambda_j\}$，可推出

8.2 $U(N)$-量子几何张量

$$\lim_{T\to 0}\frac{(\sqrt{\lambda_i}+\sqrt{\lambda_j})^2}{\lambda_i+\lambda_j}=\lim_{T\to 0}\frac{\left(1+\sqrt{\frac{\lambda_{\min}}{\lambda_{\max}}}\right)^2}{1+\frac{\lambda_{\min}}{\lambda_{\max}}}=1. \tag{8.91}$$

式 (8.89) 退化为

$$\lim_{T\to 0} \mathrm{d}s_B^2 = \sum_i \langle i|\mathrm{d}\sqrt{\rho}|i\rangle^2 + \frac{1}{2}\sum_{i\neq j}|\langle i|\mathrm{d}\sqrt{\rho}|j\rangle|^2$$

$$= \frac{1}{2}\sum_i \langle i|\mathrm{d}\sqrt{\rho}|i\rangle^2 + \frac{1}{2}\mathrm{Tr}(\mathrm{d}\sqrt{\rho}\mathrm{d}\sqrt{\rho}). \tag{8.92}$$

归一化本征态 $|i\rangle$ 满足 $\langle i|\mathrm{d}i\rangle+\langle \mathrm{d}i|i\rangle=0$,从而有 $\langle i|\mathrm{d}\sqrt{\rho}|i\rangle=\mathrm{d}\sqrt{\lambda_i}$。利用 $\sqrt{\rho}=\sum_j \sqrt{\lambda_j}|j\rangle\langle j|$,可得

$$(\mathrm{d}\sqrt{\rho})^2 = \sum_j \left[(\mathrm{d}\sqrt{\lambda_j})^2|j\rangle\langle j| + \sqrt{\lambda_j}\mathrm{d}\sqrt{\lambda_j}(|\mathrm{d}j\rangle\langle j|+|j\rangle\langle \mathrm{d}j|)\right]$$
$$+\sum_{jk}\sqrt{\lambda_k}\mathrm{d}\sqrt{\lambda_j}(|j\rangle\langle j|\mathrm{d}k\rangle\langle k|+|k\rangle\langle \mathrm{d}k|j\rangle\langle j|)+\sum_j \lambda_j|\mathrm{d}j\rangle\langle \mathrm{d}j|$$
$$+\sum_{jk}\sqrt{\lambda_k\lambda_j}(|\mathrm{d}k\rangle\langle k|\mathrm{d}j\rangle\langle j|+|k\rangle\langle \mathrm{d}k|j\rangle\langle \mathrm{d}j|+|k\rangle\langle \mathrm{d}k|\mathrm{d}j\rangle\langle j|). \tag{8.93}$$

在基 $\{|i\rangle\}$ 求迹,第一项为 $\sum_i(\mathrm{d}\sqrt{\lambda_i})^2$,第二、三项为 0,第四项为

$$\sum_{ij}\lambda_j\langle i|\mathrm{d}j\rangle\langle \mathrm{d}j|i\rangle = \sum_j \lambda_j\langle \mathrm{d}j|\sum_i |i\rangle\langle i|\mathrm{d}j\rangle = \sum_j \lambda_j\langle \mathrm{d}j|\mathrm{d}j\rangle, \tag{8.94}$$

最后一项为

$$\sum_{ij}\sqrt{\lambda_i\lambda_j}(\langle i|\mathrm{d}j\rangle\langle j|\mathrm{d}i\rangle+\langle \mathrm{d}i|j\rangle\langle \mathrm{d}j|i\rangle)+\sum_i \lambda_i\langle \mathrm{d}i|\mathrm{d}i\rangle$$
$$=2\sum_{ij}\sqrt{\lambda_i\lambda_j}\langle i|\mathrm{d}j\rangle\langle j|\mathrm{d}i\rangle+\sum_i \lambda_i\langle \mathrm{d}i|\mathrm{d}i\rangle. \tag{8.95}$$

综合以上结果,得到

$$\lim_{T\to 0}\mathrm{d}s_B^2 = \sum_i (\mathrm{d}\sqrt{\lambda_i})^2 + \sum_i \lambda_i\langle \mathrm{d}i|\mathrm{d}i\rangle + \sum_{ij}\sqrt{\lambda_i\lambda_j}\langle i|\mathrm{d}j\rangle\langle j|\mathrm{d}i\rangle. \tag{8.96}$$

当 $T \longrightarrow 0$ 时，$\lambda_0 \longrightarrow 1$ 且 $\lambda_{i>1} \longrightarrow 0$，两者都不再依赖于演化参数。因此，$d\sqrt{\lambda_i}=0$，这进一步使得

$$\lim_{T \to 0} ds_B^2 = \lambda_0(\langle d\tilde{\psi}|d\tilde{\psi}\rangle + \langle \tilde{\psi}|d\tilde{\psi}\rangle\langle \tilde{\psi}|d\tilde{\psi}\rangle)$$

$$+ \lambda_0 \sum_i \frac{\lambda_i}{\lambda_0}\langle di|di\rangle - \lambda_0 \sum_{i>0 \text{ 或 } j>0} \sqrt{\frac{\lambda_i \lambda_j}{\lambda_0^2}}|\langle i|dj\rangle|^2. \tag{8.97}$$

利用式 (8.90) 和 $\lim\limits_{T \to 0} \lambda_0 \to 1$，最终有

$$\lim_{T \to 0} ds_B^2 = \langle d\tilde{\psi}|d\tilde{\psi}\rangle + \langle \tilde{\psi}|d\tilde{\psi}\rangle^2 = ds_{FS}^2. \tag{8.98}$$

考虑最简单的情况：$N=1$，此时密度矩阵的秩为 1 且描述纯态：$\rho = |\psi\rangle\langle\psi|$。令 $\rho(t) = |\psi(t)\rangle\langle\psi(t)|$。利用 $\rho = \sqrt{\rho}$，那么根据式 (8.12)，ρ 与 $\rho(t)$ 之间的 Bures 距离为

$$d_B^2(\rho, \rho(t)) = 2 - 2|\langle\psi|\psi(t)\rangle| \tag{8.99}$$

这的确为纯态间的 Fubini-Study 距离 (2.100)。但 Bures 度规仅在 $N > 1$ 时才是非平庸的。在这种情况下，$\lambda_i = \lambda_j = 1$ 且 $|i\rangle = |j\rangle = |\psi\rangle$。由 $\langle\psi|\psi\rangle = 1$ 可得

$$\langle i|\partial_\mu \rho|j\rangle = \langle\psi|(|\partial_\mu\psi\rangle\langle\psi| + |\psi\rangle\langle\partial_\mu\psi|)|\psi\rangle = 0 \tag{8.100}$$

根据式 (8.67)，显然有 $g_{\mu\nu}^B = 0$。这是因为 $\dim \mathcal{D}_1^1 = 1^2 - 1 = 0$，意味着 $\mathcal{D}_1^1$ 只是一个点，所以不可能有非平庸的局域度规。

8.2.6 基本不等式与 Bures 距离的分解

在 3.5.2 节中，探讨了二维纯态量子几何张量的性质，尤其是证明了不等式 (3.143)。而在 8.2.5 节中，证明了在零温时，有限维量子体系的混合态量子几何张量 (Bures 度规) 趋向于纯态量子几何张量 (Fubini-Study 度规)。那么，自然会猜想 Bures 度规也应该有类似于式 (3.143) 的不等式。事实上，在例 8.1.2 中，已经证明了不等式 (8.25) 及不等式 (8.28)。下面，把该结论推广至一般 N 能级量子体系。

利用 $\partial_\mu \rho = \sum_n [\partial_\mu \lambda_n |n\rangle\langle n| + \lambda_n(|\partial_\mu n\rangle\langle n| + |n\rangle\langle\partial_\mu n|)]$ 可得

$$\langle m|\partial_\mu \rho|n\rangle = \partial_\mu \lambda_n \delta_{mn} + (\lambda_n - \lambda_m)\langle m|\partial_\mu n\rangle. \tag{8.101}$$

再利用式 (8.19)，Bures 度规可表示为

8.2 $U(N)$-量子几何张量

$$g_{\mu\nu}^{\rm B} = \frac{1}{4}\sum_n \frac{\partial_\mu \lambda_n \partial_\nu \lambda_n}{\lambda_n} + \frac{1}{2}\sum_{nm} \frac{(\lambda_n - \lambda_m)^2}{\lambda_n + \lambda_m} {\rm i}\langle m|\partial_\mu n\rangle {\rm i}\langle n|\partial_\nu m\rangle, \tag{8.102}$$

在第二项中，加入因子 "i" 以使得 ${\rm i}\langle m|\partial_\mu n\rangle$ 及 ${\rm i}\langle n|\partial_\nu m\rangle$ 为实数。为简化符号，令 $A_{mn} = \frac{1}{2}\frac{(\lambda_n - \lambda_m)^2}{\lambda_n + \lambda_m}$，显然 $A_{mn} \geqslant 0$ 以及 $A_{mn} = A_{nm}$。根据式 (8.102)，有

$$g_{\mu\mu}^{\rm B} = \sum_n \left(\frac{\partial_\mu \lambda_n}{2\sqrt{\lambda_n}}\right)^2 + \sum_{mn} A_{mn}|\langle m|\partial_\mu n\rangle|^2. \tag{8.103}$$

因此

$$\begin{aligned}g_{\mu\mu}^{\rm B} g_{\nu\nu}^{\rm B} = &\sum_{mn}\left(\frac{\partial_\mu \lambda_n}{2\sqrt{\lambda_n}}\right)^2 \left(\frac{\partial_\nu \lambda_m}{2\sqrt{\lambda_m}}\right)^2 + \sum_{mnkl} A_{mn} A_{kl} |\langle m|\partial_\mu n\rangle|^2 |\langle k|\partial_\nu l\rangle|^2 \\ &+ \sum_{mnk}\left[\left(\frac{\partial_\mu \lambda_k}{2\sqrt{\lambda_k}}\right)^2 A_{mn}|\langle m|\partial_\nu n\rangle|^2 + \left(\frac{\partial_\nu \lambda_k}{2\sqrt{\lambda_k}}\right)^2 A_{mn}|\langle m|\partial_\mu n\rangle|^2\right].\end{aligned} \tag{8.104}$$

利用柯西-施瓦茨不等式，有

$$\sum_{mn}\left(\frac{\partial_\mu \lambda_n}{2\sqrt{\lambda_n}}\right)^2 \left(\frac{\partial_\nu \lambda_m}{2\sqrt{\lambda_m}}\right)^2 \geqslant \left(\sum_n \frac{\partial_\mu \lambda_n \partial_\nu \lambda_n}{4\lambda_n}\right)^2, \tag{8.105}$$

$$\sum_{mnkl} A_{mn} A_{kl} |\langle m|\partial_\mu n\rangle|^2 |\langle k|\partial_\nu l\rangle|^2 \geqslant \sum_{mn} A_{mn}^2 |\langle m|\partial_\mu n\rangle\langle n|\partial_\nu m\rangle|^2. \tag{8.106}$$

利用平均值不等式，则有

$$\begin{aligned}&\left(\frac{\partial_\mu \lambda_k}{2\sqrt{\lambda_k}}\right)^2 A_{mn}|\langle m|\partial_\nu n\rangle|^2 + \left(\frac{\partial_\nu \lambda_k}{2\sqrt{\lambda_k}}\right)^2 A_{mn}|\langle m|\partial_\mu n\rangle|^2 \\ &\geqslant \sum_k \frac{\partial_\mu \lambda_k \partial_\nu \lambda_k}{2\lambda_k} A_{mn}|\langle m|\partial_\nu n\rangle||\langle m|\partial_\mu n\rangle|.\end{aligned} \tag{8.107}$$

综合以上结果，最终可得

$$g_{\mu\mu}^{\rm B} g_{\nu\nu}^{\rm B} \geqslant \left(g_{\mu\nu}^{\rm B}\right)^2. \tag{8.108}$$

同样，当参数空间为二维时，取 $\mu = 1$，$\nu = 2$，上式变为

$$\det(g^{\mathrm{B}}) = g_{11}^{\mathrm{B}} g_{22}^{\mathrm{B}} - \left(g_{12}^{\mathrm{B}}\right)^2 \geqslant 0. \tag{8.109}$$

当 $T \to 0$ 时，上式退化为纯态量子几何张量满足的不等式 (3.143)。

此外，式 (8.102) 还给出一个耐人寻味的结果，即

$$\mathrm{d}s_{\mathrm{B}}^2 = \frac{1}{4}\sum_{n}\frac{\mathrm{d}\lambda_n \mathrm{d}\lambda_n}{\lambda_n} - \frac{1}{2}\sum_{nm}\frac{(\lambda_n - \lambda_m)^2}{\lambda_n + \lambda_m}\langle m|\mathrm{d}n\rangle\langle n|\mathrm{d}m\rangle$$

$$= \mathrm{d}s_{\mathrm{FR}}^2 + \mathrm{d}s_{\mathrm{B}}^{\mathrm{U}2}, \tag{8.110}$$

其中，第一项 $\mathrm{d}s_{\mathrm{FR}}^2 = \sum_n \frac{\mathrm{d}\lambda_n \mathrm{d}\lambda_n}{4\lambda_n}$ 为费希尔-拉奥 (Fisher-Rao) 距离；而根据例 8.1.3 中的式 (8.29)，第二项为幺正演化下的 Bures 距离。若令密度矩阵的演化为 $\rho = U\rho_0 U^\dagger$，则有

$$\partial_\mu \rho = \partial_\mu U U^\dagger U \rho_0 U^\dagger + U \rho_0 U^\dagger U \partial_\mu U^\dagger = \mathrm{i}[\rho, \Lambda_\mu], \tag{8.111}$$

其中，$\Lambda_\mu = \mathrm{i}\partial_\mu U U^\dagger = -\mathrm{i}U\partial_\mu U^\dagger$ 可视为幺正演化 U 的产生元。在这种情况下，Bures 度规 (或其幺正部分) 变为

$$g_{\mu\nu}^{\mathrm{B}} = \frac{1}{2}\sum_{nm}\frac{(\lambda_n - \lambda_m)^2}{\lambda_n + \lambda_m}\mathrm{i}\langle m|UU^\dagger \partial_\mu UU^\dagger|n\rangle \mathrm{i}\langle n|UU^\dagger \partial_\nu UU^\dagger|m\rangle$$

$$= \frac{1}{2}\sum_{nm}\frac{(\lambda_n - \lambda_m)^2}{\lambda_n + \lambda_m}\langle m|\Lambda_\mu|n\rangle\langle n|\Lambda_\nu|m\rangle$$

$$= \frac{1}{2}\sum_{nm}\frac{(\lambda_n - \lambda_m)^2}{\lambda_n + \lambda_m}[\Lambda_\mu]_{mn}[\Lambda_\nu]_{nm}. \tag{8.112}$$

这也是量子 Fisher 信息矩阵的常见形式[97]。

8.2.7 典型例子

在例 4.3.3 中，曾计算过两能级体系的 Bures 距离，本节将通过更多模型来熟悉 Bures 度规的性质。

例 8.2.1 自旋-$\frac{1}{2}$ 模型，其哈密顿量为 $\hat{H} = \hbar\omega_0 \hat{B} \cdot \frac{\sigma}{2}$，其中 B 为外磁场且 $\hat{B} = B/|B|$，其方向由极角 θ 和方位角 ϕ 确定：$B = B(\sin\theta\cos\phi, \sin\theta\sin\phi, \cos\theta)^{\mathrm{T}}$。在温度为 T 时，系统的密度矩阵为 $\rho(T) = \frac{\mathrm{e}^{-\beta\hat{H}}}{\mathrm{Tr}\mathrm{e}^{-\beta\hat{H}}} = \frac{1}{2}\left[1 - \tanh\left(\frac{\beta\hbar\omega_0}{2}\right) \cdot \hat{B}\cdot\sigma\right]$。以 (θ, ϕ) 为参数，则 ρ 的本征值为常数。利用式 (8.21)，可计算出 Bures 度规的各个分量

8.2 $U(N)$-量子几何张量

$$g^B_{\theta\theta} = \frac{1}{4}\tanh^2\left(-\frac{\beta\hbar\omega_0}{2}\right),$$

$$g^B_{\phi\phi} = \frac{1}{4}\tanh^2\left(-\frac{\beta\hbar\omega_0}{2}\right)\sin^2\theta,$$

$$g^B_{\theta\phi} = 0. \tag{8.113}$$

Bures 距离为

$$d_B^2(\rho, \rho+d\rho) = \frac{1}{4}\tanh^2\left(-\frac{\beta\hbar\omega_0}{2}\right)\left(d\theta^2 + \sin^2\theta d\phi^2\right). \tag{8.114}$$

对比 Fubini-Study 距离 (3.61),两者仅相差一个共形因子 $\frac{1}{4}\tanh^2\left(-\frac{\beta\hbar\omega_0}{2}\right)$。当 $T \longrightarrow 0(\beta \longrightarrow \infty)$ 时,Bures 距离退化为 Fubini-Study 距离。当 $T \longrightarrow \infty(\beta \longrightarrow 0)$ 时,所有分量趋于 0,因为此时混合态流形退化为一点。当然,亦可用例 4.3.3 中的公式来验证该结论。

例 8.2.2 谐振子相干态的 Bures 度规。在例 3.5.2 中,计算过谐振子相干态 (仅由基态构造) 的 Fubini-Study 度规,而在 5.6.2 节,又计算了谐振子相干态系综的 Uhlmann 相位。在这里,将计算它的 Bures 距离与度规。

1. 玻色谐振子

对谐振子本征态作变换:$|n, z\rangle = D(z)|n\rangle = e^{za^\dagger - \bar{z}a}|n\rangle$。由于 D 是幺正的,因此在该变换下,哈密顿量与密度矩阵的本征值均不变。根据式 (8.110),Bures 距离为

$$\begin{aligned}ds_B^2 &= -\frac{1}{2}\sum_{nm}\frac{(\lambda_n - \lambda_m)^2}{\lambda_n + \lambda_m}\langle m,z|d|n,z\rangle\langle n,z|d|m,z\rangle \\ &= -\frac{1}{2}\sum_{nm}\frac{(\lambda_n - \lambda_m)^2}{\lambda_n + \lambda_m}\langle m|D^\dagger(z)dD(z)|n\rangle\langle n|D^\dagger(z)dD(z)|m\rangle.\end{aligned} \tag{8.115}$$

再利用式 (5.248)、式 (5.251) 和 $\sum_{n=0}^{\infty} ne^{-nx} = -\frac{\partial}{\partial x}\sum_{n=0}^{\infty} e^{-nx} = \frac{1}{(e^{\frac{x}{2}} - e^{-\frac{x}{2}})^2}$,最终有

$$\begin{aligned}ds_B^2 = &-\frac{1}{2}\sum_{nm}\frac{(\lambda_n - \lambda_m)^2}{\lambda_n + \lambda_m}\left[\sqrt{n+1}\delta_{m,n+1}dz - \sqrt{n}\delta_{m,n-1}d\bar{z} + \frac{1}{2}\delta_{mn}(\bar{z}dz - zd\bar{z})\right] \\ &\times \left[\sqrt{m+1}\delta_{n,m+1}dz - \sqrt{m}\delta_{n,m-1}d\bar{z} + \frac{1}{2}\delta_{nm}(\bar{z}dz - zd\bar{z})\right]\end{aligned}$$

$$= \frac{1}{2} \sum_{nm} \frac{(\lambda_n - \lambda_m)^2}{\lambda_n + \lambda_m} [(m+1)\delta_{n,m+1} + (n+1)\delta_{m,n+1}] \, dzd\bar{z}$$

$$= \frac{1}{Z} \sum_{n=1}^{\infty} n \frac{e^{-n\beta\hbar\omega}(e^{-\frac{1}{2}\beta\hbar\omega} - e^{\frac{1}{2}\beta\hbar\omega})^2}{e^{-\frac{1}{2}\beta\hbar\omega} + e^{\frac{1}{2}\beta\hbar\omega}} dzd\bar{z}$$

$$= \frac{e^{\frac{1}{2}\beta\hbar\omega} - e^{-\frac{1}{2}\beta\hbar\omega}}{e^{\frac{1}{2}\beta\hbar\omega} + e^{-\frac{1}{2}\beta\hbar\omega}} (e^{-\frac{1}{2}\beta\hbar\omega} - e^{\frac{1}{2}\beta\hbar\omega})^2 \sum_{n=0}^{\infty} n e^{-n\beta\hbar\omega} dzd\bar{z}$$

$$= \tanh\left(\frac{\beta\hbar\omega}{2}\right) dzd\bar{z}$$

$$= \tanh\left(\frac{\beta\hbar\omega}{2}\right) (dx^2 + dy^2). \tag{8.116}$$

因此，$g_{xx} = g_{yy} = \text{sech}\left(\frac{\beta\hbar\omega}{2}\right)$。在零温极限下，$\tanh\left(\frac{\beta\hbar\omega}{2}\right) \to 1$，对比例 3.5.2，Bures 度规确实退化为 Fubini-Study 度规，这意味着至少在部分无限维量子系统中，在 8.2.5 节中证明的定理也成立。

2. 费米谐振子

费米谐振子相干态由式 (2.158) 给出，利用平移算符 $D(\xi)$ 的性质式 (2.159) 可得 $D^\dagger(\xi) dD(\xi) = \left(b^\dagger + \frac{\bar{\xi}}{2}\right) d\xi + \left(b + \frac{\xi}{2}\right) d\bar{\xi}$。因此，Bures 距离为

$$ds_B^2 = -\frac{1}{2} \sum_{nm} \frac{(\lambda_n - \lambda_m)^2}{\lambda_n + \lambda_m} \langle m, \xi | d | n, \xi \rangle \langle n, \xi | d | m, \xi \rangle$$

$$= -\frac{1}{2} \sum_{nm} \frac{(\lambda_n - \lambda_m)^2}{\lambda_n + \lambda_m} \langle m | D^\dagger(\xi) dD(\xi) | n \rangle \langle n | D^\dagger(\xi) dD(\xi) | m \rangle$$

$$= -\frac{1}{2} \sum \frac{(\lambda_1 - \lambda_0)^2}{\lambda_1 + \lambda_0} \big(\langle 0 | b^\dagger d\xi + b d\bar{\xi} | 1 \rangle \langle 1 | b^\dagger d\xi + b d\bar{\xi} | 0 \rangle$$
$$+ \langle 1 | b^\dagger d\xi + b d\bar{\xi} | 0 \rangle \langle 0 | b^\dagger d\xi + b d\bar{\xi} | 1 \rangle \big)$$

$$= -\frac{1}{2} \sum \frac{(\lambda_1 - \lambda_0)^2}{\lambda_1 + \lambda_0} \big(\langle 0 | b d\bar{\xi} | 1 \rangle \langle 1 | b^\dagger d\xi | 0 \rangle + \langle 1 | b^\dagger d\xi | 0 \rangle \langle 0 | b d\bar{\xi} | 1 \rangle\big)$$

$$= -\frac{1}{2} \sum \frac{(\lambda_1 - \lambda_0)^2}{\lambda_1 + \lambda_0} \left(-d\bar{\xi} d\xi - d\xi d\bar{\xi}\right)$$

$$= 0. \tag{8.117}$$

8.2 $U(N)$-量子几何张量

计算时需注意格拉斯曼数与 $|1\rangle$ 互换位置时会变号。结果表明，不同费米相干态之间的 Bures 距离为 0，这可能与相干态的构造方式有关。

例 8.2.3 为了对 Bures 度规有更形象的认识，我们讨论一个稍复杂的例子，其 Bures 度规的交叉项不为 0。考虑一个二维玩具格点模型，描述它的哈密顿量为

$$\hat{H}_{\boldsymbol{k}} = \sin k_x \sigma_x + \sin k_y \sigma_y + \mu \sigma_z, \tag{8.118}$$

其中，$\mu > 0$ 且 $\boldsymbol{k} = (k_x, k_y)^{\mathrm{T}}$ 为二维晶格动量。密度矩阵为

$$\rho_{\boldsymbol{k}}(T) = \frac{\mathrm{e}^{-\beta \hat{H}_{\boldsymbol{k}}}}{\mathrm{Tr}(\mathrm{e}^{-\beta \hat{H}_{\boldsymbol{k}}})} = \frac{1}{2} \left[1 - \tanh\left(\frac{\beta \Delta_{\boldsymbol{k}}}{2}\right) \hat{\boldsymbol{n}}_{\boldsymbol{k}} \cdot \boldsymbol{\sigma} \right], \tag{8.119}$$

其中，$\Delta_{\boldsymbol{k}} = 2\sqrt{\sin^2 k_y + \sin^2 k_x + \mu^2}$ 为能隙，$\hat{\boldsymbol{n}}_{\boldsymbol{k}} = \dfrac{2}{\Delta_{\boldsymbol{k}}}(\sin k_x, \sin k_y, \mu)^{\mathrm{T}}$ 为单位 Bloch 矢量。以 $\boldsymbol{k}$ 为局域坐标，由式 (8.21) 可得

$$g_{xx}^{\mathrm{B}} = \left[\frac{\beta^2}{4\cosh^2\left(\dfrac{\beta\Delta_{\boldsymbol{k}}}{2}\right)} - \frac{\tanh^2\left(\dfrac{\beta\Delta_{\boldsymbol{k}}}{2}\right)}{\Delta_{\boldsymbol{k}}^2} \right] \frac{4\sin^2 k_x \cos^2 k_x}{\Delta_{\boldsymbol{k}}^2} + \frac{\tanh^2\left(\dfrac{\beta\Delta_{\boldsymbol{k}}}{2}\right)}{\Delta_{\boldsymbol{k}}^2} \cos^2 k_x,$$

$$g_{yy}^{\mathrm{B}} = \left[\frac{\beta^2}{4\cosh^2\left(\dfrac{\beta\Delta_{\boldsymbol{k}}}{2}\right)} - \frac{\tanh^2\left(\dfrac{\beta\Delta_{\boldsymbol{k}}}{2}\right)}{\Delta_{\boldsymbol{k}}^2} \right] \frac{4\sin^2 k_y \cos^2 k_y}{\Delta_{\boldsymbol{k}}^2} + \frac{\tanh^2\left(\dfrac{\beta\Delta_{\boldsymbol{k}}}{2}\right)}{\Delta_{\boldsymbol{k}}^2} \cos^2 k_y,$$

$$g_{xy}^{\mathrm{B}} = \left[\frac{\beta^2}{4\cosh^2\left(\dfrac{\beta\Delta_{\boldsymbol{k}}}{2}\right)} - \frac{\tanh^2\left(\dfrac{\beta\Delta_{\boldsymbol{k}}}{2}\right)}{\Delta_{\boldsymbol{k}}^2} \right] \frac{4\sin k_x \cos k_x \sin k_y \cos k_y}{\Delta_{\boldsymbol{k}}^2}. \tag{8.120}$$

在本例中，因为 Bures 度规有不为 0 的非对角分量，所以 Bures 距离并非简单地与 S^2 上的微距离相差一尺度因子。但是利用

$$\lim_{\beta \to \infty} \left[\frac{\beta^2}{4\cosh^2\left(\dfrac{\beta\Delta_{\boldsymbol{k}}}{2}\right)} - \frac{\tanh^2\left(\dfrac{\beta\Delta_{\boldsymbol{k}}}{2}\right)}{\Delta_{\boldsymbol{k}}^2} \right] \to -\frac{1}{\Delta_{\boldsymbol{k}}^2}, \tag{8.121}$$

不难验证，在零温时 Bures 度规仍退化为该模型的 Fubini-Study 度规

$$g_{xx}^{\text{FS}}(k_x, k_y) = \frac{4\cos^2 k_x(\sin^2 k_y + \mu^2)}{(\sin^2 k_x + \sin^2 k_y + \mu^2)^2},$$

$$g_{yy}^{\text{FS}}(k_x, k_y) = \frac{4\cos^2 k_y(\sin^2 k_x + \mu^2)}{(\sin^2 k_x + \sin^2 k_y + \mu^2)^2},$$

$$g_{xy}^{\text{FS}}(k_x, k_y) = -\frac{\sin 2k_x \sin 2k_y}{(\sin^2 k_x + \sin^2 k_y + \mu^2)^2}. \tag{8.122}$$

在图 8.1 和图 8.2 中分别展示了当 $T = 0.1\mu$ 时 Bures 度规的三个分量在第一布里渊区的等高线图和对应的三维侧视图，结果清晰地遵循了之前给出的对称性。g_{xx}^{B} 和 g_{yy}^{B} 都具有规则的峰列结构，并且取值始终为正。但 g_{xy}^{B} 既有峰又有谷，且取值可正可负。g_{xx}^{B} 和 g_{yy}^{B} 的峰出现在 $\boldsymbol{k}_c = (n\pi, m\pi)^{\text{T}}$，$n, m = 0, 1, 2$ 处，该处的能隙最小：$\Delta_{\min} = 2\mu$。而这些点也是 g_{xy}^{B} 等高线图中的鞍点，而 Bures 距离也在该处取得局域最大值。

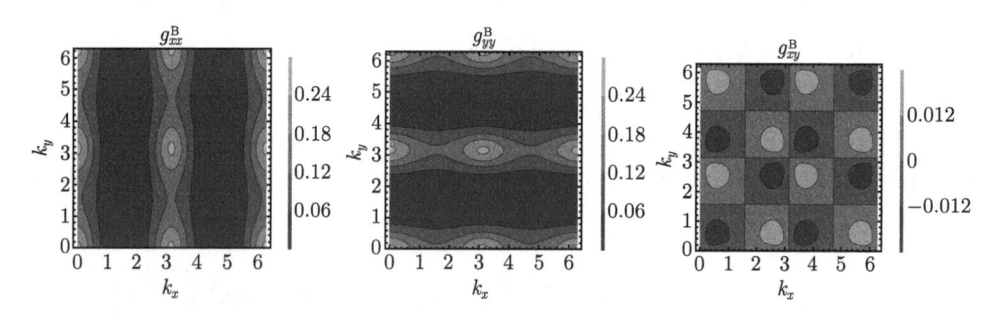

图 8.1 $T = 0.1\mu$ 时第一布里渊区的 Bures 度规 (彩图请扫封底二维码)

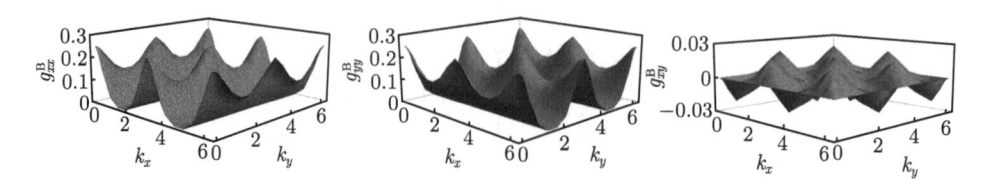

图 8.2 图 8.1的三维侧视图 (彩图请扫封底二维码)

8.3 $U^N(1)$-量子几何张量

8.3.1 Sjöqvist 距离

通过对纯化态流形 $\mathcal{S}_N$ 上的裸度规进行规范修正，在 $\mathcal{D}_N^N$ 上引入了 $U(N)$ 规范不变的量子几何张量。但出人意料的是，当其实部被限制在 $\mathcal{D}_N^N$ 上时，它 (Uhlmann 度规) 自然退化为 Bures 度规；而对于一般物理演化过程，其虚部 (Uhlmann 形

8.3 $U^N(1)$-量子几何张量

式) 被自然地修正为 0。这与纯态量子几何张量成鲜明对比。之所以出现这样的结果，其原因可能有二：一是 Uhlmann 丛的几何结构非常简单，它天然是一个平庸主丛；二是 $U(N)$ 规范不变性这个限制条件可能太强了。

2020 年，曾经引入混合态干涉几何相位的 Sjöqvist 引入了一种新的混合态量子距离[98]，后来被命名为"Sjöqvist 距离"。不过，这种距离其实是由 Andersson 和 Heydari 最早提出来的[99,100]①。利用密度矩阵纯化，可以证明这种量子距离在 $U^N(1) \equiv \underbrace{U(1) \times \cdots \times U(1)}_{N}$ 规范变换下不变，这意味着可以引入一种新的量子几何张量，具有 $U^N(1)$ 规范不变性，因此将其简称为 $U^N(1)$-量子几何张量[101]。

考虑流形 $\mathcal{D}_N^N$ 上的一条曲线 $\rho(t) \equiv \rho(\boldsymbol{R}(t))$，其对角分解为 $\rho(t) = \sum_{n=0}^{N-1} \lambda_n(t) \cdot |n(t)\rangle\langle n(t)|$。沿参数曲线 $\boldsymbol{R}(t)$，Sjöqvist 引入 $\rho(t)$ 的所谓"谱线集"(spectral rays)②：$\{e^{i\theta_n(t)}|n(t)\rangle\}(n = 0, 1, \cdots, N-1)$，并定义谱分解 $\mathcal{B}(t) = \{\sqrt{\lambda_n(t)} \cdot \{e^{i\theta_n(t)}|n(t)\rangle\}\}_{n=0}^{N-1}$，然后取 $\mathcal{B}(t)$ 和 $\mathcal{B}(t+dt)$ 之间的最小距离为新的量子距离

$$d_S^2(t, t+dt) = \inf_{\theta_n} \sum_{n=0}^{N-1} \left| \sqrt{\lambda_n(t+dt)}e^{i\theta_n(t+dt)}|n(t+dt)\rangle - \sqrt{\lambda_n(t)}e^{i\theta_n(t)}|n(t)\rangle \right|^2, \tag{8.123}$$

以上最小值是针对所有可能的相位组合 $\{\theta_n(t), \theta_n(t+dt)\}$ 而取得的。将上式右边展开，有

$$2 - \sum_n \sqrt{\lambda_n(t)\lambda_n(t+dt)} \left[e^{i\dot\theta_n(t)dt}\langle n(t)|n(t+dt)\rangle + e^{-i\dot\theta_n(t)dt}\langle n(t+dt)|n(t)\rangle \right]$$

$$= 2 - \sum_n \sqrt{\lambda_n(t)\lambda_n(t+dt)}|\langle n(t)|n(t+dt)\rangle| \left[e^{i\dot\theta_n(t)dt}e^{i\arg\langle n(t)|n(t+dt)\rangle} + \text{h.c.} \right]$$

$$= 2 - 2\sum_n \sqrt{\lambda_n(t)\lambda_n(t+dt)}|\langle n(t)|n(t+dt)\rangle| \cos\left[\dot\theta_n(t)dt + \arg\langle n(t)|n(t+dt)\rangle \right]. \tag{8.124}$$

当 $\dot\theta_n(t)dt + \arg\langle n(t)|n(t+dt)\rangle = 0$ 时，上式取得最小值。而

$$\arg\langle n(t)|n(t+dt)\rangle = \arg(1 + \langle n(t)|\dot n(t)\rangle dt + O(dt^2))$$

$$\approx \arg e^{i(-i\langle n(t)|\dot n(t)\rangle dt)}$$

---

① Andersson 已在近期将姓改为 Sönnerborn。
② 对于热平衡混合态，"谱线"自然也是系统哈密顿量的本征态。

$$= -\mathrm{i}\langle n(t)|\dot{n}(t)\rangle \mathrm{d}t, \tag{8.125}$$

因此，最小值条件又等价于

$$\mathrm{i}\dot{\theta}(t) + \langle n(t)|\dot{n}(t)\rangle = 0, \quad n = 0, \cdots, N-1. \tag{8.126}$$

这正是 $\rho(t)$ 的第 n 个"谱线"的平行演化条件。在此条件下，式 (8.123) 变为

$$\begin{aligned}
& \mathrm{d}_\mathrm{S}^2(t, t+\mathrm{d}t) \\
& = 2 - 2\sum_n \sqrt{\lambda_n(t)\lambda_n(t+\mathrm{d}t)}\sqrt{\langle n(t)|n(t+\mathrm{d}t)\rangle\langle n(t+\mathrm{d}t)|n(t)\rangle} \\
& = 2 - 2\sum_n \sqrt{\lambda_n} \left[\sqrt{\lambda_n} + \frac{\dot{\lambda}_n}{2\sqrt{\lambda_n}}\mathrm{d}t - \frac{1}{2}\left(\frac{\dot{\lambda}_n^2}{4\lambda_n^{\frac{3}{2}}} - \frac{\ddot{\lambda}_n}{2\sqrt{\lambda_n}}\right)\mathrm{d}t^2 + O(\mathrm{d}t^3)\right] \\
& \quad \times \sqrt{1+(\langle n|\dot{n}\rangle+\langle \dot{n}|n\rangle)\mathrm{d}t + \left[\langle \dot{n}|n\rangle\langle n|\dot{n}\rangle + \frac{1}{2}(\langle n|\ddot{n}\rangle+\langle \ddot{n}|n\rangle)\right]\mathrm{d}t^2 + O(\mathrm{d}t^3)} \\
& = \sum_n \left[\frac{\dot{\lambda}_n^2}{4\lambda_n} + \lambda_n \langle \dot{n}|(1-|n\rangle\langle n|)|\dot{n}\rangle\right]\mathrm{d}t^2,
\end{aligned} \tag{8.127}$$

在最后一行的推导中，我们利用了以下事实：$\sum_n \dot{\lambda}_n = \sum_n \ddot{\lambda}_n = 0$，$\langle n|\dot{n}\rangle + \langle \dot{n}|n\rangle = 0$，以及 $\langle n|\ddot{n}\rangle + \langle \ddot{n}|n\rangle = -2\langle \dot{n}|\dot{n}\rangle$。在式 (8.127) 的右边，第一项为 Fisher-Rao 距离，第二项显然为所有谱线 Fubini-Study 距离的加权之和，因此，我们将其表示为

$$\mathrm{d}_\mathrm{S}^2(t, t+\mathrm{d}t) = \mathrm{d}_\mathrm{FR}^2(t, t+\mathrm{d}t) + \sum_n \lambda_n \mathrm{d}_{\mathrm{FS}n}^2(t, t+\mathrm{d}t). \tag{8.128}$$

8.3.2 Sjöqvist 距离与 $U^N(1)$ 主丛

类似于 Uhlmann 距离，也能以更为几何的方式导出 Sjöqvist 距离。前者以 $U(N)$ 主丛 (Uhlmann 丛) 为基础，而在这里将引入 $U^N(1)$ 主丛。类似于式 (7.69)，选取 $\rho(\boldsymbol{R})$ 的特殊纯化 $W(\boldsymbol{R})$

$$W(\boldsymbol{R}) = \sum_n \sqrt{\lambda_n(\boldsymbol{R})}|n(\boldsymbol{R})\rangle\langle n(\boldsymbol{R}_0)|U(\boldsymbol{R}) = \sum_n \sqrt{\lambda_n(\boldsymbol{R})}|n(\boldsymbol{R})\rangle\langle n(\boldsymbol{R}_0)|\mathrm{e}^{\mathrm{i}\theta_n(\boldsymbol{R})}. \tag{8.129}$$

它对应的纯化态为

$$|W(\boldsymbol{R})\rangle = \sum_n \sqrt{\lambda_n(\boldsymbol{R})}\mathrm{e}^{\mathrm{i}\theta_n(\boldsymbol{R})}|n(\boldsymbol{R})\rangle \otimes |n(\boldsymbol{R}_0)\rangle. \tag{8.130}$$

8.3 $U^N(1)$-量子几何张量

固定点 $\boldsymbol{R}_0$ 可取为 8.3.1 节中曲线 $\boldsymbol{R}(t)$ 的起点：$\boldsymbol{R}_0 = \boldsymbol{R}(0)$。为了方便起见，取简化标记：$|n\rangle \equiv |n(\boldsymbol{R}(t))\rangle$，$|n_0\rangle \equiv |n(\boldsymbol{R}(0))\rangle$。对比 $W = \sqrt{\rho}U$，W 的相因子为

$$U = \sum_n e^{i\theta_n}|n\rangle\langle n_0| \sim \begin{pmatrix} e^{i\theta_0} & & \\ & \ddots & \\ & & e^{i\theta_{N-1}} \end{pmatrix}. \tag{8.131}$$

所有密度矩阵纯化张成的总空间为 $S_N = \{W|W = \sqrt{\rho}U, \rho \in \mathcal{D}_N^N, U \in U^N(1),$ 且 $\|W\| = 1\}$。根据式 (8.131)，点 ρ 处的纤维空间 F_ρ 同构于 $U^N(1)$。考虑局域规范变换：$W \to W' = W\mathcal{U}$ 且 $\mathcal{U} = \sum_n e^{i\chi_n}|n_0\rangle\langle n_0| \in U^N(1)$，显然 W' 仍为 ρ 的纯化。所有 $\mathcal{U}$ 形成结构群 $U^N(1)$，同构于 F_ρ。因此，这是一个 $U^N(1)$ 主丛，其纤维化为：$S_N/U^N(1) = \mathcal{D}_N^N$。引入正则投影 $\pi : S_N \to \mathcal{D}_N^N$，满足 $\pi(W) = WW^\dagger = \rho$。反之，光滑映射 $\sigma(\rho(\boldsymbol{R})) = \sum_n \sqrt{\lambda_n(\boldsymbol{R})}|n(\boldsymbol{R})\rangle\langle n_0|e^{i\theta_n(\boldsymbol{R})}$ 定义了一个截面。与 Uhlmann 丛一样，总存在一个整体截面 $\sigma(\rho) = \sqrt{\rho}$，从而该主丛也是平庸丛。

需要指出的是，当前讨论的内容与 7.4.2 节中构建的 $U(1)$ 丛在结构上存在显著相似性。然而值得强调的是，先前构造的 $U(1)$ 丛并不具备主丛的标准属性。这一本质差异要求采用特殊的构造方法：纤维变换的实现并非通过 $U(1)$ 群的直接作用，而体现为 $U(1)$ 变换在更高维空间中的对角嵌入映射。在这里，希望讨论更一般的 $U^N(1)$ 纤维变换，即结构群仍然是 $U^N(1)$，如此才能与 Sjöqvist 距离的定义 (8.123) 保持一致。

接下来，需要在该主丛上引入规范联络。通常情况下，由于纤维空间为李群 $U^N(1)$，规范联络应为其对应的李代数，即取值为 $\underbrace{u(1) \oplus u(1) \oplus \cdots \oplus u(1)}_{N}$ 的 1-形式。在这种情况下，经过一个周期性平行传输后，初始纤维和最终纤维将相差一个 $U^N(1)$ 值的和乐。但要构造完全满足该条件的规范联络并不容易，如 Uhlmann 联络就是一种选择。但为了与最小值条件 (8.126) 相匹配，可以选择一种更简单的联络。事实上，该和乐群的子群 $U(1)$ 更适合描述该场景中的局域几何性质，其对应的规范联络则是 $u(1)$ 值的 1-形式。为了达到这一目的，引入总空间 S_N 上的 Ehresmann 联络：$\omega = \langle W|\mathrm{d}|W\rangle = \mathrm{Tr}\,(W^\dagger \mathrm{d}W)$。利用式 (8.130)，可得

$$\omega = \mathrm{Tr}\left[\sum_n \left(\sqrt{\lambda_n}\mathrm{d}\sqrt{\lambda_n} + \lambda_n \mathrm{i}\mathrm{d}\theta_n\right)|n_0\rangle\langle n_0|\right.$$
$$\left. + \sqrt{\lambda_m \lambda_n}\sum_{mn} e^{\mathrm{i}(\theta_m - \theta_n)}\langle n|\mathrm{d}|m\rangle|n_0\rangle\langle m_0|\right]$$
$$= \sum_n \lambda_n \left(\mathrm{i}\mathrm{d}\theta_n + \mathcal{A}_n\right), \tag{8.132}$$

其中，$\mathcal{A}_n = \langle n|\mathrm{d}n\rangle$ 为密度矩阵第 n 个本征态的 Berry 联络；而在最后一步，我们利用了

$$\sum_n \sqrt{\lambda_n}\mathrm{d}\sqrt{\lambda_n} = \mathrm{d}\sum_n \lambda_n = 0. \tag{8.133}$$

在最终结果中，两项分别代表纤维空间与底流形上的联络。在规范变换 $W' = WU$ 下，ω 的变换形式为 $\omega' = \omega + \mathrm{i}\sum_n \lambda_n \mathrm{d}\chi_n$，因此这确实是一个 $U(1)$ 联络。现在考虑 $\mathcal{M}$ 上的闭合曲线 $\boldsymbol{R}(t)$，其起点和终点皆为 $\boldsymbol{R}(0) = \boldsymbol{R}(\tau) = \boldsymbol{R}_0$。它诱导出 $\mathcal{D}_N^N$ 上的闭合曲线 $\gamma(t) = \rho(t) \equiv \rho(\boldsymbol{R})(t)$，而 γ 在 S_N 上的提升曲线 $\tilde{\gamma}(t) = \sigma(\rho(t)) = W(t) \equiv W(\boldsymbol{R}(t))$ 未必是闭合的。假设 γ 和 $\tilde{\gamma}$ 的切向量分别是 X 和 $\tilde{X}$，若 $\tilde{\gamma}$ 是 γ 的水平提升，则有 $\omega(\tilde{X}) = 0$，其等价于

$$\mathrm{Tr}(W^\dagger \dot{W}) = \sum_n \lambda_n \left(\mathrm{i}\dot{\theta}_n(t) + \mathcal{A}_n(\tilde{X})\right) = \sum_n \lambda_n \left(\mathrm{i}\dot{\theta}_n(t) + \langle n(t)|\frac{\mathrm{d}}{\mathrm{d}t}|n(t)\rangle\right) = 0. \tag{8.134}$$

与条件 (8.126) 对比，显然 Sjöqvist 距离的最小化条件是上式的充分而非充要条件。利用 σ 诱导的拖回映射，可以得到底流形 $\mathcal{D}_N^N$ 上的 $U(1)$ 联络

$$\mathcal{A}_{\mathcal{D}_N^N} = \sigma^*\omega = \sum_n \lambda_n \mathcal{A}_n. \tag{8.135}$$

对比式 (7.96)，这实际就是之前引入的热 Berry 联络。

S_N 中相邻两点 $W(t+\mathrm{d}t)$ 与 $W(t)$ 之间的裸距离

$$\mathrm{d}^2(t, t+\mathrm{d}t) = \big||W(t+\mathrm{d}t)\rangle - |W(t)\rangle\big|^2, \tag{8.136}$$

将裸距离的最小值记为

$$\mathrm{d}^2_{U^N(1)}(t, t+\mathrm{d}t) = \inf_{\mathcal{U}\in U^N(1)}\big||W(t+\mathrm{d}t)\rangle - |W(t)\rangle\big|^2, \tag{8.137}$$

或其等价形式

$$\mathrm{d}^2_{U^N(1)}(t, t+\mathrm{d}t) = \inf_{\theta_n}\big||W(t+\mathrm{d}t)\rangle - |W(t)\rangle\big|^2, \tag{8.138}$$

这种距离显然具有 $U^N(1)$ 规范不变性，证明它实际就是 Sjöqvist 距离。利用

$$|\partial_\mu W\rangle = \sum_n \left[\partial_\mu\sqrt{\lambda_n}\mathrm{e}^{\mathrm{i}\theta_n}|n\rangle + \sqrt{\lambda_n}\mathrm{e}^{\mathrm{i}\theta_n}|\partial_\mu n\rangle + \mathrm{i}\sqrt{\lambda_n}\mathrm{e}^{\mathrm{i}\theta_n}\partial_\mu\theta_n|n\rangle\right]\otimes|n_0\rangle \tag{8.139}$$

8.3 $U^N(1)$-量子几何张量

以及 $\sum_n \sqrt{\lambda_n}\partial_\mu \sqrt{\lambda_n} = \frac{1}{2}\partial_\mu \sum_n \lambda_n = 0$,裸距离 (8.136) 可表示为

$$d^2(W, W+dW) = \sum_n [\partial_\mu \sqrt{\lambda_n}\partial_\nu \sqrt{\lambda_n} + \lambda_n(\langle\partial_\mu n|\partial_\nu n\rangle$$
$$+ \partial_\mu\theta_n \partial_\nu\theta_n - i\mathcal{A}_{n\mu}\partial_\nu\theta_n - i\mathcal{A}_{n\nu}\partial_\mu\theta_n)]dR^\mu dR^\nu. \tag{8.140}$$

其中,$\mathcal{A}_{n\mu} = \langle n|\partial_\mu n\rangle = -\langle\partial_\mu n|n\rangle$ 为 $\mathcal{A}_n$ 的分量。若用微分形式,则上式可表示为

$$d^2(W, W+dW) = \sum_n \left\{ (d\sqrt{\lambda_n})^2 + \lambda_n\left[\langle dn|dn\rangle + (d\theta_n)^2 - 2i\mathcal{A}_n d\theta_n\right]\right\}$$
$$= \sum_n \left\{ (d\sqrt{\lambda_n})^2 + \lambda_n\left[\langle dn|dn\rangle + (d\theta_n - i\mathcal{A}_n)^2 + (\mathcal{A}_n)^2\right]\right\}. \tag{8.141}$$

显然,若满足条件 (8.126),即

$$\partial_\mu\theta_n - i\mathcal{A}_{n\mu} = 0 \quad \text{或者} \quad d\theta_n - i\mathcal{A}_n = 0, \tag{8.142}$$

则裸距离取最小值

$$d^2_{U^N(1)}(t, t+dt) = \sum_n \left\{ (d\sqrt{\lambda_n})^2 + \lambda_n\left[\langle dn|dn\rangle + (\mathcal{A}_n)^2\right]\right\}$$
$$= ds^2_{\text{FR}} + \sum_n \lambda_n ds^2_{\text{FS}n}, \tag{8.143}$$

其中

$$ds^2_{\text{FR}} = \sum_n (d\sqrt{\lambda_n})^2 = \sum_n \frac{(d\lambda_n)^2}{4\lambda_n} \tag{8.144}$$

为 Fisher-Rao 距离

$$ds^2_{\text{FS}n} = \langle dn|dn\rangle + (\mathcal{A}_n)^2 = \langle dn|(1-|n\rangle\langle n|)|dn\rangle \tag{8.145}$$

为第 n 个谱线的 Fubini-Study 距离。对比式 (8.127) 或式 (8.128),显然 $d^2_{U^N(1)}$ 就是 Sjöqvist 距离 ds^2_S。同时,还得到 S_N 上裸距离的分解

$$ds^2(S_N) = ds^2(\mathcal{D}^N_N) + \sum_n \lambda_n(d\theta_n - i\mathcal{A}_n)^2. \tag{8.146}$$

它与纤维化 $S_N/U^N(1) = \mathcal{D}^N_N$ 相对应,而与纤维化 $\mathcal{S}_N/U(N) = \mathcal{D}^N_N$ 对应的距离分解为式 (8.77)。当所有谱线均满足平行输运条件时,$e^{i\theta_n(t+dt)}|n(t+dt)\rangle$ 与

$e^{i\theta_n(t)}|n(t)\rangle$ 彼此相位匹配，所以相因子对总距离无贡献，而裸距离退化为 Sjöqvist 距离。但与纯态以及混合态 $U(N)$ 量子几何张量略有不同的是，在这种情况下，平行输运条件 (8.134) 仅是 Sjöqvist 距离最小化的必要条件。

Sjöqvist 距离可视为裸距离在取遍相因子 $\mathcal{U}(t) \in U^N(1)$ 后的最小值，而 Bures 距离则是裸距离在取遍相因子 $\mathcal{U}(t) \in U(N)$ 后的最小值。因为 $U^N(1) \subset U(N)$，所以前者的最小化条件更弱，因此有

$$\mathrm{d}s_{\mathrm{B}}^2 \leqslant \mathrm{d}s_{\mathrm{S}}^2. \tag{8.147}$$

8.3.3 Sjöqvist 距离的物理意义

1. 能量–时间不确定关系

若量子系统经历动力学演化，即 $i\hbar\dot{\rho} = [\hat{H}, \rho]$，该演化必然是幺正的。因为任意量子态的动力学演化满足 $i\hbar|\dot{\psi}\rangle = \hat{H}|\psi\rangle$。将 ρ 的对角化展开代入其动力学方程，则有

$$i\hbar \sum_n \left(\dot{\lambda}_n|n\rangle\langle n| + \lambda_n|\dot{n}\rangle\langle n| + \lambda_n|n\rangle\langle\dot{n}|\right) = \sum_n \lambda_n \left(\hat{H}|n\rangle\langle n| - |n\rangle\langle n|\hat{H}\right)$$
$$= i\hbar \sum_n \lambda_n \left(|\dot{n}\rangle\langle n| + |n\rangle\langle\dot{n}|\right). \tag{8.148}$$

因此 $\dot{\lambda}_n = 0$。根据式 (8.143)，在此演化下 Fisher-Rao 距离为 0，而 Sjöqvist 距离为

$$\mathrm{d}s_{\mathrm{S}}^2 = \sum_n \lambda_n \langle\dot{n}|(1 - |n\rangle\langle n|)|\dot{n}\rangle \mathrm{d}t^2$$
$$= -\left(\frac{i}{\hbar}\right)^2 \sum_n \lambda_n \left(\langle n|\hat{H}^2|n\rangle - \langle n|\hat{H}|n\rangle^2\right) \mathrm{d}t^2$$
$$= \frac{1}{\hbar^2} \sum_n \lambda_n \Delta E_n^2 \mathrm{d}t^2$$
$$= \frac{1}{\hbar^2} \overline{\Delta E^2} \mathrm{d}t^2, \tag{8.149}$$

其中，$\overline{\Delta E^2} \equiv \sum_n \lambda_n \Delta E_n^2$ 为混合态平均能量涨落。因此

$$\frac{\mathrm{d}s_{\mathrm{S}}}{\mathrm{d}t} = \frac{\overline{\Delta E}}{\hbar} \tag{8.150}$$

8.3 $U^N(1)$–量子几何张量

代表混合态沿某路径的演化速度由其能量涨落决定,这与式 (3.191) 所描述的 Fubini-Study 距离的物理意义类似。

需要注意的是,$\overline{\Delta E}^2$ 与传统意义上的混合态能量涨落不一样,后者的定义为 $\Delta_\rho E^2 = \text{Tr}(\rho \hat{H}^2) - [\text{Tr}(\rho \hat{H})]^2$。但它们之间满足不等式

$$\overline{\Delta E}^2 \leqslant \Delta_\rho E^2, \tag{8.151}$$

其证明如下。将 $\hat{H}$ 作能量零点平移:$\tilde{H} \equiv \hat{H} - \text{Tr}(\rho \hat{H})$,因此 $\text{Tr}(\rho \tilde{H}) = 0$。利用这一性质,不难证明

$$\text{Tr}(\rho \tilde{H}^2) = \text{Tr}(\rho \hat{H}^2) - 2\text{Tr}(\rho \hat{H})\text{Tr}(\rho \hat{H}) + \text{Tr}\rho[\text{Tr}(\rho \hat{H})]^2 = \Delta_\rho E^2. \tag{8.152}$$

即能量零点移动对 $\Delta_\rho E^2$ 无影响。利用上式可继续证明

$$\sum_n \lambda_n \left(\langle n|\tilde{H}^2|n\rangle - \langle n|\tilde{H}|n\rangle^2 \right) = \text{Tr}(\rho \tilde{H}^2) - \sum_n \lambda_n \left(\langle n|\hat{H}|n\rangle - \text{Tr}(\rho \hat{H}) \right)^2$$

$$= \text{Tr}(\rho \hat{H}^2) - [\text{Tr}(\rho \hat{H})]^2 - \sum_n \lambda_n \langle n|\hat{H}|n\rangle^2 + [\text{Tr}(\rho \hat{H})]^2$$

$$= \overline{\Delta E}^2. \tag{8.153}$$

即 $\overline{\Delta E}^2$ 亦不依赖于能量零点移动,同时上式第一行还给出

$$\overline{\Delta E}^2 = \Delta_\rho E^2 - \sum_n \lambda_n \langle n|\tilde{H}|n\rangle^2 \leqslant \Delta_\rho E^2. \tag{8.154}$$

考虑两个可用幺正演化连接的量子混合态,令它们之间的最短距离为 $s_{\min}$,一般情况下,该距离就是 Bures 距离 s_B。令连接这两量子态的幺正演化持续时长为 Δt,并定义

$$\langle \overline{\Delta E} \rangle = \frac{1}{\Delta t} \int_0^{\Delta t} \overline{\Delta E} \, \mathrm{d}t, \quad \langle \Delta_\rho E \rangle = \frac{1}{\Delta t} \int_0^{\Delta t} \Delta_\rho E \, \mathrm{d}t \tag{8.155}$$

为两种能量涨落在演化中的时间平均。利用以上结果,有

$$\langle \Delta_\rho E \rangle \Delta t \geqslant \langle \overline{\Delta E} \rangle \Delta t = s_S \geqslant s_{\min} = s_B. \tag{8.156}$$

所以,上式给出能量–时间不确定关系的几何下限。

2. 自旋-j 系统对外界扰动的响应

考虑处于热平衡态中的自旋-j 系统,令外界磁场强度为 b,哈密顿量为 $\hat{H}(b) = \hat{H}_0 + bJ_z$,其中 $\hat{H}_0$ 为不含外界扰动因素的哈密顿量。令 $\{E_m(b)\}$ 与 $\{|m(b)\rangle\}$ 分

别为 $\hat{H}(b)$ 的本征能量与本征能级。热平衡态的密度矩阵为 $\rho(b) = \dfrac{\mathrm{e}^{-\beta \hat{H}(b)}}{Z(b)}$，其中配分函数为 $Z(b) = \mathrm{Tr}\,\mathrm{e}^{-\beta \hat{H}(b)}$。显然 $\rho(b)$ 与 $\hat{H}(b)$ 有共同本征态。

先考虑温度变化引起的热扰动，由于系统本征能级不依赖于温度，因此 Sjöqvist 距离仅有来自 Fisher-Rao 距离的贡献。注意到 $\lambda_m = \dfrac{\mathrm{e}^{-\beta E_m}}{Z}$，因此有

$$\frac{\partial \lambda_m}{\partial \beta} = -\frac{E_n \mathrm{e}^{-\beta E_m}}{Z} + \lambda_m \frac{\sum_k \mathrm{e}^{-\beta E_k} E_k}{Z} = -\lambda_m(E_m - \bar{E}), \tag{8.157}$$

其中，$\bar{E} = \sum\limits_n \lambda_n E_n$。因此有

$$\begin{aligned}
\mathrm{d}s_\mathrm{S}^2 &= \sum_m \frac{(\partial_\beta \lambda_m)^2}{4\lambda_m}\mathrm{d}\beta^2 \\
&= \frac{1}{4}\sum_m \lambda_m (E_m - \bar{E})^2 \mathrm{d}\beta^2 \\
&= \frac{1}{4}(\overline{E^2} - \overline{E}^2)\mathrm{d}\beta^2 \\
&= \frac{C_V}{4\beta^2}\mathrm{d}\beta^2,
\end{aligned} \tag{8.158}$$

其中，$C_V = \beta^2(\overline{E^2} - \overline{E}^2)$ 为比热。再考虑外磁场的扰动，易知

$$\mathrm{d}s_\mathrm{S}^2 = \sum_m \frac{(\partial_b \lambda_m)^2}{4\lambda_m}\mathrm{d}b^2 + \sum_m \lambda_m \langle \mathrm{d}m|(1 - |m\rangle\langle m|)|\mathrm{d}m\rangle \mathrm{d}b^2. \tag{8.159}$$

利用与式 (8.158) 同样的推导方法以及结论 (3.195)，不难得到

$$\mathrm{d}s_\mathrm{S}^2 = \left(\frac{\beta \chi_M}{4} + 2\sum_m \lambda_m \chi_{Fm}\right)\mathrm{d}b^2, \tag{8.160}$$

其中，$\chi_\mathrm{M} = \beta\left[\overline{(\partial_b E)^2} - \overline{(\partial_b E)}^2\right]$ 为磁极化率，χ_{Fm} 为保真度敏感性

$$\chi_{\mathrm{F}m} = \sum_{m' \neq m} \frac{|\langle m'|J_z|m\rangle|^2}{(E_{m'} - E_m)^2}. \tag{8.161}$$

8.3.4 $U^N(1)$–量子几何张量

1. 量子几何张量的分解

从式 (8.128) 可获取 $U^N(1)$ 规范不变的复度规，称之为 $U^N(1)$–量子几何张量，其表达式为

$$Q^S_{\mu\nu} = \sum_n \left(\frac{\partial_\mu \lambda_n \partial_\nu \lambda_n}{4\lambda_n} + \lambda_n \langle \partial_\mu n | \partial_\nu n \rangle - \lambda_n \langle \partial_\mu n | n \rangle \langle n | \partial_\nu n \rangle \right). \tag{8.162}$$

在上式中，仅有 $\langle \partial_\mu n | \partial_\nu n \rangle$ 的取值为复的，因此可将 $g^S_{\mu\nu}$ 分拆为

$$Q^S_{\mu\nu} = g^{FR}_{\mu\nu} + g^{FS}_{\mu\nu} - i\Omega_{\mu\nu}, \tag{8.163}$$

其中

$$g^{FR}_{\mu\nu} = \sum_n \frac{\partial_\mu \lambda_n \partial_\nu \lambda_n}{4\lambda_n} \tag{8.164}$$

为 Fisher-Rao 度规，

$$g^{FS}_{\mu\nu} = \sum_n \lambda_n g^{FS}_{n\mu\nu} = \sum_n \lambda_n (\text{Re}\langle \partial_\mu n | \partial_\nu n \rangle + \mathcal{A}_{n\mu} \mathcal{A}_{n\nu}) \tag{8.165}$$

为各谱线 Fubini-Study 度规的加权和，而 (负) 虚部

$$\Omega_{\mu\nu} = \frac{i}{2} \sum_n \lambda_n \left(\langle \partial_\mu n | \partial_\nu n \rangle - \langle \partial_\nu n | \partial_\mu n \rangle \right) \equiv \frac{i}{2} \sum_n \lambda_n \mathcal{F}_{n\mu\nu} \tag{8.166}$$

为对应 Berry 曲率加权和的一半。$g^{FR}_{\mu\nu}$ 与 $g^{FS}_{\mu\nu}$ 均为对称张量，共同组成量子几何张量的实部，而 $\Omega_{\mu\nu}$ 为反对称张量，因此对 Sjöqvist 距离无贡献。此外，容易证明，$g^S_{\mu\nu}$ 在零温极限下自然退化为纯态量子几何张量。同样，将混合态 $U^N(1)$ 主丛的局域几何性质与纯态流形做对比，将结果总结于表 8.2 中。

表 8.2 纯态与混合态流形 ($U^N(1)$) 局域几何的对比

	纯态	混合态
总空间	S^{2N-1}	$\mathcal{S}_N$
相空间	CP^{N-1}	$\mathcal{D}_N^N$
纤维化	$S^{2N-1}/U(1) = \text{CP}^{N-1}$	$\mathcal{S}_N/U^N(1) = \mathcal{D}_N^N$
联络	Berry 联络 ($U(1)$ 主丛)	热 Berry 联络 ($U^N(1)$ 主丛)
裸距离	$ds^2(S^{2N-1})$	$ds^2(\mathcal{S}_N)$
规范不变距离	$ds^2(\text{CP}^{N-1})$	$ds^2_B(\mathcal{D}_N^N)$
距离分解	等式 (8.64)	等式 (8.146)
裸度规	$\langle \partial_i \tilde{\psi} | \partial_j \tilde{\psi} \rangle$	$\langle \partial_\mu W | \partial_\nu W \rangle$
实部	Fubini-Study 度规	Fisher-Rao 度规 + Fubini-Study 度规的加权和
虚部	Berry 曲率 $\frac{i}{2}\mathcal{F}_B$	Berry 曲率的加权和 $\frac{i}{2}\sum_n \lambda_n \mathcal{F}_n$

2. 规范修正

与 3.5.1 节类似,也可以通过对裸度规进行规范修正而得到 $U^N(1)$–量子几何张量。在式 (8.140) 中,先令纯化 W 仅有平庸相因子,即 $W = \sum_n \sqrt{\lambda_n}|n\rangle\langle n|$,那么裸度规为

$$g_{\mu\nu} = \sum_n \left[\frac{\partial_\mu \lambda_n \partial_\nu \lambda_n}{4\lambda_n} + \lambda_n \langle \partial_\mu n|\partial_\nu n\rangle\right]. \tag{8.167}$$

尽管 $g_{\mu\nu}$ 并非规范不变的,但其第一项 (Fisher-Rao 度规) 和第二项的 (负) 虚部 $\Omega_{\mu\nu}$ (见式 (8.166)) 却都已满足规范不变性,因此仅需修正第二项的实部。在 $U^N(1)$ 规范变换 $W \to W' = W\mathcal{U}(\mathcal{U} = \mathrm{diag}(\mathrm{e}^{\mathrm{i}\chi_0}, \mathrm{e}^{\mathrm{i}\chi_1}, \cdots, \mathrm{e}^{\mathrm{i}\chi_{N-1}}))$ 下,混合态纯化间的裸距离变为

$$\mathrm{d}^2(W, W+\mathrm{d}W) \longrightarrow \mathrm{d}'^2(W, W+\mathrm{d}W)$$
$$= \sum_n \big[\partial_\mu \sqrt{\lambda_n}\partial_\nu \sqrt{\lambda_n} + \lambda_n(\langle\partial_\mu n|\partial_\nu n\rangle + \partial_\mu \chi_n \partial_\nu \chi_n$$
$$- \mathrm{i}\mathcal{A}_{n\mu}\partial_\nu\chi_n - \mathrm{i}\mathcal{A}_{n\nu}\partial_\mu\chi_n)\big]\mathrm{d}R^\mu \mathrm{d}R^\nu. \tag{8.168}$$

类似于式 (3.116),将裸度规整体修正为

$$\gamma_{\mu\nu} = g_{\mu\nu} + \sum_n \lambda_n \mathcal{A}_{n\mu}\mathcal{A}_{n\nu}. \tag{8.169}$$

在规范变换下,Berry 联络的变换形式为 $\mathcal{A}_{n\mu} \longrightarrow \mathcal{A}'_{n\mu} = \mathcal{A}_{n\mu} + \mathrm{i}\partial_\mu \chi_n$,将其代入式 (8.168),所有多余的项恰好彼此抵消,因此 $\gamma_{\mu\nu}$ 是规范不变的。与式 (8.163) 对比,不难看出 $\gamma_{\mu\nu} = Q^{\mathrm{S}}_{\mu\nu}$。

3. $\Omega_{\mu\nu}$ 的物理意义

已知纯态量子几何张量的虚部正比于 Berry 曲率,是一种 $U(1)$ 规范场强;而 $U^N(1)$-量子几何张量的虚部是 Berry 曲率的加权之和,那么它也是一种规范曲率 (场强) 吗?尽管 Berry 曲率满足 $\mathcal{F}_{n\mu\nu} = \partial_\mu \mathcal{A}_{n\nu} - \partial_\nu \mathcal{A}_{n\mu}$,但这显然不能推出

$$\Omega_{\mu\nu} = \partial_\mu \mathcal{A}_{\mathcal{D}_N^N \nu} - \partial_\nu \mathcal{A}_{\mathcal{D}_N^N \mu} = \frac{\mathrm{i}}{2}\left[\partial_\mu(\sum_n \lambda_n \mathcal{A}_{n\nu}) - \partial_\nu(\sum_n \lambda_n \mathcal{A}_{n\mu})\right], \tag{8.170}$$

因为 λ_n 未必是常数。在一般情况下,λ_n 与 $\mathcal{A}_n$ 均为依赖于参数的未知函数,因此无法断定是否存在 1-形式 $\tilde{\omega}$,使得 $\Omega_{\mu\nu} = \partial_\mu \tilde{\omega}_\nu - \mathrm{i}\partial_\nu \tilde{\omega}_\mu$。尽管如此,$\Omega_{\mu\nu}$ 的规范不变性使得它应该能够反映系统的某种几何性质。

8.3 $U^N(1)$-量子几何张量

为探究 $\Omega_{\mu\nu}$ 的具体意义，引入 2-形式 $\Omega = \frac{1}{2}\Omega_{\mu\nu}\mathrm{d}R^\mu \wedge \mathrm{d}R^\nu = \frac{\mathrm{i}}{2}\sum_n \lambda_n \mathcal{F}_n$，其中 $\mathcal{F}_n = \frac{1}{2}\mathcal{F}_{n\mu\nu}\mathrm{d}R^\mu \wedge \mathrm{d}R^\nu$ 为 Berry 曲率 2-形式。$\Omega_{\mu\nu}$ 未必是规范联络，因此 Ω 未必是闭形式。不过，若参数流形的维数不超过 2，则 Ω 必然是闭的，其原因是 $\mathrm{d}\Omega$ 为 3-形式，在二维流形上自然为 0。又因为 $\Omega_{\mu\nu}$ 的非奇异性与反对称性，所以二维情况下 Ω 也是一个辛形式。

对于一般情况，尽管无法确定 Ω 是否为闭形式，但是可以考虑它在某曲面 Σ 上的积分，因为它是规范不变的。若 Σ 的边界为 C，定义

$$\theta_g(C) = \int_\Sigma \Omega = \frac{\mathrm{i}}{2}\sum_n \int_\Sigma \lambda_n \mathcal{F}_n. \tag{8.171}$$

若所有 λ_n 在 Σ 上均为常数，则有

$$\theta_g(C) = \frac{\mathrm{i}}{2}\sum_n \lambda_n \int_\Sigma \mathcal{F}_n = \frac{1}{2}\sum_n \lambda_n \theta_{Bn}(C), \tag{8.172}$$

即为所有 Berry 相位加权和的一半，该结果与热 Berry 相位有相似之处，这也是用符号 θ_g 来标识它的原因。可以合理推测，θ_g 在一定程度上携带有系统的几何信息。在二维情况下，由于 Ω 是闭的，根据庞加莱引理，它可以局域地表示为 $\Omega = \mathrm{d}\omega$，此时 $\theta_g(C)$ 可以表示为

$$\theta_g(C) = \int_\Sigma \Omega = \oint_C \omega. \tag{8.173}$$

如果在底流形上对某一 $U^N(1)$ 纤维沿路径 C 作平行输运，且该平行输运由 $U(1)$ 规范联络 $\mathcal{A}_{\mathcal{D}_N^N}$ 所定义，那么初、末纤维之间会相差一个 $U(1)$ 和乐，其对应的相位为

$$\tilde{\theta}_g(C) = \mathrm{i}\oint_C \mathcal{A}_{\mathcal{D}_N^N}. \tag{8.174}$$

显然，在一般情况下，$\tilde{\theta}_g(C) \neq \theta_g(C)$。此外，假如确实存在某种 1-形式 $\tilde{\omega}$，使得 $\Omega_{\mu\nu} = \partial_\mu \tilde{\omega}_\nu - \mathrm{i}\partial_\nu \tilde{\omega}_\mu$ 成立，那么一般情况下，$\tilde{\omega}$ 也并非规范联络 (即不满足规范变换条件)，且 $\Omega_{\mu\nu}$ 也不是对应的规范场强。否则，在偶数维情况下，在底流形上对 $\Omega_{\mu\nu}$ 积分，则很有可能得到非零的陈数，这与 $U^N(1)$ 主丛的拓扑平庸性矛盾。因此，$\Omega_{\mu\nu}$ 与主丛的整体拓扑性质无关。尽管如此，由它所计算出的 $\theta_g(C)$ 并非毫无意义。与不等式 (3.147) 类似，$|\theta_g|$ 会给出参数空间量子体积的一个下限。我们将在 8.3.5 节具体讨论。

4. 另一种量子几何张量

在式 (8.163) 中，对 $U^N(1)$-量子几何张量作了分解，其中，$g_{\mu\nu}^{\rm FS}$ 为密度矩阵各本征态的 Fubini-Study 度规的加权和。但实际上，若将 $g_{\mu\nu}^{\rm FS}$ 与虚部 $\Omega_{\mu\nu}$ 合并，也可以得到混合态的一种规范不变的量子几何张量。具体构造如下。

设密度矩阵的谱分解为 $\rho = \sum_n \lambda_n |n\rangle\langle n|$，引入投影算子 $\mathcal{P} = \sum_n |n\rangle\langle n|$。直接类比式 (8.37)，可以定义一种量子几何张量

$$Q_{\mu\nu} = {\rm Tr}\left(\rho \partial_\mu \mathcal{P} \partial_\nu \mathcal{P}\right). \tag{8.175}$$

通过计算不难验证

$$Q_{\mu\nu} = \sum_n \lambda_n \left(\langle \partial_\mu n | \partial_\nu n\rangle - \langle n | \partial_\mu n\rangle \langle \partial_\nu n | n\rangle\right). \tag{8.176}$$

其实部正是 $g_{\mu\nu}^{\rm FS}$，而虚部正比于 $\Omega_{\mu\nu}$。由于每个本征态的量子几何张量都是 $U(1)$ 规范不变的，因此 $Q_{\mu\nu}$ 也是 $U^N(1)$ 规范不变的。但是，这种量子几何张量无法反映 $U^N(1)$ 主丛的局域几何性质。其原因在于，在式 (8.176) 中，$Q_{\mu\nu}$ 显然不包含 λ_n 发生改变而带来的影响，而当密度矩阵沿底流形上任一光滑路径演化时，λ_n 一般会发生改变。

8.3.5 基本不等式

1. 不等式的证明

既然纯态量子几何张量和混合态的 $U(N)$-量子几何张量分别满足不等式 (3.142) 与不等式 (8.108)，那么自然会猜想 $U^N(1)$-量子几何张量也应该满足类似的不等式，即

$$Q_{\mu\mu}^{\rm S} Q_{\nu\nu}^{\rm S} \geqslant |Q_{\mu\nu}^{\rm S}|^2. \tag{8.177}$$

令 $g_{n\mu\nu}^{\rm FR} = \dfrac{\partial_\mu \lambda_n \partial_\nu \lambda_n}{4\lambda_n}$ 与 $Q_{\mu\nu}^n = g_{n\mu\nu}^{\rm FS} - \dfrac{\rm i}{2}\mathcal{F}_{n\mu\nu}$ 分别为 ρ 的第 n 本征态的 Fisher-Rao 度规和纯态量子几何张量，那么有 $Q_{\mu\nu}^{\rm S} = \sum_n \left(g_{n\mu\nu}^{\rm FR} + \lambda_n Q_{\mu\nu}^n\right)$。先证明以下不等式

$$\sum_n g_{n\mu\mu}^{\rm FR} \sum_m g_{m\nu\nu}^{\rm FR} \geqslant \left|\sum_n g_{n\mu\nu}^{\rm FR}\right|^2, \tag{8.178}$$

$$\sum_n \lambda_n Q_{\mu\mu}^n \sum_m \lambda_m Q_{\nu\nu}^m \geqslant \left|\sum_n \lambda_n Q_{\mu\nu}^n\right|^2. \tag{8.179}$$

8.3 $U^N(1)$-量子几何张量

利用 $g_{n\mu\mu}^{\mathrm{FR}} = \left(\dfrac{\partial_\mu \lambda_n}{2\sqrt{\lambda_n}}\right)^2$ 以及柯西–施瓦茨不等式 (8.105)，易证不等式 (8.178) 显然成立。为了证明不等式 (8.179)，引入投影算符 $P_n = |n\rangle\langle n|$，从而有

$$Q_{\mu\nu}^n = \langle \partial_\mu n | (1 - P_n) | \partial_\nu n \rangle. \tag{8.180}$$

然后，令

$$|\alpha\rangle = \begin{pmatrix} \sqrt{\lambda_0}(1-P_0)|\partial_\mu 0\rangle \\ \sqrt{\lambda_1}(1-P_1)|\partial_\mu 1\rangle \\ \vdots \\ \sqrt{\lambda_{N-1}}(1-P_{N-1})|\partial_\mu (N-1)\rangle \end{pmatrix}, \quad |\beta\rangle = \begin{pmatrix} \sqrt{\lambda_0}(1-P_0)|\partial_\nu 0\rangle \\ \sqrt{\lambda_1}(1-P_1)|\partial_\nu 1\rangle \\ \vdots \\ \sqrt{\lambda_{N-1}}(1-P_{N-1})|\partial_\nu (N-1)\rangle \end{pmatrix}. \tag{8.181}$$

利用 $(1-P_n)^2 = 1 - P_n$ 可得

$$\langle \alpha|\alpha\rangle = \sum_n \lambda_n Q_{\mu\mu}^n, \quad \langle \beta|\beta\rangle = \sum_m \lambda_m Q_{\nu\nu}^m, \quad \langle \alpha|\beta\rangle = \sum_n \lambda_n Q_{\mu\nu}^n. \tag{8.182}$$

再利用柯西–施瓦茨不等式 $\langle \alpha|\alpha\rangle \langle \beta|\beta\rangle \geqslant |\langle \alpha|\beta\rangle|^2$，可推出

$$\sum_n \lambda_n Q_{\mu\mu}^n \sum_m \lambda_m Q_{\nu\nu}^m \geqslant \left| \sum_n \lambda_n Q_{\mu\nu}^n \right|^2. \tag{8.183}$$

同样的证明过程亦可给出 (取 $N = 1$, $\lambda_n = 1$)

$$Q_{\mu\mu}^n Q_{\nu\nu}^n \geqslant |Q_{\mu\nu}^n|^2. \tag{8.184}$$

不等式 (8.177) 的左边为

$$\begin{aligned} Q_{\mu\mu}^{\mathrm{S}} Q_{\nu\nu}^{\mathrm{S}} &= \sum_{nm} \left(g_{n\mu\mu}^{\mathrm{FR}} g_{m\nu\nu}^{\mathrm{FR}} + \lambda_n Q_{\mu\mu}^n \lambda_m Q_{\nu\nu}^m + g_{n\mu\mu}^{\mathrm{FR}} \lambda_m Q_{\nu\nu}^m + g_{m\nu\nu}^{\mathrm{FR}} \lambda_n Q_{\mu\mu}^n \right) \\ &= \sum_{nm} \left(g_{n\mu\mu}^{\mathrm{FR}} g_{m\nu\nu}^{\mathrm{FR}} + \lambda_n Q_{\mu\mu}^n \lambda_m Q_{\nu\nu}^m \right) + \sum_{nm} \lambda_m \left(g_{n\mu\mu}^{\mathrm{FR}} Q_{\nu\nu}^m + g_{n\nu\nu}^{\mathrm{FR}} Q_{\mu\mu}^m \right), \end{aligned} \tag{8.185}$$

在运算中，已对上式中的交叉项做了指标对换：$n \leftrightarrow m$。利用同样的技巧，该不等式的右边可展开为

$$|Q_{\mu\nu}^{\mathrm{S}}|^2 = \left| \sum_n g_{n\mu\nu}^{\mathrm{FR}} \right|^2 + \left| \sum_n \lambda_n Q_{\mu\nu}^n \right|^2 + \sum_{nm} \lambda_m g_{n\mu\nu}^{\mathrm{FR}} \left(Q_{\mu\nu}^m + \bar{Q}_{\mu\nu}^m \right). \tag{8.186}$$

根据不等式 (8.178) 和不等式 (8.179) 可证

$$\sum_{nm}\left(g_{n\mu\mu}^{\mathrm{FR}}g_{m\nu\nu}^{\mathrm{FR}}+\lambda_{n}Q_{\mu\mu}^{n}\lambda_{m}Q_{\nu\nu}^{m}\right)\geqslant |\sum_{n}g_{n\mu\nu}^{\mathrm{FR}}|^{2}+|\sum_{n}\lambda_{n}Q_{\mu\nu}^{n}|^{2}. \quad (8.187)$$

注意到 $g_{n\mu\mu}^{\mathrm{FR}} \geqslant 0$、$\lambda_n \geqslant 0$ 以及

$$g_{n\mu\mu}^{\mathrm{FR}} g_{n\nu\nu}^{\mathrm{FR}} = \left(g_{n\mu\nu}^{\mathrm{FR}}\right)^2, \quad (8.188)$$

利用该结论和不等式 (8.184)，式 (8.185) 最后一行的交叉项满足

$$\sum_{nm}\lambda_m \left(g_{n\mu\mu}^{\mathrm{FR}}Q_{\nu\nu}^m + g_{n\nu\nu}^{\mathrm{FR}}Q_{\mu\mu}^m\right) \geqslant 2\sum_{nm}\lambda_m\sqrt{g_{n\mu\mu}^{\mathrm{FR}}g_{n\nu\nu}^{\mathrm{FR}}Q_{\mu\mu}^m Q_{\nu\nu}^m}$$

$$\geqslant \sum_n g_{n\mu\nu}^{\mathrm{FR}}\sum_m \lambda_m 2|Q_{\mu\nu}^m|$$

$$\geqslant \sum_n g_{n\mu\nu}^{\mathrm{FR}}\sum_m \lambda_m 2\mathrm{Re}Q_{\mu\nu}^m$$

$$= \sum_n g_{n\mu\nu}^{\mathrm{FR}}\sum_m \lambda_m (Q_{\mu\nu}^m + \bar{Q}_{\mu\nu}^m). \quad (8.189)$$

最终，联合不等式 (8.187) 和式 (8.189) 可导出

$$Q_{\mu\mu}^{\mathrm{S}}Q_{\nu\nu}^{\mathrm{S}} \geqslant |\sum_n \left(g_{n\mu\nu}^{\mathrm{FR}} + \lambda_n Q_{\mu\nu}^n\right)|^2 = |Q_{\mu\nu}^{\mathrm{S}}|^2. \quad (8.190)$$

为了确定该不等式中等号成立的条件，注意到不等式 (8.178) 和不等式 (8.179) 中的等号当且仅当满足以下条件时成立

$$\frac{g_{0\mu\mu}^{\mathrm{FR}}}{g_{0\nu\nu}^{\mathrm{FR}}} = \cdots = \frac{g_{N-1\mu\mu}^{\mathrm{FR}}}{g_{N-1\nu\nu}^{\mathrm{FR}}} \Rightarrow \frac{\partial_\mu \lambda_0}{\partial_\nu \lambda_0} = \cdots = \frac{\partial_\mu \lambda_{N-1}}{\partial_\nu \lambda_{N-1}},$$

$$\frac{Q_{\mu\mu}^0}{Q_{\nu\nu}^0} = \cdots = \frac{Q_{\mu\mu}^{N-1}}{Q_{\nu\nu}^{N-1}} \Rightarrow \frac{g_{0\mu\mu}^{\mathrm{FS}}}{g_{0\nu\nu}^{\mathrm{FS}}} = \cdots = \frac{g_{N-1\mu\mu}^{\mathrm{FS}}}{g_{N-1\nu\nu}^{\mathrm{FS}}}, \quad (8.191)$$

且式 (8.189) 第一行等号成立的条件为 $g_{n\mu\mu}^{\mathrm{FR}}Q_{\nu\nu}^m = g_{n\nu\nu}^{\mathrm{FR}}Q_{\mu\mu}^m$。利用这些，可以推出式 (8.190) 中等号成立的条件为

$$\frac{g_{0\mu\mu}^{\mathrm{FR}}}{g_{0\nu\nu}^{\mathrm{FR}}} = \cdots = \frac{g_{N-1\mu\mu}^{\mathrm{FR}}}{g_{N-1\nu\nu}^{\mathrm{FR}}} = \frac{g_{0\mu\mu}^{\mathrm{FS}}}{g_{0\nu\nu}^{\mathrm{FS}}} = \cdots = \frac{g_{N-1\mu\mu}^{\mathrm{FS}}}{g_{N-1\nu\nu}^{\mathrm{FS}}}. \quad (8.192)$$

该条件意味着，对于 ρ 的每个本征态，Fisher-Rao 度规与 Fubini-Study 度规的不同对角项之比为一个常数。如果引入 $2k$ 个向量

$$\boldsymbol{g}_\mu^{\mathrm{FR}} = (g_{0\mu\mu}^{\mathrm{FR}}, \cdots, g_{N-1\mu\mu}^{\mathrm{FR}}), \quad \boldsymbol{g}_\mu^{\mathrm{FS}} = (g_{0\mu\mu}^{\mathrm{FS}}, \cdots, g_{N-1\mu\mu}^{\mathrm{FS}}), \quad \mu = 1, 2, \cdots, k, \quad (8.193)$$

那么等号成立的条件等价于上述所有向量都彼此线性相关。

2. 二维情况下的讨论

在二维情况下, 外参数为 $\boldsymbol{R} = (R^1, R^2)$。不等式 (8.177) 的非平庸结果为 ($\mu = 1$, $\nu = 2$)

$$Q_{11}^{S} Q_{22}^{S} \geqslant |Q_{12}^{S}|^2. \tag{8.194}$$

令 $g_{\mu\nu}^{S} = \mathrm{Re} Q_{\mu\nu}^{S} = \sum_n \left(g_{n\mu\nu}^{FR} + \lambda_n g_{n\mu\nu}^{FS} \right)$ 为 Sjöqvist 度规的实部, 因此 $\mathrm{d}s^2 = \sum_{\mu\nu=1}^{2} g_{\mu\nu}^{S} \mathrm{d}R^{\mu} \mathrm{d}R^{\nu}$。为简化符号, 引入 $\mathcal{F}_{\mu\nu} = -2\mathrm{Im} Q_{\mu\nu}^{S} = \sum_n \lambda_n \mathcal{F}_{n\mu\nu}$。因此, Sjöqvist 度规可表示为

$$Q^{S} = \begin{pmatrix} g_{11}^{S} & g_{12}^{S} - \frac{\mathrm{i}}{2}\mathcal{F}_{12} \\ g_{21}^{S} - \frac{\mathrm{i}}{2}\mathcal{F}_{21} & g_{22}^{S} \end{pmatrix} = g^{S} - \frac{\mathrm{i}}{2}\mathcal{F}_{12} \begin{pmatrix} 0 & 1 \\ -1 & 0 \end{pmatrix}. \tag{8.195}$$

根据不等式 (8.194), 有

$$\det(g^{S}) = g_{11}^{S} g_{22}^{S} - (g_{12}^{S})^2 \geqslant \frac{1}{4} |\mathcal{F}_{12}|^2, \quad 或 \quad \sqrt{\det(g^{S})} \geqslant \frac{|\mathcal{F}_{12}|}{2}. \tag{8.196}$$

类比式 (3.146), 令

$$V_{g}^{S} = \int \mathrm{d}^2 \boldsymbol{R} \sqrt{\det(g^{S})} \tag{8.197}$$

为 Sjöqvist 度规所计算的参数空间量子体积。与不等式 (3.147) 类似, 此时亦有

$$V_{g}^{S} \geqslant \int \mathrm{d}^2 \boldsymbol{R} \frac{|\mathcal{F}_{12}|}{2} \geqslant \left| \frac{\mathrm{i}}{2} \int \mathrm{d}^2 \boldsymbol{R} \sum_n \lambda_n \mathcal{F}_{n12} \right| = |\theta_g|. \tag{8.198}$$

需要强调的是, 这里的积分区域是整个参数空间, 即二维闭合曲面, 因此它没有边界。

8.3.6 典型例子

例 8.3.1 谐振子相干态的 Sjöqvist 度规。

1. 玻色谐振子

该问题的条件可见例 8.2.2。由于 $D(z)$ 为幺正算符, 因此有

$$\mathrm{d}s_{S}^{2} = \sum_n \lambda_n \mathrm{d}\langle n, z|(1 - |n, z\rangle\langle n, z|)\mathrm{d}|n, z\rangle$$

$$= \sum_n \lambda_n \left[\langle n|\mathrm{d}D^\dagger(z)\mathrm{d}D(z)|n\rangle - \langle n|\mathrm{d}D^\dagger(z)D(z)|n\rangle\langle n|D^\dagger(z)\mathrm{d}D(z)|n\rangle \right]. \tag{8.199}$$

利用式 (5.251) 可得

$$\langle n|\mathrm{d}D^\dagger(z)\mathrm{d}D(z)|n\rangle = \left\langle n \left| \left(aa^\dagger + \frac{|z|^2}{4} + a^\dagger a + \frac{|z|^2}{4} \right) \right| n \right\rangle \mathrm{d}z\mathrm{d}\bar{z} - \frac{z^2}{4}\mathrm{d}\bar{z}^2 - \frac{\bar{z}^2}{4}\mathrm{d}z^2$$

$$= \left(2n + 1 + \frac{|z|^2}{2} \right) \mathrm{d}z\mathrm{d}\bar{z} - \frac{z^2}{4}\mathrm{d}\bar{z}^2 - \frac{\bar{z}^2}{4}\mathrm{d}z^2, \tag{8.200}$$

及

$$\langle n|\mathrm{d}D^\dagger(z)D(z)|n\rangle\langle n|D^\dagger(z)\mathrm{d}D(z)|n\rangle = -\frac{(\bar{z}\mathrm{d}z - z\mathrm{d}\bar{z})^2}{4}. \tag{8.201}$$

最终有

$$\mathrm{d}s_\mathrm{S}^2 = \sum_n (2n+1)\lambda_n \mathrm{d}z\mathrm{d}\bar{z}$$

$$= \frac{\mathrm{e}^{-\frac{1}{2}\beta\hbar\omega}}{Z} \left(\frac{2}{(\mathrm{e}^{\frac{1}{2}\beta\hbar\omega} - \mathrm{e}^{-\frac{1}{2}\beta\hbar\omega})^2} + \frac{\frac{1}{2}\mathrm{csch}\left(\frac{\beta\hbar\omega}{2}\right)}{\mathrm{e}^{-\frac{1}{2}\beta\hbar\omega}} \right) \mathrm{d}z\mathrm{d}\bar{z}$$

$$= \coth\left(\frac{\beta\hbar\omega}{2}\right) \mathrm{d}z\mathrm{d}\bar{z}$$

$$= \coth\left(\frac{\beta\hbar\omega}{2}\right) (\mathrm{d}x^2 + \mathrm{d}y^2). \tag{8.202}$$

对比式 (8.116)，有 $\mathrm{d}s_\mathrm{B}^2 \leqslant \mathrm{d}s_\mathrm{S}^2$，这与式 (8.147) 相符。仅在零温时，两者都退化为 Fubini-Study 度规。但在无穷高温时，

$$\lim_{\beta\to 0} \mathrm{d}s_\mathrm{S}^2 = (\mathrm{d}x^2 + \mathrm{d}y^2) \lim_{\beta\to 0} \coth\left(\frac{\beta\hbar\omega}{2}\right) \longrightarrow +\infty, \tag{8.203}$$

即使邻近相干态之间的 Sjöqvist 距离也发散。其原因可能是谐振子有无穷多能级，而在无穷高温时，每个能级的权重都一样，因此导致各能级 Fubini-Study 距离的总贡献发散。

根据式 (8.166)，$U^N(1)$ 量子几何张量的虚部 2-形式为

$$\Omega = \frac{\mathrm{i}}{2} \sum_n \lambda_n \mathrm{d}\langle n,z| \wedge \mathrm{d}|n,z\rangle$$

8.3 $U^N(1)$–量子几何张量

$$\begin{aligned}
&= \frac{\mathrm{i}}{2} \sum_n \lambda_n \langle n | \mathrm{d}D^\dagger(z) \wedge \mathrm{d}D(z) | n \rangle \\
&= \frac{\mathrm{i}}{2} \sum_n \lambda_n \langle n | \left[\left(a^\dagger + \frac{\bar{z}}{2}\right)\left(a + \frac{z}{2}\right) - \left(a + \frac{z}{2}\right)\left(a^\dagger + \frac{\bar{z}}{2}\right) \right] | n \rangle \mathrm{d}z \wedge \mathrm{d}\bar{z} \\
&= -\frac{\mathrm{i}}{2} \mathrm{d}z \wedge \mathrm{d}\bar{z} \\
&= -\mathrm{d}x \wedge \mathrm{d}y.
\end{aligned} \tag{8.204}$$

对比式 (3.135)，与零温时的结果一样。

2. 费米谐振子

同样，费米相干态的 Sjöqvist 距离也只包含两项：

$$\begin{aligned}
\mathrm{d}s_{\mathrm{S}}^2 &= \sum_{n=0,1} \lambda_n \langle n | \mathrm{d}D^\dagger(\xi)[1 - D(\xi)|n\rangle\langle n|D^\dagger(\xi)]\mathrm{d}D(\xi) | n \rangle \\
&= \sum_{n=0,1} \lambda_n \left[\langle n | \mathrm{d}D^\dagger(\xi)\mathrm{d}D(\xi) | n \rangle - \langle n | \mathrm{d}D^\dagger(\xi)D(\xi) | n \rangle \langle n | D^\dagger(\xi)\mathrm{d}D(\xi) | n \rangle \right].
\end{aligned} \tag{8.205}$$

利用

$$\begin{aligned}
\mathrm{d}D(\xi) &= \left(b^\dagger - \frac{1}{2}\bar{\xi}\right) D(\xi)\mathrm{d}\xi + D(\xi)\left(b + \frac{1}{2}\xi\right)\mathrm{d}\bar{\xi} \\
\mathrm{d}D^\dagger(\xi) &= -D^\dagger(\xi)\left(b - \frac{1}{2}\xi\right)\mathrm{d}\bar{\xi} - \left(b^\dagger + \frac{1}{2}\bar{\xi}\right) D^\dagger(\xi)\mathrm{d}\xi,
\end{aligned} \tag{8.206}$$

$\mathrm{d}s_{\mathrm{S}}^2$ 的第一项计算如下

$$\begin{aligned}
&\langle n | \mathrm{d}D^\dagger(\xi)\mathrm{d}D(\xi) | n \rangle \\
&= \langle n | D^\dagger(\xi)\left(b - \frac{\xi}{2}\right)\left(b^\dagger - \frac{\bar{\xi}}{2}\right) D(\xi) \mathrm{d}\bar{\xi}\mathrm{d}\xi | n \rangle + \langle n | \left(b^\dagger b + \frac{\bar{\xi}\xi}{4}\right) \mathrm{d}\xi\mathrm{d}\bar{\xi} | n \rangle \\
&= \langle n | \left(bb^\dagger + \frac{\xi\bar{\xi}}{4}\right) \mathrm{d}\bar{\xi}\mathrm{d}\xi | n \rangle + \langle n | \left(b^\dagger b + \frac{\bar{\xi}\xi}{4}\right) \mathrm{d}\xi\mathrm{d}\bar{\xi} | n \rangle \\
&= \langle n | \left(bb^\dagger - b^\dagger b + \frac{\xi\bar{\xi}}{2}\right) \mathrm{d}\bar{\xi}\mathrm{d}\xi | n \rangle \\
&= \left(1 - 2n + \frac{\xi\bar{\xi}}{2}\right) \mathrm{d}\bar{\xi}\mathrm{d}\xi,
\end{aligned} \tag{8.207}$$

第二项为

$$-\langle n|\mathrm{d}D^\dagger(\xi)D(\xi)|n\rangle\langle n|D^\dagger(\xi)\mathrm{d}D(\xi)|n\rangle$$

$$=\langle n|\left(\frac{\bar{\xi}}{2}\mathrm{d}\xi+\frac{\xi}{2}\mathrm{d}\bar{\xi}\right)|n\rangle\langle n|\left(\frac{\bar{\xi}}{2}\mathrm{d}\xi+\frac{\xi}{2}\mathrm{d}\bar{\xi}\right)|n\rangle$$

$$=-\frac{\xi\bar{\xi}}{2}\mathrm{d}\bar{\xi}\mathrm{d}\xi. \tag{8.208}$$

最终有

$$\mathrm{d}s_S^2 = \lambda_0 \mathrm{d}\xi\mathrm{d}\bar{\xi} - \lambda_1 \mathrm{d}\bar{\xi}\mathrm{d}\xi = \tanh\left(\frac{\beta\hbar\omega}{2}\right)\mathrm{d}\bar{\xi}\mathrm{d}\xi. \tag{8.209}$$

有意思的是，在无穷高温时，$\mathrm{d}s_S^2$ 也趋向于 0，与 Bures 距离类似（见式 (8.117)）。与式 (8.208) 的计算类似，虚部 2-形式为

$$\Omega = \frac{\mathrm{i}}{2}\sum_n \lambda_n \langle n|\mathrm{d}D^\dagger(\xi)\wedge\mathrm{d}D(\xi)|n\rangle$$

$$=\frac{\mathrm{i}}{2}\sum_n \lambda_n \left[\langle n|D^\dagger(\xi)\left(b-\frac{\xi}{2}\right)\left(b^\dagger-\frac{\bar{\xi}}{2}\right)D(\xi)\mathrm{d}\bar{\xi}\wedge\mathrm{d}\xi|n\rangle\right.$$

$$\left.+\langle n|\left(b^\dagger b+\frac{\bar{\xi}\xi}{4}\right)\mathrm{d}\xi\wedge\mathrm{d}\bar{\xi}|n\rangle\right]$$

$$=\frac{\mathrm{i}}{2}\sum_n \lambda_n \left[\langle n|\left(bb^\dagger+\frac{\xi\bar{\xi}}{4}\right)\mathrm{d}\bar{\xi}\wedge\mathrm{d}\xi|n\rangle+\langle n|\left(b^\dagger b+\frac{\bar{\xi}\xi}{4}\right)\mathrm{d}\xi\wedge\mathrm{d}\bar{\xi}|n\rangle\right]$$

$$=\mathrm{d}\xi\wedge\mathrm{d}\bar{\xi}. \tag{8.210}$$

例 8.3.2 二维狄拉克 (Dirac) 费米子的 $U^N(1)$–量子几何张量。该模型的哈密顿量为 $\hat{H}(\boldsymbol{k}) = \boldsymbol{d}(\boldsymbol{k})\cdot\boldsymbol{\sigma}$，其中 $d_1 = k_x$, $d_2 = k_y$ 和 $d_3 = m$。令 $k = \sqrt{k_x^2+k_y^2}$，系统的本征能量和能级分别为 $E_\pm(\boldsymbol{k}) = \pm d(\boldsymbol{k}) = \pm\sqrt{k^2+m^2}$ 和

$$|u_\pm\rangle = \frac{1}{\sqrt{2d(d\pm d_3)}}\begin{pmatrix} d\pm d_3 \\ \pm(d_1+\mathrm{i}d_2) \end{pmatrix}. \tag{8.211}$$

当 $m \neq 0$ 时，两个能带是分离的。当 $m = 0$ 时，两个能带会交于 $(k_x, k_y) = (0,0)$ 点，因此整个能带的拓扑性会发生改变。同时，仅当 $m = 0$ 时，系统满足时间反演对称性。对于自旋-$\frac{1}{2}$ 系统，时间反演算符为 $\mathcal{T} = \mathrm{i}\sigma_y K$，其中 K 为复共轭算子。易证

$$\mathcal{T}\hat{H}(\boldsymbol{k})\mathcal{T}^{-1} = -\hat{H}(\boldsymbol{k}). \tag{8.212}$$

8.3 $U^N(1)$-量子几何张量

仅当 $m=0$ 时，才有 $\mathcal{T}\hat{H}(\bm{k})\mathcal{T}^{-1}=\hat{H}(-\bm{k})$。

为计算 Sjöqvist 度规，根据式 (2.109) 可导出

$$\frac{\partial}{\partial k_i}\left(\frac{d\pm d_3}{\sqrt{2d(d\pm d_3)}}\right)=\frac{k_i}{2d\sqrt{2d(d\pm d_3)}}\left[2-\left(\frac{1}{d}+\frac{1}{d\pm d_3}\right)(d\pm d_3)\right]$$

$$=\mp\frac{d_i d_3}{2d^2\sqrt{2d(d\pm d_3)}} \tag{8.213}$$

和

$$\frac{\partial}{\partial k_1}\left(\frac{d_1+\mathrm{i}d_2}{\sqrt{2d(d\pm d_3)}}\right)=\frac{1}{2\sqrt{2d(d\pm d_3)}}\left[2-\frac{d_1}{d}\left(\frac{d_1+\mathrm{i}d_2}{d}+\frac{d_1+\mathrm{i}d_2}{d\pm d_3}\right)\right],$$

$$\frac{\partial}{\partial k_2}\left(\frac{d_1+\mathrm{i}d_2}{\sqrt{2d(d\pm d_3)}}\right)=\frac{1}{2\sqrt{2d(d\pm d_3)}}\left[2\mathrm{i}-\frac{d_2}{d}\left(\frac{d_1+\mathrm{i}d_2}{d}+\frac{d_1+\mathrm{i}d_2}{d\pm d_3}\right)\right].$$

$$\tag{8.214}$$

Fubini-Study 度规的贡献为

$$g_{ij}^{\mathrm{FS}}=\mathrm{Re}\left(\lambda_+\langle\partial_i u_+|u_-\rangle\langle u_-|\partial_j u_+\rangle+\lambda_-\langle\partial_i u_-|u_+\rangle\langle u_+|\partial_j u_-\rangle\right)$$

$$=\mathrm{Re}\left(\lambda_+\langle\partial_i u_+|u_-\rangle\langle u_-|\partial_j u_+\rangle+\lambda_-\overline{\langle\partial_i u_+|u_-\rangle\langle u_-|\partial_j u_+\rangle}\right). \tag{8.215}$$

利用以上结果，最终可推出

$$g_{ij}^{\mathrm{FR}}=\frac{\beta^2}{4d^2}\mathrm{sech}^2(\beta d)d_i d_j,$$

$$g_{11}^{\mathrm{FS}}=\frac{d_1^2 d_3^2+d^2 d_2^2}{4d^4(d^2-d_3^2)},$$

$$g_{22}^{\mathrm{FS}}=\frac{d_2^2 d_3^2+d^2 d_1^2}{4d^4(d^2-d_3^2)},$$

$$g_{12}^{\mathrm{FS}}=g_{21}^{\mathrm{FS}}=\frac{d_1 d_2}{4d^2},$$

$$\Omega_{12}=-\Omega_{21}=\tanh(\beta d)\frac{d_3}{4d^3}. \tag{8.216}$$

有趣的是，各能级 Fubini-Study 度规的总贡献与温度无关。

为了对 $U^N(1)$-量子几何张量的性质有形象的认识，以 g_{11}^{S} 为代表，在图 8.3(a) 给出了它在点 $(k_x,k_y)=(1.0,0.3)$ 处的 T-m 平面等高线图。整个图关于时间反演

不变线 $m=0$ 对称,但没有任何奇异行为,说明 g_{11}^S 对系统的拓扑性不敏感。这在意料之中,毕竟量子几何张量的实部只反映系统的局域性质。在图 8.3(b),给出了不同温度下 θ_g 随 m 的变化趋势图,积分区间为整个 k_x-k_y 平面。当 $0 < T < +\infty$ 时,θ_g 是 m 的连续函数。随着温度趋向无穷高温时,θ_g 逐渐在整体趋向于 0。而在零温极限下,θ_g 为基态 Berry 相位的一半,这是因为

$$\theta_g = \pi \int_0^\infty \mathrm{d}k\, k \tanh(\beta d) \frac{m}{(k^2+m^2)^{\frac{3}{2}}} \to \frac{\pi}{2}\mathrm{sgn}(m) = \frac{1}{2}\theta_B^-. \tag{8.217}$$

在 $m = 0$ 处,$\theta_g(T=0)$ 的数值发生跃变,这是因为两个能带合二为一,使得 Dirac 费米子的能谱流形不再具有确定的方向,从而导致 Berry 相位不再具有明确的意义。

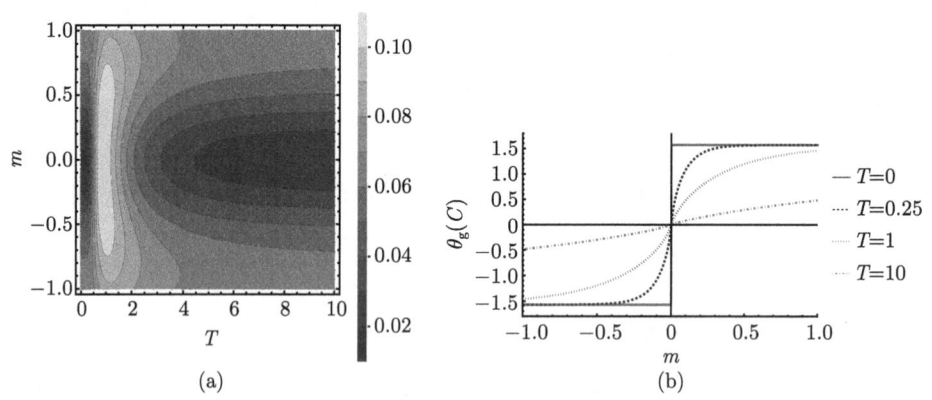

图 8.3 (a) g_{11}^S 在 T-m 平面上的等高线图,其中外参数选为 $k_x = 1.0$ 和 $k_y = 0.3$。(b) 不同温度下,θ_g 随 m 的变化趋势图 (彩图请扫封底二维码)

例 8.3.3 三维超导体的 $U^N(1)$-量子几何张量。现在考虑三维自旋单态超导体系,其哈密顿量可用平均场理论描述为 $\hat{H} = \sum_{\boldsymbol{k}} \Psi_{\boldsymbol{k}}^\dagger \hat{H}(\boldsymbol{k}) \Psi_{\boldsymbol{k}}$,其中 $\Psi_{\boldsymbol{k}} = (\psi_{\boldsymbol{k}\uparrow}, \psi_{-\boldsymbol{k}\downarrow}^\dagger)^T$ 为 Nambu 旋量,由自旋向上与向下的费米算符组合而成。$\Psi_{\boldsymbol{k}}$ 所在的旋量空间称为 Nambu 空间,作用于该空间的哈密顿量为

$$\hat{H}(\boldsymbol{k}) = \boldsymbol{d}(\boldsymbol{k}) \cdot \boldsymbol{\sigma} = d_1(\boldsymbol{k})\sigma_1 + d_3(\boldsymbol{k})\sigma_3. \tag{8.218}$$

其中,$d_1 = \Delta$ 为序参量,$d_3 = \epsilon_{\boldsymbol{k}} = -2t(\cos k_x + \cos k_y + \cos k_z) - \mu$,$t$ 为最近邻粒子间的跃迁系数,μ 为化学势。$\hat{H}(\boldsymbol{k})$ 的本征值与能级分别为 $E_\pm(\boldsymbol{k}) = \pm d(\boldsymbol{k}) = $

8.3 $U^N(1)$-量子几何张量

$\pm\sqrt{\Delta^2+\epsilon_{\boldsymbol{k}}^2}$ 和

$$|u_\pm\rangle = \frac{1}{\sqrt{2d(d\pm d_3)}}\begin{pmatrix} d\pm d_3 \\ \pm d_1 \end{pmatrix}. \tag{8.219}$$

能隙函数或序参量由方程 $\Delta = U\sum_{\boldsymbol{k}}\langle\psi_{\boldsymbol{k}\uparrow}\psi_{-\boldsymbol{k}\downarrow}\rangle$ 给定，其中 U 为配对耦合常数。当 T 和 t 给定时，Δ 和 μ 可通过求解两个状态方程而获得，它们是粒子数方程

$$n = \sum_{\boldsymbol{k}}\left[1 - \frac{\epsilon_{\boldsymbol{k}}}{d(\boldsymbol{k})}(1-2f(d(\boldsymbol{k})))\right] \tag{8.220}$$

与能隙方程

$$\frac{1}{U} + \sum_{\boldsymbol{k}}\frac{1-2f(d(\boldsymbol{k}))}{2d(\boldsymbol{k})} = 0, \tag{8.221}$$

其中，$f(x) = 1/(e^{\beta x}+1)$ 为费米分布函数。若温度 T 在临界温度 T_c 之下，$\Delta > 0$；在 T_c 之上，则有 $\Delta = 0$。利用以下事实

$$\frac{\partial_{k_i}\lambda_\pm \partial_{k_j}\lambda_\pm}{4\lambda_\pm} = \frac{t^2\beta^2 d_3^2 \mathrm{sech}^4(\beta d)\sin k_i \sin k_j}{2d^2[1\mp\tanh(\beta d)]} \tag{8.222}$$

和

$$\langle\partial_{k_i}u_+|u_-\rangle = \langle u_-|\partial_{k_i}u_+\rangle = t\sin k_i\left[\frac{\sqrt{d^2-d_3^2}}{2d^2}\left(-\frac{d+d_3}{d}+2\right) + \frac{d_1^2}{2d^3}\sqrt{\frac{d+d_3}{d-d_3}}\right],$$

$$\langle\partial_{k_i}u_-|u_+\rangle = \langle u_+|\partial_{k_i}u_-\rangle = t\sin k_i\left[\frac{\sqrt{d^2-d_3^2}}{2d^2}\left(\frac{d-d_3}{d}-2\right) - \frac{d_1^2}{2d^3}\sqrt{\frac{d-d_3}{d+d_3}}\right], \tag{8.223}$$

可推出

$$g_{ij}^{\mathrm{FR}} = \sin k_i \sin k_j \frac{t^2\beta^2 d_3^2 \mathrm{sech}^2(\beta d)}{d^2},$$

$$g_{ij}^{\mathrm{FS}} = \sin k_i \sin k_j\, t^2 \frac{d_1^2}{d^4} = \frac{\sin k_i \sin k_j \Delta^2 t^2}{(\Delta^2+\epsilon_{\boldsymbol{k}}^2)^2}, \tag{8.224}$$

且 $g_{ij}^{\mathrm{S}} = g_{ij}^{\mathrm{FR}} + g_{ij}^{\mathrm{FS}}$，其虚部为 0（因为 $|u_\pm\rangle$ 是实的）。有趣的是，g_{ij}^{FS} 的分子正比于 Δ^2，这意味着它与序参量有类似的行为：在临界温度之上，Fubini-Study 度规没有贡献，仅有来自 Fisher-Rao 度规的贡献。因此，$U^N(1)$-量子几何张量在温度跨越 T_c 时应有非常不同的行为。

图 8.4 中,在三组不同条件下 (n 和 U) 展示了 g^S 与 g^{FR} 如何随温度而变化。在每一行,配对强度从弱逐渐增强: $U/t=8$, 10 和 24,而粒子数密度近乎不变: $n=1.20$, 1.10 和 1.08。图 8.4 的第一行展示了 Δ 的温度依赖性,其行为符合典型的超导序参量特性。图 8.4 的第二行给出相应的 g^S 与 g^{FR} 变化趋势图。在每一列中,临界温度分别为 $T_c/t=1.75$, 2.31 和 5.90。随着相互作用的增强,Δ 也不断增大,在三列中分别有 $\Delta(T=0)/t=3.33$, 4.47 和 11.72。由于 g_{ij}^{FS} 对 Δ 的显著依赖,使得 Fisher-Rao 度规与 Fubini-Study 度规的相对贡献会随着配对强度的变化而显著改变。为研究这一特性,选择 $k_x=k_y=k_z=\frac{\pi}{4}$,根据式 (8.224),量子几何张量所有 9 个分量都彼此相等。在零温极限,$\lambda_- \longrightarrow 1$, $\lambda_+ \longrightarrow 0$,因此 Fisher-Rao 度规的贡献为 0,而此时 Δ 的取值最大,量子几何张量的主要贡献来自 Fubini-Study 度规。在 T_c^- 附近,$\Delta \longrightarrow 0$,Fubini-Study 度规的贡献会迅速减小,而 Fisher-Rao 度规的贡献会迅速增加,但两者改变的速度未必一致,由此会对 g^S 的行为产生影响。在弱配对效应下,在 T_c 附近,g^{FS} 下降过快,导致 g^S 有一个谷;而在中等强度的弱配对效应下,谷变得很平;在强配对效应下,g^{FR} 增长很快,由于 Δ 一开始的相对数值较大且递减不够快,使得 g^S 在 T_c 附近有一个尖锐的峰。这组现象生动地显示了量子几何张量如何刻画配对强度从弱到强的过渡行为。

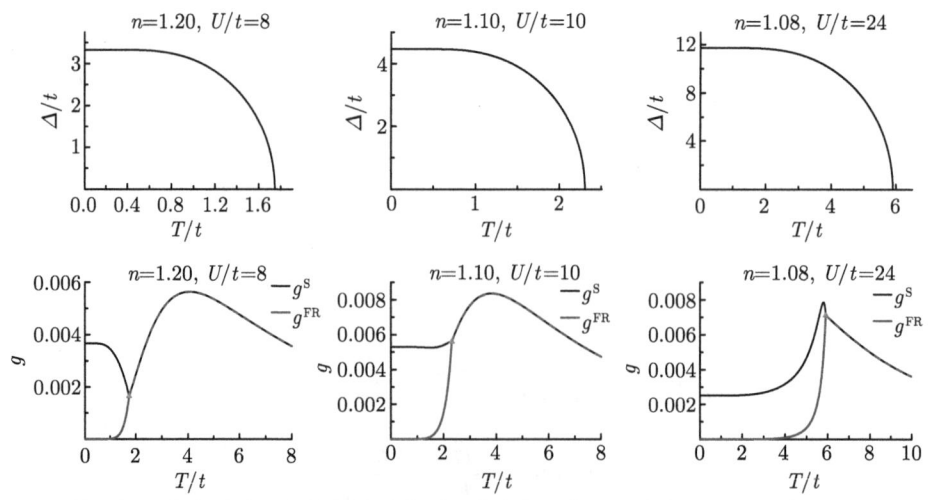

图 8.4 第一行:序参量随温度的变化趋势图。其中相互作用强度从左到右依次递增 ($U/t=8$, 10 和 24),而粒子数密度接近常数 ($n=1.20$, 1.10 和 1.08)。第二行:与第一行对应的 g^S 与 g^{FR} 随温度的变化趋势图,动量设定为 $k_x=k_y=k_z=\frac{\pi}{4}$。临界温度所在处用绿色点标出,黑线与红线分别代表 g^S 与 g^{FR}。在临界温度之上,有 $g^S=g^{FR}$,因此用红色虚线来标识 g^{FR}(彩图请扫封底二维码)

参 考 文 献

[1] Berry M V. Quantal phase factors accompanying adiabatic changes. Proc. R. Soc. A, 1984, 392:45.

[2] Pancharatnam S. Generalized theory of interference, and its applications. Proc. Indian. Acad. Sci. A, 1956, 44:247-262.

[3] Hannay J H. Angle variable holonomy in adiabatic excursion of an integrable Hamiltonian. J. Phys. A: Math. Gen., 1985, 18(2):221.

[4] Chruscinski D, Jamiolkowski. Geometric Phases in Classical and Quantum Mechanics. Basel: Birkhauser, 2004.

[5] Arnold V I. Mathematical Methods of Classical Mechanics. New York: Springer, 1989.

[6] Thouless D J, Kohmoto M, Nightingale M P, et al. Quantized Hall conductance in a two-dimensional periodic potential. Phys. Rev. Lett., 1982, 49:405-408.

[7] Haldane F D M. Model for a quantum Hall effect without Landau levels: Condensed-matter realization of the "parity anomaly". Phys. Rev. Lett., 1988, 61:2015-2018.

[8] Hasan M Z, Kane C L. Colloquium: Topological insulators. Rev. Mod. Phys., 2010, 82:3045-3067.

[9] Qi X L, Zhang S C. Topological insulators and superconductors. Rev. Mod. Phys., 2011, 83:1057-1110.

[10] Moore J E. The birth of topological insulators. Nature, 2010, 464:194-198.

[11] Kane C L, Mele E J. Quantum spin Hall effect in graphene. Phys. Rev. Lett., 2005, 95:226801.

[12] Kane C L, Mele E J. z_2 topological order and the quantum spin Hall effect. Phys. Rev. Lett., 2005, 95:146802.

[13] Bernevig B A, Zhang S C. Quantum spin Hall effect. Phys. Rev. Lett., 2006, 96:106802.

[14] Moore J E, Balents L. Topological invariants of time-reversal-invariant band structures. Phys. Rev. B, 2007, 75:121306(R).

[15] Fu L, Kane C L, Mele E J. Topological insulators in three dimensions. Phys. Rev. Lett., 2007, 98:106803.

[16] Bernevig B A, Hughes T L. Topological Insulators and Topological Superconductors. Princeton: Princeton University Express, 2013.

[17] Chiu C K, Teo J C Y, Schnyder A P, et al. Classification of topological quantum matter with symmetries. Rev. Mod. Phys., 2016, 88:035005.

[18] Born M, Fock V. Beweis des adiabatensatzes. Zeitschrift Für Physik, 1928, 51:165-180.

[19] Aguiar Pinto A C, Nemes M C, Peixoto J G, et al. Comment on the adiabatic condition. Am. J. Phys., 2000, 68:955-958.

[20] Xiao D, Chang M C, Niu Q. Berry phase effects on electronic properties. Rev. Mod. Phys., 2010, 82:1959-2007.

[21] Nielsen M A, Chuang I L. Quantum Computation and Quantum Information. Cambridge: Cambridge University Press, 2000.

[22] Uhlmann A. Parallel transport and "quantum holonomy" along density operators. Rep. Math. Phys., 1986, 24:229.

[23] Brihaye Y, Kosiński P. Adiabatic approximation and Berry's phase in the Heisenberg picture. Phys. Lett. A, 1994, 195:296-300.

[24] Guo H, Hou X Y, He Y, et al. Dynamic process and Uhlmann process: Incompatibility and dynamic phase of mixed quantum states. Phys. Rev. B, 2020, 101:104310.

[25] Nakahara M. Geometry, Topology and Physics. 2ed. Boca Raton: Taylor and Francis Group, 2003.

[26] Rice M J, Mele E J. Elementary excitations of a linearly conjugated diatomic polymer. Phys. Rev. Lett., 1982, 49:1455.

[27] Berry M. Semiclassical mechanics of regular and irregular motion//Iooss G, Helleman R H G, Stora R. Les Houches Lecture Series Session XXXVI. Amsterdam: North Holland, 1983:171-271.

[28] Frank Wilczek, Zee A. Appearance of gauge structure in simple dynamical systems. Phys. Rev. Lett., 1984, 52:2111-2114.

[29] Aharonov Y, Anandan J. Phase change during a cyclic quantum evolution. Phys. Rev. Lett., 1987, 58:1593-1596.

[30] Mukunda N, Simon R. Quantum kinematic approach to the geometric phase. I. General formalism. Ann. Phys., 1993, 228(2):205-268.

[31] Bargmann V. Note on Wigner's theorem on symmetry operations. J. Math. Phys., 1964, 5:862-868.

[32] Provost J P, Vallee G. Riemannian structure on manifolds of quantum states. Commun. Math. Phys., 1980, 76:289-301.

[33] Cheng R. Quantum geometric tensor (Fubini-Study metric) in simple quantum system: A pedagogical introduction, 2010. arXiv:1012.1337.

[34] Page D N. Geometrical description of Berry's phase. Phys. Rev. A, 1987, 36:3479-3481.

[35] Kobayashi S, Nomizu K. Foundations of Differential Geometry, Vol.1. Wiley Classics Library. Hoboken: Wiley, 1963.

[36] Yau S T, Kogut J B. Calabi's conjecture and some new results in algebraic geometry. Proc. Natl. Acad. Sci., 1977, 74:1798-1799.

[37] Brody D C, Hughston L P. Geometric quantum mechanics. J. Geom. Phys., 2001, 38(1):19-53.

[38] Zanardi P, Quan H T, Wang X G, et al. Mixed-state fidelity and quantum criticality at finite temperature. Phys. Rev. A, 2007, 75:032109.

[39] Braunstein S L, Caves C M. Statistical distance and the geometry of quantum states. Phys. Rev. Lett., 1994, 72:3439-3443.

[40] Palumbo G, Goldman N. Revealing tensor monopoles through quantum-metric measurements. Phys. Rev. Lett., 2018, 121:170401.

[41] Kolodrubetz M, Sels D, Mehta P, et al. Geometry and non-adiabatic response in quantum and classical systems. Physics Reports, 2017, 697:1-87.

[42] Ahn J, Guo G Y, Nagaosa N, et al. Riemannian geometry of resonant optical responses. Nat. Phys., 2022, 18(3):290-295.

[43] Gutiérrez-Ruiz D, Gonzalez D, Chávez-Carlos J, et al. Quantum geometric tensor and quantum phase transitions in the Lipkin-Meshkov-Glick model. Phys. Rev. B, 2021, 103:174104.

[44] Julku A, Peotta S, Vanhala T I, et al. Geometric origin of superfluidity in the lieb-lattice flat band. Phys. Rev. Lett., 2016, 117:045303.

[45] Graf A, Piéchon F. Berry curvature and quantum metric in N-band systems: An eigenprojector approach. Phys. Rev. B, 2021, 104:085114.

[46] Ozawa T, Mera B. Relations between topology and the quantum metric for Chern insulators. Phys. Rev. B, 2021, 104:045103.

[47] Zhang D J, Wang Q H, Gong J B. Quantum geometric tensor in $\mathcal{PT}$- symmetric quantum mechanics. Phys. Rev. A, 2019, 99:042104.

[48] Neupert T, Chamon C, Mudry C. Measuring the quantum geometry of bloch bands with current noise. Phys. Rev. B, 2013, 87:245103.

[49] Klees R L, Rastelli G, Cuevas J C, et al. Microwave spectroscopy reveals the quantum geometric tensor of topological Josephson matter. Phys. Rev. Lett., 2020, 124:197002.

[50] Gianfrate A, Bleu O, Dominici L, et al. Measurement of the quantum geometric tensor and of the anomalous Hall drift. Nature, 2020, 578(7795):381-385.

[51] Cuerda J, Taskinen J M, Källman N, et al. Observation of quantum metric and non-Hermitian Berry curvature in a plasmonic lattice. Phys. Rev. Res., 2024, 6:L022020.

[52] Yu M, Yang P C, Gong M S, et al. Experimental measurement of the quantum geometric tensor using coupled qubits in diamond. National Science Review, 2019, 7(2):254-260.

[53] Tan X S, Zhang D W, Yang Z, et al. Experimental measurement of the quantum metric tensor and related topological phase transition with a superconducting qubit. Phys. Rev. Lett., 2019, 122:210401.

[54] Yi C R, Yu J L, Yuan H, et al. Extracting the quantum geometric tensor of an optical raman lattice by bloch-state tomography. Phys. Rev. Res., 2023, 5:L032016.

[55] Roy R. Band geometry of fractional topological insulators. Phys. Rev. B, 2014, 90:165139.

[56] Milnor J W. Topology from the Differentiable Viewpoint. Princeton: Princeton University Press, 1965.

[57] Anandan J, Aharonov Y. Geometry of quantum evolution. Phys. Rev. Lett., 1990, 65:1697-1700.

[58] You W L, Li Y W, Gu S J. Fidelity, dynamic structure factor, and susceptibility in critical phenomena. Phys. Rev. E, 2007, 76:022101.

[59] Bengtsson I, Zyczkowski K. Geometry of Quantum States: An Introduction to Quantum Entanglement. Cambridge: Cambridge University Press, 2006.

[60] Sjöqvist E, Pati A K, Ekert A, et al. Geometric phases for mixed states in interferometry. Phys. Rev. Lett., 2000, 85:2845-2849.

[61] Dittmann J. On the Riemannian metric on the space of density matrices. Rep. Math. Phys., 1995, 36:309.

[62] Jamiolkowski A. Linear transformations which preserve trace and positive semidefiniteness of operators. Rep. Math. Phys., 1972, 3:275.

[63] Hübner M. Explicit computation of the bures distance for density matrices. Phys. Lett. A, 1992, 163:239-242.

[64] Lévay P. Thomas rotation and the mixed state geometric phase. Journal of Physics A: Mathematical and General, 2004, 37(16):4593.

[65] Hou X Y, Gao Q C, Guo H, et al. Ubiquity of zeros of the Loschmidt amplitude for mixed states in different physical processes and its implication. Phys. Rev. B, 2020, 102:104305.

[66] 侯伯元, 侯伯宇. 物理学家用微分几何. 2 版. 北京: 科学出版社, 2004.

[67] Simon B. Holonomy the quantum adiabatic theorem, and Berry's phase. Phys. Rev. Lett., 1983, 51:2167.

[68] Andersson O, Bengtsson I, Ericsson M, et al. Geometric phases for mixed states of the Kitaev chain. Philosophical Transactions of the Royal Society A: Mathematical, Physical and Engineering Sciences, 2016, 374(2068):20150231.

[69] Viyuela O, Rivas A, Martin-Delgado M A. Uhlmann phase as a topological measure for one-dimensional fermion systems. Phys. Rev. Lett., 2014, 112:130401.

[70] Huang Z S, Arovas D P. Topological indices for open and thermal systems via Uhlmann's phase. Phys. Rev. Lett., 2014, 113:076407.

[71] Viyuela O, Rivas A, Martin-Delgado M A. Two-dimensional density-matrix topological fermionic phases: Topological Uhlmann numbers. Phys. Rev. Lett., 2014, 113:076408.

[72] Budich J C, Diehl S. Topology of density matrices. Phys. Rev. B, 2015, 91:165140.

[73] Audenaert K M R, Calsamiglia J, Muñoz Tapia R, et al. Discriminating states: The quantum Chernoff bound. Phys. Rev. Lett., 2007, 98:160501.

[74] Matsumoto K. Uhlmann's parallelism in quantum estimation theory, 1997. arXiv:quantph/ 9711027.

[75] Hübner M. Computation of Uhlmann's parallel transport for density matrices and the Bures metric on three-dimensional Hilbert space. Phys. Lett. A, 1993, 179:226-230.

[76] Uhlmann A. Parallel Lifts and Holonomy along Density Operators: Computable Examples Using O(3)-Orbits, Boston: Springer, 1993:741-748.

[77] Hou X Y, Guo H, Chien C C. Finite-temperature topological phase transitions of spin-j systems in Uhlmann processes: General formalism and experimental protocols. Phys. Rev. A, 2021, 104:023303.

[78] Hou X Y, Wang X, Zhou Z, et al. Geometric phases of mixed quantum states: A comparative study of interferometric and Uhlmann phases. Phys. Rev. B, 2023, 107:165415.

[79] Bohm A, Mostafazadeh A, Koizumi H, et al. The Geometric Phase in Quantum Systems. Berlin: Springer, 2003.

[80] Morachis Galindo D, Rojas F, Maytorena J A. Topological Uhlmann phase transitions for a spin-j particle in a magnetic field. Phys. Rev. A, 2021, 103:042221.

[81] Wang X, Hou X Y, Zhou Z, et al. Uhlmann phase of coherent states and the Uhlmann-Berry correspondence. SciPost Phys. Core, 2023, 6:024.

[82] He Y, Guo H, Chien C C. Thermal Uhlmann-Chern number from the Uhlmann connection for extracting topological properties of mixed states. Phys. Rev. B, 2018, 97:23514.

[83] Viyuela O, Rivas A, Gasparinetti S, et al. A measurement protocol for the topological Uhlmann phase. NPJ Quant. Inf., 2018, 4:10.

[84] Tong D M, Kwek L C, Oh C H. Geometric phase for entangled states of two spin-1/2 particles in rotating magnetic field. Journal of Physics A General Physics, 2003, 36(4):1149.

[85] Tong D M, Sjöqvist E, Kwek L C, et al. Relation between geometric phases of entangled bipartite systems and their subsystems. Phys. Rev. A, 2003, 68:022106.

[86] 刘正鑫. 量子系统中的几何相位及其应用. 天津: 南开大学, 2007.

[87] Vitiello G. Relating different physical systems through the common QFT algebraic structure. //Unruh W G, Schützhold R. Quantum Analogues, From Phase Transitions to Black Holes and Cosmology. New York: Springer, 2007:165-206.

[88] Umezawa H, Matsumoto H, Tachiki M. Dynamics and Condensed States. Amsterdam: North-Holland, 1982.

[89] Das A. Finite Temperature Field Theory. Singapore: World Scientific, 1999.

[90] Blasone M, Jizba P, Vitiello G. Quantum field theory and its macroscopic manifestations: Boson condensation, ordered patterns and topological defects. New York: Academic Press, 2011.

[91] Umezawa H. Advanced Field Theory: Micro, Macro and Thermal Physics. New York: AIP, 1993.

[92] Hou X Y, Huang Z W, Zhou Z, et al. Generalizations of Berry phase and differentiation of purified state and thermal vacuum of mixed states. Phys. Lett. A, 2023, 457:128553.

[93] Mebs S, Braun B, Kositzki R, et al. Abrupt versus gradual spin-crossover in $fe^{II}(phen)_2(ncs)_2$ and $fe^{III}(dedtc)_3$ compared by X-ray absorption and emission spectroscopy and quantum-chemical calculations. Inorg. Chem., 2015, 54:11606-11624.

[94] Paris M G A. Quantum estimation for quantum technology. Int. J. Quantum Inf., 2009, 7:125.

[95] Liu J, Yuan H, Lu X M, et al. Quantum Fisher information matrix and multiparameter estimation. J. Phys. A: Math. Theor., 2019, 53(2):023001.

[96] Hou X Y, Zhou Z, Wang X, et al. Local geometry and quantum geometric tensor of mixed states. Phys. Rev. B, 2024, 110:035144.

[97] Lambert J, Sørensen E S. From classical to quantum information geometry: A guide for physicists. New J. of Phys., 2023, 25(8):081201.

[98] Sjöqvist E. Geometry along evolution of mixed quantum states. Phys. Rev. Res., 2020, 2:013344.

[99] Andersson O, Heydari H. Geometric uncertainty relation for mixed quantum states. J. Math. Phys., 2014, 55:042110.

[100] Andersson O, Heydari H. Quantum speed limits and optimal Hamiltonians for driven systems in mixed states. J. Phys. A: Math. Gen., 2014, 47(21):215301.

[101] Zhou Z, Hou X Y, Wang X, et al. Sjöqvist quantum geometric tensor of finite-temperature mixed states. Phys. Rev. B, 2024, 110:035404.

[102] Uhlmann A. A gauge field governing parallel transport along mixed states. Lett. Math. Phys., 1991, 21:229.

[103] Heyl M, Polkovnikov A, Kehrein S. Dynamical quantum phase transitions in the transverse-field Ising model. Phys. Rev. Lett., 2013, 110:135704.

附录 A Berry 相位的一些补充计算

在这里，给出两能级体系 Berry 曲率公式 (2.125) 的详细推导。表达式 (2.124) 给出

$$\mathcal{F}_{B\pm} = d\mathcal{A}_{B\pm} = -i\frac{1}{2}d\frac{1}{R(R\pm R_3)} \wedge (R_2 dR_1 - R_1 dR_2) + i\frac{dR_1 \wedge dR_2}{R(R\pm R_3)}. \tag{A.1}$$

利用

$$d\frac{1}{R(R\pm R_3)} = \frac{1}{R\pm R_3}\left(-\frac{R_i dR_i}{R^3}\right) - \frac{1}{R}\frac{1}{(R\pm R_3)^2}\left(\frac{R_i dR_i}{R} \pm dR_3\right)$$

$$= -\frac{(2R\pm R_3)R_i dR_i \pm R^2 dR_3}{R^3(R\pm R_3)^2}, \tag{A.2}$$

则式 (2.124) 右端的第一项为

$$\frac{(2R\pm R_3)(R_1^2 + R_2^2)dR_1 \wedge dR_2}{2R^3(R\pm R_3)^2} - \frac{(2R\pm R_3)R_3(R_2 dR_3 \wedge dR_1 + R_1 dR_2 \wedge dR_3)}{2R^3(R\pm R_3)^2}$$

$$\mp \frac{R^2 R_2 dR_3 \wedge dR_1}{2R^3(R\pm R_3)^2} \mp \frac{R^2 R_1 dR_2 \wedge dR_3}{2R^3(R\pm R_3)^2}. \tag{A.3}$$

而上式的第一项又为

$$\frac{(2R\pm R_3)(R^2 - R_3^2)dR_1 \wedge dR_2}{2R^3(R\pm R_3)^2} = \frac{(2R\pm R_3)(R\mp R_3)dR_1 \wedge dR_2}{2R^3(R\pm R_3)}$$

$$= \frac{(2R^2 \mp RR_3 - R_3^2)dR_1 \wedge dR_2}{2R^3(R\pm R_3)}. \tag{A.4}$$

这一项与式 (2.124) 右端第二项之和为

$$\frac{(\mp RR_3 - R_3^2)dR_1 \wedge dR_2}{2R^3(R\pm R_3)} = \mp\frac{R_3 dR_1 \wedge dR_2}{2R^3}. \tag{A.5}$$

再计算式 (A.3) 中正比于 $dR_3 \wedge dR_1$ 的项，可得

$$\frac{\mp(R^2 \pm 2RR_3 + R_3^2)R_2 dR_3 \wedge dR_1}{2R^3(R\pm R_3)^2} = \mp\frac{R_2 dR_3 \wedge dR_1}{2R^3}. \tag{A.6}$$

类似地，式 (A.3) 中正比于 $\mathrm{d}R_2 \wedge \mathrm{d}R_3$ 的项为

$$\frac{\mp(R^2 \pm 2RR_3 + R_3^2)R_1\mathrm{d}R_2 \wedge \mathrm{d}R_3}{2R^3(R \pm R_3)^2} = \mp\frac{R_1\mathrm{d}R_2 \wedge \mathrm{d}R_3}{2R^3}. \tag{A.7}$$

最终，Berry 曲率为

$$\begin{aligned}\mathcal{F}_{\mathrm{B}\pm} &= \pm\mathrm{i}\left(\frac{R_3\mathrm{d}R_1 \wedge \mathrm{d}R_2}{2R^3} + \frac{R_1\mathrm{d}R_2 \wedge \mathrm{d}R_3}{2R^3} + \frac{R_3\mathrm{d}R_1 \wedge \mathrm{d}R_2}{2R^3}\right) \\ &= \pm\frac{\mathrm{i}}{4}\frac{\epsilon_{ijk}R_i\mathrm{d}R_j \wedge \mathrm{d}R_k}{R^3}.\end{aligned} \tag{A.8}$$

附录 B Kähler 流形简介

B.1 复 流 形

B.1.1 柯西–黎曼条件

Kähler 流形是一种特殊的复流形，我们先从后者开始讲起。复流形是局部性质与 $\mathbb{C}^N$ 类似的流形，一个 N 维复流形可被"实化"为 $2N$ 维实微分流形，其坐标卡在局域与 $\mathbb{C}^N$ 微分同胚，且相交坐标卡集之间的坐标变换 (转移函数) 为全纯函数。具体而言，对一个复流形 M，它必须满足如下公理：①M 是一个拓扑空间；②M 上有坐标卡 $\{(U_n, \phi_n)\}$，其中 $\{U_n\}$ 是 M 的一个开覆盖，ϕ_n 是从 U_n 到 $\mathbb{C}^N$ 中一个开集的同胚映射；③若 $U_n \cap U_m \neq \emptyset$，则坐标变换 $\psi_{mn} = \phi_m \circ \phi_n^{-1}$ 是从 $\phi_n(U_n \cap U_m)$ 到 $\phi_m(U_n \cap U_m)$ 上的全纯映射。M 上的一个复结构为其上的极大坐标卡 $\{(U_n, \phi_n)\}, n \in \mathcal{A}$，使得任意与 $\mathcal{A}$ 相容的坐标卡均属于 $\mathcal{A}$。换言之，如果 $\{(U_n, \phi_n)\}$ 和 $\{(V_m, \psi_n)\}$ 为 M 上的两个坐标卡，若它们的并集仍是一个坐标卡，那么它们定义了同一个复结构。

取 M 的坐标卡 $\{(U_n, \phi_n)\}$ 和点 $p \in U_n \cap U_m$，令 $\phi_n(p)$ 对应的坐标为 $z^i = x^i + \mathrm{i} y^i$，$i = 1, 2, \cdots, N$。那么 $\phi_m(p) = \psi_{mn}(\phi_n(p))$ 的所有坐标分量均为 z^i 的全纯函数。令 $\phi_m(p)$ 的坐标为 $w^i = u^i + \mathrm{i} v^i$，柯西–黎曼条件要求

$$\frac{\partial u^i}{\partial x^j} = \frac{\partial v^i}{\partial y^j}, \quad \frac{\partial u^i}{\partial y^j} = -\frac{\partial v^i}{\partial x^j}. \tag{B.1}$$

对于复流形而言，当然可以用复坐标来描述其局域性质，而柯西–黎曼条件也保证了使用实坐标的合理性。

B.1.2 近复结构

可以用统一的符号来描述复坐标的实部和虚部。令 $x^{N+i} = y^i$，$u^{N+i} = v^i$，则坐标变换对应的雅可比 (Jacobi) 矩阵为

$$\left(\frac{\partial u^i}{\partial x^j}\right) := \begin{pmatrix} \dfrac{\partial u^i}{\partial x^j} & \dfrac{\partial u^i}{\partial y^j} \\ \dfrac{\partial v^i}{\partial x^j} & \dfrac{\partial v^i}{\partial y^j} \end{pmatrix} = \begin{pmatrix} \dfrac{\partial u^i}{\partial x^j} & \dfrac{\partial u^i}{\partial y^j} \\ -\dfrac{\partial u^i}{\partial y^j} & \dfrac{\partial u^i}{\partial x^j} \end{pmatrix}. \tag{B.2}$$

进一步引入 $2N \times 2N$ 矩阵

$$\mathcal{J} = \begin{pmatrix} 0 & -1_N \\ 1_N & 0 \end{pmatrix}, \tag{B.3}$$

则柯西-黎曼条件可以表示为

$$\left(\frac{\partial u^i}{\partial x^j}\right) = -\mathcal{J}\left(\frac{\partial u^i}{\partial x^j}\right)\mathcal{J}. \tag{B.4}$$

注意到 $\mathrm{d}u^i = \frac{\partial u^i}{\partial x^j}\mathrm{d}x^j (i=1,\cdots,2N)$,那么 $\left(\frac{\partial u^i}{\partial x^j}\right)$ 是 Jacobi 在基矢

$$\mathrm{d}x^i := (\mathrm{d}x^1, \cdots, \mathrm{d}x^N, \mathrm{d}y^1, \cdots, \mathrm{d}y^N)^\mathrm{T} \tag{B.5}$$

下的矩阵表示,因此 $\mathcal{J}$ 也是作用在 $\mathrm{d}x^i$ 上的矩阵。已知 $\phi_n(p) \in U_n \subset \mathbb{C}^N \cong R^{2N}$,该点处的余切空间 $T_p^*U_n$ 可视为 $2N$ 维实线性空间,则 $\mathcal{J}$ 为 $T_p^*U_n$ 上的线性算子,且有

$$\mathcal{J}(\mathrm{d}x^i) = -\mathrm{d}y^i, \quad \mathcal{J}(\mathrm{d}y^i) = \mathrm{d}x^i. \tag{B.6}$$

$\mathcal{J}$ 的对偶算子

$$J = \mathcal{J}^\dagger = -\mathcal{J} = \begin{pmatrix} 0 & 1_N \\ -1_N & 0 \end{pmatrix} \tag{B.7}$$

则为切空间 T_pU_n 上的线性算子。显然,J 对 T_pU_n 基矢的作用为

$$J\left(\frac{\partial}{\partial x^i}\right) = \frac{\partial}{\partial y^i}, \quad J\left(\frac{\partial}{\partial y^i}\right) = -\frac{\partial}{\partial x^i}. \tag{B.8}$$

利用 $U_n \cap U_m$ 上的坐标变换 $z^i = z^i(w)$ 以及柯西-黎曼条件,也可以求出 J 在 T_pU_m 上的矩阵表示

$$J\left(\frac{\partial}{\partial u^i}\right) = J\left(\frac{\partial x^j}{\partial u^i}\frac{\partial}{\partial x^j} + \frac{\partial y^j}{\partial u^i}\frac{\partial}{\partial y^j}\right) = \frac{\partial y^j}{\partial v^i}\frac{\partial}{\partial y^j} + \frac{\partial x^j}{\partial v^i}\frac{\partial}{\partial x^j} = \frac{\partial}{\partial v^i},$$

$$J\left(\frac{\partial}{\partial v^i}\right) = J\left(\frac{\partial x^j}{\partial v^i}\frac{\partial}{\partial x^j} + \frac{\partial y^j}{\partial v^i}\frac{\partial}{\partial y^j}\right) = -\frac{\partial y^j}{\partial u^i}\frac{\partial}{\partial y^j} - \frac{\partial x^j}{\partial u^i}\frac{\partial}{\partial x^j} = -\frac{\partial}{\partial u^i}. \tag{B.9}$$

因此,在 T_pU_m 中的基矢下,J 也表示为 $J = \begin{pmatrix} 0 & 1_N \\ -1_N & 0 \end{pmatrix}$。既然 J 在任意点处的矩阵元均为常数,可以引入一个光滑张量场 J(为方便起见仍用 J 表示该张

B.1 复流形

量场),它在点 p 处的矩阵元由式 (B.7) 给出。将 J 称为复流形 M 上的近复结构。尽管 J 的矩阵元只能局域地定义,但也可通过不同坐标卡集之间的转移函数在 M 上整体地定义。在这种情况下,M 上既可以引入复坐标也可以引入实坐标,且当 M 被视为实光滑流形时其维数必为偶数,即 $\dim_{\mathbb{C}} M = \frac{1}{2}\dim_{\mathbb{R}} M = N$。

由于 J 是切丛上的自同构,因此它是 (1,1) 型实张量,可以表示成

$$J = \sum_{i=1}^{N} \left(\mathrm{d}x^i \otimes \frac{\partial}{\partial y^i} - \mathrm{d}y^i \otimes \frac{\partial}{\partial x^i}\right). \tag{B.10}$$

显然它也可以作用于余切向量,且效果与 $\mathcal{J}$ 相同 (对比式 (B.6)):

$$J(\mathrm{d}x^i) = -\mathrm{d}y^i, \quad J(\mathrm{d}y^i) = \mathrm{d}x^i. \tag{B.11}$$

作为 $T_p U_n$ 上的线性算子,由于 $J^2 = -1_{2N}$,因此它在实数域上没有本征值。为求出其本征向量,需要把切空间复化为 $T_{p\mathbb{C}} U_n$,同样余切空间复化为 $T^*_{p\mathbb{C}} U_n$。取点 p 的复坐标 $z^i = x^i + \mathrm{i}y^i$,$\bar{z}^i = x^i - \mathrm{i}y^i$,可得

$$\partial_{z^i} \equiv \frac{\partial}{\partial z^i} = \frac{1}{2}\left(\frac{\partial}{\partial x^i} - \mathrm{i}\frac{\partial}{\partial y^i}\right), \quad \partial_{\bar{z}^i} \equiv \frac{\partial}{\partial \bar{z}^i} = \frac{1}{2}\left(\frac{\partial}{\partial x^i} + \mathrm{i}\frac{\partial}{\partial y^i}\right). \tag{B.12}$$

由式 (B.8) 可导出

$$J\left(\frac{\partial}{\partial z^i}\right) = \mathrm{i}\frac{\partial}{\partial z^i}, \quad J\left(\frac{\partial}{\partial \bar{z}^i}\right) = -\mathrm{i}\frac{\partial}{\partial \bar{z}^i}. \tag{B.13}$$

因此 ∂_{z^i} 和 $\partial_{\bar{z}^i}$ 分别为 J 从属于本征值 i 和 $-\mathrm{i}$ 的本征向量,且在这组基下,J 被对角化为 $J = \begin{pmatrix} \mathrm{i}1_N & 0 \\ 0 & -\mathrm{i}1_N \end{pmatrix}$,或者

$$J = \sum_{i=1}^{N} \left(\mathrm{i}\mathrm{d}z^i \otimes \frac{\partial}{\partial z^i} - \mathrm{i}\mathrm{d}\bar{z}^i \otimes \frac{\partial}{\partial \bar{z}^i}\right). \tag{B.14}$$

该式表明 J 也是余切丛上的自同构算子,且由此可以导出

$$J(\mathrm{d}z^i) = \mathrm{i}\mathrm{d}z^i, \quad J(\mathrm{d}\bar{z}^i) = -\mathrm{i}\mathrm{d}\bar{z}^i. \tag{B.15}$$

借助 J 的作用,可以把切空间唯一地拆分成两个不变子空间的直和:$T_{p\mathbb{C}}M = T_{p\mathbb{C}}M^+ \oplus T_{p\mathbb{C}}M^-$,其中 $T_{p\mathbb{C}}M^{\pm} = \{Z \in T_{p\mathbb{C}}M | J(Z) = \pm \mathrm{i}Z\}$。定义投影算符 $P^{\pm} = \frac{1}{2}(1_{2N} \mp \mathrm{i}J): T_{p\mathbb{C}}M \longrightarrow T_{p\mathbb{C}}M^{\pm}$,则 $Z^{\pm} \equiv P^{\pm}Z \in T_{p\mathbb{C}}M^{\pm}$。称 Z^+ 为全纯

矢量，Z^- 为反全纯矢量。复共轭算符构成了 $T_{p\mathbb{C}}M^{\pm}$ 之间的同构映射：$T_{p\mathbb{C}}M^- = \overline{T_{p\mathbb{C}}M^+} = \{\bar{Z}|Z \in T_{p\mathbb{C}}M^+\}$。

具有近复结构的流形称为近复流形。根据上面的讨论，复流形上必存在近复结构，因此是近复流形，但反之并不成立，因为近复流形未必遵循复流形公理，即其上局域相交坐标卡集之间的转移函数未必是全纯函数。在什么情况下近复流形也是复流形呢？存在这样的判定定理：若流形 M 的近复结构 J 可积，则 M 必为复流形。此时 J 完全确定了 M 的复结构，这也是它被称为近复结构的原因。近复结构可积的充要条件为其挠率张量 (也称尼延豪斯 (Nijenhuis) 张量) 为 0，即近复结构无挠。相关内容可参考微分几何领域的专业书籍。

B.2 厄米流形与 Kähler 流形

B.2.1 黎曼度规

假设 M 是一个复维数为 N 的复流形，因此 M 也是微分流形，在其上可引入黎曼度规 g，其定义与实流形的黎曼度规类似。g 是 (0,2) 型实张量，作用在实切空间 T_pM 中的向量上，可以拓展其定义，使得对 $Z = X+\mathrm{i}Y, W = U+\mathrm{i}V \in T_{p\mathbb{C}}M$，$g$ 满足

$$g_p(Z, W) = g_p(X, U) - g_p(Y, V) + \mathrm{i}\left[g_p(X, V) + g_p(Y, U)\right]. \tag{B.16}$$

g 的分量可按常规方式给出

$$g_{ij}(p) = g_p\left(\frac{\partial}{\partial z^i}, \frac{\partial}{\partial z^j}\right), \quad g_{i\bar{j}}(p) = g_p\left(\frac{\partial}{\partial z^i}, \frac{\partial}{\partial \bar{z}^j}\right),$$
$$g_{\bar{i}j}(p) = g_p\left(\frac{\partial}{\partial \bar{z}^i}, \frac{\partial}{\partial z^j}\right), \quad g_{\bar{i}\bar{j}}(p) = g_p\left(\frac{\partial}{\partial \bar{z}^i}, \frac{\partial}{\partial \bar{z}^j}\right). \tag{B.17}$$

根据式 (B.16) 和式 (B.12) 可证

$$g_{ij} = g_{ji}, \quad g_{\bar{i}\bar{j}} = g_{\bar{j}\bar{i}}, \quad g_{i\bar{j}} = g_{j\bar{i}}, \quad \overline{g_{i\bar{j}}} = g_{\bar{i}j}, \quad \overline{g_{ij}} = g_{\bar{i}\bar{j}}. \tag{B.18}$$

为方便起见，把 i 和 $\bar{i}$ 分别称为全纯指标和反全纯指标。

B.2.2 厄米度规

当复流形 M 上的黎曼度规 g 在任意点 p 处满足条件

$$g_p(JX, JY) = g_p(X, Y), \quad X, Y \in T_pM \tag{B.19}$$

B.2 厄米流形与 Kähler 流形

则称 g 是 M 上的厄米度规，(M,g) 定义了一个厄米流形。在厄米度规下，矢量场 X 和 JX 是彼此正交的

$$g_p(JX,X) = g_p(J^2X,JX) = -g_p(X,JX) = -g_p(JX,X) = 0. \tag{B.20}$$

此外，厄米度规的一些分量为 0，如

$$g_{ij} = g\left(\frac{\partial}{\partial z^i}, \frac{\partial}{\partial z^j}\right) = g\left(J\frac{\partial}{\partial z^i}, J\frac{\partial}{\partial z^j}\right) = -g\left(\frac{\partial}{\partial z^i}, \frac{\partial}{\partial z^j}\right) = 0. \tag{B.21}$$

同样有 $g_{\bar{i}\bar{j}} = 0$。因此，厄米度规总可以写作

$$g = g_{i\bar{j}}\mathrm{d}z^i \otimes \mathrm{d}\bar{z}^j + g_{\bar{i}j}\mathrm{d}\bar{z}^i \otimes \mathrm{d}z^j. \tag{B.22}$$

这是否意味着 $T^+_{p\mathbb{C}}M$ 中两点之间的"厄米距离"总是 0？但可用如下方式定义 $T^+_{p\mathbb{C}}M$ 上的内积 h

$$h_p(X,Y) = g_p(X,\overline{Y}), \quad X,Y \in T^+_{p\mathbb{C}}M. \tag{B.23}$$

利用 g 的分量对称性容易验证

$$h_p\left(\frac{\partial}{\partial z^i}, \frac{\partial}{\partial z^j}\right) = g_p\left(\frac{\partial}{\partial z^i}, \frac{\partial}{\partial \bar{z}^j}\right) = g_{i\bar{j}} + g_{\bar{j}i} = 2g_{i\bar{j}}, \tag{B.24}$$

因此

$$h = 2g_{i\bar{j}}\mathrm{d}z^i \otimes \mathrm{d}\bar{z}^j. \tag{B.25}$$

上式默认采用了爱因斯坦求和规则。对 $X,Y \in T^+_{p\mathbb{C}}M$，由

$$h(JX,JY) = g(JX,\overline{JY}) = g(\mathrm{i}X,\overline{\mathrm{i}Y}) = -\mathrm{i}^2 g(X,\overline{Y}) = h(X,Y) \tag{B.26}$$

可知 h 在 J 的作用下不变，简称 h 具有 J 不变性。

最后，对比表达式 (B.22) 和式 (B.25)，可知

$$g = \frac{h + \bar{h}}{2} = \mathrm{Re}\, h, \tag{B.27}$$

即厄米度规 h 的实部是黎曼度规。

B.2.3 Kähler 形式

若 (M, g) 是厄米流形，引入 (0,2) 型实张量场

$$\Omega_p(X, Y) = g_p(JX, Y), \quad X, Y \in T_pM \tag{B.28}$$

Ω 是一个 2-形式，称为 Kähler 形式，它满足如下性质。

(1) 反对称性

$$\Omega_p(X, Y) = g_p(JX, Y) = g_p(J^2X, JY) = -g(JY, X) = -\Omega_p(Y, X). \tag{B.29}$$

(2) J 不变性

$$\begin{aligned}\Omega_p(JX, JY) &= g_p(J^2X, JY) = g_p(J^3X, J^2Y) \\ &= (-1)^2 g(JX, Y) = \Omega_p(X, Y).\end{aligned} \tag{B.30}$$

进一步将 Ω 推广为作用在 $T_{p\mathbb{C}}M$ 上的张量场，利用 g 的表达式 (B.22)，可求出 Ω 的分量

$$\Omega_{ij}(p) \equiv \Omega_p\left(\frac{\partial}{\partial z^i}, \frac{\partial}{\partial z^j}\right) = g_p\left(J\frac{\partial}{\partial z^i}, \frac{\partial}{\partial z^j}\right) = \mathrm{i} g_{ij}(p) = 0, \tag{B.31}$$

以及

$$\Omega_{\bar{i}\bar{j}}(p) = 0, \quad \Omega_{i\bar{j}}(p) = -\Omega_{\bar{j}i}(p) = \mathrm{i} g_{i\bar{j}}(p). \tag{B.32}$$

因此

$$\Omega = \mathrm{i} g_{i\bar{j}} \mathrm{d}z^i \otimes \mathrm{d}\bar{z}^j - \mathrm{i} g_{\bar{j}i} \mathrm{d}\bar{z}^j \otimes \mathrm{d}z^i = \mathrm{i} g_{i\bar{j}} \mathrm{d}z^i \wedge \mathrm{d}\bar{z}^j. \tag{B.33}$$

对其取复共轭，有

$$\overline{\Omega} = -\mathrm{i} \overline{g_{i\bar{j}}} \mathrm{d}\bar{z}^i \wedge \mathrm{d}z^j = \mathrm{i} g_{\bar{i}j} \mathrm{d}z^j \wedge \mathrm{d}\bar{z}^i = \mathrm{i} g_{i\bar{j}} \mathrm{d}z^i \wedge \mathrm{d}\bar{z}^j = \Omega. \tag{B.34}$$

由此得到性质 (3)：Ω 是实的。

引理 若 Ω 是厄米流形 M 上的一个 Kähler 形式，且 $\dim_{\mathbb{C}} M = N$，那么 $\underbrace{\Omega \wedge \cdots \wedge \Omega}_{N}$ 是一个处处不为 0 的 $2N$-形式。

证明 首先可以通过如下步骤构造一组正交归一化基

$$\{\hat{e}_1, J\hat{e}_1, \cdots, \hat{e}_N, J\hat{e}_N\}. \tag{B.35}$$

B.2 厄米流形与 Kähler 流形

先选归一化基矢 $\hat{e}_1$ 满足 $g(\hat{e}_1, \hat{e}_1) = 1$。由此可证

$$g(J\hat{e}_1, J\hat{e}_1) = g(\hat{e}_1, \hat{e}_1) = 1,$$
$$g(\hat{e}_1, J\hat{e}_1) = g(J\hat{e}_1, J^2\hat{e}_1) = -g(J\hat{e}_1, \hat{e}_1) = 0. \tag{B.36}$$

因此 $\hat{e}_1$ 和 $J\hat{e}_1$ 形成二维子空间的一组正交归一化基。再选与 $\hat{e}_1$ 正交的单位基矢 $\hat{e}_2$，并重复上述步骤，最终可得正交归一化基 $\{\hat{e}_1, J\hat{e}_1, \cdots, \hat{e}_N, J\hat{e}_N\}$。进一步可证 Ω 满足

$$\Omega(\hat{e}_i, J\hat{e}_j) = g(J\hat{e}_i, J\hat{e}_j) = \delta_{ij}, \quad \Omega(\hat{e}_i, \hat{e}_j) = \Omega(J\hat{e}_i, J\hat{e}_j) = 0, \tag{B.37}$$

以及

$$\begin{aligned}
&\underbrace{\Omega \wedge \cdots \wedge \Omega}_{N}(\hat{e}_1, J\hat{e}_1, \cdots, \hat{e}_N, J\hat{e}_N) \\
&= \sum_P \Omega(\hat{e}_{P(1)}, J\hat{e}_{P(1)}) \cdots \Omega(\hat{e}_{P(N)}, J\hat{e}_{P(N)}) \\
&= N!\Omega(\hat{e}_1, J\hat{e}_1) \cdots \Omega(\hat{e}_N, J\hat{e}_N) \\
&= N!,
\end{aligned} \tag{B.38}$$

这里 P 为任一 N 阶排列算子。

根据该引理，实 $2N$-形式 $\Omega \wedge \cdots \wedge \Omega_N$ 在 M 上处处非 0，可作为 M 上的微体积元。此外 Ω 在 M 上也处处非 0，因此是非退化的。又因为它是反对称的，所以 Ω 是一个辛形式。对比表达式 (B.33) 和式 (B.25)，可知

$$\Omega = \mathrm{i}\frac{h - \bar{h}}{2} = -\mathrm{Im}h, \tag{B.39}$$

即度规 h 的虚部是 Kähler 形式或辛形式（上式右边的负号不影响该结论）。综合式 (B.27) 和式 (B.39)，总可以把厄米结构分解为

$$h = g - \mathrm{i}\Omega. \tag{B.40}$$

例 B.2.3.1 令 $M = \mathbb{C}^N$，则 M 上的黎曼度规为

$$g = \sum_{i=1}^N \left(\mathrm{d}x^i \otimes \mathrm{d}x^i + \mathrm{d}y^i \otimes \mathrm{d}y^i \right) = \sum_{i=1}^N \frac{1}{2} \left(\mathrm{d}z^i \otimes \mathrm{d}\bar{z}^i + \mathrm{d}\bar{z}^i \otimes \mathrm{d}z^i \right) \tag{B.41}$$

其分量为 $g_{i\bar{j}} = \frac{1}{2}\delta_{ij}$。$M$ 上的近复结构由式 (B.10) 给出，Kähler 形式和厄米度规分别为

$$\Omega = \frac{\mathrm{i}}{2}\mathrm{d}z^i \wedge \mathrm{d}\bar{z}^i = \sum_{i=1}^N \mathrm{d}x^i \wedge \mathrm{d}y^i,$$

$$h = \sum_{i=1}^N \mathrm{d}z^i \otimes \mathrm{d}\bar{z}^i$$

$$= \sum_{i=1}^N \left(\mathrm{d}x^i \otimes \mathrm{d}x^i + \mathrm{d}y^i \otimes \mathrm{d}y^i\right) - \mathrm{i}\sum_{i=1}^N \mathrm{d}x^i \wedge \mathrm{d}y^i. \tag{B.42}$$

例 B.2.3.2 在量子态波函数张成的复向量空间上，可定义内积 $\langle \cdot, \cdot \rangle$，使其满足：

(1) $\langle \phi, \lambda\psi \rangle = \lambda\langle \phi, \psi \rangle$，其中 λ 为任一复数，
(2) $\langle \phi, \psi \rangle = \overline{\langle \psi, \phi \rangle}$，
(3) $\langle \psi, \psi \rangle \geqslant 0$。

这显然是一个厄米标量积，其对应的微分形式称为厄米结构。若将 ψ 写成 $|\psi\rangle$，该内积即熟知的 $\langle \phi, \psi \rangle = \langle \phi | \psi \rangle$。分解其实部和虚部可得（为了与式 (B.40) 对比，对虚部添加了额外的负号）

$$\langle \phi | \psi \rangle = g(\phi, \psi) - \mathrm{i}\Omega(\phi, \psi). \tag{B.43}$$

其中实部

$$g(\phi, \psi) = \frac{\langle \phi | \psi \rangle + \langle \psi | \phi \rangle}{2} = g(\psi, \phi) \tag{B.44}$$

定义了一个实内积，其规范不变的微分形式给出 Fubini-Study 度规，详见 2.3.4 节中的讨论。该内积的虚部满足反对称性

$$\Omega(\phi, \psi) = -\frac{\langle \phi | \psi \rangle - \langle \psi | \phi \rangle}{2\mathrm{i}} = -\Omega(\psi, \phi), \tag{B.45}$$

其微分形式为 Kähler 形式。利用 $|\mathrm{i}\phi\rangle = \mathrm{i}|\phi\rangle$ 及 $\langle \mathrm{i}\phi| = -\mathrm{i}\langle \phi|$ 可证

$$-g(\mathrm{i}\phi, \psi) = g(\phi, \mathrm{i}\psi) = \Omega(\phi, \psi). \tag{B.46}$$

这可以视为式 (B.28) 的一个典型例子。

B.2 厄米流形与 Kähler 流形

若量子体系为 N 维，则其波函数张成复向量空间 $\mathbb{C}^N$，其厄米结构即例 2.3.1 中的 h。取 $|\psi\rangle$ 的复坐标为 $(z^1, z^2, \cdots, z^N)^{\mathrm{T}}$，则有

$$h = \langle \mathrm{d}\psi | \mathrm{d}\psi \rangle = \sum_{i=1}^{N} \mathrm{d}z^i \otimes \mathrm{d}\bar{z}^i. \tag{B.47}$$

利用式 (B.11)，Kähler 形式可表示为

$$\Omega = \frac{1}{4} \mathrm{d}J \left(\mathrm{d}\langle \psi | \psi \rangle \right). \tag{B.48}$$

不难验证，上式右边为

$$\begin{aligned}
\frac{1}{4} \mathrm{d}J \left(\mathrm{d}\langle \psi | \psi \rangle \right) &= -\frac{1}{2} \sum_{i=1}^{N} \mathrm{d}J \left(x^i \mathrm{d}x^i + y^i \mathrm{d}y^i \right) \\
&= \frac{1}{2} \sum_{i=1}^{N} \mathrm{d} \left(x^i \mathrm{d}y^i - y^i \mathrm{d}x^i \right) \\
&= \sum_{i=1}^{N} \mathrm{d}x^i \wedge \mathrm{d}y^i \\
&= \Omega.
\end{aligned} \tag{B.49}$$

B.2.4 挠率与曲率

取 $V \in T_{p\mathbb{C}}M^+$，若把 V 平行移动至 q 而得到 $\tilde{V}(q)$，一个很自然的约定是 $\tilde{V}(q) \in T_{q\mathbb{C}}M^+$，即平行移动不改变 V 的全纯性。因此有

$$\tilde{V}^i(z + \Delta z) = V^i(z) - V^j(z) \Gamma^i{}_{kj}(z) \Delta z^k, \tag{B.50}$$

其中，Γ 为 M 上的仿射联络。基矢的协变导数应相应地满足

$$\nabla_i \frac{\partial}{\partial z^j} = \Gamma^k{}_{ij}(z) \frac{\partial}{\partial z^k}. \tag{B.51}$$

对上式取复共轭，则有

$$\nabla_{\bar{i}} \frac{\partial}{\partial \bar{z}^j} = \Gamma^{\bar{k}}{}_{\bar{i}\bar{j}}(\bar{z}) \frac{\partial}{\partial \bar{z}^k}. \tag{B.52}$$

其中，$\Gamma^{\bar{k}}{}_{\bar{i}\bar{j}}(\bar{z}) = \overline{\Gamma^k{}_{ij}(z)}$。$\Gamma^k{}_{ij}$ 和 $\Gamma^{\bar{k}}{}_{\bar{i}\bar{j}}$ 是该仿射联络仅有的非零分量，即具有混合指标的联络分量均为 0，否则平行移动会破坏 $Z^{\pm} \in T_{p\mathbb{C}}M^{\pm}$ 的全纯性或反全纯性，因此

$$\nabla_i \frac{\partial}{\partial \bar{z}^j} = \nabla_{\bar{i}} \frac{\partial}{\partial z^j} = 0. \tag{B.53}$$

由于 $\frac{\partial}{\partial z^j}$ 是 J 的本征值为 i 的本征向量，则有

$$\nabla_i J \frac{\partial}{\partial z^j} = \mathrm{i} \nabla_i \frac{\partial}{\partial z^j}. \tag{B.54}$$

又因为 $\nabla_i \frac{\partial}{\partial z^j} \in T_{\mathbb{C}} M^+ = \bigcup_{p \in M} T_{p\mathbb{C}} M^+$，那么有

$$J \nabla_i \frac{\partial}{\partial z^j} = \mathrm{i} \nabla_i \frac{\partial}{\partial z^j} = \nabla_i J \frac{\partial}{\partial z^j}. \tag{B.55}$$

同理可证

$$J \nabla_{\bar{i}} \frac{\partial}{\partial \bar{z}^j} = \nabla_{\bar{i}} J \frac{\partial}{\partial \bar{z}^j} \tag{B.56}$$

以及

$$\nabla_i J \frac{\partial}{\partial \bar{z}^j} = J \nabla_i \frac{\partial}{\partial \bar{z}^j} = 0 = J \nabla_{\bar{i}} \frac{\partial}{\partial z^j} = \nabla_{\bar{i}} J \frac{\partial}{\partial z^j}. \tag{B.57}$$

因此有一般性结论

$$\nabla_X JY = J \nabla_X Y, \quad X, Y \in T_{\mathbb{C}} M = \bigcup_{p \in M} T_{p\mathbb{C}} M, \tag{B.58}$$

即该联络保近复结构。当然该结论也可以直接应用 J 的表达式 (B.15) 来验证。J 的分量为 $J_i{}^j = \mathrm{i}\delta_i{}^j$，$J_{\bar{i}}{}^{\bar{j}} = -\mathrm{i}\delta_{\bar{i}}{}^{\bar{j}}$，因此对 $(\nabla_k J)_i{}^j$ 有

$$(\nabla_k J)_i{}^j = \partial_k \mathrm{i}\delta_i{}^j - \mathrm{i}\delta_l{}^j \Gamma^l{}_{ki} + \mathrm{i}\delta_i{}^l \Gamma^j{}_{kl} = 0. \tag{B.59}$$

同理可证 $(\nabla_{\bar{k}} J)_i{}^j = (\nabla_k J)_{\bar{i}}{}^{\bar{j}} = (\nabla_{\bar{k}} J)_{\bar{i}}{}^{\bar{j}} = 0$，即 $\nabla_A J = 0$，这里 A 可以取全纯或反全纯指标。

由黎曼度规与协变导数的相容性条件 (保度规条件)

$$\nabla_k g_{i\bar{j}} = \nabla_{\bar{k}} g_{i\bar{j}} = 0, \tag{B.60}$$

可得

$$\partial_k g_{i\bar{j}} - g_{l\bar{j}} \Gamma^l{}_{ki} = 0, \quad \partial_{\bar{k}} g_{i\bar{j}} - g_{i\bar{l}} \Gamma^{\bar{l}}{}_{\bar{k}\bar{j}} = 0. \tag{B.61}$$

再利用 $g_{i\bar{k}} g^{\bar{k}j} = \delta_i{}^j$ 和 $g^{\bar{j}k} g_{k\bar{i}} = \delta^{\bar{j}}{}_{\bar{i}}$ 可解出仿射联络的表达式

$$\Gamma^k{}_{ij} = g^{\bar{l}k} \partial_i g_{j\bar{l}}, \quad \Gamma^{\bar{k}}{}_{\bar{i}\bar{j}} = g^{l\bar{k}} \partial_{\bar{i}} g_{\bar{j}l}. \tag{B.62}$$

进一步可以计算与此相关的挠率和曲率

$$T^C{}_{AB} = \Gamma^C{}_{AB} - \Gamma^C{}_{BA},$$

B.2 厄米流形与 Kähler 流形

$$R^D{}_{CAB} = \partial_A \Gamma^D{}_{BC} - \partial_B \Gamma^D{}_{AC} + \Gamma^E{}_{BC}\Gamma^D{}_{AE} - \Gamma^E{}_{AC}\Gamma^D{}_{BE}. \tag{B.63}$$

如前，大写拉丁字母指标可以取全纯或反全纯指标。代入式 (B.62)，可知非零的挠率分量为

$$T^k{}_{ij} = g^{\bar{l}k}\left(\partial_i g_{j\bar{l}} - \partial_j g_{i\bar{l}}\right), \quad T^{\bar{k}}{}_{\bar{i}\bar{j}} = g^{l\bar{k}}\left(\partial_{\bar{i}} g_{\bar{j}l} - \partial_{\bar{j}} g_{\bar{i}l}\right), \tag{B.64}$$

曲率分量为

$$R^k{}_{l\bar{i}j} = \partial_{\bar{i}}\Gamma^k{}_{jl} = \partial_{\bar{i}}\left(g^{\bar{m}k}\partial_j g_{l\bar{m}}\right), \quad R^{\bar{k}}{}_{\bar{l}i\bar{j}} = \partial_i \Gamma^{\bar{k}}{}_{\bar{j}\bar{l}} = \partial_i\left(g^{\bar{k}m}\partial_{\bar{j}} g_{m\bar{l}}\right). \tag{B.65}$$

其余分量均为 0。一般情况下，该联络保度规和近复结构，但不满足无挠条件，所以不是 Levi-Civita 联络。进一步缩并曲率张量的指标可得

$$\mathfrak{R}_{i\bar{j}} = R^k{}_{ki\bar{j}} = -\partial_{\bar{j}}\left(g^{lk}\partial_i g_{k\bar{l}}\right) = -\partial_{\bar{j}}\partial_i \ln G, \tag{B.66}$$

其中，$G = \det(g_{i\bar{j}})$。因此，里奇曲率 2-形式为

$$\mathfrak{R} \equiv \mathrm{i}\mathfrak{R}_{i\bar{j}} \mathrm{d}z^i \wedge \mathrm{d}\bar{z}^j = \mathrm{i}\partial\bar{\partial}\ln G. \tag{B.67}$$

易证 $\mathfrak{R}$ 是实形式。再由 $d = \partial + \bar{\partial}$ 以及 $\partial^2 = \bar{\partial}^2 = 0$ 可知 $\mathrm{d}\mathfrak{R} = 0$。

B.2.5 Kähler 流形

若一个厄米流形 (M, g) 的 Kähler 形式是闭的：$\mathrm{d}\Omega = 0$，则 M 是一个 Kähler 流形，g 是 M 上的 Kähler 度规。

代入式 (B.33)，可得

$$\begin{aligned}
\mathrm{d}\Omega &= (\partial + \bar{\partial})\mathrm{i}g_{i\bar{j}}\mathrm{d}z^i \wedge \mathrm{d}\bar{z}^j \\
&= \mathrm{i}\partial_l g_{i\bar{j}}\mathrm{d}z^l \wedge \mathrm{d}z^i \wedge \mathrm{d}\bar{z}^j + \mathrm{i}\partial_{\bar{l}} g_{i\bar{j}}\mathrm{d}\bar{z}^l \wedge \mathrm{d}z^i \wedge \mathrm{d}\bar{z}^j \\
&= \frac{\mathrm{i}}{2}\left(\partial_l g_{i\bar{j}} - \partial_i g_{l\bar{j}}\right)\mathrm{d}z^l \wedge \mathrm{d}z^i \wedge \mathrm{d}\bar{z}^j + \frac{\mathrm{i}}{2}\left(\partial_{\bar{l}} g_{i\bar{j}} - \partial_{\bar{j}} g_{i\bar{l}}\right)\mathrm{d}\bar{z}^l \wedge \mathrm{d}z^i \wedge \mathrm{d}\bar{z}^j \\
&= 0.
\end{aligned} \tag{B.68}$$

因此，对于 Kähler 流形，总有

$$\frac{\partial g_{i\bar{j}}}{\partial z^l} = \frac{\partial g_{l\bar{j}}}{\partial z^i}, \quad \frac{\partial g_{i\bar{j}}}{\partial \bar{z}^l} = \frac{\partial g_{i\bar{l}}}{\partial \bar{z}^j}. \tag{B.69}$$

因此在坐标卡 U_n 上，度规可局域地表示为

$$g_{i\bar{j}} = \partial_i \partial_{\bar{j}} K_n. \tag{B.70}$$

K_n 称为 Kähler 势。在例 B.2.3.1 中，$g_{i\bar{j}} = \frac{1}{2}\delta_{ij}$，因此

$$K_n = \frac{1}{2}\sum_{i=1}^{N} z^i \bar{z}^i. \tag{B.71}$$

在本例中，Kähler 势可在流形上整体地定义，因此略去下标 n。此时 Kähler 形式可以表示为

$$\Omega = \partial_i \partial_{\bar{j}} K \mathrm{d}z^i \wedge \mathrm{d}\bar{z}^j = \frac{\mathrm{i}}{2}\partial\bar{\partial}K. \tag{B.72}$$

对比式 (B.63) 和式 (B.69)，可知对于 Kähler 流形，总有 $T^k{}_{ij} = T^{\bar{k}}{}_{\bar{i}\bar{j}} = 0$，所以该联络是 Levi-Civita 联络 (无挠)，同时也保度规和近复结构，因此是复流形上的最优联络，称为 Kähler 联络。显然，Kähler 联络的存在性是厄米流形为 Kähler 流形的充要条件，此时黎曼曲率张量也获得一个额外对称性

$$R^k{}_{li\bar{j}} = -\partial_{\bar{j}}\left(g^{\bar{m}k}\partial_i g_{l\bar{m}}\right) = -\partial_{\bar{j}}\left(g^{\bar{m}k}\partial_l g_{i\bar{m}}\right) = R^k{}_{il\bar{j}}. \tag{B.73}$$

里奇 2-形式仍由式 (B.67) 定义。在 Kähler 流形上有两个闭形式，即 Kähler 形式 Ω 和里奇 2-形式

$$\mathfrak{R} = \mathrm{i}\partial\bar{\partial}\ln G, \quad \Omega = \frac{\mathrm{i}}{2}\partial\bar{\partial}K. \tag{B.74}$$

附录 C Uhlmann 相位理论中的一些计算

C.1 Bures 距离

在正文中，已导出两个密度矩阵间的 Bures 距离为

$$d_B^2(\rho_1,\rho_2) = 2 - 2\mathrm{Tr}\sqrt{\sqrt{\rho_1}\rho_2\sqrt{\rho_1}}. \tag{C.1}$$

这里，利用 Uhlmann 的传统方式做一些具体计算，其中部分结论可用于 Uhlmann 联络表达式的推导。

引入实参数 t 和取值为厄米矩阵的函数 $A(t)$

$$A(t) := \sqrt{\sqrt{\rho}(\rho + t\mathrm{d}\rho)\sqrt{\rho}}. \tag{C.2}$$

显然有

$$A(0) = \rho. \tag{C.3}$$

令 ρ 张成的流形中的度规为 g_{ij}，并把 Bures 距离（平方）展开到 t 的第二阶

$$d_B^2(\rho, \rho + t\mathrm{d}\rho) = t^2 g_{ij}(\rho)\mathrm{d}\rho^i\mathrm{d}\rho^j, \tag{C.4}$$

其中，$\mathrm{d}\rho^i$ 可视为密度矩阵流形中的局域坐标。由方程 (8.12) 和方程 (C.2) 可得

$$\begin{aligned}
g_{ij}(\rho)\mathrm{d}\rho^i\mathrm{d}\rho^j &= \frac{1}{2}\frac{\mathrm{d}^2}{\mathrm{d}t^2}d_B^2(\rho,\rho+t\mathrm{d}\rho)\big|_{t=0} \\
&= \frac{1}{2}\frac{\mathrm{d}^2}{\mathrm{d}t^2}[2 - 2\mathrm{Tr}A(t)]\big|_{t=0} \\
&= -\mathrm{Tr}\ddot{A}(t)\big|_{t=0}.
\end{aligned} \tag{C.5}$$

对方程

$$A(t)A(t) = \sqrt{\rho}(\rho + t\mathrm{d}\rho)\sqrt{\rho} \tag{C.6}$$

的两边同时微分并令 $t = 0$，可得

$$\dot{A}(0)A(0) + A(0)\dot{A}(0) = \sqrt{\rho}\mathrm{d}\rho\sqrt{\rho},$$

$$\ddot{A}(0)A(0) + 2\dot{A}(0)\dot{A}(0) + A(0)\ddot{A}(0) = 0. \tag{C.7}$$

利用方程 (C.3)，上面第二个等式变为

$$\rho^{-1}\ddot{A}(0)\rho + 2\rho^{-1}(\dot{A}(0))^2 + \ddot{A}(0) = 0. \tag{C.8}$$

对等式两边同时求迹，可得

$$\text{Tr}(\rho^{-1}\ddot{A}(0)\rho) + 2\text{Tr}[\rho^{-1}(\dot{A}(0))^2] + \text{Tr}\ddot{A}(0) = 0. \tag{C.9}$$

由此可推出

$$\text{Tr}\ddot{A}(0) = -\text{Tr}[\rho^{-1}(\dot{A}(0))^2]. \tag{C.10}$$

令 ρ 的本征值为 λ_i，对应的本征矢为 $|i\rangle$。方程 (C.7) 中第一个等式在基 $\{|i\rangle\}$ 下的矩阵元为

$$\langle i|\dot{A}(0)\rho|j\rangle + \langle i|\rho\dot{A}(0)|j\rangle = \langle i|\sqrt{\rho}\mathrm{d}\rho\sqrt{\rho}|j\rangle, \tag{C.11}$$

由此进一步可得

$$(\lambda_i + \lambda_j)\langle i|\dot{A}(0)|j\rangle = \sqrt{\lambda_i\lambda_j}\langle i|\mathrm{d}\rho|j\rangle. \tag{C.12}$$

利用该式，方程 (C.4) 可表达为

$$\begin{aligned}
\mathrm{d}_B^2(\rho, \rho + \mathrm{d}\rho) &= g_{ij}(\rho)\mathrm{d}\rho^i\mathrm{d}\rho^j \\
&= -\text{Tr}[\rho^{-1}(\dot{A}(0))^2] \\
&= \text{Tr}[\rho^{-1}(\dot{A}(0))^2] \\
&= \sum_i \langle i|\rho^{-1}(\dot{A}(0))^2|i\rangle \\
&= \sum_{ij} \frac{1}{\lambda_i}\langle i|\dot{A}(0)|j\rangle\langle j|\dot{A}(0)|i\rangle \\
&= \sum_{ij} \frac{1}{\lambda_i}\frac{\lambda_i\lambda_j}{(\lambda_i + \lambda_j)^2}\langle i|\mathrm{d}\rho|j\rangle\langle j|\mathrm{d}\rho|i\rangle.
\end{aligned} \tag{C.13}$$

进一步交换下标 i 和 j，可得

$$\begin{aligned}
\mathrm{d}_B^2(\rho, \rho + \mathrm{d}\rho) &= \frac{1}{2}\sum_{ij}\left(\frac{1}{\lambda_i} + \frac{1}{\lambda_j}\right)\frac{\lambda_i\lambda_j}{(\lambda_i + \lambda_j)^2}|\langle i|\mathrm{d}\rho|j\rangle|^2 \\
&= \frac{1}{2}\sum_{ij}\frac{|\langle i|\mathrm{d}\rho|j\rangle|^2}{\lambda_i + \lambda_j}.
\end{aligned} \tag{C.14}$$

C.2 Uhlmann 联络

在本节，利用 Hübner 的传统方法求 Uhlmann 联络的具体表达式[75]。令 $\rho_1 = \rho$，$\rho_2 = \rho + t\mathrm{d}\rho$，且对应振幅的相因子为 $U_1 = U$ 和 $U_2 = U + t\mathrm{d}U$。若两个振幅平行且由式 (4.95) 给定，那么两个对应的相因子由方程 (4.96) 给出

$$U + t\mathrm{d}U = \sqrt{(\rho + t\mathrm{d}\rho)^{-1}}\sqrt{\rho^{-1}}\sqrt{\sqrt{\rho}(\rho + t\mathrm{d}\rho)\sqrt{\rho}}$$
$$\approx (\sqrt{\rho} + t\mathrm{d}\sqrt{\rho})^{-1}\sqrt{\rho^{-1}}\sqrt{\sqrt{\rho}(\rho + t\mathrm{d}\rho)\sqrt{\rho}}, \tag{C.15}$$

或者

$$U = 1,$$
$$(U + t\mathrm{d}U)U^{\dagger} = (\sqrt{\rho} + t\mathrm{d}\sqrt{\rho})^{-1}\sqrt{\rho^{-1}}\sqrt{\sqrt{\rho}(\rho + t\mathrm{d}\rho)\sqrt{\rho}}. \tag{C.16}$$

对方程两边同时微分，得到

$$\mathrm{d}UU^{\dagger} = \frac{\mathrm{d}}{\mathrm{d}t}(\sqrt{\rho} + t\mathrm{d}\sqrt{\rho})^{-1}\Big|_{t=0}\sqrt{\rho} + \rho^{-1}\frac{\mathrm{d}}{\mathrm{d}t}\sqrt{\sqrt{\rho}(\rho + t\mathrm{d}\rho)\sqrt{\rho}}\Big|_{t=0}. \tag{C.17}$$

利用以下两个等式

$$\mathrm{d}O^{-1} = -O^{-1}(\mathrm{d}O)O^{-1}, \quad \hat{O} = \sum_{ij}|i\rangle\langle i|O|j\rangle\langle j|, \tag{C.18}$$

方程 (C.17) 右边第一项变为

$$-\sqrt{\rho^{-1}}\frac{\mathrm{d}}{\mathrm{d}t}(\sqrt{\rho} + t\mathrm{d}\sqrt{\rho})\Big|_{t=0}\sqrt{\rho^{-1}}\sqrt{\rho}$$
$$= -\sqrt{\rho^{-1}}\mathrm{d}\sqrt{\rho}$$
$$= -\rho^{-1}\sqrt{\rho}\mathrm{d}\sqrt{\rho}$$
$$= -\rho^{-1}\sum_{ij}|i\rangle\langle i|\sqrt{\rho}\mathrm{d}\sqrt{\rho}|j\rangle\langle j|$$
$$= -\sum_{ij}\rho^{-1}|i\rangle\langle i|\sqrt{\rho}\mathrm{d}\sqrt{\rho}|j\rangle\langle j|$$
$$= -\sum_{ij}\frac{1}{\lambda_i}|i\rangle\langle i|\sqrt{\rho}\mathrm{d}\sqrt{\rho}|j\rangle\langle j|. \tag{C.19}$$

再应用方程 (C.12) 和 $\mathrm{d}\rho = \sqrt{\rho}\mathrm{d}\sqrt{\rho} + \mathrm{d}\sqrt{\rho}\sqrt{\rho}$,可得到

$$\begin{aligned}\rho^{-1}\dot{A}(0) =& \rho^{-1}\sum_{ij}|i\rangle\langle i|\dot{A}(0)|j\rangle\langle j| \\ =& \sum_{ij}\frac{1}{\lambda_i}\frac{\sqrt{\lambda_i\lambda_j}}{\lambda_i+\lambda_j}|i\rangle\langle i|\mathrm{d}\rho|j\rangle\langle j| \\ =& \sum_{ij}\sqrt{\frac{\lambda_j}{\lambda_i}}\frac{1}{\lambda_i+\lambda_j}|i\rangle\langle i|(\sqrt{\rho}\mathrm{d}\sqrt{\rho}+\mathrm{d}\sqrt{\rho}\sqrt{\rho})|j\rangle\langle j| \\ =& \sum_{ij}\frac{1}{\lambda_i+\lambda_j}|i\rangle\langle i|\sqrt{\rho^{-1}}\sqrt{\rho}\mathrm{d}\sqrt{\rho}\sqrt{\rho}|j\rangle\langle j| \\ &+ \sum_{ij}\frac{\lambda_j}{\lambda_i}\frac{1}{\lambda_i+\lambda_j}|i\rangle\langle i|\sqrt{\rho}\mathrm{d}\sqrt{\rho}\sqrt{\rho^{-1}}|j\rangle\langle j| \\ =& \sum_{ij}\frac{1}{\lambda_i+\lambda_j}|i\rangle\langle i|\mathrm{d}\sqrt{\rho}\sqrt{\rho}|j\rangle\langle j|+\sum_{ij}\frac{\lambda_j}{\lambda_i}\frac{1}{\lambda_i+\lambda_j}|i\rangle\langle i|\sqrt{\rho}\mathrm{d}\sqrt{\rho}|j\rangle\langle j| \\ =& \sum_{ij}\frac{1}{\lambda_i+\lambda_j}|i\rangle\langle i|\mathrm{d}\sqrt{\rho}\sqrt{\rho}|j\rangle\langle j|+\sum_{ij}\left(\frac{1}{\lambda_i}-\frac{1}{\lambda_i+\lambda_j}\right)|i\rangle\langle i|\sqrt{\rho}\mathrm{d}\sqrt{\rho}|j\rangle\langle j| \\ =& \sum_{ij}|i\rangle\frac{\langle i|[\mathrm{d}\sqrt{\rho},\sqrt{\rho}]|j\rangle}{\lambda_i+\lambda_j}\langle j|+\sum_{ij}\frac{1}{\lambda_i}|i\rangle\langle i|\sqrt{\rho}\mathrm{d}\sqrt{\rho}|j\rangle\langle j|. \end{aligned} \tag{C.20}$$

注意到最后一行的第二项与式 (C.19) 相消。再由 $A(t)$ 的定义 (见方程 (C.2))

$$\rho^{-1}\dot{A}(0) = \rho^{-1}\frac{\mathrm{d}}{\mathrm{d}t}\sqrt{\sqrt{\rho}(\rho+t\mathrm{d}\rho)\sqrt{\rho}}\Big|_{t=0}, \tag{C.21}$$

以及方程 (C.17),可知它实为 $\mathrm{d}UU^\dagger$ 的第二项,因此

$$\mathcal{A}_\mathrm{U} = -\mathrm{d}UU^\dagger = -\sum_{ij}|i\rangle\frac{\langle i|[\mathrm{d}\sqrt{\rho},\sqrt{\rho}]|j\rangle}{\lambda_i+\lambda_j}\langle j|. \tag{C.22}$$

C.3 两能级体系 Uhlmann 联络的另一种计算方法

在这里,给出两能级体系 Uhlmann 联络的表达式 (5.176) 的另一种推导方法。在例 4.3.1 中,式 (4.102) 给出

$$\mathrm{Tr}\sqrt{\sqrt{\rho_1}\rho_2\sqrt{\rho_1}} = \sqrt{\mathrm{Tr}(\sqrt{\rho_1}\rho_2\sqrt{\rho_1})+2\det\sqrt{\sqrt{\rho_1}\rho_2\sqrt{\rho_1}}}$$

C.3 两能级体系 Uhlmann 联络的另一种计算方法

$$= \sqrt{\text{Tr}(\rho_1\rho_2) + 2\det\sqrt{\sqrt{\rho_1}\rho_2\sqrt{\rho_1}}}. \tag{C.23}$$

令 $\sqrt{\rho_1} = a_0 + \boldsymbol{a} \cdot \boldsymbol{\sigma}$, $\sqrt{\rho_2} = b_0 + \boldsymbol{b} \cdot \boldsymbol{\sigma}$, 则有

$$\det\sqrt{\rho_1} = a_0^2 - \boldsymbol{a}^2, \quad \det\sqrt{\rho_2} = b_0^2 - \boldsymbol{b}^2,$$

$$\sqrt{\rho_1^{-1}} = \frac{a_0 - \boldsymbol{a}\cdot\boldsymbol{\sigma}}{a_0^2 - \boldsymbol{a}^2}, \quad \sqrt{\rho_2^{-1}} = \frac{b_0 - \boldsymbol{b}\cdot\boldsymbol{\sigma}}{b_0^2 - \boldsymbol{b}^2},$$

$$\rho_1 = a_0^2 + \boldsymbol{a}^2 + 2a_0\boldsymbol{a}\cdot\boldsymbol{\sigma}, \quad \rho_2 = b_0^2 + \boldsymbol{b}^2 + 2b_0\boldsymbol{b}\cdot\boldsymbol{\sigma}, \tag{C.24}$$

以及

$$\text{Tr}(\rho_1\rho_2) = 2(a_0^2 + \boldsymbol{a}^2)(b_0^2 + \boldsymbol{b}^2) + 8a_0b_0\boldsymbol{a}\cdot\boldsymbol{b}. \tag{C.25}$$

对于 2×2 矩阵 M, 有等式

$$M^2 - M\text{Tr}M + \det M = 0. \tag{C.26}$$

令 $M = \sqrt{\rho_1}\rho_2\sqrt{\rho_1}$, 利用式 (C.23) 和 $\det\sqrt{M} = \det\sqrt{\rho_1}\det\sqrt{\rho_2}$ 可得

$$\sqrt{\sqrt{\rho_1}\rho_2\sqrt{\rho_1}} = \sqrt{M} = \frac{M + \det\sqrt{M}}{\text{Tr}\sqrt{M}} = \frac{\sqrt{\rho_1}\rho_2\sqrt{\rho_1} + \det\sqrt{\rho_1}\det\sqrt{\rho_2}}{\sqrt{\text{Tr}(\rho_1\rho_2) + 2\det\sqrt{\sqrt{\rho_1}\rho_2\sqrt{\rho_1}}}}$$

易证 $\sqrt{\rho_i^{-1}} = \sqrt{\rho_i}^{-1}$。类比式 (4.93), 相对相因子 U_{12} 可表示为

$$U_2 U_1^\dagger = \sqrt{\rho_2^{-1}}\sqrt{\rho_1^{-1}}\sqrt{\sqrt{\rho_1}\rho_2\sqrt{\rho_1}}$$

$$= \frac{\sqrt{\rho_2}\sqrt{\rho_1} + \sqrt{\rho_2^{-1}}\sqrt{\rho_1^{-1}}\det\sqrt{\rho_1}\det\sqrt{\rho_2}}{\sqrt{\text{Tr}(\rho_1\rho_2) + 2\det\sqrt{\sqrt{\rho_1}\rho_2\sqrt{\rho_1}}}}. \tag{C.27}$$

利用式 (C.24), 上式的分子为

$$(b_0 + \boldsymbol{b}\cdot\boldsymbol{\sigma})(a_0 + \boldsymbol{a}\cdot\boldsymbol{\sigma}) + (b_0 - \boldsymbol{b}\cdot\boldsymbol{\sigma})(a_0 - \boldsymbol{a}\cdot\boldsymbol{\sigma})$$

$$= 2b_0 a_0 + 2(\boldsymbol{b}\cdot\boldsymbol{\sigma})(\boldsymbol{a}\cdot\boldsymbol{\sigma})$$

$$= 2(a_0 b_0 + \boldsymbol{b}\cdot\boldsymbol{a} + \mathrm{i}(\boldsymbol{b}\times\boldsymbol{a})\cdot\boldsymbol{\sigma}), \tag{C.28}$$

分母中根号内的项为

$$2(a_0^2 + \boldsymbol{a}^2)(b_0^2 + \boldsymbol{b}^2) + 8a_0 b_0 \boldsymbol{a}\cdot\boldsymbol{b} + 2(a_0^2 - \boldsymbol{a}^2)(b_0^2 - \boldsymbol{b}^2)$$

$$=4(a_0^2 b_0^2 + \boldsymbol{a}^2 \boldsymbol{b}^2 + 2a_0 b_0 \boldsymbol{a} \cdot \boldsymbol{b})$$
$$=4(a_0^2 b_0^2 + 2a_0 b_0 \boldsymbol{a} \cdot \boldsymbol{b} + (\boldsymbol{a} \cdot \boldsymbol{b})^2) + 4(\boldsymbol{a}^2 \boldsymbol{b}^2 - (\boldsymbol{a} \cdot \boldsymbol{b})^2)$$
$$=4(a_0 b_0 + \boldsymbol{a} \cdot \boldsymbol{b})^2 + 4(\boldsymbol{b} \times \boldsymbol{a}) \cdot (\boldsymbol{b} \times \boldsymbol{a}). \tag{C.29}$$

最终有

$$U_2 U_1^\dagger = \frac{a_0 b_0 + \boldsymbol{b} \cdot \boldsymbol{a} + \mathrm{i}(\boldsymbol{b} \times \boldsymbol{a}) \cdot \boldsymbol{\sigma}}{\sqrt{(a_0 b_0 + \boldsymbol{a} \cdot \boldsymbol{b})^2 + |\boldsymbol{b} \times \boldsymbol{a}|^2}}. \tag{C.30}$$

令 $\sqrt{\rho_1} = \sqrt{\rho} = a_0 + \boldsymbol{a} \cdot \boldsymbol{\sigma}$,则有 $\sqrt{\rho_2} = \sqrt{\rho} + \mathrm{d}\sqrt{\rho} = a_0 + \mathrm{d}a_0 + (\boldsymbol{a} + \mathrm{d}\boldsymbol{a}) \cdot \boldsymbol{\sigma}$。注意到 $a_0^2 + \boldsymbol{a}^2 = \dfrac{1}{2}$,那么 $a_0 \mathrm{d}a_0 + \boldsymbol{a} \cdot \mathrm{d}\boldsymbol{a} = 0$,由此可推出

$$(U + \mathrm{d}U)U^\dagger = \frac{a_0^2 + \boldsymbol{a} \cdot \boldsymbol{a} + a_0 \mathrm{d}a_0 + \boldsymbol{a} \cdot \mathrm{d}\boldsymbol{a} + \mathrm{i}(\boldsymbol{a} \times \boldsymbol{a} + \mathrm{d}\boldsymbol{a} \times \boldsymbol{a}) \cdot \boldsymbol{\sigma}}{\sqrt{(a_0^2 + \boldsymbol{a}^2)^2 + |\mathrm{d}\boldsymbol{a} \times \boldsymbol{a}|^2}}$$
$$\approx 1 + 2\mathrm{i}(\mathrm{d}\boldsymbol{a} \times \boldsymbol{a}) \cdot \boldsymbol{\sigma}. \tag{C.31}$$

进一步可导出

$$\begin{aligned}\mathrm{d}U U^\dagger &= 2\mathrm{i}(\mathrm{d}\boldsymbol{a} \times \boldsymbol{a}) \cdot \boldsymbol{\sigma} \\ &= (\mathrm{d}\boldsymbol{a} \cdot \boldsymbol{\sigma})(\boldsymbol{a} \cdot \boldsymbol{\sigma}) - (\boldsymbol{a} \cdot \boldsymbol{\sigma})(\mathrm{d}\boldsymbol{a} \cdot \boldsymbol{\sigma}) \\ &= \mathrm{d}\sqrt{\rho}\sqrt{\rho} - \sqrt{\rho}\mathrm{d}\sqrt{\rho} \\ &= [\mathrm{d}\sqrt{\rho}, \sqrt{\rho}].\end{aligned} \tag{C.32}$$

根据方程 (5.60),两能级系统的 Uhlmann 联络为

$$\mathcal{A}_\mathrm{U} = -[\mathrm{d}\sqrt{\rho}, \sqrt{\rho}] = 2\mathrm{i}(\boldsymbol{a} \times \mathrm{d}\boldsymbol{a}) \cdot \boldsymbol{\sigma}. \tag{C.33}$$

C.4 Uhlmann 对主丛联络的推导及其问题

在正文中,通过 Ehresmann 联络 ω 与水平、垂直矢量的缩并而导出等式 (5.49),该等式在 Uhlmann 相位理论中至关重要,由它可导出 Uhlmann 联络。在 Uhlmann 的早期论文中[102],该等式则是作为一个预设解 (ansatz) 引入。但在今天看来,它的推导过程有一些问题。

Uhlmann 首先引入 1-形式 $\mathbb{G}$,且令 $\vartheta := \mathrm{d}W - \mathbb{G}W$。当 W 沿切向量为 $\tilde{X}$ 的曲线平行输运时,$\vartheta(\tilde{X}) = \mathrm{d}W(\tilde{X}) - \mathbb{G}(\tilde{X})W = 0$,即 $\dot{W} = GW$,这里 $G := \mathbb{G}(\tilde{X})$。

C.4 Uhlmann 对主丛联络的推导及其问题

由平行输运条件 $W^\dagger \dot W = \dot W^\dagger W$ 易得 $W^\dagger(G - G^\dagger)W = 0$,即 $G = G^\dagger$。由于 W 满秩,所以 $G = \dot W W^{-1}$。对比式 (5.107),可知 $\tilde H = i\hbar G$。显然 $\tilde H$ 的反厄米性与上述结论相容。利用 $\rho = WW^\dagger$,有

$$d\rho = \mathbb{G} WW^\dagger + WW^\dagger \mathbb{G} + W^\dagger \vartheta + \vartheta W. \tag{C.34}$$

与 $\tilde X$ 缩并可得

$$\dot\rho = G\rho + \rho G. \tag{C.35}$$

该式在 Uhlmann 的早期文章中经常出现,其实等价于式 (5.109)。但 $\mathbb{G}$ 不能作为联络,因为 $\mathbb{G}$ 仅在尺度伸缩变化 $W \longrightarrow \lambda W$ (λ 为任意正实数) 下满足变换 $\mathbb{G} \longrightarrow \mathbb{G} - \lambda^{-1}d\lambda$。在一般规范变换 $W \longrightarrow WV$ 下,$\mathbb{G}$ 的变换为

$$\mathbb{G} \longrightarrow \mathbb{G} + WdVV^\dagger W^{-1} \tag{C.36}$$

其中,利用了 $V^\dagger = V^{-1}$。为引入与规范变换 $W \longrightarrow WV$ 相关的联络 $\mathbb{A}$,Uhlmann 引入预设解

$$W^\dagger dW - dW^\dagger W = W^\dagger W \mathbb{A} + \mathbb{A} W^\dagger W. \tag{C.37}$$

尽管 $\mathbb{A}$ 与 ω 满足的等式 (5.49) 一样,但此后 Uhlmann 给出的进一步解释未必符合 Ehresmann 联络的性质,因此我们用不同的符号来标记该联络 (不过,Uhlmann 又指出,只要 W 可逆且 $W^\dagger W$ 的本征值均为正实数,上式可唯一确定 $\mathbb{A}$)。式 (C.37) 左边是反厄米的,因此必有

$$\mathbb{A}^\dagger = -\mathbb{A}. \tag{C.38}$$

同样,与式 (5.51)、式 (5.52) 的过程类似,可证

$$\mathbb{A} \longrightarrow V^\dagger \mathbb{A} V + V^\dagger dV, \tag{C.39}$$

符合联络 1-形式应满足的规范变换。Uhlmann 进一步断定,$\vartheta = W\mathbb{A}$,因此有

$$dW = \mathbb{G}W + W\mathbb{A}. \tag{C.40}$$

Uhlmann 的理由如下,①该式是式 (C.37) 的充分条件,这可利用 $\mathbb{G}$ 的厄米性与 $\mathbb{A}$ 的反厄米性证出;②$\mathbb{A}(\tilde X) = 0$ 与式 (C.35) 等价。然而,式 (C.37) 无法给出式 (C.40),所以不能说式 (C.40) 等价于式 (C.37)。事实上,由式 (C.40) 所导出的 $\mathbb{A}$ 的规范变换与式 (C.39) 并不一致。由式 (C.40) 可得

$$\mathbb{A} = W^{-1}dW - W^{-1}\mathbb{G}W. \tag{C.41}$$

利用式 (C.36) 易证，在规范变换 $W \longrightarrow WV$ 下，有

$$\mathbb{A}W \longrightarrow V^{-1}W^{-1}\mathrm{d}WV + V^{-1}\mathrm{d}V - V^{-1}W^{-1}(\mathbb{G} + W\mathrm{d}VV^{\dagger}W^{-1})WV$$

$$= V^{-1}(W^{-1}\mathrm{d}W - W^{-1}\mathbb{G}W)V$$

$$= V^{-1}\mathbb{A}V. \tag{C.42}$$

事实上，很难看出 Ehresmann 联络的表达式 (5.56) 与式 (C.41) 有直接关系，也不需要假设式 (C.40) 来导出 Uhlmann 联络的最终表达式 (5.70)。

附录 D　量子淬火动力学简介

D.1　简　介

在正文中，我们多次提及量子淬火动力学，并将其与有限温度拓扑相变进行对比。在这里，对量子淬火动力学进行简要介绍。

近年来，随着物理实验技术和理论方法的迅速发展，科学家对量子系统的动力学行为有了深入理解。其中，动力学量子相变是近十年来的一个活跃研究热点，它起始于德国物理学家 Heyl 与合作者对量子伊辛模型淬火动力学行为的研究[103]。动力学量子相变与经典相变不同，后者与大量粒子的重组有关，由系统中能量与熵的竞争驱动，而温度对这种竞争的影响至关重要，所以经典相变往往是平衡态热相变；而动力学相变是量子体系的一种非平衡态行为，它描述了量子纯态特别是基态因系统组分间相互作用而产生的性质改变。量子基态是系统的能量最低态，不存在热激发，根据定义，其温度为零且熵为零，因此无法发生热力学相变。量子相变总是由非热力学参量的改变所导致，而动力学量子相变又是其中特别的一种，它是系统在动力学演化中 (即时间驱动) 产生的量子相变，因此时间的改变是这类相变产生的因素。人们已经在诸多量子系统中发现了动力学相变，如 XY 链及其各种衍生模型、Kitaev 蜂窝模型、长程相互作用系统、Bose-Einstein 凝聚体和有限温度量子体系等。

混合态的动力学量子相变与拓扑相变有一些类似之处，如两者都可以用 Loschmidt 振幅的零点来刻画。在 2.4.4 节关于 SSH 模型的讨论中曾提到，温度的倒数在量子统计中可视为虚时间 ($\beta\hbar \sim it$)，因此有限温度拓扑相变对应于 Loschmidt 振幅在 t-复平面上分布于虚轴上的零点，而动力学量子相变则对应 Loschmidt 振幅在实轴上的零点。此外，混合态几何相位与动力学相位分别为平行输运过程与淬火动力学过程中 Loschmidt 振幅的辐角 (详见第 4.5.1 节)。在 Loschmidt 振幅的零点处，辐角取值都发生跃变，因此拓扑相变和动力学量子相变也分别可用几何相位与动力学相位的跃变来标识。注意，这一描述可能不适用于量子纯态，因其在经历周期性演化时同时获得动力学相位与 AA 相位，因此初末态之间重叠的辐角是两者之和，除非预先除去动力学相位。

D.2 理论模型

考虑一个量子系统，其哈密顿量 $\hat{H}(\lambda)$ 依赖于可调参数 λ。将系统预置为初始哈密顿量 $\hat{H}(\lambda_0)$ 的基态 $|\psi(0)\rangle$（或其他本征态）。当 $t=0$ 时突然施加淬火操作，即将参数调至 λ_f，因此系统将在新哈密顿量 $\hat{H} \equiv \hat{H}(\lambda_f)$ 的控制下作动力学演化 $|\psi(t)\rangle = e^{-\frac{i}{\hbar}\hat{H}t}|\psi(0)\rangle$（假定 $\hat{H}$ 不依赖于时间）。如果 $|\psi(0)\rangle$ 并非 $\hat{H}$ 的本征态，那么在演化中会出现一些非平庸的现象，即在某些时刻，系统所处的即时量子态会彻底丧失与 $|\psi(0)\rangle$ 的平行性，变得与其垂直。为描述这一现象，引入初态与 t 时刻量子态之间重叠，即 Loschdmit 振幅

$$\mathcal{G}(t) = \langle\psi(0)|\psi(t)\rangle = \langle\psi(0)|e^{-\frac{i}{\hbar}\hat{H}t}|\psi(0)\rangle. \tag{D.1}$$

为简单起见，仅考虑无能级简并时的情况。$\mathcal{G}(t)$ 的模方称为 Loschmidt 回波

$$\mathcal{L}(t) = |\mathcal{G}(t)|^2, \tag{D.2}$$

描述即时量子态回归到初态的概率。对于 Loschmidt 回波，可类似引入率函数

$$\lambda(t) = -\lim_{N\to\infty}\frac{1}{N}\ln[\mathcal{L}(t)] \tag{D.3}$$

使得 $\mathcal{L}(t) = e^{-N\lambda(t)}$。由于 $\ln[\mathcal{L}(t)] = 2\ln|\mathcal{G}(t)| = 2\mathrm{Re}\ln[\mathcal{G}(t)]$，则有关系式 $\lambda(t) = 2\mathrm{Re}[g(t)]$。类比式 (4.158)，可引入淬火动力学演化的动力学相位

$$\theta_{\mathrm{d}}(t) = \arg\mathcal{G}(t) = \arg\langle\psi(0)|\psi(t)\rangle. \tag{D.4}$$

Loschdmit 振幅在形式上与配分函数 $Z = e^{-\beta F} = e^{-\beta Nf}$ 很像，这里 F 为自由能，f 为自由能密度，而 N 为总粒子数。作为对比，也可引入 $\mathcal{G}(t) = e^{-Ng(t)}$，其中

$$g(t) = -\lim_{N\to\infty}\frac{1}{N}\ln[\mathcal{G}(t)] \tag{D.5}$$

为率函数（因为是时间的函数），或称动力学自由能，且在热力学极限下有明确的定义。经典相变告诉我们，在相变处（由可控参数确定）自由能会有奇异行为。类似地，可以将相变点定义为率函数 $g(t)$ 或 $\lambda(t)$ 的奇异行为发生点，并标记为 t^*。由于这是在时间演化过程中发生的量子相变，自然也被称为动力学量子相变。在相变点 t^* 的领域，率函数可能有如下行为

$$\lambda(t) \sim \left|\frac{t-t^*}{t^*}\right|. \tag{D.6}$$

D.2 理论模型

此类行为已在几种一维量子系统中观测到。但在二维系统中会有其他种奇异行为，如陈绝缘体会呈现幂率发散，而在二维伊辛模型中则有对数发散。如果类比 5.5.2 节中 Uhlmann 相位在拓扑相变点的行为，可自然预期动力学相位在动力学相变点处失去明确定义，且当时间从 t^{*-} 变到 t^{*+} 时，其取值会发生跃变。

为进一步探讨动力学量子相变的性质，将时间的定义扩展到整个复平面：$t \mapsto z = t + \mathrm{i}\tau \in \mathbb{C}$，因此 Loschmidt 振幅变为复变函数

$$\mathcal{G}(z) = \left\langle \psi(0) \left| \mathrm{e}^{-\frac{\mathrm{i}}{\hbar}\hat{H}z} \right| \psi(0) \right\rangle, \quad z \in \mathbb{C}. \tag{D.7}$$

对于有限尺度系统，可以证明 $\mathcal{G}(z)$ 为解析函数，为此利用 $\hat{H}$ 的本征值为 E_n 的本征态 $|n\rangle$ 将上式改写为

$$\mathcal{G}(z) = \sum_{n=1}^{N} |\langle n|\psi(0)\rangle|^2 \, \mathrm{e}^{-\frac{\mathrm{i}}{\hbar}E_n z}. \tag{D.8}$$

显然，有限个解析函数之和仍为解析函数。再利用魏尔斯特拉斯 (Weierstrass) 分解定理，可将 $\mathcal{G}(z)$ 分解为

$$\mathcal{G}(z) = \mathrm{e}^{\mu(z)} \prod_j (z_j - z) \tag{D.9}$$

其中，z_j 为 $\mathcal{G}(z)$ 在复平面上的零点，称为 Fisher 零点，而 $\mu(z)$ 为解析函数。令 $g(t)$ 的奇异部分为 $g_s(t)$。根据式 (D.5) 可知

$$g_s(z) = -\frac{1}{N} \sum_j \ln(z_j - z). \tag{D.10}$$

同样，率函数 $\lambda(t)$ 的奇异部分可写为

$$\lambda_s(z) = 2\operatorname{Re}(g_s(z)) = -\frac{2}{N} \sum_j \ln|z - z_j|. \tag{D.11}$$

若 N 有限，则奇点 z_j 为复平面上的分立点。随着系统尺度的增加，Fisher 零点开始增多并聚合成某种形状。一般可能形成两类形状，低维量子系统的 Fisher 零点一般合并为线，其他系统则合成为区域。若 $N \longrightarrow \infty$，定义 Fisher 零点的有效密度

$$\rho(z) = \frac{2}{N} \sum_j \delta(z - z_j). \tag{D.12}$$

借助 $\rho(z)$ 可将 $\lambda_s(t)$ 表示为

$$\lambda_s(z) = -\int_{\mathbb{C}} d^2z' \rho(z') \ln|z'-z|. \tag{D.13}$$

注意到 $\ln|z'-z|$ 为二维拉普拉斯算符 $\Delta_z \equiv \nabla_z^2 = \partial_z \partial_{\bar{z}} = \partial_t^2 + \partial_\tau^2$ 的格林函数，即

$$\Delta_z \ln|z'-z| = 2\pi \delta(z'-z)\delta(\bar{z}'-\bar{z}). \tag{D.14}$$

因此有

$$\Delta_z \lambda_s(z) = -2\pi \rho(z) \tag{D.15}$$

意味着 $\lambda_s(z)$ 可以视为有效电荷密度 $\rho(z)$ 产生的静电势。根据静电学的知识，$\lambda_s(z)$ 的奇异性与空间电荷分布的奇异性有关，如出现面电荷或线电荷，则该处的体电荷密度发散，一般会将面电荷或线电荷加入边界条件。对于低维系统，Fisher 零点会积聚成具有不同等效电荷密度区域之间的边界。

D.3 自旋-j 系统的动力学量子相变

再次以自旋-j 系统为例，计算其动力学量子相变的发生点。关于自旋-j 系统，在 2.5.2 节、5.6.3 节和例 6.1.4 中均有介绍，这里不再详述。系统哈密顿量为

$$\hat{H} = \omega_0 \hat{\boldsymbol{B}} \cdot \boldsymbol{J} = \omega_0 e^{-\frac{i}{\hbar}\phi J_z} e^{-\frac{i}{\hbar}\theta J_y} J_z e^{\frac{i}{\hbar}\theta J_y} e^{\frac{i}{\hbar}\phi J_z}, \tag{D.16}$$

本征态为

$$|\psi_m^j\rangle = e^{-\frac{i}{\hbar}\phi(J_z-m\hbar)} e^{-\frac{i}{\hbar}\theta J_y} |jm\rangle. \tag{D.17}$$

假设外磁场初始指向 z-轴，即 $\theta=\phi=0$，并取初态为 $|j,-j\rangle$。在 $t=0$ 时，突然将磁场方向转至 $\theta=-\dfrac{\pi}{2}$，$\phi=0$，则有

$$\hat{H} = -\omega_0 J_x = \omega_0 e^{\frac{i}{\hbar}\frac{\pi}{2}J_y} J_z e^{-\frac{i}{\hbar}\frac{\pi}{2}J_y}. \tag{D.18}$$

Loschmidt 振幅为

$$\mathcal{G}(t) = \langle j,-j| e^{\frac{i}{\hbar}\frac{\pi}{2}J_y} e^{-\frac{i}{\hbar}J_z \omega_0 t} e^{-\frac{i}{\hbar}\frac{\pi}{2}J_y} |j,-j\rangle$$

$$= \sum_{m=-j}^{j} e^{-im\omega_0 t} \left|d_{m,-j}^j\left(\frac{\pi}{2}\right)\right|^2$$

$$= \sum_{m=-j}^{j} e^{-im\omega_0 t} C_{2j}^{j-m} \left(\frac{1}{2}\right)^{2j}, \tag{D.19}$$

其中在最后一步，利用了 $d_{m,-j}^{j}\left(\frac{\pi}{2}\right) = \sqrt{C_{2j}^{j-m}} \left(\frac{1}{2}\right)^{j}$。若 $j = \frac{1}{2}$，则有

$$\mathcal{G}(t) = \cos\frac{\omega_0 t}{2}. \tag{D.20}$$

显然，当 $t_n^* = \frac{(2n+1)\pi}{\omega_0}$ 且 n 为非负整数时，系统发生动力学量子相变。关于动力学相位，如 t 从 t_0^{*-} 过渡到 t_0^{*+} 时，θ_d 从 0 跃变为 π。在图 D.1 中，展示了 $\omega_0 = 2.0$Hz 时的示意图。

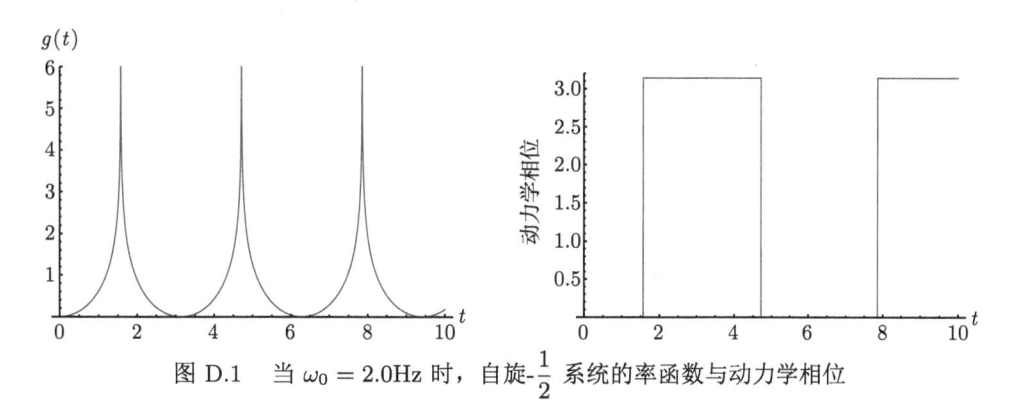

图 D.1 当 $\omega_0 = 2.0$Hz 时，自旋-$\frac{1}{2}$ 系统的率函数与动力学相位

D.4 在量子混合态中的推广

借助混合态纯化的概念，动力学量子相变理论也很容易推广到量子混合态。令初始时刻和 t 时刻密度矩阵的纯化态分别为 $|W(0)\rangle$ 和 $|W(t)\rangle$，在 $t = 0$ 时将哈密顿量突然改变为 $\hat{H}$，类比式 (4.152)，有

$$|W(t)\rangle = e^{-\frac{i}{\hbar}\hat{H}t} \otimes 1 |W(0)\rangle = e^{-\frac{i}{\hbar}\hat{H}t} \otimes U^{\mathrm{T}} \sum_{i} \sqrt{\lambda_i} |i\rangle \otimes |i\rangle. \tag{D.21}$$

由此可得

$$W(t) = e^{-\frac{i}{\hbar}\hat{H}t} \sqrt{\rho(0)} U. \tag{D.22}$$

类比式 (D.1)，混合态的 Loschmidt 振幅为

$$\mathcal{G}(t) = \langle W(0) | W(t) \rangle$$

$$= \mathrm{Tr}\left[U^\dagger \sqrt{\rho(0)} \mathrm{e}^{-\frac{\mathrm{i}}{\hbar}\hat{H}t}\sqrt{\rho(0)}U\right]$$
$$= \mathrm{Tr}\left[\rho(0)\mathrm{e}^{-\frac{\mathrm{i}}{\hbar}\hat{H}t}\right]. \tag{D.23}$$

利用 $\rho = \sum_n \lambda_n |n\rangle\langle n|$，系统的动力学相位可表示为

$$\theta_\mathrm{d}(t) = \arg \mathcal{G}(t) = \arg\left[\sum_n \lambda_n \langle n|\mathrm{e}^{-\frac{\mathrm{i}}{\hbar}\hat{H}t}|n\rangle\right]. \tag{D.24}$$

在这里需注意 $|n\rangle$ 并非淬火哈密顿量 $\hat{H}$ 的本征态。该定义与式 (5.117) 类似，而与 Sjöqvist 等的定义 (6.17) 不一样。

最后，以两能级系统为例，探讨混合态的动力学量子相变。考虑一维格点模型，令初始哈密顿量为 $\hat{H}_{0k} = \frac{1}{2}\Delta_{0k}\hat{\boldsymbol{n}}_{0k}\cdot\boldsymbol{\sigma}$，$\Delta_{0k}$ 为两能带之间的能隙。在 $t = 0^-$ 时刻，系统处于温度为 T 的热平衡态，混合态由如下密度矩阵描述

$$\rho(0) = \prod_k \otimes \rho_k(0) = \prod_k \otimes \frac{\mathrm{e}^{-\beta\hat{H}_{0k}}}{\mathrm{Tr}(\mathrm{e}^{-\beta\hat{H}_{0k}})} = \prod_k \otimes \frac{1}{2}\left(1 - \tanh\frac{\beta\Delta_{0k}}{2}\boldsymbol{\sigma}\cdot\hat{\boldsymbol{n}}_{0k}\right), \tag{D.25}$$

然后当 $t = 0$ 时，哈密顿量突然变为 $\hat{H}_{1k} = \frac{1}{2}\Delta_{1k}\hat{\boldsymbol{n}}_{1k}\cdot\boldsymbol{\sigma}$，这一动力学过程的 Loschmidt 振幅为

$$\mathcal{G}(t) = \mathrm{Tr}\left[\rho(0)\mathrm{e}^{-\frac{\mathrm{i}}{\hbar}\hat{H}_1 t}\right], \tag{D.26}$$

且

$$\mathrm{e}^{-\frac{\mathrm{i}}{\hbar}\hat{H}_1 t} = \prod_k \otimes [\cos(\omega_{1k}t)\mathbf{1}_2 - \mathrm{i}\sin(\omega_{1k}t)\hat{\boldsymbol{n}}_{1k}\cdot\boldsymbol{\sigma}], \quad \omega_{1k} = \frac{\Delta_{1k}}{2\hbar}. \tag{D.27}$$

利用泡利矩阵的性质不难得到

$$\mathcal{G}(t) = \prod_k \frac{1}{2}\left[\cos(\omega_{1k}t) + \mathrm{i}\sin(\omega_{1k}t)\tanh\frac{\beta\Delta_{0k}}{2}\hat{\boldsymbol{n}}_{0k}\cdot\hat{\boldsymbol{n}}_{1k}\right]. \tag{D.28}$$

在有限温度时 $(0 < \beta < +\infty)$，仅当存在临界动量 k_c 使得 $\hat{\boldsymbol{n}}_{0k_\mathrm{c}}\cdot\hat{\boldsymbol{n}}_{1k_\mathrm{c}} = 0$ 成立时，动力学量子相变才会产生，且发生于

$$t_n^* = \frac{1}{\omega_{1k_\mathrm{c}}}\left(n\pi + \frac{\pi}{2}\right). \tag{D.29}$$

此时，初末态对应的 Bloch 矢量在 k_c 处互相垂直，而 $\tanh\dfrac{\beta\Delta_{0k}}{2}$ 可视为初态 Bloch 矢量的模长。该结论也适用于零温 ($\beta \to +\infty$)。而在无穷高温时 ($\beta = 0$)，$\rho(0)$ 正比于单位阵，且

$$\lim_{T\to+\infty} \mathcal{G}(t) = \prod_k \frac{1}{2}\cos(\omega_{1k}t). \tag{D.30}$$

一般情况下，对于任意 t，都可能存在 k 与 n 使得

$$\omega_{1k} = \frac{1}{t}\left(n\pi + \frac{\pi}{2}\right), \tag{D.31}$$

因此 $\mathcal{G}(t)$ 可能总是 0，但这并不意味着有动力学相变产生。因为 $\lim\limits_{T\to+\infty}\tanh\dfrac{\beta\Delta_{0k}}{2}=0$，所有初态 Bloch 矢量都退化为原点处的零矢量，它与任何末态 Bloch 矢量垂直，但其意义仅仅是数学上的，物理系统并未产生任何奇异性。

《21世纪理论物理及其交叉学科前沿丛书》
已出版书目

(按出版时间排序)

1. 真空结构、引力起源与暗能量问题　王顺金　　　　　　2016年4月
2. 宇宙学基本原理（第二版）　　　　龚云贵　　　　　　2016年8月
3. 相对论与引力理论导论　　　　　　赵　柳　　　　　　2016年12月
4. 纳米材料热传导　　　　　　　　　段文晖，张　刚　　2017年1月
5. 有机固体物理（第二版）　　　　　解士杰　　　　　　2017年6月
6. 黑洞系统的吸积与喷流　　　　　　汪定雄　　　　　　2018年1月
7. 固体等离子体理论及应用　　　　　夏建白，宗易昕　　2018年6月
8. 量子色动力学专题　　　　　　　　黄　涛，王　伟　等　2018年6月
9. 可积模型方法及其应用　　　　　　杨文力　等　　　　2019年4月
10. 椭圆函数相关凝聚态物理
    模型与图表示　　　　　　　　　　石康杰，杨文力，李广良　2019年5月
11. 等离子体物理学基础　　　　　　　陈　耀　　　　　　2019年6月
12. 量子轨迹的功和热　　　　　　　　柳　飞　　　　　　2019年10月
13. 微纳磁电子学　　　　　　　　　　夏建白，文宏玉　　2020年3月
14. 广义相对论与引力规范理论　　　　段一士　　　　　　2020年6月
15. 二维半导体物理　　　　　　　　　夏建白　等　　　　2022年9月
16. 中子星物理导论　　　　　　　　　俞云伟　　　　　　2022年11月
17. 宇宙大尺度结构简明讲义　　　　　胡　彬　　　　　　2022年12月
18. 宇宙学的物理基础　　　　　　　　维亚切斯拉夫·穆哈诺夫，
    　　　　　　　　　　　　　　　　皮　石　　　　　　2023年9月
19. 非线性局域波及其应用　　　　　　杨战营，赵立臣，
    　　　　　　　　　　　　　　　　刘　冲，杨文力　　2024年1月

20. 引力波物理学与天文学　　　　　约利恩·D. E. 克赖顿，
　　　理论、实验和数据分析的介绍　　沃伦·G. 安德森，
　　　　　　　　　　　　　　　　　　王　炎　　　　　2024 年 3 月
21. 冷原子物理与低维量子气体　　　姚和朋，郭彦良　2024 年 3 月
22. 引力波物理——理论物理前沿讲座 蔡荣根，荆继良，王安忠，
　　　　　　　　　　　　　　　　　　王　斌，朱　涛　2024 年 6 月
23. 软物质生物分子物理基础　　　　赵蕴杰　　　　　2025 年 2 月
24. 几何相位与量子几何初步　　　　郭　昊　　　　　2025 年 6 月